기초 공업수학

정순모 · 최경미 지음

Introduciton to Applied Mathematics
for Science & Engineering

KYOWOO

머리말

철학과 더불어 가장 긴 역사를 자랑하는 수학은 산업발달에 크게 이바지 하면서 공학의 기본언어가 되어왔으며, 현대에 이르러서 컴퓨터와 더불어 인터넷 혁명을 일으키고 세계를 하나로 연결하는 밑거름이 되었다. 그 뿐 아니라, 수학은 이제 의학 및 생명공학, 금융 등에 다양하게 응용되면서 이 시대의 모든 실용학문을 이끌고 있다. 그러므로 응용수학을 배우는 것은 시대와 장소, 그리고 학문분야를 초월하여 모든 사람들과 의사소통 할 수 있는 기본언어를 익히는 것과 같으며, 주어진 정보를 이용하여 모형을 세우고 이것의 해법을 찾아낼 수 있는 최고의 도구를 익힘을 의미한다.

이 책은 주어진 공학문제를 해결하기 위하여, 단순화시키기, 수식을 이용하여 모형 만들기, 수학적 해 찾기, 해의 실제적 의미 찾기 등 네 단계를 강조하고 있다. 이 과정을 통하여 학생들은 공학인증제(ABEEK) 등에서 요구하는 문제해결 능력을 기를 수 있게 된다.

응용수학의 분야가 매우 넓고 배우는 과정이 어려움에도 불구하고, 불과 주당 3시간 수업으로 1 년 동안 대부분의 내용을 배워야 하는 경우가 많다. 이러한 현실에 맞추어 이 책에서는 공학도들이 꼭 알아야할 내용만을 골라 쉽게 다루려고 애썼다. 따라서 엄밀한 이론 전개보다는 쉬운 설명 위주로 논리를 전개하였고, 보기를 쉬운 것부터 어려운 것까지 단계적으로 들고자 애썼으며, 주요 개념과 이론 마다 유제를 두어 학생들이 스스로 문제를 풀어볼 수 있도록 하였다. 또한 연습문제에 해답을 달아 두어 학생들의 이해를 돕고자 애썼다.

각 학과의 교과과정에 따라서 선택적으로 공부할 수 있게 하기 위하여 이 책의 구성을 1학년 대학수학의 주요개념을 요약한 미리 알아두기와 함께 미분방정식, 라플라스 변환, 선형대수, 벡터함수의 미분과 적분, 푸리에 해석, 복소함수, 수치해석, 편미분방정식의 여덟 부분으로 나누었다. 매 학기 응용수학 개강 직후에 0장에 대한 기초시험을 실시하여 학생들이 응용수학 수강 전에 기본함수의 정의 및 성질, 이들의 미적분, 나아가 테일러급수에 이르기까지를 미리 공부하도록 유도하고 있다. 또한 행렬 연산과 벡터 연산에 대한 메트랩 프로그램을 새로 추가하였는데, 앞으로 각 주제 별로 주요한 메트랩 프로그램을 더 추가하여 문제에 대한 학생들의 이해를 높이고자 한다.

2004년 봄에 강의용 노트로 처음 만들진 후 매년 수정을 하였음에도 불구하고 아직 오류나 오타가 발견되고 있다. 이 책을 읽는 모든 분들께 잘못된 부분을 지적해 주실 것을 부탁드린다. 또한 응용예제 및 그림 등이 많이 부족하므로, 좋은 응용예제를 보내주실 것을 아울러 부탁드린다.

아무쪼록 이 책을 읽는 모든 학생들이 수학을 이용하여 새로운 지식과 부를 만들어낼 수 있기를 바란다. 끝으로, 이 책의 원고를 쓰고 교정하는 동안 참여하고 주신 김태수 박사님과 배재형 박사님, 김상욱박사님께 깊은 감사를 드리며, 최광수, 김현석 졸업생에게 고마움을 전하고 싶다.

2014년 2월
지은이 일동

차 례

제 0 장

미리 알아두기

0.1 다항함수

[1 차 함수]

평면에서 직선을 나타내는 함수

$$y = ax + b$$

를 1차함수라고 한다. 이때, b는 직선이 y축과 만나는 점으로 y절편이다. a는 직선의 기울기이며, 이것은 x의 증가량에 대한 y의 증가량의 비율로써 항상 일정하다. 두 점 (x_1, y_1)과 (x_2, y_2)를 지나는 직선식은

$$y = \frac{y_2 - y_1}{x_2 - x_1}(x - x_1) + y_1$$

으로 구할 수 있다.

예제 0.1.1. 두점 (1,1)과 (4,3)을 지나는 직선식을 구하고 이를 그려보라.

풀이. $y = \frac{2}{3}x + \frac{1}{3}$ □

[2 차 함수]

평면에서 포물선을 나타내는 함수

$$y = ax^2 + bx + c$$

를 2차함수라고 한다. 이때, $a > 0$이면 곡선이 아래로 볼록하며, $a < 0$이면 곡선이 위로 볼록하다. 이 곡선을 그리기 위해서는 곡선의 꼭지점과 x절편 및

y 절편을 찾아야한다. 우선 $x = 0$ 으로 두고 풀면, y 절편은 c 가 됨을 쉽게 알 수 있다.

곡선의 꼭지점과 x 절편을 찾기 위하여 주어진 식을 완전제곱의 형태로 고쳐보면 다음과 같다.

$$y = a\left(x + \frac{b}{2a}\right)^2 - \frac{b^2 - 4ac}{4a}$$

따라서 포물선의 꼭지점은

$$\left(-\frac{b}{2a}, -\frac{b^2 - 4ac}{4a}\right)$$

이며, x 절편은 2차방정식 $y = 0$ 를 풀어 x 를 구하면 된다. 즉,

$$\left(\frac{-b + \sqrt{b^2 - 4ac}}{2a}, 0\right), \left(\frac{-b - \sqrt{b^2 - 4ac}}{2a}, 0\right)$$

이다. 이때, $b^2 - 4ac < 0$ 이면, 위의 값이 허수가 되므로 x 절편이 존재하지 않으며, 주어진 포물선은 x 축과 만나지 않는다.

예제 0.1.2. 포물선 $y = 2x^2 - 3x + 1$ 의 꼭지점과 x 절편, y 절편을 찾고, 그래프를 그려보라.

풀이. 꼭지점은 $\left(\frac{3}{4}, -\frac{1}{8}\right)$ 이며, x 절편은 $(1, 0)$, $\left(\frac{1}{2}, 0\right)$ 이며, y 절편은 $(0, 1)$ 이다. □

[고차 다항함수]

다음을 x 의 n 차 다항함수라고 부른다.

$$y = c_0 + c_1 x + \cdots + c_n x^n$$

0.2 미분법

(1) 상수 c의 도함수는 0 이다. 즉 $(c)' = 0$

(2) a 가 실수일 때 $(x^a)' = ax^{a-1}$

(3) (곱의 미분법) $[f(x) \cdot g(x)]' = f'(x)g(x) + f(x)g'(x)$

(4) (몫의 미분법) $\left[\frac{f(x)}{g(x)}\right]' = \frac{f'(x) \cdot g(x) - f(x) \cdot g'(x)}{g^2(x)}, \quad g(x) \neq 0$

(5) (미분의 선형성) $[af(x) + bg(x)]' = af'(x) + bg'(x)$

(6) (연쇄법칙) $y = f(u)$, $u = g(x)$ 에 대하여 $\frac{dy}{dx} = \frac{dy}{du} \cdot \frac{du}{dx} =$ 전체미분 × 부분미분

예제 0.2.1. (1) $y = 5x^2 + 7x - 6$ 에 대하여 $y' = 5 \cdot 2x + 7 = 10x + 7$ 이다.
(2) $f(x) = (3x^2 - 1)^2(2x^3 + 5)$ 에 대하여
$f'(x) = (2)(6x)(3x^2 - 1)(2x^3 + 5) + (3x^2 - 1)^2(6x^2) = 126x^6 - 60x^4 + 180x^3 + 6x^2 - 60x$ 이다.
(3) $v(x) = \dfrac{2x^2 + 1}{x - 3}$ 에 대하여

$$\frac{dv}{dx} = \frac{4x(x-3) - (2x^2+1) \cdot 1}{(x-3)^2} = \frac{2x^2 - 12x - 1}{(x-3)^2}$$

이다.

예제 0.2.2. (연쇄법칙) 다음 함수를 미분하라.
(1) $y = (x^2 - 2)^{10}$ (2) $f(x) = \dfrac{x}{(2x+1)^3}$

풀이. (1) $y' = 10(x^2 - 2)^9 \cdot 2x = 20x(x^2 - 2)^9$
(2) $f'(x) = \dfrac{(2x+1)^3 - x \cdot 3(2x+1)^2 \cdot 2}{(2x+1)^6} = \dfrac{-4x+1}{(2x+1)^4}$ □

예제 0.2.3. (2계도함수) (1) $f(x) = x^3 + x^2 - 3$ 의 1계도함수가 $f'(x) = 3x^2 + 2x$ 이므로 2계도함수는 $f''(x) = 6x + 2$ 이다.
(2) $y = x^3 - \dfrac{1}{x^2}$ 의 1계 및 2계 도함수는 각각 다음과 같다.

$$\frac{dy}{dx} = 3x^2 - \frac{-2x}{x^4} = 3x^2 + \frac{2}{x^3}, \quad \frac{d^2y}{dx^2} = 6x + \frac{-2 \cdot 3x^2}{x^6} = 6x - \frac{6}{x^4}$$

0.3 다항함수의 적분

$\int x^n dx = \dfrac{x^{n+1}}{n+1} + C, n \neq -1$

예제 0.3.1. (1) $\int \sqrt{x} dx = \dfrac{1}{\frac{1}{2}+1} x^{\frac{1}{2}+1} + C = \dfrac{2}{3} x\sqrt{x} + C$
(2) $\int (2x^2 + x - 1) dx = \dfrac{2}{3}x^3 + \dfrac{1}{2}x^2 - x + C$

0.4 치환적분법

$$\int_a^b f(g(x))g'(x)dx = \int_{g(a)}^{g(b)} f(u)du$$

예제 0.4.1. 다음 정적분 $\int_0^1 (2x-1)^8 dx$ 을 계산하라.

풀이. 우선 $u = 2x - 1$ 로 치환한다. 그러면,

$$\frac{du}{dx} = 2, \quad dx = \frac{1}{2}du$$

이므로 주어진 적분은 다음과 같이 계산된다.

$$\int_0^1 (2x-1)^8 dx = \left[\frac{1}{18}u^9\right]_{-1}^{1} = \frac{1}{18}(1-(-1)^9) = \frac{1}{9}$$

□

예제 0.4.2. $\int x\sqrt{2x+1}\,dx$ 를 셈하라.

풀이. $t = 2x+1$ 이라하면 $x = \frac{1}{2}(t-1)$ 이고 $dt = 2\,dx$ 이므로

$$\int x\sqrt{2x+1}\,dx = \int \frac{1}{2}(t-1)\sqrt{t}\cdot\frac{1}{2}\,dt = \frac{1}{10}(2x+1)^{5/2} - \frac{1}{6}(2x+1)^{3/2} + C$$

□

0.5 지수, 로그함수의 미분과 적분

다음 식을 만족하는 수 a 를 e 라고 정의한다.

$$(a^x)' = \lim_{h\to 0}\frac{a^{x+h}-a^x}{h} = a^x \lim_{h\to 0}\frac{a^h-1}{h} = a^x$$

즉 e^x 을 미분하면 그 자신이 된다. 지수함수 $y = e^x, -\infty < x < \infty$, 로그함수 $y = \ln x, x > 0$ 는 서로 역함수이다. 따라서 $e^{\ln x} = x, x > 0$, 과 $\ln e^x = x$ 가 성립한다.

성질:

(1) $e^{x+y} = e^x e^y$ (2) $\ln xy = \ln x + \ln y$

(3) $e^{-x} = \dfrac{1}{e^x}$ (4) $\ln\dfrac{1}{x} = -\ln x$

(5) $e^0 = 1$ (6) $\ln 1 = 0$

(7) $\lim_{x\to-\infty} e^x = 0$, (8) $\lim_{x\to 0}\ln x = -\infty$,

(9) $\lim_{x\to\infty} e^x = \infty$ (10) $\lim_{x\to\infty}\ln x = \infty$

미적분:

(1) $(e^x)' = e^x$

(2) $(\ln x)' = \dfrac{1}{x}$

(3) $(a^x)' = a^x \ln a$

(4) $(\log_a x)' = \dfrac{1}{\ln a} \cdot \dfrac{1}{x}$

(5) $\int e^x dx = e^x + C$

(6) $\int a^x dx = \dfrac{1}{\ln a} \cdot a^x + C$

(7) $\displaystyle\int \frac{dx}{x} = \ln|x| + C$

(8) $\displaystyle\int \frac{dx}{ax+b} = \frac{1}{a}\ln|ax+b| + C$

(9) $(e^{ax})' = ae^{ax}$

(10) $\int e^{ax} dx = \dfrac{1}{a}e^{ax} + C$

(11) $\displaystyle\int \frac{f'(x)}{f(x)}dx = \ln|f(x)| + C$

예제 0.5.1. 다음 함수들의 그래프를 그려 보아라.
(1) $y = e^x$ (2) $y = \frac{1}{2}e^{-(x-1)/2}$, $x > 1$ (3) $y = 1 - e^{-(x-3)/2}$, $x > 3$
(4) $y = \dfrac{e^{-x^2/2}}{\sqrt{2\pi}}$ (5) $y = 1 + 2\ln(x+1)$

예제 0.5.2. 같은 한 평면에

$$y = e^x, \quad y = \ln x, \quad y = x$$

를 그리고 이들의 극한을 비교해 보라.

풀이. $y = e^x$, $y = \ln x$ 는 서로 역함수이며, $y = x$ 를 중심으로 대칭이다. $x \to \infty$ 이면, 세 함수 모두 ∞ 로 발산하는데, 이때 지수함수 $y = e^x$ 가 다항함수 $y = x$ 와 로그함수 $y = \ln x$ 보다 더 빠른 속도로 발산하며, 다항함수 $y = x$ 가 로그함수 $y = \ln x$ 보다 더 빠른 속도로 발산한다.따라서 다음을 얻을 수 있다.

$$\lim_{x\to\infty} \frac{\ln x}{e^x} = 0, \quad \lim_{x\to\infty} \frac{x}{e^x} = 0, \quad \lim_{x\to\infty} \frac{\ln x}{x} = 0$$

□

예제 0.5.3. 다음 함수를 미분하라.
(1) $y = e^{-3x}$ (2) $y = e^{-x^2}$ (3) $f(x) = 3^{x^2}$ (4) $y = \ln[(x^2+2)(x-3)]$

풀이. (1) $y' = e^{-3x} \cdot (-3) = -3e^{-3x}$
(2) $y' = e^{-x^2} \cdot (-2x) = -2xe^{-x^2}$
(3) $f'(x) = 3^{x^2}(\ln 3)(2x) = x3^{x^2}\ln 9$
(4) $y' = [\ln(x^2+2) + \ln(x-3)]' = \dfrac{2x}{x^2+2} + \dfrac{1}{x-3}$ □

예제 0.5.4. 다음 함수를 미분하라.
(1) $y = x\ln x$ (2) $y = \dfrac{\ln 2x}{x}$

풀이. (1) $y' = \ln x + x \cdot \dfrac{1}{x} = 1 + \ln x$
(2) $y' = \dfrac{\frac{2x}{2x} - \ln 2x}{x^2} = \dfrac{1 - \ln 2x}{x^2}$ □

예제 0.5.5. 다음 정적분 또는 부정적분을 구하라.

(1) $\int_0^{\ln 5} e^x dx$ (2) $\int (2e^{-x} + 3^{x+1})dx$ (3) $\int_0^{\ln 3} e^{2x} dx$

풀이. (1) $\int_0^{\ln 5} e^x dx = [e^x]_0^{\ln 5} = e^{\ln 5} - e^0 = 5 - 1 = 4$

(2) $\int (2e^{-x} + 3^{x+1})dx = -2e^{-x} + 3 \cdot \frac{1}{\ln 3} \cdot 3^x + C = -2e^{-x} + \frac{3^{x+1}}{\ln 3} + C$

(3) $\int_0^{\ln 3} e^{2x} dx = \frac{1}{2}\left[e^{2x}\right]_0^{\ln 3} = \frac{1}{2}(e^{\ln 9} - 1) = \frac{1}{2}(9-1) = \frac{8}{2} = 4$ □

0.6 삼각함수의 미적분

직각삼각형의 빗변과 밑변이 이루는 각을 θ 라고 두자. 그러면

$$\cos\theta = \frac{\text{밑변}}{\text{빗변}}, \quad \sin\theta = \frac{\text{높이}}{\text{빗변}}$$

으로 정의되는데, 각자 그림을 그려 확인해보고, 두 함수를 그려보자. 함수 $\cos\theta$ 와 $\sin\theta$ 의 주기는 2π 이며, $\cos\omega x$ 의 주기는 $\frac{2\pi}{\omega}$ 로 구해진다. 다음은 자주 사용되는 $\cos\theta$ 와 $\sin\theta$ 에 대한 기본 성질이다.

(1) $\cos(\theta + 2\pi) = \cos\theta, \quad \sin(\theta + 2\pi) = \sin\theta$
$\cos(\theta - \pi) = -\cos\theta, \quad \sin(\theta - \pi) = -\sin\theta$
$\cos\left(\theta - \frac{\pi}{2}\right) = \sin\theta, \quad \sin\left(\theta + \frac{\pi}{2}\right) = \cos\theta$

(2) $\csc\theta = \frac{1}{\sin\theta}, \quad \sec\theta = \frac{1}{\cos\theta}, \quad \cot\theta = \frac{1}{\tan\theta}$

(3) (제곱관계)
$\sin^2\theta + \cos^2\theta = 1, \quad 1 + \tan^2\theta = \sec^2\theta, \quad 1 + \cot^2\theta = \csc^2\theta$

(4) (덧셈정리)
$\sin(\alpha+\beta) = \sin\alpha\cos\beta + \cos\alpha\sin\beta$
$\sin(\alpha-\beta) = \sin\alpha\cos\beta - \cos\alpha\sin\beta$
$\cos(\alpha+\beta) = \cos\alpha\cos\beta - \sin\alpha\sin\beta$
$\cos(\alpha-\beta) = \cos\alpha\cos\beta + \sin\alpha\sin\beta$
$\tan(\alpha+\beta) = \frac{\tan\alpha + \tan\beta}{1 - \tan\alpha\tan\beta}, \quad \tan(\alpha-\beta) = \frac{\tan\alpha - \tan\beta}{1 + \tan\alpha\tan\beta}$

(5) (배각의 공식)
$\sin 2\alpha = 2\sin\alpha\cos\alpha, \quad \tan 2\alpha = \frac{2\tan\alpha}{1 - \tan^2\alpha}$
$\cos 2\alpha = \cos^2\alpha - \sin^2\alpha = 2\cos^2\alpha - 1 = 1 - 2\sin^2\alpha$

(6) (반각의 공식)
$\sin^2\left(\frac{\alpha}{2}\right) = \frac{1-\cos\alpha}{2}, \quad \cos^2\left(\frac{\alpha}{2}\right) = \frac{1+\cos\alpha}{2}, \quad \tan^2\left(\frac{\alpha}{2}\right) = \frac{1-\cos\alpha}{1+\cos\alpha}$

(7) (곱을 합 차로 고치는 공식)

$$\sin\alpha\cos\beta = \frac{1}{2}[\sin(\alpha+\beta)+\sin(\alpha-\beta)]$$
$$\cos\alpha\sin\beta = \frac{1}{2}[\sin(\alpha+\beta)-\sin(\alpha-\beta)]$$
$$\cos\alpha\cos\beta = \frac{1}{2}[\cos(\alpha+\beta)+\cos(\alpha-\beta)]$$
$$\sin\alpha\sin\beta = -\frac{1}{2}[\cos(\alpha+\beta)-\cos(\alpha-\beta)]$$

(8) (합· 차를 곱으로 고치는 공식)

$$\sin A+\sin B = 2\sin\frac{A+B}{2}\cdot\cos\frac{A-B}{2}$$
$$\sin A-\sin B = 2\cos\frac{A+B}{2}\cdot\sin\frac{A-B}{2}$$
$$\cos A+\cos B = 2\cos\frac{A+B}{2}\cdot\cos\frac{A-B}{2}$$
$$\cos A-\cos B = -2\sin\frac{A+B}{2}\cdot\sin\frac{A-B}{2}$$

(9) (미분· 적분공식)

$(\sin x)' = \cos x$	$(\cos x)' = -\sin x$
$(\tan x)' = \sec^2 x$	$(\cot x)' = -\csc^2 x$
$(\sec x)' = \sec x\tan x$	$(\csc x)' = -\csc x\cot x$
$\int\sin x dx = -\cos x + C$	$\int\cos x dx = \sin x + C$
$\int\sec^2 x dx = \tan x + C$	$\int\csc^2 x dx = -\cot x + C$
$\int\sec x\tan x dx = \sec x + C$	$\int\csc x\cot x dx = -\csc x + C$
$\int\tan x\, dx = -\ln\lvert\cos x\rvert + C$	$\int\cot x\, dx = \ln\lvert\sin x\rvert + C$

예제 0.6.1. 다음 함수를 그려라.

(1) $y=\cos x$ (2) $y=\sin x$ (3) $y=\cos(4x+\pi)$

(4) $y=0.5+0.5\sin(2x-\pi/3),\ -\pi<x<\pi.$

예제 0.6.2. 다음 방정식의 해를 $[-\pi,\pi]$에서 찾아라.

(1) $\cos\left(2x-\frac{\pi}{3}\right) = \frac{\sqrt{3}}{2}$ (2) $\cos(2x+\pi) = \frac{1}{2}$ (3) $\sin\left(2x+\frac{\pi}{2}\right) = \frac{1}{2}$

(4) $\sin\left(3x-\frac{\pi}{2}\right) = \frac{\sqrt{3}}{2}$

♣ 정답. (4)$-\frac{17\pi}{18}, -\frac{5\pi}{18}, -\frac{7\pi}{18}, \frac{5\pi}{18}, \frac{7\pi}{18}, \frac{17\pi}{18}$
(주의 : 해가 대칭적으로 나타나지 않을 수 있다)

예제 0.6.3. 다음 함수를 미분하라.

(1) $y=x\cos 2x$ (2) $y=e^{-2x}\sin x$ (3) $y=\sin(3x+2)$ (4) $y=\dfrac{\cos x}{x}$

풀이.

(1) $y' = \cos 2x - 2x\sin 2x$ (2) $y' = -2e^{-2x}\sin x + e^{-2x}\cos x$

(3) $y' = 3\cos(3x+2)$ (4) $y' = \dfrac{-x\sin x-\cos x}{x^2}$

□

예제 0.6.4. 다음 적분을 구하라.

(1) $\int_0^{\pi/2}(\sin 2x + \cos 3x)dx$ (2) $\int \sin^2\left(\frac{x}{2}\right)dx$
(3) $\int_0^{2\pi/3}\sin\left(2x - \frac{\pi}{3}\right)dx$ (4) $\int_0^{\pi/2}\sin x\cos x\,dx$
(5) $\int_0^{\pi/2}\sin 3x\cos 2x\,dx$ (6) $\int_{-\pi}^{\pi}\sin^2 x\sin 3x\,dx$
(7) $\int_{-\pi}^{\pi}\sin 3x\cos 4x\,dx$ (8) $\int_{-\pi}^{\pi}\cos^2 2x\,dx$

풀이.

(1) $\int_0^{\pi/2}(\sin 2x+\cos 3x)dx = \left[-\frac{1}{2}\cos 2x + \frac{1}{3}\sin 3x\right]_0^{\pi/2} = -\frac{1}{2}(\cos\pi - \cos 0) + \frac{1}{3}\left(\sin\frac{3\pi}{2} - \sin 0\right) = -\frac{1}{2}(-1-1) + \frac{1}{3}(-1-0) = \frac{2}{3}$

(2) $\int \sin^2\left(\frac{x}{2}\right)dx = \int \frac{1-\cos x}{2}dx = \frac{1}{2}(x - \sin x) + C$

(3) $\int_0^{2\pi/3}\sin\left(2x - \frac{\pi}{3}\right)dx = \left[-\frac{1}{2}\cos\left(2x - \frac{\pi}{3}\right)\right]_0^{2\pi/3} = 3/4$

(4) 먼저 $t = \sin x$ 라 하면, $dt = \cos x\,dx$ 이다. 또한 $x = 0$ 일 때 $t = 0$ 이고, $x = \frac{\pi}{2}$ 일 때 $t = 1$ 이다. 그러므로 $\int_0^{\pi/2}\sin x\cos x\,dx = \int_0^1 tdt = \left[\frac{1}{2}t^2\right]_0^1 = \frac{1}{2}$.

(5) 삼각함수 곱의 공식에 의하여 $\int_0^{\pi/2}\sin 3x\cos 2x\,dx = \int_0^{\pi/2}\frac{1}{2}(\sin 5x+\sin x)dx = -\frac{1}{2}\left[\frac{1}{5}\cos 5x + \cos x\right]_0^{\pi/2} = \frac{3}{5}$

(6) 0 (7) 0 (8) π

□

0.7 역삼각함수의 미적분

$-1 < y < 1$ 일 때, $y = \cos x$ 에 대한 역함수 $x = \cos^{-1} y$ 의 미분을 구해보면 다음과 같다.

$$\frac{dx}{dy} = \frac{1}{\frac{dy}{dx}} = \frac{1}{-\sin x} = -\frac{1}{\sqrt{1-\cos^2 x}}$$

그런데 $1 - \cos^2 x = 1 - y^2$ 이므로, 위의 식은 다음과 같이 쓸 수 있다.

$$\frac{dx}{dy} = -\frac{1}{\sqrt{1-y^2}}$$

따라서 $y = \cos^{-1} x$ 의 미분은 $\frac{dy}{dx} = -\frac{1}{\sqrt{1-x^2}}$ 이다. 마찬가지로 다른 역삼각함수들의 미분을 구할 수 있다.

(1) $(\sin^{-1}x)' = \dfrac{1}{\sqrt{1-x^2}} \qquad (-1 < x < 1)$

(2) $(\cos^{-1}x)' = -\dfrac{1}{\sqrt{1-x^2}} \qquad (-1 < x < 1)$

(3) $(\tan^{-1}x)' = \dfrac{1}{1+x^2}$

(4) $\displaystyle\int \frac{dx}{\sqrt{a^2-x^2}} = \sin^{-1}\frac{x}{a} + C \qquad (x^2 < a^2)$

(5) $\displaystyle\int \frac{dx}{a^2+x^2} = \frac{1}{a}\tan^{-1}\frac{x}{a} + C$

예제 0.7.1. 적당한 정의역을 잡아서 다음 함수를 그려보라.
(a) $y = \cos^{-1}x$ (b) $y = \sin^{-1}x$ (c) $y = \tan^{-1}x$
(d) $y = 0.5 + \dfrac{1}{\pi}\sin^{-1}\left(\dfrac{x}{2}\right), -2 < x < 2$

예제 0.7.2. 다음 함수의 도함수와 정적분을 구하라.
(1) $y = \tan^{-1}\sqrt{x}$ (2) $y = \sin^{-1}x^3$
(3) $\displaystyle\int_{-\frac{1}{2}}^{\frac{1}{2}} \frac{1}{\sqrt{1-x^2}}dx$ (4) $\displaystyle\int_0^1 \frac{1}{1+x^2}dx$

풀이. 위 공식에서
(1) $y' = \frac{(\sqrt{x})'}{1+x} = \frac{1}{2\sqrt{x}(1+x)}$ (2) $y' = \frac{3x^2}{\sqrt{1-(x^3)^2}} = \frac{3x^2}{\sqrt{1-x^6}}$
(3) $\left[\sin^{-1}x\right]_{-\frac{1}{2}}^{\frac{1}{2}} = \frac{\pi}{6} - (-\frac{\pi}{6}) = \frac{\pi}{3}$ (4) $\left[\tan^{-1}x\right]_0^1 = \frac{\pi}{4} - 0 = \frac{\pi}{4}$ □

0.8 쌍곡선함수의 미적분

쌍곡선함수는 지수함수임에도 불구하고 이들의 성질들이 삼각함수를 닮아있어서 hper cosine 과 hyper sine으로 불리운다.

(1) (정의)

$\sinh x = \dfrac{e^x - e^{-x}}{2} \qquad \cosh x = \dfrac{e^x + e^{-x}}{2} \qquad \tanh x = \dfrac{\sinh x}{\cosh x}$

$\mathrm{csch}x = \dfrac{1}{\sinh x} \qquad \mathrm{sech}x = \dfrac{1}{\cosh x} \qquad \coth x = \dfrac{1}{\tanh x}$

(2) (관계식)

$\sinh 2x = 2\sinh x\cosh x \qquad \cosh 2x = \cosh^2 x + \sinh^2 x$

$\sinh^2 x = \dfrac{\cosh 2x - 1}{2} \qquad \cosh^2 x = \dfrac{\cosh 2x + 1}{2}$

$\cosh^2 x - \sinh^2 x = 1 \qquad 1 - \tanh^2 x = \mathrm{sech}^2 x$

$1 - \coth^2 x = -\mathrm{csch}^2 x$

(3) (쌍곡선함수의 미분적분 공식)

$(\sinh x)' = \cosh x$ $\qquad$ $(\cosh x)' = \sinh x$

$(\tanh x)' = \text{sech}^2 x$ $\qquad$ $(\coth x)' = -\text{csch}^2 x$

$(\text{sech}x)' = -\text{sech}x \tanh x$ $\qquad$ $(\text{csch}x)' = -\text{csch}x \coth x$

$\int \sinh x dx = \cosh x + C$ $\qquad$ $\int \cosh x dx = \sinh x + C$

$\int \text{sech}^2 x dx = \tanh x + C$

예제 0.8.1. 다음 함수의 도함수 또는 부정적분을 구하라.

(1) $y = \cosh^2(2x+1)$ (2) $\int \sinh 2x\, dx$ (3) $\int \tanh \frac{x}{3}\, dx$

풀이. (1) $y' = 2\cosh(2x+1) \cdot \sinh(2x+1) \cdot 2 = 4\sinh(2x+1)\cosh(2x+1)$

(2) $\frac{1}{2}\cosh 2x + C$

(3) $t = \frac{x}{3}$ 라 하면 $dx = 3dt$ 이며

$$3\int \tanh t\, dt = 3\int \frac{\sinh t}{\cosh t}\, dt = 3\ln\left(\cosh \frac{x}{3}\right) + C$$

이다. □

0.9 이변수 함수의 편미분과 전미분

이변수함수 $z = f(x,y)$ 의 편도함수는 한 변수 이외의 나머지 변수는 고정시키고, 한 변수 만에 대한 z 의 순간적인 변화량을 나타낸다. 따라서 $\dfrac{\partial z}{\partial x}$ 를 계산하려면, y 를 상수로 생각하고, x 에 대하여 z 를 미분하면 된다. 반대로 $\dfrac{\partial z}{\partial y}$ 를 계산하려면, x 를 상수로 생각하고, y 에 대하여 z 를 미분하면 된다. 또한,

$$\frac{\partial^2 z}{\partial x \partial y} = \frac{\partial}{\partial x}\left(\frac{\partial z}{\partial y}\right)$$

가 된다. 즉, z 를 먼저 y 에 대하여 편미분하고, 그 결과를 다시 x 에 대하여 편미분하면 된다. 또한

$$\frac{\partial^2 z}{\partial x^2} = \frac{\partial}{\partial x}\left(\frac{\partial z}{\partial x}\right), \qquad \frac{\partial^2 z}{\partial y^2} = \frac{\partial}{\partial y}\left(\frac{\partial z}{\partial y}\right)$$

이다.

예제 0.9.1. $z = 3x - x^2y^2 + 2x^3y$ 의 편도함수 $\dfrac{\partial z}{\partial x}$ 를 구하기 위하여 y 를 고정하고, z 를 x 에 대하여 미분하여, $\dfrac{\partial z}{\partial x} = 3 - 2xy^2 + 6x^2y$ 를 얻는다. 또한 $\dfrac{\partial z}{\partial y}$ 를 구하기 위하여 x 를 고정하고, z 를 y 에 대하여 미분하여, $\dfrac{\partial z}{\partial y} = -2x^2y + 2x^3$ 를 얻는다.

예제 0.9.2. 다음 함수의 편도함수를 구하라.

(1) $z=\sqrt{x^2+y^2}$ (2) $z=\frac{y}{x}$ (3) $z=\cos(xy)$

풀이. (1) 먼저 $z_x=\frac{1}{2\sqrt{x^2+y^2}}\cdot 2x=\frac{x}{\sqrt{x^2+y^2}}$ 를 얻고, z는 x와 y에 관한 대칭함수이므로 $z_y=\frac{y}{\sqrt{x^2+y^2}}$ 를 얻을 수 있다.
(2) 몫의 미분법에서 $z_1=-\frac{y}{x^2}, z_2=\frac{1}{x}$
(3) $z_x=-y\sin(xy), z_y=-x\sin(xy)$ □

[전미분] x와 y를 동시에 변화시켰을 때, z의 순간적인 변화량을 나타내는 전미분은 $dz=\frac{\partial z}{\partial x}dx+\frac{\partial z}{\partial y}dy$ 이다.

예제 0.9.3. 다음 함수의 전미분을 구하라.

(1) $z=\frac{y}{x}$ (2) $z=r\cos\theta$

풀이. 정의에 따라서
(1) $dz=-\frac{y}{x^2}dx+\frac{1}{x}dy$
(2) $dz=\frac{\partial z}{\partial r}dr+\frac{\partial z}{\partial \theta}d\theta=\cos\theta dr-r\sin\theta d\theta$ □

0.10 합성함수의 미분

[이변수함수가 1개인 경우] z 가 이변수함수 $z=f(x,y)$ 이고 $x=x(t)$, $y=y(t)$ 일 때

$$\frac{dz}{dt}=\frac{\partial z}{\partial x}\frac{dx}{dt}+\frac{\partial z}{\partial y}\frac{dy}{dt}$$

이다.

예제 0.10.1. $z=xy^2$, $x=t^3$, $y=t^4$ 에서 $\frac{dz}{dt}$ 를 구하는데
(1) 합성함수의 미분법으로 (2) z를 t의 함수로 바꾼 다음 구하라.

풀이. (1) $\frac{dz}{dt}=\frac{\partial z}{\partial x}\frac{dx}{dt}+\frac{\partial z}{\partial y}\frac{dy}{dt}=y^2(3t^2)+2xy(4t^3)=t^8(3t^2)+2t^3t^4(4t^3)=3t^{10}+8t^{10}=11t^{10}$
(2) $z=xy^2=t^3(t^4)^2=t^{11}$ 에서 $\frac{dz}{dt}=11t^{10}$ 이 되어 (1)과 같다. □

예제 0.10.2. $z=x^2+2xy$, $x=\cos\theta$, $y=\sin\theta$ 일 때 $\theta=\pi$ 에서 $\frac{dz}{d\theta}$ 를 구하라.

풀이. 합성함수의 미분법을 써서

$$\frac{dz}{d\theta}=(2x+2y)(-\sin\theta)+2x(\cos\theta)$$

를 얻는데, $\theta=\pi$ 에서 $x=-1,\ y=0$ 이므로 이 값들을 대입하면

$$\left.\frac{dz}{d\theta}\right|_{\theta=\pi}=-2(0)+(-2)(-1)=2$$

□

[이변수함수가 3개인 경우] $z=f(u,v),\ u=u(x,y),\ v=v(x,y)$ 일 때에는

(1) $\dfrac{\partial z}{\partial x}=\dfrac{\partial z}{\partial u}\dfrac{\partial u}{\partial x}+\dfrac{\partial z}{\partial v}\dfrac{\partial v}{\partial x}$ (2) $\dfrac{\partial z}{\partial y}=\dfrac{\partial z}{\partial u}\dfrac{\partial u}{\partial y}+\dfrac{\partial z}{\partial v}\dfrac{\partial v}{\partial y}$

예제 0.10.3. 함수 $z=u^3+v^3$ 이고 $u=x+y,\ v=x-y$ 일 때 $\dfrac{\partial z}{\partial x}$ 와 $\dfrac{\partial z}{\partial y}$ 를 구하라.

풀이. $\dfrac{\partial z}{\partial u}=3u^2,\ \dfrac{\partial z}{\partial v}=3v^2,\ \dfrac{\partial u}{\partial x}=1,\ \dfrac{\partial u}{\partial y}=1,\ \dfrac{\partial v}{\partial x}=1,\ \dfrac{\partial v}{\partial y}=-1$ 이므로

$$\frac{\partial z}{\partial x}=3u^2\cdot 1+3v^2\cdot 1=3(x+y)^2+3(x-y)^2=6x^2+6y^2,$$

$$\frac{\partial z}{\partial y}=3u^2\cdot 1+3v^2\cdot(-1)=3(x+y)^2-3(x-y)^2=12xy$$

□

0.11 음함수의 미분

음함수의 도함수를 편미분을 이용하여 구해보자.
[변수가 2개인 경우] y 가 방정식 $f(x,y)=0$ 에 의하여 x 의 음함수로 정의되었을 때

$$\frac{dy}{dx}=-\frac{f_x}{f_y}\qquad (f_y\neq 0)$$

이다. 또는 y 를 x 의 함수 $y(x)$ 로 두고, 양변을 x 에 대하여 미분한 후, $\frac{dy}{dx}$ 에 대하여 풀어주면 된다.

예제 0.11.1. $x\sin y+y\cos x=0$ 일 때, $\dfrac{dy}{dx}$ 를 구하라.

풀이. 먼저 $f(x,y)=x\sin y+y\cos x$ 라 하면

$$f_x(x,y)=\sin y-y\sin x,\qquad f_y(x,y)=x\cos y+\cos x$$

이므로

$$\frac{dy}{dx}=-\frac{\sin y-y\sin x}{x\cos y+\cos x}$$

이다. □

예제 0.11.2. 음함수 $x^2+y^2=1$ 에서 $y=f(x)$ 로 보고 y' 을 구해보자. 양변을 x 에 대하여 미분하여 y' 에 대하여 풀면 된다.

$$\frac{d}{dx}(x^2+y^2)=0, \qquad 2x+\frac{d\left(y^2\right)}{dy}\frac{dy}{dx}=0, \qquad 2x+2yy'=0, \qquad y'=\frac{-x}{y}$$

[변수가 3개인 경우] z 가 방정식 $F(x,y,z)=0$ 에 의해서 x 와 y 의 음함수로 정의되어 있을 때에는

$$\frac{\partial z}{\partial x}=-\frac{F_x}{F_z}, \qquad \frac{\partial z}{\partial y}=-\frac{F_y}{F_z} \qquad (F_z \neq 0)$$

이다.

예제 0.11.3. $x^3+y^3+z^3+3xyz=0$ 에서 $\frac{\partial z}{\partial x}, \frac{\partial z}{\partial y}$ 를 구하라.

풀이. $F(x,y,z)=x^3+y^3+z^3+3xyz$ 라 하면

$$F_x=3x^2+3yz, \qquad F_y=3y^2+3xz, \qquad F_z=3z^2+3xy$$

이므로

$$\frac{\partial z}{\partial x}=-\frac{x^2+yz}{z^2+xy}, \qquad \frac{\partial z}{\partial y}=-\frac{y^2+xz}{z^2+xy}$$

□

0.12 여러가지 적분

[부분적분법] u 와 v 가 x 의 함수일 때,

$$d(uv)=udv+vdu$$

이다. 양변을 다시 적분하여 정리하면

$$\int udv=uv-\int vdu$$

을 얻을 수 있다. 다항함수 × 지수함수, 다항함수 × 삼각함수, 지수함수 × 삼각함수를 적분하려면 부분적분법을 사용하여야 한다.

예제 0.12.1. (1) $\int x\sin x\,dx$ (2) $\int xe^{-2x}\,dx$ (3) $\int e^x\cos x\,dx$

풀이. (1)$dv=\sin x dx$, $u=x$ 라 하면 $v=-\cos x$, $du=dx$ 이다. 따라서

$$\int x\sin x\,dx=x(-\cos x)-\int(-\cos x)\,dx=-x\cos x+\sin x+C$$

(2) $dv = e^{-2x}dx$, $u = x$ 라 하면 $v = -\frac{1}{2}e^{-2x}$, $du = dx$ 이다. 따라서

$$\int xe^{-2x}\,dx = -\frac{1}{2}xe^{-2x} + \frac{1}{2}\int e^{-2x}\,dx = -\frac{1}{2}xe^{-2x} - \frac{1}{4}e^{-2x} + C$$

(3) $dv = e^{x}dx$, $u = \cos x$ 라 하면 $v = e^{x}$, $du = -\sin x dx$ 이다. 따라서 구하려는 적분 I 는

$$I = \int e^{x}\cos x\,dx = e^{x}\cos x - \int e^{x}(-\sin x)\,dx = e^{x}\cos x + \int e^{x}\sin x\,dx$$

이 된다. 여기서 다시 $dv = e^{x}dx$, $u = \sin x$ 라 하면 $v = e^{x}$, $du = \cos x dx$ 이다. 따라서 구하려는 적분 I 는

$$I = e^{x}\cos x + \left(e^{x}\sin x - \int e^{x}\cos x dx\right) = e^{x}\cos x + e^{x}\sin x - I$$

가 된다. 이 식을 I 에 대하여 정리한 후 그 값을 구해보면 다음과 같다.

$$I = \int e^{x}\cos x\,dx = \frac{e^{x}}{2}(\cos x + \sin x) + C$$

□

[유리함수의 적분법] 유리함수를 적분해야할 때에는 이를 간단한 부분분수의 합으로 나타낸 후 적분하면 간단하다.

예제 0.12.2. $\int \frac{2x+1}{x^2+3x+2}\,dx$ 를 셈하라.

풀이. $\frac{2x+1}{x^2+3x+2} = \frac{2x+1}{(x+2)(x+1)} = \frac{A}{x+2} + \frac{B}{x+1}$ 라 놓고 A 와 B 를 찾아보자.

$$\frac{A}{x+2} + \frac{B}{x+1} = \frac{A(x+1) + B(x+2)}{(x+2)(x+1)}$$

이므로

$$A(x+1) + B(x+2) = 2x + 1$$

이다. 위 식의 양변에 $x = -1$ 과 $x = -2$ 라 하여 풀어보면

$$A = 3, \qquad B = -1$$

을 얻는다. 따라서 주어진 유리함수의 적분을 다음과 같이 계산할 수 있다.

$$\begin{aligned}\int \frac{2x+1}{x^2+3x+2}\,dx &= \int \left(\frac{3}{x+2} + \frac{-1}{x+1}\right)dx \\ &= 3\ln|x+2| - \ln|x+1| + C\end{aligned}$$

□

[특이적분] 적분구간이 유한하지 않거나, 또는 적분구간에서 함수가 무한한 값을 가질 경우의 적분을 특이적분이라하고 정적분의 극한으로 셈한다.

예제 0.12.3. 제 1종의 특이적분 $\int_1^\infty \frac{1}{\sqrt{x}}\,dx$ 를 셈해 보면, 적분구간이 무한하므로 적분구간에 대한 극한을 취하여 다음과 같은 결과를 얻을 수 있다.

$$\int_1^\infty \frac{1}{\sqrt{x}}\,dx = \lim_{t\to\infty}\int_1^t \frac{1}{\sqrt{x}}\,dx = \lim_{t\to\infty}(2\sqrt{t}-2) = \infty$$

일반적으로 $0<p<1$ 이면 $\int_1^\infty \frac{1}{x^p}\,dx = \infty$ 이고, $p>1$ 이면 $\int_1^\infty \frac{1}{x^p}\,dx = \frac{1}{p-1}$ 이다.

예제 0.12.4. 제 2종의 특이적분 $\int_0^1 \frac{1}{\sqrt{x}}\,dx$ 은 $\lim_{x\to 0^+}\frac{1}{\sqrt{x}} = \infty$ 이므로

$$\int_0^1 \frac{1}{\sqrt{x}}\,dx = \lim_{s\to 0^+}\int_s^1 \frac{1}{\sqrt{x}}\,dx = \lim_{s\to 0^+}(2-2\sqrt{s}) = 2$$

를 얻을 수 있다.

예제 0.12.5.

$$\int_0^\infty e^{-x}dx = 1$$

0.13 중적분

[직교좌표에서의 중적분] 평면 위의 한 역역 R 에서 이변수함수 $f(x,y)$ 의 중적분

$$\iint_R f(x,y)dA = \iint_R f(x,y)dxdy = \iint_R f(x,y)dydx$$

를 계산할 때에는 적분영역의 범위를 정하는데 많은 주의를 기울여야 한다. 특히 함수 $f(x,y)=1$ 일 때, 중적분은 적분영역 R 의 넓이를 의미한다.

예제 0.13.1. 영역 $R = \{(x,y) : 0 \le x \le 1;\ 1 \le y \le 2\}$ 위에서 함수 $f(x,y) = x+y$ 을 중적분하라.

풀이. 영역 R 이 좌표축에 평행하게 놓인 직사각형이므로

$$\begin{aligned}
&\iint_R (x+y)\,dA \\
=\ &\int_0^1\int_1^2 (x+y)\,dy\,dx \\
=\ &\int_0^1 \left[xy+\frac{1}{2}y^2\right]_1^2 dx \\
=\ &\int_0^1 \left(2x+2-x-\frac{1}{2}\right)dx = 2
\end{aligned}$$

중적분을 계산하기 위하여 안쪽 적분을 먼저 계산하고 난 후, 바깥쪽 적분을

계산한다. 안쪽 적분을 계산하는 동안 바깥쪽 적분에 해당하는 변수는 고정되어 있으므로 상수처럼 처리한다. □

예제 0.13.2. 세 점 (0,0),(2,0),(1,1) 을 꼭지점으로 갖는 삼각형의 내부영역 R 위에서 함수 $f(x,y) = 3x + 2y$ 을 중적분하라.

풀이. 영역 R 이 좌표축에 평행하게 놓인 직사각형이므로

$$\iint_R (3x+2y)\,dA = \int_0^1 \int_y^{2-y} (3x+2y)\,dx\,dy$$

를 계산하거나 또는

$$\iint_R (3x+2y)\,dA = \int_0^1 \int_0^x (3x+2y)\,dy\,dx + \int_1^2 \int_0^{2-x} (3x+2y)\,dy\,dx$$

를 계산하면 된다. 적분영역을 그려보고, 위를 계산하여 두 결과가 같음을 확인해보라. □

예제 0.13.3. 제 1 사분면에서 직선 $y = x$ 와 포물선 $y = x^2$ 으로 둘러싸인 영역의 넓이를 셈하라.

풀이. 우선 두 그래프를 그리고 두 그래프가 만나는 점을 찾다. 직선 $y = x$ 와 포물선 $y = x^2$ 이 만나는 점은 $(0,0)$ 과 $(1,1)$ 이므로 이 영역의 넓이 A 는 피적분함수를 1 로 두고 이중적분하여 다음과 같이 계산할 수 있다. 이때 x 를 y 보다 나중에 적분하는 것이 더 유리하다. 따라서 이 영역에서의 x 의 최소값이 0 이며, 최대값이 1 이므로 x 의 범위는 0 부터 1 까지가 된다. x 가 한 값에 고정하고, y 가 취할 수 있는 최소값을 x 의 식으로 표현하면, $y = x^2$ 이며, y 가 취할 수 있는 최대값을 x 의 식으로 표현하면, $y = x$ 이다. 따라서 y 의 범위는 x^2 부터 x 까지이다.

$$A = \int_0^1 \int_{x^2}^x dy\,dx = \int_0^1 [y]_{x^2}^x\,dx = \int_0^1 (x - x^2)\,dx = \frac{1}{6}$$

□

[극좌표에서의 중적분] 직교평면에서의 영역 R 을 극평면에서의 영역 Q 로

변환시키기 위하여 극좌표변환을 사용한다. 극좌표변환은

$$x = r\cos\theta, y = r\sin\theta$$

이며, 여기서 $r > 0$ 이고, $0 < \theta < 2\pi$ 이다. 면적소는

$$dxdy = rdrd\theta$$

가 되는데, 이 r 은 직교좌표를 극좌표로 변환할 때 직사각형이던 면적소가 부채꼴모양으로 바뀌면서 생기는 면적소의 변화율을 의미한다. 즉

$$|J| = \left|\frac{\partial(x,y)}{\partial(r,\theta)}\right| = \begin{vmatrix} \frac{\partial x}{\partial r} & \frac{\partial x}{\partial \theta} \\ \frac{\partial y}{\partial r} & \frac{\partial y}{\partial \theta} \end{vmatrix} = r$$

이다. 따라서 직교평면에서의 중적분을 극좌표변환하면 아래와 같다.

$$\iint_R f(x,y)\,dx\,dy = \iint_Q f(r\cos\theta, r\sin\theta)\,r\,dr\,d\theta$$

예제 0.13.4. 반지름이 1 이고 중심이 원점인 제1사분면에 놓인 원의 내부를 R 이라 하자. 이중적분 $\iint_R (x^2+y^2)\,dA$ 를 셈하라.

풀이. 먼저 $x = r\cos\theta,\ y = r\sin\theta$ 라 하면, $x^2+y^2 = r^2$ 이다. 따라서 주어진 중적분을 극좌표변환하여 다음과 같이 계산할 수 있다.

$$\iint_R (x^2+y^2)\,dA = \int_0^{\pi/2}\int_0^1 r^2\,r\,dr\,d\theta = \int_0^{\pi/2}\left[\frac{r^4}{4}\right]_0^1 d\theta = \frac{\pi}{8}$$

□

[삼중적분] 삼변수 함수의 적분을 삼중적분이라고 한다. 특히 피적분함수의 값이 1 일 때, 삼중적분의 값은 적분영역의 부피를 의미한다.

예제 0.13.5. 영역 T 가 $0 \le x \le 1,\ 0 \le y \le 2,\ 0 \le z \le 3$ 인 직육면체라 할 때, T 위에서 함수 $f(x,y,z) = xyz$ 의 삼중적분을 셈하라.

풀이. 적분구간을 잘 잡아주어, 반복적분으로 셈한다.

$$\begin{aligned}\iiint_T f(x,y,z)\,dV &= \int_0^3\int_0^2\int_0^1 xyz\,dx\,dy\,dz = \int_0^3\int_0^2\left[\frac{x^2}{2}yz\right]_0^1 dy\,dz \\ &= \frac{1}{2}\int_0^3\int_0^2 yz\,dy\,dz = \frac{1}{2}\int_0^3\left[\frac{y^2}{2}z\right]_0^2 dz \\ &= \int_0^3 z\,dz = \frac{9}{2}\end{aligned}$$

□

직교좌표 (x, y, z) 를 구좌표 (ρ, ϕ, θ) 로 변환하자. 이때, ρ 는 주어진 점이 원점으로부터 떨어진 거리, ϕ 는 주어진 점이 양의 z 축과 이루는 각, θ 는 주어진 점이 양의 x 축과 이루는 각이다. 그러면,

$$x = \rho \sin\phi \cos\theta,\ \ y = \rho \sin\phi \sin\theta, z = \rho\cos\phi$$

이고,

$$\rho > 0,\ \ 0 \le \phi \le \pi,\ \ 0 \le \theta \le 2\pi$$

이다. 이때 이 변수들의 범위는 다음과 같이 결정한다. 원점에서 시작하는 길이가 ρ 인 벡터를 양의 z 축에서 부터 시작하여 음의 z 축 방향으로 회전시키면, 각이 $\pi = 180^o$ 인 부채꼴 또는 반원을 얻을 수 있다. 이것을 z 축을 중심으로 반시계방향으로 $2\pi = 360^o$ 회전시키면, 구를 한 개 얻을 수 있다. 이때의 $\pi = 180^o$ 와 $2\pi = 360^o$ 가 각각 ϕ 와 θ 의 범위가 된다.

직교좌표를 구좌표로 변환할 때, 체적소의 변화를 나타내는 Jacobian 을 다음과 같이 계산하여

$$\left|\frac{\partial(x,y,z)}{\partial(\rho,\phi,\theta)}\right| = \begin{vmatrix} \frac{\partial x}{\partial \rho} & \frac{\partial x}{\partial \phi} & \frac{\partial x}{\partial \theta} \\ \frac{\partial y}{\partial \rho} & \frac{\partial y}{\partial \phi} & \frac{\partial y}{\partial \theta} \\ \frac{\partial z}{\partial \rho} & \frac{\partial z}{\partial \phi} & \frac{\partial z}{\partial \theta} \end{vmatrix} = \rho^2 \sin\phi$$

를 얻을 수 있으므로

$$dxdydz = \rho^2 \sin\phi d\rho d\phi d\theta$$

이다. 따라서 직교좌표에서의 삼중적을 구좌표의 삼중적으로 다음과 같이 변환할 수 있다.

$$\begin{aligned} &\int\!\!\int\!\!\int_{(x,y,z)\text{적분공간}} f(x,y,z)dxdydz \\ = &\int\!\!\int\!\!\int_{(\rho,\phi,\theta)\text{적분공간}} f(\rho\sin\phi\cos\theta, \rho\sin\phi\sin\theta, \rho\cos\phi)\rho^2\sin\phi d\rho d\phi d\theta \end{aligned}$$

예제 0.13.6. 구 $x^2 + y^2 + z^2 = a^2$ 의 체적을 계산하라.

풀이. 구의 체적 V 을 다음과 같이 얻을 수 있다.

$$V = \int\!\!\int\!\!\int_{\text{구의 내부}} dxdydz = \int_0^{2\pi}\int_0^{\pi}\int_0^{a} \rho^2\sin\phi d\rho d\phi d\theta = \frac{4}{3}\pi a^3$$

□

0.14 테일러 급수

다항함수의 무한합을 멱급수라 부르는데, 어떤 함수 $f(x)$ 를 아래와 같이 멱급수로 전개해 보자.

$$f(x) = \sum_{n=0}^{\infty} a_n (x-c)^n$$

이때 양변을 미분하여 차례로 계수를 구하면 다음과 같다.

$$a_0 = f(c), \qquad a_1 = f'(c), \qquad a_2 = \frac{f''(c)}{2!}, \ \cdots, \qquad a_n = \frac{f^{(n)}(c)}{n!}, \ \cdots$$

따라서 $f(x)$ 는

$$f(x) = \sum_{n=0}^{\infty} \frac{f^{(n)}(c)}{n!}(x-c)^n = f(c) + f'(c)(x-c) + \frac{f''(c)}{2!}(x-c)^2 + \cdots$$

로 전개되며, 이를 함수 $f(x)$ 의 c 에서의 **테일러 급수**(Taylor series) 라 부른다. 특히, $c = 0$ 일 때에는 f 의 **매클로린 급수**(Maclaurin series) 라 부른다. 테일러급수 또는 맥클로린 급수의 처음 몇 개 항의 부분합을 이용하여 주어진 함수 $f(x)$ 의 근사값을 계산할 수 있다.

다음은 자주 쓰이는 함수들의 맥클로린 급수이므로 유도해본 후, 결과를 외워두자.

(가) $\dfrac{1}{1-x} = \displaystyle\sum_{m=0}^{\infty} x^m = 1 + x + x^2 + \cdots \qquad (|x| < 1),$

(나) $e^x = \displaystyle\sum_{m=0}^{\infty} \frac{x^m}{m!} = 1 + x + \frac{x^2}{2!} + \frac{x^3}{3!} + \cdots,$

(다) $\cos x = \displaystyle\sum_{m=0}^{\infty} \frac{(-1)^m x^{2m}}{(2m)!} = 1 - \frac{x^2}{2!} + \frac{x^4}{4!} - + \cdots,$

(라) $\sin x = \displaystyle\sum_{m=0}^{\infty} \frac{(-1)^m x^{2m+1}}{(2m+1)!} = x - \frac{x^3}{3!} + \frac{x^5}{5!} - + \cdots$

예제 0.14.1. 테일러 급수에서 0 이 아닌 처음 5 항을 사용하여, $\sqrt{e}$, $\ln 2$, $\sqrt{3}$ 의 근사값을 각각 계산하라.

0.15 행렬

[행렬의 정의] mn 개의 수를 다음과 같이 m 행과 n 열의 직사각형 모양으로 배열하는 것을 **행렬 (matrix)** 이라 한다.

$$\mathbf{A} = \begin{pmatrix} a_{11} & a_{12} & \cdots & a_{1n} \\ a_{21} & a_{22} & \cdots & a_{2n} \\ \vdots & & & \vdots \\ a_{m1} & a_{m2} & \cdots & a_{mn} \end{pmatrix} = (a_{ij})_{m\times n}$$

행과 열의 갯수가 동일한 $n \times n$ 행렬에서 원소 $a_{11}, a_{22}, \cdots, a_{nn}$ 을 **주대각 원소**라고 부른다.

[행렬의 연산] 행렬 $\mathbf{A}$ 와 $\mathbf{B}$ 의 행과 열의 수가 같을 때, 두 행렬을 더하거나 뺄 수 있는데, 이때에는 서로 대응되는 원소끼리 더하거나 뺀다. 또한 행렬 $\mathbf{A}$ 의 열의 수와 $\mathbf{B}$ 의 행의 수가 같을 때, 두 행렬의 곱을 다음과 같이 정의한다.

$$\begin{aligned} \mathbf{AB} &= \begin{pmatrix} a_{11} & a_{12} & \cdots & a_{1p} \\ a_{21} & a_{22} & \cdots & a_{2p} \\ \vdots & & & \vdots \\ a_{m1} & a_{m2} & \cdots & a_{mp} \end{pmatrix} \begin{pmatrix} b_{11} & b_{12} & \cdots & b_{1n} \\ b_{21} & b_{22} & \cdots & b_{2n} \\ \vdots & & & \vdots \\ b_{p1} & b_{p2} & \cdots & b_{pn} \end{pmatrix} \\ &= \begin{pmatrix} a_{11}b_{11} + a_{12}b_{21} + a_{1p}b_{p1} & \cdots & a_{11}b_{1n} + a_{12}b_{2n} + a_{1p}b_{pn} \\ a_{21}b_{11} + a_{22}b_{21} + a_{2p}b_{p1} & \cdots & a_{21}b_{1n} + a_{22}b_{2n} + a_{2p}b_{pn} \\ \vdots & & \vdots \\ a_{m1}b_{11} + a_{m2}b_{21} + a_{mp}b_{p1} & \cdots & a_{m1}b_{1n} + a_{m2}b_{2n} + a_{mp}b_{pn} \end{pmatrix} \\ &= \left(\sum_{k=1}^{p} a_{ik}b_{kj} \right)_{i=1,\cdots,m,j=1,\cdots,n} \end{aligned}$$

예제 0.15.1. (행렬의 곱셈)

$$\mathbf{A} = \begin{pmatrix} 3 & 2 & -1 \\ 0 & 4 & 6 \end{pmatrix}, \qquad \mathbf{B} = \begin{pmatrix} 1 & 0 & 2 \\ 5 & 3 & 1 \\ 6 & 4 & 2 \end{pmatrix}, \qquad \mathbf{AB} = \begin{pmatrix} 7 & 2 & 6 \\ 56 & 36 & 16 \end{pmatrix}$$

그러나 $\mathbf{B}$ 의 열 수와 $\mathbf{A}$ 의 행 수가 같지 않으므로 행렬곱 $\mathbf{BA}$ 는 셈할 수 없다. □

[행렬식] 정사각행렬 $\mathbf{A}$ 에 행렬식이라는 스칼라 값을 줄 수 있는데, 이것을 $\det \mathbf{A}$ 또는 $|\mathbf{A}|$ 로 나타낸다. 2 차와 3 차 행렬의 **행렬식**(determinant) 은 각각

다음과 같다.

$$\det \mathbf{A} = \begin{vmatrix} a_{11} & a_{12} \\ a_{21} & a_{22} \end{vmatrix} = a_{11}a_{22} - a_{12}a_{21}$$

$$\begin{aligned} \det \mathbf{A} &= \begin{vmatrix} a_{11} & a_{12} & a_{13} \\ a_{21} & a_{22} & a_{23} \\ a_{31} & a_{32} & a_{33} \end{vmatrix} \\ &= a_{11}a_{22}a_{33} + a_{12}a_{23}a_{31} + a_{13}a_{21}a_{32} \\ &\quad - a_{13}a_{22}a_{31} - a_{11}a_{23}a_{32} - a_{12}a_{21}a_{33} \end{aligned}$$

예제 0.15.2. 주어진 2차와 3차 행렬의 행렬식을 구해보자.

$$\begin{vmatrix} 1 & -2 \\ 3 & 4 \end{vmatrix} = 1 \cdot 4 - (-2) \cdot 3 = 10$$

$$\begin{vmatrix} 2 & 4 & 7 \\ 6 & 0 & 3 \\ 1 & 5 & 3 \end{vmatrix} = 2 \cdot 0 \cdot 3 + 4 \cdot 3 \cdot 1 + 7 \cdot 6 \cdot 5 - 7 \cdot 0 \cdot 1 - 2 \cdot 3 \cdot 5 - 4 \cdot 6 \cdot 3 = 120$$

[역행렬] $\mathbf{A}$와 $\mathbf{B}$는 $n \times n$ 행렬, $\mathbf{I}$는 주대각선에 있는 원소들이 1이고 나머지가 모두 0인 n차 단위행렬이다. $\mathbf{AB} = \mathbf{BA} = \mathbf{I}$ 이면 $\mathbf{B}$를 $\mathbf{A}$의 **역행렬**(inverse matrix)이라 부르고 $\mathbf{A}^{-1}$이라 쓴다. $\mathbf{A}$의 역행렬이 존재하면, 이것은 유일하다.

$\mathbf{A}$가 $n \times n$ 행렬이고 $\det \mathbf{A} \neq 0$이면, $\mathbf{A}$의 크래머의 방법에 따라 역행렬 $\mathbf{A}^{-1}$은 다음과 같이 구해진다.

$$\mathbf{A}^{-1} = \left(\frac{1}{\det \mathbf{A}}\right) \text{adj } \mathbf{A}$$

여기서 adj $\mathbf{A}$는 다음과 같이 정의된다.

$$\text{adj } \mathbf{A} = \begin{pmatrix} C_{11} & C_{21} & \cdots & C_{n1} \\ C_{12} & C_{22} & \cdots & C_{n2} \\ \vdots & \vdots & \ddots & \vdots \\ C_{1n} & C_{2n} & \cdots & C_{nn} \end{pmatrix}$$

이때, C_{ij}는 행렬 $\mathbf{A}$에서 i번째 행과 j번째 열을 제외한 소행렬의 행렬식에 $(-1)^{i+j}$을 곱한 값이다.

예제 0.15.3. $\begin{pmatrix} 1 & 2 \\ 3 & 4 \end{pmatrix}^{-1} = \begin{pmatrix} -2 & 1 \\ \frac{3}{2} & -\frac{1}{2} \end{pmatrix}$

예제 0.15.4. 다음 행렬 $\mathbf{A}$의 역행렬을 구하라.

$$\mathbf{A} = \begin{pmatrix} 2 & 2 & 0 \\ -2 & 1 & 1 \\ 3 & 0 & 1 \end{pmatrix}$$

풀이.

$$C_{11} = \begin{vmatrix} 1 & 1 \\ 0 & 1 \end{vmatrix} = 1 \quad C_{12} = -\begin{vmatrix} -2 & 1 \\ 3 & 1 \end{vmatrix} = 5 \quad C_{13} = \begin{vmatrix} -2 & 1 \\ 3 & 0 \end{vmatrix} = -3$$

$$C_{21} = -\begin{vmatrix} 2 & 0 \\ 0 & 1 \end{vmatrix} = -2 \qquad C_{22} = \begin{vmatrix} 2 & 0 \\ 3 & 1 \end{vmatrix} = 2 \quad C_{23} = -\begin{vmatrix} 2 & 2 \\ 3 & 0 \end{vmatrix} = 6$$

$$C_{31} = \begin{vmatrix} 2 & 0 \\ 1 & 1 \end{vmatrix} = 2 \quad C_{32} = -\begin{vmatrix} 2 & 0 \\ -2 & 1 \end{vmatrix} = -2 \quad C_{33} = \begin{vmatrix} 2 & 2 \\ -2 & 1 \end{vmatrix} = 6$$

$$\mathbf{A}^{-1} = \frac{1}{12}\begin{pmatrix} 1 & -2 & 2 \\ 5 & 2 & -2 \\ -3 & 6 & 6 \end{pmatrix} = \begin{pmatrix} \frac{1}{12} & -\frac{1}{6} & \frac{1}{6} \\ \frac{5}{12} & \frac{1}{6} & -\frac{1}{6} \\ -\frac{1}{4} & \frac{1}{2} & \frac{1}{2} \end{pmatrix}$$

□

0.16 벡터

물체의 위치, 힘, 또는 속도, 가속도 등을 표현하기 위하여 벡터

$$\vec{v} = \mathbf{v} = (v_1, v_2, \cdots, v_n)$$

을 사용한다. 이때 모든 벡터는 크기와 방향벡터의 곱으로 표현될 수 있으며, 크기와 방향이 같은 벡터들은 벡터의 시작점과 끝점에 관계없이 같은 벡터로 생각한다.

[벡터의 크기]
$|\mathbf{v}| = \sqrt{v_1^2 + v_2^2 + \cdots + v_n^2}, \quad \mathbf{v} = |\mathbf{v}| \times \dfrac{\mathbf{v}}{|\mathbf{v}|}$

예제 0.16.1. $|(2,-1,3)| = \sqrt{2^2 + (-1)^2 + 3^2} = \sqrt{14}$
$(2,-1,3) = \sqrt{14}\left(\frac{2}{\sqrt{14}}, \frac{-1}{\sqrt{14}}, \frac{3}{\sqrt{14}}\right) =$ 크기 $\times$ 방향벡터

[벡터의 내적] 두 벡터 $\mathbf{a} = (a_1, a_2, \cdots, a_n)$와 $\mathbf{b} = (b_1, b_2, \cdots, b_n)$의 사이각이 θ $(0 \le \theta \le \pi)$일때, $\mathbf{a}$와 $\mathbf{b}$의 **내적**(inner product)은 $\mathbf{a} \cdot \mathbf{b}$라 쓰며 다음과

같이 정의된다.

$$\mathbf{a}\cdot\mathbf{b} = |\mathbf{a}||\mathbf{b}|\cos\theta = a_1b_1 + a_2b_2 + \cdots + a_nb_n$$

특히 한 벡터가 크기가 1인 단위벡터일 때, 두 벡터의 내적은 나머지 벡터의 단위벡터 방향으로의 성분의 크기를 의미한다. 또한 내적인 0인 두 벡터는 서로 직교한다.

예제 0.16.2. 두 벡터 $\mathbf{a} = (1,1,-2)$과 $\mathbf{b} = (-3,2,1)$의 내적을 구하면, $(1,1,-2)\cdot(-3,2,1) = -3$이다.

[벡터의 외적] 두 공간벡터 $\mathbf{a}$와 $\mathbf{b}$의 **외적**(cross product; outer product)을 $\mathbf{a}\times\mathbf{b}$로 표시하며, 두 벡터의 사이각을 θ $(0 \le \theta \le \pi)$라 할 때,

$$\mathbf{a}\times\mathbf{b} = \begin{vmatrix} \mathbf{i} & \mathbf{j} & \mathbf{k} \\ a_1 & a_2 & a_3 \\ b_1 & b_2 & b_3 \end{vmatrix} = \mathbf{a}\times\mathbf{b} = |\mathbf{a}||\mathbf{b}|\sin\theta\,\mathbf{n}$$

로 정의한다. 여기서 $\mathbf{i},\mathbf{j},\mathbf{k}$는 각각 x,y,z 방향의 단위벡터이며, 행렬식을 계산하는 동안 문자처럼 취급한다. $\mathbf{n}$은 $\mathbf{a}\times\mathbf{b}$ 방향의 단위 벡터이며, 외적벡터 $\mathbf{a}\times\mathbf{b}$는 벡터 $\mathbf{a}$, $\mathbf{b}$ 모두와 직교한다.

예제 0.16.3. 두 벡터 $\mathbf{a} = (1,1,0)$과 $\mathbf{b} = (3,0,0)$의 외적을 구하라.

풀이.

$$\mathbf{a}\times\mathbf{b} = \begin{vmatrix} \hat{\mathbf{i}} & \hat{\mathbf{j}} & \hat{\mathbf{k}} \\ 1 & 1 & 0 \\ 3 & 0 & 0 \end{vmatrix} = \begin{vmatrix} 1 & 0 \\ 0 & 0 \end{vmatrix}\mathbf{i} - \begin{vmatrix} 1 & 0 \\ 3 & 0 \end{vmatrix}\mathbf{j} + \begin{vmatrix} 1 & 1 \\ 3 & 0 \end{vmatrix}\mathbf{k} = -3\mathbf{k}$$

□

[벡터함수] 공간에서의 곡선C는 매개변수 t를 사용하여 벡터함수 $\mathbf{r}(t) = (x(t), y(t), z(t))$ $(a \le t \le b)$로 표현된다.
(1) 벡터 $\mathbf{a}$와 나란하고 점 $\mathbf{p}$를 지나는 직선의 벡터방정식 : $\mathbf{r}(t) = \mathbf{p} + \mathbf{a}t$
(2) 중심이 원점이고 반지름이 1인 원의 벡터방정식: $\mathbf{r}(t) = (\cos t, \sin t)$

예제 0.16.4. 두점 (1,0)과 (2,1)를 지나는 직선의 벡터방정식을 구하라.

풀이. 이 직선은 벡터 $\mathbf{a} = (2,1) - (1,0) = (1,1)$과 나란하다. 따라서 이 직선의 벡터방정식은 $\mathbf{r}(t) = (1,0) + (1,1)t$이다. 이것을 풀어서 우리가 익숙해져 있는 직선식을 구해보자. 방금 얻은 직선의 벡터방정식으로부터 $x(t) = 1+t, y(t) = t$이고, $t = x - 1 = y$이므로 $y = x - 1$의 직선식을 얻을 수 있다. □

[벡터함수의 미분] 벡터함수의 미분은 벡터함수의 각 성분을 매개변수 t에 대하여 미분한 것과 같다.

예제 0.16.5. 직선의 벡터방정식 $\mathbf{r}(t) = (1,0) + (1,1)t$ 을 미분하라.

풀이. $\frac{d\mathbf{r}}{dt} = \frac{d\mathbf{r}}{dt}(1+t,t) = ((1+t)', t') = (1,1)$ □

[선적분의 정의] 공간에서의 곡선C는 벡터함수 $\mathbf{r}(t) = (x(t), y(t), z(t))$ $(a \le t \le b)$로 표현된다. 곡선 C 위에서 벡터함수 $\mathbf{F}(\mathbf{r}) = (F_1(\mathbf{r}), F_2(\mathbf{r}), F_3(\mathbf{r}))$의 선적분은 다음과 같이 정의된다.

$$\int_C \mathbf{F}(\mathbf{r}) \cdot d\mathbf{r} = \int_a^b \mathbf{F}(\mathbf{r}(t)) \cdot \frac{d\mathbf{r}}{dt} dt$$

$\mathbf{F}$가 힘이라면 선적분은 곡선 C를 따라 힘 $\mathbf{F}$로 한 일의 양을 의미한다.

유제 0.16.6. $\mathbf{F}(x,y) = y\mathbf{i} + x\mathbf{j}$를 $(0,0)$에서 $(1,3)$까지 직선 C를 따라 선적분하라.

풀이. 이 직선 C는 $y = 3x$로, $x = t$일 때 $y = 3t$이다. 따라서 직선 C에 대한 벡터함수는 $\mathbf{r}(t) = (t, 3t)$, $(0 \le t \le 1)$이다. 이 직선 위에서 주어진 벡터함수는 $\mathbf{F}(\mathbf{r}(t)) = (3t, t)$로 표현된다. 따라서 $\mathbf{F}(\mathbf{r}(t)) \cdot \frac{d\mathbf{r}}{dt} dt = (3t, t) \cdot (1,3) = 3t + 3t = 6t$이다. 따라서 구하려는 선적분은 다음과 같다.

$$\int_C \mathbf{F}(\mathbf{r}) \cdot d\mathbf{r} = \int_0^1 (3t, t) \cdot (1,3) dt = \int_0^1 6t dt = [3t^2]_0^1 = 3$$

즉 힘 $\mathbf{F}$로 주어진 직선을 따라 한 일의 양이 3이라는 의미이다. □

0.17 기초시험 문제 예시

수업계획서에 공지한 바와 같이 기초시험은 공학수학을 학습하는데 도움을 주기 위한 것이다. 기초시험은 매학기 시작, 둘째 주 수업시간 또는 9교시에 실시하는 것을 원칙으로 하나, 일정이 바뀔 수 있으며, 정확한 일시 및 장소는 학과 게시판과 클래스넷을 통하여 공지된다. 모든 학생들은 수성사인펜을 준비하여야 한다.

출제범위는 대학수학 1과 대학수학2 전체이며 본 교재의 0장 '미리 알아두기'는 이를 아주 간단하게 요약한 것이다. 시험문제는 총 20문항이며, 각 문항은 5지 선다형이다. 시험 시간은 50분이고, 이 기초수학시험 점수를 본 '응용수학1'과 '응용수학 2'의 성적 중 10% 이상 반영한다. 아래는 기초시험 문제의 예시이다.

다음을 구하라.

1.(함수의 극대 또는 극소값) 함수 $f(x) = x^3 + 3x^2 - 9x + 5$ 의 극대값을 구하라. (32, $x = -3$)

2.(함수의 미분) $f(x) = \dfrac{x}{(2x+1)^3}$ 에 대하여, $f'(1)$ 의 값은 무엇인가? (-1/27)

3.(삼각함수 그래프 이해) $f(x) = \cos(2x - \frac{\pi}{2})$ 의 그래프는 어느 것인가?

4.(함수의 편미분) $f(x,y) = \frac{x}{y}$ 에 대하여, $(x,y) = (1,-1)$ 에서 $\frac{\partial^2 f}{\partial x \partial y}$ 의 값은 무엇인가? (-1)

5.(벡터의 내적과 외적) 두 벡터 $\mathbf{a} = (1,1,0)$, $\mathbf{b} = (3,0,0)$ 의 벡터곱(외적)은 무엇인가? (-3 $\mathbf{k}$)

6.(삼각함수의 적분) $\int_0^{\pi} x \cos x \; dx$ 의 값은 무엇인가? (-2)

7.(치환적분) $\int_{-1}^{0} x\sqrt{x+1}$ 의 값은 무엇인가? (-4/15)

8.(이상적분) $\int_1^{\infty} \frac{1}{\sqrt{x}}$ 의 값은 무엇인가? (∞)

9.(행렬식) $A = \begin{pmatrix} 2 & 4 & 7 \\ 6 & 0 & 3 \\ 1 & 5 & 3 \end{pmatrix}$ 의 행렬식 $|A|$ 의 값은 무엇인가? (120)

10. (이중적분) R 은 $(0,0)$, $(1,1)$, $(2,0)$ 이 꼭지점인 삼각형, $\int\int_R (2x+1)dA$ 의 값은 무엇인가? (3)

11. (삼각함수의 적분) $\int_0^{\frac{\pi}{2}} \sin^2 x\ dx$ 의 값은 무엇인가? $(\frac{\pi}{4})$

12. (테일러급수) $x = 0$ 에서 함수 $f(x) = \ln(1+x)$ 의 테일러급수 표현에서 0 이 아닌 처음 4 항의 부분합을 이용하여, $\ln 2$ 의 근사값은 무엇인가? (7/12)

13. (부분적분) $\int_0^1 xe^{-x}dx$ 의 값은 무엇인가? $(1-2e^{-1})$

14. (음함수의 미분) 음함수 $x^2 - xy + y^2 = 4$ 에 대하여, 점 $x = 1$ 에서의 $\frac{dy}{dx}$ 의 값은 무엇인가? (-1)

15. (로그함수의 미분) 함수 $y = \log(x^3 + 2x + 1)$ 에 대하여, $\frac{dy}{dx}$ 를 $x = 1$ 에서 구한 값은 무엇인가? (5/4)

16. (극좌표변환 이중적분) 원점이 중심, 반경이 1 인 원의 내부 중 1 사분면에 놓여있는 영역 R에 대하여, $\int\int_R \sqrt{x^2+y^2}\ dA$ 를 구한 값은 무엇인가? $(\frac{\pi}{6})$

17. (극방정식) 극방정식 $r = 4\sin t$ 는 어떤 도형인가? (반지름이 2 이고 중심이 (0,2) 인 원)

18. (부분분수적분) 정적분 $\int_2^4 \frac{1}{x^2-x}\ dx$ 의 값은 무엇인가? $(\ln 3/2)$

19. (전미분) $dz = z_x dx + z_y dy$ 를 z 의 전미분이라 한다. 곡면 $z = x^2 - y^2$ 에서 x, y 가 각각 4와 5에서 4.3과 4.8로 변할 때, z 변화량의 근사값은 무엇인가? (4.4)

20.(삼중적분) $\int_0^2 \int_0^{2-x} \int_0^{2-x-y}\ dz\ dy\ dx$ 의 값은 무엇인가? (4/3)

제 1 장

일계미분방정식

자연의 많은 현상들과 경제학을 비롯한 사회과학 법칙들은 미분방정식으로 표현되는 경우가 많다. 세상만사가 시간에 따라 변하기 때문이다. 갈릴레이는 중력가속도가 일정하다는 사실에서 미분방정식을 세워 그 해로서 낙체의 법칙을 얻었다. 이것이 인류 최초의 미분방정식 문제이다.

쉬운 예를 들어 보자. 시각 t 에서의 박테리아의 증가율은 현재의 박테리아 수 y 에 비례한다. 이 현상을 수식으로 표현하면, 미분방정식

$$\frac{dy}{dt} = ay$$

을 얻는다. a 는 비례상수로서 박테리아의 종류에 따라서 달라지는 양수이다. 처음 박테리아의 수가 1 이면 미분방정식의 해는

$$y = e^{at}$$

이다. 이는 박테리아의 수가 지수함수적으로 증가한다는 좋은 정보를 준다.

미분방정식은 수학, 물리학 뿐만 아니라 화학, 생물학, 공학, 경제학, 경영학 등에 이르기까지 여러 분야에서 널리 쓰인다. 미분방정식의 해법은 그 모양에 따라 달라지는데, 이 장에서는 미분방정식과 해의 개념을 소개하고 일계미분방정식의 해법을 살펴본다.

1.1 미분방정식과 그 해

$$\frac{dy}{dx} - y = 0, \qquad dy = -3ydx$$

와 같이 도함수 $\frac{dy}{dx}$ 또는 미분 dy, dx 를 포함하는 방정식을 **미분방정식**(differential equation) 이라고 한다. x 를 독립변수, y 를 종속변수로 하는 일변수함수

$$y = f(x)$$

에 대하여,

$$x,\ y,\ y',\ y'',\ \cdots,\ a \tag{1.1}$$

로 이루어진 방정식을 **상미분방정식**(ordinary differential equation) 이라고 한다. 여기서 a 는 상수이다. 예를 들어,

$$y' - 2y = 0 \tag{1.2}$$

$$\frac{d^2y}{dx^2} = \sin x + \cos x \tag{1.3}$$

$$(3xy + y^2)dy - x^2 dx = 0 \tag{1.4}$$

은 상미분방정식들이다.

미분방정식의 **계수**(order) 는 그 미분방정식의 최고계 도함수의 계수를 말한다. 식 (1.2) 는 1 계, 식 (1.3) 은 2 계, 식 (1.4) 는 1 계이다.

y 와 그 도함수 y', y'' 등에 대하여, 그 들의 1 차의 항만을 포함하는 미분방정식을 **선형**(linear) 이라 하고, yy', y^3 과 같은 2 차 이상의 항을 포함하는 미분방정식을 **비선형**(nonlinear) 이라 한다. 선형이 되기 위해서는 y, y', y'' 등의 계수 (coefficient) 가 상수 또는 x 만의 함수이어야 한다. 즉,

$$x^2y' - 3y = 0, \quad x\frac{d^2y}{dx^2} + x^2\frac{dy}{dx} + 3y = e^{-x} \tag{1.5}$$

는 각각 1 계선형, 2 계선형이며

$$(y')^2 + 2xy'' - y = 0, \quad \frac{d^3y}{dx^3} + xy^2 = 0, \quad yy' - x^2y = \tan x \tag{1.6}$$

는 각각 2 계비선형, 3 계비선형, 1 계비선형이다. 선형미분방정식은 비교적 쉽게 해결되지만, 비선형미분방정식은 대개의 경우 풀기가 어렵다.

상수항과 x 만의 함수항을 포함하고 있지 않은 미분방정식을 **동차** (homogenous) 라 하고, 포함하고 있는 미분방정식은 **비동차**(nonhomogenous) 라 한다. 식 (1.2) 는 동차, 식 (1.3) 은 비동차, 식 (1.4) 는 동차미분방정식이고, 식 (1.5) 는 각각 일계선형동차상미분방정식, 이계선형비동차상미분방정식이다.

각자 식 (1.6) 의 미분방정식을 분류해 보자.

미분방정식은 상미분방정식과 편미분방정식으로 나뉜다. 독립변수 x, y 에 대한 이변수함수

$$z = f(x, y)$$

에 대하여,

$$x,\ y,\ z,\ \frac{\partial z}{\partial x},\ \frac{\partial z}{\partial y},\ \frac{\partial^2 z}{\partial y \partial x}, \cdots,\ a \tag{1.7}$$

로 이루어진 편도함수를 포함하는 방정식을 **편미분방정식**(partial differential equation) 이라 한다. 여기서 a 는 상수이다. 예를 들어, 다음의 라플라스 (Laplace)

방정식과 파동방정식은 모두 편미분방정식이다.

$$\frac{\partial^2 z}{\partial x^2} + \frac{\partial^2 z}{\partial y^2} = 0, \qquad \frac{\partial^2 w}{\partial y^2} = c^2 \frac{\partial^2 w}{\partial x^2}$$

이 장에서는 상미분방정식만 다룬다.

미분방정식의 해 : 일반해, 특수해, 특이해

$y = f(x)$ 와 그 도함수가 미분방정식을 만족한다면, 함수 $y = f(x)$ 를 그 미분방정식의 **해**(solution) 라고 한다. 구한 함수가 미분방정식의 해인지를 알아보기 위해서는 함수와 그 도함수를 그 방정식에 대입하여 등식이 성립하는지 살펴보면 된다.

예제 1.1.1. $y = cx - c^2$ 이 다음 미분방정식의 해임을 조사하라.

$$(y')^2 - xy' + y = 0$$

풀이. y 와 $y' = \dfrac{dy}{dx} = c$ 를 주어진 미분방정식에 대입하면

$$c^2 - xc + (cx - c^2) = 0$$

이 되므로 주어진 y 는 이 미분방정식의 해이다. □

유제 1.1.2. 상수 a 와 b 에 대하여,

$$y = a\cos x + b\sin x$$

가 이계상미분방정식

$$\frac{d^2 y}{dx^2} + y = 0$$

의 해임을 보여라.

위 예제 1.1.1과 유제 1.1.2의 해와 같이 임의의 상수 c 와 a, b 를 포함하는 해를 **일반해**(general solution) 라고 한다. 1계 상미분방정식의 일반해는 임의의 상수 한 개를 포함하며, 2계상미분방정식의 일반해는 임의의 상수 두 개를 포함한다. 경우에 따라서는 일반해를 **해곡선**이라고도 부른다.

또 일반해의 상수에 특정한 값을 주었을 때 얻어지는 해를 **특수해**(particular solution) 라고 한다. 위 예제에서 $c = 3$ 일 때,

$$y = 3x - 9$$

는 주어진 미분방정식의 특수해이다.

경우에 따라서는 일반해의 임의의 상수에 어떠한 특정한 값을 주어도 얻을 수 없는 해가 있다. 이와 같이 일반해도 아니고 특수해도 아닌 해를 **특이해**(singular solution) 라고 한다. 예를 들면, 위 예제 1.1.1 에서 상수 c 에 어떠한 값을 주어도 얻을 수 없는 해

$$y = \frac{1}{4}x^2$$

이 존재한다. 이것이 주어진 미분방정식의 특이해이다. 실제로 이것을 예제 1.1.1 의 미분방정식에 대입하여 보면

$$\left(\frac{1}{2}x\right)^2 - x\left(\frac{1}{2}x\right) + \frac{1}{4}x^2 = 0$$

이다. 미분방정식을 푼다는 것은 이와 같은 해를 구하는 것을 의미한다.

다음 예제에서는 주어진 해에 알맞은 미분방정식을 어떻게 찾는지를 보여준다.

예제 1.1.3. (1) 곡선족 $y = cx^3$ 과 (2) 중심이 원점에 있는 동심원족을 해로 가지는 미분방정식을 각각 구하라.

풀이. (1) 해곡선을 미분하면

$$\frac{dy}{dx} = 3cx^2$$

이고, $c = \frac{y}{x^3}$ 을 대입하여

$$\frac{dy}{dx} = 3\left(\frac{y}{x^3}\right)x^2 = 3\frac{y}{x}$$

을 얻는다. 따라서 주어진 곡선족을 해로 가지는 1 계선형미분방정식은 다음과 같다.

$$xy' - 3y = 0$$

(2) 중심이 원점에 있는 동심원족은

$$x^2 + y^2 = c^2, \quad c > 0$$

로 표현된다. 음함수 미분법에 따라서 동심원족을 해로 가지는 다음 미분방정식을 얻는다.

$$2x + 2y\frac{dy}{dx} = 0$$

$$\frac{dy}{dx} = -\frac{x}{y} \quad \text{또는} \quad xdx + ydy = 0.$$

□

유제 1.1.4. $x^3y^2 = c$ 가 해가 되는 미분방정식을 찾아라.

♣ 정답. $3ydx + 2xdy = 0$

연습문제 1.1

1. 다음 상미분방정식의 계수(order)를 구하고, 이 미분방정식이 선형인지 비선형인지, 동차인지 비동차인지를 말하라.

   (1) $y'' + 2xy = \sec x$ (2) $y'' + yy' = 0$

   (3) $y'' - 2(y')^3 + y = e^x$ (4) $2y' + y = 2\ln x$

   (5) $y''' + 4(\sin x)y' + 4y = 0$ (6) $e^x y' - 4xy = e^{2x}$

   (7) $y'' + (1-x)y' + \sin y = 0$

2. 다음 함수 y가 주어진 미분방정식의 해임을 밝혀라.

   (1) $y''' - y'' + y' - y = x, \qquad y = 3\cos x - x - 1$

   (2) $y'' - y = e^x, \qquad y = (x/2)\ e^x$

♣ 정답.

1. (1) 2계, 선형, 비동차 (2) 2계, 비선형, 동차

   (3) 2계, 비선형, 비동차 (4) 1계, 선형, 비동차

   (5) 3계, 선형, 동차 (6) 1계, 선형, 비동차

   (7) 2계, 비선형, 동차

2. (1) y, y' ,y'' ,y'''을 미분방정식의 좌변에 대입, 계산하여 x 임을 보이면 된다.

   (2) y, y''을 미분방정식의 좌변에 대입, 계산하여 e^x임을 보이면 된다.

1.2 변수분리형 미분방정식

주어진 미분방정식이

$$g(y)y' = f(x)$$

일 때,

$$g(y)\frac{dy}{dx} = f(x)$$

$$g(y)dy = f(x)dx \tag{1.8}$$

로 바꾸어 표현할 수 있는데, 이 식 (1.8)은 변수 x와 y가 우변과 좌변에 각각 분리되어 나타난다. 이렇게 변수를 분리할 수 있는 미분방정식을 **변수분리형 미분방정식**(separable differential equation)이라 한다. 이것의 일반해는 식

(1.8) 을 적분하여 다음과 같이 구한다.

$$\int g(y)dy = \int f(x)dx \tag{1.9}$$

식 (1.9) 와 같이 미분방정식을 푼다는 것은 적분한다는 것과 같다. 따라서 공식적분법, 치환적분법, 부분적분법, 분수함수의 적분법 등 초등미적분학에서 학습한 적분기법을 자주 이용하게 될 것이다.

또한, 식을 간편하게 다루기 위해서 상수의 곱과 합 등 상수의 조합은 하나의 다른 상수로 바꾸어 쓴다.

예제 1.2.1. 다음 미분방정식을 풀어라.

$$yy' + 2x = 0$$

풀이.

$$y' = \frac{dy}{dx}$$

에서 변수를 분리하면

$$ydy = -2xdx$$

가 되고, 양변을 적분하면

$$\int ydy = \int (-2x)dx$$

이다. 따라서 아래 일반해를 얻는다.

$$\frac{y^2}{2} + x^2 = c_1, \quad 2x^2 + y^2 = c$$

□

유제 1.2.2. 미분방정식

$$9yy' + 4x = 0$$

의 해를 구하라.

♣ 정답. $\frac{x^2}{9} + \frac{y^2}{4} = c$

예제 1.2.3. 다음 미분방정식을 풀어라.

$$xdy - ydx = 0$$

풀이. 양변을 xy 로 나누면

$$\frac{1}{y}dy = \frac{1}{x}dx$$

이다. 양변을 적분하면

$$\int \frac{1}{y} dy = \int \frac{1}{x} dx$$

$$\ln|y| = \ln|x| + c_1, \qquad \left|\frac{y}{x}\right| = e^{c_1} = c_2$$

이다. 따라서 일반해는

$$y = cx$$

이다. □

이 예제에서 어떤 과정을 거치면서 절대값기호를 제거하여 미지상수 c를 얻는지 보았다. 이제부터는 이런 자세한 과정을 생략하고, 바로 미지상수 c를 쓰도록 하자.

유제 1.2.4. 미분방정식

$$y' = 1 + y^2$$

의 해를 구하라.

♣ 정답. $y = \tan(x + c)$

대부분의 공학문제에서는 일반해보다도 주어진 **초기조건**(initial condition)

$$y(x_0) = y_0, \quad y'(x_0) = y_1, \quad (x_0\text{는 처음값}) \tag{1.10}$$

를 만족하는 특수해를 자주 이용한다. 이러한 초기조건을 갖는 미분방정식을 **초기치문제**(initial value problem) 라 한다.

예제 1.2.5. (초기치문제) 다음 초기치문제를 풀어라.

$$y' = y^2 - 1, \quad y(0) = 2$$

풀이. 주어진 미분방정식을 변수분리하면,

$$\frac{dy}{y^2 - 1} = dx$$

가 되고, 좌변을 부분분수로 분해하여 적분하면 다음을 얻을 수 있다.

$$\frac{1}{2}\left(\frac{1}{y-1} - \frac{1}{y+1}\right) dy = dx$$

$$\ln|y-1| - \ln|y+1| = 2x + c_1, \quad \ln\left|\frac{y-1}{y+1}\right| = 2x + c_1.$$

따라서 일반해는

$$\frac{y-1}{y+1} = ce^{2x}, \quad y - 1 = c(y+1)e^{2x}$$

이다. 초기치 $x=0, y=2$ 를 대입하면 $c=\dfrac{1}{3}$ 을 얻는다. 따라서 이 초기치문제의 특수해는

$$y-1=\frac{1}{3}(y+1)e^{2x}.$$

□

유제 1.2.6. 초기치문제

$$y'+5x^4y^2=0,\ y(0)=1$$

을 풀어라.

♣ 정답. $y=\frac{1}{x^5+1}$

어떤 자연현상이나 공학문제를 미분방정식으로 표현(modeling)하고 그 해를 구한 다음, 그 해를 통하여 자연현상이나 공학문제를 분석(analysis)하여 장래를 예측해 보자. 이런 때에는 보통 시간응답(time response)이 나타난다. 따라서 독립변수가 시간인 미분방정식이 세워지고, 그 특수해는 출력 또는 응답(response)이 된다.

아래 예제 1.2.7은 경계치문제로서 온도변화 현상에 관련된 문제이다.

경계조건(boundary condition)

$$y(x_0)=y_0, \quad y(x_1)=y_1 \tag{1.11}$$

이 주어진 미분방정식을 **경계치문제**(boundary value problem)라 한다. 경계조건은 위와 모양이 다를 수 있으며, 초기조건과도 모양이 다르다.

예제 1.2.7. (경계치문제)(뉴톤의 온도변화법칙) 100^oC 로 가열된 어떤 구리공을 30^oC 의 물속에 넣었더니, 3분 후에 구리공의 온도가 70^oC 로 내려갔다고 한다. 이 구리공의 온도가 31^oC 로 내려갈 때까지 걸리는 시간을 구하라. 실험에 의하면 구리공의 온도 변화율은 그 온도와 주변 온도의 차이에 비례한다고 한다.

풀이. (1) (모델링) T 가 구리공의 온도, t 가 시간, a 가 양의 비례상수로 하여, 다음 경계치 문제를 작성한다.

$$\frac{dT}{dt}=-a(T-30), \quad T(0)=100, \quad T(3)=70. \tag{1.12}$$

(2) (일반해) 변수를 분리하고 적분하여 보면

$$\int\frac{1}{T-30}dT=-a\int dt$$

다음 일반해를 얻는다.

$$T(t)=ce^{-at}+30. \tag{1.13}$$

(3) (특수해) 조건 $T(0) = 100$ 을 일반해에 대입하면 $c = 70$ 이므로 특수해

$$T(t) = 70e^{-at} + 30. \tag{1.14}$$

를 얻을 수 있다.

(4) (a 의 결정) 조건 $T(3) = 70$ 에서 상수 a 를 구하면,

$$a = \frac{1}{3}(\ln 7 - \ln 4) = 0.1865$$

이므로

$$T(t) = 70e^{-0.1865t} + 30 \tag{1.15}$$

이다.

(5) (해) $T = 31^oC$ 일 때 t 를 구하면

$$t = \frac{\ln 70}{0.1865} = 22.78$$

이므로 구리공의 온도가 31^oC 로 내려갈 때까지 걸리는 시간은 약 23분이다.

(6) (검산) 각자 계산기를 사용하여 검산한다. □

유제 1.2.8. (초기치문제) 방사능물질의 붕괴율은 현재의 질량 y 에 비례한다. 지금 질량이 $2g$ 인 방사능물질이 t 시간 후에는 얼마나 남아 있을 것인가?

♣ 정답. $y(t) = 2e^{-at}$ (a 는 양의 비례상수)

연습문제 1.2

1. 다음 미분방정식을 풀어라.

   (1) $dy + ky\ dx = 0$ (2) $(1 + x)y' + (1 + y) = 0$

   (3) $yy' = x$ (4) $x^2y' + y = 0$

   (5) $x(y^2 + 1) + y(x^2 + 1)\ y' = 0$ (6) $(x - 1)y' = xy$

   (7) $xyy' = (x + 1)(y + 1)$

2. 다음 초기치문제를 풀어라.

   (1) $xy' + y = 0, \quad y(1) = 1$ (2) $yy' = -x, \quad y(2) = 1$

   (3) $dr \sin t = 2r \cos t\ dt, \quad r(\frac{\pi}{4}) = -2$ (4) $dr = -2tr\ dt, \quad r(0) = 3$

3. 다음 **동차형 미분방정식**(homogeneous differential equation) 을 주어진 치환에 의하여 변수분리형 미분방정식으로 바꾸어서 풀어라.

(1) $(x+y)dx+(x-y)dy=0,\ y=u(x)x$

(2) $2x^3y+(x^4+y^4)y'=0,\ x=v(y)y$

4. 다음 자연현상을 경계치문제를 세워 분석하라.

(1) 어떤 균의 번식율이 시간 t 에서의 균의 수 $p(t)$ 에 비례하고, 그 균의 수가 하루에 두 배로 불어난다고 하자. 일주일 후, 균의 수는 처음의 몇 배가 될까?

(2) 공모양의 방충제가 증발할 때, 부피가 그 겉넓이에 비례하여 준다고 하자. 방충제의 지름이 $2cm$ 에서 $1cm$ 로 줄어드는데 3 개월이 걸렸다고 하면 그 지름이 $1mm$ 로 될 때까지 얼마나 걸리겠는가?

(3) (뉴톤의 온도변화법칙) 처음 15^oC 를 가리키는 온도계를 가지고 23^oC 의 방에 들어왔더니, 1 분 후에 온도계는 19^oC 를 가리켰다. 22.9^oC 를 가리킬 때까지는 처음부터 얼마나 걸리겠는가?

♣ 정답.

1. (1) $y=ce^{-kx}$ (2) $(1+x)(1+y)=c$ (3) $y^2=x^2+c$
(4) $y=ce^{1/x}$ (5) $(x^2+1)(y^2+1)=c$ (6) $y=c(x-1)e^x$
(7) $x(y+1)=ce^{y-x}$

2. (1) $xy=1$ (2) $x^2+y^2=5$ (3) $r=-4\sin^2 t$ (4) $r=3e^{-t^2}$

3. (1) $x^2+2xy-y^2=c$ (2) $3x^4y^2+y^6=c$

4. (1) 128배 (2) 5.7개월 (3) 약 6.32분

1.3 완전 미분방정식

이변수함수 $z=f(x,y)$ 에 대하여 전미분(total derivative) dz 는

$$dz=\frac{\partial z}{\partial x}dx+\frac{\partial z}{\partial y}dy \tag{1.16}$$

로 정의한다. 이는 x 와 y 를 동시에 변화시켰을 때 나타나는 z 의 변화 또는 효과를 나타낸다.

예제 1.3.1. 다음 이변수함수에서 전미분 dz 와 du 를 각각 구하라.

(1) $z = x^2y^3 + e^{4x}\sin y$ (2) $u(x, y) = \frac{1}{2}x^2y^2$

풀이. (1)
$$\frac{\partial z}{\partial x} = 2xy^3 + 4e^{4x}\sin y, \quad \frac{\partial z}{\partial y} = 3x^2y^2 + e^{4x}\cos y$$
이므로, $z(x, y)$ 의 전미분은
$$dz = (2xy^3 + 4e^{4x}\sin y)dx + (3x^2y^2 + e^{4x}\cos y)dy.$$

(2) u 를 x 와 y 로 각각 편미분하여,
$$du = xy^2dx + x^2ydy$$
이다. □

정의 1.3.2. (완전미분방정식의 정의) 미분방정식
$$M(x, y)dx + N(x, y)dy = 0 \tag{1.17}$$
의 좌변이 어떤 이변수함수 $u(x, y)$ 의 전미분 $du(x, y)$ 와 같을 때, 즉,
$$du(x, y) = \frac{\partial u}{\partial x}dx + \frac{\partial u}{\partial y}dy = M(x, y)dx + N(x, y)dy \tag{1.18}$$
일 때, 식 (1.17) 을 **완전미분방정식**(exact differential equation) 이라 한다. 이 때, 일반해는 $du(x, y) = 0$ 에서 $u(x, y) = c$ 이다.

위 예제 1.3.1 의 풀이에서
$$dz = (2xy^3 + 4e^{4x}\sin y)dx + (3x^2y^2 + e^{4x}\cos y)dy = 0 \tag{1.19}$$
$$du = xy^2dx + x^2ydy = 0$$
은 완전미분방정식이다. 이 때, 해는 각각 $z = x^2y^3 + e^{4x}\sin y = c$

$u = \frac{1}{2}x^2y^2 = c$ 이라는 것을 알 수있다.

전미분하여 $du = Mdx + Ndy$ 가 되는 함수 $u(x, y)$ 를 찾는 것(해를 구하는 것)은 쉬운 일이 아니다. 그러면 $u(x, y)$ 를 찾기 전에, 주어진 미분방정식이 완전미분방정식임을 어떻게 알 것인가? 다음 정리를 보자.

정리 **1.3.3.** (완전미분방정식의 판정조건) 미분방정식

$$M(x,y)dx + N(x,y)dy = 0 \tag{1.20}$$

이 완전미분방정식이기 위한 필요충분조건은 다음이다.

$$\frac{\partial M}{\partial y} = \frac{\partial N}{\partial x} \tag{1.21}$$

정리에 대한 증명을 아래로 대신한다. 식 (1.20) 이 완전미분방정식이면 미분방정식의 정의 (식 (1.18)) 를 만족하는 함수 $u(x,y)$ 가 존재하여,

$$M = \frac{\partial u}{\partial x}, \quad N = \frac{\partial u}{\partial y} \tag{1.22}$$

이다. 슈발츠 (Schwarz) 의 정리로 연속함수 M, $N, \frac{\partial M}{\partial y}, \frac{\partial N}{\partial x}$ 에 대하여

$$\frac{\partial M}{\partial y} = \frac{\partial^2 u}{\partial y \partial x} = \frac{\partial^2 u}{\partial x \partial y} = \frac{\partial N}{\partial x}$$

이 성립한다. 이것이 바로 식 (1.21) 이다.

예제 1.3.4. 다음 미분방정식이 완전인지를 판정하라.

(1) $(x^2 + y^2)dx + (2xy + \cos y)dy = 0$

(2) $(x + 3y)dx + (x^2 + \cos y)dy = 0$

풀이. (1)

$$\frac{\partial M}{\partial y} = \frac{\partial}{\partial y}(x^2 + y^2) = 2y, \quad \frac{\partial N}{\partial x} = \frac{\partial}{\partial x}(2xy + \cos y) = 2y$$

이므로, 완전미분방정식이다.

(2)

$$\frac{\partial M}{\partial y} = \frac{\partial}{\partial y}(x + 3y) = 3, \quad \frac{\partial N}{\partial x} = \frac{\partial}{\partial x}(x^2 + \cos y) = 2x$$

이므로, 완전미분방정식이 아니다. □

이제 해법에 대하여 알아보자. 완전미분방병식의 해법은 **정의를 이용하는 해법**, **해공식을 이용하는 해법**, **간편한 해법** 등이 있다. 우선 완전미분방정식의 정의를 이용하여 **해공식**을 만들어보자. 완전미분방정식

$$Mdx + Ndy = 0 \tag{1.23}$$

에서

$$M = \frac{\partial u}{\partial x}, \quad N = \frac{\partial u}{\partial y}$$

이므로 각각을 적분하여 u를 찾자. 우선 M이 u를 x에 대하여 편미분한 것이므로 y를 상수로 보고 M을 x에 대하여 적분하여 u의 일부를 찾는다.

$$u(x,y) = \int M dx + k(y) \tag{1.24}$$

이다. 이때 $k(y)$는 적분상수의 역할을 한다. 이제 이 $k(y)$를 찾기 위하여 양변을 y에 대하여 미분한 후 N이라 두고 양변을 비교하여 $k(y)$를 찾는다.

$$\frac{\partial u}{\partial y} = \frac{\partial}{\partial y}\int M dx + k'(y) = N$$

이므로

$$k(y) = \int \left(N - \frac{\partial}{\partial y}\int M dx\right) dy$$

이다. 이 $k(y)$를 식(1.24)에 대입하면, **완전미분방정식의 해공식**

$$\int M dx + \int \left(N - \frac{\partial}{\partial y}\int M dx\right) dy = c \tag{1.25}$$

이 얻어진다.

예제 1.3.5. 다음 미분방정식을 풀어라.

$$(y+4)dx + xdy = 0$$

풀이. (정의를 이용하는 해법) 먼저, 주어진 미분방정식이 완전인지를 보자.

$$M = y+4, N = x$$

이므로 $\frac{\partial M}{\partial y} = 1 = \frac{\partial N}{\partial x}$. 따라서 완전미분방정식이다. 다음, $M = \dfrac{\partial u}{\partial x}$이고 $N = \dfrac{\partial u}{\partial y}$ 이므로

$$u(x,y) = \int N dy + l(x) = \int x dy + l(x) = xy + l(x)$$

이다. 이제 u를 x로 편미분해보면 $\frac{\partial u}{\partial x} = y + \frac{dl(x)}{dx} = M = y+4$ 이므로,

$$\frac{dl(x)}{dx} = 4$$

를 얻는다. 따라서

$$l(x) = 4x + c_1$$

이 된다. 그러므로 일반해는

$$u(x,y) = xy + 4x + c_1 = c_2$$

이다. 이것을 양함수 형태로 표시하면 다음과 같다.

$$y = \frac{c}{x} - 4$$

□

위 예제 1.3.5의 미분방정식은 변수분리하여 해를 구할 수도 있다. 각자 확인해 보자.

유제 1.3.6. 미분방정식 $y^3dx + 3xy^2dy = 0$의 해를 구하라.

♣ 정답. $xy^3 = c$

예제 1.3.7. 다음 미분방정식을 풀어라.

$$(x^3 + 3xy^2)dx + (3x^2y + y^3)dy = 0$$

풀이. (해공식을 이용하는 해법)

$$M(x, y) = x^3 + 3xy^2, \quad N(x, y) = 3x^2y + y^3$$

이다. 따라서

$$\frac{\partial M}{\partial y} = 6xy, \quad \frac{\partial N}{\partial x} = 6xy$$

이므로 완전미분방정식이다. 해공식 (1.25)에 의하여 해는

$$\begin{aligned} u(x, y) &= \int (x^3 + 3xy^2)dx + \int \left[(3x^2y + y^3) - \frac{\partial}{\partial y} \int (x^3 + 3xy^2)dx \right] dy \\ &= \frac{x^4}{4} + \frac{3}{2}x^2y^2 + \int \left[(3x^2y + y^3) - \frac{\partial}{\partial y}(\frac{x^4}{4} + \frac{3}{2}x^2y^2) \right] dy \\ &= \frac{x^4}{4} + \frac{3}{2}x^2y^2 + \int (3x^2y + y^3 - 3x^2y)dy \\ &= \frac{x^4}{4} + \frac{3}{2}x^2y^2 + \frac{y^4}{4} = c \end{aligned}$$

이다. □

한편, **간편한 해법**은 $M(x, y)$를 x로 편적분한 결과와 $N(x, y)$을 y로 편적분한 결과에서 공통인 항은 하나만 취하고, 서로 다른 항들은 모두 취하여, 그들의 합을 c로 놓으면 된다. 이때, 다른 변수를 상수로 취급하여 편적분하고, 각각의 적분상수는 생략한다.

(예제 1.3.7의 간편한 해법)

$$\int M dx = \int (x^3 + 3xy^2) dx = \frac{x^4}{4} + \frac{3}{2}x^2y^2$$

$$\int N dy = \int (3x^2y + y^3) dy = \frac{3}{2}x^2y^2 + \frac{y^4}{4}$$

이고, $\frac{3}{2}x^2y^2$ 은 공통으로 들어있는 항이다. 따라서 해는 다음과 같다.

$$\frac{x^4}{4} + \frac{3}{2}x^2y^2 + \frac{y^4}{4} = c, \qquad x^4 + 6x^2y^2 + y^4 = c$$

□

유제 1.3.8. 다음 미분방정식을 풀어라.

$$(\sin x \cos x - xy^2)dx + y(1 - x^2)dy = 0$$

♣ 정답. $y^2(1 - x^2) - \cos^2 x = c$

유제 1.3.9. 미분방정식

$$(2x + e^y)dx + xe^y dy = 0$$

의 해를 구하라.

♣ 정답. $x(x + e^y) = c$

완전미분방정식의 판정 조건

$$\frac{\partial M}{\partial y} = \frac{\partial N}{\partial x}$$

는 매우 폭 넓은 물리적 의미를 가진다. 다음 예제를 보자.

예제 1.3.10. 흐름 위에 놓여진 원형장애물에 의해 생기는 유선을 나타내는 미분방정식을 풀어라.

$$\frac{2xy}{(x^2 + y^2)^2}dx + \left[1 + \frac{y^2 - x^2}{(x^2 + y^2)^2}\right]dy = 0$$

풀이. (정의를 이용하는 해법)

$$M = \frac{2xy}{(x^2 + y^2)^2}, \quad N = 1 + \frac{y^2 - x^2}{(x^2 + y^2)^2}$$

이다. 따라서

$$\frac{\partial M}{\partial y} = (x^2+y^2)^{-3}(2x^3-6xy^2) = \frac{\partial N}{\partial x}$$

이므로 완전미분방정식이다. 따라서 식 (1.22)

$$\frac{\partial u}{\partial x} = M, \qquad \frac{\partial u}{\partial y} = N$$

에서

$$u(x,y) = \int M dx = \int \frac{2xy}{(x^2+y^2)^2} dx = -\frac{y}{x^2+y^2} + g(y) \tag{1.26}$$

이고, 식 (1.26) 에서

$$\frac{\partial u}{\partial y} = -\left[\frac{x^2+y^2-y(2y)}{(x^2+y^2)^2}\right] + g'(y) = \frac{y^2-x^2}{(x^2+y^2)^2} + g'(y) = N$$

이므로 $g'(y) = 1$ 이어야 한다. 따라서 $g(y) = y$ 이다. 즉,

$$u(x,y) = -\frac{y}{x^2+y^2} + y$$

따라서 일반해는

$$y - \frac{y}{x^2+y^2} = c$$

이다. □

이때, 일반해의 상수 c 에 몇 개의 값을 대입하여 그래프를 그려보면 그림 (1.1) 과 같다. 이 해곡선은 원 $x^2+y^2=1$ 을 장애물로 하여 생기는 유선 (stream lines) 을 나타낸다.

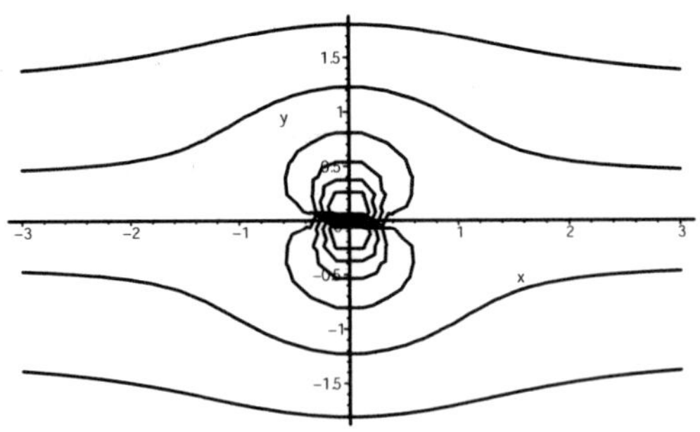

그림 1.1.

위 예제 1.3.10 은 해공식을 이용하면 더욱 간단하게 풀수 있으며, 간편한 해법으로 풀기에는 어려움이 있다. 문제에 따라서 적절한 해법을 찾기 바란다.

적분인수

주어진 미분방정식이 완전미분방정식이 아닌 경우에는 어떻게 할 것인가? 이런 경우에는 적절한 조작을 하여, 주어진 미분방정식을 완전미분방정식으로 변형하여 푸는 것도 좋은 해법이 된다. 예를 들어,

$$(3x+2y)dx + xdy = 0$$

은 완전미분방정식이 아니다. 그러나 양변에 x를 곱하여 만든 새로운 방정식

$$(3x^2+2xy)dx + x^2dy = 0$$

은 완전미분방정식이 된다. 이때, 이 x가 **적분인수**이다.

일반적으로 주어진 미분방정식

$$P(x,y)dx + Q(x,y)dy = 0 \tag{1.27}$$

이 완전미분방정식이 아닌 경우, 양변에 $\mu(x,y)$를 곱하여 완전미분방정식

$$\mu P dx + \mu Q dy = 0 \tag{1.28}$$

을 만들 수 있다. 이때, 식 (1.27)과 식 (1.28)의 해는 같고 함수 $\mu(x,y)$를 미분방정식 (1.27)의 **적분인수**(integrating factor)라고 한다.

그러면 적분인수는 어떻게 구하는가? 불행하게도 적분인수를 구하는 일반적인 방법이 없으며, 한 개의 미분방정식에도 여러 개의 적분인수가 존재할 수 있어서, 적분인수를 찾는 것은 쉽지 않다. 대개의 경우, 관찰과 직관에 의존하여 구하는 경우가 많으나, 다행스럽게도 꽤 많은 경우에 변수 x 또는 y 만으로 이루어진 적분인수를 찾을 수 있다.

정리 **1.3.11.** $P(x,y)dx + Q(x,y)dy = 0$ 에서

(1) 아래 $f(x)$가 x만의 함수일 때 적분인수는 $\mu(x)$이다.

$$\frac{\frac{\partial P}{\partial y} - \frac{\partial Q}{\partial x}}{Q} = f(x), \qquad \mu(x) = e^{\int f(x)dx}$$

(2) 아래 $g(y)$가 y만의 함수일 때 적분인수는 $\nu(y)$이다.

$$\frac{\frac{\partial Q}{\partial x} - \frac{\partial P}{\partial y}}{P} = g(y), \qquad \nu(y) = e^{\int g(y)dy}$$

증명.

주어진 미분방정식

$$Pdx + Qdy = 0$$

의 양변에 x 만을 변수로 갖는 적분인수 $\mu(x)$ 를 곱하여

$$\mu Pdx + \mu Qdy = 0$$

를 얻을 수 있으며, 이 두 미분방정식은 동일한 해를 가진다. 두번째 미분방정식이 완전미방이 되기 위해서는 다음의 조건

$$\frac{\partial(\mu P)}{\partial y} = \frac{\partial(\mu Q)}{\partial x}$$

를 만족해야 한다. 즉,

$$\frac{\partial\mu}{\partial y}P + \mu\frac{\partial P}{\partial y} = \frac{\partial\mu}{\partial x}Q + \mu\frac{\partial Q}{\partial x}$$

이다. 그런데 $\mu(x)$ 가 x 만의 함수이면, $\frac{\partial\mu}{\partial y} = 0$ 이므로 위의 식은 다음과 같이 간단해진다.

$$\mu\frac{\partial P}{\partial y} = \frac{\partial\mu}{\partial x}Q + \mu\frac{\partial Q}{\partial x}$$

이것을 μ 에 대하여 풀기 위하여 다음과 같이 정리해보면

$$\mu\left(\frac{\partial P}{\partial y} - \frac{\partial Q}{\partial x}\right) = \frac{\partial\mu}{\partial x}Q$$

이다. 이를 변수분리형으로 만들어보면,

$$\frac{d\mu}{\mu} = \frac{1}{Q}\left(\frac{\partial P}{\partial y} - \frac{\partial Q}{\partial x}\right)dx$$

가 된다. 이때 $\mu(x)$ 가 x 만의 함수라고 가정하였으므로, 만약 우변에 있는 함수가 x 만의 함수가 아니면, x 만을 변수로 갖는 적분인수 $\mu(x)$ 가 존재하지 않는다고 말할 수 있다. 만약 우변이 x 만의 함수가 되면 이를

$$f(x) = \frac{1}{Q}\left(\frac{\partial P}{\partial y} - \frac{\partial Q}{\partial x}\right)$$

라 두고, 양변을 x 에 대하여 적분하여 $\mu(x)$ 를 다음과 같이 구한다.

$$\ln\mu = \int f(x)dx = \int\frac{1}{Q}\left(\frac{\partial P}{\partial y} - \frac{\partial Q}{\partial x}\right)dx$$

따라서 μ 는 정리의 결과와 같이 얻어진다.

만약 y 만의 함수로 이루어진 적분인수를 구하고자 한다면 비슷한 방법으로 $\nu(y)$ 를 구할 수 있다. □

예제 1.3.12. 다음 미분방정식을 풀어라.

$$(x^2+y^2)dx - 2xydy = 0$$

풀이. $P = x^2+y^2, Q = -2xy$ 이므로

$$\frac{1}{Q}\left(\frac{\partial P}{\partial y} - \frac{\partial Q}{\partial x}\right) = -\frac{4y}{2xy} = -\frac{2}{x}$$

는 x 만의 함수이다. 따라서 정리1.3.11 (1) 에서 적분인수 $\mu(x)$ 는

$$\mu(x) = e^{-\int \frac{2}{x}\ dx} = e^{-2\ln x} = e^{\ln x^{-2}} = \frac{1}{x^2}$$

이다. 주어진 미분방정식의 양변에 $\dfrac{1}{x^2}$ 을 곱하면

$$\left(1+\frac{y^2}{x^2}\right)dx + \left(-\frac{2y}{x}\right)dy = 0$$

이 된다. 따라서

$$u = -\frac{2}{x}\int ydy + l(x) = -\frac{y^2}{x} + l(x)$$

를 얻고,

$$\frac{\partial u}{\partial x} = \frac{y^2}{x^2} + \frac{dl}{dx} = 1 + \frac{y^2}{x^2}$$

에 의하여 $l(x) = x$ 이다. 그러므로 미분방정식의 일반해는 다음과 같다.

$$-\frac{y^2}{x} + x = c, \quad x^2 - y^2 = cx$$

□

유제 1.3.13. 다음 미분방정식 $(x+y)dx + x\ln xdy = 0$ 을 풀어라.

♣ 정답. $\mu(x) = \dfrac{1}{x}$ 이고, 해는 $x + y\ln x = c$.

예제 1.3.14. 다음 미분방정식을 풀어라.

$$(3x^2-y^2)dy - 2xydx = 0$$

풀이.

$$P = -2xy, Q = 3x^2 - y^2$$

이므로

$$\frac{1}{P}\left(\frac{\partial Q}{\partial x} - \frac{\partial P}{\partial y}\right) = -\frac{6x+2x}{2xy} = -\frac{4}{y}$$

는 y 만의 함수이다. 따라서 적분인수 $\nu(y)$ 는

$$\nu(y) = e^{-4\int y^{-1}\ dy} = e^{-4\ln y} = y^{-4}$$

이다. 주어진 미분방정식의 양변에 y^{-4} 를 곱하면 완전미분방정식

$$\frac{-2x}{y^3}dx + \left(\frac{3x^2 - y^2}{y^4}\right) dy = 0$$

을 얻는다. 간편한 해법으로 해를 구해보자. $M = -\dfrac{2x}{y^3}$ 를 x 에 관해 적분하고 $N = \dfrac{3x^2 - y^2}{y^4}$ 를 y 에 관해 적분하면,

$$\int \frac{-2x}{y^3}\ dx = \frac{-2}{y^3}\int x\ dx = -\frac{x^2}{y^3},$$

$$\int \frac{3x^2 - y^2}{y^4}\ dy = 3x^2 \int y^{-4}\ dy - \int y^{-2}\ dy = -\frac{x^2}{y^3} + \frac{1}{y}$$

이고, $-\dfrac{x^2}{y^3}$ 은 공통으로 들어있는 항이다. 공통으로 들어있는 항은 한번만 쓰고, 처음 나타나는 항은 모두 써서, 해를 다음과 같이 얻을 수 있다.

$$\frac{1}{y} - \frac{x^2}{y^3} = c\ , \qquad cy^3 - y^2 + x^2 = 0$$

□

유제 1.3.15. 미분방정식 $6xydx + (4y + 9x^2)dy = 0$ 을 풀어라.

♣ 정답. $\nu(y) = y^2$ 이고 해는 $3x^2y^3 + y^4 = c$.

연습문제 1.3

1. 다음 미분방정식을 풀어라.

   (1) $ydx + xdy = 0$
   (2) $(1/x^2)(xdy - ydx) = 0$
   (3) $(2xy^2 - 3)dx + (2x^2y + 4)dy = 0$
   (4) $(x + y)^2dx + (x^2 + 2xy - 1)dy = 0$
   (5) $2(y\sin 2x + \cos 2x)dx - \cos 2xdy = 0$
   (6) $(\sin x\cos x - xy^2)dx + y(1 - x^2)dy = 0$

2. 다음 초기치문제를 풀어라.

(1) $y' = (-4x/9y), \quad y(1) = 0$
(2) $e^{x^2}(2xydx + dy) = 0, \quad y(0) = 1$
(3) $2xydx + (x^2 - 1)dy = 0, \quad y(2) = 1$
(4) $\left(3x^2y^2 + \frac{1}{x}\right)dx + \frac{2x^3y^2 - 1}{y}dy = 0, \quad y(e) = 1$

3. 주어진 함수가 적분인수임을 보이고, 풀어라.

(1) $2ydx + xdy = 0, \quad x$
(2) $2ydx + 3xdy = 0, \quad xy^2$
(3) $xdy - ydx = 0, \quad (1/x^2)$
(4) $3(y + 1)dx = 2xdy, \quad (y + 1)/x^4$

4. 다음 미분방정식의 적분인수를 찾고, 풀어라.

(1) $2\sin ydx + \cos ydy = 0, \quad y(0) = \pi/2$
(2) $2dx - e^{y-x}dy = 0$
(3) $2xydx + 3x^2dy = 0$

5. $P(x, y)dx + Q(x, y)dy = 0$ 이 동차형이고 $Px + Qy \neq 0$ 인 경우 적분인수는

$$\mu(x, y) = \frac{1}{Px + Qy}$$

이다. 다음 미분방정식을 풀어라.

(1) $(x^4 + y^4)dx - xy^3dy = 0$
(2) $(x + y)dx + (y - x)dy = 0$

♣ 정답.

1. (1) $xy = c$ (2) $y = cx$
(3) $x^2y^2 - 3x + 4y = c$ (4) $(1/3)x^3 + x^2y + xy^2 - y = c$
(5) $\sin 2x - y\cos 2x = c$ (6) $y^2(1 - x^2) - \cos^2 x = c$

2. (1) $4x^2 + 9y^2 - 4 = 0$ (2) $y = e^{-x^2}$
(3) $x^2y - y = 3$ (4) $x^3y^2 + \ln(x/y) = e^3 + 1$

3. (1) $x^2y = c$ (2) $y^3x^2 = c$
(3) $y = cx$ (4) $(y + 1)^2 = cx^3$

4. (1) $\mu = e^{2x}, \quad e^{2x}\sin y = 1$ (2) $\mu = e^x, \quad 2e^x - e^y = c$
(3) $\nu = y^2, x^2y^3 = c$

5. (1) $\ln x - \frac{y^4}{4x^4} = c$ (2) $\ln(x^2+y^2) + 2\tan^{-1}(x/y) = c$

1.4 일계 선형미분방정식

박테리아의 번식과 방사능의 반감기와 온도의 변화율 등이 현재 양에 비례하므로 이들을 수식으로 표현할 때 사용되는 방정식은

$$\frac{dy}{dx} = \lambda y$$

으로 일계선형미분방정식이다. 이런 **일계선형미분방정식**(first order linear differential equation)의 표준형(standard form)은 다음과 같다.

$$\frac{dy}{dx} + p(x)y = q(x) \tag{1.29}$$

예를 들어,

$$x\frac{dy}{dx} + 3y = x^2$$

은 일반적인 일계선형미분방정식이고, 그 표준형은

$$\frac{dy}{dx} + \frac{3}{x}y = x$$

이다.

위 표준형에서 $q(x) = 0$ 이면, **동차(homogeneous) 미분방정식**이라 하고, $q(x) \neq 0$ 이면 **비동차(nonhomogeneous) 미분방정식**이라고 한다.

정리 **1.4.1.** (일계선형미분방정식의 해)

$$\frac{dy}{dx} + p(x)y = q(x)$$

의 일반해는

$$y = e^{-\int p(x)dx}\left(\int e^{\int p(x)dx}q(x)dx + C\right) \tag{1.30}$$

이다.

증명. 식 (1.29) 을 변형하면

$$(p(x)y - q(x))dx + dy = 0 \tag{1.31}$$

이 된다. 여기서 적분인수를 $\mu(x)$ 라 하면 식 (1.31) 은 완전미분방정식

$$\mu(x)(p(x)y - q(x))dx + \mu(x)dy = 0$$

으로 쓸 수 있다.

$$\frac{\partial}{\partial x}\mu(x) = \frac{\partial}{\partial y}\Big(\mu(x)[p(x)y - q(x)]\Big) = \mu(x)p(x)$$

이므로

$$\frac{d\mu}{\mu(x)} = p(x)dx$$

이다. 즉, 적분인수

$$\mu(x) = e^{\int p(x)dx} \tag{1.32}$$

을 얻을 수 있다. 식 (1.29) 의 양변에 식 (1.32) 을 곱하면

$$e^{\int p(x)dx}\left(\frac{dy}{dx} + p(x)y\right) = e^{\int p(x)dx}q(x)$$

이다. 이것은

$$\frac{d}{dx}\left(e^{\int p(x)dx}y\right) = e^{\int p(x)dx}q(x)$$

와 동치이므로 양변을 x 에 대하여 적분하면 식 (1.29) 의 일반해는

$$e^{\int p(x)dx}y = \int e^{\int p(x)dx}q(x)dx + C$$

즉,

$$y = e^{-\int p(x)dx}\left(\int e^{\int p(x)dx}q(x)dx + C\right) \tag{1.33}$$

이다. □

예제 1.4.2. 다음 일계미분방정식을 풀어라.

(1) $\dfrac{dy}{dx} - 2y = e^x$ (2) $y' + \dfrac{1}{x}y + \dfrac{1}{x} = 0$

풀이. (1)

$$p(x) = -2, q(x) = e^x$$

이므로

$$\mu(x) = e^{\int p(x)dx} = e^{\int(-2)dx} = e^{-2x}$$

가 된다. 따라서 주어진 미분방정식의 일반해는 다음과 같다.

$$y = e^{-(-2x)}\left[\int e^{-2x}\cdot e^{x}dx + C\right] = e^{2x}\left[\int e^{-x}dx + C\right] = e^{2x}(-e^{-x}+C)$$

즉,

$$y = -e^{x} + Ce^{2x}$$

이다.

여기서 $y_h = Ce^{2x}$ 을 미방의 왼쪽에 대입하여 계산하면 $y_h' - 2y_h = 0$ 을 얻을 수 있고, $y_p = -e^{x}$ 을 미방의 왼쪽에 대입하여 계산하면 $y_p' - 2y_p = e^{x}$ 을 얻을 수 있다. 따라서 해의 모양은 $y = y_h + y_p$ 를 갖는다.

(2) 표준형으로 고치면

$$y' + \frac{1}{x}y = -\frac{1}{x}$$

이고,

$$p(x) = \frac{1}{x}, q(x) = -\frac{1}{x}$$

이므로

$$\mu(x) = e^{\int \frac{1}{x}dx} = e^{\ln x} = x$$

가 된다. 따라서 구하려는 일반해는 다음과 같다.

$$y = \frac{1}{x}\left(\int x\left(-\frac{1}{x}\right)dx + C\right) = \frac{1}{x}\left(\int(-1)dx + C\right) = \frac{1}{x}(-x+C)$$

즉,

$$y = -1 + \frac{C}{x}$$

이다. □

유제 1.4.3. 다음 미분방정식의 해를 구하라.

(1) $y' + y = e^{x}$ (2) $y' + 2xy = x$

♣ 정답. (1) $y = (1/2)e^{x} + Ce^{-x}$ (2) $y = \frac{1}{2} + Ce^{-x^2}$

일계미분방정식의 응용문제로 전기회로와 베르누이 미분방정식을 다루어보자.

일계선형미분 방정식의 응용: 전기회로

전기공학에서 전기회로 문제는 많은 경우에 미분방정식으로 풀리며 $x = t$ 일 때, 출력 $I(t)$ 를 입력 $Q(t)$ 에 대응하는 방정식의 해로부터 얻을 수 있다. 여기에서는 일계 선형미분방정식이 전기회로에 중요하게 응용된다는 것을 보이려고 한다.

(1) 전지나 발전기에서 기전력 E 볼트로 전하 $Q(t)$ 쿨롱을 내며 전류 I(t) 암페어를 생성한다. 전류는 전하의 흐름에 대한 비율로 식(1.33) 으로 정의

된다.

$$I(t) = \frac{dQ(t)}{dt} \tag{1.34}$$

(2) 저항 R 옴의 레지스터는 에너지를 열로 변화시키며 전류의 흐름을 방해하는 전기회로의 구성요소이다. 이것은 옴(Ohm)의 법칙에 따라서 식 (1.34)의 전압강하를 일으킨다.

$$E_R = RI(t) \tag{1.35}$$

(3) 인덕턴스 L 헨리의 유도자는 식 (1.35)의 전압강하를 발생시킴으로써 전류의 변화를 방해한다.

$$E_L = L\frac{dI(t)}{dt} \tag{1.36}$$

(4) 정전용량 C 패럿의 축전기는 전하를 저장할 때, 전하의 흐름을 방해하여 전압강하를 일으킨다.

$$E_C = \frac{Q(t)}{C} = \frac{1}{C}\int I(t)dt \tag{1.37}$$

R과 L, C는 전기회로 내에서 특정한 구성요소에 관련된 상수이다. E는 상수 또는 시간의 함수이다. 이러한 전기회로에서의 기본원리는 키르히호프(Kirchhoff)의 전압법칙 (Kirchhoff's voltage law;KLV) 에 의해 주어진다:

폐회로 내의 모든 전압강하의 대수적 합은 0 이다.

키르히호프의 전압법칙을 사용하여 일계선형미분방정식을 세울 수 있는 예제로 RC 회로와 RL 회로를 생각해보자. 우선 그림 1.2의 RL 회로를 보면, 레지스터와 유도자는 각각 E_R과 E_L의 전압강하를 일으킨다. 기전력은 전압 E를 제공하는데, 이것은 $(-E)$의 전합강하를 의미한다. 따라서 KLV에 의하여

$$E_R + E_L - E = 0$$

이 된다. 식(1.35)와 식 (1.36)를 대입하여 정리하면

$$L\frac{dI(t)}{dt} + RI(t) = E \tag{1.38}$$

이다.

아래 보기 1.4.3은 그림 1.2의 전기회로를 분석한 것이다. 우리는 식(1.38)을 사용할 것이다.

예제 1.4.4. 인덕턴스 2 헨리와 저항 10옴이 기전력 100볼트와 직렬로 연결되어 있다. $t = 0$일 때 전류가 0 암페어이면, 0.1초 후의 전류는 얼마인가?

풀이. $L = 2, R = 10, E = 100$이므로 식(1.38)과 초기 전류에 의한 일계선형미

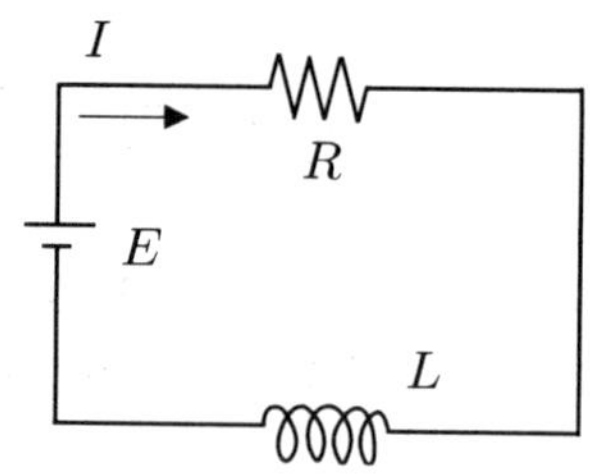

그림 1.2.

분방정식 초기치 문제가 된다.

$$2\frac{dI}{dt} + 10I(t) = 100, \quad I(0) = 0 \tag{1.39}$$

에서

$$\mu(t) = e^{\int 5dt} = e^{5t}$$

이므로 식 (1.39) 의 일반해는

$$I(t) = e^{-5t}\left[\int e^{5t} \cdot 50dt + c\right] = e^{-5t}\left[10e^{5t} + c\right] = 10 + ce^{-5t} \tag{1.40}$$

이다. 초기조건 $t = 0$ 일 때 $I(t) = 0$ 을 대입하면,

$$0 = 10 + c$$

이다. 따라서 $c = -10$ 이다. 식 (1.40) 으로부터 시간 t 에서의 전류에 대한 방정식을 다음과 같이 얻는다.

$$I(t) = 10\left(1 - e^{-5t}\right)$$

$t = 0.1$ 일 때, 전류는 다음과 같다.

$$I(0.1) = 10\left(1 - e^{-0.5t}\right) \approx 3.93(\text{암페어})$$

□

유제 1.4.5. 인덕턴스 1 헨리와 저항 5 옴이 기전력 10 볼트와 직렬로 연결되어 있다. $t = 0$ 일 때 전류가 0 암페어이면, 0.1 초 후의 전류는 얼마인가?

풀이. $I(t) = 2 - 2e^{-5t}$ □

다음으로 그림 1.3 의 RC 회로를 생각해 보자. 키르히호프의 법칙으로부터

$$E_R + E_C - E = 0$$

또는

$$RI(t) + \frac{Q(t)}{C} = E$$

을 얻을 수 있다. 그런데 $I = \dfrac{dQ}{dt}$ 이므로, 이를 정리하면 당음의 일계 선형미분방정식

$$R\frac{dQ(t)}{dt} + \frac{Q(t)}{C} = E \tag{1.41}$$

를 얻는다.

유제 1.4.6. RL 회로에서 $R = 5\$4, L = 1(, E = 10$ 이고, $I(0) = 0$ 일때, 이 회로에 흐르는 전류 $I(t)$ 를 구하라.

♣ 정답. $I(t) = 2 - 2e^{-5t}$

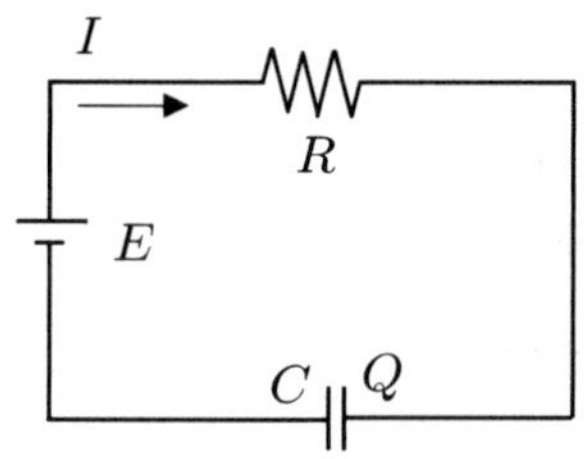

그림 1.3.

아래 보기 1.4.4 는 그림 1.3 의 전기회로를 분석한 것이다.

예제 1.4.7. 저항 2000 오옴과 정전용량 $5 \times 10^{-6}($ 이 기전력 100 볼트와 직렬로 연결되어 있을 때, $I(0) = 0.01$ 암페어이면 $t = 0.1$ 초에서의 전류는 얼마인가?

풀이. 식 (1.41) 에 $R = 2000, C = 5 \times 10^{-6}, E = 100$ 을 대입하면

$$2000\left(\frac{dQ(t)}{dt} + 100Q(t)\right) = 100$$

또는

$$\frac{dQ(t)}{dt} + 100Q(t) = \frac{1}{20} \tag{1.42}$$

이다. 따라서

$$\frac{1}{20} = Q'(0) + 100Q(0) = I(0) + 100Q(0)$$

이고,

$$\begin{aligned} Q(0) &= \frac{1}{100}\left[\frac{1}{20} - I(0)\right] = \frac{1}{100}\left[\frac{1}{20} - \frac{1}{100}\right] \\ &= \frac{1}{100}\left(\frac{4}{100}\right) = 4 \times 10^{4} \quad \text{(쿨롱)} \end{aligned}$$

이다. 식 (1.42)의 양변에 적분인수

$$\mu(t) = e^{100t}$$

을 곱하면

$$\frac{d}{dt}(e^{100t}Q(t)) = \frac{e^{100t}}{20}$$

이고, 이 식을 적분하면

$$e^{100t}Q(t) = \frac{e^{100t}}{2000} + c$$

이다. 양변을 e^{100t}로 나누면

$$Q(t) = \frac{1}{2000} + ce^{-100t}$$

이고, $t = 0$로 놓으면

$$c = Q(0) - \frac{1}{2000} = 4 \times 10^{-4} - 5 \times 10^{-4} = -10^{-4}$$

이다. 모든 시간 t에서의 전하는

$$Q(t) = \frac{5 - e^{-100t}}{10^4}$$

이고, 전류는

$$I(t) = Q'(t) = \frac{1}{100}e^{-100t}$$

이다. 따라서

$$I(0.1) = 10^{-2}e^{-10} \approx 4.54 \times 10^{-7}$$

암페어이다.

다른 풀이법으로

$$2000I(t) + \frac{1}{5 \times 10^{-6}} \int_0^t I(\tau)d\tau = 1000$$

으로 부터 전류를 바로 구하는 방법이 있다. □

유제 1.4.8. RC 회로에서 $R = 100$ 오옴, $C = 2 \times 10^{-3}$ 패럿, $E = 50$ 볼트일 때, 이 회로에 흐르는 전류를 구하라.

♣ 정답. $I(t) = Ce^{-5t}$

일계선형미분방정식의 응용: 비선형 베르누이 미분방정식

경우에 따라서는 비선형미분방정식을 선형미분방정식으로 변형할 수 있다.

베르누이의 미분방정식이 바로 그 중 하나이다.

$$\frac{dy}{dx} + p(x)y = q(x)y^n \quad (n \neq 0, n \neq 1) \tag{1.43}$$

n 은 임의의 실수이고, $n = 0$ 이면 선형미분방정식이고, $n = 1$ 이면 변수분리형 미분방정식이다. 식 (1.43) 의 양변을 y^n 으로 나누면,

$$y^{-n}\frac{dy}{dx} + p(x)y^{1-n} = q(x) \tag{1.44}$$

이다.

$$u(x) = [y(x)]^{1-n}$$

이라 놓으면

$$\frac{du}{dx} = (1-n)[y(x)]^{-n}\frac{dy}{dx}$$

이므로 베르누이 미분방정식 (1.43) 는 아래 선형미분방정식으로 변형된다.

$$\frac{du}{dx} + (1-n)p(x)u = (1-n)q(x).$$

예제 1.4.9. 미분방정식 $\frac{dy}{dx} + \frac{1}{x}y = xy^2$ 을 풀어라.

풀이. 준 식의 양변을 y^2 으로 나누면

$$\frac{1}{y^2}\frac{dy}{dx} + \frac{1}{xy} = x$$

가 되고,

$$u(x) = \frac{1}{y}$$

로 놓으면

$$\frac{du}{dx} = -\frac{1}{y^2}\frac{dy}{dx}$$

이므로 선형미분방정식

$$\frac{du}{dx} - \frac{1}{x}u = -x$$

를 얻는다. 다시

$$p = -\frac{1}{x}, q = -x$$

라 하면

$$\begin{aligned} u(x) &= e^{-\int(-\frac{1}{x})dx}\left(\int e^{\int(-\frac{1}{x})dx}(-x)dx + C\right) \\ &= x(-x+C) = -x^2 + Cx \end{aligned}$$

가 된다. 따라서 구하려는 일반해는 다음과 같다.

$$y = (-x^2 + Cx)^{-1}$$

□

유제 1.4.10. 미분방정식 $y' + \dfrac{y}{x} = x^2y^3$ 을 풀어라.

♣ 정답. $-2x^3y^2 + Cx^2y^2 = 1$

연습문제 1.4

1. 다음 미분방정식을 풀어라.

   (1) $\dfrac{dy}{dx} - y = e^{2x}$　　(2) $y' + y\tan x = \cos x \sin x$

   (3) $y' + 2y = \cos x$　　(4) $xy' - 2y = x^3e^x$

   (5) $y' + y = (x+1)^2$　　(6) $x^2y' + 2xy = \sinh 3x$

2. 다음 초기치문제를 풀어라.

   (1) $y' + y\tan x = \cos^2 x, \quad y(0) = -1$

   (2) $y' = \dfrac{y}{y-x}, \quad y(5) = 2$

3. 다음 베르누이 미분방정식을 풀어라.

   (1) $y' + xy = x/y$　　(2) $2xy' - y = 10x^3y^5$

   (3) $y' + (1/x)y = x^2y^3$　　(4) $y' + y\sin x = y^2 \sin x$

   (5) $y' - y = xy^2$　　(6) $xy' + y = y^2 \ln x$

4. (버헐스트(Verhulst) 미분방정식) 인구문제를 풀 때 주로 사용되는 베르누이 미분방정식 $y' - ay = -by^2$ ($a, b > 0$ 는 상수)을 풀어라.

5. 각각의 회로에 흐르는 전류 $I(t)$를 구하라.

   (1) RL회로에서 $R = 10$ 오옴, $L = 2$ 패럿,$E(t) = \cos t$ 볼트일 때, 이 회로에 흐르는 전류 $I(t)$를 구하라.

   (2) RC회로에서 $R = 10$ 오옴, $C = 10^{-2}$ 패럿, $E(t) = \cos t$ 볼트일 때, 이 회로에 흐르는 전류를 구하라.

♣ 정답.

1. (1) $y = e^{2x} + ce^{x}$ (2) $y = c\cos x - \cos^2 x$
(3) $y = (1/5)(2\cos x + \sin x) + ce^{-2x}$ (4) $y = cx^2 + x^2 e^x$
(5) $y = x^2 + 1 + ce^{-x}$ (6) $y = x^{-2}\{(1/3)\cosh 3x + c\}$

2. (1) $y = \sin x \cos x - \cos x$ (2) $y^2 - 2xy = -16$

3. (1) $y^2 = 1 + ce^{-x^2}$ (2) $y^4 = 1/\{(c/x^2) - 4x^3\}$
(3) $1/y^2 = -2x^3 + cx^2$ (4) $1/y = 1 + ce^{-\cos x}$
(5) $1/y = 1 - x + ce^{-x}$ (6) $1/y = \ln x + 1 + cx$

4. $u(x) = y^{1-2}$, $u'(x) + au(x) = b$ $(a, b > 0$는상수$)$,
$u(x) = e^{-ax}\left(\int e^{ax}\cdot bdx + c\right) = \frac{b}{a} + ce^{-ax}$,
$y(x) = \frac{1}{u(x)} = \frac{1}{\frac{b}{a} + ce^{-ax}}$ (c는 상수).

5. (1) $I(t) = \frac{1}{52}(\sin t + 5\cos t) + Ce^{-5t}$

제 2 장

이계선형미분방정식

상미분방정식은 선형미분방정식과 비선형미분방정식으로 나뉜다. 대개의 경우, 비선형방정식은 풀기가 어렵운 반면 선형방정식은 비교적 쉽게 해결되는데, 이는 선형방정식을 푸는 표준적인 방법이 있기 때문이다.

이 장에서는 이계선형미분방정식을 다룬다. 이를 바탕으로 고계선형미분방정식을 쉽게 다룰 수 있다. 이계선형미분방정식은 공학, 물리학, 화학 및 생물학 분야의 많은 문제들에서 나타난다.

2.1 선형미분방정식의 이론

이 절에서는 먼저 이계선형미분방정식을 풀기 위한 예비이론을 알아 보기로 한다.

두 함수 $y_1(x)$ 와 $y_2(x)$, 그리고 상수 a 와 b 에 대하여,

$$ay_1(x) + by_2(x)$$

를 $y_1(x)$ 와 $y_2(x)$ 의 **일차결합 (linear combination)** 이라고 한다.

정의 2.1.1. 구간 $I = [x_0,\ x_1]$ 의 모든 x 에 대하여, 일차결합

$$a\ y_1(x) + b\ y_2(x) = 0 \tag{2.1}$$

을 만족시키는 a 와 b 가 $a = b = 0$ 뿐이라면, 함수 $y_1(x)$ 와 $y_2(x)$ 는 구간 I 에서 (서로) **일차독립 (linearly independent)** 이라 한다. 그렇지 않을 때에는 $y_1(x)$ 와 $y_2(x)$ 가 구간 I 에서 (서로) **일차종속 (linearly dependent)** 이라 한다.

일차독립을 선형독립, 일차종속을 선형종속 이라고도 한다. 일차독립과 일차종속의 개념은 세 함수 이상에 대하여도 생각할 수 있지만, 여기서는 두 함

수의 경우에 대해서만 알아본다. 두 함수 y_1 과 y_2 가 구간 I 안에서 일차종속이라면, 구간 I 안의 모든 x 에 대하여

$$a\ y_1(x) + b\ y_2(x) = 0$$

이면서 a, b 중, 적어도 하나는 0 이 아니다. $a \neq 0$ 이라고 하면,

$$y_1(x) = -\frac{b}{a}\ y_2(x) \tag{2.2}$$

로 된다.

두 함수가 서로 일차종속이면, 한 함수는 다른 함수의 상수배로 표시된다. 한 함수를 다른 함수의 상수배로 표시할 수 없으면, 두 함수는 서로 일차독립이다.

예제 2.1.2. (1)

$$y_1(x) = \sin 2x \text{ 와 } y_2(x) = \sin x \cos x$$

는 모든 x 에 대하여 (서로) 일차종속이다. 일차결합

$$a\ \sin 2x + b\ \sin x \cos x = 0$$

이 되는 $a = 1,\ \ b = -2$ 을 찾을 수 있기 때문이다. 이 때,

$$\sin 2x = 2 \sin x \cos x$$

로 표시된다.

(2) 두 함수

$$f_1(x) = x \text{ 와 } f_2(x) = x^2$$

는 모든 x 에 대하여, (서로) 일차독립이다.

모든 x 에 대해 일차결합

$$c_1\ x + c_2\ x^2 = 0$$

이 성립하려면,

$$c_1 = c_2 = 0$$

이어야 하기 때문이다. 실제로, 모든 x 에 대하여,

$$x = ax^2$$

이 성립하는 상수 a 를 찾을 수 없다.

이제 두 함수가 일차독립인지 일차종속인지를 알아내는 일반적인 방법을 알아보자.

정의 2.1.3. 두 함수 $y_1(x), y_2(x)$ 에 대하여, 행렬식 $W(y_1, y_2)$ 를 y_1 과 y_2 의 **론스키안 (Wronskian)** 이라 한다.

$$W(y_1, y_2) = \begin{vmatrix} y_1(x) & y_2(x) \\ y_1'(x) & y_2'(x) \end{vmatrix}$$

정리 **2.1.4.** (1) 함수 y_1 과 y_2 가 구간 I 에서 일차종속일 필요충분조건은 구간 I 에서 $W(y_1, y_2) = 0$ 인 것이다.
(2) 함수 y_1 과 y_2 가 구간 I 에서 일차독립일 필요충분조건은 구간 I 에서 $W(y_1, y_2) \neq 0$ 인 점 x 가 적어도 하나 존재하는 것이다.

예제 2.1.5. (1)

$$y_1 = x \text{ 와 } y_2 = x \ln x$$

는 구간 $(0, 1)$ 에서 일차독립인가?

(2) x^2 과 $3x^2$ 은 일차독립인가?

풀이. (1) 그렇다. 실제로

$$W(x, x\ln x) = \begin{vmatrix} x & x\ln x \\ 1 & \ln x + 1 \end{vmatrix} = x \neq 0$$

인 x 가 구간 $(0, 1)$ 에서 적어도 하나 존재 (예로서 $\frac{1}{2}$) 한다.

(2) 아니다. 모든 실수 x 에 대하여, $W(x^2, 3x^2) = 0$ 이기 때문이다. 실제로 $x^2 = \dfrac{1}{3}(3x^2)$ 으로 표시된다. □

유제 2.1.6. 함수

$$\sin x \text{ 와 } \cos x$$

는 일차독립인가?

♣ 정답. 그렇다.

이계선형동차미분방정식은 일차독립인 두 개의 해를 가진다. 이를 다음 예제를 통하여 살펴보자.

예제 2.1.7.

$$y_1 = e^{-5x} \text{ 와 } y_2 = e^{2x}$$

가 이계미분방정식

$$y'' + 3y' - 10y = 0$$

의 해이며, 서로 일차독립임을 보여라.

풀이.

$$y_1 = e^{-5x} \text{ 와 } y_2 = e^{2x}$$

가 해가 됨은 쉽게 보일 수 있다.

$$\begin{aligned} y_1'' + 3y_1' - 10y_1 &= (e^{-5x})'' + 3(e^{-5x})' - 10e^{-5x} \\ &= 25e^{-5x} - 15e^{-5x} - 10e^{-5x} = 0 \end{aligned}$$

$$\begin{aligned} y_2'' + 3y_2' - 10y_2 &= (e^{2x})'' + 3(e^{2x})' - 10e^{2x} \\ &= 4e^{2x} + 6e^{2x} - 10e^{2x} = 0 \end{aligned}$$

그리고

$$e^{-5x} = e^{-7x} \cdot e^{2x}$$

이고 e^{-7x} 가 상수가 아니므로, e^{-5x} 와 e^{2x} 는 일차독립이다. □

유제 2.1.8.

$$y_1 = e^{x} \text{ 와 } y_2 = xe^{x}$$

가 이계미분방정식

$$y'' - 2y' + y = 0$$

의 해이며, 서로 일차독립임을 보여라.

미분방정식의 해법은 그 모양에 따라 매우 다양하고 어려운 경우가 많다. 그러나 특별한 모양의 미분방정식의 경우에는 표준적인 방법으로 그 해를 구할 수 있다. 적분을 하지 않고 대수적인 방법만으로 해를 구하는 경우가 그 대표적인 예이다.

일계선형미분방정식의 표준형은

$$y' + A(x)y = f(x)$$

이고, **이계선형미분방정식의 표준형**은

$$y'' + A(x)y' + B(x)y = f(x) \tag{2.3}$$

이다.

여기서 $A(x), B(x)$ 그리고 $f(x)$ 는 x 만의 함수이다. 함수 $f(x)$ 가 항상 0 이면, 식 (2.3) 은 **동차**(homogeneous) 라 하고, 그렇지 않은 경우에는 **비동차** (non-homogeneous) 라고 한다. 위 방정식들이 상수계수가 아님에 유의하라.

예제 2.1.9.

$$y'' + 2xy' + 3y = 0$$

은 변수계수이계동차방정식이고,

$$y' - 3y = e^x$$

는 상수계수일계비동차방정식이다.

유제 2.1.10. 미분방정식 $y'' + 3y' - 10y = 2x$ 와 $y'' + 3xy' - 10y = 0$ 을 분류하라.

♣ 정답. 생략

동차미분방정식에 대하여, 다음 정리가 성립한다.

정리 **2.1.11.** 변수계수이계동차미분방정식

$$y'' + A(x)y' + B(x)y = 0 \tag{2.4}$$

에 대하여, y_1 과 y_2 가 위 방정식을 만족하고, 서로 일차독립이면, 위 방정식의 일반해 y 는 이 들의 일차결합이다. 즉,

$$y = c_1y_1 + c_2y_2$$

이다. 이 때, y_1 과 y_2 를 일반해 y 의 기저(basis)라고 한다.

만약 방정식 (2.4)의 두 해 y_1 과 y_2 를 찾았다면 방정식 (2.4)의 모든 해를 찾았음을 의미한다. 이 경우 특이해는 존재하지 않는다.

예제 2.1.12. (예제 2.1.7 계속) 이계미분방정식

$$y'' + 3y' - 10y = 0$$

의 일반해는 일차독립인 해의 기저 $y_1 = e^{-5x}$ 과 $y_2 = e^{2x}$ 의 일차결합으로서

$$y = c_1e^{-5x} + c_2e^{2x}$$

이다.

유제 2.1.13. 상계수이계동차미분방정식

$$y'' - 2y' + y = 0$$

의 일반해가 $y = c_1e^x + c_2xe^x$ 임을 설명하라.

이제 비동차방정식

$$y'' + A(x)y' + B(x)y = f(x) \neq 0 \tag{2.5}$$

에 대하여 살펴보자. 앞으로 비동차방정식 (2.5) 의 특수해를 y_p 로 표시하고, 동차방정식

$$y'' + A(x)y' + B(x)y = 0 \tag{2.6}$$

의 일반해를 y_h 로 표시하기로 한다.

비동차방정식의 일반해는 다음과 같다.

> 정리 **2.1.14.** 이계비동차선형미분방정식 (2.5)의 일반해 y 는 y_h 와 y_p 의 합으로 표시된다.
>
> $$y = y_h + y_p$$
>
> 이때 y_h 를 식 (2.5)의 보조함수 또는 여함수라고 부른다.

예제 2.1.15. (예제 2.1.7 계속) 비동차이계미분방정식

$$y'' + 3y' - 10y = e^x$$

에 대하여 생각해보자. 함수

$$y_p = -\frac{1}{6}e^x$$

는

$$y_p'' + 3y_p' - 10y_p = e^x$$

을 만족하므로, 미분방정식의 특수해이다. 앞에서 이에 대응하는 동차방정식의 일반해는

$$y_h = c_1e^{-5x} + c_2e^{2x}$$

였다. 따라서 주어진 미분방정식의 일반해는

$$y = y_h + y_p = c_1e^{-5x} + c_2e^{2x} - \frac{1}{6}e^x$$

이다.

비동차방정식의 일반적인 해법에 대하여는 3.1 절(미정계수법)과 3.2 절(매개변수변화법)에서 자세히 다루게 될 것이다.

연습문제 2.1

1. 다음 함수들이 임의의 구간에서 일차독립인지 일차종속인지를 밝히라.

   (1) $\cos^2 x, \quad x^2+1$ (2) $x^2, \quad 3x, \quad e^x$

   (3) $e^x, \quad (1/3)e^x$ (4) $\sinh x, \quad e^x - e^{-x}$

   (5) $x(x+1), \quad 2x^2, \quad 3x$ (6) $x\sin x, \quad x\cos x$

2. 두 함수 $y_1 = \sin(\ln x^2)$ 과 $y_2 = \cos(\ln x^2)$ 가 $x^2y''+xy'+4y=0, \quad (x>0)$ 의 일차독립인 해임을 보이라.

♣ 정답.

1. (1) 일차독립 (2) 일차독립 (3) 일차종속
   (4) 일차종속 (5) 일차종속 (6) 일차독립

2. 예제 2.1.7의 풀이와 같이 보이면 된다.

2.2 상계수이계동차선형미분방정식

여기서는 상수계수를 갖는 이계선형동차방정식

$$y'' + ay' + by = 0 \tag{2.7}$$

의 일반해를 찾아 보기로 한다.

지수함수는 여러 번 미분하여도 그 결과는 여전히 지수함수이다. 따라서 지수함수와 그 도함수들은 서로 상수배의 관계에 있다. 이 사실은 미분방정식 (2.7)의 한 해가 지수함수라는 추측을 하게 한다. 따라서 방정식 (2.7)의 한 특수해를

$$y = e^{\lambda x} \tag{2.8}$$

라고 놓는다. 그리고

$$y' = \lambda e^{\lambda x}, \quad y'' = \lambda^2 e^{\lambda x}$$

를 방정식 (2.7)에 대입하면

$$\lambda^2 e^{\lambda x} + a\lambda e^{\lambda x} + be^{\lambda x} = (\lambda^2 + a\lambda + b)e^{\lambda x} = 0$$

이 성립한다. 여기서 $e^{\lambda x} \neq 0$ 이므로 이차방정식

$$\lambda^2 + a\lambda + b = 0 \tag{2.9}$$

을 얻는다.

이 이차방정식을 미분방정식 (2.7) 의 **특성방정식**(characteristic equation) 또는 **보조방정식**(auxilary equation) 이라 한다. 이 특성방정식을 풀어서 λ 를 결정하고 또한 미분방정식 (2.7) 의 해도 구할 수 있다.

특성방정식 (2.9) 의 근을 λ_1, λ_2 라 하면 λ_1, λ_2 는 다음 세 가지 경우로 구분된다.

(1) 서로 다른 두 실근

(2) 두 개의 켤레복소수근

(3) 실수의 중근

(1) 서로 다른 두 실근 λ_1, λ_2 를 갖는 경우

$y_1 = e^{\lambda_1 x}$, $y_2 = e^{\lambda_2 x}$ 는 모두 미분방정식 (2.7) 의 특수해이고, $\lambda_1 \neq \lambda_2$ 이므로 서로 일차독립이다. 즉, y_1 과 y_2 는 일반해의 기저(basis) 이다. 따라서 미분방정식 (2.7) 의 일반해 y 는 y_1 과 y_2 의 일차결합

$$y = c_1 e^{\lambda_1 x} + c_2 e^{\lambda_2 x} \tag{2.10}$$

로 구할 수 있다.

예제 2.2.1. 다음 미분방정식을 풀어라.

$$y'' - y = 0$$

풀이. 특성방정식

$$\lambda^2 - 1 = 0$$

의 근은

$$\lambda_1 = 1, \quad \lambda_2 = -1$$

이므로, 주어진 미분방정식의 해의 기저는

$$y_1 = e^x, \quad y_2 = e^{-x}$$

이다. 따라서 일반해는

$$y = c_1 e^x + c_2 e^{-x}$$

이다. □

유제 2.2.2. 다음 미분방정식을 풀어라.

$$y'' - 3y' - 4y = 0$$

♣ 정답. $y = c_1e^{-x} + c_2e^{4x}$

(2) 두 개의 켤레복소수근 $\lambda_1 = \alpha + i\beta,\ \lambda_2 = \alpha - i\beta$ 를 갖는 경우

여기서 $i = \sqrt{-1}$ 인 허수단위이다. λ_1 과 λ_2 가 켤레복소수인 경우도 (1)과 다를 바 없다. 일반해의 기저는 $y_1 = e^{(\alpha+i\beta)x}$ 와 $y_2 = e^{(\alpha-i\beta)x}$ 이다. 따라서 주어진 미분방정식의 일반해 y 는

$$y = k_1e^{(\alpha+i\beta)x} + k_2e^{(\alpha-i\beta)x} \tag{2.11}$$

가 되는데, 이것은 복소수 값을 갖는 해이다. 이 때, 이 복소수해는 실부와 허부를 쉽게 알 수 있는 복소수 형태로 바꾸어 나타내는 것이 보통이다.

오일러(Euler)의 공식

$$e^{i\theta} = \cos\theta + i\sin\theta \quad (\theta\text{는 실수})$$

을 이용하자.

$$\begin{aligned} y &= e^{\alpha x}(k_1e^{i\beta x} + k_2e^{-i\beta x}) \\ &= e^{\alpha x}(k_1\cos\beta x + ik_1\sin\beta x + k_2\cos\beta x - ik_2\sin\beta x) \\ &= e^{\alpha x}(k_1 + k_2)\cos\beta x + ie^{\alpha x}(k_1 - k_2)\sin\beta x \end{aligned}$$

여기서 미지상수를 적절히 바꾸어 표시하면 구하려는 미분방정식의 일반해는

$$y = e^{\alpha x}(c_1\cos\beta x + c_2\sin\beta x) \tag{2.12}$$

로 나타낼 수 있다.

예제 2.2.3. 미분방정식

$$y'' + y = 0$$

을 풀어라.

풀이. 특성방정식은

$$\lambda^2 + 1 = 0$$

이고 근은 $\pm i$ 이다. 그러므로 해의 기저는

$$y_1 = e^{ix}, \quad y_2 = e^{-ix}$$

이고 일반해는 식 (2.12) 에서 $\alpha = 0,\ \beta = 1$ 이므로

$$y = c_1 \cos x + c_2 \sin x$$

이다. □

유제 2.2.4. 미분방정식

$$y'' - 2y' + 10y = 0$$

을 풀어라.

♣ 정답. $y = e^x(c_1 \cos 3x + c_2 \sin 3x)$

(3) 중근 λ 을 갖는 경우

특성방정식이 중근 $\lambda = -\frac{a}{2}$ 을 갖는 경우, 두 개의 해는

$$y_1 = e^{\lambda x}, \quad y_2 = e^{\lambda x}$$

이고, 불행이도 이 들은 일차종속이다. 따라서 이 들은 일반해의 기저가 될 수 없다.

여기에서 $y_1 = e^{\lambda x}$ 과 서로 일차독립이 되는 다른 하나의 해 y_2 를 구하여야 한다. 이 때, 사용하는 방법이 **계수**(order) **저하법**이다. 즉,

$$y_2 = u(x) y_1$$

으로 놓고 $u(x)$ 를 결정하여 다른 해 y_2 를 구한다. 이 방법은 y_1 과 y_2 가 서로 일차독립이므로, y_1 과 y_2 의 비가 상수가 아닌 x 의 함수가 된다는 것에서 착안한 것이다.

지금, y_2 와 도함수

$$y_2' = u'y_1 + uy_1', \quad y_2'' = u''y_1 + u'y_1' + u'y_1' + uy_1''$$

을 미분방정식 (2.7) 에 대입하면

$$y_2'' + ay_2' + by_2 = 0$$

이므로

$$(uy_1'' + 2u'y_1' + u''y_1) + a(u'y_1 + uy_1') + b(uy_1) = 0$$

이다. 이것을 정리하면

$$u(y_1'' + ay_1' + by_1) + u'(2y_1' + ay_1) + u''y_1 = 0 \tag{2.13}$$

가 된다. 그런데 y_1 은 미분방정식 (2.7) 의 해이므로 식 (2.13) 의 첫 번째 괄호

안의 식은 0 이다. 또한 식 (2.13) 에서

$$2y_1' = 2\lambda e^{\lambda x} = 2\lambda y_1 = 2\left(-\frac{a}{2}\right) y_1 = -ay_1$$

이므로 두 번째 괄호 안의 식도 0 이 된다. 따라서 식 (2.13) 는

$$u'' y_1 = u'' \cdot e^{\lambda x} = 0$$

이 되므로 $u'' = 0$ 이다. 여기서 $u' = c$ 를 얻는데, 이제 방정식의 계수 (oder) 가 이계에서 일계로 저하되었다. 결과적으로 $u'' = 0$ 의 한 해는 $u(x) = x$ 이므로

$$y_2(x) = xe^{\lambda x}$$

로 찾을 수 있다.

이제 일반해의 기저 $y_1 = e^{\lambda x}$ 와 $y_2 = xe^{\lambda x}$ 를 구하였으므로, 주어진 미분방정식의 일반해는

$$y = (c_1 + c_2 x)e^{\lambda x}$$

가 된다.

예제 2.2.5. 미분방정식

$$y'' + 6y' + 9y = 0$$

을 풀어라.

풀이. 특성방정식

$$\lambda^2 + 6\lambda + 9 = (\lambda + 3)^2 = 0$$

에서 $\lambda = -3$ 이 중근이다. 따라서 구하는 일반해는

$$y = c_1 e^{-3x} + c_2 xe^{-3x} = (c_1 + c_2 x)e^{-3x}$$

이다. □

유제 2.2.6. 미분방정식 $y'' + 2y' + y = 0$ 의 해를 구하라.

♣ 정답. $y = (c_1 + c_2 x)e^{-x}$

이상으로, 특성방정식 (보조방정식) 의 해의 경우에 따라서 상계수이계동차선형미분방정식의 일반해는 아래 표와 같이 공식처럼 구할 수 있게 되었다.

$\lambda^2 + a\lambda + b = 0$ **의 근**	**일반해**
서로 다른 두 실근 λ_1, λ_2	$y = c_1 e^{\lambda_1 x} + c_2 e^{\lambda_2 x}$
켈레 복소근 $\alpha + i\beta, \alpha - i\beta$	$y = e^{\alpha x}(c_1 \cos \beta x + c_2 \sin \beta x)$
중근 λ	$y = (c_1 + c_2 x)e^{\lambda x}$

이제 미분방정식을 좀 더 잘 다루기 위해 아래 미분연산자를 도입하자.

$$Dy = \frac{dy}{dx}, \quad D^2y = \frac{d^2y}{dx^2}$$

로 표시하면 식

$$y'' + ay' + by = 0$$

은

$$D^2y + aDy + by = 0$$

또는

$$(D^2 + aD + b)y = 0$$

로 표시된다.

이 때, $D^2 + aD + b$는 특성방정식 $\lambda^2 + a\lambda + b = 0$의 좌변과 같다.

예제 2.2.7. (초기치문제) 다음 초기치문제를 풀어라.

$$D^2y - 2Dy + y = 0, \quad y(0) = 1, \ y'(0) = 2$$

풀이. 주어진 미분방정식은

$$(D^2 - 2D + 1)y = 0$$

이므로 특성방정식

$$\lambda^2 - 2\lambda + 1 = 0$$

에서 $\lambda = 1$의 중근을 갖는다. 따라서 일반해는

$$y = (c_1 + c_2x)e^x$$

이다. 그런데 초기조건 $y(0) = 1$과 $y'(0) = 2$이므로 $c_1 = c_2 = 1$를 얻을 수 있다. 따라서 우리가 구하려는 특수해는 다음과 같다.

$$y = (1 + x)e^x$$

위 초기치문제에서 x가 시간 t라고 하면 두개의 초기조건 $y(0) = 1$과 $y'(0) = 2$는 각각 움직이는 물체의 초기위치와 초기속도에 해당한다. □

유제 2.2.8. 미분방정식

$$(D^2 + 2.2D + 0.4)y = 0, \quad y(0) = 3.3, \quad y'(0) = -1.2$$

를 풀어라.

♣ 정답. $y = 3e^{-0.2x} + 0.3e^{-2x}$

예제 2.2.9. (초기치문제) 다음 초기치문제를 풀어라.

$$(D^2 + D + 1)y = 0, \quad y(0) = 1,\ y'(0) = 1$$

풀이. 특성방정식

$$\lambda^2 + \lambda + 1 = 0$$

의 근은

$$\lambda_1 = -\frac{1}{2} + \frac{\sqrt{3}}{2}i, \quad \lambda_2 = -\frac{1}{2} - \frac{\sqrt{3}}{2}i$$

이므로 실수부 α 와 허수부 β 는

$$\alpha = -\frac{1}{2}, \beta = \frac{\sqrt{3}}{2}$$

이다. 따라서 구하는 일반해는 식 (2.12) 에 따라서

$$y = e^{-\frac{1}{2}x}\left(c_1 \cos\frac{\sqrt{3}}{2}x + c_2 \sin\frac{\sqrt{3}}{2}x\right)$$

이다. 그런데 $y(0) = 1$ 이므로 $c_1 = 1$ 이 되고 $y'(0) = 1$ 에 의하여 $c_2 = \sqrt{3}$ 을 얻는다. 그러므로 구하는 해는

$$y = e^{-\frac{1}{2}x}\left(\cos\frac{\sqrt{3}}{2}x + \sqrt{3}\sin\frac{\sqrt{3}}{2}x\right)$$

이다. □

유제 2.2.10. 미분방정식

$$(D^2 + 2D + 5)y = 0, \quad y(0) = 1, \quad y'(0) = 5$$

를 풀어라.

♣ 정답. $y = e^{-x}(\cos 2x + 3\sin 2x)$

다음은 경계값문제 (boundary value problem) 에 대하여 알아보자.

예제 2.2.11. (경계값문제) 다음 경계값문제를 풀어라.

$$y'' + y = 0, \quad y(0) = 3, \quad y(\pi) = -3$$

풀이. (1 단계)

$$(D^2 + 1)y = 0$$

이므로 특성방정식

$$\lambda^2 + 1 = 0$$

의 해는 i 와 $-i$ 이고 복소수치함수해는

$$e^{ix} = \cos x + i\sin x, \quad e^{-ix} = \cos x - i\sin x$$

이다. 실수치함수해는

$$y = c_1\cos x + c_2\sin x$$

이다.

(2 단계) 왼쪽 경계조건은 $y(0) = c_1 = 3$ 이 된다. 오른쪽 경계조건은 $y(\pi) = c_1\cos\pi + c_2\cdot 0 = -3$ 이고 $\cos\pi = -1$ 과 $c_1 = 3$ 을 이 식에 적용하면 c_2 에 대한 어떠한 조건도 없음을 알 수 있다. 그러므로 해는

$$y = 3\cos x + c_2\sin x$$

이다. c_2 는 여전히 임의의 상수이다. □

위 보기 2.2.11 에서 조건 $y(0) = 3, y(\pi) = -3$ 을 경계조건(boundary condition) 이라 한다. 이들은 여기에서 생각하는 구간 I 의 끝점(경계점) 이 0 과 π 임을 의미한다.

유제 2.2.12. 미분방정식

$$(D^2 - 16)y = 0, \quad y(0) = 5, \quad y(1/4) = 5e$$

를 풀어라.

♣ 정답. $y = 5e^{4x}$

연습문제 2.2

1. 다음 미분방정식을 풀어라.

(1) $y'' + 16y = 0$ (2) $y'' - 2y' + 2y = 0$

(3) $y'' - 8y' + 16y = 0$ (4) $y'' + 2y' = 0$

(5) $y'' + 2ky' + k^2y = 0$ (6) $2y'' + 10y' + 25y = 0$

2. 다음 초기치문제를 풀어라.

(1) $y'' - 16y = 0, \quad y(0) = 0, \quad y'(0) = 20$

(2) $y'' + 6y' + 9y = 0, \quad y(0) = -4, \quad y'(0) = 14$

(3) $D^2y - 3Dy + 2y = 0, \quad y(0) = -1, \quad y'(0) = 0$

(4) $4D^2y + 4Dy + y = 0, \quad y(0) = -2, \quad y'(0) = 1$

(5) $D^2y + 4Dy + 5y = 0, \quad y(0) = 1, \quad y'(0) = -3$

3. 다음 경계치문제를 풀어라.

(1) $y'' - 2y' = 0, \quad y(0) = -1, \quad y(1/2) = e - 2$

(2) $y'' - 2y' + 2y = 0, \quad y(0) = -3, \quad y(\pi/2) = 0$

♣ 정답.

1. (1) $y = c_1 \cos 4x + c_2 \sin 4x$ (2) $y = e^x(c_1 \cos x + c_2 \sin x)$

(3) $y = (c_1 + c_2 x)e^{4x}$ (4) $y = c_1 + c_2 e^{-2x}$

(5) $y = (c_1 + c_2 x)e^{-kx}$ (6) $y = e^{-5x/2}\{c_1 \cos(5/2)x + c_2 \sin(5/2)x\}$

2. (1) $y = (5/2)e^{4x} - (5/2)e^{-4x}$ (2) $y = (-4 + 2x)e^{-3x}$

(3) $y = e^{2x} - 2e^x$ (4) $y = -2e^{(-1/2)x}$

(5) $y = e^{-2x}(\cos x - \sin x)$

3. (1) $y = e^{2x} - 2$ (2) $y = -3e^x \cos x$

2.3 이계선형미분방정식의 응용

상계수를 갖는 선형동차미분방정식은 공학에서 중요하게 응용된다. 세 가지 특성방정식의 근의 종류에 따른 보기를 전기회로에서 찾아보기로 하자.

예제 2.3.1. 그림 2.2의 회로에 흐르는 전류 $I(t)$를 셈하라. ($I(0) = 1$ 암페어, $I'(0) = 0$ 암페어 / 초)

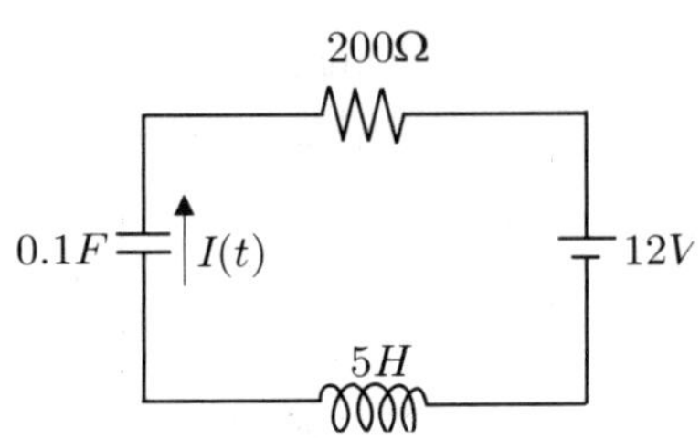

그림 2.1.

풀이. 키르히호프의 전압법칙(KLV)을 써서

$$5I'(t) + \frac{1}{0.1}\int_0^t I(\tau)d\tau + 200I(t) = 12$$

를 얻는다. 양변을 t 에 관하여 미분하면, 이계선형동차미분방정식인

$$I''(t) + 40I'(t) + 2I(t) = 0$$

을 얻는다. 계수가 상수이므로 이 미분방정식의 특성방정식은

$$\lambda^2 + 40\lambda + 2 = 0$$

이고, 이것의 근은

$$\lambda_1 = -20 + \sqrt{398}, \lambda_2 = -20 - \sqrt{398}$$

이다. 따라서

$$I(t) = c_1 e^{-(20-\sqrt{398})t} + c_2 e^{-(20+\sqrt{398})t}$$

가 주어진 미분방정식의 일반해이다. $I(t)$ 는 초기조건을 만족해야 하므로 다음 연립방정식

$$c_1 + c_2 = 1, \quad -(20 - \sqrt{398})c_1 - (20 + \sqrt{398})c_2 = 0$$

에서

$$c_1 = \frac{199 + 10\sqrt{398}}{398}, \quad c_2 = \frac{199 - 10\sqrt{398}}{398}$$

을 얻는다. 따라서

$$I(t) = \frac{199 + 10\sqrt{398}}{398} e^{-(20-\sqrt{398})t} + \frac{199 - 10\sqrt{398}}{398} e^{-(20+\sqrt{398})t}$$

이다. □

예제 2.3.2. 그림 2.3의 회로에 흐르는 전류 $I(t)$ 를 셈하라. ($I(0) = 2$ 암페어, $I'(0) = 0$ 암페어 / 초)

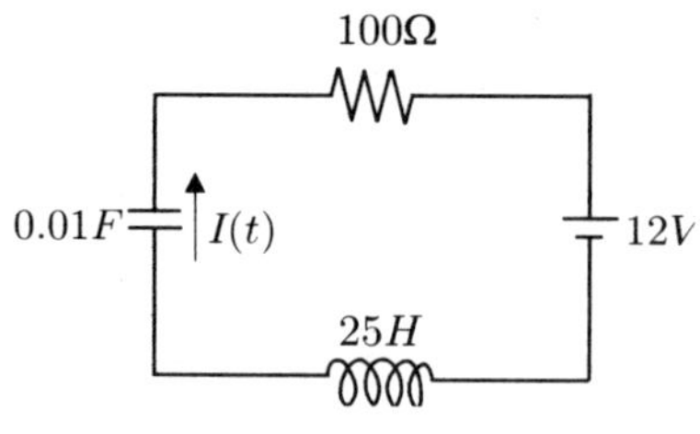

그림 2.2.

풀이. 키르히호프의 전압법칙에 따르면

$$25I'(t) + \frac{1}{0.01}\int_0^t I(\tau)d\tau + 100I(t) = 12$$

이다. 양변을 t에 관하여 미분하면 이계선형동차미분방정식인

$$I''(t) + 4I'(t) + 4I(t) = 0$$

을 얻는다. 계수가 상수이므로 이 미분방정식의 특성방정식은

$$\lambda^2 + 4\lambda + 4 = 0$$

이고 이것의 풀이는 $\lambda_1 = \lambda_2 = -2$ 이다. 따라서 일반해는

$$I(t) = (c_1 + c_2 t)e^{-2t}$$

이다. $I(t)$는 초기조건을 만족해야 하므로 특수해는

$$I(t) = (2 + 4t)e^{-2t}$$

이다. □

예제 2.3.3. 그림 2.4의 회로에 흐르는 전류 $I(t)$를 구하라. ($I(0) = 1$ 암페어, $I'(0) = 0$ 암페어/초)

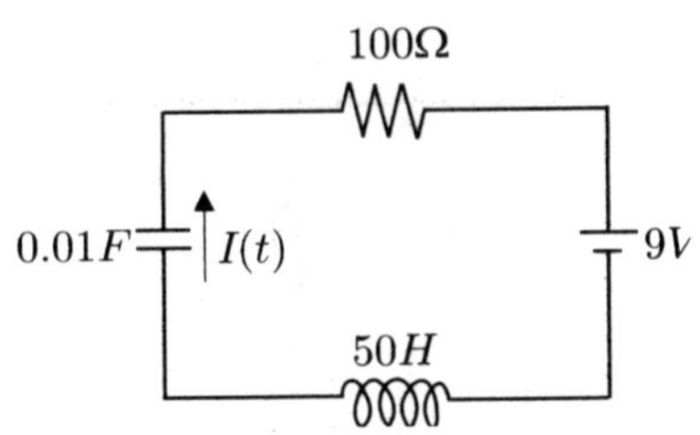

그림 2.3.

풀이. 키르히호프의 전압법칙에 따르면

$$50I'(t) + \frac{1}{0.01}\int_0^t I(\tau)d\tau + 100I(t) = 9$$

이다. 양변을 t에 관하여 미분하고 정리하면, 이계선형 동차미분방정식인

$$I''(t) + 2I'(t) + 2I(t) = 0$$

을 얻는다. 특성방정식

$$\lambda^2 + 2\lambda + 2 = 0$$

의 근은 켤레복소수인 $-1 \pm i$ 이므로, 따라서

$$I(t) = e^{-t}(c_1 \cos t + c_2 \sin t) \quad (c_1, c_2 \text{는 복소상수})$$

가 주어진 미분방정식의 일반해이다. $I(t)$는 초기 조건을 만족해야 하므로 해는

$$I(t) = e^{-t}(\cos t + \sin t)$$

이다. □

유제 2.3.4. 위 세 예제의 RLC회로에서 각각 R, L, C를 제거한 회로, 즉 LC, RC, RL회로에 대하여 각각 전류를 구하라.

다음으로 이계선형 미분방정식의 응용으로써, 단순조화운동에 대하여 알아보자. 위 끝이 고정되어 있는 길이 l_0인 용수철에 질량 m인 물체가 매달려 있다. 이때, 물체의 초기변위를 x_0, 초기속도를 v_0라고 하자. 여기서 물체의 이후 움직임을 묘사할 수 있을까?

이를 위하여, 용수철에 의해 물체에 가해진 힘에 대해서 다음과 같은 가정을 한다.

(1) 모든 운동은 물체의 무게중심을 따라 수직운동하고 방향은 물체의 안정점을 향한다. 물체가 안정점을 향할 때의 복원력에 중력이 이미 고려되어 있으므로 중력의 영향을 따로 고려할 필요는 없다.

(2) 시각 t에서 물체에 가해진 힘의 크기는 용수철의 길이 l과 평형길이 l_0와의 차이에 비례한다. 양의 비례상수 k를 **용수철상수**(spring constant)라 한다. 위의 법칙은 **후크(Hooke)의 법칙**으로 알려져 있다.

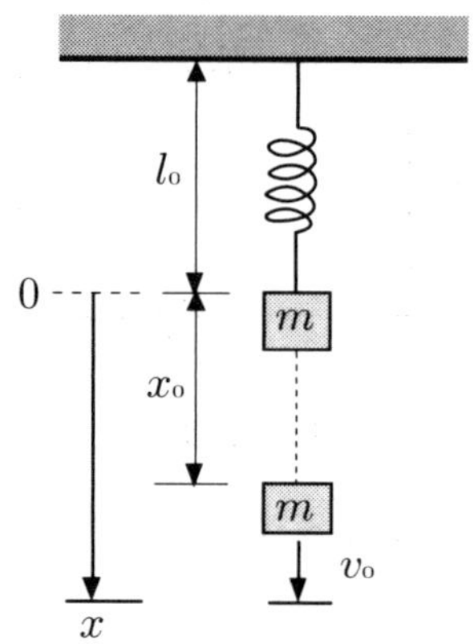

그림 2.4.

뉴턴의 제2 운동법칙은 속도 v로 움직이는 물체에 작용하는 힘 F는 운동량 mv의 변화율과 같다는 것이다. 물체의 질량이 m이면,

$$F = \frac{d(mv)}{dt} = ma = m\frac{d^2x}{dt^2}, \qquad (v = \frac{dx}{dt})$$

이고, 여기에 후크법칙을 적용하면

$$F = m\frac{d^2x}{dt^2} = -kx(t) \tag{2.14}$$

가 된다. 여기서 $x(t)$는 용수철의 안정점으로부터의 변위를 나타낸다. 식 (2.14)에서 음의 부호는 힘이 항상 안정점을 향하여 작용함을 의미한다.

이때, 용수철에 작용하는 마찰, 공기저항 등과 같은 다른 힘들은 미미하므로 무시한다. 식 (2.14)는 다음과 같은 초기값 문제로 된다.

$$\frac{d^2x(t)}{dt^2} + \frac{k}{m}x(t) = 0, \quad x(0) = x_0, \quad x'(0) = v_0 \tag{2.15}$$

식 (2.15)의 특성방정식 $\lambda^2 + \dfrac{k}{m} = 0$ 의 켤레복소근은 $\pm i\omega$ 이고, 여기서 $\omega = i\sqrt{\dfrac{k}{m}}$ 이다. 일반해는

$$x(t) = c_1 \cos\omega t + c_2 \sin\omega t. \tag{2.16}$$

이 해는 **단순조화운동**(simple harmonic motion) 또는 **자유무감쇠운동**(free undamped motion)을 나타내고 있다.

이때, 자유진동의 주기는 $T = \dfrac{2\pi}{\omega}$ 이며, **주파수**(frequency, 진동수)는 $f = \dfrac{1}{T} = \dfrac{\omega}{2\pi}$ 이다. 예를 들면, $x(t) = 2\cos 3t - 4\sin 3t$ 일 때 주기는 $\dfrac{2\pi}{3}$ 이며, 주파수는 $\dfrac{3}{2\pi}$ 이다. $x(t)$의 그래프가 $\dfrac{2\pi}{3}$ 마다 반복되며, 이것은 2π 단위마다 주기가 세 번 반복됨을 나타낸다. 매 단위 시간마다 추는 완전진동의 $\dfrac{3}{2\pi}$ 만큼 진동한다. 또한 주기 $\dfrac{2\pi}{\omega}$ 는 $x(t)$의 최대점과 최소점 사이 시간의 2배를 나타낸다. 마지막으로, 초기조건을 이용하여 식 (2.16)의 상수 c_1과 c_2를 결정하게 되면, 특수해가 **운동 방정식**이 된다.

단위계	힘	길 이	질 량	시 간
국제(SI)	newton(N)	meter(m)	kilogram(kg)	second(s)
영국(공학)	pound(lb)	foot(ft)	slug	second(s)

$1N = 1kg \cdot m/s^2 = 0.225lb;\ 1m = 3.281ft$

$1kg = 0.069slug;\ 1lb = 1slug \cdot ft/s^2 = 4.448N$

예제 2.3.5. 지금 2 lb 무게의 질량이 스프링을 6 in 만큼 늘인다. $t = 0$에서 질량이 평형 위치 아래의 8 in 점에서 윗방향의 속도 $\dfrac{4}{3}$ ft/s로 놓여진다. 이때, 물체의 자유운동을 나타내는 함수 $x(t)$를 구하라. ($1\ in = \dfrac{1}{12}\ ft$)

풀이. 영국공학 단위계를 사용하고 있으므로, in로 측정된 길이를 ft단위로 변환시켜야 한다. 즉, 6 in=$\dfrac{1}{2}$ ft, 8in=$\dfrac{2}{3}$ft로 고친다. 또한 질량 m의 단위를 파운드의 질량 단위로 변환시켜야 한다. $m = W/g$로부터, 다음을 얻는다.

$$m = \frac{2}{32} = \frac{1}{16}\ \text{slug}$$

또한, 후크의 법칙으로부터,

$$2 = k\left(\frac{1}{2}\right), \quad k = 4\ \text{lb/ft}$$

를 의미한다. 따라서,

$$\frac{1}{16}\frac{d^2x}{dt^2} = -4x, \quad \frac{d^2x}{dt^2} + 64x = 0$$

으로 된다. 초기의 변위 및 초기 속도는 다음과 같다.

$$x(0) = \frac{2}{3}, \quad x'(0) = -\frac{4}{3}$$

음의 부호는 질량의 초기속도가 위방향으로 주어져 있기 때문이다. $\lambda^2 + 64 = 0$ 에서 $\omega = 8$ 이므로 미분방정식의 일반해는

$$x(t) = c_1 \cos 8t + c_2 \sin 8t \tag{2.17}$$

이다. 초기조건을 식 (2.17) 에 대입하면,

$$\begin{aligned}
x(0) &= \frac{2}{3} = c_1 \cdot 1 + c_2 \cdot 0 \quad \left(c_1 = \frac{2}{3}\right)\\
x(t) &= \frac{2}{3}\cos 8t + c_2 \sin 8t\\
x'(t) &= -\frac{16}{3}\sin 8t + 8c_2 \cos 8t\\
x'(0) &= -\frac{4}{3} = -\frac{16}{3}\cdot 0 + 8c_2 \cdot 1 \quad \left(c_2 = -\frac{1}{6}\right)
\end{aligned}$$

을 얻는다. 따라서, 운동방정식은 다음과 같다.

$$x(t) = \frac{2}{3}\cos 8t - \frac{1}{6}\sin 8t$$

□

앞에서 단순조화운동 또는 자유무감쇠운동을 논의하는 동안, 용수철에 가해지는 외부의 힘은 없다고 가정하였다. 그러나 이 가정은 현실적이지 않다. 용수철의 마찰이나 공기저항 같은 것을 처리하기 위하여 중력을 제외한 용수철에 작용하는 모든 외부 힘 (감쇠힘 : 물체의 운동을 더디게 하는) 이 있음을 이제 가정하자. 감쇠힘의 크기는 물체의 속도에 비례한다고 가정하는 것이 합당하다. 예를 들어, 천천히 움직일수록 공기저항도 적다.

식 (2.14) 에 $c(\frac{dx}{dt})$ 를 더한다. 여기서 c 는 모든 외부의 힘에 의존하는 감쇠상수이다. 그러면 운동방정식은

$$\frac{d^2x}{dt^2} = -\frac{k}{\lambda}x - \frac{c}{\lambda}\frac{dx}{dt}, \quad x(0) = x_0, \quad x'(0) = v_0 \tag{2.18}$$

이다. 자유감쇠운동의 미분방정식은

$$\frac{d^2x}{dt^2}+\frac{c}{\lambda}\frac{dx}{dt}+\frac{k}{\lambda}x=0,\quad x(0)=x_0,\quad x'(0)=v_0 \tag{2.19}$$

이다. 여기서 계산의 편리를 위해서

$$2\alpha=\frac{c}{\lambda},\quad \beta^2=\frac{k}{\lambda} \tag{2.20}$$

라 한다. 그러면 식 (2.19)은

$$\frac{d^2x}{dt^2}+2\alpha\frac{dx}{dt}+\beta^2x=0,\quad x(0)=x_0,\quad x'(0)=v_0 \tag{2.21}$$

특성방정식이

$$\lambda^2+2\alpha\lambda+\beta^2=0$$

이다. 여기서 기호 λ을 질량과 혼동하지 말기 바란다. 이때, 근은

$$\lambda_1=-\alpha+\sqrt{\alpha^2-\beta^2},\quad \lambda_2=-\alpha-\sqrt{\alpha^2-\beta^2}$$

이다. $\alpha^2-\beta^2$의 대수적 부호에 따라, 세 가지의 가능한 경우들을 구분해 본다. 각 해는 제동인자 $e^{-\alpha t}$, $\alpha>0$을 포함하고 있으므로, 상당한 시간이 경과하면 질량의 변위는 무시될 것이다.

경우 1 $(\alpha^2-\beta^2>0)$

이 시스템은 감쇠계수 c가 스프링 상수 k에 비해 커지게 되므로 **과감쇠**(overdamped) 된다. 식 (2.21)의 해는

$$x(t)=c_1e^{\lambda_1 t}+c_2e^{\lambda_2 t}$$

또는

$$x(t)=e^{-\alpha t}\left(c_1e^{\sqrt{\alpha^2-\beta^2 t}}+c_2e^{-\sqrt{\alpha^2-\beta^2 t}}\right) \tag{2.22}$$

이다. 이 식은 유연하며 비진동하는 운동을 나타낸다. 그림 2.6은 $x(t)$가 가질 수 있는 두 가지 그래프이다.

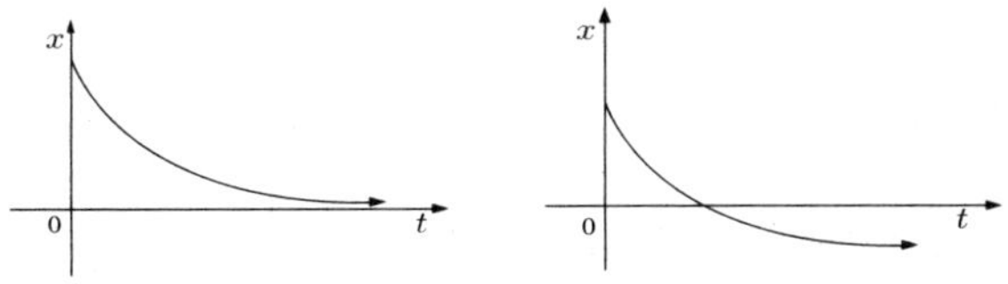

그림 2.5.

경우 2 $(\alpha^2-\beta^2=0)$

이 시스템은 감쇠력이 약간 감소하게 되면, 진동 운동하게 되므로 **임계감쇠**(critically damped) 라고 한다. 식 (2.21) 의 일반해는

$$x(t) = c_1 e^{\lambda_1 t} + c_2 t e^{\lambda_2 t}$$

또는

$$x(t) = e^{-\alpha t}(c_1 + c_2 t) \tag{2.23}$$

로 된다.

전형적인 운동의 몇 가지 형태를 그림 2.7 에 나타내었다.

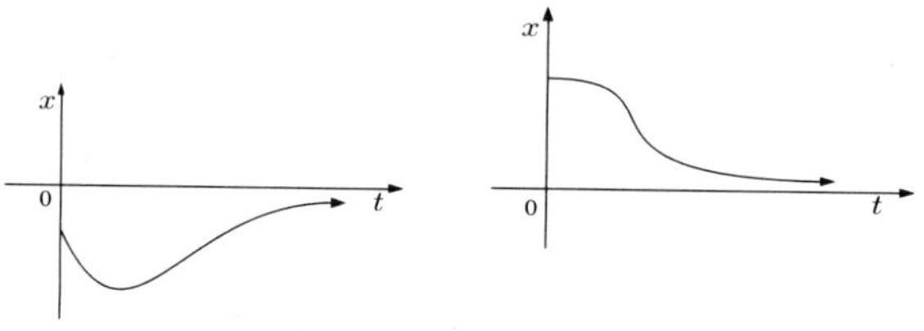

그림 2.6.

경우 3 $(\alpha^2 - \beta^2 < 0)$

이 경우 시스템은, 감쇠계수가 스프링 상수에 비해 작기 때문에 **부족감쇠**(underdamped) 라고 한다.

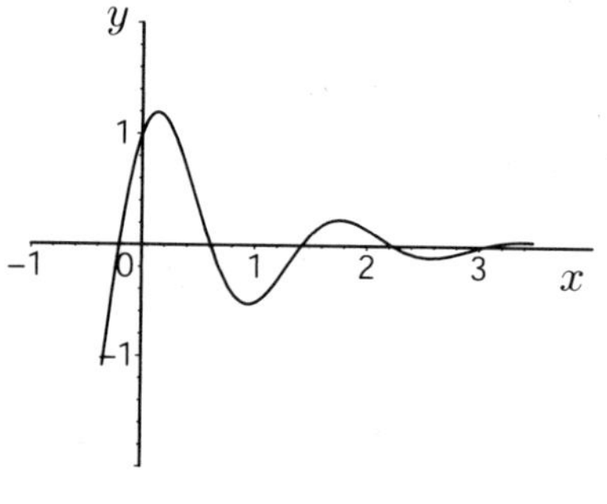

그림 2.7.

보조방정식의 근 λ_1, λ_2 가 복소수

$$\lambda_1 = -\alpha + \sqrt{\beta^2 - \alpha^2}i, \quad \lambda_2 = -\alpha - \sqrt{\beta^2 - \alpha^2}i$$

이므로 식 (2.21) 의 일반해는 다음과 같게 된다.

$$x(t) = e^{-\alpha t}\left(c_1 \cos\sqrt{\beta^2 - \alpha^2}t + c_2 \sin\sqrt{\beta^2 - \alpha^2}t\right) \tag{2.24}$$

그림 2.8 에서와 같이 식 (2.24) 로 기술되는 운동은 진동이나, 계수 $e^{-\alpha t}$ 로 인해, $t \to \infty$ 일 때, 진동의 진폭은 0 에 수렴한다.

예제 2.3.6. 다음 초기값 문제의 해가 아래에 주어진 $x(t)$ 가 됨을 증명하고, 운동량을 분석하라.

$$\frac{d^2x}{dt^2} + 5\frac{dx}{dt} + 4x = 0, \quad x(0) = 1, \quad x'(0) = 0$$

$$x(t) = \frac{4}{3}e^{-t} - \frac{1}{3}e^{-4t} \tag{2.25}$$

풀이. 주어진 식의 보조방정식

$$\lambda^2 + 5\lambda + 4 = 0$$

의 근이 -1, -4 이므로, 일반해가

$$x(t) = c_1e^{-t} + c_2e^{-4t}$$

이다. 해의 식 (2.25) 은 초기조건을 대입하면 구해진다.

이 문제는 스프링에 매달린 물체의 과감쇠운동을 나타내는 것으로 해석될 수 있다. 물체가 평형위치 1 단위 아래 지점에서 1ft/s의 속도로 하강하면서 운동한다. $x(t)$ 를 그림으로 표현하기 위하여, 함수가 극값이 되는 시각 t 를 구한다. 이것은 속도를 나타내는 일계도함수가 0 이 되는 시각을 구하는 것을 의미한다. 식 (2.25) 을 미분하면,

$$x'(t) = -\frac{5}{3}e^{-t} + \frac{8}{3}e^{-4t}$$

가 되므로 $x'(t) = 0$ 로부터 $e^{3t} = \frac{8}{5}$ 또는 $t = \frac{1}{3}\ln\frac{8}{5} = 0.157$ 을 얻는다. $x(0.157) = 1.069$ft 가 최대값으로서 물체의 최대변위는 평형위치 아래 1.069ft 지점 이다. 또 그래프가 t 축을 통과하는지 물체가 평형위치를 통과하는지를 조사한다. 이 경우, $x(t) = 0$ 에서 $t = \frac{1}{3}\ln\frac{2}{5} = -0.305$ 이므로, 평형 위치를 통과하지 않는다. $x(t)$ 의 그래프는 그림 2.9 이다. □

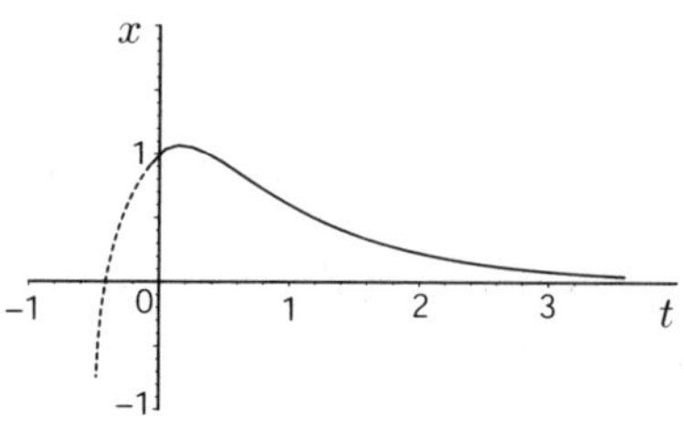

그림 2.8.

연습문제 2.3

1. 다음 물리 문제를 풀어라.

(1) 다음 초기치문제를 풀고 용수철 운동을 이용하여 결과를 해석하라.

$$\frac{d^2x}{dt^2} + 16x = 0, \quad x(0) = 10, \quad x'(0) = 0$$

(2) 용수철 위 끝을 고정시키고 아래 끝에 10파운드의 추를 달았다.이 추는 용수철을 6인치 늘인다고 한다. 추를 정상상태에서 4인치 밑으로 당겼다가 놓았을 때, 이 추의 운동방정식을 구하라.

(3) 위 끝이 고정된 용수철에 10 lb의 추를 매달았더니 용수철이 6 in 늘어났다. 용수철-추 시스템은 점성매체(기름이나 물과 같은)에 매달려 있어서 그 시스템은 5 dx/dt (lb)의 감쇠력이 있다고 가정한다. 그 추를 4 $in(=(1/3)\ ft)$ 만큼 더 당겼다가 놓았을 때, 이 시스템의 운동을 묘사하라. 수력학에서 감쇠력은 속도의 제곱에 비례한다.

♣ 정답.

1. (1) $x(t) = 10\cos 4t$ (2) $x(t) = (1/3)\cos 8t\ \ ft$
(3) $x(t) = (1/3)e^{-8t}(1+8t)\ \ ft$

2.4 오일러-코오시 미분방정식

변수계수를 갖는 미분방정식 문제를 해결하는 일은 쉽지 않다. 비교적 간단한 변수계수의 문제는 4장 1절에서 다루게 되는 멱급수 방법을 사용한다. 여기서는 특별한 변수계수를 갖는 미분방정식에 대한 해법을 소개한다.

미분방정식

$$x^2y'' + axy' + by = 0 \quad (a, b\text{는 상수}) \tag{2.26}$$

를 **오일러-코오시(Euler-Cauchy) 미분방정식** 이라 한다. 2장 2절에서와 같이 주어진 미분방정식의 한 해를 추측하여

$$y = x^m \tag{2.27}$$

이라 놓고, 이것이 식 (2.26)의 해가 되도록 m을 결정해 보자.

$$y' = mx^{m-1}, \quad y'' = m(m-1)x^{m-2}$$

를 식 (2.26)에 대입하면

$$\begin{aligned} & x^2y'' + axy' + by \\ = \ & x^2m(m-1)x^{m-2} + axmx^{m-1} + bx^m \\ = \ & x^m[m(m-1) + am + b] = x^m[m^2 + (a-1)m + b] \\ = \ & 0 \end{aligned}$$

이 되고, 따라서 미분방정식 (1.26)의 특성방정식

$$m^2 + (a-1)m + b = 0$$

을 얻는다.

(1) 서로 다른 두 실근 m_1, m_2를 가질 때

해 $y_1 = x^{m_1}$과 $y_2 = x^{m_2}$는 일반해의 기저가 되므로 방정식 (2.26)의 일반해는

$$y = c_1x^{m_1} + c_2x^{m_2} \tag{2.28}$$

가 된다.

예제 2.4.1. 다음 오일러-코오시 미분방정식을 풀어라.

$$x^2y'' - 2xy' + 2y = 0$$

풀이. 특성방정식

$$m^2 + (a-1)m + b = 0$$

에서 $a = -2, b = 2$이므로

$$m^2 + (-2-1)m + 2 = m^2 - 3m + 2 = 0$$

이다. 즉 $m_1 = 2, m_2 = 1$을 얻는다. 따라서 구하는 일반해는

$$y = c_1x^2 + c_2x$$

가 된다. □

유제 2.4.2. 다음 오일러-코오시 미분방정식을 풀어라.

$$x^2y'' - 4xy' + 6y = 0$$

♣ 정답. $y = c_1x^2 + c_2x^3$

(2) 중근 $m = \dfrac{1-a}{2}$인 경우

하나의 해 $y_1 = x^m$ 을 얻었다. 앞의 2 장 2 절에서와 같이 계수저하법을 사용하여 해 y_1 과 서로 일차독립이 되는 또 다른 한 해 y_2 를 구한다.

$$y_2 = u(x)y_1 = u(x)x^m$$

로 놓고 $u(x)$ 를 결정해 보자.

$$y_2' = u'y_1 + uy_1', \quad y_2'' = u''y_1 + 2u'y_1' + uy_1''$$

이므로, 이 식들을 식 (2.26) 에 대입하면,

$$u(x^2y_1'' +' axy_1' + by_1) + u'(2x^2y_1' + axy_1) + x^2u''y_1 = 0$$

이 된다. 그런데 y_1 은 식 (2.26) 의 해이므로

$$x^2y_1'' + axy_1' + by_1 = 0$$

이고, 이를 식에 대입하여

$$u'(2x^2y_1' + axy_1) + x^2u''y_1 = 0$$

을 얻는다. 또한 $m = \dfrac{1-a}{2}$ 와 $y_1 = x^m$ 을 식에 대입하면

$$2x^2y_1' + axy_1 = (2m + a)x^{m+1} = (1 - a + a)x^{m+1} = xy_1$$

이다. 이로부터

$$xu'y_1 + x^2u''y_1 = 0$$

을 얻을 수 있는데, $x \neq 0$ 이고 $y_1 \neq 0$ 이므로

$$u' + xu'' = 0$$

라 할 수 있다.

위 식에서 $u' = v$ 라 두면, 계수가 저하된

$$v + xv' = 0$$

으로부터

$$\ln v = -\ln x$$

를 얻고, 이로부터

$$u = \ln x$$

를 얻을 수 있다. 그러므로 구하려는 또 다른 해는

$$y_2 = x^m \ln x$$

이며 구하려는 일반해는 다음과 같다.

$$y = c_1 x^m + c_2 x^m \ln x = (c_1 + c_2 \ln x)x^m \tag{2.29}$$

예제 2.4.3. 다음 미분방정식을 풀어라.

$$x^2 y'' + 2xy' + \frac{1}{4}y = 0$$

풀이. 보조방정식을 얻기 위해 $y = x^m$ 이라 놓으면

$$x^2 y'' + 2xy' + \frac{1}{4}y = x^m \left(m + \frac{1}{2}\right)^2 = 0$$

이 된다. 보조방정식이 $m = -\dfrac{1}{2}$ 인 중근을 갖는다. 따라서 식 (2.29) 에 의하여 구하는 일반해는

$$y = c_1 \frac{1}{\sqrt{x}} + c_2 \frac{\ln x}{\sqrt{x}} = (c_1 + c_2 \ln x)\frac{1}{\sqrt{x}}$$

이다. □

유제 2.4.4. 다음 미분방정식을 풀어라.

$$x^2 y'' + 5xy' + 4y = 0$$

♣ 정답. $y = (c_1 + c_2 \ln x)x^{-2}$

(3) 켤레복소근을 갖는 경우

α, β 가 실수일 때, 특성방정식

$$m^2 + (a-1)m + b = 0$$

의 근이 켤레복소근

$$m_1 = \alpha + i\beta, \quad m_2 = \alpha - i\beta$$

이라면, k_1 과 k_2 를 미지상수로 하여

$$y = k_1 x^{\alpha + i\beta} + k_2 x^{\alpha - i\beta}$$

가 방정식 (2.26) 의 복소수 값을 갖는 해가 된다. 2 장 2 절에서와 같이 이 복소수해를 간단한 형태로 바꾸어 나타내보자.

등식

$$x^{i\beta} = (e^{\ln x})^{i\beta} = e^{i\beta \ln x}$$

와 오일러공식

$$e^{i\theta} = \cos\theta + i\sin\theta$$

에 의하여

$$x^{i\beta} = e^{i\beta \ln x} = \cos(\beta \ln x) + i\sin(\beta \ln x)$$

가 된다.

$$\begin{aligned} y &= k_1 x^{\alpha+i\beta} + k_2 x^{\alpha-i\beta} \\ &= x^{\alpha}[k_1 x^{i\beta} + k_2 x^{-i\beta}] \\ &= x^{\alpha}[k_1(\cos(\beta \ln x) + i\sin(\beta \ln x)) + k_2(\cos(\beta \ln x) - i\sin(\beta \ln x))] \\ &= x^{\alpha}[(k_1 + k_2)\cos(\beta \ln x) + i(k_1 - k_2)\sin(\beta \ln x)] \end{aligned}$$

를 얻는다. 여기서 미지상수를 적절히 다른 미지상수로 바꾸어 표시하면 주어진 미분방정식의 일반해는

$$y = x^{\alpha}[c_1\cos(\beta \ln x) + c_2\sin(\beta \ln x)] \tag{2.30}$$

이다.

예제 2.4.5. 다음 미분방정식을 풀어라.

$$x^2y'' + 2xy' + \frac{1}{3}y = 0$$

풀이. 보조방정식 $m^2 + (a-1)m + b = m^2 + m + \frac{1}{3} = 0$ 에서

$$m_1 = -\frac{1}{2} + i\frac{\sqrt{3}}{6}, \quad m_2 = -\frac{1}{2} - i\frac{\sqrt{3}}{6}$$

이므로, 식 (2.30) 에 의하여 구하는 일반해는 다음과 같다.

$$y = x^{-\frac{1}{2}}\left[c_1\cos\left(\frac{\sqrt{3}}{6}\ln x\right) + c_2\sin\left(\frac{\sqrt{3}}{6}\ln x\right)\right]$$

□

유제 2.4.6. 다음 미분방정식을 풀어라.

$$x^2y'' + 3xy' + 2y = 0$$

♣ 정답. $y = x^{-1}(c_1\cos\ln x + c_2\sin\ln x)$

이상의 내용을 정리하면 오일러-코오시 미분방정식의 일반해는 다음 세 경

우로 요약된다.

$m^2+(a-1)m+b=0$ 의 근	일반해
서로 다른 두 실근 m_1, m_2	$y=c_1x^{m_1}+c_2x^{m_2}$
켤레복소근 $\alpha+i\beta$, $\alpha-i\beta$	$y=x^{\alpha}[c_1\cos(\beta\ln x)+c_2\sin(\beta\ln x)]$
중근 m	$y=(c_1+c_2\ln x)x^m$

연습문제 2.4

1. 다음 미분방정식을 풀어라.

(1) $x^2y''+xy'-y=0$ (2) $xy''-3y'=0$

(3) $x^2y''-5xy'+9y=0$ (4) $x^2y''-2xy'+2y=0$

(5) $(x-2)^2y''+5(x-2)y'+3y=0$, $(t=x-2)$

(6) $x^2y''-3xy'-13y=0$

2. 다음 초기치문제를 풀어라.

(1) $(x^2D^2-xD-3)y=0$, $y(2)=-1$, $y'(2)=1/2$

(2) $(x^2D^2-3xD+4)y=0$, $y(1)=1$, $y'(1)=1$

(3) $x^2y''+3xy'+y=0$, $y(1)=3$, $y'(1)=-4$

(4) $x^2y''-xy'+2y=0$, $y(1)=-1$, $y'(1)=-1$

♣ 정답.

1. (1) $y=c_1x+c_2x^{-1}$ (2) $y=c_1+c_2x^4$

(3) $y=x^3(c_1+c_2\ln x)$ (4) $y=c_1x^2+c_2x$

(5) $y=c_1(x-2)^{-1}+c_2(x-2)^{-3}$ (6) $y=c_1x^{2+\sqrt{17}}+c_2x^{2-\sqrt{17}}$

2. (1) $y=-2/x$ (2) $y=(1-\ln x)x^2$

(3) $y=(3-\ln x)/x$ (4) $y=-x\cos(\ln x)$

제 3 장

미분방정식의 여러가지 해법

이 장에서는 비동차미분방정식과 연립미분방정식 문제를 해결해 보기로 한다. 연립미분방정식은 두 개 이상의 방정식으로 이루어진 것이다. 먼저 비동차미분방정식을 푸는 미정계수법을 1절에서 소개하고, 2절에서는 매개변수변화법을 소개한다. 그리고 3절에서 연립미분방정식을 푸는 방법에 대해 알아본다. 연립미분방정식은 역학계 또는 전기계에서 자주 나타난다.

3.1 상계수이계비동차선형미분방정식 - 미정계수법

여기서는 비교적 간단한 상수계수미분방정식을 보기로 한다. 앞의 2장 1절에서 언급한 바와 같이, 상계수이계비동차선형미분방정식

$$y'' + ay' + by = f(x) \neq 0 \tag{3.1}$$

의 일반해 y 는 동차미분방정식의 일반해 y_h 와 비동차미분방정식의 특수해 y_p 의 합

$$y = y_h + y_p \tag{3.2}$$

으로 구해진다. 여기서 $y = y_h$ 는 동차미분방정식

$$y'' + ay' + by = 0 \tag{3.3}$$

을 만족시키는 일반해이다. 방정식 (3.1) 은 상계수이계비동차선형미분방정식의 표준형이다.

이 절에서는 특수해 y_p 를 찾는 한 방법으로 **미정계수법**을 소개한다. 미정계수법은 주어진 미분방정식 (3.1) 의 우변 $f(x)$ 가 특별한 지수함수, 다항함수, 코사인함수, 사인함수 또는 이 들 함수의 곱이나 합으로 이루어진 미분방정식을 해결하는데 이용된다. 미정계수법은 특수해 y_p 가 $f(x)$ 와 비슷한 모양이라고 가정한 다음, y_p 를 주어진 미분방정식에 대입한 후 미지의 계수를 결정하는

방법이다.

우변 $f(x)$ 의 모양	특수해 y_p 의 선택
$ke^{\lambda x}$	$Ae^{\lambda x}$
$kx^n \ (n=0,1,2,\cdots)$	$A_n x^n + A_{n-1}x^{n-1} + \cdots + A_1 x + A_0$
$k\cos\omega x$	$A\cos\omega x + B\sin\omega x$
$k\sin\omega x$	$A\cos\omega x + B\sin\omega x$
$kx^n e^{\lambda x}$	$e^{\lambda x}(A_n x^n + A_{n-1}x^{n-1} + \cdots + A_1 x + A_0)$
$ke^{\lambda x}\cos\omega x$	$e^{\lambda x}(A\cos\omega x + B\sin\omega x)$
$ke^{\lambda x}\sin\omega x$	$e^{\lambda x}(A\cos\omega x + B\sin\omega x)$

미정계수법

(1) 기본규칙 : 표에서와 같이 $f(x)$ 의 모양에 따라 특수해 y_p 를 놓는다.

(2) 수정규칙 : $f(x)$ 가 동차미분방정식의 일반해 y_h 의 기저 중 하나와 일차종속이면, 기본규칙에서 정한 y_p 에 x 또는 x^2 을 곱하여 특수해 y_p 를 놓는다.

(3) 합의 규칙 : $f(x)$ 가 표의 왼쪽 함수 들의 합이면, 대응되는 오른쪽 y_p 의 합을 구하려는 특수해 y_p 로 놓는다.

예제 3.1.1. (기본규칙) 다음 비동차미분방정식을 풀어라.

$$y'' - 4y = x^2 \tag{3.4}$$

풀이. 먼저, 동차미분방정식 $y'' - 4y = 0$ 의 일반해 y_h 를 구하면

$$y_h = c_1 e^{2x} + c_2 e^{-2x}$$

이다. 다음, 주어진 비동차미분방정식의 특수해 y_p 를 구한다.

$f(x) = x^2$ 이 이차다항함수이므로 y_p 는 이차함수의 일반형

$$y_p = Ax^2 + Bx + C$$

로 놓는다. 이제 미정계수 A, B 와 C 를 결정하자. y_p 와 $y_p'' = 2A$ 를 방정식 (3.4) 에 대입하면

$$2A - 4(Ax^2 + Bx + C) = x^2$$

이다. 계수를 비교하여

$$-4A = 1, -4B = 0, 2A - 4C = 0$$

에서 $A = -1/4$, $B = 0$, $C = -1/8$ 을 얻는다. 따라서 구하려는 특수해 y_p 는

$$y_p = -\frac{1}{4}x^2 - \frac{1}{8}$$

이며, 따라서 주어진 미분방정식의 일반해는

$$y = y_h + y_p = c_1e^{2x} + c_2e^{-2x} - \frac{1}{4}x^2 - \frac{1}{8}$$

이다. □

이 해가 주어진 미분방정식을 만족하는지 각자 검산해 보아라.

유제 3.1.2. 다음의 비동차미분방정식을 풀어라.

$$y'' - y = x^2$$

♣ 정답.

$$y = c_1e^x + c_2e^{-x} - x^2 - 2$$

예제 3.1.3. (기본규칙) 다음 비동차미분방정식을 풀어라.

$$y'' - 4y' + 4y = e^{-x}$$

풀이. 동차미분방정식 $y'' - 4y' + 4y = 0$ 의 일반해 y_h 는

$$y_h = (c_1 + c_2x)e^{2x}$$

이다. 특수해 y_p 를

$$y_p = Ae^{-x}$$

으로 놓으면

$$y_p' = -Ae^{-x},\ y_p'' = Ae^{-x}$$

가 된다. 이것을 주어진 미분방정식에 대입하면

$$Ae^{-x} - 4(-Ae^{-x}) + 4Ae^{-x} = e^{-x},\ 9Ae^{-x} = e^{-x}$$

를 얻는다. 이 식 양변의 계수를 비교하면

$$9A = 1$$

이 되므로, $A = \frac{1}{9}$ 이다. 따라서

$$y_p = \frac{1}{9}e^{-x}$$

이며, 주어진 미분방정식의 일반해는

$$y = y_h + y_p = (c_1 + c_2x)e^{2x} + \frac{1}{9}e^{-x}$$

이다. □

유제 3.1.4. 다음 비동차미분방정식을 풀어라.

$$y'' - 3y' + 2y = e^{-x}$$

♣ 정답. $y = y_h + y_p = c_1e^x + c_2e^{2x} + \frac{1}{6}e^{-x}$

예제 3.1.5. (기본규칙) 다음 비동차미분방정식을 풀어라.

$$y'' - 2y' - 3y = \cos x$$

풀이. 동차미분방정식 $y'' - 2y' - 3y = 0$ 의 일반해 y_h 는

$$y_h = c_1e^{-x} + c_2e^{3x}$$

이다. 특수해 y_p 를

$$y_p = A\cos x + B\sin x$$

로 놓으면

$$y_p' = -A\sin x + B\cos x$$
$$y_p'' = -A\cos x - B\sin x$$

가 되고, 이것을 주어진 미분방정식에 대입하면

$$(-4A - 2B)\cos x + (2A - 4B)\sin x = \cos x$$

를 얻는다. 이 식 양변의 계수를 비교하면

$$-4A - 2B = 1,\ \ 2A - 4B = 0$$

이 되므로, $A = -\dfrac{1}{5}$, $B = -\dfrac{1}{10}$ 이다. 따라서

$$y_p = -\frac{1}{5}\cos x - \frac{1}{10}\sin x$$

이며, 주어진 미분방정식의 일반해는

$$y = y_h + y_p = c_1e^{-x} + c_2e^{3x} - \frac{1}{5}\cos x - \frac{1}{10}\sin x$$

이다. □

유제 3.1.6. 다음 미분방정식을 풀어라.

$$y'' - y' - 2y = \sin x$$

♣ 정답. $y = y_h + y_p = c_1e^{2x} + c_2e^{-x} + \frac{1}{10}\cos x - \frac{3}{10}\sin x$

예제 3.1.7. (수정규칙) 다음 미분방정식의 해를 구하라.

$$y'' - y = e^x \tag{3.5}$$

풀이. 동차미분방정식 $y'' - y = 0$ 의 일반해는

$$y_h = c_1 e^x + c_2 e^{-x}$$

이다. 여기서 $f(x) = e^x$ 가 y_h 의 기저 중 하나와 일차종속이므로 수정규칙을 사용한다. 기본규칙의 Ae^x 모양의 특수해 y_p 는 의미가 없기 때문이다.

이제 특수해를

$$y_p = Axe^x$$

로 놓는다. 그러면

$$y_p' = Ae^x(x+1), \quad y_p'' = Ae^x(x+2)$$

$$y_p'' - y_p = Ae^x(x+2) - Axe^x = 2Ae^x = e^x$$

에서 $A = \frac{1}{2}$ 이므로

$$y_p = \frac{1}{2}xe^x$$

이고 일반해는

$$y = y_h + y_p = c_1 e^x + c_2 e^{-x} + \frac{1}{2}xe^x$$

로 구해진다. □

유제 3.1.8. 다음 미분방정식의 일반해를 구하라.

$$y'' - 4y = 3e^{2x}$$

♣ 정답. $y = c_1 e^{2x} + c_2 e^{-2x} + \frac{3}{4}xe^{2x}$

예제 3.1.9. (합의 규칙) 다음 미분방정식의 일반해를 구하라.

$$y'' + y = x + 2e^x$$

풀이. 먼저 $y'' + y = 0$ 의 일반해는

$$y_h = c_1 \cos x + c_2 \sin x$$

이다. $f(x) = x + 2e^x$ 이므로 합의 규칙에 따라

$$y_p = Ax + B + Ce^x$$

라고 놓는다. 그러면,

$$y_p' = A + Ce^x$$
$$y_p'' = Ce^x$$

이다. 이것을 주어진 미분방정식에 대입하면

$$y_p'' + y_p = Ax + B + 2Ce^x = x + 2e^x$$

이다. 양변의 계수를 비교하여

$$A = 1,\ B = 0,\ C = 1$$

를 얻는다. 주어진 미분방정식의 특수해는

$$y_p = x + e^x$$

이고 구하려는 일반해는

$$y = y_h + y_p = c_1 \cos x + c_2 \sin x + x + e^x$$

이다. □

유제 3.1.10. 다음 미분방정식의 일반해를 구하라.

$$y'' - 4y = x - 1 + e^{-x}$$

♣ 정답. $y = c_1e^{2x} + c_2e^{-2x} - \frac{1}{4}x + \frac{1}{4} - \frac{1}{3}e^{-x}$

연습문제 3.1

1. 다음 미분방정식의 일반해를 구하라.

(1) $y'' + y = 2x$ (2) $y'' - y = e^{2x}$

(3) $y'' - 9y = e^{3x}$ (4) $y'' + 2y' + y = \cos x$

(5) $y'' - y' - 2y = e^x + x$ (6) $y'' - 4y = x - 1 + e^{2x}$

(7) $y'' + 2y' + 3y = xe^x$ (8) $y'' - 6y' + 9y = e^{3x}$

(9) $y'' - y = 2e^x$

♣ 정답.

1. (1) $y = c_1 \cos x + c_2 \sin x + 2x$

   (2) $y = c_1 e^x + c_2 e^{-x} + \frac{1}{3}e^{2x}$

   (3) $y = c_1 e^{3x} + c_2 e^{-3x} + \frac{1}{6}xe^{3x}$

   (4) $y = (c_1 + c_2 x)e^{-x} + \frac{1}{2}\sin x$

   (5) $y = c_1 e^{-x} + c_2 e^{2x} - \frac{1}{2}e^x - \frac{1}{2}x + \frac{1}{4}$

   (6) $y = c_1 e^{2x} + c_2 e^{-2x} - \frac{1}{4}x + \frac{1}{4} + \frac{1}{4}xe^{2x}$

   (7) $y = e^{-x}(c_1 \cos\sqrt{2}x + c_2 \sin\sqrt{2}x) + e^x(\frac{1}{6}x - \frac{1}{9})$

   (8) $y = (c_1 + c_2 x)e^{3x} + \frac{1}{2}x^2 e^{3x}$

   (9) $y = c_1 e^x + c_2 e^{-x} + xe^x$

3.2 상계수이계비동차선형미분방정식 - 매개변수변화법

3 장 1 절의 미정계수법은 직관에 의한 방법으로서, $f(x)$ 가 특별한 경우의 미분방정식에만 적용할 수 있다. 그러나 **매개변수변화법**(variation of parameters)은 비동차선형미분방정식에 일반적으로 적용할 수 있는 해법이다. 물론 $f(x)$ 가 특별한 모양일 때에도 매개변수변화법을 쓸 수 있으나, 이 때에는 미정계수법을 쓰는 것이 비교적 계산이 쉽다.

상계수이계비동차선형미분방정식의 표준형

$$y'' + ay' + by = f(x) \neq 0 \tag{3.6}$$

의 특수해 y_p 를 구하기 위하여, 매개변수변화법을 적용한다. 지금 $f(x) = 0$ 인 동차미분방정식

$$y'' + ay' + by = 0 \tag{3.7}$$

의 일반해를

$$y_h = c_1 y_1 + c_2 y_2$$

라 하자. 매개변수변화법은 미지상수 c_1 과 c_2 자리에 x 만의 함수 $u(x)$ 와 $v(x)$ 를 넣어

$$y_p = u(x)y_1 + v(x)y_2 \tag{3.8}$$

가 방정식 (3.6)의 특수해가 되도록 $u(x)$ 와 $v(x)$ 를 찾아주는 방법이다.

특수해 (3.8)의 양변을 미분하면

$$\begin{aligned} y_p' &= u'y_1 + uy_1' + v'y_2 + vy_2' \\ &= (uy_1' + vy_2') + (u'y_1 + v'y_2) \end{aligned}$$

가 된다. 여기서

$$u'y_1 + v'y_2 = 0 \tag{3.9}$$

이라 가정하면

$$y_p' = uy_1' + vy_2' \tag{3.10}$$

이 된다. 이것을 다시 미분하면

$$y_p'' = u'y_1' + uy_1'' + v'y_2' + vy_2'' \tag{3.11}$$

이다. 식 (3.8), (3.10), (3.11)을 방정식 (3.6)에 대입하여 정리하면

$$u(y_1'' + ay_1' + by_1) + v(y_2'' + ay_2' + by_2) + u'y_1' + v'y_2' = f(x) \tag{3.12}$$

이다. y_1과 y_2가 동차미분방정식 (3.7)의 해이므로 괄호 안의 두 식

$$y_1'' + ay_1' + by_1 = 0, \qquad y_2'' + ay_2' + by_2 = 0$$

이다. 따라서 식 (3.12)는

$$u'y_1' + v'y_2' = f(x) \tag{3.13}$$

가 된다. 식 (3.9)과 식 (3.13)에서 아래 연립방정식 을 얻는다.

$$\begin{aligned} u'y_1 + v'y_2 &= 0 \\ u'y_1' + v'y_2' &= f(x). \end{aligned}$$

u'과 v'을 미지수로 보고 연립방정식을 크래머의 방법(6장 참고)으로 풀면, 해는

$$u' = \frac{-y_2 f}{y_1y_2' - y_1'y_2}, \qquad v' = \frac{y_1 f}{y_1y_2' - y_1'y_2} \tag{3.14}$$

가 된다. 여기서 론스키언(Wronskian)(정의 2.1.3) $W(y_1, y_2)$를

$$W(y_1, y_2) = \begin{vmatrix} y_1 & y_2 \\ y_1' & y_2' \end{vmatrix} = y_1y_2' - y_1'y_2$$

로 정의하면, u와 v는 각각

$$u = -\int \frac{y_2 f}{W} dx, \qquad v = \int \frac{y_1 f}{W} dx \tag{3.15}$$

이다. 그러므로 식 (3.15)의 u 와 v를 식 (3.8)에 대입하면 주어진 미분방정식 (3.6)의 특수해는

$$y_p = -y_1 \int \frac{y_2 f}{W} dx + y_2 \int \frac{y_1 f}{W} dx \tag{3.16}$$

이다.

예제 3.2.1. 다음 미분방정식을 풀어라.

$$y'' - 2y' + y = e^x$$

풀이. 동차미분방정식 $y'' - 2y' + y = 0$의 보조방정식은 $\lambda^2 - 2\lambda + 1 = (\lambda - 1)^2 = 0$이므로 이 동차미분방정식의 일반해는

$$y_h = c_1 e^x + c_2 x e^x$$

이다. 여기서 y_1과 y_2를 각각 $y_1 = e^x, y_2 = xe^x$ 라고 두면

$$W(y_1, y_2) = \begin{vmatrix} e^x & xe^x \\ e^x & e^x(x+1) \end{vmatrix} = e^{2x}(x+1) - xe^{2x} = e^{2x}$$

이다. $f(x) = e^x$에 대하여 u'과 v'은

$$\begin{aligned} u' &= \frac{-y_2 f}{W} = \frac{-xe^x \cdot e^x}{e^{2x}} = -x \\ v' &= \frac{y_1 f}{W} = \frac{e^x \cdot e^x}{e^{2x}} = 1 \end{aligned}$$

이다. u'과 v'을 적분하면 u와 v는 각각

$$u = -\frac{x^2}{2}, \qquad v = x$$

이다. 따라서 식 (3.8)에서

$$y_p = uy_1 + vy_2 = -\frac{1}{2}x^2 \cdot e^x + x \cdot xe^x = \frac{1}{2}x^2 e^x$$

이므로, 구하려는 일반해는

$$y = y_h + y_p = c_1 e^x + c_2 x e^x + \frac{1}{2}x^2 e^x$$

이다. □

여기에서 u' 과 v' 의 부정적분을 계산할 때 적분상수 A 과 B 을 도입할 필요는 없다. 왜냐하면

$$
\begin{aligned}
y &= y_h + y_p \\
&= c_1y_1 + c_2y_2 + (u+A)y_1 + (v+B)y_2 \\
&= (c_1+A)y_1 + (c_2+B)y_2 + uy_1 + vy_2
\end{aligned}
$$

가 되어, 그 상수들은 동차미분방정식의 해에 포함되기 때문이다.

유제 3.2.2. 매개변수변화법을 써서 다음 미분방정식을 풀어라.

$$y'' - y = e^{2x}$$

♣ 정답. 일반해 $y = c_1e^x + c_2e^{-x} + \frac{e^{2x}}{3}$

예제 3.2.3. 다음 미분방정식의 일반해를 구하라.

$$y'' + 4y = 4\sec 2x$$

풀이. 미정계수법을 이용할 수 없으므로 매개변수변화법을 사용한다. 동차미분방정식

$$y'' + 4y = 0$$

의 일반해는

$$y_h = c_1\cos 2x + c_2\sin 2x$$

이므로

$$y_1 = \cos 2x, \qquad y_2 = \sin 2x$$

로 놓으면,

$$W(y_1, y_2) = \begin{vmatrix} \cos 2x & \sin 2x \\ -2\sin 2x & 2\cos 2x \end{vmatrix} = 2$$

이다. 위의 결과를 이용하여 특수해를 구하면

$$
\begin{aligned}
y_p &= -y_1\int \frac{y_2 f}{W}dx + y_2\int \frac{y_1 f}{W}dx \\
&= -\cos 2x\int \frac{\sin 2x}{2}\cdot 4\sec 2x dx + \sin 2x\int \frac{\cos 2x}{2}\cdot 4\sec 2x dx \\
&= \cos 2x\ln|\cos 2x| + 2x\sin 2x
\end{aligned}
$$

이다. 따라서 주어진 미분방정식의 일반해는

$$
\begin{aligned}
y &= y_h + y_p \\
&= c_1\cos 2x + c_2\sin 2x + \cos 2x\ln|\cos 2x| + 2x\sin 2x
\end{aligned}
$$

이다. □

유제 3.2.4. 다음 미분방정식의 일반해를 구하라.

$$x^2y'' - 2xy' + 2y = x^3$$

♣ 정답. $f(x) = \frac{x^3}{x^2} = x$ 로 본다. $y = c_1x + c_2x^2 + \frac{x^3}{2}$

연습문제 3.2

1. 다음 미분방정식을 풀어라.

(1) $y'' + y = \sec x$

(2) $y'' + y = \csc x$

(3) $y'' - 2y' + y = e^x \sin x$

(4) $y'' + 2y' + y = 2e^{-x} \ln x$

(5) $y'' + 4y' + 4y = e^{-2x}/x^2$

(6) $y'' - 4y = x^2e^{2x}$

(7) $y'' - y = xe^x$

(8) $y'' + 4y' + 3y = 2e^{2x}$

(9) $x^2y'' - xy' + y = x^2$

(10) $4x^2y'' + 4xy' - y = 12/x$

(11) $x^2y'' + xy' - y = x$

(12) $y'' + y = 2\sin x$

(13) $y'' - 2y' + y = (x+1)e^x$

♣ 정답.

1. (1) $y = c_1 \cos x + c_2 \sin x + \cos x \ln|\cos x| + x \sin x$

(2) $y = c_1 \cos x + c_2 \sin x - x \cos x + \sin x \ln|\sin x|$

(3) $y = (c_1 + c_2x)e^x - e^x \sin x$

(4) $y = (c_1 + c_2x)e^{-x} + e^{-x}x^2 \ln x - \frac{3}{2}x^2e^{-x}$

(5) $y = (c_1 + c_2x)e^{-2x} - e^{-2x} \ln x$

(6) $y = c_1e^{2x} + c_2e^{-2x} + e^{2x}(\frac{1}{12}x^3 - \frac{1}{16}x^2 + \frac{1}{32}x - \frac{1}{128})$

(7) $y = c_1e^x + c_2e^{-x} + \frac{1}{4}x^2e^x - \frac{1}{4}xe^x$

(8) $y = c_1e^{-x} + c_2e^{-3x} + \frac{2}{15}e^{2x}$

(9) $y = c_1x + c_2x \ln x + x^2$

(10) $y = c_1x^{1/2} + c_2x^{-1/2} + \frac{4}{x}$

(11) $y = c_1x + c_2x^{-1} + \frac{1}{2}x \ln x$

(12) $y = c_1 \cos x + c_2 \sin x - x \cos x$

(13) $y = c_1e^x + c_2xe^x + \left(\frac{x}{6} + \frac{1}{2}\right) x^2e^x$

3.3 연립선형미분방정식

함수 $y_1(t)$, $y_2(t)$ 와 그 도함수에 대한 연립미분방정식의 해법에 대하여 생각한다. 여기서는 계수가 상수인 방정식을 취급하는데, 먼저 소거법을 다루어 본 후, 더 일반적인 방법인 고유값과 고유벡터를 이용한 행렬방법을 다루어본다. 일부 전공을 제외한 대부분의 공학 전공에서는 행렬해법을 익히는 것이 좋다.

예제 3.3.1. 다음 연립선형미분방정식을 풀어라.

$$\begin{cases} \frac{dy_1}{dt} &= y_1 + y_2 \\ \frac{dy_2}{dt} &= 4y_1 + y_2 \end{cases} \quad \text{또는} \quad \begin{pmatrix} \frac{dy_1}{dt} \\ \frac{dy_2}{dt} \end{pmatrix} = \begin{pmatrix} 1 & 1 \\ 4 & 1 \end{pmatrix} \begin{pmatrix} y_1 \\ y_2 \end{pmatrix} \tag{3.17}$$

풀이. 첫번째 식을 t 로 미분하여

$$\frac{d^2y_1}{dt^2} = \frac{dy_1}{dt} + \frac{dy_2}{dt}$$

와 같은 이계미분방정식을 얻는다. 이 식에서 y_2 를 소거하기 위하여 두번째 식과 첫번째 식으로부터 얻은

$$y_2 = \frac{dy_1}{dt} - y_1 \tag{3.18}$$

를 차례로 대입하여 다음을 얻는다.

$$\begin{aligned} \frac{d^2y_1}{dt^2} &= \frac{dy_1}{dt} + \frac{dy_2}{dt} \\ &= \frac{dy_1}{dt} + (4y_1 + y_2) \\ &= \frac{dy_1}{dt} + 4y_1 + \left(\frac{dy_1}{dt} - y_1\right) \\ &= 2\frac{dy_1}{dt} + 3y_1 \end{aligned}$$

이것을 정리하면 다음의 이계미분방정식

$$\frac{d^2y_1}{dt^2} - 2\frac{dy_1}{dt} - 3y_1 = 0, \qquad y_1^{''} - 2y_1^{'} - 3y_1 = 0$$

을 얻을 수 있는데, 이것의 일반해는

$$y_1 = c_1e^{3t} + c_2e^{-t}$$

이다. y_2 를 구하기 위하여 이것을 다시 미분한 후,

$$\frac{dy_1}{dt} = 3c_1e^{3t} - c_2e^{-t}$$

을 얻고, 이것을 식 (3.18)에 대입한다.

$$y_2 = 3c_1e^{3t} - c_2e^{-t} - c_1e^{3t} - c_2e^{-t} = 2(c_1e^{3t} - c_2e^{-t})$$

따라서 주어진 연립미분방정식의 해는 다음과 같다.

$$\begin{cases} y_1 &= c_1e^{3t} + c_2e^{-t} \\ y_2 &= 2(c_1e^{3t} - c_2e^{-t}) \end{cases}$$

이것을 행렬로 표현하면, $\binom{y_1}{y_2} = c_1\binom{1}{2}e^{3t} + c_2\binom{1}{-2}e^{-t}$ 이다. □

유제 3.3.2. 다음 연립선형미분방정식을 풀어라.

$$\begin{cases} \frac{dy_1}{dt} &= 2y_1 + y_2 \\ \frac{dy_2}{dt} &= y_1 + 2y_2 \end{cases} \quad \text{또는} \quad \begin{pmatrix} \frac{dy_1}{dt} \\ \frac{dy_2}{dt} \end{pmatrix} = \begin{pmatrix} 2 & 1 \\ 1 & 2 \end{pmatrix} \begin{pmatrix} y_1 \\ y_2 \end{pmatrix} \tag{3.19}$$

♣ 정답.

$$y = c_1\begin{pmatrix} 1 \\ -1 \end{pmatrix}e^t + c_2\begin{pmatrix} 1 \\ 1 \end{pmatrix}e^{3t}, \quad \begin{cases} y_1 = c_1e^t + c_2e^{3t} \\ y_2 = -c_1e^t + c_2e^{3t} \end{cases}$$

다음으로 행렬의 고유값과 고유벡터 를 이용하여 연립미분방정식의 해를 찾는 방법을 살펴보자. 여기서 주어진 행렬의 고유값과 고유벡터를 찾는 방법을 우선 간단히 알아보는데, 이에 대한 자세한 것은 선형대수편에서 다루고 있으므로 참고하기 바란다.

<u>**고유값, 고유벡터**</u>

주어진 행렬 $\mathbf{A} = (a_{jk}),\ j, k = 1, 2$ 에 대하여 다음 방정식을 고려하자.

$$\mathbf{Ax} = \lambda\mathbf{x} \tag{3.20}$$

스칼라 λ 는 식 (3.20)이 벡터 $\mathbf{x} \neq \mathbf{0}$ 에 대하여도 성립하는 값으로 $\mathbf{A}$ 의 **고유값**이고, 이때 $\mathbf{x}$ 는 이 λ 값에 대응하는 $\mathbf{A}$ 의 **고유벡터**이다. 위 식은

$$(\mathbf{A} - \lambda\mathbf{I})\mathbf{x} = \mathbf{0} \tag{3.21}$$

으로 쓸 수 있다. 식 (3.21)는 2개의 미지수 x_1, x_2 를 포함하는 선형동차연립방정식이다. 이 선형동차연립방정식이 $\mathbf{x} \neq \mathbf{0}$ 인 해를 갖기 위해서는 계수행렬의 행렬식

$$det(\mathbf{A} - \lambda\mathbf{I}) = 0$$

이어야 한다. 특히 $n = 2$ 인 경우를 살펴보면, 식 (3.21)은

$$\begin{pmatrix} a_{11} - \lambda & a_{12} \\ a_{21} & a_{22} - \lambda \end{pmatrix} \begin{pmatrix} x_1 \\ x_2 \end{pmatrix} = \begin{pmatrix} 0 \\ 0 \end{pmatrix}$$

이고,

$$\begin{aligned} det(\mathbf{A}-\lambda\mathbf{I}) &= \begin{vmatrix} a_{11}-\lambda & a_{12} \\ a_{21} & a_{22}-\lambda \end{vmatrix} \\ &= (a_{11}-\lambda)(a_{22}-\lambda)-a_{12}a_{21} \\ &= \lambda^2-(a_{11}+a_{22})\lambda+a_{11}a_{22}-a_{12}a_{21}=0 \end{aligned}$$

이다. 이 이차방정식을 $\mathbf{A}$ 의 **특성방정식**이라고 부른다. 이 방정식의 해는 $\mathbf{A}$ 의 고유값 λ_1 과 λ_2 이다. $\lambda=\lambda_1$ 에 해당하는 $\mathbf{A}$ 의 고유벡터 $\mathbf{x}^{(1)}$ 을 식 (3.21) 에 대입하여

$$(A-\lambda_1 I)\mathbf{x}^{(1)}=\mathbf{0}$$

을 풀어서 $\mathbf{0}$ 이 아닌 $\mathbf{x}^{(1)}$ 을 구한다. 마찬가지로 $\lambda=\lambda_2$ 에 해당하는 $\mathbf{A}$ 의 고유벡터 $\mathbf{x}^{(2)}$ 를 식 (3.21) 에 대입하여

$$(A-\lambda_2 I)\mathbf{x}^{(2)}=\mathbf{0}$$

를 풀어서 $\mathbf{0}$ 이 아닌 $\mathbf{x}^{(2)}$ 를 구한다.

고유값과 고유벡터의 정으로부터 $\mathbf{x}$ 가 $\mathbf{A}$ 의 고유벡터라면, $k\neq 0$ 인 모든 경우에 $k\mathbf{x}$ 역시 $\mathbf{A}$ 의 고유벡터이므로 $\mathbf{x}^{(1)}$ 과 $\mathbf{x}^{(2)}$ 는 유일하지 않다는 것을 알 수 있다.

두 벡터가 일차독립이라고 하는 것은 두 벡터가 서로 상수배로 표현되지 않는다는 것과 동일한 의미를 가지며, 이는 두 벡터가 한 직선 위에 놓여있지 않음을 의미한다. 따라서 이 경우에 서로 다른 두 고유값에 대하여 일차독립인 고유벡터를 항상 찾을 수 있다. 고유값이 중근이 경우에는 일차독립인 두 개의 고유벡터를 찾을 수 있는 경우도 있지만, 그렇지 않은 경우도 존재한다. 벡터들의 일차독립에 대한 더 자세한 사항은 선형대수 절을 참고하기 바란다.

예제 3.3.3. 다음 행렬

$$A=\begin{pmatrix} 1 & 1 \\ 4 & 1 \end{pmatrix}$$

의 고유값과 고유벡터를 구하라.

♣ 정답. $\lambda=-1$ 또는 3 이며, 해당하는 고유벡터는 각각 $\binom{1}{-2}$ 와 $\binom{1}{2}$ 이다.

동차선형연립미분방정식

$$\mathbf{y}'=\mathbf{A}\mathbf{y} \tag{3.22}$$

를 생각하자.

2×2 행렬 $\mathbf{A}=(a_{jk})$ 는 상수라고 가정한다. 단일미분방정식 $y'=ky$ 가 $y=Ce^{kt}$ 를 해로 가진다는 것을 기억하고 이에 따라

$$\mathbf{y}=\mathbf{x}e^{\lambda t} \tag{3.23}$$

를 해로 시도해보자. 식 (3.23)을 t에 대하여 미분한 후 식 (3.22)에 대입하면

$$\lambda \mathbf{x} e^{\lambda t} = \mathbf{A}\mathbf{x} e^{\lambda t}$$

이다. 양변을 $e^{\lambda t}$로 나누면

$$\mathbf{A}\mathbf{x} = \lambda \mathbf{x}$$

이다. 따라서 λ는 $\mathbf{A}$의 고유값이고 $\mathbf{x}$는 해당하는 고유벡터이다.

2×2 행렬 $\mathbf{A}$의 고유값 λ_1과 λ_2에 대응하는 고유벡터 $\mathbf{x}^{(1)}$과 $\mathbf{x}^{(2)}$가 서로 일차독립이라고 가정하자. 그러면 해의 기저는

$$\mathbf{y}^{(1)} = \mathbf{x}^{(1)} e^{\lambda_1 t}, \quad \mathbf{y}^{(2)} = \mathbf{x}^{(2)} e^{\lambda_2 t} \tag{3.24}$$

이고,

$$\left|\mathbf{y}^{(1)}, \mathbf{y}^{(2)}\right| = \begin{vmatrix} x_1^{(1)} e^{\lambda_1 t} & x_1^{(2)} e^{\lambda_2 t} \\ x_2^{(1)} e^{\lambda_1 t} & x_2^{(2)} e^{\lambda_2 t} \end{vmatrix} = e^{\lambda_1 t + \lambda_2 t} \begin{vmatrix} x_1^{(1)} & x_1^{(2)} \\ x_2^{(1)} & x_2^{(2)} \end{vmatrix}$$

이다. 우변의 지수함수가 0이 아니고, 행렬식의 열이 일차독립인 고유벡터이므로 우변은 0이 아니다. 이 사실은 다음의 정리를 증명해준다.

> 정리 **3.3.4.** (일반해)
> 행렬 $\mathbf{A}$가 두개의 일차독립인 고유벡터를 갖는다면 식 (3.24)에서 얻어지는 해 $\mathbf{y}^{(1)}$과 $\mathbf{y}^{(2)}$는 식 (3.22)의 해의 기저가 되며, 대응하는 일반해는
>
> $$\mathbf{y} = c_1 \mathbf{y}^{(1)} + c_2 \mathbf{y}^{(2)} = c_1 \mathbf{x}^{(1)} e^{\lambda_1 t} + c_2 \mathbf{x}^{(2)} e^{\lambda_2 t}$$
>
> 이다. 이 정리는 n차 선형연립미분방정식에 대하여도 성립한다.

두 개의 미분방정식으로 된 연립미분방정식 (3.22)를 실제로 풀어서 y_1y_2-평면에 나타나는 해의 곡선을 살펴보자. 이때, 이 평면을 **상평면**(phase plane)이라고 한다. 상평면에서 해가 이루는 곡선의 종류는 두 고유값에 따라 달라진다.

- 두 고유값이 양수인 경우, 해곡선은 모두 원점에서 밖으로 뻗어나가는 사선 또는 곡선 모양이 되는데, 이때 원점을 **고유절점**이라고 부른다.

- 두 고유값이 모두 음수인 경우, 사선 또는 곡선들의 방향은 밖에서 원점을 향하여 들어온다. 이때 원점을 **이상절점**이라고 부른다.

- 두 고유값의 부호가 서로 반대일 때, 해곡선은 좌표축을 포함하는 쌍곡선족이다. 이 곡선들은 원점을 향해 들어오기도 하고, 원점으로부터 나가기도 하는데, 이때 원점은 **안장점**이 된다.

- 고유값이 순허수인 경우 해곡선은 원점을 중심으로 타원족을 형성한다.

- 고유값이 순허수가 아닌 허수인 경우에 해곡선은 원점을 중심으로 나선족을 형성한다.

예제 3.3.5. (고유절점 : 두 고유치가 양수인 경우) 다음 동차선형연립미분방정식의 일반해를 구하고, 그 해가 이루는 상평면을 찾으라.

$$\mathbf{y}' = \begin{pmatrix} 2 & 1 \\ 1 & 2 \end{pmatrix}\mathbf{y}, \quad \text{또는} \quad \begin{cases} y_1' = 2y_1 + y_2 \\ y_2' = y_1 + 2y_2 \end{cases}$$

풀이. $\mathbf{Ax} = \lambda\mathbf{x}$ 의 특성방정식은

$$det(\mathbf{A} - \lambda\mathbf{I}) = \begin{vmatrix} 2-\lambda & 1 \\ 1 & 2-\lambda \end{vmatrix} = \lambda^2 - 4\lambda + 3 = 0$$

이다. 따라서 고유치는 $\lambda_1 = 1$, $\lambda_2 = 3$ 이다. $\lambda_1 = 1$ 일때, $(\mathbf{A} - \mathbf{I})\mathbf{x} = \mathbf{0}$ 를 만족시키는 $\mathbf{0}$ 이 아닌 고유벡터는 $\mathbf{x} = \binom{1}{-1}$ 이다. $\lambda_2 = 3$ 일때, $(\mathbf{A} - 3\mathbf{I})\mathbf{x} = \mathbf{0}$ 를 만족시키는 $\mathbf{0}$ 이 아닌 고유벡터는 $\mathbf{x} = \binom{1}{1}$ 이다. 이 두 고유벡터는 일직선상에 있지 않으므로 독립임을 알 수 있다.

따라서 주어진 연립방정식의 일반해의 기저는

$$\mathbf{y} = c_1\begin{pmatrix} 1 \\ -1 \end{pmatrix}e^t + c_2\begin{pmatrix} 1 \\ 1 \end{pmatrix}e^{3t}, \quad \begin{cases} y_1 = c_1e^t + c_2e^{3t} \\ y_2 = -c_1e^t + c_2e^{3t} \end{cases}$$

이다.

사선들의 방향은 t 가 증가하는 방향인데, 여기서 사선들은 모두 원점에서 밖으로 뻗어나가는 방향을 가진다. 이 원점을 고유절점이라고 부른다. □

유제 3.3.6. (이상절점 : 두 고유치가 음수인 경우) 다음 동차선형연립미분방정식의 일반해를 구하고, 그 해가 이루는 상평면을 찾으라.

$$\mathbf{y}' = \begin{pmatrix} -2 & 1 \\ 1 & -2 \end{pmatrix}\mathbf{y} \quad \text{또는} \quad \begin{cases} y_1' = -2y_1 + y_2 \\ y_2' = y_1 - 2y_2 \end{cases}$$

♣ 정답. $\mathbf{y} = \binom{y_1}{y_2} = c_1\mathbf{y}^{(1)} + c_2\mathbf{y}^{(2)} = c_1\binom{1}{1}e^{-t} + c_2\binom{1}{-1}e^{-3t}$. 여기서 $c_2 = 0$ 이라 하면, 1사분면과 3사분면에서 사선 $y_1 = y_2$ 를 얻고, $c_1 = 0$ 이라 하면, 2사분면과 4사분면에서 사선 $y_1 = -y_2$ 를 얻게 되는데, 이들 사선들의 방향은 밖에서 원점을 향하여 들어오므로 원점은 이상절점이다

유제 3.3.7. (안점 : 두 고유치의 부호가 서로 다른 경우) 다음 동차선형연립미분방정식의 일반해를 구하고, 그 해가 이루는 상평면을 찾으라.

$$\mathbf{y}' = \begin{pmatrix} 1 & 0 \\ 0 & -1 \end{pmatrix}\mathbf{y}, \quad \text{즉} \quad \begin{cases} y_1' = y_1 \\ y_2' = -y_2 \end{cases}$$

♣ 정답. $\mathbf{y} = c_1\binom{1}{0}e^t + c_2\binom{0}{1}e^{-t}$ 이고, $y_1y_2 = c_1c_2 = c$ 이므로 좌표축을 포함하는 쌍곡선족이다. 이 곡선들은 원점을 향해 들어오기도 하고, 원점으로부터 나가기도 한다. 따라서 원점은 안점이 된다.

예제 3.3.8. (나선점 : 두 고유치가 순허수가 아닌 경우) 다음 동차선형연립 미분방정식의 일반해를 구하고, 그 해가 이루는 상평면을 찾으라.

$$\mathbf{y}' = \begin{pmatrix} 1 & 1 \\ -1 & 1 \end{pmatrix}\mathbf{y}, \quad \text{즉} \quad \begin{cases} y_1' = y_1 + y_2 \\ y_2' = -y_1 + y_2 \end{cases}$$

풀이. 특성방정식은

$$det(\mathbf{A} - \lambda\mathbf{I}) = \begin{vmatrix} 1-\lambda & 1 \\ -1 & 1-\lambda \end{vmatrix} = \lambda^2 - 2\lambda + 2 = 0$$

이고, 고유값은 $\lambda = 1+i$ 또는 $1-i$ 이다. $\lambda = 1+i$ 일 때 $-ix_1 + x_2 = 0$ 이고, 고유벡터는 $\mathbf{x}^{(1)} = \binom{1}{i}$ 이다. $\lambda = 1-i$ 일 때 $ix_1 + x_2 = 0$ 이고 $\mathbf{x}^{(2)} = \binom{1}{-i}$ 이다. 따라서 일반해는

$$\mathbf{y} = c_1\begin{pmatrix} 1 \\ i \end{pmatrix}e^{(1+i)t} + c_2\begin{pmatrix} 1 \\ -i \end{pmatrix}e^{(1-i)t}$$

이다. 오일러의 공식 $e^{it} = \cos t + i\sin t$ 를 이용하여 실수일반해를 유도할 수 있다.

$$\begin{pmatrix} 1 \\ i \end{pmatrix}e^{(1+i)t} = \begin{pmatrix} e^t(\cos t + i\sin t) \\ e^t(-\sin t + i\cos t) \end{pmatrix} = e^t\begin{pmatrix} \cos t \\ -\sin t \end{pmatrix} + ie^t\begin{pmatrix} \sin t \\ \cos t \end{pmatrix}$$

이고

$$\begin{pmatrix} 1 \\ -i \end{pmatrix}e^{(1-i)t} = e^t\begin{pmatrix} \cos t \\ -\sin t \end{pmatrix} - ie^t\begin{pmatrix} \sin t \\ \cos t \end{pmatrix}$$

이다. 여기서 실수부와 허수부를 각각

$$\mathbf{u} = e^t\begin{pmatrix} \cos t \\ -\sin t \end{pmatrix} \qquad \mathbf{v} = e^t\begin{pmatrix} \sin t \\ \cos t \end{pmatrix}$$

라 두자. $\mathbf{u}$ 와 $\mathbf{v}$ 는 1 차 독립이며, 론스키안은 0 이 아니다

$$W(\mathbf{u},\mathbf{v}) = det\begin{pmatrix} e^t\cos t & e^t\sin t \\ -e^t\sin t & e^t\cos t \end{pmatrix} = e^{2t}(\cos^2 t + \sin^2 t) = e^{2t}$$

따라서 해당하는 실수일반해는

$$\mathbf{y} = \begin{pmatrix} y_1 \\ y_2 \end{pmatrix} = A\mathbf{u} + B\mathbf{v} = A\begin{pmatrix} e^t\cos t \\ -e^t\sin t \end{pmatrix} + B\begin{pmatrix} e^t\sin t \\ e^t\cos t \end{pmatrix}$$

이며, 이것은

$$y_1 = e^t(A\cos t + B\sin t), \qquad y_2 = e^t(-A\sin t + B\cos t)$$

로 표현될 수 있다. 그런데

$$y_1^2 + y_2^2 = (A^2 + B^2)e^{2t}$$

이므로, $y_1 = r\cos\theta,\ y_2 = r\sin\theta\ (r > 0,\ 0 \le \theta \le 2\pi)$ 로 두면 위 식은

$$r = C_0 e^\theta$$

가 된다. 여기서 $C_0 = \sqrt{A^2 + B^2},\ \theta = t$ 이다. 따라서 각각의 C_0 값에 대해 하나의 나선이 그려지는 것을 확인할 수 있으므로 연립미분방정식의 해곡선은 나선점을 만든다. □

유제 3.3.9. (중심점 : 두 고유치가 순허수인 경우) 다음 동차선형연립미분방정식의 일반해를 구하고, 그 해가 이루는 상평면을 찾으라.

$$\mathbf{y}' = \begin{pmatrix} 0 & 1 \\ -2 & 0 \end{pmatrix}\mathbf{y} \quad \text{즉} \quad \begin{cases} y_1' = y_2 \\ y_2' = -2y_1 \end{cases}$$

♣ 정답. 해는 $y_1 = c_1 e^{\sqrt{2}it} + c_2 e^{-\sqrt{2}it},\ y_2 = \sqrt{2}ic_1 e^{\sqrt{2}it} - \sqrt{2}ic_2 e^{-\sqrt{2}it}$ 이다. 이로부터 $y_1^2 + \frac{1}{2}y_2^2 = C$상수 임을 알 수 있다. 즉 해곡선들은 타원을 나타내며 원점이 중심점이다.

예제 3.3.10. 화학용액이 첫째 용기에서 둘째 용기로 첫째 용기의 부피에 비례하여 흘러 들어간다고 가정하자. 용액은 다시 둘째 용기에서 일정한 비율로 밖으로 흘러 나간다. $y_1(t),\ y_2(t)$ 를 각각 시간 t 에서 첫째와 둘째 용기에 들어있는 용액의 부피라고 하자. 부피의 변화는 각 용기의 유입량에서 유출량을 뺀 것이다. 연립미분방정식을 세워 $y_1(t),\ y_2(t)$ 를 구하라. ($y_1(0),\ y_2(0)$ 는 두 용기의 초기부피이다)

풀이. 용액이 첫째 용기로는 유입되지 않으므로 첫번째 용기의 부피 변화는 그 유출량과 같다. 즉,

$$\frac{dy_1}{dt} = -c_1 y_1$$

이다. 여기서 c_1 는 양의 비례상수이다. 첫째 용기의 유출량 $c_1 y_1$ 는 둘째 용기의 유입량이다. 양의 상수 c_2 를 둘째 용기의 유출상수라고 두자. 그러면 둘째 용기의 부피변화는 유입량에서 유출량 을 뺀 것과 같다. 즉,

$$\frac{dy_2}{dt} = c_1 y_1 - c_2$$

이다. 따라서 연립미분방정식을 써서 용액의 흐름을 다음과 같이 나타낼 수 있

다.

$$\begin{cases} \frac{dy_1}{dt} &= -c_1 y_1 \\ \frac{dy_2}{dt} &= c_1 y_1 - c_2. \end{cases} \tag{3.25}$$

$y_1(0)$, $y_2(0)$ 는 두 용기의 초기 부피이므로 첫째 방정식의 해는

$$y_1(t) = y_1(0)e^{-c_1 t} \tag{3.26}$$

이다. (3.26) 을 (3.25) 의 둘째 식에 대입하면

$$\frac{dy_2}{dt} = c_1 y_1(0)e^{-c_1 t} - c_2$$

를 얻을 수 있고, 이를 적분하여 해

$$y_2(t) = y_2(0) + y_1(0)(1 - e^{-c_1 t}) - c_2 t \tag{3.27}$$

를 얻는다. 그러면 (3.26) 과 (3.27) 는 주어진 초기조건을 만족하는 연립방정식의 유일한 해이다. 이 예제를 행렬을 이용하여 다시 풀어보고 답이 같은지를 확인해보기 바란다. □

연습문제 3.3

1. 다음 연립미분방정식을 풀어라.

   (1) $y_1' = -2y_1 + y_2, \qquad y_2' = -4y_1 + 3y_2$

   (2) $y_1' = 2y_1 + 3y_2, \qquad y_2' = 3y_1 + 2y_2$

   (3) $y_1' + y_2' = \cos t, \qquad y_1' - y_2' = \sin t$

   (4) $y_1' = y_2'', \qquad y_1' + y_2' = 2y_2 + t$

   (5) $y_1' = 2y_1 + y_2, \qquad y_2' = -4y_1 + 2y_2 + e^{-t}$

2. 다음 연립미분방정식을 계수행렬의 고유값과 고유벡터를 이용하여 풀어라.

   (1) $y_1' = -y_2, \qquad y_2' = -y_1$

   (2) $y_1' = 5y_1 + y_2, \qquad y_2' = y_1 + 5y_2$

   (3) $y_1' = 2y_2, \qquad y_2' = y_1 + y_2$

   (4) $y_1' = y_1 + y_2, \qquad y_2' = -y_1 + y_2$

♣ 정답.

1. (1) $y_1 = c_1 e^{-t} + c_2 e^{2t}, \quad y_2 = c_1 e^{-t} + 4c_2 e^{2t}$

   (2) $y_1 = c_1 e^{-t} + c_2 e^{5t}, \quad y_2 = -c_1 e^{-t} + c_2 e^{5t}$

(3) $y_1 = (\sin t - \cos t)/2 + c_1, \quad y_2 = (\sin t + \cos t)/2 + c_2$

(4) $y_1 = c_1 e^t - 2c_2 e^{-2t} + c_3, \quad y_2 = c_1 e^t + c_2 e^{-2t} - t/2 - 1/4$

(5) $y_1 = e^{2t}(c_1 \cos 2t + c_2 \sin 2t) + e^{-t}/13$

$y_2 = e^{2t}(-2c_1 \sin 2t + 2c_2 \cos 2t) - 3e^{-t}/13$

2. (1) $\mathbf{y} = c_1 e^t \binom{1}{-1} + c_2 e^{-t} \binom{1}{1}$

(2) $\mathbf{y} = c_1 e^{6t} \binom{1}{1} + c_2 e^{4t} \binom{1}{-1}$

(3) $\mathbf{y} = c_1 e^{-t} \binom{1}{-1/2} + c_2 e^{2t} \binom{1}{1}$

(4) $\mathbf{y} = c_1 e^t \binom{1}{-1} + c_2 e^{-t} \binom{1}{1}$

제 4 장

변수계수 미분방정식

지금까지 계수가 상수인 선형 미분방정식을 대수적인 방법(덧셈, 뺄셈, 곱셈, 나눗셈)으로 풀 수 있으며 그 해는 초등함수임을 배웠다. 그러나 상수가 아닌 계수를 갖는 미분방정식을 풀려면, 이는 매우 복잡하며 그 해들도 초등함수가 아닐 수 있다. 계수가 상수가 아닌 미분방정식들로는 베셀 미분방정식, 르장드르 미분방정식들을 들 수 있는데, 이것들은 공학의 여러 분야에서 매우 중요하게 쓰이는 것들이다. 이 장에서는 상수가 아닌 계수를 갖는 미분방정식들을 푸는 방법들을 소개할 것이다.

4.1 멱급수 풀이법

상수가 아닌 계수를 갖는 미분방정식들의 해를 구할 때, 해가 멱급수의 꼴로 표현된다고 보고 그 멱급수의 계수를 구하는 것이 편리한 경우가 많다. 이와 같이 하여 미분방정식을 푸는 방법을 **멱급수 풀이법**(멱급수 해법; power series method)이라 한다. 이 방법은 계수가 상수가 아닌 미분방정식을 푸는데 매우 효율적이어서 널리 쓰인다.

정의 4.1.1. 다음과 같은 꼴의 무한급수를 **멱급수**(power series)라고 부른다:

$$\sum_{m=0}^{\infty} c_m(x-a)^m = c_0 + c_1(x-a) + c_2(x-a)^2 + \cdots, \qquad (*)$$

여기서 $c_0, c_1, c_2, \ldots$ 을 멱급수의 **계수**(coefficients)라 부르고, 상수 a 를 멱급수의 **중심**(center)이라 한다. 그리고 x 는 변수이다.

여기서 주어진 함수 $f(x)$ 가 $x = a$ 에서 무한번 미분가능하다고 가정하자.

그리고 이 함수 $f(x)$ 를 위에서 정의한 멱급수로 표현하면 다음과 같다.

$$f(x) = \sum_{m=0}^{\infty} c_m(x-a)^m$$

이것을 차례로 미분해 보면 다음과 같다.

$$\begin{aligned} f(x) &= c_0 + c_1(x-a) + c_2(x-a)^2 + c_3(x-a)^3 + c_4(x-a)^4 + \cdots \\ f'(x) &= c_1 + 2c_2(x-a) + 3c_3(x-a)^2 + 4c_4(x-a)^3 + \cdots \\ f''(x) &= 2c_2 + 2\cdot 3\cdot c_3(x-a) + 3\cdot 4\cdot c_4(x-a)^2 + \cdots \\ f'''(x) &= 2\cdot 3\cdot c_3 + 2\cdot 3\cdot 4\cdot c_4(x-a) + \cdots \end{aligned}$$

여기에 $x = a$ 를 대입하여 계수의 값을 계산할 수 있다.

$$f(a) = c_0, \quad f'(a) = c_1, \quad f''(a) = 2c_2, \quad f'''(a) = 2\cdot 3\cdot c_3, \cdots$$
$$c_0 = f(a), \quad c_1 = f'(a), \quad c_2 = \frac{1}{2}f''(a), \quad c_3 = \frac{f''(a)}{3!}, \cdots, c_m = \frac{f^{(m)}(a)}{m!}$$

이렇게 얻은 계수들을 테일러계수라 하고 이를 멱급수에 대입하여 얻은 함수 $f(x)$ 의 멱급수 표현이 테일러급수인데, 이것은 다음과 같다.

$$f(x) = \sum_{m=0}^{\infty} \frac{f^{(m)}(a)}{m!}(x-a)^m \quad (a-R < x < a+R)$$

정의 4.1.1의 멱급수 $(*)$ 의 수렴반지름 R 이 0 보다 클 때, 멱급수 $(*)$ 는 수렴구간 $(a-R, a+R)$ 에서 무한히 미분가능한 함수가 된다.[1] 여기서 멱급수의 중심인 a 가 0 일 때의 테일러 급수

$$f(x) = \sum_{m=0}^{\infty} \frac{f^{(m)}(0)}{m!}x^m$$

을 특별히 **맥클로린 급수**라 부른다.[2]

다음은 자주 쓰이는 함수들의 맥클로린 급수이므로 꼭 외워두자.

(1) $\dfrac{1}{1-x} = \displaystyle\sum_{m=0}^{\infty} x^m = 1 + x + x^2 + \cdots \qquad (|x| < 1)$

(2) $e^x = \displaystyle\sum_{m=0}^{\infty} \frac{x^m}{m!} = 1 + x + \frac{x^2}{2!} + \frac{x^3}{3!} + \cdots$

---

[1] 무한급수 멱급수의 수렴반지름을 찾는 방법으로는 비판정법이 주로 사용된다: $\sum_{n=1}^{\infty} a_n$ 에서 수열 $\left\{\left|\frac{a_{n+1}}{a_n}\right|\right\}$ 의 극한을 R 이라 하자. 즉, $R = \lim_{n\to\infty}\left|\frac{a_{n+1}}{a_n}\right|$ 이다. (1) $R < 1$ 이면, 주어진 급수는 절대수렴한다. (2) $R > 1$ 이면, 주어진 급수는 발산한다. (3) $R = 1$ 이면, 주어진 급수가 수렴하는지를 판정할 수 없다.

[2] 맥클로린 (Colin Maclaurin) 은 스코틀랜드의 수학자로서 1698 년에 태어나 1746 년에 죽었다.

(3) $\cos x = \sum_{m=0}^{\infty} \frac{(-1)^m x^{2m}}{(2m)!} = 1 - \frac{x^2}{2!} + \frac{x^4}{4!} - + \cdots$

(4) $\sin x = \sum_{m=0}^{\infty} \frac{(-1)^m x^{2m+1}}{(2m+1)!} = x - \frac{x^3}{3!} + \frac{x^5}{5!} - + \cdots$

위 식(1)은 기하급수라 불리며, $-1 < x < 1$ 인 x 에서만 등식이 성립함을 알아두자.

유제 4.1.2. 맥글로린 급수의 처음 6항을 사용하여 e 의 근사값을 계산해보라.

♣ 정답. 2.71667

수렴하는 멱급수의 미적분은 멱급수의 각 항을 미적분하여 더해준 것과 같고, 그 결과로 나타난 멱급수도 수렴한다.

정의 4.1.3. 어떤 함수 $f(x)$ 가 정의 4.1.1의 멱급수 (*)의 꼴로 표현되면, 함수 $f(x)$ 는 $x = a$ 에서 **해석적**이라고 한다.

정리 **4.1.4.** 선형 미분방정식

$$y''(x) + a_1(x)y'(x) + a_0(x)y(x) = r(x) \quad \text{또는} \quad y'(x) + a_0(x)y(x) = r(x)$$

에서 계수 $a_0(x)$, $a_1(x)$ 및 $r(x)$ 가 $x = a$ 에서 해석적이라고 하면, 주어진 미분방정식의 해는 $x = a$ 에서 해석적이며 다음과 같이 나타낼 수 있다.

$$y(x) = \sum_{m=0}^{\infty} c_m (x-a)^m$$

예제 4.1.5. 다음 초기값 문제를 풀어라.

$$y'(x) - y(x) = x^2, \quad y(0) = 1$$

풀이. 먼저 $a_0(x) = -1$, $r(x) = x^2$ 이라고 하면, 이들은 $x = 0$ 에서 해석적이므로 정리 4.1.4에 따르면, 주어진 미분방정식의 해는 $x = 0$ 에서 해석적이며 다음과 같은 멱급수 해를 갖는다.

$$y(x) = \sum_{m=0}^{\infty} c_m x^m$$

$y(x)$ 를 항별로 미분하면

$$y'(x) = \sum_{m=1}^{\infty} m c_m x^{m-1}$$

이므로 $y(x)$ 와 $y'(x)$ 를 주어진 미분방정식에 대입하여 다음을 얻는다.

$$\begin{aligned} y'(x) - y(x) &= c_1 + 2c_2x + 3c_3x^2 + 4c_4x^3 + \cdots \\ &\quad - c_0 - c_1x - c_2x^2 - c_3x^3 - \cdots \\ &= x^2 \end{aligned}$$

따라서

$$\begin{aligned} &c_1 - c_0 = 0, \quad 2c_2 - c_1 = 0, \quad 3c_3 - c_2 = 1, \\ &4c_4 - c_3 = 0, \quad \ldots, \quad nc_n - c_{n-1} = 0, \quad \ldots \end{aligned}$$

이 된다. 이들을 다시 쓰면

$$\begin{aligned} &c_1 = c_0, \quad c_2 = \frac{c_0}{2}, \quad c_3 = \frac{1}{3} + \frac{c_2}{3} = \frac{2 + c_0}{3!}, \\ &c_4 = \frac{c_3}{4} = \frac{2 + c_0}{4!}, \quad c_n = \frac{c_{n-1}}{n} = \frac{2 + c_0}{n!} \end{aligned}$$

이 된다. 여기서 $n = 4, 5, \ldots$ 이다. 그러므로

$$\begin{aligned} y(x) &= c_0 + c_0x + \frac{c_0}{2!}x^2 + \frac{2 + c_0}{3!}x^3 + \frac{2 + c_0}{4!}x^4 + \cdots \\ &= c_0\left(1 + x + \frac{x^2}{2!} + \frac{x^3}{3!} + \cdots\right) + 2\left(\frac{x^3}{3!} + \frac{x^4}{4!} + \frac{x^5}{5!} + \cdots\right) \\ &= c_0\left(1 + x + \frac{x^2}{2!} + \frac{x^3}{3!} + \cdots\right) + 2\left(1 + x + \frac{x^2}{2!} + \frac{x^3}{3!} + \cdots\right) \\ &\quad - 2 - 2x - x^2 \end{aligned}$$

또는

$$y(x) = c_0e^x + 2e^x - 2 - 2x - x^2 \quad (c_0 \text{ 은 상수})$$

가 주어진 미분방정식의 **일반해**(general solution) 이다.

초기값 $y(0) = 1$ 이므로 $c_0 = 1$ 을 얻는다. 따라서 다음이 주어진 문제의 해이다.

$$y(x) = 3e^x - 2 - 2x - x^2$$

□

유제 4.1.6. 다음 초기값 문제를 풀어라.

$$y'(x) - 2y(x) = e^x, \quad y(0) = 1$$

♣ 정답. $y(x) = -e^x + 2e^{2x}$

예제 4.1.7. 다음 미분방정식을 멱급수 풀이법으로 풀어라.

$$y'(x) + 2xy(x) = 0$$

풀이. 먼저 $a_0(x) = 2x$, $r(x) = 0$ 이라고 하면, 이들은 $x = 0$ 에서 해석적이므로 정리 4.1.4에 따르면, 주어진 미분방정식의 해는 $x = 0$ 에서 해석적이며 다음과 같은 멱급수 해를 갖는다.

$$y(x) = \sum_{m=0}^{\infty} c_m x^m$$

그리고 $y(x)$ 를 항별로 미분하여

$$y'(x) = \sum_{m=1}^{\infty} m c_m x^{m-1}$$

을 얻는다. 따라서

$$\begin{aligned} y'(x) + 2xy(x) &= c_1 + 2c_2 x + 3c_3 x^2 + 4c_4 x^3 + \cdots + (n+1)c_{n+1}x^n + \cdots \\ &\quad + 2c_0 x + 2c_1 x^2 + 2c_2 x^3 + \cdots + 2c_{n-1}x^n + \cdots \\ &= 0 \end{aligned}$$

이다. 그러므로 $c_1 = c_3 = c_5 = \cdots = 0$ 이고

$$c_2 = -c_0, \quad c_4 = -\frac{c_2}{2} = \frac{c_0}{2}, \quad c_6 = -\frac{c_4}{3} = -\frac{c_0}{3!}, \quad \cdots$$

이다. 다시 말하면

$$c_{2m} = \frac{(-1)^m}{m!} c_0 \quad (m = 1, 2, 3, \ldots)$$

을 얻는다. 그러므로 다음이 주어진 미분방정식의 일반해이다.

$$\begin{aligned} y(x) &= c_0 - c_0 x^2 + \frac{1}{2!} c_0 x^4 - \frac{1}{3!} c_0 x^6 + \frac{1}{4!} c_0 x^8 - + \cdots \\ &= c_0 \left\{ 1 + (-x^2) + \frac{1}{2!}(-x^2)^2 + \frac{1}{3!}(-x^2)^3 + \cdots \right\} \\ &= c_0 e^{-x^2} \quad (c_0 \text{ 은 상수}) \end{aligned}$$

□

유제 4.1.8. 다음 미분방정식을 멱급수 풀이법으로 풀어라.

$$y'(x) + xy(x) = 0$$

♣ 정답. $y(x) = ce^{-x^2/2}$

예제 4.1.9. 다음 미분방정식을 멱급수 풀이법으로 풀어라.

$$y''(x) - xy'(x) - y(x) = 0$$

풀이. 주어진 미분방정식의 해를

$$y(x) = \sum_{m=0}^{\infty} c_m x^m$$

이라 놓을 수 있다. 이 때

$$y'(x) = \sum_{m=1}^{\infty} m c_m x^{m-1},$$
$$y''(x) = \sum_{m=2}^{\infty} m(m-1) c_m x^{m-2}$$

이므로

$$\begin{aligned} y''(x) - xy'(x) - y(x) &= 2 \cdot 1 c_2 + 3 \cdot 2 c_3 x + 4 \cdot 3 c_4 x^2 + \cdots \\ &\qquad\qquad - c_1 x \quad - 2c_2 x^2 - \cdots \\ &\quad - c_0 \quad - c_1 x \quad - c_2 x^2 - \cdots \\ &= 0 \end{aligned}$$

이다. 따라서

$$c_2 = \frac{1}{2} c_0, \quad (s+2)(s+1) c_{s+2} - s c_s - c_s = 0 \quad (s = 1, 2, \ldots)$$

을 얻는데, 이것을 다시 쓰면

$$c_2 = \frac{1}{2} c_0, \quad c_{s+2} = \frac{1}{s+2} c_s \quad (s = 1, 2, \ldots)$$

이 된다. 그러므로

$$c_{2n} = \frac{c_0}{2n(2n-2) \cdots 4 \cdot 2}, \quad c_{2n+1} = \frac{c_1}{(2n+1)(2n-1) \cdots 3 \cdot 1}$$

이다. 그래서 주어진 미분방정식의 일반해는

$$\begin{aligned} y(x) &= c_0 \left(1 + \frac{1}{2} x^2 + \frac{1}{4 \cdot 2} x^4 + \frac{1}{6 \cdot 4 \cdot 2} x^6 + \cdots \right) \\ &\quad + c_1 \left(x + \frac{1}{3 \cdot 1} x^3 + \frac{1}{5 \cdot 3 \cdot 1} x^5 + \frac{1}{7 \cdot 5 \cdot 3 \cdot 1} x^7 + \cdots \right) \end{aligned}$$

인데, 여기서 c_0 과 c_1 은 상수이다. □

연습문제 4.1

1. 예제 **??**에 있는 맥클로린 급수를 유도하라.

2. 다음 미분방정식을 멱급수 풀이법으로 풀어라.

   (1) $y' = 5xy$ (2) $xy' = (x-2)y$

   (3) $xy' + y = -7$ (4) $(1-x)y' = 2xy$

3. 중심이 1 인 멱급수 전개를 이용하여 다음 미분방정식을 풀어라.

   (1) $y' = -3y$ (2) $y'' - y = 0$

   (3) $y' = \frac{y}{x} + 1$

♣ 정답.

2. (1) $y = e^{\frac{5}{2}x^2}$

3. (1) $y = ce^{-3x}$

4.2 르장드르 미분방정식

아래에서 소개할 르장드르[3] 미분방정식 (Legendre's equation) 은 구면으로 경계 지어진 **경계값 문제**(boundary value problems) 를 다루는데 자주 쓰인다.

정의 4.2.1. P 가 정해진 실수일 때 다음 미분방정식을 **르장드르 미분방정식**이라 부른다.

$$(1-x^2)y''(x) - 2xy'(x) + P(P+1)y(x) = 0 \tag{4.1}$$

위 식 (4.1)의 양변을 $1-x^2$ 으로 나누면

$$y''(x) - \frac{2x}{1-x^2}y'(x) + \frac{P(P+1)}{1-x^2}y(x) = 0$$

이 되고, 계수가 모두 $x = 0$ 에서 해석적이므로 르장드르 미분방정식은

$$y(x) = \sum_{m=0}^{\infty} c_m x^m \tag{4.2}$$

[3] 르장드르 (Adrien Marie Legendre) 는 정수론과 타원함수 이론에 뛰어난 업적을 남긴 프랑스의 수학자이다. 1752 년에 태어나서 1833 년에 죽었다.

인 꼴의 해를 갖는다. 위 식으로부터

$$y'(x) = \sum_{m=1}^{\infty} mc_m x^{m-1},$$
$$y''(x) = \sum_{m=2}^{\infty} m(m-1)c_m x^{m-2}$$

을 얻는다. 이들을 르장드르 미분방정식 (4.1)에 넣으면

$$\begin{aligned}
&(1-x^2)y''(x) - 2xy'(x) + P(P+1)y(x) \\
= \ & \sum_{m=2}^{\infty} m(m-1)c_m x^{m-2} - \sum_{m=2}^{\infty} m(m-1)c_m x^m \\
& - \sum_{m=1}^{\infty} 2mc_m x^m + \sum_{m=0}^{\infty} P(P+1)c_m x^m \\
= \ & \sum_{m=0}^{\infty} (m+2)(m+1)c_{m+2}x^m - \sum_{m=0}^{\infty} m(m-1)c_m x^m \\
& - \sum_{m=0}^{\infty} 2mc_m x^m + \sum_{m=0}^{\infty} P(P+1)c_m x^m \\
= \ & \sum_{m=0}^{\infty} \left[(m+2)(m+1)c_{m+2} - \{m(m-1)+2m-P(P+1)\}c_m\right] x^m \\
= \ & 0
\end{aligned}$$

이다. 여기서

$$\begin{aligned}
\sum_{m=2}^{\infty} m(m-1)c_m x^{m-2} &= \sum_{k=0}^{\infty} (k+2)(k+1)c_{k+2}x^k \\
&= \sum_{m=0}^{\infty} (m+2)(m+1)c_{m+2}x^m
\end{aligned}$$

이고

$$\sum_{m=2}^{\infty} m(m-1)c_m x^m = \sum_{m=0}^{\infty} m(m-1)c_m x^m, \qquad \sum_{m=1}^{\infty} mc_m x^m = \sum_{m=0}^{\infty} mc_m x^m$$

이다. 따라서 c_m 에 대한 순환식

$$c_{m+2} = -\frac{(P-m)(P+m+1)}{(m+2)(m+1)} c_m \quad (m = 0, 1, 2, \ldots)$$

을 얻는다. 그리고

$$
\begin{aligned}
c_2 &= -\frac{(P+1)P}{2!}c_0, \\
c_3 &= -\frac{(P-1)(P+2)}{3!}c_1, \\
c_4 &= -\frac{(P-2)(P+3)}{4\cdot 3}c_2 = \frac{(P-2)P(P+1)(P+3)}{4!}c_0, \\
c_5 &= \frac{(P-3)(P+4)}{5\cdot 4}c_3 = \frac{(P-3)(P-1)(P+2)(P+4)}{5!}c_1, \\
&\ \ \vdots
\end{aligned}
$$

이므로 (4.2)식으로부터

$$
\begin{aligned}
y(x) \quad = \quad & c_0\bigg\{1 - P(P+1)\frac{x^2}{2!} \\
& \qquad + (P-2)P(P+1)(P+3)\frac{x^4}{4!} - + \cdots\bigg\} \\
& + c_1\bigg\{x - (P-1)(P+2)\frac{x^3}{3!} \\
& \qquad + (P-3)(P-1)(P+2)(P+4)\frac{x^5}{5!} - + \cdots\bigg\} \\
& (|x| < 1) \quad (c_0,\ c_1 \text{ 은 상수})
\end{aligned}
$$

를 얻는데, 이것이 르장드르 미분방정식의 해가 된다. 여기서

$$
\begin{aligned}
y_1(x) &= 1 - P(P+1)\frac{x^2}{2!} + (P-2)P(P+1)(P+3)\frac{x^4}{4!} - + \cdots, \\
y_2(x) &= x - (P-1)(P+2)\frac{x^3}{3!} + (P-3)(P-1)(P+2)(P+4)\frac{x^5}{5!} - + \cdots
\end{aligned}
$$

이라 하면, $y_1(x)$ 와 $y_2(x)$ 가 일차독립이면서 각각 르장드르 미분방정식의 해이므로, (4.3) 식이 르장드르 미분방정식의 일반해이다.

예제 4.2.2. 미분방정식 $(1-x^2)y''(x) - 2xy'(x) + 6y(x) = 0$ 을 풀어라. (초기조건 $y(0) = 1,\ y'(0) = 0$)

풀이. 주어진 미분방정식은 $P = 2$ 인 르장드르 미분방정식이므로 (4.3) 식을 보면

$$y(x) = c_0(1 - 3x^2) + c_1\left(x - \frac{2}{3}x^3 - \frac{1}{5}x^5 - \frac{4}{35}x^7 - \cdots\right)$$

이 주어진 미분방정식의 일반해임을 알 수 있다. 여기에서 c_0 과 c_1 은 임의의 상수이다. 위의 $y(x)$ 를 x 에 관하여 미분하면

$$y'(x) = -6c_0x + c_1\left(1 - 2x^2 - x^4 - \frac{4}{5}x^6 - \cdots\right)$$

이 된다.

이제, 초기조건으로부터

$$y(0) = c_0 = 1, \quad y'(0) = c_1 = 0$$

을 얻으므로, $y(x) = 1 - 3x^2$ 이 주어진 예제의 풀이이다.

주어진 미분방정식을 $P = -3$ 인 드장드르 미분방정식으로 볼 수도 있다. 이 때에도 당연히 위와 똑 같은 답을 얻음을 확인할 수 있다. □

유제 4.2.3. 미분방정식 $(1-x^2)y''(x) - 2xy'(x) + 12y(x) = 0$ 을 풀어라.

♣ 정답. $y(x) = c_0(1 - 6x^2 + 3x^4 - \cdots) + c_1\left(x - \frac{5}{3}x^3\right)$

르장드르 다항식

정의 4.2.4. 르장드르 미분방정식에서 P 가 0 이거나 양의 짝수이면 $y_1(x)$ 가 다항식이 되고, P 가 양의 홀수이면 $y_2(x)$ 가 다항식이 된다. P 가 양의 짝수일 때의 $y_1(x)$ 및 P 가 양의 홀수일 때의 $y_2(x)$ 에 적당한 상수를 곱하여 $x = 1$ 에서의 다항식의 값이 1 이 되도록 한 것을 **르장드르 다항식**이라 한다. 르장드르 다항식은 르장드르 미분방정식의 특수해이다.

예제 4.2.5. 함수 $y(x)$ 가 미분방정식 $(4-x^2)y''(x) - 2xy'(x) + 12y(x) = 0$ 의 해이며 초기조건 $y(0) = 0$ 과 $y'(0) = 1$ 을 만족할 때 $y(\frac{\pi}{4})$ 의 값을 구하라.

풀이. 먼저 $z = \dfrac{1}{2}x$ 라 하고 $y(x) = y_1(z)$ 이라 하면, 연쇄법칙을 써서

$$\begin{aligned} y'(x) &= \frac{d}{dz}y_1(z)\frac{dz}{dx} = \frac{1}{2}y_1'(z), \\ y''(x) &= \frac{d}{dx}y'(x) = \frac{d}{dz}\left(\frac{1}{2}y_1'(z)\right)\frac{dz}{dx} = \frac{1}{4}y_1''(z) \end{aligned}$$

을 얻는다. 이것을 주어진 미분방정식에 대입하여 정리하면

$$(1-z^2)y_1''(z) - 2zy_1'(z) + 3\cdot 4y_1(z) = 0$$

이 된다. 이것은 $P = 3$ 인 르장드르 미분방정식임을 알 수 있다. 따라서 (4.3) 식으로부터

$$y_1(z) = c_0(1 - 6z^2 + 3z^4 - + \cdots) + c_1\left(z - \frac{5}{3}z^3\right) \quad (|z| < 1)$$

을 얻는데, 위 식에 $z = \frac{1}{2}x$ 를 대입하면

$$y(x) = c_0\left(1 - \frac{3}{2}x^2 + \frac{3}{16}x^4 - + \cdots\right) + c_1\left(\frac{1}{2}x - \frac{5}{24}x^3\right) \qquad (|x| < 2)$$

을 얻는다.

이제, 초기조건으로부터

$$y(0) = c_0 = 0, \quad y'(0) = \frac{1}{2}c_1 = 1$$

을 얻으므로 $y(x) = x - \frac{5}{12}x^3$ 이다. 그러므로

$$y\left(\frac{\pi}{4}\right) = \frac{\pi}{4} - \frac{5}{12}\left(\frac{\pi}{4}\right)^3 = 0.583534$$

이다. □

르장드르 다항식을 $P_n(x)$ 라 표시할 때 $P_3(x) = \frac{1}{2}(5x^3 - 3x)$ 이다. 아래 연습문제 1의 (4)를 보라. 그러므로 예제 4.2.5의 답인 $y(x)$ 는 $y(x) = -\frac{3}{2}P_3(x)$ 를 만족한다.

유제 4.2.6. 미분방정식 $(1-x^2)y'' - 2xy' + 2y = 0$ 을 풀어라. (초기조건 $y(0) = 0,\ y'(0) = 1$)

♣ 정답. $y = x$

연습문제 4.2

1. (4.1) 식에서 $P = n$ (음이 아닌 정수)일 때의 르장드르 다항식을 $P_n(x)$ 라 표시한다. 다음을 증명하라.

   (1) $P_0(x) = 1$
   (2) $P_1(x) = x$
   (3) $P_2(x) = \frac{1}{2}(3x^2 - 1)$
   (4) $P_3(x) = \frac{1}{2}(5x^3 - 3x)$
   (5) $P_4(x) = \frac{1}{8}(35x^4 - 30x^2 + 3)$
   (6) $P_5(x) = \frac{1}{8}(63x^5 - 70x^3 + 15x)$

2. $(x^2 - 1)^n$ 의 이항공식을 이용하여 로드리그의 공식(Rodrigues's formula)을 증명하라.

$$P_n(x) = \frac{1}{2^n n!}\frac{d^n}{dx^n}(x^2 - 1)^n$$

3. a 가 양의 상수라 하고, 미분방정식 $(a^2-x^2)y''-2xy'+12y=0$ 을 풀어라.

♣ 정답.

3. $y(x)=c_0\left(1-\frac{6}{a^2}x^2+\frac{3}{a^4}x^4-+\cdots\right)+c_1\left(\frac{1}{a}x-\frac{5}{3a^3}x^3\right)$ (c_0, c_1 은 상수)

4.3 프로베니우스의 방법

이 책을 처음 읽는 이는 이 절의 내용을 어렵게 느낄 수 있으므로 이 절을 읽지 않고 건너 뛰어도 된다. 이계 미분방정식 가운데에는 계수가 해석적이 아니지만 **프로베니우스**[4]의 **조건**을 만족하는 것들이 많이 있다. 이런 미분방정식들을 프로베니우스의 방법으로 푸는 방법을 살펴보자.

> 정리 **4.3.1.** 미분방정식 $y''(x)+\dfrac{a(x)}{x}y'(x)+\dfrac{b(x)}{x^2}y(x)=0$ 의 계수함수 $a(x)$ 와 $b(x)$ 가 $x=0$ 에서 해석적일 때, 주어진 미분방정식은
>
> $$y(x)=x^r\sum_{m=0}^{\infty}c_mx^m \quad (c_0\neq 0)$$
>
> 인 꼴의 해를 적어도 하나는 갖는다. 여기서 r 은 실수 또는 복소수 상수이다.

정리 4.3.1 에 주어진 미분방정식의 양변에 x^2 을 곱하면

$$x^2y''(x)+xa(x)y'(x)+b(x)y(x)=0 \tag{4.3}$$

이 된다. 먼저, $a(x)$ 와 $b(x)$ 를 멱급수 전개하면

$$\begin{aligned}a(x)&=a_0+a_1x+a_2x^2+\cdots,\\ b(x)&=b_0+b_1x+b_2x^2+\cdots\end{aligned}$$

이 된다. 정리 4.3.1 에 따르면, 위의 미분방정식 (4.3) 은

$$y(x)=x^r\sum_{m=0}^{\infty}c_mx^m=\sum_{m=0}^{\infty}c_mx^{m+r} \quad (c_0\neq 0)$$

[4] 프로베니우스 (Georg Frobenius) 는 행렬과 군 이론에 커다란 업적을 남긴 독일의 수학자이다. 1849 년에 태어나 1917 년에 죽었다.

인 꼴의 해를 갖는다. 양변을 x 에 관하여 미분하여

$$y'(x) = \sum_{m=0}^{\infty}(m+r)c_m x^{m+r-1},$$
$$y''(x) = \sum_{m=0}^{\infty}(m+r)(m+r-1)c_m x^{m+r-2}$$

을 얻는다. 이들을 미분방정식 (4.3) 에 넣으면

$$\begin{aligned} & x^2y''(x) + xa(x)y'(x) + b(x)y(x) \\ = \quad & x^r \sum_{m=0}^{\infty}(m+r)(m+r-1)c_m x^m \\ & + (a_0 + a_1x + a_2x^2 + \cdots)x^r \sum_{m=0}^{\infty}(m+r)c_m x^m \\ & + (b_0 + b_1x + b_2x^2 + \cdots)x^r \sum_{m=0}^{\infty} c_m x^m \\ = \quad & 0 \end{aligned}$$

이 된다. 이것을 더욱 풀어 쓰면

$$\begin{aligned} & x^r\{r(r-1)\,c_0 + \cdots\} + (a_0 + a_1x + \cdots)\,x^r(rc_0 + \cdots) \\ & + (b_0 + b_1x + \cdots)\,x^r(c_0 + c_1x + \cdots) = 0 \end{aligned} \tag{4.4}$$

이 된다. 가장 낮은 차수인 x^r 의 계수들의 합이 0 이 되어야 하므로

$$\{r^2 + (a_0 - 1)r + b_0\}c_0x^r = 0$$

이 된다. 정리 4.3.1 에 따르면, c_0 이 0 이 아니라고 했으므로 위 식의 양변을 c_0x^r 으로 나누어서

$$r^2 + (a_0 - 1)r + b_0 = 0 \tag{4.5}$$

을 얻을 수 있다. 이것을 정리 4.3.1 에 주어진 미분방정식의 **결정방정식**(indicial equation) 이라 한다.

다음 정리에서 결정방정식의 해에 따라 다음 미분방정식의 일반해를 어떻게 구하는지를 알아보자.

$$x^2y''(x) + xa(x)y'(x) + b(x)y(x) = 0$$

정리 4.3.2. r_1과 r_2가 위의 결정방정식 (4.5)의 해라 하자.
(a) r_1과 r_2의 차가 정수가 아닐 때 : 미분방정식 (4.3)의 일반해는

$$y(x) = k_1 y_1(x) + k_2 y_2(x) \quad (k_1, k_2\text{는 상수})$$

이다. 여기서

$$y_1(x) = x^{r_1}(c_0 + c_1 x + c_2 x^2 + \cdots),$$
$$y_2(x) = x^{r_2}(C_0 + C_1 x + C_2 x^2 + \cdots)$$

이며 계수들은 각각 방정식 (4.4)로부터 얻는다.
(b) $r_1 = r_2 = r$일 때: 미분방정식 (4.3)의 일반해는

$$y(x) = k_1 y_1(x) + k_2 y_2(x) \quad (k_1, k_2\text{는 상수})$$

이다. 여기서

$$y_1(x) = x^{r}(c_0 + c_1 x + c_2 x^2 + \cdots),$$
$$y_2(x) = y_1(x)\ln x + x^{r}(C_1 x + C_2 x^2 + \cdots) \quad (x > 0)$$

이며, 계수들은 방정식 (4.4)로부터 얻는다.
(c) $r_1 - r_2$가 자연수일 때 : 미분방정식 (4.3)의 일반해는

$$y(x) = k_1 y_1(x) + k_2 y_2(x) \quad (k_1, k_2\text{는 상수})$$

이다. 여기서

$$y_1(x) = x^{r_1}(c_0 + c_1 x + c_2 x^2 + \cdots),$$
$$y_2(x) = C y_1 \ln x + x^{r_2}(C_0 + C_1 x + C_2 x^2 + \cdots) \quad (x > 0)$$

이며, 계수들을 방정식 (4.4)로부터 얻는다.

위 사실의 (a)를 이용하여 다음 문제를 풀어보자.

예제 4.3.3. 다음 미분방정식을 풀어라.

$$2xy''(x) + y'(x) - y(x) = 0$$

풀이. 주어진 미분방정식을 표준꼴로 고치면 $y''(x) + \frac{1}{2x}y'(x) - \frac{x}{2x^2}y(x) = 0$이 되어 정리 4.3.1에 따르면 주어진 미분방정식은

$$y(x) = x^r \sum_{m=0}^{\infty} c_m x^m \quad (c_0 \neq 0)$$

인 해를 갖는다. 여기서 $a(x) = \frac{1}{2}$ 이고 $b(x) = -\frac{x}{2}$ 이므로 (4.5) 식으로부터

$$r^2 + \left(\frac{1}{2} - 1\right) r + 0 = 0,$$

다시 말하여, $r(2r-1) = 0$ 인 결정방정식을 얻는다.

그리고

$$y'(x) = \sum_{m=0}^{\infty} (m+r) c_m x^{m+r-1},$$
$$y''(x) = \sum_{m=0}^{\infty} (m+r)(m+r-1) c_m x^{m+r-2}$$

이므로

$$\begin{aligned}
&2xy''(x) + y'(x) - y(x) \\
&= \sum_{m=0}^{\infty} (m+r)(2m+2r-1) c_m x^{m+r-1} - \sum_{m=0}^{\infty} c_m x^{m+r} \\
&= r(2r-1) c_0 x^{r-1} \\
&\quad + \sum_{m=1}^{\infty} (m+r)(2m+2r-1) c_m x^{m+r-1} - \sum_{m=0}^{\infty} c_m x^{m+r}
\end{aligned}$$

인데, 두 번째 항에서 $k = m-1$ 이라 하면

$$\begin{aligned}
&2xy''(x) + y'(x) - y(x) \\
&= r(2r-1) c_0 x^{r-1} \\
&\quad + \sum_{k=0}^{\infty} (k+r+1)(2k+2r+1) c_{k+1} x^{k+r} - \sum_{k=0}^{\infty} c_k x^{k+r} \\
&= r(2r-1) c_0 x^{r-1} \\
&\quad + \sum_{k=0}^{\infty} [(k+r+1)(2k+2r+1) c_{k+1} - c_k] x^{k+r} \\
&= 0
\end{aligned}$$

이다. 그러므로 다음과 같은 순환식을 얻는다.

$$c_{k+1} = \frac{c_k}{(k+r+1)(2k+2r+1)} \quad (k = 0, 1, 2, \ldots)$$

(*a*) $r = 0$ 일 때 순환식은

$$c_{k+1} = \frac{c_k}{(k+1)(2k+1)} \quad (k = 0, 1, 2, \ldots)$$

이 되므로 위 식에 k의 값을 0에서부터 차례로 넣어서

$$y_1(x) = c_0\left(1 + x + \frac{x^2}{6} + \frac{x^3}{90} + \frac{x^4}{2520} + \cdots\right)$$

을 얻는다. (정리 4.3.2 (a)를 보라).

(b) $r = \dfrac{1}{2}$일 때 순환식은

$$c_{k+1} = \frac{c_k}{(k+1)(2k+3)} \quad (k = 0, 1, 2, \ldots)$$

이 되므로 위 식에 k의 값을 0에서부터 차례로 넣어서

$$y_2(x) = c_0 x^{1/2}\left(1 + \frac{x}{3} + \frac{x^2}{30} + \frac{x^3}{630} + \frac{x^4}{22680} + \cdots\right)$$

을 얻는다. (정리 4.3.2 (a)를 보라).

(c) $y_1(x)$와 $y_2(x)$는 주어진 미분방정식의 일차독립인 해이므로

$$\begin{aligned} y(x) \quad &= \quad k_1\left(1 + x + \frac{x^2}{6} + \frac{x^3}{90} + \frac{x^4}{2520} + \cdots\right) \\ &\quad + k_2 x^{1/2}\left(1 + \frac{x}{3} + \frac{x^2}{30} + \frac{x^3}{630} + \frac{x^4}{22680} + \cdots\right) \end{aligned}$$

이 주어진 미분방정식의 일반해이다. 여기서 k_1, k_2는 상수이다. □

정리 4.3.2 (c)를 이용하여 다음 예제를 풀 수 있다.

예제 4.3.4. 다음 미분방정식을 풀어라.

$$xy''(x) + 3y'(x) - y(x) = 0$$

풀이. 주어진 미분방정식을 표준꼴로 고치면 $y''(x) + \frac{3}{x}y'(x) - \frac{x}{x^2}y(x) = 0$이 되어 정리 4.3.1에 따르면 주어진 미분방정식은

$$y(x) = x^r \sum_{m=0}^{\infty} c_m x^m \quad (c_0 \neq 0)$$

인 해를 갖는다. 그리고

$$y'(x) = \sum_{m=0}^{\infty} (m+r)c_m x^{m+r-1},$$

$$y''(x) = \sum_{m=0}^{\infty} (m+r)(m+r-1)c_m x^{m+r-2}$$

이므로

$$\begin{aligned} & xy''(x) + 3y'(x) - y(x) \\ = \; & r(r+2)c_0x^{r-1} + \sum_{k=0}^{\infty}[(k+r+1)(k+r+3)c_{k+1} - c_k]x^{k+r} \\ = \; & 0 \end{aligned}$$

이다. 그러므로 결정방정식 $r(r+2) = 0$ 과 순환식

$$(k+r+1)(k+r+3)c_{k+1} = c_k \quad (k = 0, 1, 2, \ldots)$$

을 얻는다.

(*a*) $r = 0$ 일 때 순환식은

$$(k+1)(k+3)c_{k+1} = c_k \quad (k = 0, 1, 2, \ldots)$$

이 되므로 위 식에 k 의 값을 0 에서부터 차례로 넣어서

$$y_1(x) = 1 + \frac{x}{3} + \frac{x^2}{24} + \frac{x^3}{360} + \frac{x^4}{8640} + \frac{x^5}{302400} + \cdots$$

을 얻는데, 여기서 $c_0 = 1$ 이라 하였다. (정리 4.3.2 (*c*) 를 보라).

(*b*) 결정방정식의 두 해의 차가 정수이므로 정리 4.3.2 의 (*c*) 에 의하여

$$y_2(x) = Cy_1(x)\ln x + x^{-2}(C_0 + C_1x + C_2x^2 + \cdots) \quad (x > 0)$$

이라 하면

$$\begin{aligned} & xy_2'' + 3y_2' - y_2 \\ = \; & C(xy_1'' + 3y_1' - y_1)\ln x + 2Cy_1' + 2Cy_1x^{-1} \\ & + \sum_{m=0}^{\infty} m(m-2)C_mx^{m-3} - \sum_{m=0}^{\infty} C_mx^{m-2} \\ = \; & 2Cy_1' + 2Cy_1x^{-1} + \sum_{k=0}^{\infty}[(k^2-1)C_{k+1} - C_k]x^{k-2} \\ = \; & 2Cx^{-1} + \frac{4}{3}C + \frac{1}{4}Cx + \frac{1}{45}Cx^2 + \frac{1}{864}Cx^3 + \frac{1}{25200}Cx^4 + \cdots \\ & + (-C_1 - C_0)x^{-2} - C_1x^{-1} + (3C_3 - C_2) + (8C_4 - C_3)x + \\ & + (15C_5 - C_4)x^2 + (24C_6 - C_5)x^3 + (35C_7 - C_6)x^4 + \cdots \\ = \; & 0 \end{aligned}$$

이므로

$$\begin{aligned}
&-C_1 - C_0 = 0,\\
&2C - C_1 = 0,\\
&\frac{4}{3}C + 3C_3 - C_2 = 0,\\
&\frac{1}{4}C + 8C_4 - C_3 = 0,\\
&\frac{1}{45}C + 15C_5 - C_4 = 0,\\
&\frac{1}{864}C + 24C_6 - C_5 = 0,\\
&\frac{1}{25200}C + 35C_7 - C_6 = 0,\\
&\qquad\vdots \qquad\qquad\qquad \vdots
\end{aligned}$$

을 얻으며 처음 두 식으로부터 $C_1 = -C_0$, $C = -\dfrac{C_0}{2}$ 을 얻으며 $C_2 = 0$ 이라 하면

$$C_3 = \frac{2}{9}C_0, \quad C_4 = \frac{25}{576}C_0, \quad C_5 = \frac{157}{43200}C_0, \quad C_6 = \frac{91}{518400}C_0, \quad \cdots$$

을 얻으므로 $C_0 = 1$ 이라 하면

$$\begin{aligned}
y_2(x) \;\; = \;\; & -\frac{1}{2}y_1(x)\ln x + \frac{1}{x^2} - \frac{1}{x} + \frac{2}{9}x + \frac{25}{576}x^2\\
& + \frac{157}{43200}x^3 + \frac{91}{518400}x^4 + \cdots
\end{aligned}$$

이 된다.

(c) $y_1(x)$ 와 $y_2(x)$ 는 주어진 미분방정식의 일차독립인 해이므로 이들을 일차결합하면, $x > 0$ 인 구간에서

$$\begin{aligned}
y(x) \;\; = \;\; & k_1\left(1 + \frac{x}{3} + \frac{x^2}{24} + \frac{x^3}{360} + \frac{x^4}{8640} + \frac{x^5}{302400} + \cdots\right)\\
& - \frac{k_2}{2}(\ln x)\left(1 + \frac{x}{3} + \frac{x^2}{24} + \frac{x^3}{360} + \frac{x^4}{8640} + \frac{x^5}{302400} + \cdots\right)\\
& + k_2\left(\frac{1}{x^2} - \frac{1}{x} + \frac{2}{9}x + \frac{25}{576}x^2 + \frac{157}{43200}x^3 + \frac{91}{518400}x^4 + \cdots\right)
\end{aligned}$$

이 주어진 미분방정식의 일반해이다. 여기서 k_1, k_2 는 어떤 상수이다. □

마지막으로 정리 4.3.2 (b) 를 이용하여 다음 예제를 풀어보자.

예제 4.3.5. 다음 미분방정식을 풀어라.

$$xy''(x) + y'(x) - 4y(x) = 0$$

풀이. 주어진 미분방정식을 표준꼴로 바꾸면 $y''(x) + \frac{1}{x}y'(x) - \frac{4x}{x^2}y(x) = 0$ 이 되어 정리 4.3.1 에 따르면 주어진 미분방정식은

$$y(x) = x^r \sum_{m=0}^{\infty} c_m x^m \quad (c_0 \neq 0)$$

인 해를 갖는다. 그리고

$$y'(x) = \sum_{m=0}^{\infty}(m+r)c_m x^{m+r-1},$$
$$y''(x) = \sum_{m=0}^{\infty}(m+r)(m+r-1)c_m x^{m+r-2}$$

이므로

$$\begin{aligned} & xy''(x) + y'(x) - 4y(x) \\ = \ & \sum_{m=0}^{\infty}(m+r)(m+r-1)c_m x^{m+r-1} \\ & + \sum_{m=0}^{\infty}(m+r)c_m x^{m+r-1} - \sum_{m=0}^{\infty} 4c_m x^{m+r} \\ = \ & \sum_{m=0}^{\infty}(m+r)^2 c_m x^{m+r-1} - \sum_{m=0}^{\infty} 4c_m x^{m+r} \\ = \ & r^2 c_0 x^{r-1} + \sum_{k=0}^{\infty}[(k+r+1)^2 c_{k+1} - 4c_k]x^{k+r} \\ = \ & 0 \end{aligned}$$

이다. 그러므로 결정방정식은 중근(겹친 해) $r = 0$ 을 갖는다. (물론 (4.5) 식으로부터 결정방정식 $r^2 = 0$ 을 얻을 수 있다.) 그리고 순환식은

$$c_{k+1} = \frac{4}{(k+1)^2}c_k \quad (k = 0, 1, 2, \ldots)$$

이 된다.

(a) 위 순환식에 k 의 값을 0 에서부터 차례로 넣어서 정리하면

$$y_1(x) = \sum_{m=0}^{\infty} \frac{4^m}{(m!)^2} x^m \quad (|x| < \infty)$$

을 얻는데, 여기서 $c_0 = 1$ 이라 하였다.

(b) 결정방정식의 해가 중근(겹친 해) 이므로 정리4.3.2 의 (*b*) 에 따라서

$$y_2(x) = y_1(x)\ln x + \sum_{m=1}^{\infty} C_m x^m \quad (x > 0)$$

이라 하면

$$
\begin{aligned}
& xy_2'' + y_2' - 4y_2 \\
= \;& (xy_1'' + y_1' - 4y_1)\ln x + 2y_1' + \sum_{m=1}^{\infty} m^2 C_m x^{m-1} - \sum_{m=1}^{\infty} 4C_m x^m \\
= \;& 2y_1' + C_1 + \sum_{m=2}^{\infty} m^2 C_m x^{m-1} - \sum_{m=1}^{\infty} 4C_m x^m \\
= \;& 2\left(4 + 8x + \frac{16}{3}x^2 + \frac{16}{9}x^3 + \frac{16}{45}x^4 + \frac{96}{2025}x^5 + \cdots\right) + C_1 \\
& + \sum_{k=1}^{\infty}(k+1)^2 C_{k+1}x^k - \sum_{k=1}^{\infty} 4C_k x^k \\
= \;& (8 + C_1) + 16x + \frac{32}{3}x^2 + \frac{32}{9}x^3 + \frac{32}{45}x^4 + \frac{64}{675}x^5 + \cdots \\
& + \sum_{k=1}^{\infty}\left[(k+1)^2 C_{k+1} - 4C_k\right]x^k \\
= \;& 0
\end{aligned}
$$

이므로

$$
\begin{aligned}
& C_1 = -8, \\
& 16 + 4C_2 - 4C_1 = 0, \\
& \frac{32}{3} + 9C_3 - 4C_2 = 0, \\
& \frac{32}{9} + 16C_4 - 4C_3 = 0, \\
& \frac{32}{45} + 25C_5 - 4C_4 = 0, \\
& \frac{64}{675} + 36C_6 - 4C_5 = 0, \\
& \qquad \vdots \qquad\qquad \vdots
\end{aligned}
$$

을 얻으며 이들로부터

$$
\begin{aligned}
& C_1 = -8, \quad C_2 = -12, \quad C_3 = -\frac{176}{27}, \quad C_4 = -\frac{50}{27}, \\
& C_5 = -\frac{1096}{3375}, \quad C_6 = -\frac{392}{10125}, \quad \cdots
\end{aligned}
$$

을 얻는다. 그러므로

$$\begin{aligned} y_2(x) &= \ln x \sum_{m=0}^{\infty} \frac{4^m}{(m!)^2} x^m - 8x - 12x^2 - \frac{176}{27}x^3 \\ &\quad - \frac{50}{27}x^4 - \frac{1096}{3375}x^5 - \frac{392}{10125}x^6 - \cdots \qquad (x > 0) \end{aligned}$$

이다.

(c) $y_1(x)$ 와 $y_2(x)$ 는 주어진 미분방정식의 일차독립인 해이므로 이들을 일차 결합하면, $x > 0$ 인 구간에서

$$\begin{aligned} y(x) &= k_1 \sum_{m=0}^{\infty} \frac{4^m}{(m!)^2} x^m + k_2 \ln x \sum_{m=0}^{\infty} \frac{4^m}{(m!)^2} x^m \\ &\quad - k_2 \left(8x + 12x^2 + \frac{176}{27}x^3 + \frac{50}{27}x^4 + \frac{1096}{3375}x^5 + \frac{392}{10125}x^6 + \cdots \right) \end{aligned}$$

이 주어진 미분방정식의 일반해이다. 여기서 k_1, k_2 는 어떤 상수이다.

연습문제 4.3

1. 다음 미분방정식을 프로베니우스의 방법으로 풀어라.

   (1) $(x+1)^2 y'' + (x+1)y' - y = 0$

   (2) $x(1-x)y'' + 2(1-2x)y' - 2y = 0$

   (3) $xy'' + 2y' + xy = 0$

   (4) $xy'' + (1-2x)y' + (x-1)y = 0$

   (5) $(x+2)^2 y'' + (x+2)y' - y = 0$

   (6) $2x(x-1)y'' - (x+1)y' + y = 0$

   (7) $x^2 y'' + 2xy' - 6y = 0$

   (8) $xy'' + 3y' + 4x^3 y = 0$

4.4 베셀 미분방정식

아래에서 소개할 베셀[5] 미분방정식은 가장 중요한 미분방정식 중의 하나로서 원기둥으로 경계 지어진 진동, 정전기장, 열전도 따위의 경계값 문제를 푸는데 자주 쓰인다. 이 절에서는 프로베니우스의 방법을 써서 베셀 미분방정식을 풀 것이다.

---

[5] 베셀 (Friedrich Wilhelm Bessel) 은 독일의 수학자이면서 천문학자인데, 1784 년에 태어나 1846 년에 죽었다.

정의 4.4.1. $\alpha \geq 0$ 를 상수라 할 때, 다음과 같은 미분방정식을 **베셀 미분방정식**이라 부른다.

$$x^2y''(x) + xy'(x) + (x^2 - \alpha^2)y(x) = 0 \tag{4.6}$$

정리 4.3.1 에 따르면, 주어진 베셀 미분방정식 (4.6) 은

$$y(x) = x^r \sum_{m=0}^{\infty} c_m x^m \quad (c_0 \neq 0) \tag{4.7}$$

인 꼴의 해를 적어도 하나는 갖는다. (4.7) 식을 (4.6) 식에 넣고 정리하면

$$\begin{aligned} & x^r\{-\alpha^2 c_0 + rc_0 + r(r-1)c_0\} + \\ & + x^{r+1}\{-\alpha^2 c_1 + (r+1)c_1 + r(r+1)c_1\} + \\ & + \sum_{m=0}^{\infty} x^{m+r+2}\{c_m - \alpha^2 c_{m+2} + (m+r+2)c_{m+2} + \\ & \qquad\qquad + (m+r+2)(m+r+1)c_{m+2}\} = 0 \end{aligned}$$

이 된다. 따라서 결정방정식

$$c_0(r^2 - \alpha^2) = 0, \quad c_1\{(r+1)^2 - \alpha^2\} = 0 \tag{4.8}$$

및 순환식

$$c_{m+2} = \frac{-1}{(m+r+2)^2 - \alpha^2} c_m \quad (m = 0, 1, 2, \ldots) \tag{4.9}$$

을 얻는다.

(가) $r = \alpha$ 인 경우:
(4.8) 식에서 $c_1 = 0$ 을 얻으며 (4.9) 식으로부터

$$c_{m+2} = \frac{-1}{(m+2)(m+2\alpha+2)} c_m \quad (m = 0, 1, 2, \ldots)$$

을 얻는다. 따라서, $m = 0, 1, 2, \ldots$ 일 때

$$c_{2m} = \frac{(-1)^m c_0}{2^{2m} \cdot m!(\alpha+1)(\alpha+2)\cdots(\alpha+m)}, \quad c_{2m+1} = 0$$

이다. (4.7) 식으로부터 얻은 급수해를 $y_1(x)$ 라 하면

$$y_1(x) = x^\alpha \left\{ c_0 + \sum_{m=1}^{\infty} \frac{(-1)^m c_0}{2^{2m} \cdot m!(\alpha+1)(\alpha+2)\cdots(\alpha+m)} x^{2m} \right\}$$

이 된다.

(나) $r = -\alpha$ 인 경우:
$c_1 = 0$ 이라 할 수 있으므로 순환식 (4.9) 은

$$c_{m+2} = \frac{-1}{(m+2)(m-2\alpha+2)} c_m \quad (m = 0, 1, 2, \ldots)$$

이 되어 (가) 의 경우에서 α 를 $-\alpha$ 로 바꾼 것과 같으므로

$$y_2(x) = x^{-\alpha} \left\{ c_0 + \sum_{m=1}^{\infty} \frac{c_0}{2^{2m} \cdot m!(\alpha-1)(\alpha-2)\cdots(\alpha-m)} x^{2m} \right\}$$

은 베셀 미분방정식 (4.6) 의 해가 된다.

$\alpha = n$(정수) 일 때에는 $y_1(x)$ 에서 c_0 을 $\dfrac{1}{2^n n!}$ 로 바꾸어준 것을 $J_n(x)$ 라 쓰자:

$$J_n(x) = x^n \sum_{m=0}^{\infty} \frac{(-1)^m x^{2m}}{2^{2m+n} m!(m+n)!}$$

$J_n(x)$ 를 n 차 제 1종 베셀함수라 부르며, 이것은 $\alpha = n$(정수) 일 때 베셀 미분방정식 (4.6) 의 특수해이다. 비판정법에 따르면 이 급수는 x 의 모든 값에서 수렴한다.

임의의 양의 실수 α 에 대하여

$$J_\alpha(x) = x^\alpha \sum_{m=0}^{\infty} \frac{(-1)^m x^{2m}}{2^{2m+\alpha} m!\, \Gamma(m+\alpha+1)} \tag{4.10}$$

을 **α 차 제 1종 베셀함수**(Bessel function of the first kind of order α) 라 부른다. 이제, (4.10) 식에서 α 를 $-\alpha$ 로 바꾸면

$$J_{-\alpha}(x) = x^{-\alpha} \sum_{m=0}^{\infty} \frac{(-1)^m x^{2m}}{2^{2m-\alpha} m!\, \Gamma(m-\alpha+1)}$$

인데, α 가 정수가 아니면 $J_\alpha(x)$ 와 $J_{-\alpha}(x)$ 는 베셀 미분방정식 (4.6) 의 일차독립인 특수해들이다.

---

[5] 감마함수는 $\Gamma(x) = \int_0^\infty e^{-t}\, t^{x-1} dt$ 라 정의되며 모든 양수 x 에서 $\Gamma(x+1) = x\Gamma(x)$ 를 만족한다. 또한 자연수 n 에서 $\Gamma(n+1) = n!$ 이고 $\Gamma(1/2) = \sqrt{\pi}$ 이다. x 가 음수일 때에는 $\Gamma(x) = \frac{\Gamma(x+1)}{x}$ 이라 정의한다. x 가 아주 큰 양수일 때에는 $\Gamma(x+1) \sim \sqrt{2\pi x}x^x e^{-x}$ 을 만족하는데, 이것을 스털링의 공식 (Stirling's formula) 이라 부른다.

정리 4.4.2. 만일 $\alpha \geq 0$가 정수가 아니라면, 0이 아닌 모든 x에 대한 베셀 미분방정식 (4.6)의 일반해는 다음과 같다.

$$y(x) = k_1 J_\alpha(x) + k_2 J_{-\alpha}(x) \quad (k_1, k_2\text{는 상수})$$

예제 4.4.3. 다음 미분방정식을 풀어라.

$$x^2 y''(x) + xy'(x) + \left(4x^2 - \frac{1}{4}\right)y(x) = 0$$

풀이. 먼저 $z = 2x$ 라고 하자. 그리고 $y_1(z) = y(x)$ 라고 하자. 그러면, 연쇄법칙을 써서

$$\begin{aligned} y'(x) &= \frac{dy(x)}{dx} = \frac{dy_1(z)}{dz}\frac{dz}{dx} = 2y_1'(z), \\ y''(x) &= \frac{d}{dx}y'(x) = \frac{d}{dz}\{2y_1'(z)\}\frac{dz}{dx} = 4y_1''(z) \end{aligned}$$

을 얻는다. 따라서 주어진 미분방정식은

$$z^2 y_1''(z) + zy_1'(z) + \left(z^2 - \frac{1}{4}\right)y_1(z) = 0$$

이 된다. 이것은 $\alpha = \dfrac{1}{2}$ 인 베셀 미분방정식이므로 이것의 일반해는

$$y_1(z) = k_1 J_{1/2}(z) + k_2 J_{-1/2}(z)$$

이다. 여기에서 k_1 과 k_2 는 임의의 상수이다. (정리 4.4.2를 보라). 그러므로

$$y(x) = k_1 J_{1/2}(2x) + k_2 J_{-1/2}(2x)$$

가 주어진 미분방정식의 일반해이다. □

유제 4.4.4. 다음 미분방정식을 풀어라.

$$x^2 y''(x) + xy'(x) + \left(x^2 - \frac{1}{9}\right)y(x) = 0$$

♣ 정답. $y(x) = k_1 J_{1/3}(x) + k_2 J_{-1/3}(x)$

뒤에 따르는 연습문제에서 $\alpha = n$(정수) 이면

$$J_{-n}(x) = (-1)^n J_n(x)$$

가 됨을 보일 것이다. 그러므로 n 이 정수일 때, $J_n(x)$ 와 $J_{-n}(x)$ 는 일차종속이다. 그러므로 α 가 정수일 때, 정리 4.4.2를 쓸 수 없다.

정의 4.4.5. 모든 $\alpha \ge 0$ 에 대하여

$$Y_\alpha(x) = \begin{cases} \dfrac{1}{\sin\alpha\pi}[J_\alpha(x)\cos\alpha\pi - J_{-\alpha}(x)] & (\alpha\text{ 가 정수가 아닐 때}), \\ \lim\limits_{\alpha\to n} Y_\alpha(x) & (\alpha\text{ 가 정수 } n\text{ 일 때}) \end{cases}$$

를 α **차 제 2 종 베셀함수**(Bessel function of the second kind of order α) 라 부른다.

정리 **4.4.6.** 모든 $\alpha \ge 0$ 값에서 베셀 미분방정식 (4.6)의 일반해는 다음과 같다.

$$y(x) = k_1 J_\alpha(x) + k_2 Y_\alpha(x) \quad (k_1, k_2\text{는 상수})$$

예제 4.4.7. 함수 $y(x)$ 가 미분방정식 $x^2y''(x)+xy'(x)+(x^2-1)y(x)=0$ 의 해이며 경계조건 $y(0)=0$, $y(1)=1$ 을 만족한다고 하자. 다음 표를 보고 $y(0.5)$ 의 값을 구하라.

x	$J_1(x)$	$Y_1(x)$
0.0	0.00000	$-\infty$
0.5	0.24226	-1.47147
1.0	0.44005	-0.78121

풀이. 주어진 미분방정식이 $\alpha = 1$ 인 베셀 미분방정식이므로 정리 4.4.6 에 따르면

$$y(x) = k_1 J_1(x) + k_2 Y_1(x) \quad (k_1, k_2\text{는 상수})$$

가 주어진 미분방정식의 일반해이다. 이제, 초기조건과 주어진 표를 살펴보자. 먼저,

$$y(0) = k_1 J_1(0) + k_2 Y_1(0) = k_2 \cdot (-\infty) = 0$$

이므로 $k_2 = 0$ 이 된다. 그리고

$$y(1) = k_1 J_1(1) = 0.44005 k_1 = 1$$

로부터 $k_1 = 2.27247$ 을 얻으므로

$$y(x) = 2.27247 J_1(x)$$

이다. 따라서

$$y(0.5) = 2.27247\, J_1(0.5) = 2.27247 \times 0.24226 = 0.55053$$

이다. □

유제 4.4.8. 다음 미분방정식을 풀어라.

$$x^2y''(x) + xy'(x) + (x^2 - 4)y(x) = 0$$

여기서 $y(0) = y(1) = 1$ 이고 다음 표가 주어졌다.

x	$J_2(x)$	$Y_2(x)$
0.0	0.00000	$-\infty$
1.0	0.11490	-1.65068

♣ 정답. $y(x) = 8.70322J_2(x)$

예제 4.4.9. 다음 미분방정식을 풀어라.

$$4x^2y''(x) + 4xy'(x) + (x - n^2)y(x) = 0$$

풀이. $z = \sqrt{x}$ 와 $y(x) = y(z^2) = g(z)$ 이라 하면

$$\frac{dy(x)}{dx} = \frac{dy(z^2)}{dz}\frac{dz}{dx} = \frac{1}{2z}\frac{dy(z^2)}{dz} = \frac{1}{2z}g'(z),$$
$$\frac{d^2y(x)}{dx^2} = \frac{d}{dz}\left(\frac{1}{2z}g'(z)\right)\frac{dz}{dx} = \frac{1}{4z^2}g''(z) - \frac{1}{4z^3}g'(z)$$

이므로 주어진 미분방정식은 베셀 미분방정식인

$$z^2g''(z) + zg'(z) + (z^2 - n^2)g(z) = 0$$

인 꼴로 되므로 정리 4.4.6에 따르면

$$g(z) = k_1J_n(z) + k_2Y_n(z) \quad (z > 0)$$

또는

$$y(x) = k_1J_n(\sqrt{x}) + k_2Y_n(\sqrt{x}) \quad (x > 0)$$

가 주어진 미분방정식의 일반해이다. 여기서 k_1, k_2 는 상수이다. □

연습문제 4.4

1. 괄호 속의 지시에 따라서 다음 미분방정식들을 풀어라.

(1) $x^2y'' + xy' + \left(x^2 - \frac{1}{9}\right)y = 0$

(2) $x^2y'' + xy' + (\beta^2x^2 - \alpha^2)y = 0 \quad (\beta x = z)$

(3) $x^2y'' + xy' + \left(4x^4 - \frac{1}{4}\right)y = 0 \quad (x^2 = z)$

(4) $4x^2y'' + 4xy' + \left(x - \frac{1}{36}\right)y = 0 \quad (\sqrt{x} = z)$

(5) $9x^2y'' + 9xy' + (36x^4 - 16)y = 0 \quad (x^2 = z)$

(6) $xy'' + 5y' + xy = 0 \quad (y = \frac{u}{x^2})$

(7) $81x^2y'' + 27xy' + (9x^{2/3} + 8)y = 0 \quad (y = x^{1/3}u,\ x^{1/3} = z)$

(8) $xy'' - 5y' + xy = 0 \quad (y = x^3u)$

(9) $y'' + x^2y = 0 \quad \left(y = u\sqrt{x},\ \frac{1}{2}x^2 = z\right)$

(10) $y'' + k^2x^2y = 0 \quad \left(y = u\sqrt{x},\ \frac{1}{2}kx^2 = z\right)$

2. n 이 자연수일 때 $J_{-n}(x) = (-1)^nJ_n(x)$ 임을 보이라.

3. 다음을 증명하라.

(1) $\frac{d}{dx}[x^\alpha J_\alpha(x)] = x^\alpha J_{\alpha-1}(x)$ (2) $\frac{d}{dx}[x^{-\alpha}J_\alpha(x)] = -x^{-\alpha}J_{\alpha+1}(x)$

(3) $J_{\alpha-1}(x) + J_{\alpha+1}(x) = \frac{2\alpha}{x}J_\alpha(x)$ (4) $J_{\alpha-1}(x) - J_{\alpha+1}(x) = 2J'_\alpha(x)$

♣ 정답.

1. (1) $k_1J_{1/3}(x) + k_2J_{-1/3}(x)$

(2) $k_1J_\alpha(\beta x) + k_2Y_\alpha(\beta x)$

(3) $k_1J_{1/4}(x^2) + k_2J_{-1/4}(x^2)$

(5) $k_1J_{2/3}(x^2) + k_2J_{-2/3}(x^2)$

(6) $k_1x^{-2}J_2(x) + k_2x^{-2}Y_2(x)$

(7) $x^{1/3}[k_1J_{1/3}(x^{1/3}) + k_2J_{-1/3}(x^{1/3})]$

(9) $\sqrt{x}\left[k_1J_{1/4}\left(\frac{1}{2}x^2\right) + k_2Y_{1/4}\left(\frac{1}{2}x^2\right)\right]$

(10) $\sqrt{x}\left[k_1J_{1/4}\left(\frac{1}{2}kx^2\right) + k_2Y_{1/4}\left(\frac{1}{2}kx^2\right)\right]$

제 5 장

라플라스 변환

공학과 관련된 많은 문제들에 대하여 적분변환(integral transformation) 이라는 방법을 쓰는데, 이 적분변환 중에서도 가장 많이 쓰이는 것이 바로 라플라스변환(Laplace transformation) 이다. 19세기 후반에 전자기학의 방정식을 풀기 위하여 시작된 라플라스 변환은 공학 문제를 쉽고 효율적으로 해결해 주는 도구이다. 예를 들어, 라플라스 변환을 이용하여 상미분방정식의 초기값문제를 효과적으로 풀 수 있으며, 미분방정식을 대수방정식으로 바꾸어 대수적인 계산으로 미분방정식을 풀 수 있다. 단위계단함수나 델타함수와 같이 불연속 함수가 포함된 미분방정식의 해를 찾을 때 라플라스 변환이 매우 유용하게 사용된다.

5.1 라플라스 변환

$t \geq 0$ 에서 정의된 함수 $f(t)$ 에 e^{-st} 을 곱한 다음, t 에 관하여 0 에서 ∞ 까지 적분한다. 적분값이 존재하면, s 의 함수가 될 것이다. 이것을 함수 $f(t)$ 의 **라플라스 변환**(Laplace [1] transform) 이라 부르고 $F(s)$ 라 쓴다. 다시 말하면,

$$\mathcal{L}(f(t)) = F(s) = \int_0^{\infty} e^{-st} f(t)dt \quad (s > 0) \tag{5.1}$$

이다.[2]

---

[1] 프랑스 수학자 라플라스(Pierre Simon Marquis de Laplace ; 1749-1827) 는 퍼텐샬 이론의 기초를 세웠으며 천체역학, 특수함수, 확률론을 발전시켰다. 한 세기 뒤에 헤비사이드 (Oliver Heaviside; 1850–1925) 는 영국의 전기공학자로서 라플라스 변환을 더욱 실용적인 도구로 발전시켰다. 라플라스 변환을 "Heaviside calculus" 라 부르기도 한다.

[2] 라플라스 변환을 이상적분으로 정의하였다. 즉,

$$F(s) = \int_0^{\infty} e^{-st} f(t)dt = \lim_{b\to\infty} \int_0^{b} e^{-st} f(t)dt$$

이다. 미분적분학 8.5 이상적분 (특이적분) 을 보라.

한편, 함수 $f(t)$ 를 $F(s)$ 의 **라플라스 역변환**(inverse transform) 이라 부르고

$$\mathcal{L}^{-1}(F(s)) = f(t) \tag{5.2}$$

라 쓴다. 원래의 함수 f 는 변수 t 의 함수이나 라플라스 변환 F 는 변수 s 의 함수라는 것에 유의하고 라플라스 변환과 라플라스 역변환을 함께 생각하는 것이 좋다.

우선 가장 기본이 되는 상수함수와 지수함수의 라플라스 변환과 그 역변환을 찾아보자.

예제 5.1.1. 다음 상수함수의 라플라스 변환을 구하라.

$$f(t) = 1 \quad (t \geq 0)$$

풀이. 라플라스 변환의 정의에 따라서

$$\begin{aligned} \mathcal{L}(1) &= \int_0^\infty e^{-st}\ 1\ dt = \lim_{b\to\infty}\int_0^b e^{-st}dt \\ &= \lim_{b\to\infty}\left[-\frac{1}{s}e^{-st}\right]_0^b = \frac{1}{s} \quad (s > 0) \end{aligned}$$

을 얻는다. 이 때, 역변환은

$$\mathcal{L}^{-1}\left(\frac{1}{s}\right) = 1 \quad (s > 0)$$

이다. □

예제 5.1.2. 다음 지수함수의 라플라스 변환을 구하라.

$$f(t) = e^{at} \quad (t \geq 0)$$

풀이. 위 정의에 따라서

$$\begin{aligned} \mathcal{L}(e^{at}) &= \int_0^\infty e^{-st}\ e^{at}dt = \int_0^\infty e^{-(s-a)t}dt \\ &= \lim_{b\to\infty}\int_0^b e^{-(s-a)t}dt = \lim_{b\to\infty}\left[-\frac{1}{s-a}e^{-(s-a)t}\right]_0^b \\ &= \frac{1}{s-a} \quad (s > a) \end{aligned}$$

을 얻는다. 이 때, 역변환은

$$\mathcal{L}^{-1}\left(\frac{1}{s-a}\right) = e^{at} \quad (s > a)$$

이다. □

유제 5.1.3. 다음 함수 $f(t)$의 라플라스 변환과 $\mathcal{L}(g)$의 라플라스 역변환을 구하라.

$$f(t) = e^{2t}, \quad \mathcal{L}(g) = \frac{1}{s+1}$$

♣ 정답. $\mathcal{L}(f) = \frac{1}{s-2} \quad (s > 2), \qquad g(t) = e^{-t} \quad (t \geq 0)$

다음은 라플라스 변환과 라플라스 역변환의 성질 중, 가장 중요한 성질인 선형성을 살펴 보기로 하자.

정리 **5.1.4.** 라플라스 변환은 선형적이다. 즉, 함수 $f(t)$와 $g(t)$의 라플라스 변환이 존재하고 a와 b가 상수이면

$$\mathcal{L}\{af(t) + bg(t)\} = a\mathcal{L}(f) + b\mathcal{L}(g) \tag{5.3}$$

이다. 라플라스 역변환도 선형적이다. 다시 말하면

$$\mathcal{L}^{-1}\{aF(s) + bG(s)\} = a\mathcal{L}^{-1}(F) + b\mathcal{L}^{-1}(G) \tag{5.4}$$

이다.

증명. 정의에 따라서

$$\begin{aligned} \mathcal{L}\{af(t) + bg(t)\} &= \int_0^\infty e^{-st}\{af(t) + bg(t)\}dt \\ &= a\int_0^\infty e^{-st}f(t)dt + b\int_0^\infty e^{-st}g(t)dt \\ &= a\mathcal{L}(f) + b\mathcal{L}(g) \end{aligned}$$

임을 알게 된다. □

라플라스 변환의 선형성을 이용하여 자주 나오는 함수들의 라플라스 변환을 찾아보자.

예제 5.1.5. 다음 함수의 라플라스 변환을 구하라.

$$f(t) = \cosh at \quad (t \geq 0)$$

풀이. 쌍곡선함수의 정의와 라플라스 변환의 선형성을 이용하면

$$\begin{aligned} \mathcal{L}(f) &= \mathcal{L}(\cosh at) = \mathcal{L}\left(\frac{1}{2}e^{at} + \frac{1}{2}e^{-at}\right) \\ &= \frac{1}{2}\mathcal{L}(e^{at}) + \frac{1}{2}\mathcal{L}(e^{-at}) \end{aligned}$$

이다. 예제 5.1.2의 결과로써

$$\mathcal{L}(f) = \frac{1}{2}\frac{1}{s-a} + \frac{1}{2}\frac{1}{s+a} = \frac{s}{s^2-a^2} \quad (s > |a|)$$

를 얻는다. 이 때, 역변환은

$$\mathcal{L}^{-1}\left(\frac{s}{s^2-a^2}\right) = \cosh at \quad (s > |a|)$$

이다. □

유제 5.1.6. 다음 함수의 라플라스 변환을 구하라.

$$f(t) = \sinh at \quad (t \geq 0)$$

♣ 정답. $\mathcal{L}(f) = \frac{a}{s^2-a^2}, \quad \mathcal{L}^{-1}(\frac{a}{s^2-a^2}) = \sinh at \quad (\ s > |a|\ )$

예제 5.1.7. 함수 $f(t) = \cos at$ 와 $f(t) = \sin at$ 의 라플라스 변환을 구하라.

풀이. 오일러 식

$$e^{iat} = \cos at + i \sin at \quad (i^2 = -1) \tag{5.5}$$

의 양변을 라플라스 변환하면 선형성에 의하여

$$\mathcal{L}(e^{iat}) = \mathcal{L}(\cos at) + i\mathcal{L}(\sin at)$$

이다. 여기서 지수함수의 라플라스 변환을 이용하여 분모를 유리화하면

$$\begin{aligned}\mathcal{L}(e^{iat}) &= \frac{1}{s-ia} \\ &= \frac{s+ia}{(s+ia)(s-ia)} \\ &= \frac{s+ia}{s^2+a^2} \\ &= \frac{s}{s^2+a^2} + i\frac{a}{s^2+a^2}\end{aligned}$$

를 얻을 수 있다. 위 두 식의 실부와 허부를 비교하여

$$\mathcal{L}(\cos at) = \frac{s}{s^2+a^2}, \quad \mathcal{L}(\sin at) = \frac{a}{s^2+a^2}$$

를 얻는다. 이 때, 역변환은

$$\mathcal{L}^{-1}\left(\frac{s}{s^2+a^2}\right) = \cos at, \quad \mathcal{L}^{-1}\left(\frac{a}{s^2+a^2}\right) = \sin at$$

이다.

유제 5.1.8. 함수 $f(t) = \cos 2t$ 의 라플라스 변환과 $\mathcal{L}(g) = \frac{3}{s^2+16}$ 의 라플라스 역변환을 구하라.

♣ 정답. $\mathcal{L}(f) = \frac{s}{s^2+4}$, $\quad g(t) = \frac{3}{4}\sin 4t$

이제 오일러의 감마함수 [3] 를 이용하여 다항함수 $f(t) = t^a$ 의 라플라스 변환을 구해 보자.

$$\mathcal{L}(t^a) = \int_0^\infty e^{-st} t^a dt$$

위 식에서 $u = st$ 라 하면, $du = s\,dt$ 이므로

$$\begin{aligned} \mathcal{L}(t^a) &= \int_0^\infty \left(\frac{u}{s}\right)^a e^{-u} \frac{1}{s}\, du \quad (s > 0) \\ &= \frac{1}{s^{a+1}} \int_0^\infty u^a e^{-u} du \\ &= \frac{1}{s^{a+1}} \Gamma(a+1) \end{aligned}$$

이다. 만약 a 가 자연수 n 이라 하면

$$\mathcal{L}(t^n) = \frac{n!}{s^{n+1}}$$

이 된다. 이 때, 역변환은

$$\mathcal{L}^{-1}\left(\frac{n!}{s^{n+1}}\right) = t^n$$

이다.

유제 5.1.9. 함수 $f(t) = t^2$ 의 라플라스 변환과 $\mathcal{L}(g) = \frac{3}{s^2}$ 의 라플라스 역변환을 구하라.

♣ 정답. $\mathcal{L}(f) = \frac{2}{s^3}$, $\quad g(t) = 3t$

(**라플라스 변환 예**) 다음은 자주 쓰이므로 기억해두자.

(1) $\mathcal{L}(1) = \dfrac{1}{s}$ $\qquad \mathcal{L}^{-1}\left(\frac{1}{s}\right) = 1$

(2) $\mathcal{L}(t^n) = \dfrac{n!}{s^{n+1}}$ $\qquad \mathcal{L}^{-1}\left(\frac{n!}{s^{n+1}}\right) = t^n \quad (n = 1, 2, 3, \ldots)$

(3) $\mathcal{L}(e^{at}) = \dfrac{1}{s-a}$ $\qquad \mathcal{L}^{-1}\left(\frac{1}{s-a}\right) = e^{at}$

---

[3] 오일러는 감마함수를 다음과 같이 정의하였다.

$$\Gamma(x) = \int_0^\infty t^{x-1} e^{-t} dt \quad (x > 0)$$

위의 식에서 $x = 1$ 이면 $\Gamma(1) = \int_0^\infty e^{-t} dt = \lim_{b\to\infty} \int_0^b e^{-t} dt = \lim_{b\to\infty} \left[-e^{-t}\right]_0^b = 1$ 이 되고, x 가 임의의 양수일 때에는 $\Gamma(x+1) = \int_0^\infty t^x e^{-t} dt = \lim_{b\to\infty} \int_0^b t^x e^{-t} dt = \lim_{b\to\infty} \left\{ [-t^x e^{-t}]_0^b + \int_0^b x t^{x-1} e^{-t} dt \right\} = x\Gamma(x)$ 이다. 그러므로 n 이 자연수일 때 $\Gamma(n+1) = n\Gamma(n) = n \cdot (n-1)\Gamma(n-1) = \cdots = n \cdot (n-1) \cdots 2 \cdot 1 \cdot \Gamma(1) = n!$ 이 된다.

(4) $\mathcal{L}(\cos at) = \dfrac{s}{s^2+a^2}$ $\quad\mathcal{L}^{-1}\left(\frac{s}{s^2+a^2}\right) = \cos at$

(5) $\mathcal{L}(\sin at) = \dfrac{a}{s^2+a^2}$ $\quad\mathcal{L}^{-1}\left(\frac{a}{s^2+a^2}\right) = \sin at$

(6) $\mathcal{L}(\cosh at) = \dfrac{s}{s^2-a^2}$ $\quad\mathcal{L}^{-1}\left(\frac{s}{s^2-a^2}\right) = \cosh at$

(7) $\mathcal{L}(\sinh at) = \dfrac{a}{s^2-a^2}$ $\quad\mathcal{L}^{-1}(\frac{a}{s^2-a^2}) = \sinh at$

위에서 몇가지 함수들의 라플라스 변환을 찾아보았으며, 다음 절에서는 단위계단 함수, 사각파동 함수 등과 같은 불연속 함수들의 라플라스 변환도 찾아볼 것이다. 이에 앞서 어떤 함수가 라플라스 변환을 가지지 않는지에 대하여 살펴보자.

정의 5.1.10. 함수 f 가 구간 $[a,b]$ 에서 정의되었다고 하자. 구간 $[a,b]$ 를 유한개의 작은 구간으로 나누었을 때, 각각의 작은 구간에서 함수 f 가 연속이고, 작은 구간의 양 끝점에서 f 의 극한값이 존재할 때, f 는 구간 $[a,b]$ 에서 **구분적으로 연속**(piecewise continuous)(또는 구분연속) 이라 한다.

다음 정리에서 라플라스 변환이 존재할 충분조건을 소개한다.

정리 **5.1.11.** (라플라스 변환의 존재 정리) $t \geq 0$ 에서 정의된 함수 $f(t)$ 가 정의역의 모든 유한 구간에서 구분 연속이고, 모든 $t \geq 0$ 에서

$$|f(t)| \leq Me^{\gamma t}$$

을 만족하는 음이 아닌 상수 M 과 γ 가 있으면, $s > \gamma$ 인 구간에서 $f(t)$ 의 라플라스 변환 $\mathcal{L}(f(t))$ 가 존재한다.

$f(t)$ 가 위 존재 정리의 조건을 만족하지 않으면, $f(t)$ 의 라플라스 변환의 존재성은 알 수 없다. 함수에 따라서 존재하는 경우도 있고 존재하지 않는 경우도 있기 때문이다. 예를 들어,

$$f(t) = e^{t^2} \leq Me^{\gamma t}$$

를 만족하는 M 과 γ 를 찾을 수 없으므로 함수

$$f(t) = e^{t^2}$$

의 라플라스 변환은 존재하지 않는다. 더 쉬운 예로,

$$g(t) = \frac{1}{t}$$

의 라플라스 변환도 존재하지 않는다.

연습문제 5.1

1. 다음 함수들을 라플라스 변환하라.

(1) $t^3 - 2t + 1$ (2) $(t^2-1)^2$

(3) $3e^{5t}$ (4) $2e^{-4t}$

(5) $3\sin 2t - 5\cos 3t$ (6) $\cos^2 2t$

(7) $\sin(\omega t + \delta)$ (8) $\sin 2t \cos 2t$

(9) $2\sinh 3t + 3\cosh 5t$ (10) $\cosh^2 3t$

(11) $f(t) = \begin{cases} 2 & (0 \le t \le 1), \\ 3 & (1 < t < \infty) \end{cases}$

2. 다음 함수들을 라플라스 역변환하라.

(1) $\frac{-3}{2s+7}$ (2) $\frac{3}{s^2} - \frac{4}{s^3}$

(3) $\frac{3}{s^2+s-2}$ (4) $\frac{s-4}{s^2-4}$

(5) $\frac{s^3}{s^4-16}$ (6) $\frac{s+6}{s^2-s-2}$

♣ 정답.

1. (1) $\dfrac{3!}{s^4} - \dfrac{2}{s^2} + \dfrac{1}{s}$ (2) $\dfrac{24 - s^2 + s^4}{s^5}$ (3) $\dfrac{3}{s-5}$

(4) $\dfrac{2}{s+4}$ (5) $\dfrac{6}{s^2+4} - \dfrac{5s}{s^2+9}$ (6) $\dfrac{1}{2}\left(\dfrac{1}{s} + \dfrac{s}{s^2+16}\right)$

(7) $\dfrac{\omega\cos\delta}{s^2+\omega^2} + \dfrac{s\sin\delta}{s^2+\omega^2}$ (8) $\dfrac{2}{s^2+16}$ (9) $\dfrac{6}{s^2-9} + \dfrac{3s}{s^2-25}$

(10) $\dfrac{1}{2}\left(\dfrac{s}{s^2-6^2} + \dfrac{1}{s}\right)$ (11) $\int_0^1 2e^{-st}dt + \int_1^\infty 3e^{-st}dt = \frac{1}{s}(2+e^{-s})$

2. (1) $-\frac{3}{2}e^{-\frac{7}{2}t}$ (2) $3t - 2t^2$ (3) $e^t - e^{-2t}$

(4) $\frac{3}{2}e^{-2t} - \frac{1}{2}e^{2t} = e^{-2t} - \sinh 2t$ (5) $\frac{1}{2}(\cosh 2t + \cos 2t)$

(6) $\frac{8}{3}e^{2t} - \frac{5}{3}e^{-t}$

5.2 미분과 적분의 라플라스 변환

이 절에서는 라플라스 변환을 이용하여, 상수계수의 선형미분방정식을 대수방정식으로 바꾸어 미분방정식의 해를 구하는 방법을 소개한다. 아래 도함수(미분)의 라플라스 변환은 미분방정식을 푸는 데 매우 유용하다. 미분의 변환은 미분 전 함수의 변환에 s를 곱한 것과 비슷한 형태를 갖고, 적분의 변환은 적분 전 함수의 변환에 s를 나눈 것과 비슷한 형태를 갖는다.

정리 5.2.1. $t \geq 0$에서 정의된 함수 $f(t)$가 미분가능하고

$$|f(t)| \leq Me^{\gamma t}$$

을 만족하는 음이 아닌 상수 M과 γ가 있다고 하자. 만일 $f'(t)$가 $t \geq 0$에서 구분연속이면, 도함수 $f'(t)$의 라플라스 변환이 존재하고

$$\mathcal{L}(f') = s\mathcal{L}(f) - f(0) \quad (s > \gamma) \tag{5.6}$$

이다.

증명. $f'(t)$가 $t \geq 0$에서 연속인 경우를 증명한다. 라플라스 변환의 정의에서

$$\begin{aligned} \mathcal{L}(f') &= \int_0^\infty e^{-st} f'(t)dt = \lim_{b\to\infty} [e^{-st} f(t)]_0^b + s\int_0^\infty e^{-st} f(t)dt \\ &= s\mathcal{L}(f) - f(0) \quad (s > \gamma) \end{aligned}$$

을 쉽게 얻을 수 있다.[4] □

여기서,

$$\mathcal{L}(\cos t) = s\mathcal{L}(\sin t) - \sin(0)$$

으로부터 위 정리를 확인해 볼 수 있다.

예제 5.2.2. $\mathcal{L}(\sin^2 t)$를 구하라.

풀이. 함수 $f(t) = \sin^2 t$라 하면,

$$f'(t) = 2\sin t\cos t = \sin 2t$$

이다. 양변에 라플라스 변환을 취하면

$$\mathcal{L}(f') = s\mathcal{L}(f) - f(0) = \mathcal{L}(\sin 2t) = \frac{2}{s^2+4}$$

이고 $f(0) = 0$ 이므로

$$\mathcal{L}(\sin^2 t) = \frac{2}{s(s^2+4)}$$

를 얻는다. □

---

[4] 만일 $f(t)$가 $t = 0$에서 불연속이면, 위의 공식을 $\mathcal{L}(f') = s\mathcal{L}(f) - f(0+)$으로 고친다.

예제 5.2.3. a, b, c는 양수라 하고 다음 초기값문제를 풀어라.

$$y'(t) + ay(t) = b \quad y(0) = c$$

풀이. 식의 양변을 라플라스 변환하면, 라플라스 변환의 선형성 때문에

$$\mathcal{L}(y') + a\mathcal{L}(y) = \mathcal{L}(b)$$

를 얻는다. 미분의 라플라스 변환과 상수함수의 라플라스 변환에서 다음을 얻을 수 있다.

$$s\mathcal{L}(y) - y(0) + a\mathcal{L}(y) = \frac{b}{s}$$

여기에 $y(0) = c$를 대입한 후 $\mathcal{L}(y)$에 관하여 풀면

$$\mathcal{L}(y) = \frac{b}{s(s+a)} + \frac{c}{s+a} = \frac{b}{a}\left(\frac{1}{s} - \frac{1}{s+a}\right) + \frac{c}{s+a}$$

이다. 이것의 역변환을 구하여 주어진 미분방정식의 해

$$y(t) = \frac{b}{a}(1 - e^{-at}) + ce^{-at}$$

을 얻을 수 있다. □

유제 5.2.4. 다음 초기값문제를 풀어라.

$$y'(t) + 2y(t) = 3 \quad y(0) = 1$$

♣ 정답. $y(t) = \frac{3}{2} - \frac{1}{2}e^{-2t}$

위 에서 보는 바와 같이 역변환을 찾는 과정이 어려운데, 어떤 경우에는 미분방정식의 해가 적분형태로 표시되기도 한다. 앞으로 초기값문제를 풀 때, 변환의 존재성에 관계없이 라플라스 변환을 취할 것이다. 따라서 해를 주어진 방정식에 대입하여 검산을 하는 것이 좋다.

예제 5.2.5. 아래 그림에서 보듯이 L 헨리의 유도기와 R 옴의 저항기, 그리고 E 볼트의 직류 전지로 이루어진 전기회로에 흐르는 전류 $i(t)$를 구하라. (초기값 $i(0) = i_0$ 암페어)

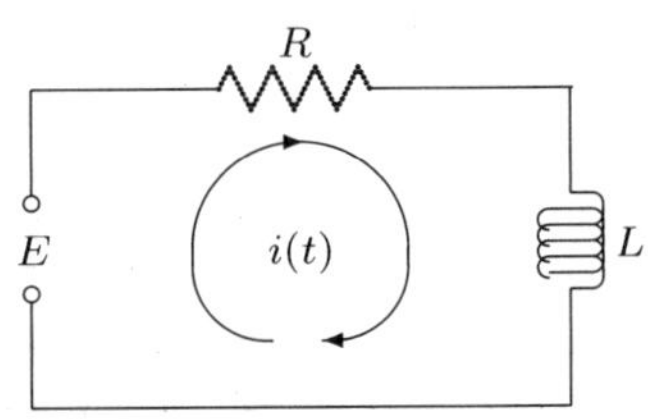

풀이. 위의 전기회로에서 R 옴의 저항기 때문에 $Ri(t)$ 볼트만큼의 전압강하가

일어나며, L 헨리의 유도기 때문에 $Li'(t)$ 볼트만큼의 전압강하가 일어남을 알아두자. 키르히호프의 전압법칙(KVL[5])에 따르면 저항기와 유도기 때문에 생긴 전압강하의 합이 외부전압 E 볼트와 같아야 한다. 그러므로 미분방정식

$$Li'(t) + Ri(t) = E$$

를 얻는다. 이 미분방정식을 라플라스 변환시키고, 아울러 라플라스 변환의 선형성(정리 5.1.4)과 정리 5.2.1과 예제 5.1.1을 써서

$$L\{sI(s) - i_0\} + RI(s) = E\,\frac{1}{s}$$

을 얻는다. (여기에서 $I(s)$는 전류 $i(t)$의 라플라스 변환을 나타낸다). 이것을 정리하면

$$I(s) = \frac{i_0}{s+\frac{R}{L}} + \frac{E}{L}\,\frac{1}{s\left(s+\frac{R}{L}\right)} = \frac{i_0}{s+\frac{R}{L}} + \frac{E}{R}\left(\frac{1}{s} - \frac{1}{s+\frac{R}{L}}\right)$$

이 된다. 예제 5.1.1과 예제 5.1.2를 이용하여 역변환하면

$$i(t) = i_0 e^{-\frac{R}{L}t} + \frac{E}{R}\left(1 - e^{-\frac{R}{L}t}\right) \quad (\text{암페어})$$

가 된다. □

유제 5.2.6. 다음 초기값문제를 풀어라. a, b, c는 0이 아닌 상수이다.

$$ay'(t) + by(t) = c, \qquad y(0) = 0$$

♣ 정답. $y(t) = \frac{c}{b}\left(1 - e^{-(b/a)t}\right)$

유제 5.2.7. 위 예제의 RL회로에서 2 헨리의 유도기와 4 옴의 저항기, 그리고 16 볼트의 직류 전지로 이루어진 전기회로에 흐르는 전류 $i(t)$를 구하라. (초기값 $i(0) = 0$ 암페어)

♣ 정답. $i(t) = 4\left(1 - e^{-2t}\right)$ (암페어)

정리 5.2.1을 계속 적용하여 2계도함수의 라플라스 변환을 얻는다.

$$\mathcal{L}(f'') = s\mathcal{L}(f') - f'(0) = s^2\mathcal{L}(f) - sf(0) - f'(0) \tag{5.7}$$

---

[5] R과 L, C는 전기회로 내에서 특정한 구성요소와 관련된 상수이다. 전압강하 E는 상수 또는 시간의 함수이다. 이러한 전기회로에서는 폐회로 내의 모든 전압강하의 대수적 합은 0이라는 키르히호프(Kirchhoff)의 전압법칙(Kirchhoff's voltage law; KVL)을 이용하여 전압강하를 계산할 수 있다. 여기서 R옴의 저항기(레지스터)는 옴(Ohm)의 법칙에 따라서 $E_R = Ri(t)$의 전압강하를 일으킨다. 인덕턴스 L 헨리의 유도기는 $E_L = L\frac{di(t)}{dt}$의 전압강하를 일으키며, 정전용량 C 패럿의 축전기는 $E_C = \frac{Q(t)}{C} = \int_0^t i(\tau)d\tau$의 전압강하를 일으킨다.

유제 5.2.8. $\mathcal{L}(t\sin t)$ 를 구하라.

♣ 정답. $\mathcal{L}(t\sin t) = \frac{2s}{(s^2+1)^2}$

이제, 귀납법을 써서 n 차 도함수의 라플라스 변환을 얻을 수 있다.

> 정리 **5.2.9.** $t \geq 0$ 에서 정의된 함수 $f(t)$ 가 n 번 미분가능하고
>
> $$|f^{(i)}(t)| \leq Me^{\gamma t} \quad (i = 0, 1, 2, \ldots, n-1)$$
>
> 을 만족하는 음이 아닌 상수 M 과 γ 가 있다고 하자. 만일 $f^{(n)}(t)$ 가 $t \geq 0$ 에서 구분연속이면, $f^{(n)}(t)$ 의 라플라스 변환이 존재하고
>
> $$\mathcal{L}\{f^{(n)}\} = s^n\mathcal{L}(f) - s^{n-1}f(0) - s^{n-2}f'(0) - \cdots - f^{(n-1)}(0) \quad (s > \gamma) \tag{5.8}$$
>
> 이다.

예제 5.2.10. 아래 그림에서 보듯이 L 헨리짜리 유도기와 C 패럿의 축전기로 이루어진 전기회로에 교류전압 $E(t) = E_0 \sin\omega t$ 볼트를 걸었다 하자. 이 때 $\omega^2 \neq {\omega_0}^2 = \frac{1}{LC}$ 이라 할 때, 회로에 흐르는 전류 $i(t)$ 를 셈하라. 여기서 ω 를 입력주파수라 하고 ω_0 를 회로의 고유주파수라고 한다. (초기값 $i(0) = i_0$ 암페어; $i'(0) = i'_0$ 암페어 / 초)

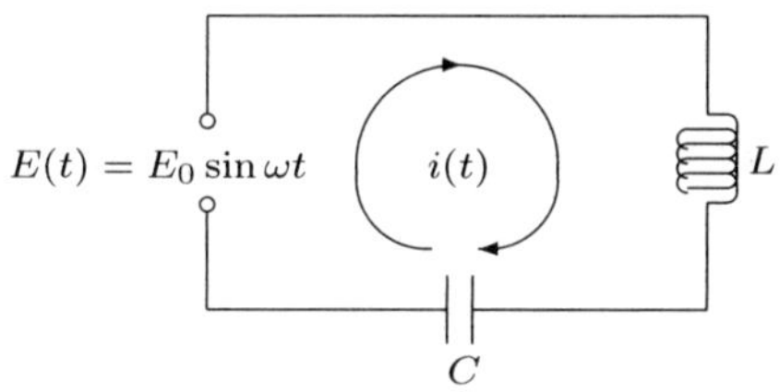

풀이. 위의 전기회로에서 L 헨리의 유도기 때문에 $Li'(t)$ 볼트만큼 전압이 떨어지며, C 패럿의 축전기 때문에 $\frac{1}{C}\int_0^t i(\tau)d\tau$ 볼트만큼 전압이 떨어진다. 키르히호프의 전압 법칙(KVL)에 따르면, 두 전압강하의 합이 외부전압인 $E(t)$ 볼트와 같아야 한다. 따라서

$$Li'(t) + \frac{1}{C}\int_0^t i(\tau)d\tau = E_0 \sin\omega t$$

를 얻는데, 왼쪽 편에 적분 항이 있으므로 양변을 t 에 관하여 미분하여 이계 선형 비제차 미분방정식

$$Li''(t) + \frac{1}{C}i(t) = E_0\omega\cos\omega t$$

를 얻는다. 이 미분방정식을 라플라스 변환시키자. 전류 $i(t)$ 의 라플라스 변환

을 $I(s)$ 라 하고 라플라스 변환의 선형성과 정리 5.2.9, 표 **??**을 이용하여

$$L\{s^2 I(s) - si_0 - i_0'\} + \frac{1}{C} I(s) = E_0 \omega \frac{s}{s^2+\omega^2}$$

를 얻으며, $\omega_0 = \frac{1}{\sqrt{LC}}$ 이라 하여 정리하면

$$\frac{s}{(s^2+\omega^2)(s^2+\omega_0^2)} = \frac{1}{\omega_0^2-\omega^2}\left(\frac{s}{s^2+\omega^2} - \frac{s}{s^2+\omega_0^2}\right)$$

또는

$$(Ls + 1/cs)\, I(s) = Ki_0 + E_0 \frac{\omega}{s^2+\omega^2}$$

가 된다. 이를 $I(s)$ 에 대하여 풀면,

$$I(s) = \frac{i_0 s}{s^2+\omega_0^2} + \frac{i_0'}{s^2+\omega_0^2} + \frac{E_0 \omega}{L(\omega_0^2-\omega^2)}\left(\frac{s}{s^2+\omega^2} - \frac{s}{s^2+\omega_0^2}\right)$$

가 된다. 이것을 표 **??**을 써서 역변환하면

$$i(t) = i_0 \cos\omega_0 t + \frac{i_0'}{\omega_0} \sin\omega_0 t + \frac{E_0\omega}{L(\omega_0^2-\omega^2)} (\cos\omega t - \cos\omega_0 t) \quad (\text{암페어})$$

를 얻는다. □

유제 5.2.11. 위의 LC 회로에서 $L=2,\ C=2,\ E(t)=\sin t$ 이며, $i_0 = i_0' = 0$ 일 때, 회로에 흐르는 전류 $i(t)$ 를 구하라.

♣ 정답. $i(t) = -\frac{2}{3}\cos t + \frac{2}{3}\cos\frac{1}{2}t$ (암페어)

유제 5.2.12. 아래 초기값을 갖는 미분방정식을 풀어라.

$$y''(t) - 3y'(t) + 2y(t) = 1, \quad y(0)=1, \quad y'(0)=3$$

♣ 정답. $Y(s) = \frac{1}{2s} - \frac{2}{s-1} + \frac{5}{2(s-2)}, \quad y(t) = \frac{1}{2} - 2e^t + \frac{5}{2}e^{2t}$

지금까지 n 계 도함수의 라플라스 변환에 대하여 알아보았다. 이제는 적분된 함수의 라플라스 변환에 대하여 알아보자.

정리 5.2.13. $t \geq 0$ 에서 정의된 함수 $f(t)$ 가 모든 유한 구간에서 구분연속이고

$$|f(t)| \leq Me^{\gamma t}$$

을 만족하는 음이 아닌 상수 M 과 γ 가 있다고 하자. 이 때 적분의 라플라스 변환은

$$\mathcal{L}\left\{\int_0^t f(\tau)d\tau\right\} = \frac{1}{s}\mathcal{L}(f) \quad (s > \max\{0,\gamma\}) \tag{5.9}$$

이 되고 역변환은

$$\mathcal{L}^{-1}\left\{\frac{1}{s}F(s)\right\} = \int_0^t \mathcal{L}^{-1}(F)d\tau \tag{5.10}$$

이다.

증명. $t \geq 0$ 에서 $g(t) = \int_0^t f(\tau)d\tau$ 라 정의하면, $g(t)$ 는 연속함수이다. 또

$$|g(t)| \leq \int_0^t |f(\tau)|\, d\tau \leq M\int_0^t e^{\gamma\tau}d\tau = \frac{M}{\gamma}\left(e^{\gamma t} - 1\right)$$

이고, $f(t)$ 가 연속인 점에서 $g'(t) = f(t)$ 이다. 그래서 $g'(t)$ 는 모든 유한 구간에서 구분연속이다. 정리 5.2.1 에 따르면

$$\mathcal{L}(f) = \mathcal{L}(g') = s\mathcal{L}(g) - g(0) \quad (s > \gamma)$$

이며, $g(0) = 0$ 이어서 우리는 쉽게 다음을 얻는다.

$$\mathcal{L}(g) = \mathcal{L}\left\{\int_0^t f(\tau)d\tau\right\} = \frac{1}{s}\mathcal{L}(f)$$

□

예제 5.2.14. $\mathcal{L}(f) = \frac{a}{s(s^2+a^2)}$ 의 역변환을 구하라.

풀이. $g(t) = \sin at$ 의 라플라스 변환이 $G(s) = \frac{a}{s^2+a^2}$ 임을 이용한다.

$$\mathcal{L}^{-1}(F) = \mathcal{L}^{-1}\left(\frac{1}{s}\,G(s)\right) = \int_0^t \sin a\tau d\tau = \frac{1}{a}(1 - \cos at)$$

□

유제 5.2.15. $\mathcal{L}(f) = \frac{1}{s}\frac{s-1}{s^2+4}$ 의 역변환을 구하라.

♣ 정답. $f(t) = \frac{1}{2}\sin 2t + \frac{1}{4}\cos 2t - \frac{1}{4}$

예제 5.2.16. 적분의 라플라스 변환을 이용하여 예제 5.2.10에 주어진 전기회로에 흐르는 전류 $i(t)$를 구하라. (초기값 $i(0) = i_0$ 암페어)

풀이. 키르히호프의 전압 법칙에 따르면

$$Li'(t) + \frac{1}{C}\int_0^t i(\tau)d\tau = E_0 \sin \omega t$$

이다. 라플라스 변환의 선형성, 정리 5.2.1, 정리 5.2.13과 표 **??**을 써서

$$L\{sI(s) - i_0\} + \frac{1}{C}\frac{1}{s}I(s) = E_0\frac{\omega}{s^2+\omega^2}$$

$$\left(Ls + \frac{1}{cs}\right)I(s) = Li_0 + E_0\frac{\omega}{s^2+\omega^2}$$

를 얻으며, $\omega_0^2 = \frac{1}{LC}$ 이라 하여 정리하면

$$\begin{aligned} I(s) &= i_0\frac{s}{s^2+\omega_0^2} + \frac{E_0}{L}\omega\frac{s}{(s^2+\omega^2)(s^2+\omega_0^2)} \\ &= i_0\frac{s}{s^2+\omega_0^2} + \frac{E_0\omega}{L}\frac{s}{s^2+\omega_0^2}\frac{1}{s^2+\omega^2} \\ &= i_0\frac{s}{s^2+\omega_0^2} + \frac{E_0}{L}\frac{\omega}{\omega_0^2-\omega^2}\frac{s}{s^2+\omega^2} - \frac{E_0}{L}\frac{\omega}{\omega_0^2-\omega^2}\frac{s}{s^2+\omega_0^2} \end{aligned}$$

가 된다. 표 **??**을 써서 역변환시키면

$$i(t) = i_0\cos\omega_0 t + \frac{E_0}{L}\frac{\omega}{\omega_0^2-\omega^2}(\cos\omega t - \cos\omega_0 t) \quad (\text{암페어})$$

이다. 이 결과를 예제 5.2.10과 비교해 보라. □

유제 5.2.17. 적분방정식 $y(t) + \int_0^t y(\tau)d\tau = 2$를 풀어라.

♣ 정답. $y(t) = 2e^{-t}$

연습문제 5.2

1. 라플라스 변환을 이용하여 다음의 초기값 문제들을 풀어라.

   (1) $y' + 2y = 2,\ y(0) = 0$

   (2) $y' + 3y = 10\sin t,\ y(0) = 0$

   (3) $y' + y = t,\ y(0) = -1$

   (4) $y'' - 4y = 0,\ y(0) = 1,\ y'(0) = 2$

   (5) $y'' + y' = 0,\ y(0) = 1,\ y'(0) = 0$

   (6) $y'' - y' - 2y = 0,\ y(0) = 8,\ y'(0) = 7$

(7) $y'' + y = 0,\ y(0) = 3,\ y'(0) = 4$

2. 다음 함수들을 라플라스 역변환하라.

(1) $\frac{1}{s^2+4s}$ (2) $\frac{2}{s^3-2s^2}$

(3) $\frac{1}{s^5-s^3}$ (4) $\frac{s}{(s^2+a^2)^2}$

(5) $\frac{1}{s^2}\frac{s-1}{s+1}$ (6) $\frac{1}{s(s^2+\omega^2)}$

3. a 와 ω, 그리고 ω_0 이 양의 상수이고 $\omega \neq \omega_0$ 이라고 할 때, 다음 미분적분 방정식을 풀어라. (초기값 $y(0) = y_0;\ y'(0) = y_0'$)

$$y'(t) + \omega_0^2 \int_0^t y(\tau)\, d\tau = a \sin \omega t$$

4. 라플라스 변환을 이용하여 초기조건을 갖는 상계수 선형 연립미분방정식을 풀 수 있다. 아래를 풀어라.

$$x' = x - y - e^t\ ,\quad y' = 2x + 3y + e^{-t}\ ,\quad x(0) = 1\ ,\quad y(0) = 0$$

5. 다음 변수계수 미분방정식을 풀어라.

$$ty'' - ty' - y = 0\ ,\quad y(0) = 0\ ,\quad y'(0) = 3$$

♣ 정답.

1. (1) $y = 1 - e^{-2t}$ (2) $y = e^{-3t} - \cos t + 3\sin t$ (3) $y = t - 1$

(4) $y = e^{2t}$ (5) $y = 1$ (6) $y = 5e^{2t} + 3e^{-t}$

(7) $y = 3\cos t + 4\sin t$

2. (1) $\frac{1}{4}(1 - e^{-4t})$ (2) $\frac{1}{2}e^{2t} - t - \frac{1}{2}$ (3) $\frac{1}{2}(e^t + e^{-t} - t^2 - 2)$

(4) $\frac{1}{2a} t \sin at$ (5) $2 - t - 2e^{-t}$ (6) $-\frac{1}{\omega^2}(\cos \omega t - 1)$

3. $y = \frac{a\omega}{\omega_0^2 - \omega^2}(\cos \omega t - \cos \omega_0 t) + y_0 \cos \omega_0 t + \frac{y_0'}{\omega_0} \sin \omega_0 t$

4. $x = \frac{3}{10}e^{-t} + \frac{e^{2t}}{10}(7\cos t - 11\sin t)\ ,\quad y = \frac{-2}{5}e^{-t} + \frac{e^{2t}}{5}(2\cos t + 9\sin t)$

5. $y = 3te^t$

5.3 라플라스 변환의 미분과 적분

5.2 절에서 $f(t)$ 를 미분하거나 적분하면 라플라스 변환이 어떻게 변하는지를 살펴보았다. 이 절에서는 라플라스 변환을 미분하거나 적분하면 그것에 따라서 $f(t)$ 가 어떻게 바뀌는지를 살펴볼 것이다.

> 정리 **5.3.1.** 함수 $f(t)$ 는 $t \geq 0$ 에서 구분연속이고
>
> $$|f(t)| \leq Me^{\gamma t}$$
>
> 을 만족하는 음이 아닌 상수 M 과 γ 가 있다고 하면, $\mathcal{L}(f) = F(s)$ 라 할 때,
>
> $$\mathcal{L}\{tf(t)\} = -F'(s) \tag{5.11}$$
>
> 가 되고 역변환은
>
> $$\mathcal{L}^{-1}\left(F'(s)\right) = \mathcal{L}^{-1}\left(F(s)\right)(-t) \tag{5.12}$$
>
> 이다.

증명. 라플라스 변환의 정의

$$F(s) = \int_0^\infty e^{-st} f(t)dt$$

에서 양변을 s 에 관하여 미분하면 다음을 얻는다.

$$F'(s) = -\int_0^\infty e^{-st}\{tf(t)\}dt = -\mathcal{L}\{tf(t)\}$$

□

예제 5.3.2. 함수 $f(t) = te^t$ 과 $g(t) = t^2e^t$ 의 라플라스 변환을 구하라.

풀이.

$$\mathcal{L}(e^t) = \frac{1}{s-1}$$

이므로

$$\mathcal{L}(te^t) = -\frac{d}{ds}\frac{1}{(s-1)} = \frac{1}{(s-1)^2}$$

이다. 또한

$$\mathcal{L}(t^2e^t) = \mathcal{L}\{t(te^t)\} = -\frac{d}{ds}\frac{1}{(s-1)^2} = \frac{2}{(s-1)^3}$$

이다. □

유제 5.3.3. $\mathcal{L}(f) = \frac{1}{s^4}$ 의 라플라스 역변환을 구하라.

♣ 정답. $f(t) = \frac{1}{6}t^3$

예제 5.3.4. 함수 $f(t) = t\sin at$ 와 $g(t) = t\cos at$ 의 라플라스 변환을 구하라.

풀이.

$$\mathcal{L}(f) = -\frac{d}{ds}\frac{a}{s^2+a^2} = \frac{2as}{(s^2+a^2)^2},$$
$$\mathcal{L}(g) = -\frac{d}{ds}\frac{s}{s^2+a^2} = \frac{s^2-a^2}{(s^2+a^2)^2}$$

□

유제 5.3.5. $\mathcal{L}(f) = \frac{2s}{(s^2+1)^2}$ 와 $\mathcal{L}(g) = \frac{s^2-4}{(s^2+4)^2}$ 의 라플라스 역변환을 구하라.

♣ 정답. $f(t) = t\sin t, \quad g(t) = t\cos 2t$

예제 5.3.6. 아래 그림에서 보듯이 L 헨리짜리 유도기와 C 패럿짜리 축전기로 이루어진 전기회로에 교류전압이 다음과 같이 걸렸다고 하자.

$$E(t) = E_0 \sin\omega t \quad (\text{볼트})$$

이 때 $\omega^2 = \frac{1}{LC}$ 이라 하면, 이 회로에 얼마의 전류가 흐르겠는가? (초기값 $i(0) = 0$ 암페어)

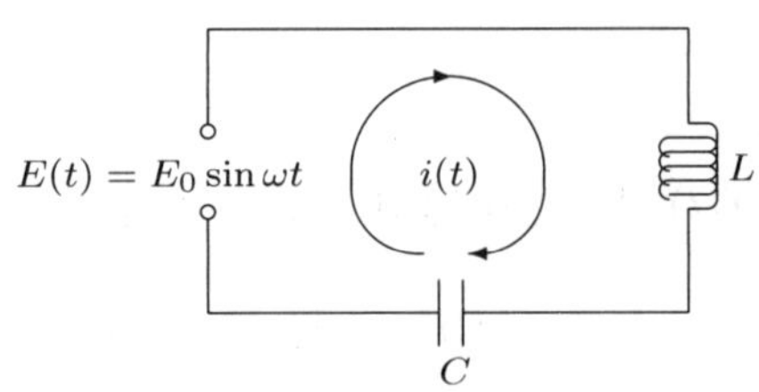

풀이. 키르히호프의 전압 법칙(KVL)에 따르면

$$Li'(t) + \frac{1}{C}\int_0^t i(\tau)d\tau = E_0\sin\omega t$$

이다. 정리 5.2.1과 정리 5.2.13, 표 **??**을 써서 위 식을 라플라스 변환시키면

$$LsI(s) + \frac{1}{C}\frac{1}{s}I(s) = E_0\frac{\omega}{s^2+\omega^2}$$

또는

$$I(s)\frac{L}{s}\left(s^2 + \frac{1}{LC}\right) = E_0\frac{\omega}{s^2+\omega^2}$$

가 되는데, $I(s)$ 는 전류 $i(t)$ 의 라플라스 변환을 나타낸다. $\omega^2 = \frac{1}{LC}$ 이라고 하였으므로

$$I(s) = \frac{E_0}{L}\frac{\omega s}{(s^2+\omega^2)^2} = -\frac{E_0}{2L}\frac{d}{ds}\left(\frac{\omega}{s^2+\omega^2}\right)$$

이다. 그리고 $\mathcal{L}(\sin\omega t) = \frac{\omega}{s^2+\omega^2}$ 이므로 정리 5.3.1 에 따르면

$$\mathcal{L}(t\sin\omega t) = -\frac{d}{ds}\left(\frac{\omega}{s^2+\omega^2}\right)$$

이다. 따라서

$$i(t) = \mathcal{L}^{-1}\{I(s)\} = \frac{E_0}{2L}t\sin\omega t \quad (\text{암페어})$$

이다. 위 식은 시간이 지남에 따라서 전류의 진폭이 커지는 공명 현상이 생김을 보여준다. 이것을 예제 5.2.10 및 예제 5.2.16과 비교해 보자. □

유제 5.3.7. 다음 미분방정식을 풀어라.

$$y' + y = e^{-t} \quad y(0) = 0$$

♣ 정답. $y = te^{-t}$

비슷한 방법으로 $f(t)$ 가 정리 5.3.1 의 조건들을 만족하고 $\lim_{t\to 0+}\frac{f(t)}{t} < \infty$ 이면 라플라스 변환의 적분에 관련된 정리를 얻을 수 있다.

> 정리 **5.3.8.** 함수 $f(t)$ 가 $t \geq 0$ 에서 구분연속이고,
>
> $$|f(t)| \leq Me^{\gamma t}$$
>
> 을 만족하는 음이 아닌 상수 M 과 γ 가 있다. 만일 극한값 $\lim_{t\to 0+}\frac{f(t)}{t}$ 가 존재하면, $\mathcal{L}(f) = F(s)$ 일 때,
>
> $$\mathcal{L}\left\{\frac{f(t)}{t}\right\} = \int_s^\infty F(u)du \quad (s > \gamma) \tag{5.13}$$
>
> 가 되고
>
> $$\mathcal{L}^{-1}\left\{\int_s^\infty F(u)du\right\} = \frac{1}{t}\ \mathcal{L}^{-1}(F) \tag{5.14}$$
>
> 이다.

증명. 라플라스 변환의 정의에 따르면 다음을 얻는다.

$$\begin{aligned}\int_s^\infty F(u)du &= \int_s^\infty \int_0^\infty e^{-ut}f(t)dtdu = \int_0^\infty \int_s^\infty e^{-ut}f(t)dudt \\ &= \int_0^\infty f(t)\int_s^\infty e^{-ut}dudt = \int_0^\infty f(t)\frac{1}{t}e^{-st}dt \\ &= \mathcal{L}\left\{\frac{f(t)}{t}\right\} \quad (s>\gamma)\end{aligned}$$

□

예제 5.3.9. 함수 $f(t) = \frac{1}{t}\sin t \ (t>0)$ 의 라플라스 변환을 구하라.

풀이.

$$\mathcal{L}\left(\frac{\sin t}{t}\right) = \int_s^\infty \frac{du}{u^2+1} = \arctan u|_s^\infty = \frac{\pi}{2} - \arctan s$$

□

예제 5.3.10. 아래 그림에서 보듯이 1 헨리의 유도기와 1 옴의 저항기로 이루어진 전기회로에 $E(t) = e^{-t}$ 볼트의 외부전압이 걸렸을 때, 이 전기회로에 흐르는 전류 $i(t)$ 를 찾으라. (초기값 $i(0) = 0$ 암페어)

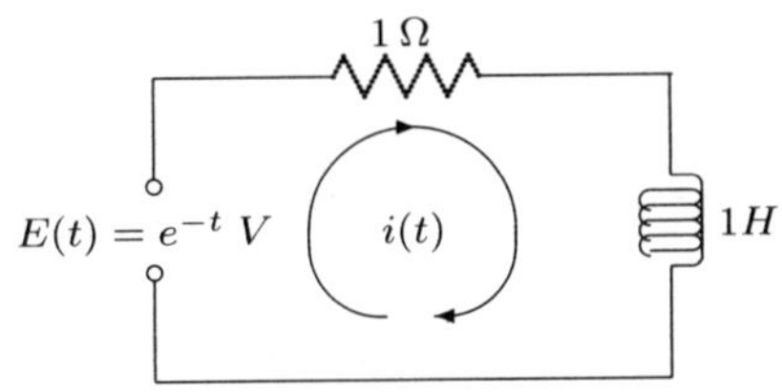

풀이. 키르히호프의 전압 법칙(KVL)으로부터

$$i'(t) + i(t) = e^{-t}$$

을 얻는다. 정리 5.2.1과 예제 5.1.2를 써서 위 식을 라플라스 변환시키면

$$sI(s) + I(s) = \frac{1}{s+1} \quad \text{또는} \quad I(s) = \frac{1}{(s+1)^2}$$

이 된다. (여기에서 $I(s)$ 는 전류 $i(t)$ 의 라플라스 변환이다). 정리 5.3.8과 예제 5.1.2에 따르면

$$\frac{i(t)}{t} = \mathcal{L}^{-1}\left\{\int_s^\infty \frac{1}{(u+1)^2}du\right\} = \mathcal{L}^{-1}\left(\frac{1}{s+1}\right) = e^{-t}$$

이므로 회로에 흐르는 전류는 다음과 같다.

$$i(t) = te^{-t} \quad (\text{암페어})$$

□

연습문제 5.3

1. 다음 함수들을 라플라스 변환하라.

(1) $t\sin\omega t$ (2) $t\cos\omega t$

(3) $t\sinh at$ (4) t^2e^{-t}

(5) te^t (6) $t^2\cosh\pi t$

(7) $\frac{1}{t}\sin\omega t$ (8) $\frac{1}{t}\sinh at$

2. 다음 함수들을 라플라스 역변환하라.

(1) $\frac{2}{(s-3)^3}$ (2) $\frac{s}{(s^2-4)^2}$

(3) $\frac{s^2-\pi^2}{(s^2+\pi^2)^2}$ (4) $\ln\frac{s}{s-1}$

(5) $\ln\frac{s^2+1}{(s-1)^2}$ (6) $\frac{4s}{(s^2+4)^2}$

♣ 정답.

1. (1) $\frac{2\omega s}{(s^2+\omega^2)^2}$ (2) $\frac{s^2-\omega^2}{(s^2+\omega^2)^2}$ (3) $\frac{2as}{(s^2-a^2)^2}$ (4) $\frac{2}{(s+1)^3}$ (5) $\frac{1}{(s-1)^2}$

(6) $\frac{1}{(s-\pi)^3}+\frac{1}{(s+\pi)^3}$ (7) $\frac{\pi}{2}-\arctan\frac{s}{\omega}$ (8) 변환하지 못함

2. (1) t^2e^{3t} (2) $\frac{1}{4}t\sinh 2t$ (3) $t\cos\pi t$ (4) $\frac{1}{t}(-1+e^t)$
(5) $\frac{2}{t}(e^t-\cos t)$

(6) $t\sin 2t$

5.4 s-변위 및 t-변위

앞절에서 초기값을 갖는 상계수 선형미분방정식을 풀어 보았다. 특히, 전기 회로와 관련된 미분방정식은 라플라스 변환법을 써서 쉽고 간단하게 풀 수 있었다. 그러나 그러한 미분방정식들은 라플라스 변환을 쓰지 않아도 쉽게 풀 수 있는 것들이다. 이 절에서 다룰 라플라스 변환의 이동성에 관련된 특성은 라플라스 변환이 얼마나 값지게 쓰일 수 있는지를 알게 해준다.

다음 정리는 $\mathcal{L}(f(t))$ 가 알려졌을 때, $\mathcal{L}\{e^{at}f(t)\}$ 를 매우 빠르게 구하는 방법을 알려준다.

정리 **5.4.1.** (s-변위 또는 제 *1* 이동정리)
$\mathcal{L}(f(t)) = F(s) \quad (s > \gamma)$ 일 때,

$$\mathcal{L}\{e^{at}f(t)\} = F(s-a) \quad (s-a>\gamma) \tag{5.15}$$

이고

$$\mathcal{L}^{-1}\{F(s-a)\} = e^{at}\mathcal{L}^{-1}\{F(s)\} \quad (s-a>\gamma) \tag{5.16}$$

이다.

증명. 라플라스 변환의 정의에 따르면

$$F(s) = \int_0^\infty e^{-st}f(t)dt$$

이므로

$$F(s-a) = \int_0^\infty e^{-(s-a)t}f(t)dt = \int_0^\infty e^{-st}\{e^{at}f(t)\}dt = \mathcal{L}\{e^{at}f(t)\}$$

이다. □

표 **5.4.2.** (라플라스 변환표) 다음 공식들이 자주 쓰인다.

(1) $\mathcal{L}(e^{at}t^n) = \dfrac{n!}{(s-a)^{n+1}}$ $\qquad \mathcal{L}^{-1}\left\{\frac{n!}{(s-a)^{n+1}}\right\} = t^n\ e^{at}$

(2) $\mathcal{L}(e^{at}\cos bt) = \dfrac{s-a}{(s-a)^2+b^2}$ $\qquad \mathcal{L}^{-1}\left\{\frac{s-a}{(s-a)^2+b^2}\right\} = \cos bt\ e^{at}$

(3) $\mathcal{L}(e^{at}\sin bt) = \dfrac{b}{(s-a)^2+b^2}$ $\qquad \mathcal{L}^{-1}\left\{\frac{b}{(s-a)^2+b^2}\right\} = \sin bt\ e^{at}$

예제 5.4.3. 함수

$$f(t) = \frac{1}{2}te^{-2t}\sin t$$

의 라플라스 변환을 구하라.

풀이. 삼각함수의 라플라스 변환으로부터

$$\mathcal{L}(\sin t) = \frac{1}{s^2+1}$$

을 얻는다. 라플라스 변환의 미분으로부터

$$\mathcal{L}(t\sin t) = -\frac{d}{ds}\frac{1}{s^2+1} = \frac{2s}{(s^2+1)^2}$$

을 얻는다. 라플라스 변환의 선형성과 s-변위에 대한 정리로부터

$$\mathcal{L}\left(\frac{1}{2}te^{-2t}\sin t\right) = \frac{1}{2}\mathcal{L}\left(te^{-2t}\sin t\right) = \frac{s+2}{((s+2)^2+1)^2} = \frac{s+2}{(s^2+4s+5)^2}$$

를 얻을 수 있다. □

유제 5.4.4. 아래

$$\mathcal{L}(f) = \frac{s-1}{(s-1)^2+1}, \qquad \mathcal{L}(g) = \frac{2}{s^2-2s+2}$$

의 라플라스 역변환을 구하라.

♣ 정답. $f(t) = e^t\cos t, \quad g(t) = 2e^t\sin t$

예제 5.4.5. 아래 그림에서 보듯이 1 헨리짜리 유도기와 2 옴짜리 저항기, 그리고 0.2 패럿의 축전기와 10 볼트의 직류 전지로 이루어진 전기회로에 흐르는 전류 $i(t)$ 를 찾아라. (초기값 $i(0) = 0$ 암페어)

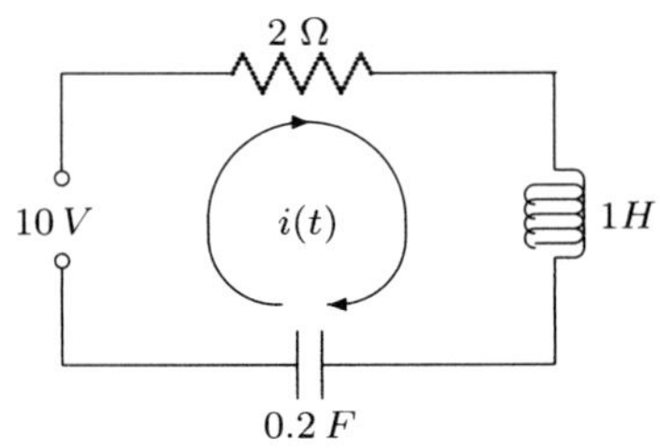

풀이. 키르히호프의 전압 법칙(KVL)에 의하여

$$i'(t) + 2i(t) + \frac{1}{0.2}\int_0^t i(\tau)d\tau = 10$$

을 얻는다. 정리 5.2.1과 정리 5.2.13, 예제 5.1.1을 써서

$$sI(s) + 2I(s) + \frac{5}{s}I(s) = \frac{10}{s}$$

을 얻는다.($I(s)$ 는 $i(t)$ 의 라플라스 변환을 나타낸다). 정리하면

$$I(s) = \frac{10}{(s+1)^2+2^2}$$

이 된다. 표 **??**에 따르면

$$\mathcal{L}^{-1}\left\{\frac{10}{s^2+2^2}\right\} = 5\sin 2t$$

이며, 정리 5.4.1을 써서 다음이 성립한다.

$$i(t) = \mathcal{L}^{-1}\left\{\frac{10}{(s+1)^2+2^2}\right\} = 5e^{-t}\sin 2t \quad (\text{암페어})$$

□

유제 5.4.6. 다음 미분·적분방정식을 풀어라.

$$y' - 2y + 10\int_0^t y(\tau)\,d\tau = 1 \ , \quad y(0) = 0$$

♣ 정답. $y = \frac{1}{3}e^t \sin 3t$

공학의 실제 문제에서는 계단함수나 충격함수와 같은 불연속함수가 자주 나타나므로, 이에 대한 불연속함수의 라플라스 변환을 찾아 보고 불연속함수가 포함된 미분방정식을 풀어보자. 우선 소개될 단위계단함수(또는 헤비사이드 함수)는 실제로 $t = a$ 시간에 켜진 전등과 같은 현상을 설명하는 데 사용된다.

정의 5.4.7. 단위 계단함수(unit step function) $u_a(t)$를 $a \geq 0$에 대하여, 다음과 같이 정의한다.

$$u_a(t) = \begin{cases} 0 & (t < a), \\ 1 & (t \geq a) \end{cases} \tag{5.17}$$

예제 5.4.8. $a \geq 0$일 때, 단위계단함수 $u_a(t)$의 라플라스 변환을 구하라.

풀이. 라플라스 변환의 정의에 따르면 다음이 성립한다.

$$\begin{aligned} \mathcal{L}(u_a) &= \int_0^\infty e^{-st}u_a(t)dt = \int_a^\infty e^{-st}dt \\ &= \lim_{b\to\infty}\int_a^b e^{-st}dt = \frac{e^{-as}}{s} \quad (s > 0) \end{aligned}$$

□

단위계단함수 $u_a(t)$를 어떤 함수 $f(t)$에 곱하면

$$f(t)u_a(t) = \begin{cases} 0 & (t < a), \\ f(t) & (t \geq a) \end{cases}$$

가 되는데, 이 것은 원래 함수 $f(t)$에서 $t < a$인 부분을 잘라서 버린 모양을 갖는다. 또한 단위계단함수 $u_a(t)$를 어떤 함수 $f(t-a)$에 곱하여 얻은 함수는 $f(t-a)u_a(t)$로서 원래 함수 $f(t)$를 t축을 따라 a만큼 평행이동한 후 $t < a$인

부분을 잘라서 버린 모양을 갖는다.

유제 5.4.9.

$$f(t) = t^2 u_3(t), \qquad g(t) = (t-3)^2 u_3(t)$$

의 그래프를 그려라.

♣ 정답. $f(t)$는 불연속함수, $g(t)$는 연속함수로 그려진다

다음 정리에서 t-변위 후, 절단된 함수에 대한 라플라스 변환에 대하여 알아보자. 어떤 함수에 단위계단함수를 곱하는 것은 그 함수의 라플라스 변환에 지수함수를 곱하는 효과가 있다.

> 정리 **5.4.10.** (t-변위 또는 제 *2* 이동정리)
> $t \geq 0$ 에서 정의된 함수 $f(t)$ 와 양수 a 에 대하여,
>
> $$\tilde{f}(t) = \begin{cases} 0 & (t < a) \\ f(t-a) & (t \geq a) \end{cases} = f(t-a)u_a(t) \tag{5.18}$$
>
> 라 정의하자. 지금 $\mathcal{L}(f) = F(s)$ 라 할 때,
>
> $$\mathcal{L}(\tilde{f}) = e^{-as}F(s) \tag{5.19}$$
>
> 이 되고, 역변환은
>
> $$\mathcal{L}^{-1}\left\{e^{-as}\ F(s)\right\} = f(t-a)\ u_a(t) \tag{5.20}$$
>
> 이다.

증명. 라플라스 변환의 정의에 따르면

$$e^{-as}F(s) = e^{-as}\int_0^\infty e^{-st}f(t)dt = \int_0^\infty e^{-s(t+a)}f(t)dt$$

인데, 여기서 $\tau = t + a$ 라 하면 다음을 얻는다.

$$\begin{aligned} e^{-as}F(s) &= \int_a^\infty e^{-s\tau}f(\tau - a)d\tau = \int_0^\infty e^{-s\tau}f(\tau-a)u_a(\tau)d\tau \\ &= \mathcal{L}\{f(t-a)u_a(t)\} = \mathcal{L}(\tilde{f}) \end{aligned}$$

□

여기서 s-변위와 t-변위를 비교해 보자. s-변위

$$\mathcal{L}(e^{at}f(t)) = F(s-a)$$

와 t-변위

$$\mathcal{L}^{-1}(e^{-as}F(s)) = f(t-a)u_a(t)$$

는 서로 대칭성이 있다. $f(t)$ 에 e^{at} 를 곱해 주면, $F(s)$ 가 a 만큼 평행이동하고 $F(s)$ 에 e^{-as} 를 곱해주면 $f(t)$ 가 a 만큼 평행이동한다. 다만, t-변위는 이동 후 $t < a$ 부분이 절단된다는 점과 곱해지는 지수함수의 지수부 부호가 반대라는 점에 유의하여야 한다.

유제 5.4.11. $0 < a < b$ 일 때, 다음 사각파 함수를 단위계단함수로 표현하고 라플라스 변환을 구하라.

$$f(t) = \begin{cases} 0 & (t < a), \\ 1 & (a \le t \le b), \\ 0 & (t > b) \end{cases}$$

♣ 정답. $f(t) = u_a(t) - u_b(t), \quad \mathcal{L}(f) = \dfrac{e^{-as}}{s} - \dfrac{e^{-bs}}{s}$

예제 5.4.12. 다음 미분방정식을 풀어라.

$$y' + y = 1 - u_2(t), \qquad y(0) = 0$$

풀이. 양변을 라플라스 변환시키면

$$s\mathcal{L}(y) + \mathcal{L}(y) = \frac{1}{s} - \frac{e^{-2s}}{s}$$

이 되며, 이것을 $\mathcal{L}(y)$ 에 대하여 정리하면

$$\mathcal{L}(y) = \frac{1}{s(s+1)} - \frac{e^{-2s}}{s(s+1)} = \left(\frac{1}{s} - \frac{1}{s+1}\right) - e^{-2s}\left(\frac{1}{s} - \frac{1}{s+1}\right)$$

이다. 양변을 라플라스 역변환시키면, t-변위 정리에 따라서

$$y = \left(1 - e^{-t}\right) - \left(1 - e^{-(t-2)}\right) u_2(t)$$

이다. □

유제 5.4.13. 다음 미분방정식을 풀어라.

$$y' + 3y = 1 + u_1(t), \qquad y(0) = 0$$

♣ 정답. $y = \frac{1}{3}\left(1 - e^{-3t}\right) + \frac{1}{3}\left(1 - e^{-3(t-1)}\right) u_1(t)$

예제 5.4.14. 아래 그림에서 보듯이 100 옴의 저항기와 0.01 패럿짜리 축전기로 이루어진 전기회로에 외부전압이 다음과 같이 걸렸다고 하자.

$$E(t) = 100\{u_1(t) - u_2(t)\} \quad (\text{볼트})$$

이 회로에 흐르는 전류 $i(t)$를 구하라. (초기값 $i(0) = 0$ 암페어)

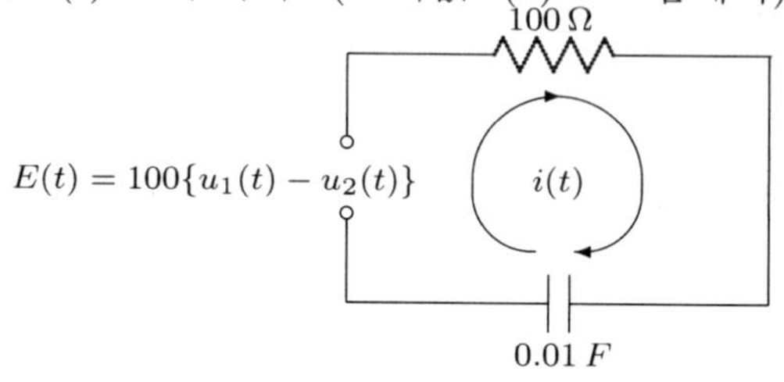

풀이. 키르히호프의 전압 법칙(KVL)에 따르면

$$100i(t) + \frac{1}{0.01}\int_0^t i(\tau)d\tau = 100\{u_1(t) - u_2(t)\}$$

이고, 정리 5.2.13과 예제 5.4.8를 써서 위 식을 라플라스 변환시키면

$$100I(s) + \frac{100}{s}I(s) = 100\left(\frac{e^{-s}}{s} - \frac{e^{-2s}}{s}\right)$$

이 된다. 여기에서 $I(s)$는 전류 $i(t)$의 라플라스 변환이다. 이것을 정리하여

$$I(s) = \frac{e^{-s}}{s+1} - \frac{e^{-2s}}{s+1}$$

을 얻는다.

또한

$$\mathcal{L}^{-1}\left(\frac{1}{s+1}\right) = e^{-t}$$

이므로 정리 5.4.10에 따라서 다음을 얻는다.

$$\begin{aligned} i(t) &= \mathcal{L}^{-1}\{I(s)\} = \mathcal{L}^{-1}\left(\frac{e^{-s}}{s+1}\right) - \mathcal{L}^{-1}\left(\frac{e^{-2s}}{s+1}\right) \\ &= e^{-(t-1)}u_1(t) - e^{-(t-2)}u_2(t) \quad (\text{암페어}) \end{aligned}$$

□

유제 5.4.15. 다음 적분방정식을 풀어라.

$$y + \int_0^t y(\tau)\,d\tau = u_1(t) - u_2(t)\ , \quad y(0) = 0$$

♣ 정답. $y = e^{-(t-1)}u_1(t) - e^{-(t-2)}u_2(t)$

유제 5.4.16. 다음 함수를 라플라스 변환하라.

$$f(t) = \begin{cases} 0 & (0 \le t < 1), \\ t^2 & (t \ge 1) \end{cases}$$

♣ 정답. $\mathcal{L}(f) = e^{-s}\left(\frac{2}{s^3} + \frac{2}{s^2} + \frac{1}{s}\right)$

연습문제 5.4

1. 다음 함수들을 라플라스 변환하라.

(1) t^2e^{-3t} (2) $e^{-\alpha t}\cos\beta t$

(3) $5e^{2t}\sinh 2t$ (4) $e^{-2t}\sin n\pi t$

(5) $\sinh t\cos t$ (6) $e^t(a+bt)$

(7) $te^{-t}\cos t$

2. 다음 함수들을 라플라스 역변환하라.

(1) $\frac{1}{(s+1)^2}$ (2) $\frac{s+3}{(s+1)^2+1}$

(3) $\frac{3}{s^2+6s+18}$ (4) $\frac{1}{(s-2)^3} + \frac{1}{(s-2)^5}$

(5) $\frac{s}{(s+1/2)^2+1}$ (6) $\frac{2}{s^2+s+1/2}$

3. 다음 함수의 그래프를 그리고 라플라스 변환하라.

(1) $(t-1)u_1(t)$ (2) $t^2u_1(t)$

(3) $4u_\pi(t)\cos t$ (4) $(u_0(t) - u_{\pi/\omega}(t))\sin\omega t$

(5) $(u_0(t) - u_1(t))e^t$ (6) $(u_1(t) - u_2(t))\cos\pi t$

4. 다음 함수들을 라플라스 역변환하라.

(1) $\frac{2e^{-3s}}{s^3}$ (2) $\frac{3-3e^{-\pi s}}{s^2+9}$

(3) $\frac{se^{-2s}}{s^2+\pi^2}$ (4) $\frac{e^{-3s}}{s} - \frac{e^{-s}}{s}$

♣ 정답.

1. (1) $\frac{2}{(s+3)^3}$ (2) $\frac{s+\alpha}{(s+\alpha)^2+\beta^2}$ (3) $\frac{10}{(s-2)^2-4}$ (4) $\frac{n\pi}{(s+2)^2+(n\pi)^2}$
(5) $\frac{s^2-2}{s^4+4}$ (6) $\frac{a}{s-1} + \frac{b}{(s-1)^2}$ (7) $\frac{s^2+2s}{(s^2+2s+2)^2}$

2. (1) te^{-t} (2) $e^{-t}\cos t + 2e^{-t}\sin t$ (3) $e^{-3t}\sin 3t$ (4) $\frac{t^2e^{2t}}{2} + \frac{t^4e^{2t}}{4!}$
(5) $e^{-t/2}\left(\cos t - \frac{1}{2}\sin t\right)$ (6) $4e^{-(1/2)t}\sin(1/2)t$

3. (1) $\frac{e^{-s}}{s^2}$ (2) $e^{-s}\left(\frac{2}{s^3} + \frac{2}{s^2} + \frac{1}{s}\right)$ (3) $\frac{-4se^{-\pi s}}{s^2+1}$ (4) $\omega\frac{1+e^{-\pi s/\omega}}{s^2+\omega^2}$
(5) $\frac{1-e^{1-s}}{s-1}$ (6) $-s\frac{e^{-s}+e^{-2s}}{s^2+\pi^2}$

4. (1) $(t-3)^2u_3(t)$ (2) $(1+u_\pi(t))\sin 3t$ (3) $u_2(t)\cos\pi t$ (4) $u_3(t)-u_1(t)$

5.5 디락의 델타함수

일상 생활에서 순간적으로 매우 강한 충격이 가해지는 경우가 있는데, 예를 들어 망치로 못을 내려친다다거나, 쇠공이 콘크리트 바닥에 떨어져 부딪친다거나 또는 피뢰침에 벼락이 떨어졌을 때 이런 현상이 일어난다. 이는 아래 디락 [6] 함수로 표현된다.

> **정의 5.5.1.** 디락의 **델타함수**(Dirac delta function)(또는 단위충격함수)를 다음과 같이 정의한다. 여기서 $u_a(t)$ 는 단위 계단함수이다.
>
> $$\delta_a(t) = \lim_{k\to 0^+}\frac{1}{k}\{u_a(t) - u_{a+k}(t)\}$$

(**성질들**) 디락의 델타함수의 중요한 성질 몇 가지를 들어보자.

(1) $\delta_a(t) = \begin{cases} \infty & (t = a), \\ 0 & (t \neq a) \end{cases}$

(2) $\int_{-\infty}^{\infty}\delta_a(t)dt = 1$

(3) $f(t)$ 가 $t \geq 0$ 에서 정의된 연속함수일 때

$$\int_0^\infty \delta_a(t)f(t)dt = f(a)$$

이다.

증명.

$$\begin{aligned}\int_0^\infty \delta_a(t)f(t)dt &= \int_0^\infty \lim_{k\to 0^+}\frac{1}{k}\{u_a(t) - u_{a+k}(t)\}f(t)dt \\ &= \lim_{k\to 0^+}\frac{1}{k}\int_a^{a+k} f(t)dt \\ &= \lim_{k\to 0^+}\frac{F(a+k) - F(a)}{k} \\ &= F'(a) = f(a)\end{aligned}$$

[6] 영국의 천재 수학자이며 물리학자(P.A.M.Dirac, 1902-, 1933(31세) 노벨상 수상)

여기서 $F(t) = \int f(t)dt + C$ 이다. □

정리 5.5.2. 상수 $a > 0$ 가 주어졌을 때 델타함수의 라플라스 변환은 다음과 같다.

$$\mathcal{L}(\delta_a) = e^{-as}$$

증명. 라플라스 변환의 정의와 정의 5.5.1에 따르면

$$\begin{aligned}\mathcal{L}(\delta_a) &= \int_0^\infty e^{-st} \lim_{k\to 0+} \frac{1}{k}\{u_a(t) - u_{a+k}(t)\}dt \\ &= \lim_{k\to 0+} \frac{1}{k}\left\{\int_a^{a+k} e^{-st}dt\right\}\end{aligned}$$

이다. 예제 5.4.8와 로피탈의 정리를 써서 다음을 얻는다.

$$\mathcal{L}(\delta_a) = \lim_{k\to 0+} \frac{1}{k}\frac{e^{-as}}{s}(1 - e^{-ks}) = \frac{e^{-as}}{s}\lim_{k\to 0+}\frac{1 - e^{-ks}}{k} = e^{-as}$$

또는 델타함수의 적분법을 사용하면,

$$\mathcal{L}(\delta_a) = \int_0^\infty e^{-st}\delta_a(t)dt = e^{-as}$$

임을 쉽게 알 수 있다. □

디락함수의 라플라스 변환이 지수함수 e^{-as} 이므로, 이것은 t-변위와 매우 밀접한 관계를 가지고 있다.

예제 5.5.3. 10 헨리의 유도기와 100 옴짜리 저항기로 이루어진 전기회로에 외부 충격 전압

$$E(t) = \delta_1(t) \quad (\text{볼트})$$

가 걸렸을 때, 이 회로에 흐르는 전류 $i(t)$ 를 구하라. (초기값 $i(0) = 0$ 암페어)

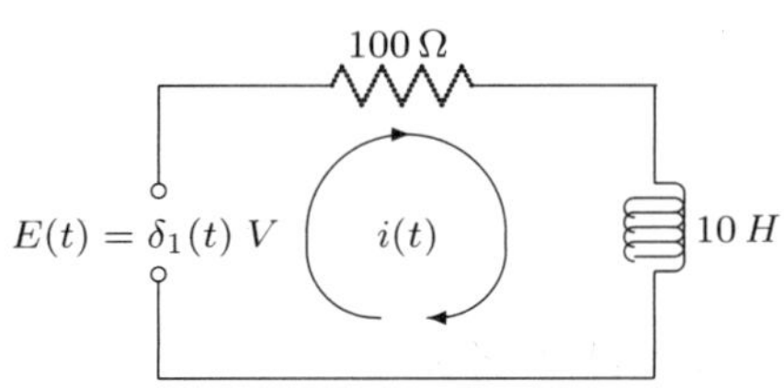

풀이. 키르히호프의 전압 법칙(KVL)에 따르면

$$10i'(t) + 100i(t) = \delta_1(t)$$

이다. 정리 5.2.1과 정리 5.5.2을 써서 위 식을 라플라스 변환시키면

$$10sI(s) + 100I(s) = e^{-s} \quad \text{또는} \quad I(s) = \frac{1}{10}\frac{e^{-s}}{s+10}$$

이 된다. (여기에서 $I(s) = \mathcal{L}(i)$ 이다). 예제 5.1.2에 따르면

$$\mathcal{L}^{-1}\left\{\frac{1}{10}\frac{1}{s+10}\right\} = \frac{1}{10}e^{-10t}$$

이고, 정리 5.4.10에 따르면 다음이 성립한다.

$$i(t) = \mathcal{L}^{-1}\left\{\frac{1}{10}\frac{e^{-s}}{s+10}\right\} = \frac{1}{10}e^{-10(t-1)}u_1(t) \quad (\text{암페어})$$

이 함수를 그려보면, $t=1$까지 전류가 0이다가 $t=1$에서 충격파 모양의 기전력으로 인하여 전류가 1/10이 되었다가, 이후 전류가 0으로 서서히 감소하는 것을 확인할 수 있다. □

예제 5.5.4. 어떤 제동질량-용수철 시스템이 미분방정식

$$y'' + 3y' + 2y = \delta_1(t) \ , \quad y(0) = 0 \ , \quad y'(0) = 0$$

로 표현된다고 한다. 시각 $t = 1$ 에 망치로 이 시스템을 순간적으로 때렸을 때, 이 시스템의 반응을 구하라.

풀이. 준 식의 양변에 라플라스 변환을 취하면

$$\mathcal{L}(y'') + 3\mathcal{L}(y') + 2\mathcal{L}(y) = \mathcal{L}(\delta_1(t)) \tag{5.21}$$

이다. 그런데

$$\mathcal{L}(y'') = s^2\mathcal{L}(y) - sy(0) - y'(0) = s^2\mathcal{L}(y)$$

$$\mathcal{L}(y') = s\mathcal{L}(y) - y(0) = s\mathcal{L}(y)$$

이므로 식 (5.21)은

$$(s^2+3s+2)\mathcal{L}(y) = e^{-s} \ , \quad \mathcal{L}(y) = \left(\frac{1}{s+1} - \frac{1}{s+2}\right)e^{-s}$$

이므로 해는 제 2 이동정리에 의하여

$$y = \mathcal{L}^{-1}\left\{e^{-s}\frac{1}{s+1}\right\} - \mathcal{L}^{-1}\left\{e^{-s}\frac{1}{s+2}\right\} = \left\{e^{-(t-1)} - e^{-2(t-1)}\right\}u_1(t)$$

를 얻는다. □

유제 5.5.5. 다음 미분방정식을 풀어라.

$$y' + 3y = \delta_2(t) \ , \quad y(0) = 0$$

♣ 정답. $y = e^{-3(t-2)}u_2(t)$

연습문제 5.5

1. 라플라스 변환을 이용하여 다음 초기값 문제를 풀어라.

(1) $10y' + 100y = \delta_1(t) \qquad y(0) = 0$

(2) $y'' + 16y = \delta_1(t) \qquad y(0) = 2 \quad y'(0) = 0$

(3) $y'' + y = \delta_\pi(t) - \delta_{2\pi}(t) \qquad y(0) = 0 \quad y'(0) = 1$

(4) $y'' + 4y' + 5y = \delta_1(t-1) \qquad y(0) = 0 \quad y'(0) = 3$

(5) $y'' + 9y = \delta_1(t) \qquad y(0) = 0 \quad y'(0) = 1$

(6) $y'' + 4y = \delta_\pi(t) \qquad y(0) = 2 \quad y'(0) = 0$

♣ 정답.

1. (1) $y(t) = (1/10)e^{-10(t-1)}\ u_1(t)$

(2) $y(t) = \frac{1}{4}\sin 4(t-1)\ u_1(t) + 2\cos 4t$

(3) $y(t) = \sin t - \sin t\ u_\pi(t) - \sin t\ u_{2\pi}(t)$

(4) $y(t) = 3e^{-2t}\sin t\ u_0(t) + e^{-2(t-1)}\sin(t-1)\ u_1(t)$

(5) $y(t) = (1/3)\sin 3(t-1)\ u_1(t)$

(6) $y(t) = 2\cos 2t\ u_0(t) + (1/2)\sin 2(t-\pi)\ u_\pi(t)$

5.6 합성

이 절에서는 라플라스 변환의 곱과 관련된 성질을 공부하기로 하자. 공학의 여러 분야에서 응용되는 것으로써 두 함수의 합성이 있다.

정의 5.6.1. $t \geq 0$ 에서 정의된 함수 $f(t)$, $g(t)$ 가 각각

$$\int_0^\infty f(t)^2 dt < \infty \text{ 와 } \quad \int_0^\infty g(t)^2 dt < \infty$$

을 만족할 때, 모든 $t \geq 0$ 에 대하여

$$(f * g)(t) = \int_0^t f(\tau)g(t-\tau)d\tau$$

라 정의하고, $f(t)$ 와 $g(t)$ 의 **합성**(convolution) 이라 부른다.

정리 5.6.2. $t \geq 0$ 에서 정의된 함수 $f(t)$, $g(t)$ 가 모든 유한 구간에서 구분연속이고, 모든 $t \geq 0$ 에 대하여

$$|f(t)| \leq Me^{\gamma t} \text{ 와 } \quad |g(t)| \leq Me^{\gamma t}$$

을 만족하는 음이 아닌 상수 M 과 γ 가 있다고 하자. 이 때 합성의 라플라스 변환은

$$\mathcal{L}(f * g) = \mathcal{L}(f)\ \mathcal{L}(g) = F(s)\ G(s) \tag{5.22}$$

이고, 곱의 라플라스 역변환은

$$\mathcal{L}^{-1}(F\ G) = \mathcal{L}^{-1}(F) * \mathcal{L}^{-1}(G) = f * g \tag{5.23}$$

이다.

증명. 라플라스 변환의 정의와 정리 5.4.10 에 따르면, 모든 $\tau \geq 0$ 에서

$$\begin{aligned} e^{-s\tau}\mathcal{L}(g) &= \mathcal{L}\{g(t-\tau)u_\tau(t)\} \\ &= \int_0^\infty e^{-st}g(t-\tau)u_\tau(t)dt \\ &= \int_\tau^\infty e^{-st}g(t-\tau)dt \quad (s > \gamma) \end{aligned}$$

이다. 라플라스 변환의 정의와 위 식으로부터

$$\begin{aligned} \mathcal{L}(f)\mathcal{L}(g) &= \int_0^\infty e^{-s\tau}f(\tau)\mathcal{L}(g)d\tau \\ &= \int_0^\infty f(\tau)\int_\tau^\infty e^{-st}g(t-\tau)dtd\tau \quad (s > \gamma) \end{aligned}$$

를 얻는다. 적분 순서를 바꾸고 적분 구간을 주의하여 적분하면 다음이 된다.

$$\begin{aligned} \mathcal{L}(f)\mathcal{L}(g) &= \int_0^\infty e^{-st}\int_0^t f(\tau)g(t-\tau)d\tau dt \\ &= \int_0^\infty e^{-st}(f * g)(t)dt \\ &= \mathcal{L}(f * g) \end{aligned}$$

□

위 정리를 간단히 말하면, '대합의 변환은 각 변환의 곱'과 같고 '곱의 역변환은 각 변환의 합성'과 같다는 것이다.

주의 5.6.3. $t \geq 0$ 에서 정의된 함수 $f(t)$, $g(t)$, $h(t)$ 에 대하여 아래 합성이 존재하면 다음이 성립한다.

(1) $f * g = g * f$ (교환 법칙)

(2) $f * (g + h) = f * g + f * h$ (분배 법칙)

(3) $(f * g) * h = f * (g * h)$ (결합 법칙)

(4) $f * 0 = 0 * f = 0$

(5) $1 * f \neq f$ (여기서 1 은 모든 x 에 대하여 $1(x) \equiv 1$ 인 함수이다)

어떤 신호 $f(t)$ 가 주어진 필터 $g(t)$ 를 통과하여 나온 신호인 경우, 이를 표현하기 위하여 두 함수의 합성을 사용한다.

예제 5.6.4. $\mathcal{L}^{-1}\left\{\frac{1}{(s-a)(s-b)}\right\}$, $(a \geq b)$ 를 구하라.

풀이. $F(s) = \frac{1}{s-a}$, $G(s) = \frac{1}{s-b}$ 로 놓으면

$$\mathcal{L}^{-1}(F) = f(t) = e^{at}, \quad \mathcal{L}^{-1}(G) = g(t) = e^{bt}$$

이므로

$$\begin{aligned}
\mathcal{L}^{-1}\left\{\frac{1}{(s-a)(s-b)}\right\} &= \mathcal{L}^{-1}(\frac{1}{(s-a)}) * \mathcal{L}^{-1}(\frac{1}{(s-b)}) \\
&= e^{at} * e^{bt} \\
&= \int_0^t e^{at} e^{b(t-\tau)} d\tau \\
&= e^{bt} \int_0^t e^{(a-b)\tau} d\tau \\
&= \frac{1}{a-b}\left(e^{at} - e^{bt}\right)
\end{aligned}$$

□

유제 5.6.5. $\mathcal{L}^{-1}\left\{\frac{1}{s(s^2+1)}\right\}$ 를 구하라.

♣ 정답. $1 - \cos t$

예제 5.6.6. 아래 그림에서와 같이 1 헨리의 유도기와 0.01 패럿의 축전기로 이루어진 전기회로에 교류 전압

$$E(t) = 200 \sin 120\pi t \quad (\text{볼트})$$

가 걸렸다 하자. 이 때 전기회로에 흐르는 전류 $i(t)$ 를 구하라. (초기값 $i(0) =$ 0 암페어)

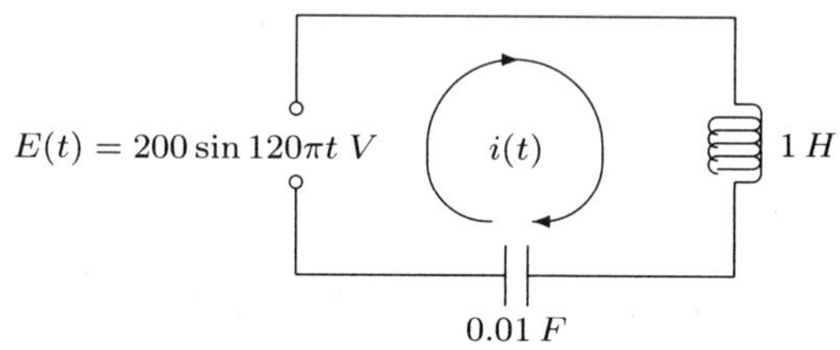

풀이. 키르히호프의 전압 법칙에 따르면

$$i'(t) + \frac{1}{0.01} \int_0^t i(\tau)d\tau = 200 \sin 120\pi t$$

이다. 정리 5.2.1과 정리 5.2.13 를 써서 위 식을 라플라스 변환시키면

$$I(s) = 2400\pi \frac{s}{s^2 + (120\pi)^2} \frac{10}{s^2 + 10^2}$$

을 얻는다. 표 **??**을 보면

$$\mathcal{L}(\cos 120\pi t) = \frac{s}{s^2 + (120\pi)^2} \text{ 와 } \quad \mathcal{L}(\sin 10t) = \frac{10}{s^2 + 10^2}$$

이다. 정리 5.6.2 에 따르면

$$\mathcal{L}(\{\cos 120\pi t\} * \{\sin 10t\}) = \frac{s}{s^2 + (120\pi)^2} \frac{10}{s^2 + 10^2}$$

이다. 공식[7]

$$\cos x \sin y = \frac{1}{2}\{\sin(x+y) - \sin(x-y)\}$$

[7]삼각함수 합의 공식:
$\sin(x+y) = \sin x \cos y + \cos x \sin y, \quad \sin(x-y) = \sin x \cos y - \cos x \sin y$
$\cos(x+y) = \cos x \cos y - \sin x \sin y, \quad \cos(x-y) = \cos x \cos y + \sin x \sin y$
삼각함수 곱의 공식:
$\sin x \cos y = \frac{1}{2}\{\sin(x+y) + \sin(x-y)\}, \quad \cos x \sin y = \frac{1}{2}\{\sin(x+y) - \sin(x-y)\}$
$\cos x \cos y = \frac{1}{2}\{\cos(x+y) + \cos(x-y)\}, \quad \sin x \sin y = -\frac{1}{2}\{\cos(x+y) - \cos(x-y)\}$

를 써서

$$\begin{aligned}\{\cos 120\pi t\} * \{\sin 10t\} &= \int_0^t \cos(120\pi\tau)\sin 10(t-\tau)d\tau \\ &= \frac{1}{2}\int_0^t [\sin\{(120\pi - 10)\tau + 10t\} - \sin\{(120\pi+10)\tau - 10t\}]d\tau \\ &= \frac{-10}{(120\pi)^2 - 100}\cos 120\pi t + \frac{10}{(120\pi)^2-100}\cos 10t\end{aligned}$$

를 얻는다. 그러므로

$$I(s) = \mathcal{L}\left\{\frac{240\pi}{(12\pi)^2-1}\cos 10t - \frac{240\pi}{(12\pi)^2-1}\cos 120\pi t\right\}$$

이다. 따라서 다음이 성립한다.

$$i(t) = \mathcal{L}^{-1}\{I(s)\} = \frac{240\pi}{(12\pi)^2-1}(\cos 10t - \cos 120\pi t) \quad (\text{암페어})$$

□

예제 5.6.7. 합성을 이용하여 다음 초기치 문제를 풀어라.

$$y'' + y = \sin 3t\ , \quad y(0) = 0\ , \quad y'(0) = 0$$

풀이. 양변에 라플라스 변환을 취하면

$$\mathcal{L}(y'') + \mathcal{L}(y) = \mathcal{L}(\sin 3t) = \frac{3}{s^2+9}$$

가 되고, 다시

$$\mathcal{L}(y) = \frac{3}{s^2+9}\ \frac{1}{s^2+1}$$

따라서

$$\begin{aligned} y &= \mathcal{L}^{-1}\left\{\frac{3}{s^2+9}\ \frac{1}{s^2+1}\right\} \\ &= \mathcal{L}^{-1}(\frac{3}{s^2+9}) * \mathcal{L}^{-1}(\frac{1}{s^2+1}) \\ &= \sin 3t * \sin t \\ &= \int_0^t \sin 3\tau\ \ \sin(t-\tau)d\tau \end{aligned}$$

이다. 계산하면, 해는

$$\begin{aligned} y &= \frac{-1}{2}\int_0^t \{\cos(2\tau + t) - \cos(4\tau - t)\}\,d\tau \\ &= \frac{3}{8}\sin t - \frac{1}{8}\sin 3t \end{aligned}$$

□

유제 5.6.8. 초기값을 갖는 다음 미분방정식을 합성으로 풀어라.

$$y''(t) + y(t) = \sin 2t, \quad y(0) = 0, \quad y'(0) = 0$$

♣ 정답. $y(t) = \sin t * \sin 2t = \frac{2}{3}\sin t - \frac{2}{3}\sin t \cos t$

연습문제 5.6

1. 다음의 합성을 계산하라.

(1) $1 * 1$ (2) $e^t * e^{-t}$

(3) $\sin \omega t * \cos \omega t$ (4) $t * e^t$

(5) $\frac{1}{a}(1 - u(t-a)) * \frac{1}{b}(1 - u(t-b))$

2. 다음 함수들을 라플라스 역변환하라.

(1) $\frac{1}{s^2(s-1)}$ (2) $\frac{4}{s(s^2+4)}$

(3) $\frac{2\pi s}{(s^2+\pi^2)^2}$ (4) $\frac{\omega^3}{s^2(s^2+\omega^2)}$

3. 정리 5.6.2를 이용하여 다음 초기값 문제를 풀어라.

(1) $y''(t) + y(t) = 3\cos 2t, \quad y(0) = 0,\ y'(0) = 0$

(2) $y''(t) + y(t) = t, \quad y(0) = 0,\ y'(0) = 0$

(3) $y''(t) + 4y(t) = \begin{cases} 1 & (0 < t < 1), \\ 0 & (t > 1) \end{cases} \quad y(0) = 1,\ y'(0) = 0$

4. 다음 적분방정식을 풀어라.

$$y(t) = 2t + \int_0^t y(\tau)\sin(t-\tau)d\tau$$

♣ 정답.

1. (1) t (2) $\sinh t$ (3) $\frac{1}{2}t\sin \pi t$ (4) $e^t - t - 1$

(5) $0 < t < a$ 이면 $\frac{t}{ab}$, $a \le t < b$ 이면 $\frac{1}{b}$,
$b \le t < a+b$ 이면 $\frac{a+b-t}{ab}$, $a+b \le t$ 이면 1

2. (1) $e^t - t - 1$ (2) $1 - \cos 2t$ (3) $t\sin \pi t$ (4) $\omega t - \sin \omega t$

3. (1) $y(t) = \cos t - \cos 2t$ (2) $y(t) = t - \sin t$

   (3) $y(t) = \frac{1}{4}(1 + 3\cos 2t) + \frac{1}{4}\{\cos(2t-2) - 1\}u_1(t)$

4. $y(t) = 2t + \frac{1}{3}t^3$

5.7 주기함수의 라플라스 변환

삼각함수가 가장 대표적인 주기함수로 생각될 수 있지만, 실제 문제에서 그보다는 좀 더 복잡한 꼴의 주기함수들이 자주 나타난다. 이 절에서 주기함수들의 라플라스 변환을 다룰 것이다.

정의 5.7.1. $t \geq 0$ 에서 정의된 함수 $f(t)$ 가 양수 p 에 대하여

$$f(t+p) = f(t)$$

를 만족할 때, $f(t)$ 를 주기가 p 인 **주기함수**라 부른다.

정리 **5.7.2.** $t \geq 0$ 에서 정의된 함수 $f(t)$ 가 구분연속이고 주기가 $p > 0$ 인 주기함수이면, $f(t)$ 의 라플라스 변환은 다음과 같다.

$$\mathcal{L}(f) = \frac{1}{1-e^{-ps}} \int_0^p e^{-st} f(t)dt \quad (s > 0)$$

증명. 라플라스 변환의 정의와 주기함수의 정의를 써서

$$\begin{aligned}
\mathcal{L}(f) &= \int_0^\infty e^{-st} f(t)dt \\
&= \int_0^p e^{-st} f(t)dt + \int_p^{2p} e^{-st} f(t)dt + \int_{2p}^{3p} e^{-st} f(t)dt + \cdots \\
&= \int_0^p e^{-st} f(t)dt + \int_0^p e^{-s(t+p)} f(t+p)dt \\
&\quad + \int_0^p e^{-s(t+2p)} f(t+2p)dt + \cdots \\
&= (1 + e^{-ps} + e^{-2ps} + e^{-3ps} + \cdots) \int_0^p e^{-st} f(t)dt
\end{aligned}$$

를 얻는다. 이것은 공비가 e^{-ps} 인 무한급수이므로 다음이 성립한다.

$$\mathcal{L}(f) = \frac{1}{1-e^{-ps}} \int_0^p e^{-st} f(t)dt$$

□

예제 5.7.3. 주기가 $2a$ 인 다음 직사각파

$$f(t) = \begin{cases} k & (0 \le t < a), \\ -k & (a \le t < 2a) \end{cases}$$

의 그래프를 그리고, 라플라스 변환을 구하라.

풀이. 주기 $p = 2a$ 이므로 위 정리에서

$$\begin{aligned} \mathcal{L}(f) &= \frac{1}{1-e^{-2as}}\left(\int_0^a ke^{-st}dt + \int_a^{2a}(-k)e^{-st}dt\right) \\ &= \frac{1}{1-e^{-2as}}\left\{-\frac{k}{s}(e^{-as}-1) + \frac{k}{s}(e^{-2as}-e^{-as})\right\} \\ &= \frac{k}{s}\cdot\frac{1-2e^{-as}+e^{-2as}}{(1+e^{-as})(1-e^{-as})} \\ &= \frac{k}{s}\cdot\frac{1-e^{-as}}{1+e^{-as}} \end{aligned}$$

이다. 한편 우변을

$$\mathcal{L}(f) = \frac{k}{s}\tanh\frac{as}{2}$$

로 쓸 수도 있다. □

유제 5.7.4. 함수

$$f(t) = \frac{k}{p}\,t \quad (0 < t < p), \qquad f(t+p) = f(t)$$

의 그래프를 그리고, 라플라스 변환을 구하라.

♣ 정답. $\mathcal{L}(f) = \frac{k}{ps^2} - \frac{ke^{-ps}}{s(1-e^{-ps})}$

예제 5.7.5. 아래 그림에서와 같이 1 헨리의 유도기와 1 옴짜리 저항기로 이루어진 전기회로에 사각 주기전압 $E(t)$ 볼트가 걸렸다고 하자. 여기서

$$E(t) = \begin{cases} 1 & (0 \le t < 1), \\ 0 & (1 \le t < 2) \end{cases} \quad (\text{볼트})$$

는 주기가 2 인 주기함수이다. 이 때 전기회로에 흐르는 전류 $i(t)$ 를 찾아라. (초기값 $i(0) = 0$ 암페어)

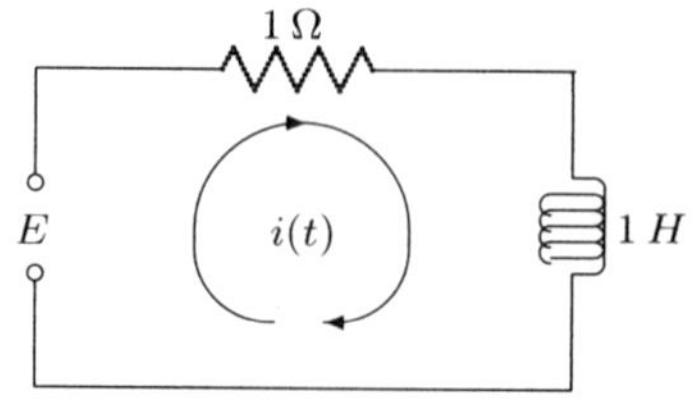

풀이. 먼저, $E(t) = u_0(t) - u_1(t) + u_2(t) - u_3(t) + - \cdots$ 라 나타낼 수 있으므로 키르히호프의 전압 법칙(KVL)에 따르면

$$i'(t) + i(t) = u_0(t) - u_1(t) + u_2(t) - u_3(t) + - \cdots$$

이고, 정리 5.2.1과 예제 5.4.8를 써서 위 식을 라플라스 변환시키면

$$sI(s) + I(s) = \frac{1}{s} - \frac{e^{-s}}{s} + \frac{e^{-2s}}{s} - \frac{e^{-3s}}{s} + - \cdots$$

이 된다. 이것을 정리하면

$$\begin{aligned} I(s) &= \frac{1}{s(s+1)}(1 - e^{-s} + e^{-2s} - e^{-3s} + - \cdots) \\ &= \left(\frac{1}{s} - \frac{1}{s+1}\right) - \left(\frac{1}{s} - \frac{1}{s+1}\right)e^{-s} + \left(\frac{1}{s} - \frac{1}{s+1}\right)e^{-2s} - + \cdots \end{aligned}$$

을 얻는다. 예제 5.1.1과 예제 5.1.2를 보면

$$\mathcal{L}(1 - e^{-t}) = \frac{1}{s} - \frac{1}{s+1}$$

이고, 정리 5.4.10에 따르면

$$\mathcal{L}\{(1 - e^{-(t-n)})u_n(t)\} = \left(\frac{1}{s} - \frac{1}{s+1}\right)e^{-ns}$$

이다. 따라서 $i(t)$는 다음과 같다.

$$i(t) = \mathcal{L}^{-1}\{I(s)\} = \sum_{n=0}^{\infty}(-1)^n\{1 - e^{-(t-n)}\}u_n(t) \quad (\text{암페어})$$

□

연습문제 5.7

1. 주기가 2π 인 다음 함수의 그래프를 그리고, 라플라스 변환을 찾아라.

   (1) $f(t) = 2\pi - t \quad (0 \le t < 2\pi)$

   (2) $f(t) = e^t \quad (0 \le t < 2\pi)$

   (3) $f(t) = t^2 \quad (0 \le t < 2\pi)$

   (4) $f(t) = \begin{cases} 1 & (0 \le t < \pi), \\ -1 & (\pi \le t < 2\pi) \end{cases}$

♣ 정답.

1. (1) $\frac{1}{1-e^{-2\pi s}}\left(\frac{2\pi}{s}+\frac{e^{-2\pi s}}{s^2}-\frac{1}{s^2}\right)$ (2) $\frac{1}{1-e^{-2\pi s}}\frac{1}{1-s}\left(s^{2\pi(1-s)}-1\right)$

(3) $\frac{2\left(e^{2\pi s}-1-2\pi s-2\pi^2 s^2\right)}{s^3(e^{2\pi s}-1)}$ (4) $\frac{1-e^{-\pi s}}{s(1+e^{-\pi s})}$

제 6 장

행렬의 연산

공학에서는 수나 함수의 배열을 자주 다룬다. 이 때, 많은 수를 직사각형으로 묶어 하나의 대상으로 취급하면 편리하다. 예를 들어, 연립방정식

$$\begin{cases} 2x - y = 1 \\ 3x + y = 4 \end{cases}$$

의 해는 미지수의 표현과는 상관없이 그 계수와 상수항으로 부터 주어지므로, 다음과 같이 다루면 효과적이다.

$$\mathbf{A} = \begin{pmatrix} 2 & -1 & 1 \\ 3 & 1 & 4 \end{pmatrix}$$

이러한 수의 배열 $\mathbf{A}$를 행렬 [1] 이라고 부른다. 공학의 많은 문제에서 선형대수학(Linear Algebra)이 광범위하게 이용되고 있는데, 선형대수학은 행렬론이 그 중심이론이다. 행렬은 구조역학, 전기회로, 통계, 수송문제 등에서 자주 나타나고 오늘날의 컴퓨터 발전의 바탕이 되었다. 이 장에서는 행렬과 행렬식을 계산하고, 그 활용에 대하여 공부하기로 한다.

6.1 행렬과 연산

행렬은 보통 대문자 $\mathbf{A}$, $\mathbf{B}$, $\mathbf{C}$, $\mathbf{X}$, $\mathbf{Y}$ 등으로 나타낸다.

---

[1] 행렬은 영국의 수학자 아더 캐일리(Arthur Cayley : 1821)에 의하여 창안되었다.

정의 6.1.1. (행렬)
mn 개의 수를 다음과 같이 m 행(가로줄, row) n 열(세로줄, column)의 직사각형 모양으로 배열한 것을 **행렬(matrix)** 이라 한다.

$$\mathbf{A} = \begin{pmatrix} a_{11} & a_{12} & \cdots & a_{1n} \\ a_{21} & a_{22} & \cdots & a_{2n} \\ \vdots & & & \vdots \\ a_{m1} & a_{m2} & \cdots & a_{mn} \end{pmatrix}$$

괄호 안에 있는 수 또는 함수를 행렬의 **원소**라 한다.

행렬이 m 행과 n 열을 가질 때, **행렬의 크기**는 $m \times n$ 이라고 한다. $m \times n$ 행렬 $\mathbf{A}$ 의 i 번째 행과 j 번째 열의 원소를 a_{ij} 로 나타내고 $\mathbf{A} = (a_{ij})_{m\times n}$ 으로 나타내기기도 한다.

행과 열의 수가 같은 $n \times n$ 행렬을 n 차 **정사각행렬**이라 하고, a_{11}, a_{22}, $\cdots$, a_{nn} 을 **주대각원소**라고 부른다.

한 개의 행을 **행벡터**, 한 개의 열을 **열벡터**로 취급하여 간단히 **벡터**라고 부르며, 보통 소문자 **a**, **b**, **d**, **x** 등으로 나타낸다.

두 행렬 $\mathbf{A}$ 와 $\mathbf{B}$ 의 크기가 같고 모든 i, j 에 대해 $a_{ij} = b_{ij}$ 이면, $\mathbf{A}$ 와 $\mathbf{B}$ 는 서로 **같다**고 한다.

예제 6.1.2. 행렬 $\mathbf{A}$, $\mathbf{B}$, $\mathbf{C}$ 의 크기를 말하고, 주대각선원소를 찾아라. 또 행렬 $\mathbf{B}$ 와 $\mathbf{C}$ 는 서로 같은가?

$$\mathbf{A} = \begin{pmatrix} 5 & 8 \\ 1 & 0 \\ 2 & 7 \end{pmatrix}, \qquad \mathbf{B} = \begin{pmatrix} -4 & -3 \\ 2 & 0 \end{pmatrix}, \qquad \mathbf{C} = \begin{pmatrix} 1 & 2 \\ 3 & 4 \end{pmatrix}$$

풀이. $\mathbf{A}$ 의 크기는 3×2, $\mathbf{B}$ 의 크기는 2×2, $\mathbf{C}$ 의 크기는 2×2 이다. $\mathbf{B}$ 의 주대각선 원소는 -4 와 0 이며, $\mathbf{C}$ 의 주대각선원소는 1 과 4 이다. $\mathbf{B}$ 와 $\mathbf{C}$ 는 크기는 같지만, 대응하는 원소가 같지 않으므로 두 행렬은 같지 않다. □

행렬의 연산

행렬 $\mathbf{A}$ 와 $\mathbf{B}$ 의 크기가 같은 경우에만 행렬의 덧셈 $\mathbf{A} + \mathbf{B}$ 를 정의하고, 행렬의 곱셈 $\mathbf{AB}$ 는 앞 행렬의 열의 수와 뒤 행렬의 행의 수가 같을 때에만 정의한다. 덧셈과 곱셈의 정의에 유의하면서, 행렬의 연산에 대하여 살펴보자.

- $\mathbf{A}$ 와 $\mathbf{B}$ 가 $m \times n$ 행렬일 때, 행렬의 덧셈과 뺄셈은 대응되는 원소의 합으

로 정의된다.

$$\begin{aligned}\mathbf{A}\pm\mathbf{B} &= \begin{pmatrix} a_{11} & a_{12} & \cdots & a_{1n} \\ a_{21} & a_{22} & \cdots & a_{2n} \\ \vdots & & & \vdots \\ a_{m1} & a_{m2} & \cdots & a_{mn} \end{pmatrix} \pm \begin{pmatrix} b_{11} & b_{12} & \cdots & b_{1n} \\ b_{21} & b_{22} & \cdots & b_{2n} \\ \vdots & & & \vdots \\ b_{m1} & b_{m2} & \cdots & b_{mn} \end{pmatrix} \\ &= \begin{pmatrix} a_{11}\pm b_{11} & a_{12}\pm b_{12} & \cdots & a_{1n}\pm b_{1n} \\ a_{21}\pm b_{21} & a_{22}\pm b_{22} & \cdots & a_{2n}\pm b_{2n} \\ \vdots & & & \vdots \\ a_{m1}\pm b_{m1} & a_{m2}\pm b_{m2} & \cdots & a_{mn}\pm b_{mn} \end{pmatrix} \\ &= (a_{ij}\pm b_{ij})_{i=1,\cdots,m,j=1,\cdots,n}\end{aligned}$$

- $\mathbf{A}$ 가 $m\times n$ 행렬이고 k 가 스칼라일 때, 행렬의 스칼라배는 주어진 스칼라를 행렬의 각 원소에 곱하는 것으로 정의된다.

$$k\mathbf{A} = \begin{pmatrix} ka_{11} & ka_{12} & \cdots & ka_{1n} \\ ka_{21} & ka_{22} & \cdots & ka_{2n} \\ \vdots & & & \vdots \\ ka_{m1} & ka_{m2} & \cdots & ka_{mn} \end{pmatrix} = (ka_{ij})_{i=1,\cdots,m,j=1,\cdots,n}$$

- $\mathbf{A}$ 가 $m\times p$ 행렬이고 $\mathbf{B}$ 가 $p\times n$ 행렬일 때, 곱해진 행렬 $\mathbf{AB}$ 의 크기는 $m\times n$ 이며, 다음과 같이 정의된다.

$$\begin{aligned}\mathbf{AB} &= \begin{pmatrix} a_{11} & a_{12} & \cdots & a_{1p} \\ a_{21} & a_{22} & \cdots & a_{2p} \\ \vdots & & & \vdots \\ a_{m1} & a_{m2} & \cdots & a_{mp} \end{pmatrix} \begin{pmatrix} b_{11} & b_{12} & \cdots & b_{1n} \\ b_{21} & b_{22} & \cdots & b_{2n} \\ \vdots & & & \vdots \\ b_{p1} & b_{p2} & \cdots & b_{pn} \end{pmatrix} \\ &= \begin{pmatrix} a_{11}b_{11}+a_{12}b_{21}+a_{1p}b_{p1} & \cdots & a_{11}b_{1n}+a_{12}b_{2n}+a_{1p}b_{pn} \\ a_{21}b_{11}+a_{22}b_{21}+a_{2p}b_{p1} & \cdots & a_{21}b_{1n}+a_{22}b_{2n}+a_{2p}b_{pn} \\ \vdots & & \vdots \\ a_{m1}b_{11}+a_{m2}b_{21}+a_{mp}b_{p1} & \cdots & a_{m1}b_{1n}+a_{m2}b_{2n}+a_{mp}b_{pn} \end{pmatrix} \\ &= \left(\sum_{k=1}^{p} a_{ik}b_{kj}\right)_{i=1,\cdots,m,j=1,\cdots,n}\end{aligned}$$

예제 6.1.3. 행렬 $\mathbf{A}$, $\mathbf{B}$, $\mathbf{C}$ 에 대하여, $-2\mathbf{A}$, $\mathbf{B}+\mathbf{C}$, $\mathbf{AB}$ 를 계산하라.

$$\mathbf{A} = \begin{pmatrix} 5 & 8 \\ 1 & 0 \\ 2 & 7 \end{pmatrix}, \quad \mathbf{B} = \begin{pmatrix} -4 & -3 \\ 2 & 0 \end{pmatrix}, \quad \mathbf{C} = \begin{pmatrix} 1 & 2 \\ 3 & 4 \end{pmatrix}$$

풀이.

$$-2\mathbf{A} = \begin{pmatrix} (-2)\cdot 5 & (-2)\cdot 8 \\ (-2)\cdot 1 & (-2)\cdot 0 \\ (-2)\cdot 2 & (-2)\cdot 7 \end{pmatrix} = \begin{pmatrix} -10 & -16 \\ -2 & 0 \\ -4 & -14 \end{pmatrix}$$

이고

$$\mathbf{B}+\mathbf{C} = \begin{pmatrix} -4+1 & -3+2 \\ 2+3 & 0+4 \end{pmatrix} = \begin{pmatrix} -3 & -1 \\ 5 & 4 \end{pmatrix}$$

이다.

$\mathbf{A}$ 의 크기가 3×2 이고 $\mathbf{B}$ 의 크기가 2×2 이므로 서로 $\mathbf{AB}$ 할 수 있고, 행렬 $\mathbf{AB}$ 의 크기는 3×2 행렬이다.

$$\begin{aligned} \mathbf{AB} &= \begin{pmatrix} 5\cdot(-4)+8\cdot 2 & 5\cdot(-3)+8\cdot 0 \\ 1\cdot(-4)+0\cdot 2 & 1\cdot(-3)+0\cdot 0 \\ 2\cdot(-4)+7\cdot 2 & 2\cdot(-3)+7\cdot 0 \end{pmatrix} \\ &= \begin{pmatrix} -4 & -15 \\ -4 & -3 \\ 6 & -6 \end{pmatrix} \end{aligned}$$

그러나, 행렬 $\mathbf{B}$ 또는 행렬 $\mathbf{C}$ 는 2×2 이고 $\mathbf{A}$ 의 크기가 3×2 이므로 $\mathbf{BA}$ 와 $\mathbf{CA}$ 는 할 수 없다. □

유제 6.1.4. 행렬곱 $\mathbf{AB}$ 를 구하라.

$$\mathbf{A} = \begin{pmatrix} 4 & 2 \\ 1 & 4 \end{pmatrix}, \quad \mathbf{B} = \begin{pmatrix} 1 & -1 & 2 \\ 0 & 2 & -4 \end{pmatrix}$$

♣ 정답. $\mathbf{AB} = \begin{pmatrix} 4 & 0 & 0 \\ 1 & 7 & -14 \end{pmatrix}$

정리 **6.1.5.** (행렬의 연산에 대한 성질)
$\mathbf{A}$ 와 $\mathbf{B}$, $\mathbf{C}$ 가 $m \times n$ 행렬이고, k_1 과 k_2 는 스칼라일 때, 다음이 성립한다.

(1) $\mathbf{A}+\mathbf{B}=\mathbf{B}+\mathbf{A}$ (덧셈의 교환법칙)

(2) $\mathbf{A}+(\mathbf{B}+\mathbf{C})=(\mathbf{A}+\mathbf{B})+\mathbf{C}$ (덧셈의결합법칙)

(3) $(k_1k_2)\mathbf{A}=k_1(k_2\mathbf{A})$

(4) $1\mathbf{A}=\mathbf{A}$

(5) $k_1(\mathbf{A}+\mathbf{B})=k_1\mathbf{A}+k_1\mathbf{B}$ (분배법칙)

(6) $(k_1+k_2)\mathbf{A}=k_1\mathbf{A}+k_2\mathbf{A}$ (분배법칙)

(7) $\mathbf{A}(\mathbf{BC})=(\mathbf{AB})\mathbf{C}$ (곱셈의 결합법칙)

(8) $\mathbf{A}(\mathbf{B}+\mathbf{C})=\mathbf{AB}+\mathbf{AC}$ (곱셈의 분배법칙)

(9) $(\mathbf{B}+\mathbf{C})\mathbf{A}=\mathbf{BA}+\mathbf{CA}$ (곱셈의 분배법칙)

(주의) 행렬의 곱셈에서는 교환법칙이 성립하지 않는다. 즉,

$$\mathbf{AB} \neq \mathbf{BA}$$

이다. 예를 들면,

$$\mathbf{A}=\begin{pmatrix} 4 & 7 \\ 3 & 5 \end{pmatrix}, \qquad \mathbf{B}=\begin{pmatrix} 9 & -2 \\ 6 & 8 \end{pmatrix}$$

일 때

$$\mathbf{AB}=\begin{pmatrix} 4 & 7 \\ 3 & 5 \end{pmatrix}\begin{pmatrix} 9 & -2 \\ 6 & 8 \end{pmatrix}=\begin{pmatrix} 78 & 48 \\ 57 & 34 \end{pmatrix}$$

$$\mathbf{BA}=\begin{pmatrix} 9 & -2 \\ 6 & 8 \end{pmatrix}\begin{pmatrix} 4 & 7 \\ 3 & 5 \end{pmatrix}=\begin{pmatrix} 30 & 53 \\ 48 & 82 \end{pmatrix}$$

이므로 $\mathbf{AB} \neq \mathbf{BA}$ 이다.

유제 6.1.6. 일반적으로 다음 등식이 성립하지 않는 이유를 설명하라.
(1) $(\mathbf{A}+\mathbf{B})^2=\mathbf{A}^2+2\mathbf{AB}+\mathbf{B}^2$ (2) $(\mathbf{A}+\mathbf{B})(\mathbf{A}-\mathbf{B})=\mathbf{A}^2-\mathbf{B}^2$

(주의) 행렬의 곱에서는 소약법칙(cancellation law)이 성립하지 않는다. 즉, $\mathbf{AB}=\mathbf{AC}$, $\mathbf{A} \neq \mathbf{O}$ 일 때, 반드시 $\mathbf{B}=\mathbf{C}$ 인 것은 아니다. 또 $\mathbf{AB}=\mathbf{O}$ 일 때, 반드시 $\mathbf{A}=\mathbf{O}$ 또는 $\mathbf{B}=\mathbf{O}$ 인 것은 아니다.

정의 6.1.7. (행렬의 종류)

(1) **영행렬** : 모든 원소가 0 인 행렬

(2) **전치행렬** : 행과 열을 차례로 바꾼 행렬 ($\mathbf{A}$ 의 전치행렬을 $\mathbf{A}^T$ 로 나타낸다)

(3) **정사각행렬** : 행의 수와 열의 수가 같은 행렬

(4) **삼각행렬** : 주대각선 아래 쪽의 모든 원소 또는 위 쪽의 모든 원소가 0 인 정사각행렬

(5) **대각행렬** : 주대각선 위에 있지 않은 모든 원소가 0 인 정사각행렬

(6) **단위행렬** : 주대각원소가 모두 1 이고 나머지 원소는 0 인 정사각행렬 (주대각 원소가 모두 1 인 대각행렬)(단위행렬을 $\mathbf{I}$ 또는 $\mathbf{E}$ 로 나타낸다)

(7) **대칭행렬** : $\mathbf{A} = \mathbf{A}^T$ 인 정사각행렬 $\mathbf{A}$

(8) **반대칭행렬** : $\mathbf{A} = -\mathbf{A}^T$ 인 정사각행렬 $\mathbf{A}$ (반대칭행렬의 주대각원소는 모두 0 이다)

(9) **역행렬** : $\mathbf{AB} = \mathbf{BA} = \mathbf{I}$ 일 때, $\mathbf{B}$ 를 $\mathbf{A}$ 의 역행렬이라 한다. ($\mathbf{B}$ 를 $\mathbf{A}^{-1}$ 로 나타낸다)

(10) **직교행렬** : $\mathbf{A}^T\mathbf{A} = \mathbf{I}$ 또는 $\mathbf{A}^{-1} = \mathbf{A}^T$ 인 정사각행렬 $\mathbf{A}$ (직교행렬의 각 열벡터는 그 크기가 1 이고 서로 직교한다)

예제 6.1.8. 행렬 A 의 전치행렬을 구하라.

$$\mathbf{A} = \begin{pmatrix} 4 & 2 & -1 \\ 0 & 7 & 5 \end{pmatrix}$$

풀이.

$$\mathbf{A}^T = \begin{pmatrix} 4 & 0 \\ 2 & 7 \\ -1 & 5 \end{pmatrix}$$

이다. □

유제 6.1.9. 행렬 $\mathbf{B}$ 의 전치행렬을 구하라.

$$\mathbf{B} = \begin{pmatrix} 1 & -2 \\ 0 & \pi \\ -3 & 5 \end{pmatrix}$$

유제 6.1.10. 왜 반대칭행렬의 주대각성분은 모두 0 인지를 알아보고, 그 이유를 설명하라.

예제 6.1.11. 다음 정사각행렬들의 종류를 말하라.

$$\mathbf{A} = \begin{pmatrix} 4 & 0 & 0 \\ 0 & -1 & 0 \\ 0 & 0 & 3 \end{pmatrix}, \mathbf{B} = \begin{pmatrix} 1 & 5 & 3 \\ 5 & -1 & -4 \\ 3 & -4 & 2 \end{pmatrix}, \mathbf{C} = \begin{pmatrix} 0 & -5 & 3 \\ 5 & 0 & -4 \\ -3 & 4 & 0 \end{pmatrix}$$

$$\mathbf{D} = \begin{pmatrix} 4 & 1 & 0 \\ 0 & -1 & 2 \\ 0 & 0 & 3 \end{pmatrix}, \mathbf{E} = \begin{pmatrix} 1 & 0 & 0 \\ 5 & -1 & 0 \\ 3 & -4 & 2 \end{pmatrix}, \mathbf{F} = \begin{pmatrix} \cos\theta & -\sin\theta \\ \sin\theta & \cos\theta \end{pmatrix}$$

풀이. $\mathbf{A}$는 대각행렬이고, $\mathbf{B}$는 대칭행렬이며, $\mathbf{C}$는 반대칭행렬이다. $\mathbf{D}$와 $\mathbf{E}$는 모두 삼각행렬이다. $\mathbf{F}$는 직교행렬인데, 이것은

$$\mathbf{F}^T\mathbf{F} = \begin{pmatrix} \cos\theta & \sin\theta \\ -\sin\theta & \cos\theta \end{pmatrix}\begin{pmatrix} \cos\theta & -\sin\theta \\ \sin\theta & \cos\theta \end{pmatrix} = \begin{pmatrix} 1 & 0 \\ 0 & 1 \end{pmatrix}$$

을 통하여 확인할 수 있다. 이 행렬은 주로 평면에 있는 좌표를 각 θ만큼 반시계방향으로 회전시키는 것을 표현하기 위하여 사용된다. □

함수로서의 행렬: 선형변환

행렬을 사용하여 표현할 수 있는 함수로서, $\mathbf{R}^n$에서 $\mathbf{R}^m$으로의 선형변환 $L(\mathbf{u}) = \mathbf{v}$을 생각해보자. 이것을 스칼라 함수 $y = f(x)$와 비교해보면, 입력변수 x가 $\mathbf{u} \in \mathbf{R}^n$, 출력변수 y가 $\mathbf{v} \in \mathbf{R}^n$와 대응되며, f가 L에 대응됨을 알 수 있다. 즉, L은 벡터 공간에서 벡터공간으로의 함수이다. $\mathbf{u} \in \mathbf{R}^n$, $\mathbf{v} \in \mathbf{R}^n$과 임의의 스칼라 k에 대하여 변환 $L : \mathbf{R}^n \to \mathbf{R}^m$이 다음 두 조건을 만족하면, L을 $\mathbf{R}^n$에서 $\mathbf{R}^m$으로의 **선형변환**(linear transformation)이라고 한다.

$$(1)\ L(\mathbf{u} + \mathbf{v}) = L(\mathbf{u}) + L(\mathbf{v}), \qquad (2)\ L(k\mathbf{u}) = kL(\mathbf{u}),\ k \in \mathbf{R}$$

일반적으로 $\mathbf{R}^2$에서 $\mathbf{R}^2$로 가는 선형변환은 다음과 같이 표현된다.

$$\begin{aligned} x' &= ax + by \\ y' &= cx + dy \end{aligned}$$

행렬을 이용하여 이 선형변환을 표현해보면,

$$\begin{pmatrix} x' \\ y' \end{pmatrix} = \begin{pmatrix} a & b \\ c & d \end{pmatrix}\begin{pmatrix} x \\ y \end{pmatrix}$$

또는

$$L(\mathbf{x}) = \mathbf{A}\mathbf{x}$$

로 간단히 표현할 수 있는데, 여기서

$$\mathbf{A} = \begin{pmatrix} a & b \\ c & d \end{pmatrix}, \quad \mathbf{x} = \begin{pmatrix} x \\ y \end{pmatrix}$$

이다.

일반적으로 행렬변환은 선형변환이다. 왜냐하면 (1) $L(\mathbf{u}+\mathbf{v}) = \mathbf{A}(\mathbf{u}+\mathbf{v}) = \mathbf{A}\mathbf{u}+\mathbf{A}\mathbf{v} = L(\mathbf{u})+\mathbf{L}(\mathbf{v})$ 이 성립하고, (2) $L(k\mathbf{u}) = \mathbf{A}(k\mathbf{u}) = k(\mathbf{A}\mathbf{u}) = kL(\mathbf{u})$ 가 성립하기 때문이다.

예제 6.1.12. 다음 변환 $L : \mathbf{R}^3 \to \mathbf{R}^3$ 을 행렬로 표현하고, 이것이 선형변환임을 보이라.

$$L(x, y, z) = (x, x+y, x+y+z)$$

풀이.

$$L(x, y, z) = \begin{pmatrix} x' \\ y' \\ z' \end{pmatrix} = \begin{pmatrix} 1 & 0 & 0 \\ 1 & 1 & 0 \\ 1 & 1 & 1 \end{pmatrix} \begin{pmatrix} x \\ y \\ z \end{pmatrix}$$

은 행렬변환이므로 L 은 선형변환이다. □

유제 6.1.13. 다음 변환 L 을 행렬로 표현한 후, 이것이 선형변환임을 보이고, 이 선형변환이 평면의 그림을 어떤 식으로 움직이는지 설명하라.

$$L(x, y) = \left(\frac{1}{\sqrt{2}}x - \frac{1}{\sqrt{2}}y, \ \frac{1}{\sqrt{2}}x + \frac{1}{\sqrt{2}}y \right)$$

♣ 정답. 이것은 평면 위의 이미지를 반시계 방향으로 45° 회전하는 선형변환이다.

연습문제 6.1

1. 행렬 $\mathbf{A}$ 와 $\mathbf{B}$ 에 대하여 다음을 계산하라.

$$\mathbf{A} = \begin{pmatrix} -1 & 2 & 1 \\ 3 & -1 & 2 \end{pmatrix}, \quad \mathbf{B} = \begin{pmatrix} 2 & 3 & 0 \\ 1 & 4 & -2 \end{pmatrix}$$

(1) $\mathbf{A}+\mathbf{B}$ (2) $3\mathbf{A}$ (3) $2\mathbf{A}+\mathbf{B}$ (4) $3\mathbf{A}-2\mathbf{B}$

2. 행렬 $\mathbf{A}$, $\mathbf{B}$ 와 $\mathbf{C}$ 에 대하여 다음을 계산하라.

$$\mathbf{A} = \begin{pmatrix} 1 & 3 \\ 2 & -1 \end{pmatrix}, \quad \mathbf{B} = \begin{pmatrix} 2 & 0 & -4 \\ 3 & -2 & 6 \end{pmatrix}, \quad \mathbf{C} = \begin{pmatrix} 1 & -2 \\ -1 & 3 \\ 3 & -1 \end{pmatrix}$$

(1) **AB** (2) **CA** (3) **A(BC)** (4) **(AB)C**

3. 모든 정사각행렬은 대칭행렬과 반대칭행렬의 합으로 표현할 수 있다. **A** 를 대칭행렬과 반대칭행렬의 합으로 표시하라.

$$\mathbf{A} = \begin{pmatrix} 4 & 4 & 2 \\ 0 & -1 & 0 \\ 0 & 10 & 3 \end{pmatrix}$$

4. 선형변환의 정의를 이용하여 다음 변환 L 이 선형변환인지 판단하라. 또한 이들을 행렬로 표현하라.
(1) $L(x, y) = (x, y, x-y)$ (2)$L(x, y) = (x, y+1)$ (3) $L(x, y) = (2x, 5y)$

5. 평면 위의 점을 (a, b) 만큼 이동시키는 변환을 구하라.

♣ 정답.

1. (1) $\begin{pmatrix} 1 & 5 & 1 \\ 4 & 3 & 0 \end{pmatrix}$ (2) $\begin{pmatrix} -3 & 6 & 3 \\ 9 & -3 & 6 \end{pmatrix}$

(3) $\begin{pmatrix} 0 & 7 & 2 \\ 7 & 2 & 2 \end{pmatrix}$ (4) $\begin{pmatrix} -7 & 0 & 3 \\ 7 & -11 & 10 \end{pmatrix}$

2. (1) $\begin{pmatrix} 11 & -6 & 14 \\ 1 & 2 & -14 \end{pmatrix}$ (2) $\begin{pmatrix} -3 & 5 \\ 5 & -6 \\ 1 & 10 \end{pmatrix}$

(3) $\begin{pmatrix} 59 & -54 \\ -43 & 18 \end{pmatrix}$ (4) $\begin{pmatrix} 59 & -54 \\ -43 & 18 \end{pmatrix}$

3. **A** 를 임의의 정사각행렬이라 할 때, $\dfrac{\mathbf{A}+\mathbf{A}^T}{2}$ 는 대칭행렬이고 $\dfrac{\mathbf{A}-\mathbf{A}^T}{2}$ 는 반대칭행렬이다. 즉, $\mathbf{A} = \dfrac{\mathbf{A}+\mathbf{A}^T}{2} + \dfrac{\mathbf{A}-\mathbf{A}^T}{2}$ 이다. 따라서 행렬 **A** 는

$$\mathbf{A} \;=\; \begin{pmatrix} 4 & 4 & 2 \\ 0 & -1 & 0 \\ 0 & 10 & 3 \end{pmatrix} = \begin{pmatrix} 4 & 2 & 1 \\ 2 & -1 & 5 \\ 1 & 5 & 3 \end{pmatrix} + \begin{pmatrix} 0 & 2 & 1 \\ -2 & 0 & -5 \\ -1 & 5 & 0 \end{pmatrix}$$

4. (1) 선형변환이다. (2) 선형변환이 아니다. (3) 선형변환이다.

5. 모든 좌표 (x, y)를 $(x, y, 1)$로 표현하는 동차좌표계를 도입하여 계산하고, 결과를 읽기 위해서 마지막 좌표인 1을 무시한다.

$$L(x, y, 1) = \begin{pmatrix} 1 & 0 & a \\ 0 & 1 & b \\ 0 & 0 & 1 \end{pmatrix} \begin{pmatrix} x \\ y \\ 1 \end{pmatrix} = \begin{pmatrix} x+a \\ y+b \\ 1 \end{pmatrix}$$

6.2 행렬식

이 절에서는 **행렬식**(determinant)에 대하여 살펴보자. 행렬 $\mathbf{A}$의 행렬식은 $\det \mathbf{A}$ 또는 $|\mathbf{A}|$로 표현한다. 모든 행렬식에는 하나의 값(스칼라)이 대응한다. 이 값을 행렬식의 값 또는 간단히 행렬식이라고 한다.

정의 6.2.1. 2×2 행렬 $\mathbf{A}$의 행렬식 (의 값)은 다음과 같다.

$$\det \mathbf{A} = |\mathbf{A}| = \begin{vmatrix} a_{11} & a_{12} \\ a_{21} & a_{22} \end{vmatrix} = a_{11}a_{22} - a_{12}a_{21}$$

2차 행렬식(의 값)은 $\mathbf{A}$의 주대각선 원소의 곱에서 다른 대각선 원소의 곱을 뺀 것임을 기억하자.

예제 6.2.2. 주어진 행렬 $\mathbf{A}$와 $\mathbf{B}$의 행렬식을 구하라.

$$\mathbf{A} = \begin{pmatrix} 6 & -3 \\ 5 & 9 \end{pmatrix}, \qquad \mathbf{B} = \begin{pmatrix} 2 & 0 \\ -3 & 4 \end{pmatrix}$$

풀이.

$$\det \mathbf{A} = |\mathbf{A}| = \begin{vmatrix} 6 & -3 \\ 5 & 9 \end{vmatrix} = (6)(9) - (-3)(5) = 69$$

$$\det \mathbf{B} = |\mathbf{B}| = \begin{vmatrix} 2 & 0 \\ -3 & 4 \end{vmatrix} = 2(4) - (0)(-3) = 8$$

□

정의 6.2.3. 3×3 행렬 $\mathbf{A}$ 의 행렬식은 다음과 같다.

$$\begin{aligned}\det \mathbf{A} &= \begin{vmatrix} a_{11} & a_{12} & a_{13} \\ a_{21} & a_{22} & a_{23} \\ a_{31} & a_{32} & a_{33} \end{vmatrix} \\ &= a_{11}a_{22}a_{33} + a_{12}a_{23}a_{31} + a_{13}a_{21}a_{32} \\ &\quad - a_{13}a_{22}a_{31} - a_{12}a_{21}a_{33} - a_{11}a_{23}a_{32}\end{aligned}$$

3차 행렬식(의 값)은 $\mathbf{A}$ 의 주대각선 방향의 세개 원소의 곱을 모두 더하고, 나머지 대각선 방향의 세 개 원소의 곱을 모두 뺀 것임을 기억하자.

예제 6.2.4.

$$\mathbf{A} = \begin{pmatrix} 2 & -1 & 7 \\ 6 & 0 & 3 \\ 1 & 0 & 3 \end{pmatrix}$$

에 대하여,

$$\begin{aligned}\det \mathbf{A} &= 2 \cdot 0 \cdot 3 + (-1) \cdot 3 \cdot 1 + 7 \cdot 6 \cdot 0 \\ &\quad - 7 \cdot 0 \cdot 1 - (-1) \cdot 6 \cdot 3 - 2 \cdot 3 \cdot 0 \\ &= 15\end{aligned}$$

이다.

위에서 정의한 2차와 3차 행렬식을 구하는 방법을 사루스(Sarrus)의 방법 [2] 이라고 하는데, 불행히도 이 방법은 4차 이상의 행렬식에 대하여는 쓸모가 없다. 따라서 모든 행렬식을 구하는데 쓰이는 일반적인 방법인 여인수전개방법을 소개한다.

여인수전개방법

편의상 3차행렬식에서 설명한다. 정의 **6.2.3** 의 $\det \mathbf{A}$ 를 인수분해하면

$$\det \mathbf{A} = a_{11}(a_{22}a_{33} - a_{23}a_{32}) + a_{12}(-a_{21}a_{33} + a_{23}a_{31}) + a_{13}(a_{21}a_{32} - a_{22}a_{31})$$

이고, 정의 **6.2.1** 에 의하여 이것은

$$\det \mathbf{A} = a_{11} \begin{vmatrix} a_{22} & a_{23} \\ a_{32} & a_{33} \end{vmatrix} + a_{12}(-1) \begin{vmatrix} a_{21} & a_{23} \\ a_{31} & a_{33} \end{vmatrix} + a_{13} \begin{vmatrix} a_{21} & a_{22} \\ a_{31} & a_{32} \end{vmatrix}$$

[2] 2차 행렬식은 평행사변형의 면적, 3차행렬식은 평행육면체의 체적과 관련이 있다.

임을 알 수 있다. 여기서,

$$C_{11} = \begin{vmatrix} a_{22} & a_{23} \\ a_{32} & a_{33} \end{vmatrix},\ C_{12} = -\begin{vmatrix} a_{21} & a_{23} \\ a_{31} & a_{33} \end{vmatrix},\ C_{13} = \begin{vmatrix} a_{21} & a_{22} \\ a_{31} & a_{32} \end{vmatrix}$$

라고 두면,

$$\det \mathbf{A} = a_{11}C_{11} + a_{12}C_{12} + a_{13}C_{13}$$

이다. 이때, C_{11}, C_{12}, C_{13} 를 각각 행렬 $\mathbf{A}$ 의 1 행 a_{11},a_{12}, a_{13} 의 **여인수**(cofactor)라 하고 $\det \mathbf{A}$ 는 제 1 행에 대하여(따라서), **여인수전개되었다**고 한다.

일반적으로 a_{ij} 의 여인수는 행렬식

$$C_{ij} = (-1)^{i+j} M_{ij} \tag{6.1}$$

이다. 여기서 행렬식 M_{ij} 는 $\mathbf{A}$ 의 i 행과 j 열을 제거하여 얻어진 부분행렬의 행렬로서 원소 a_{ij} 의 **소행렬식** 이라 한다. 즉, 여인수는 부호가 붙은 소행렬식이다. 특히, 3×3 행렬식의 부호인수 $(-1)^{i+j}$ 는 다음과 같다.

$$\begin{matrix} + & - & + \\ - & + & - \\ + & - & + \end{matrix}$$

위에서 우리는 $\det \mathbf{A}$ 를 제 1 행에 대하여 여인수전개하여 구했다. 정리 6.2.8 의 행렬식의 성질 (1) 에 따라 $\det \mathbf{A}$ 는 다른 행이나 다른 열 등에 대하여 여인수전개하여 행렬식을 계산해도 그 결과는 같다.

위 방법을 확장하여, 크기가 큰 행렬식도 다음과 같이 구할 수 있다.

정리 **6.2.5.** (행렬식의 여인수 전개)
$\mathbf{A} = (a_{ij})$ 가 $n \times n$ 행렬이라 하자. 모든 $1 \leq i \leq n$ 에 대하여, i 행을 따르는 $\det \mathbf{A}$ 의 여인수 전개는 다음과 같다.

$$\det \mathbf{A} = a_{i1}C_{i1} + a_{i2}C_{i2} + \cdots + a_{in}C_{in}$$

또한 각 $1 \leq j \leq n$ 에 대하여, j 열을 따르는 $\det \mathbf{A}$ 의 여인수 전개는 다음과 같다.

$$\det \mathbf{A} = a_{1j}C_{1j} + a_{2j}C_{2j} + \cdots + a_{nj}C_{nj}$$

이때 두 결과는 같다.

여인수에 대한 부호인수는 다음과 같다.

$$\begin{matrix} + & - & + & - & + & \cdots \\ - & + & - & + & - & \cdots \\ + & - & + & - & + & \cdots \\ - & + & - & + & - & \cdots \\ + & - & + & - & + & \cdots \\ \vdots & \vdots & \vdots & \vdots & \vdots & \end{matrix}$$

예제 6.2.6. 다음 행렬의 행렬식을 여인수전개방법으로 구하라.

$$\mathbf{A} = \begin{pmatrix} 2 & -1 & 7 \\ 6 & 0 & 3 \\ 1 & 0 & 3 \end{pmatrix}$$

풀이. 제 1행을 따라 여인수전개하면 다음과 같다.

$$\det \mathbf{A} = \begin{vmatrix} 2 & -1 & 7 \\ 6 & 0 & 3 \\ 1 & 0 & 3 \end{vmatrix} = 2C_{11} + (-1)C_{12} + 7C_{13}$$

$\mathbf{A}$의 제 1행에 있는 원소들의 여인수들은 다음과 같다.

$$C_{11} = (-1)^{1+1} \begin{vmatrix} 0 & 3 \\ 0 & 3 \end{vmatrix}, C_{12} = (-1)^{1+2} \begin{vmatrix} 6 & 3 \\ 1 & 3 \end{vmatrix}, C_{13} = (-1)^{1+3} \begin{vmatrix} 6 & 0 \\ 1 & 0 \end{vmatrix}$$

따라서 $\det \mathbf{A}$는 다음과 같이 얻어진다.

$$\begin{aligned} \det \mathbf{A} &= 2(-1)^{1+1} \begin{vmatrix} 0 & 3 \\ 0 & 3 \end{vmatrix} + (-1)(-1)^{1+2} \begin{vmatrix} 6 & 3 \\ 1 & 3 \end{vmatrix} + 7(-1)^{1+3} \begin{vmatrix} 6 & 0 \\ 1 & 0 \end{vmatrix} \\ &= 2[(0)(3) - (3)(0)] + 1[(6)(3) - (3)(1)] + 7[(6)(0) - (0)(1)] = 15 \end{aligned}$$

앞의 예제에서 동일한 행렬 $\mathbf{A}$의 행렬식을 사루스 방법으로 계산하였는데, 이 결과와 같음을 알 수 있다. 행렬식을 전개할 때, 0이 많은 행 또는 열에 대하여 여인수전개를 하면, 계산이 매우 간편하다. □

유제 6.2.7. 다음 행렬의 행렬식을 여인수전개방법으로 구하라.

$$\mathbf{A} = \begin{pmatrix} 1 & 2 & 3 \\ 2 & 3 & 1 \\ 3 & 1 & 2 \end{pmatrix}$$

♣ 정답. -18

(행렬식의 성질)

$\mathbf{A}$ 가 $n \times n$ 행렬일 때, 다음이 성립한다.

(1) $\mathbf{A}^T$ 가 행렬 $\mathbf{A}$ 의 전치행렬이면, $\det \mathbf{A}^T = \det \mathbf{A}$ 이다.

(2) 행렬 $\mathbf{A}$ 의 임의의 두 행(또는 열)이 같거나 비례하면 $\det \mathbf{A} = 0$ 이다.

(3) $\mathbf{A}$ 가 삼각행렬이면, $\det \mathbf{A} = a_{11}a_{22}\cdots a_{nn}$ 이다. (여기서, a_{11}, a_{22}, $\cdots$, a_{nn} 은 $\mathbf{A}$ 의 주대각원소이다)

(4) $\mathbf{B}$ 가 행렬 $\mathbf{A}$ 의 임의의 두 행(또는 열)을 서로 맞바꾸어서 얻은 행렬이라 하면 $\det \mathbf{B} = -\det \mathbf{A}$ 이다.

(5) $\mathbf{B}$ 가 행렬 $\mathbf{A}$ 의 임의의 한 행(또는 열)에 0 이 아닌 수 k 를 곱하여 얻어진 행렬이라 하면 $\det \mathbf{B} = k \det \mathbf{A}$ 이다.

(6) $\mathbf{B}$ 가 행렬 $\mathbf{A}$ 의 한 행(또는 열)에 수 k 를 곱한 후, 이를 다른 행(또는 열)에 더하여 얻은 행렬이라 하면 $\det \mathbf{B} = \det \mathbf{A}$ 이다.

(7) $\det \mathbf{AB} = \det \mathbf{A} \ \det \mathbf{B}$ 이다.

(8) 행렬 $\mathbf{A}$, $\mathbf{B}$, $\mathbf{C}$ 가 k 행만 다른 $n \times n$ 행렬이라고 하자. $\mathbf{C}$ 의 k 행이 $\mathbf{A}$ 의 k 행과 $\mathbf{B}$ 의 k 행의 합이면, $\det \mathbf{C} = \det \mathbf{A} + \det \mathbf{B}$ 이다.

크기가 작은 행렬에 대하여, 위의 성질들이 성립하는지 각자 살펴보도록 하자. 여기서 행렬식의 성질이 행렬의 연산과 다름을 구분할 줄 알아야 한다.

다음 예는 행렬식의 설질 (6)을 이용하여, 행렬의 몇 개의 원소를 0 으로 바꾸어 준 후 행렬식을 구하는 예이다.

예제 6.2.8. 다음 행렬의 행렬식을 구하라.

$$\mathbf{A} = \begin{pmatrix} 1 & 1 & 1 \\ -2 & 7 & 3 \\ 2 & 3 & 5 \end{pmatrix}$$

풀이. 행렬식의 성질 (6)을 이용하여 행렬식을 계산해보자. 제 1 행에 2 를 곱한 것을 제 2 행에 더하고, 동시에 제 1 행에 -2 를 곱하여 제 3 행에 더한다. 다음에 제 1 열에 대하여 여인수 전개하여 행렬식을 얻을 수 있다.

$$\det \mathbf{A} = \begin{vmatrix} 1 & 1 & 1 \\ -2 & 7 & 3 \\ 2 & 3 & 5 \end{vmatrix} = \begin{vmatrix} 1 & 1 & 1 \\ 0 & 9 & 5 \\ 0 & 1 & 3 \end{vmatrix} = \begin{vmatrix} 9 & 5 \\ 1 & 3 \end{vmatrix} = 27 - 5 = 22$$

□

유제 6.2.9. 행렬식의 성질(6)을 이용하여 다음 행렬의 행렬식을 구하라.

$$\mathbf{A} = \begin{pmatrix} 1 & 2 & 3 & 4 \\ 2 & 3 & 4 & 1 \\ 3 & 4 & 1 & 2 \\ 4 & 1 & 2 & 3 \end{pmatrix}$$

♣ 정답. 160

연습문제 6.2

1. 다음 방정식의 해를 구하라.

(1) $\begin{vmatrix} x & 1 & 1 \\ 1 & x & 1 \\ 1 & 1 & x \end{vmatrix} = 0$ (2) $\begin{vmatrix} x & 1 & 0 & x \\ 0 & x & x & 1 \\ 1 & x & x & 0 \\ x & 0 & 1 & x \end{vmatrix} = 0$

2. 다음 행렬의 행렬식을 계산하라. 3차 정사각행렬은 사루스의 방법과 여인수전개방법의 두 가지방법으로 연습하여라.

(1) $\begin{pmatrix} 1 & 1 & 5 \\ 4 & 3 & 6 \\ 0 & -1 & 1 \end{pmatrix}$ (2) $\begin{pmatrix} -2 & 2 & -6 \\ 5 & 0 & 1 \\ 1 & -2 & 2 \end{pmatrix}$

(3) $\begin{pmatrix} 2 & 9 & 1 & 8 \\ 1 & 3 & 7 & 4 \\ 0 & 1 & 6 & 5 \\ 3 & 1 & 4 & 2 \end{pmatrix}$ (4) $\begin{pmatrix} 5 & 1 & 2 & 4 \\ -1 & 0 & 2 & 3 \\ 1 & 1 & 6 & 1 \\ 1 & 0 & 0 & -4 \end{pmatrix}$

3. 다음 등식들을 증명하라.

(1) $\begin{vmatrix} b+c & c+a & a+b \\ a & b & c \\ 1 & 1 & 1 \end{vmatrix} = 0$

(2) $\begin{vmatrix} b+c & a & a \\ b & c+a & b \\ c & c & a+b \end{vmatrix} = 4abc$

(3) $\begin{vmatrix} 1 & 2 & 3 & 4 \\ 1^2 & 2^2 & 3^2 & 4^2 \\ 1^3 & 2^3 & 3^3 & 4^3 \\ 1^4 & 2^4 & 3^4 & 4^4 \end{vmatrix} = 4!3!2!$

(4) $\begin{vmatrix} 1 & 1 & 1 \\ x & y & z \\ y+z & x+z & x+y \end{vmatrix} = 0$

♣ 정답.

1. (1) $x = -2, \quad 1$ (2) $x = \frac{1}{2}, \quad -\frac{1}{2}$

2. (1) -15 (2) 38 (3) -465

(4)

$$\det \mathbf{A} = \begin{vmatrix} 5 & 1 & 2 & 4 \\ -1 & 0 & 2 & 3 \\ 1 & 1 & 6 & 1 \\ 1 & 0 & 0 & -4 \end{vmatrix} = \begin{vmatrix} 5 & 1 & 2 & 4 \\ -1 & 0 & 2 & 3 \\ -4 & 0 & 4 & -3 \\ 1 & 0 & 0 & -4 \end{vmatrix} = (-1)\begin{vmatrix} -1 & 2 & 3 \\ -4 & 4 & -3 \\ 1 & 0 & -4 \end{vmatrix}$$

$$= (-1)\begin{vmatrix} -1 & 2 & -1 \\ -4 & 4 & -19 \\ 1 & 0 & 0 \end{vmatrix} = (-1)(-1)^{3+1}\begin{vmatrix} 2 & -1 \\ 4 & -19 \end{vmatrix} = -(-38+4) = 34$$

3. (1)

$$\begin{vmatrix} b+c & c+a & a+b \\ a & b & c \\ 1 & 1 & 1 \end{vmatrix} = \begin{vmatrix} b+c+a & c+a+b & a+b+c \\ a & b & c \\ 1 & 1 & 1 \end{vmatrix} = 0$$

6.3 역행렬

두 행렬을 서로 곱했을 때 단위행렬이 되면 어느 한 행렬을 나머지 다른 행렬의 역행렬이라 한다.

정의 6.3.1. (역행렬)
$\mathbf{A}$가 $n \times n$ 행렬일 때, $n \times n$ 행렬 $\mathbf{B}$가 존재하여

$$\mathbf{AB} = \mathbf{BA} = \mathbf{I}$$

이면, 행렬 $\mathbf{B}$를 $\mathbf{A}$의 **역행렬**이라 하고 $\mathbf{A}^{-1}$로 표시한다. 만약 역행렬이 존재하면 유일하다.

이때, 역행렬을 가지는 행렬 $\mathbf{A}$를 **정칙행렬** 또는 **가역행렬** 또는 **비특이행렬** 이라 하고, 역행렬이 존재하지 않는 행렬을 **특이행렬**이라고 한다.
$\mathbf{A}$가 정칙이기 위한 필요충분조건은 $\det \mathbf{A} \neq 0$ 이고, $\mathbf{A}$가 특이이기 위한 필요충분조건은 $\det \mathbf{A} = 0$ 이다.

예제 6.3.2. 다음 행렬 $\mathbf{A}$와 $\mathbf{B}$에 대하여, 행렬 $\mathbf{A}$는 정칙행렬이고 행렬 $\mathbf{B}$는 $\mathbf{A}$의 역행렬임을 보이라.

$$\mathbf{A} = \begin{pmatrix} 2 & 1 \\ 1 & 1 \end{pmatrix}, \qquad \mathbf{B} = \begin{pmatrix} 1 & -1 \\ -1 & 2 \end{pmatrix}$$

풀이. 우선 행렬식은

$$\det \mathbf{A} = \begin{vmatrix} 2 & 1 \\ 1 & 1 \end{vmatrix} = 1 \neq 0$$

이므로 행렬 $\mathbf{A}$는 정칙이다. 두 행렬을 곱해보면,

$$\begin{aligned} \mathbf{AB} &= \begin{pmatrix} 2 & 1 \\ 1 & 1 \end{pmatrix}\begin{pmatrix} 1 & -1 \\ -1 & 2 \end{pmatrix} \\ &= \begin{pmatrix} 1 & 0 \\ 0 & 1 \end{pmatrix} \\ &= \mathbf{I} \end{aligned}$$

이므로 $\mathbf{B}$ 는 $\mathbf{A}$의 역행렬이다. □

유제 6.3.3. 다음 행렬 $\mathbf{A}$와 $\mathbf{B}$가 서로 역행렬임을 보이라.

$$\mathbf{A} = \begin{pmatrix} 1 & 2 \\ 3 & -4 \end{pmatrix}, \qquad \mathbf{B} = -\frac{1}{10}\begin{pmatrix} -4 & -2 \\ -3 & 1 \end{pmatrix}$$

♣ 정답. $\mathbf{AB} = \mathbf{I}$ 임을 보인다.

역행렬을 구하는 방법에는 두 가지가 있다. 하나는 크래머(Cramer)[3] 의 방법이고, 또 하나는 가우스-조르단(Gauss-Jordan)소거법이다. 이 절에서는 크래머의 방법을 사용하여 역행렬 구해 보자. 크래머의 방법은 이미 2차 정사각행렬의 역행렬을 구할 때 사용되었다.

역행렬을 구하는 크래머의 방법

이를 위해서는 아래 수반행렬(adjoint matrix)의 개념이 필요하다. 이때, 전치하는 것에 주의하라.

정의 6.3.4. (수반행렬)
$n \times n$ 행렬 $\mathbf{A}$ 의 각 원소에 대응하는 여인수로 이루어진 행렬의 전치행렬을 $\mathbf{A}$ 의 수반행렬이라고 부르고 adj $\mathbf{A}$ 로 표시한다.

$$\text{adj } \mathbf{A} = \begin{pmatrix} C_{11} & C_{12} & \cdots & C_{1n} \\ C_{21} & C_{22} & \cdots & C_{2n} \\ \vdots & \vdots & \ddots & \vdots \\ C_{n1} & C_{n2} & \cdots & C_{nn} \end{pmatrix}^T$$

정리 **6.3.5.** (역행렬을 구하는 크래머의 방법)
$\mathbf{A}$ 가 정사각행렬이고 $\det \mathbf{A} \neq 0$ 이면, $\mathbf{A}$ 의 역행렬 $\mathbf{A}^{-1}$ 는 다음과 같다.

$$\mathbf{A}^{-1} = \left(\frac{1}{\det \mathbf{A}}\right) adj\ \mathbf{A}$$

예제 6.3.6. 다음 행렬 $\mathbf{A}$ 의 역행렬을 구하라.

$$\mathbf{A} = \begin{pmatrix} 2 & 2 & 0 \\ -2 & 1 & 1 \\ 3 & 0 & 1 \end{pmatrix}$$

풀이.

$$C_{11} = \begin{vmatrix} 1 & 1 \\ 0 & 1 \end{vmatrix} = 1 \quad C_{12} = -\begin{vmatrix} -2 & 1 \\ 3 & 1 \end{vmatrix} = 5 \quad C_{13} = \begin{vmatrix} -2 & 1 \\ 3 & 0 \end{vmatrix} = -3$$

$$C_{21} = -\begin{vmatrix} 2 & 0 \\ 0 & 1 \end{vmatrix} = -2 \qquad C_{22} = \begin{vmatrix} 2 & 0 \\ 3 & 1 \end{vmatrix} = 2 \quad C_{23} = -\begin{vmatrix} 2 & 2 \\ 3 & 0 \end{vmatrix} = 6$$

[3] Gabriel Cramer(1704-1752) : 스위스의 수학자, 행렬식과 해석학에 업적을 남겼다.

$$C_{31} = \begin{vmatrix} 2 & 0 \\ 1 & 1 \end{vmatrix} = 2 \quad C_{32} = -\begin{vmatrix} 2 & 0 \\ -2 & 1 \end{vmatrix} = -2 \quad C_{33} = \begin{vmatrix} 2 & 2 \\ -2 & 1 \end{vmatrix} = 6$$

이므로 정리 6.3.5에 의하여 다음을 얻는다.

$$\mathbf{A}^{-1} = \frac{1}{12}\begin{pmatrix} 1 & 5 & -3 \\ -2 & 2 & 6 \\ 2 & -2 & 6 \end{pmatrix}^T = \begin{pmatrix} \frac{1}{12} & -\frac{1}{6} & \frac{1}{6} \\ \frac{5}{12} & \frac{1}{6} & -\frac{1}{6} \\ -\frac{1}{4} & \frac{1}{2} & \frac{1}{2} \end{pmatrix}$$

각자 $\mathbf{A}\mathbf{A}^{-1} = \mathbf{I}$ 임을 확인하여보기 바란다. □

유제 6.3.7. 다음 행렬 $\mathbf{A}$ 의 역행렬을 구하라.

$$\mathbf{A} = \begin{pmatrix} 1 & 0 & -1 \\ 1 & 2 & 1 \\ 2 & 2 & 3 \end{pmatrix}$$

♣ 정답. $\mathbf{A}^{-1} = \begin{pmatrix} \frac{2}{3} & -\frac{1}{3} & \frac{1}{3} \\ -\frac{1}{6} & \frac{5}{6} & -\frac{1}{3} \\ -\frac{1}{3} & -\frac{1}{3} & \frac{1}{3} \end{pmatrix}$

역행렬을 구하는 가우스-조르단 소거법은 다음 절에서 가우스 소거법을 설명한 다음, 연습문제 6.4에서 소개하기로 한다.

연습문제 6.3

1. 다음 행렬이 정칙인지, 특이인지를 조사하고 정칙이면 그 역행렬을 크래머의 방법으로 구하라.

(1) $\mathbf{A} = \begin{pmatrix} 3 & 2 \\ 1 & 2 \end{pmatrix}$ (2) $\mathbf{B} = \begin{pmatrix} 1 & 2 \\ 3 & 4 \end{pmatrix}$

(3) $\mathbf{C} = \begin{pmatrix} 1 & 1 & 1 \\ 0 & 1 & 1 \\ 0 & 0 & 1 \end{pmatrix}$ (4) $\mathbf{D} = \begin{pmatrix} 1 & 2 & 2 \\ 3 & 1 & 0 \\ 1 & 1 & 1 \end{pmatrix}$

♣ 정답.

(1) $\begin{pmatrix} \frac{1}{2} & -\frac{1}{2} \\ -\frac{1}{4} & \frac{3}{4} \end{pmatrix}$ (2) $\begin{pmatrix} -2 & 1 \\ \frac{3}{2} & -\frac{1}{2} \end{pmatrix}$ (3) $\begin{pmatrix} 1 & -1 & 0 \\ 0 & 1 & -1 \\ 0 & 0 & 1 \end{pmatrix}$ (4) $\begin{pmatrix} -1 & 0 & 2 \\ 3 & 1 & -6 \\ -2 & -1 & 5 \end{pmatrix}$

6.4 연립방정식

a, b, c가 실수일 때, 방정식 $ax+by=c$ 와 같이 변수 x, y 등에 대하여 일차인 방정식을 **선형방정식**이라고 한다. 두 개 이상의 선형방정식을 동시에 만족시키는 변수(미지수)의 값(해)을 찾는 문제를 연립방정식 문제라고 한다. 연립방정식 문제는 유일한 해, 무한히 많은 해 그리고 해가 없는 경우로 나누어진다.

정의 6.4.1. (선형연립방정식) n 개의 미지수로 이루어진 m 개의 선형연립방정식은 다음과 같다.

$$\begin{cases} a_{11}x_1 + a_{12}x_2 + \cdots + a_{1n}x_n &= b_1 \\ a_{21}x_1 + a_{22}x_2 + \cdots + a_{2n}x_n &= b_2 \\ \vdots & \\ a_{m1}x_1 + a_{m2}x_2 + \cdots + a_{mn}x_n &= b_m \end{cases}$$

이때, a_{ij} 를 연립방정식의 **계수**(coefficient) 라 하고, b_1, b_2, $\cdots$, b_m 은 (우변의) **상수항**이다. 상수항이 모두 0 인 연립방정식을 **동차연립방정식**(homogenous system) 이라 하고, 0 이 아닌 상수항이 적어도 하나 있으면 **비동차연립방정식**(non-homogenous system) 이라고 한다.

위 선형연립방정식은 행렬의 곱셈을 이용하여,

$$\mathbf{A}\mathbf{x} = \mathbf{b} \tag{6.2}$$

와 같이 표현된다. 여기서 계수행렬 $\mathbf{A}$ 는

$$\mathbf{A} = \begin{pmatrix} a_{11} & \cdots & a_{1n} \\ \vdots & & \vdots \\ a_{m1} & \cdots & a_{mn} \end{pmatrix}$$

이고, 두 열벡터는

$$\mathbf{x} = \begin{pmatrix} x_1 \\ x_2 \\ \vdots \\ x_n \end{pmatrix} \qquad \mathbf{b} = \begin{pmatrix} b_1 \\ b_2 \\ \vdots \\ b_n \end{pmatrix}$$

이다.

이제 연립방정식 문제를 해결하는 두 가지 방법을 소개한다. 이 두 가지 방법은 **크래머의 방법**과 **가우스 소거법** 이다. 크래머(Cramer)의 방법은 행렬식을 이용하고, 가우스(Gauss)소거법은 행렬을 이용한다. 그리고 또 가우스-조르단 소거법이 있는데, 차례로 설명하기로 한다.

연립방정식을 푸는 크래머의 방법

정리 **6.4.2.** (크래머의 방법)
연립방정식 $\mathbf{Ax} = \mathbf{b}$ 의 계수행렬 $\mathbf{A}$ 에 대하여, $\det\ \mathbf{A} \neq 0$ 이면, 연립방정식의 해 $\mathbf{x}$ 는 다음과 같다.

$$x_1 = \frac{\det \mathbf{A}_1}{\det \mathbf{A}}, \quad x_2 = \frac{\det \mathbf{A}_2}{\det \mathbf{A}}, \quad \cdots, \quad x_n = \frac{\det \mathbf{A}_n}{\det \mathbf{A}}$$

여기서 $\mathbf{A}_k$ 는 $\mathbf{A}$ 의 k 번째 열을 우변의 상수항열 $\mathbf{b}$ 로 바꾸어서 얻은 행렬이다.

예제 6.4.3. 크래머의 방법으로 다음 연립방정식을 풀어라.

$$\begin{cases} 3x_1 + 2x_2 + x_3 & = & 7 \\ x_1 - x_2 + 3x_3 & = & 3 \\ 5x_1 + 4x_2 - 2x_3 & = & 1 \end{cases}$$

풀이.

$$\det \mathbf{A} = \begin{vmatrix} 3 & 2 & 1 \\ 1 & -1 & 3 \\ 5 & 4 & -2 \end{vmatrix} = 13 \quad \det \mathbf{A}_1 = \begin{vmatrix} 7 & 2 & 1 \\ 3 & -1 & 3 \\ 1 & 4 & -2 \end{vmatrix} = -39,$$

$$\det \mathbf{A}_2 = \begin{vmatrix} 3 & 7 & 1 \\ 1 & 3 & 3 \\ 5 & 1 & -2 \end{vmatrix} = 78 \quad \det \mathbf{A}_3 = \begin{vmatrix} 3 & 2 & 7 \\ 1 & -1 & 3 \\ 5 & 4 & 1 \end{vmatrix} = 52$$

이므로 정리 6.4.2에 의하여 다음을 얻는다.

$$x_1 = \frac{\det \mathbf{A}_1}{\det \mathbf{A}} = -3, \quad x_2 = \frac{\det \mathbf{A}_2}{\det \mathbf{A}} = 6, \quad x_3 = \frac{\det \mathbf{A}_3}{\det \mathbf{A}} = 4$$

□

유제 6.4.4. 크래머의 방법을 이용하여 다음 연립방정식을 풀어라.

$$\begin{cases} 3x_1 + 2x_2 + x_3 & = & 5 \\ x_1 + x_2 + 2x_3 & = & 1 \\ 2x_1 + x_2 + x_3 & = & 2 \end{cases}$$

♣ 정답. $x_1 = 0, \quad x_2 = 3, \quad x_3 = -1$

위에서 보는 바와 같이, 크래머의 방법은 미지수의 개수와 식의 개수가 같고, 유일한 해가 존재하는 연립방정식에만 적용할 수 있다. 다시 말하면 계수행렬 $\mathbf{A}$ 가 정사각행렬이어야 하고, 또 $\det\ \mathbf{A} \neq 0$ 이어야 한다.

그러나 아래 소개하는 가우스 소거법은 모든 경우의 연립방정식 문제를 해결할 수 있다. 또한 계산속도나 메모리의 효율면에서 성능이 뛰어나기 때문에 연립방정식 문제를 해결하는 컴퓨터 알고리즘이 가우스 소거법을 사용하고 있다.

연립방정식을 푸는 가우스 소거법

가우스 소거법(Gauss[4] elimination : G.E.)는 변수를 소거하여 해를 찾는 방법으로서, 중학교 시절에 학습한 가감법과 다름없다. 연립방정식 $\mathbf{Ax} = \mathbf{b}$ 의 계수행렬 $\mathbf{A}$ 에 우변의 상수항열 $\mathbf{b}$ 를 가장 오른쪽 열에 첨가하여 만든 행렬을 **첨가행렬** 이라고 하고 $\tilde{\mathbf{A}}$ 로 쓴다. 예를 들면, 선형연립방정식

$$\begin{cases} x_1 - 5x_3 &= -1 \\ 2x_1 + 8x_2 &= 7 \\ x_2 + 9x_3 &= 1 \end{cases}$$

의 첨가행렬은

$$\tilde{\mathbf{A}} = \begin{pmatrix} 1 & 0 & -5 & -1 \\ 2 & 8 & 0 & 7 \\ 0 & 1 & 9 & 1 \end{pmatrix}$$

이다. 첨가행렬의 하나의 행은 연립방정식의 식 하나에 해당하고, 연립방정식의 해는 미지수의 표현과는 상관없이 그 계수와 상수항으로부터 주어지므로, 첨가행렬을 다루면 충분하다.

유제 6.4.5. 다음 선형연립방정식의 첨가행렬을 말하라.

$$\begin{cases} 3x_1 + 2x_2 &= -2 \\ x_1 - 5x_3 &= 4 \\ -3x_2 + 7x_3 &= -5 \end{cases}$$

정리 **6.4.6.** *(가우스 소거법)*
첨가행렬에 기본행연산을 계속 적용하여, 첨가행렬을 계단행렬로 바꾸어 연립방정식을 푸는 방법을 가우스 소거법이라 한다.
기본행연산

(1) 임의의 두 행을 바꾼다.

(2) 한 행에 0 이 아닌 상수를 곱한다.

(3) 한 행에 상수를 곱하여 다른 행에 더한다.

---

[4]karl Fredrich Gauss(1777-1855) : 19 세기 전반의 독일의 수학자로서 순수수학은 물론 응용수학에 이르기까지 위대한 업적을 남겨 수학의 왕자로 불리운다.

정리 **6.4.7.** *(계단행렬의 세 가지 조건)*

(1) **0**이 아닌 행에서 처음으로 0이 아닌 원소는 1이다.

(2) 이웃하는 **0**이 아닌 두 행에서 윗 행의 첫번째 원소 1이 아래 행의 첫번째 원소 1보다 왼쪽에 나온다.

(3) **0** 행들은 맨 아래 쪽에 있다.

계단행렬이란 쉽게 말하여, 행렬안에 왼쪽에서 오른쪽으로 내려가는 계단이 있을 때, 계단 아래 쪽의 원소들이 모두 0인 행렬이라고 말 할 수 있다. 계단행렬을 **사다리꼴행렬**이라고도 한다.

위 가우스 소거법에서 기본행연산을 하여 새로 얻어진 행렬들을 서로 **행동치인 행렬**이라고 부르는데, 행동치인 행렬에 대응하는 연립방정식들은 모두 같은 해를 갖기 때문이다.

예제 6.4.8. 가우스 소거법으로 다음 선형연립방정식을 풀어라.

$$\begin{cases} 2x_1 + 6x_2 + x_3 &= 7 \\ x_1 + 2x_2 - x_3 &= -1 \\ 5x_1 + 7x_2 - 4x_3 &= 9 \end{cases}$$

풀이. 첨가행렬에 기본행연산을 적용하여 계단행렬을 만들어 보자. 행렬의 1행, 2행, 3행을 각각 R_1, R_2, R_3라 쓰기로 한다.

$$\begin{pmatrix} 2 & 6 & 1 & 7 \\ 1 & 2 & -1 & -1 \\ 5 & 7 & -4 & 9 \end{pmatrix} \overset{R_1 \leftrightarrow R_2}{\Longrightarrow} \begin{pmatrix} 1 & 2 & -1 & -1 \\ 2 & 6 & 1 & 7 \\ 5 & 7 & -4 & 9 \end{pmatrix}$$

$$\begin{array}{c} R_2 \leftarrow -2R_1 + R_2 \\ R_3 \leftarrow -5R_1 + R_3 \\ \Longrightarrow \end{array} \begin{pmatrix} 1 & 2 & -1 & -1 \\ 0 & 2 & 3 & 9 \\ 0 & -3 & 1 & 14 \end{pmatrix} \overset{R_3 \leftarrow \frac{3}{2}R_2 + R_3}{\Longrightarrow} \begin{pmatrix} 1 & 2 & -1 & -1 \\ 0 & 2 & 3 & 9 \\ 0 & 0 & \frac{11}{2} & \frac{55}{2} \end{pmatrix}$$

$$\overset{R_3 \leftarrow \frac{2}{11}R_3}{\Longrightarrow} \begin{pmatrix} 1 & 2 & -1 & -1 \\ 0 & 2 & 3 & 9 \\ 0 & 0 & 1 & 5 \end{pmatrix}$$

3행에서 $x_3 = 5$를 얻고 2행에서 $x_2 = -3$을 얻는다. 이들 값과 1행에서 $x_1 = 10$을 쉽게 얻을 수 있다. 이처럼 아래로부터 위로 올라가면서 x_3, x_2, x_1 순으로 해를 구하는 것이 가우스 소거법의 기본규칙이다.

유제 6.4.9. 가우스 소거법을 이용하여 다음 연립방정식을 풀어라.

$$\begin{cases} 3x_1 + 2x_2 + x_3 &= 5 \\ x_1 + x_2 + 2x_3 &= 1 \\ 2x_1 + x_2 + x_3 &= 2 \end{cases}$$

♣ 정답. $x_1 = 0, \quad x_2 = 3, \quad x_3 = -1$

아래 소개하는 가우스-조르단 [5] 소거법은 가우스 소거법보다 기본행연산을 더 진행시키는 방법이다.

> 정리 **6.4.10.** (가우스-조르단 소거법)
> 첨가행렬에 기본행연산을 계속 적용하여, 첨가행렬을 기약계단행렬 로 바꾸어 연립방정식을 푸는 방법을 가우스-조르단 소거법이라 한다. 이 때, 기약계단행렬은 위 계단행렬의 세 조건에 다음 성질을 추가로 갖는다.
>
> (4) 첫 원소 1을 포함하는 열의 다른 원소는 모두 0이다.

기약계단행렬이란 쉽게 말하여, 첨가행렬의 왼 편에 단위행렬의 모양이 나타나는 행렬이라고 말할 수 있다.

예제 6.4.11. 가우스-조르단 소거법을 이용하여 다음 선형연립방정식을 풀어라.

$$\begin{cases} 2x_1 + 6x_2 + x_3 &= 7 \\ x_1 + 2x_2 - x_3 &= -1 \\ 5x_1 + 7x_2 - 4x_3 &= 9 \end{cases}$$

풀이. 첨가행렬에 기본행연산을 적용하여 기약계단행렬을 얻어보자. 행렬의 1행, 2행, 3행을 각각 R_1, R_2, R_3라 쓰기로 한다.

$$\begin{pmatrix} 2 & 6 & 1 & 7 \\ 1 & 2 & -1 & -1 \\ 5 & 7 & -4 & 9 \end{pmatrix} \overset{R_1 \leftrightarrow R_2}{\Longrightarrow} \begin{pmatrix} 1 & 2 & -1 & -1 \\ 2 & 6 & 1 & 7 \\ 5 & 7 & -4 & 9 \end{pmatrix}$$

$$\overset{\substack{R_2 \leftarrow -2R_1 + R_2 \\ R_3 \leftarrow -5R_1 + R_3}}{\Longrightarrow} \begin{pmatrix} 1 & 2 & -1 & -1 \\ 0 & 2 & 3 & 9 \\ 0 & -3 & 1 & 14 \end{pmatrix} \overset{R_2 \leftarrow \frac{1}{2}R_2}{\Longrightarrow} \begin{pmatrix} 1 & 2 & -1 & -1 \\ 0 & 1 & \frac{3}{2} & \frac{9}{2} \\ 0 & -3 & 1 & 14 \end{pmatrix}$$

$$\overset{R_3 \leftarrow 3R_2 + R_3}{\Longrightarrow} \begin{pmatrix} 1 & 2 & -1 & -1 \\ 0 & 1 & \frac{3}{2} & \frac{9}{2} \\ 0 & 0 & \frac{11}{2} & \frac{55}{2} \end{pmatrix} \overset{R_3 \leftarrow \frac{2}{11}R_3}{\Longrightarrow} \begin{pmatrix} 1 & 2 & -1 & -1 \\ 0 & 1 & \frac{3}{2} & \frac{9}{2} \\ 0 & 0 & 1 & 5 \end{pmatrix}$$

$$\overset{R_1 \leftarrow -2R_2 + R_1}{\Longrightarrow} \begin{pmatrix} 1 & 0 & -4 & -10 \\ 0 & 1 & \frac{3}{2} & \frac{9}{2} \\ 0 & 0 & 1 & 5 \end{pmatrix} \overset{\substack{R_1 \leftarrow 4R_3 + R_1 \\ R_2 \leftarrow -\frac{3}{2}R_3 + R_2}}{\Longrightarrow} \begin{pmatrix} 1 & 0 & 0 & 10 \\ 0 & 1 & 0 & -3 \\ 0 & 0 & 1 & 5 \end{pmatrix}$$

마지막 행렬은 기약계단행렬이다. 이때, 마지막 열이 바로 해이다. 즉, $x_1 = 10, \quad x_2 = -3, \quad x_3 = 5$을 얻는다. □

---

[5] Marie Ennemond Camille Jordan(1838-1922) : 프랑스의 수학자로서 군론(群論)을 수학의 넓은 분야에 전개, 진일보한 발전을 이룩하였다.

유제 6.4.12. 가우스-조르단 소거법을 이용하여 다음 연립방정식을 풀어라.

$$\begin{cases} 3x_1 + 2x_2 + \ x_3 &= 5 \\ \ x_1 + \ x_2 + 2x_3 &= 1 \\ 2x_1 + \ x_2 + \ x_3 &= 2 \end{cases}$$

♣ 정답. $x_1 = 0, \quad x_2 = 3, \quad x_3 = -1$

다음으로 연립방정식의 해가 존재하지 않는 경우를 살펴보자.

예제 6.4.13. 다음 연립방정식을 풀어라.

$$\begin{cases} x_1 + x_2 &= 1 \\ 4x_1 - x_2 &= -6 \\ 2x_1 - 3x_2 &= 8 \end{cases}$$

풀이. 가우스 소거법을 적용하면 다음과 같이 된다.

$$\begin{pmatrix} 1 & 1 & 1 \\ 4 & -1 & -6 \\ 2 & -3 & 8 \end{pmatrix} \overset{\text{행연산}}{\Longrightarrow} \begin{pmatrix} 1 & 1 & 1 \\ 0 & -5 & -10 \\ 0 & -5 & 6 \end{pmatrix} \overset{\text{행연산}}{\Longrightarrow} \begin{pmatrix} 1 & 1 & 1 \\ 0 & -5 & -10 \\ 0 & 0 & 16 \end{pmatrix}$$

마지막 계단행렬의 3 행은 $0x_1 + 0x_2 = 16$ 을 의미하는데, 어떠한 x_1 과 x_2 도 이 방정식을 만족하지 않으므로, 이 연립방정식의 해는 없다. □

유제 6.4.14. 가우스 소거법을 이용하여 다음 연립방정식을 풀어라.

$$\begin{cases} 3x_1 + 2x_2 + x_3 &= 5 \\ x_1 + x_2 + 2x_3 &= 1 \\ 2x_1 + x_2 - x_3 &= 1 \end{cases}$$

♣ 정답. 해 없음.

앞에서 본 바와 같이, 비동차연립방정식은 해를 갖기도 하고 갖지 않기도 한다. 그러나 다음 동차연립방정식 $\mathbf{Ax} = \mathbf{0}$,

$$\begin{cases} a_{11}x_1 + a_{12}x_2 + \cdots + a_{1n}x_n &= 0 \\ a_{21}x_1 + a_{22}x_2 + \cdots + a_{2n}x_n &= 0 \\ \vdots & \\ a_{m1}x_1 + a_{m2}x_2 + \cdots + a_{mn}x_n &= 0 \end{cases}$$

은 항상 $\mathbf{x} = \mathbf{0}$ 이라는 해를 갖는다. 이처럼 $x_1, \ x_2, \cdots, \ x_n$ 이 모두 0 인 해를 **자명해**(trivial solution) 라 한다. 한편, 0 이 아닌 $x_1, \ x_2, \cdots, \ x_n$ 이 적어도 하나 존재하는 해, 즉, $\mathbf{x} \neq \mathbf{0}$ 인 해를 **자명하지 않은 해 (비자명해)**(non-trivial solution) 라 한다.

동차연립방정식의 해와 관련하여 다음 정리를 기술한다.

> 정리 **6.4.15.** (자명해만 존재)
> 미지수의 개수와 식의 개수가 같은 동차연립방정식 $\mathbf{Ax} = \mathbf{0}$ 이 오직 자명해만을 갖기 위한 필요충분 조건은 $\det \mathbf{A} \neq 0$ 이다.

계수행렬 $\mathbf{A}$ 의 행렬식이 0 이 아니면 $\mathbf{A}$ 의 역행렬이 존재하게 되고, $\mathbf{Ax} = \mathbf{0}$ 의 양변의 왼쪽에 $\mathbf{A}^{-1}$ 를 곱하여 $\mathbf{x} = \mathbf{0}$ 인 자명해를 얻게 된다는 말이다. 아래 정리는 계수행렬이 역행렬을 갖지 않는 경우에 해당하며, 이때 연립방정식은 비자명해를 갖게된다.

> 정리 **6.4.16.** (비자명해의 존재)
> (1) 미지수의 개수와 식의 개수가 같은 동차연립방정식 $\mathbf{Ax} = \mathbf{0}$ 이 비자명해를 갖기 위한 필요충분 조건은 다음과 같다.
>
> $$\det \mathbf{A} = 0$$
>
> (2) 미지수의 개수가 방정식의 개수보다 많은 동차연립방정식은 항상 비자명해를 갖는다.

이 때, 비자명해는 무수히 많이 있다. 즉, 비자명해는 무수히 많은 해를 의미하고 자명해도 포함된다. 위 정리의 (1) 은 다음 장에서 쓰임을 기억해 두자.

예제 6.4.17. 다음 방정식을 풀어라.

$$\begin{cases} 2x_1 - 4x_2 + 3x_3 = 0 \\ x_1 + x_2 - 2x_3 = 0 \end{cases}$$

풀이. 미지수의 개수가 방정식의 개수보다 많으므로 위 정리의 (2) 로부터 비자명해를 갖는다. 가우스-조르단 소거법으로 해를 찾아보자.

$$\begin{pmatrix} 2 & -4 & 3 & 0 \\ 1 & 1 & -2 & 0 \end{pmatrix} \overset{R_1 \leftrightarrow R_2}{\Longrightarrow} \begin{pmatrix} 1 & 1 & -2 & 0 \\ 2 & -4 & 3 & 0 \end{pmatrix}$$

$$\overset{R_2 \leftarrow -2R_1 + R_2}{\Longrightarrow} \begin{pmatrix} 1 & 1 & -2 & 0 \\ 0 & -6 & 7 & 0 \end{pmatrix} \overset{R_2 \leftarrow -\frac{1}{6}R_2}{\Longrightarrow} \begin{pmatrix} 1 & 1 & -2 & 0 \\ 0 & 1 & -\frac{7}{6} & 0 \end{pmatrix}$$

$$\overset{R_1 \leftarrow -R_2 + R_1}{\Longrightarrow} \begin{pmatrix} 1 & 0 & -\frac{5}{6} & 0 \\ 0 & 1 & -\frac{7}{6} & 0 \end{pmatrix}$$

기약계단행렬에서 $x_3 = t$ 라 놓으면, 해는 $x_1 = \frac{5}{6}t$, $x_2 = \frac{7}{6}t$, $x_3 = t$ 로서 위 식은 무수히 많은 해를 갖는다. □

예제 6.4.18. 화학 균형식을 만들라.

$$C_2H_6 + O_2 \longrightarrow CO_2 + H_2O$$

풀이. 주어진 화학식이

$$x_1C_2H_6 + x_2O_2 \longrightarrow x_3CO_2 + x_4H_2O$$

가 되도록 양의 정수 x_1, x_2, x_3 및 x_4 를 구해야 한다. 각 원소의 원자 수는 마지막 방정식의 양 변에서 같아져야 하기 때문에 다음이 성립한다.

$$\begin{aligned} \text{탄소}(C) &: \ 2x_1 = x_3 \\ \text{수소}(H) &: \ 6x_1 = 2x_4 \\ \text{산소}(O) &: \ 2x_2 = 2x_3 + x_4 \end{aligned}$$

또는

$$\begin{cases} 2x_1 - x_3 &= 0 \\ 6x_1 - 2x_4 &= 0 \\ 2x_2 - 2x_3 - x_4 &= 0. \end{cases}$$

가우스 소거법에 의해

$$\begin{pmatrix} 2 & 0 & -1 & 0 & 0 \\ 6 & 0 & 0 & -2 & 0 \\ 0 & 2 & -2 & -1 & 0 \end{pmatrix} \overset{\text{행연산}}{\Longrightarrow} \begin{pmatrix} 2 & 0 & -1 & 0 & 0 \\ 0 & 2 & -2 & -1 & 0 \\ 0 & 0 & 3 & -2 & 0 \end{pmatrix}$$

이므로 사다리꼴행렬의 3 행, $3x_3 - 2x_4 = 0$ 에서, $x_4 = t$ 라 하면 $x_3 = \frac{2}{3}t$, $x_2 = \frac{7}{6}t$, $x_1 = \frac{1}{3}t$ 을 얻는다. 이때, $t = 6$ 이라 하면 양의 정수해는 $x_1 = 2$, $x_2 = 7$, $x_3 = 4$, $x_4 = 6$ 이므로 화학균형식은

$$2C_2H_6 + 7O_2 \longrightarrow 4CO_2 + 6H_2O$$

이다. □

유제 6.4.19. 화학 균형식을 만들라.

$$Na + H_2O \longrightarrow NaOH + H_2$$

♣ 정답. $2Na + 2H_2O \longrightarrow 2NaOH + H_2$

연습문제 6.4

1. 크래머의 방법을 이용하여 다음 연립방정식을 풀어라.

(1) $x_1 + 4x_2 = 13$, $4x_1 + 2x_2 = 10$

(2) $x_1 + x_2 = 4$, $2x_1 - x_2 = 2$

(3) $3x_1 - 4x_2 + 5x_3 = 2$, $2x_1 + 3x_2 - 3x_3 = -1$, $-4x_1 + 2x_2 - 2x_3 = 3$

(4) $3x_1 - x_2 + x_3 = -2$, $x_1 + 5x_2 + 2x_3 = 6$, $2x_1 + 3x_2 + x_3 = 0$

2. k의 값이 얼마일 때, 다음 연립방정식은 해를 갖지 않는가?

$$\begin{cases} (2-k)x_1 + kx_2 = 4 \\ kx_1 + (3-k)x_2 = 3 \end{cases}$$

3. (2)와 (4)는 가우스 소거법으로, (1)과 (3)은 가우스-조르단 소거법으로 풀어라.

(1) $-3x_1 + x_2 = 3$, $2x_1 - 4x_2 = -6$

(2) $x_1 + x_2 = 4$, $2x_1 - x_2 = 2$

(3) $x_1 + x_3 = -4$, $x_1 + x_2 + x_3 = 0$, $5x_1 - x_2 = 6$

(4) $x_1 - x_2 + x_3 = 1$, $2x_1 + x_2 + 2x_3 = 2$, $3x_1 + 2x_2 - x_3 = -3$

4. 가우스-조르단 소거법은 행렬 **A**의 역행렬을 구하는 데도 사용된다. **A**의 오른 쪽에 **A**와 크기가 같은 단위행렬을 첨가한 후, 그 행렬에 가우스-조르단 소거법을 적용하면 된다. 마지막 기약계단행렬에서 오른쪽에 있는 행렬이 역행렬이 된다.

아래 행렬이 정칙인지, 특이인지를 조사하고 정칙이면, 가우스-조르단 소거법으로 역행렬을 구하라.

(1) $\begin{pmatrix} 6 & -2 \\ 0 & 4 \end{pmatrix}$ (2) $\begin{pmatrix} 1 & 3 \\ 5 & 3 \end{pmatrix}$

(3) $\begin{pmatrix} 1 & 2 & -1 \\ 5 & 0 & 3 \\ 2 & 4 & -2 \end{pmatrix}$ (4) $\begin{pmatrix} 3 & 2 & 1 \\ 1 & 1 & 2 \\ 2 & 1 & 1 \end{pmatrix}$

♣ 정답.

1. (1) $x_1 = 1,\ x_2 = 3$ (2) $x_1 = x_2 = 2$
(3) $x_1 = -11/16,\ x_2 = 75/16,\ x_3 = 73/16$ (4) $x_1 = -2,\ x_2 = 0,\ x_3 = 4$

2. $k = 6/5$

3. (1) $x_1 = -3/5, \quad x_2 = 6/5$ (2) $x_1 = x_2 = 2$
(3) $x_1 = 2, \quad x_2 = 4, \quad x_3 = -6$ (4) $x_1 = -1/2, \quad x_2 = 0, \quad x_3 = 3/2$

4. (1) $\begin{pmatrix} \frac{1}{6} & \frac{1}{12} \\ 0 & \frac{1}{4} \end{pmatrix}$ (2) $\begin{pmatrix} -\frac{1}{4} & \frac{1}{4} \\ \frac{5}{12} & -\frac{1}{12} \end{pmatrix}$
(3) $|\mathbf{A}| = 0$ 이므로 역행렬은 존재하지 않음.
(4) $\begin{pmatrix} \frac{-1}{2} & \frac{-1}{2} & \frac{3}{2} \\ \frac{3}{2} & \frac{1}{2} & \frac{-5}{2} \\ \frac{-1}{2} & \frac{1}{2} & \frac{1}{2} \end{pmatrix}$

6.5 행렬의 계수

이 절에서는 행렬의 계수(rank)를 구하고 그를 응용해 본다. 역행렬의 존재성이나 선형연립방정식의 해의 존재성을 조사할 때, 행렬의 계수를 보면 알 수 있다.

정의 6.5.1. (행렬의 계수)
행렬 $\mathbf{A}$의 일차독립인 행(행벡터)의 최대개수를 $\mathbf{A}$의 **계수**(rank) 라 하고, $r(\mathbf{A})$로 표시한다.
실제로, $\mathbf{A}$에 기본행연산을 적용하여, $\mathbf{A}$가 계단행렬로 변형되었을 때, $\mathbf{0}$이 아닌 행(행벡터)의 개수가 $\mathbf{A}$의 계수가 된다. 행동치인 행렬들의 계수는 모두 같기 때문이다.

$m \times n$ 행렬 $\mathbf{A}$의 계수 $r(\mathbf{A})$는 m과 n 중, 작은 수와 같거나 작다. O 행렬의 계수는 0이고 $\mathbf{A}^t$의 계수는 $\mathbf{A}$의 계수와 같다.

예제 6.5.2. 다음 3×4 행렬 $\mathbf{A}$의 계수(rank)를 구하라.

$$\mathbf{A} = \begin{pmatrix} 1 & 1 & -1 & 3 \\ 2 & -2 & 6 & 8 \\ 3 & 5 & -7 & 8 \end{pmatrix}$$

풀이. 구하려는 계수는 3과 같거나 작을 것이다. 계단행렬을 얻을 때까지 기본행연산을 적용한다.

$$\mathbf{A} = \begin{pmatrix} 1 & 1 & -1 & 3 \\ 2 & -2 & 6 & 8 \\ 3 & 5 & -7 & 8 \end{pmatrix} \overset{\substack{R_2 \leftarrow -2R_1 + R_2 \\ R_3 \leftarrow -3R_1 + R_3}}{\Longrightarrow} \begin{pmatrix} 1 & 1 & -1 & 3 \\ 0 & -4 & 8 & 2 \\ 0 & 2 & -4 & -1 \end{pmatrix}$$

$$\overset{R_3 \leftarrow \frac{1}{2}R_2 + R_3}{\Longrightarrow} \begin{pmatrix} 1 & 1 & -1 & 3 \\ 0 & -4 & 8 & 2 \\ 0 & 0 & 0 & 0 \end{pmatrix}$$

계단행렬이 두 개의 $\mathbf{0}$ 이 아닌 행(행벡터)을 가졌기 때문에

$$r(\mathbf{A}) = 2$$

이다. □

유제 6.5.3. 다음 3×4 행렬 $\mathbf{A}$ 의 계수(rank)를 구하라.

$$\mathbf{A} = \begin{pmatrix} 1 & 2 & 3 & 4 \\ 5 & 6 & 7 & 8 \\ 9 & 10 & 11 & 12 \end{pmatrix}$$

♣ 정답. $r(\mathbf{A}) = 2$

공학의 여러 문제에서 역행렬이 필요한 경우가 많다. 이때, 주어진 행렬이 역행렬을 갖는지를 조사하기 위하여 행렬의 계수를 이용하면 편리하다. n 차 정사각행렬의 계수가 n(full rank)과 같으면 역행렬이 존재하고, 계수가 n 보다 작으면 역행렬이 존재하지 않는다.

예제 6.5.4. 행렬의 계수를 이용하여, 다음 행렬 $\mathbf{B}$ 가 정칙행렬인지, 특이행렬인지를 조사하라.

$$\mathbf{B} = \begin{pmatrix} 1 & 1 & -1 \\ 2 & -2 & 6 \\ 3 & 5 & -7 \end{pmatrix}$$

풀이. 기본행연산을 써서, 계단행렬을 보자.

$$\mathbf{B} = \begin{pmatrix} 1 & 1 & -1 \\ 2 & -2 & 6 \\ 3 & 5 & -7 \end{pmatrix} \overset{\substack{R_2 \leftarrow -2R_1 + R_2 \\ R_3 \leftarrow -3R_1 + R_3}}{\Longrightarrow} \begin{pmatrix} 1 & 1 & -1 \\ 0 & -4 & 8 \\ 0 & 2 & -4 \end{pmatrix}$$

$$\overset{R_3 \leftarrow \frac{1}{2}R_2 + R_3}{\Longrightarrow} \begin{pmatrix} 1 & 1 & -1 \\ 0 & -4 & 8 \\ 0 & 0 & 0 \end{pmatrix}$$

계단행렬에서

$$r(\mathbf{B}) = 2 < 3 = n$$

이기 때문에 $\mathbf{B}$는 특이행렬이다. 이 때 $det\ \mathbf{B} = 0$이다. □

유제 6.5.5. 행렬의 계수를 이용하여 다음 행렬 $\mathbf{A}$가 정칙행렬인지 조사하라.

$$\mathbf{A} = \begin{pmatrix} -1 & 2 & 3 \\ 2 & 0 & 4 \\ -3 & 6 & -5 \end{pmatrix}$$

♣ 정답. $r(\mathbf{A}) = 3 = n$, 정칙이다.

연립방정식이 어떠한 해를 갖는지를 알아보기 위하여 행렬의 계수를 이용할 수 있다. 특히, 식의 개수와 미지수의 개수가 다른 연립방정식의 경우에 유용하다.

정리 **6.5.6.** (연립방정식의 해의 존재성) $m \times n$행렬 $\mathbf{A}$는 연립방정식의 계수행렬이고, $\tilde{\mathbf{A}}$는 첨가행렬일 때, 연립방정식의 해의 존재성은 다음과 같다. 여기서 n은 미지수의 개수이다.

(1) $r(\mathbf{A}) = r(\tilde{\mathbf{A}}) = n$ 이면, 유일한 해

(2) $r(\mathbf{A}) = r(\tilde{\mathbf{A}}) < n$ 이면, 무수히 많은 해

(3) $r(\mathbf{A}) \neq r(\tilde{\mathbf{A}})$ 이면, 해 없다.

예제 6.5.7. 다음 연립방정식의 해의 존재성을 조사하라.

$$\begin{aligned} 2x_1 + 3x_2 &= 3 \\ x_1 - 2x_2 &= 5 \\ 3x_1 + 2x_2 &= 7 \end{aligned}$$

풀이. 첨가행렬로 시작한다.

$$\begin{pmatrix} 2 & 3 & 3 \\ 1 & -2 & 5 \\ 3 & 2 & 7 \end{pmatrix} \overset{R_1 \longleftrightarrow R_2}{\Longrightarrow} \begin{pmatrix} 1 & -2 & 5 \\ 2 & 3 & 3 \\ 3 & 2 & 7 \end{pmatrix}$$

$$\begin{matrix} R_2 \leftarrow R_2 + (-2)R_1 \\ R_3 \leftarrow R_3 + (-3)R_1 \\ \Longrightarrow \end{matrix} \begin{pmatrix} 1 & -2 & 5 \\ 0 & 7 & -7 \\ 0 & 8 & -8 \end{pmatrix} \overset{R_3 \leftarrow -\frac{8}{7}R_2 + R_3}{\Longrightarrow} \begin{pmatrix} 1 & -2 & 5 \\ 0 & 7 & -7 \\ 0 & 0 & 0 \end{pmatrix}$$

따라서,

$$r(\mathbf{A}) = r(\tilde{\mathbf{A}}) = 2$$

에서 해는 존재하는데, 미지수의 개수가 2 이므로 해는 유일하게 존재한다. □

유제 6.5.8. 다음 연립방정식의 해의 존재성을 조사하라.

$$\begin{cases} x_1 - x_2 + x_3 &= 0 \\ -x_1 + x_2 - x_3 &= 0 \\ 4x_1 + 2x_2 &= 16 \\ 2x_2 + 5x_3 &= 18 \end{cases}$$

♣ 정답. 해는 유일하다.

예제 6.5.9. 다음 연립방정식은 해를 갖는지 조사하라.

$$\begin{cases} 3x_1 + 2x_2 + x_3 &= 3 \\ 2x_1 + x_2 + x_3 &= 0 \\ 6x_1 + 2x_2 + 4x_3 &= 6 \end{cases}$$

풀이. 첨가행렬에 기본 행연산을 하자.

$$\begin{pmatrix} 3 & 2 & 1 & 3 \\ 2 & 1 & 1 & 0 \\ 6 & 2 & 4 & 6 \end{pmatrix} \begin{matrix} R_2 \leftarrow R_2 + (-\frac{2}{3})R_1 \\ R_3 \leftarrow R_3 + (-2)R_1 \\ \Longrightarrow \end{matrix} \begin{pmatrix} 3 & 2 & 1 & 3 \\ 0 & -\frac{1}{3} & \frac{1}{3} & -2 \\ 0 & -2 & 2 & 0 \end{pmatrix}$$

$$\begin{matrix} R_3 \leftarrow R_3 + (-6)R_2 \\ \Longrightarrow \end{matrix} \begin{pmatrix} 3 & 2 & 1 & 3 \\ 0 & -\frac{1}{3} & \frac{1}{3} & -2 \\ 0 & 0 & 0 & 12 \end{pmatrix}$$

따라서,

$$r(\mathbf{A}) = 2 \neq 3 = r(\tilde{\mathbf{A}})$$

이므로 주어진 연립방정식의 해는 없다. □

유제 6.5.10. 다음 연립방정식의 해의 존재성을 조사하라.

$$\begin{cases} x_1 + x_2 &= 1 \\ 4x_1 - x_2 &= -6 \\ 2x_1 - 3x_2 &= 8 \end{cases}$$

♣ 정답. $r(\mathbf{A}) = 2 \neq 3 = r(\tilde{\mathbf{A}})$ 이므로 해 없다.

예제 6.5.11. 다음 연립방정식의 해가 유일한가? 조사하라.

$$\begin{cases} x_1 - 2x_2 + 3x_3 - 2x_4 &= 0 \\ 3x_1 - 7x_2 - 2x_3 + 4x_4 &= 0 \\ 4x_1 + 3x_2 + 5x_3 + 2x_4 &= 0 \end{cases}$$

풀이. 첨가행렬은 다음과 같다.

$$\tilde{\mathbf{A}} = \begin{pmatrix} 1 & -2 & 3 & -2 & 0 \\ 3 & -7 & -2 & 4 & 0 \\ 4 & 3 & 5 & 2 & 0 \end{pmatrix}$$

첨가행렬의 마지막 열이 영벡터이므로

$$r(\mathbf{A}) = r(\tilde{\mathbf{A}})$$

이다. 따라서 연립방정식은 해를 갖는다. 이때 해는 유일한 해일까, 아니면 무수히 많은 해인지에 대하여 생각해보자. 첨가행렬이 3×5 행렬이므로 $r(\tilde{\mathbf{A}}) \leq 3$ 이고, 이는 미지수의 개수 4 보다 작으므로 연립방정식은 무수히 많은 해를 갖는다. □

유제 6.5.12. 다음 연립방정식의 해의 존재성을 조사하라.

$$\begin{cases} x_1 + 3x_2 - 2x_3 &= -7 \\ 4x_1 + x_2 + 3x_3 &= 5 \\ 2x_1 - 5x_2 + 7x_3 &= 19 \end{cases}$$

♣ 정답. 무수히 많은 해를 갖는다.

연습문제 6.5

1. 다음 행렬의 계수를 구하라.

(1) $\mathbf{A} = \begin{pmatrix} 1 & 3 \\ 3 & 9 \end{pmatrix}$　　(2) $\mathbf{B} = \begin{pmatrix} 7 & 1 & 0 \\ -14 & -2 & 0 \end{pmatrix}$

(3) $\mathbf{C} = \begin{pmatrix} 2 & 2 \\ 0 & 1 \\ 4 & 5 \end{pmatrix}$　　(4) $\mathbf{D} = \begin{pmatrix} 3 & 0 & 2 & 2 \\ -1 & 7 & 4 & 9 \\ 7 & -7 & 0 & 5 \end{pmatrix}$

2. 다음 행렬의 계수가 2 가 되는 k 의 값을 구하라.

$$\begin{pmatrix} 1 & 3 & -2 \\ 1 & 5 & 2 \\ 3 & k & -4 \end{pmatrix}$$

3. 행렬의 계수를 이용하여 다음 행렬이 정칙인지, 특이인지를 조사하라.

(1) $\mathbf{A} = \begin{pmatrix} 2 & 1 \\ 1 & 1 \end{pmatrix}$ (2) $\mathbf{B} = \begin{pmatrix} 1 & 2 \\ -2 & -4 \end{pmatrix}$

(3) $\mathbf{C} = \begin{pmatrix} 2 & 2 & 0 \\ -2 & 1 & 1 \\ 3 & 0 & 1 \end{pmatrix}$ (4) $\mathbf{D} = \begin{pmatrix} 1 & 2 & -1 \\ 5 & 0 & 3 \\ 2 & 4 & -2 \end{pmatrix}$

4. 다음 연립방정식의 해의 존재성을 계수를 이용하여 설명하라.

(1) $\begin{cases} -3x_1 + x_2 = 3 \\ 2x_1 - 4x_2 = -6 \end{cases}$ (2) $\begin{cases} x_1 - x_2 = 4 \\ 2x_1 - 2x_2 = 8 \end{cases}$

(3) $\begin{cases} 2x_1 + 4x_2 + 6x_3 = 18 \\ 4x_1 + 5x_2 + 6x_3 = 24 \\ 2x_1 + 7x_2 + 12x_3 = 40 \end{cases}$ (4) $\begin{cases} x_1 - x_2 + 2x_3 = 4 \\ 2x_1 + x_2 - 3x_3 = -2 \\ 4x_1 - x_2 + x_3 = 6 \end{cases}$

♣ 정답.

1. (1) 1 (2) 1 (3) 2 (4) 3

2. $k = 10$

3. (1) 정칙 (2) 특이 (3) 정칙 (4) 특이

4. (1) $r(\mathbf{A}) = r(\tilde{\mathbf{A}}) = 2 = 2$, 유일한 해
   (2) $r(\mathbf{A}) = r(\tilde{\mathbf{A}}) = 1 < 2$, 무수히 많은 해
   (3) $r(\mathbf{A}) = 2$, $r(\tilde{\mathbf{A}}) = 3$, 해 없다
   (4) $r(\mathbf{A}) = r(\tilde{\mathbf{A}}) = 2 < 3$, 무수히 많은 해

6.6 벡터공간과 기저

선형대수의 가장 중요한 역할 중 하나는 일반적으로 알려진 3차원 공간의 개념을 일반화시킨 벡터공간을 정의하는 것이다. 이 장에서는 벡터의 일차독립과 일차종속의 정의, 벡터공간과 기저에 대한 정의를 익히도록 하자.

정의 6.6.1. (벡터공간) K 를 스칼라장에 속하는 스칼라 a, b, k 와, V 에 속하는 벡터 $\mathbf{u}, \mathbf{v}, \mathbf{w}$ 에 대하여 벡터합 $\mathbf{u}+\mathbf{v}$ 와 스칼라 곱$k\mathbf{u}$ 가 정의되며, 벡터합에 대한 다음의 네 가지 성질과 스칼라곱에 대한 다음의 네 가지 성질이 만족되면, V 를 벡터공간이라고 부른다.

A1. $(\mathbf{u}+\mathbf{v})+\mathbf{w}=\mathbf{u}+(\mathbf{v}+\mathbf{w})$

A2. $\mathbf{0}$ 이 존재하여, 모든 $\mathbf{u}$ 에 대하여 $\mathbf{u}+\mathbf{0}=\mathbf{u}$ 가 성립한다.

A3. $-\mathbf{u}$ 가 존재하여, 모든 $\mathbf{u}$ 에 대하여 $\mathbf{u}+(-\mathbf{u})=\mathbf{0}$ 가 성립한다.

A4. $\mathbf{u}+\mathbf{v}=\mathbf{v}+\mathbf{u}$

M1. $\mathrm{k}(\mathbf{u}+\mathbf{v})=\mathrm{k}\mathbf{u}+\mathrm{k}\mathbf{v}$

M2. $(\mathrm{a}+\mathrm{b})\ \mathbf{u}= \mathrm{a}\mathbf{u} + \mathrm{b}\mathbf{u}$

M3. $(\mathrm{ab})\ \mathbf{u}= \mathrm{a}(\mathrm{b}\mathbf{u})$

M4. 1 이 존재하여, $1\ \mathbf{u}=\mathbf{u}$ 가 성립한다.

예제 6.6.2. 일반적으로 $\mathbf{R}^2$ 를 평면, $\mathbf{R}^3$ 를 공간이라고 불른다. 하지만, 선형대수에서는 $\mathbf{R}^2$ 와 $\mathbf{R}^3$ 집합에서 벡터합과 스칼라곱이 정의되고, A1-A4, M1-M4의 성질이 만족되므로 $\mathbf{R}^2$ 와 $\mathbf{R}^3$ 는 벡터공간이다. 또한 집합 $\mathbf{R}^n = \{(x_1, x_2, \cdots, x_n; x_i \in \mathbf{R}\}$ 에서도 마찬가지로 벡터합과 스칼라곱이 정의되고 위의 여덟가지 성질이 만족되므로 $\mathbf{R}^n$ 도 벡터공간이다.

정의 6.6.3. (일차결합) 벡터 $\mathbf{v}_1, \mathbf{v}_2, \cdots, \mathbf{v}_n$ 과 스칼라 $c_1,\ c_2,\ \cdots,\ c_n$ 에 대하여, 다음 식

$$c_1\mathbf{v_1} + c_2\mathbf{v_2} + \cdots + c_n\mathbf{v_n}$$

을 벡터 $\mathbf{v}_1, \mathbf{v}_2, \cdots, \mathbf{v}_n$ 의 **일차결합** 또는 **선형결합**이라고 한다.

예제 6.6.4. 대표적인 일차결합의 예로 컴퓨터의 색상표현을 들 수 있다. $\mathbf{r} = (1,0,0), \mathbf{g} = (0,1,0), \mathbf{b} = (0,0,1)$ 일 때, 색상은 $\mathbf{c} = c_1\mathbf{r} + c_2\mathbf{g} + c_3\mathbf{b}$ 로 표현될 수 있다. (0,0,0) 은 검정색, (1,0,0) 은 빨간색, (1,1,0) 은 노란색, (0,1,0) 은 초록색, (0,0,1) 은 파란색, (1,0,1) 은 자홍색(magnenta), (1,1,1) 은 흰색, (0,1,1) 은 청록색(cyan) 이다.

정의 6.6.5. (일차독립과 일차종속) 벡터 $\mathbf{v}_1, \mathbf{v}_2, \cdots, \mathbf{v}_n$ 의 일차결합이

$$c_1\mathbf{v}_1 + c_2\mathbf{v}_2 + \cdots + c_n\mathbf{v}_n = \mathbf{0}$$

일 때, $c_1 = \cdots = c_n = 0$ 이면, 벡터 $\mathbf{v}_1, \mathbf{v}_2, \cdots, \mathbf{v}_n$ 은 (서로) **일차독립** 또는 **선형독립**이다. 벡터 $\mathbf{v}_1, \mathbf{v}_2, \cdots, \mathbf{v}_n$ 이 일차독립이 아니면, (서로) **일차종속** 또는 **선형종속** 이다.

즉, n 개의 벡터 $\mathbf{v_1}$, $\mathbf{v_2}$, $\cdots$, $\mathbf{v_n}$ 이 서로 일차종속이라는 것은 계수가 0 이 아닌 벡터 하나를 나머지 다른 $(n-1)$ 개 벡터들의 일차결합으로 표현할 수 있음을 의미한다. 다음 예제에서 $\mathbf{R}^2$ 의 평면벡터들에 대한 일차독립과 일차종속을 살펴보고, $\mathbf{R}^3$ 이상의 벡터에 대한 것은 연습문제에서 다루도록 한다.

예제 6.6.6. 다음 벡터들이 일차독립인지 일차종속인지를 말하라.
(a) $(1,1)$, $(1,-1)$ (b) $(1,1)$, $(3,3)$ (c) $(1,1)$, $(1,-1)$, $(2,3)$

풀이. (a) 정의에 따라, 두 벡터의 일차결합을 $\mathbf{0}$ 이라 하고, 스칼라계수를 구해본다. 즉,

$$c_1(1,1) + c_2(1,-1) = \mathbf{0}$$

에서 다음 연립방정식을 얻는다.

$$\begin{cases} c_1 + c_2 &= 0 \\ c_1 - c_2 &= 0 \end{cases}$$

위를 풀면, $c_1 = c_2 = 0$ 이다. 따라서 두 벡터는 일차독립이다.

이와 같이 평면에서 한 직선 위에 있지 않은 두 벡터는 서로가 상수배로 표현될 수 없으므로 일차독립이다. 반대로 두 벡터가 같은 직선 위에 있으면 서로 상수배로 표현될 수 있으므로, 두 벡터는 일차종속이 된다. 아래 (b) 가 그것이다.

(b) 정의에 따라서, 두 벡터의 일차결합을 $\mathbf{0}$ 이라 하고, 스칼라계수를 구해본다. 즉,

$$c_1(1,1) + c_2(3,3) = \mathbf{0}$$

은

$$\begin{cases} c_1 + 3c_2 &= 0 \\ c_1 + 3c_2 &= 0 \end{cases}$$

와 같은 동차연립방정식이며, $c_1 = c_2 = 0$ 이 아닌 비자명해를 가진다. 따라서 주어진 두 벡터는 일차종속이다. 실제로, 두 벡터는 한 직선위에 있고 $(3,3) = 3(1,1)$ 이다.

(c) 주어진 세 벡터의 일차결합을 $\mathbf{0}$ 이라고 두자. 즉,

$$c_1(1,1) + c_2(1,-1) + c_3(2,3) = \mathbf{0}$$

위의 식으로 부터 다음 연립방정식을 얻는다.

$$\begin{cases} c_1 + c_2 + 2c_3 &= 0 \\ c_1 - c_2 + 3c_3 &= 0 \end{cases}$$

위의 연립방정식을 풀면 **0**이 아닌 해 중 하나로 $c_1 = -5,\ c_2 = 1,\ c_3 = 2$을 얻을 수 있다. 따라서 세 벡터는 일차종속이다.

각각의 벡터를 나머지 두 벡터들의 일차결합으로 표현해보면 다음과 같다.

$$\begin{aligned} (1,1) &= \frac{1}{5}(1,-1) + \frac{2}{5}(2,3) \\ (1,-1) &= 5(1,1) - 2(2,3) \\ (2,3) &= \frac{5}{2}(1,1) - \frac{1}{2}(1,-1) \end{aligned}$$

일반적으로, 평면에서 3개 이상의 벡터는 항상 일차종속이 된다. 왜냐하면, 어느 한 벡터를 나머지 두 벡터의 일차결합으로 항상 표현할 수 있기 때문이다.
□

R^n에서 n개의 벡터 $\mathbf{v}_1, \mathbf{v}_2, \cdots, \mathbf{v}_n$이 독립이려면, n개의 벡터로 이루어진 행렬의 행렬식이 0이 아니면 됨을 증명해보자.

$$c_1\mathbf{v}_1 + c_2\mathbf{v}_2 + \cdots + c_n\mathbf{v}_n = \mathbf{0}$$

이라 두자. 이것을 $\mathbf{v}_1,\ \mathbf{v}_2,\ \cdots,\ \mathbf{v}_n$를 열로 갖는 행렬 V와 벡터 $\mathbf{c} = (c_1, c_2, \cdots, c_n)$로 나타내면,

$$\mathbf{Vc} = \mathbf{0}$$

이다. $det(V) \neq 0$이면, $\mathbf{V}$의 역행렬이 존재하여 $c_1 = c_2 = \cdots c_n = 0$이므로 벡터 $v_1, v_2, \cdots, v_n$가 독립이다. 반면, $det(\mathbf{V}) = 0$이면, 0이 아닌 c_i가 존재하므로 벡터 $\mathbf{v}_1, \mathbf{v}_2, \cdots, \mathbf{v}_n$은 독립이 아니다. 일반적으로 R^n에서 $n+1$개 이상의 벡터는 독립이 아니다.

정의 6.6.7. (생성) $\mathbf{v}_1,\ \mathbf{v}_2,\ \cdots,\ \mathbf{v}_n$가 생성하는 집합은

$$\begin{aligned} & Span(\mathbf{v}_1, \mathbf{v}_2, \cdots, \mathbf{v}_n) \\ = & < \mathbf{v}_1, \mathbf{v}_2, \cdots, \mathbf{v}_n > \\ = & \{c_1\mathbf{v}_1 + c_2\mathbf{v}_2 + \cdots + c_n\mathbf{v}_n; c_i \in \mathbf{R}, \mathbf{v}_i \in \mathbf{V}\} \end{aligned}$$

이다.

예제 6.6.8. $\mathbf{R}^2$ 에서 $\mathbf{e}_1 = (1, 0), \mathbf{e}_2 = (0, 1)$ 일 때,

$$Span(\mathbf{e}_1, \mathbf{e}_2) = \{c_1\mathbf{e}_1 + c_2\mathbf{e}_2 = (c_1, c_2); c_i \in R\} = \mathbf{R}^2$$

이다. $\mathbf{R}^3$ 에서 $\mathbf{e}_1 = (1, 0, 0), \mathbf{e}_2 = (0, 0, 1), \mathbf{e}_3 = (0, 0, 1)$ 일 때,

$$Span(\mathbf{e}_1, \mathbf{e}_2, \mathbf{e}_3) = \{c_1\mathbf{e}_1 + c_2\mathbf{e}_2 + c_3\mathbf{e}_3 = (c_1, c_2, c_3); c_i \in R\} = \mathbf{R}^3$$

예제 6.6.9. $\mathbf{v}_1 = (1, 1), \mathbf{v}_2 = (-1, 1)$ 이 $\mathbf{R}^2$ 를 생성하는가?

풀이. $\mathbf{R}^2$ 에 속하는 임의의 벡터 $\mathbf{v} = (v_1, v_2)$ 를 $\mathbf{v}_1 = (1, 1), \mathbf{v}_2 = (-1, 1)$ 의 일차결합으로 표현할 수 있으면, $\mathbf{v}_1 = (1, 1), \mathbf{v}_2 = (-1, 1)$ 이 $\mathbf{R}^2$ 를 생성한다고 말할 수 있다.

$$(v_1, v_2) = c_1(1, 1) + c_2(-1, 1)$$

인 c_1, c_2 를 찾자. 이를 위하여 아래의 선형연립방정식을 풀면,

$$\begin{pmatrix} 1 & -1 \\ 1 & 1 \end{pmatrix} \begin{pmatrix} c_1 \\ c_2 \end{pmatrix} = \begin{pmatrix} v_1 \\ v_2 \end{pmatrix}$$

$$\begin{pmatrix} c_1 \\ c_2 \end{pmatrix} = \begin{pmatrix} 1/2 & 1/2 \\ -1/2 & 1/2 \end{pmatrix} \begin{pmatrix} v_1 \\ v_2 \end{pmatrix} = \begin{pmatrix} (v_1 + v_2)/2 \\ (-v_1 + v_2)/2 \end{pmatrix}$$

를 항상 얻을 수 있다. 따라서 $\mathbf{v}_1 = (1, 1), \mathbf{v}_2 = (-1, 1)$ 는 $\mathbf{R}^2$ 를 생성한다. 즉, $\mathbf{v}_1 = (1, 1), \mathbf{v}_2 = (-1, 1)$ 를 이용하여 $\mathbf{R}^2$ 위의 어떤 벡터도 다 만들어낼 수 있다. □

유제 6.6.10. $\mathbf{v}_1 = (2, 1), \mathbf{v}_2 = (1, 1)$ 이 $\mathbf{R}^2$ 를 생성하는가?

♣ 정답. 네.

$\mathbf{R}^n$ 에서 n 개의 벡터 $\mathbf{v}_1, \mathbf{v}_2, \cdots, \mathbf{v}_n$ 가 R^n 를 생성하려면, n 개의 벡터로 이루어진 행렬의 행렬식이 0 이 아니면 됨을 증명해보자. 벡터공간 $\mathbf{V}$ 에서 임의의 벡터 $\mathbf{u}$ 에 대하여

$$c_1\mathbf{v}_1 + c_2\mathbf{v}_2 + \cdots + c_n\mathbf{v}_n = \mathbf{u}$$

를 생각하자. 이것을 $\mathbf{v}_1$, $\mathbf{v}_2$, $\cdots$, $\mathbf{v}_n$ 를 열로 갖는 행렬 V 와 벡터 $\mathbf{c} = (c_1, c_2, \cdots, c_n)$ 로 나타내면,

$$\mathbf{V}\mathbf{c} = \mathbf{u}$$

이다. $det(V) \neq 0$ 이면, $\mathbf{V}$ 의 역행렬이 존재하여 $\mathbf{c} = \mathbf{V}^{-1}\mathbf{u}$ 를 찾을 수 있으므로 $\mathbf{v}_1, \mathbf{v}_2, \cdots, \mathbf{v}_n$ 이 $\mathbf{R}^n$ 를 생성한다.

정의 6.6.11. (기저) $\mathbf{v}_1$, $\mathbf{v}_2$, $\cdots$, $\mathbf{v}_n$ 가 일차독립이고, 벡터공간 $\mathbf{V}$ 를 생성하면, 이들은 벡터공간 $\mathbf{V}$ 의 기저(basis)이다. 이때 기저들이 서로 직교이면 직교기저(orthonogal basis)라고 부르고, 크기가 1인 직교기저이면 정규직교기저(orthonormal basis)라고 부른다.

$\mathbf{v}_1$, $\mathbf{v}_2$, $\cdots$, $\mathbf{v}_n$ 이 직교기저일 때, 새로운 벡터 $\mathbf{w}$ 를 $\mathbf{v}_1$, $\mathbf{v}_2$, $\cdots$, $\mathbf{v}_n$ 의 일차결합으로 표현하면,

$$\mathbf{w} = \frac{\mathbf{w} \cdot \mathbf{v}_1}{\mathbf{v}_1 \cdot \mathbf{v}_1}\mathbf{v}_1 + \frac{\mathbf{w} \cdot \mathbf{v}_2}{\mathbf{v}_2 \cdot \mathbf{v}_2}\mathbf{v}_2 + \cdots + \frac{\mathbf{w} \cdot \mathbf{v}_n}{\mathbf{v}_n \cdot \mathbf{v}_n}\mathbf{v}_n$$

이다. $\mathbf{v}_1$, $\mathbf{v}_2$, $\cdots$, $\mathbf{v}_n$ 이 정규직교기저일 때, 새로운 벡터 $\mathbf{w}$ 를 $\mathbf{v}_1$, $\mathbf{v}_2$, $\cdots$, $\mathbf{v}_n$ 의 일차결합으로 표현하면,

$$\mathbf{w} = (\mathbf{w} \cdot \mathbf{v}_1)\mathbf{v}_1 + (\mathbf{w} \cdot \mathbf{v}_2)\mathbf{v}_2 + \cdots + (\mathbf{w} \cdot \mathbf{v}_n)\mathbf{v}_n$$

이다.

예제 6.6.12. $\mathbf{e}_1 = \mathbf{i}, \mathbf{e}_2 = \mathbf{j}, \mathbf{e}_3 = \mathbf{k}$ 는 $\mathbf{R}^3$ 의 기저이며, 기본기저라고 불린다.

예제 6.6.13. $\mathbf{v}_1 = (1,1), \mathbf{v}_2 = (-1,1)$ 는 $\mathbf{R}^2$ 의 기저임을 보이고, $\mathbf{w} = (2,3)$ 을 $\mathbf{v}_1$ 과 $\mathbf{v}_2$ 를 새로운 기저로 하여 새로운 좌표로 표현하라.

풀이.

$$\begin{vmatrix} 1 & -1 \\ 1 & 1 \end{vmatrix} \neq 0$$

이므로 두 벡터는 일차독립이고 $\mathbf{R}^2$ 를 생성하므로 $\mathbf{R}^2$ 의 기저이다. 또한 $(1,1) \cdot (-1,1) = 0$ 이므로 $\mathbf{v}_1$ 과 $\mathbf{v}_2$ 는 직교기저이다.

$$\mathbf{w} = \frac{(2,3) \cdot (1,1)}{(1,1) \cdot (1,1)}(1,1) + \frac{(2,3) \cdot (-1,1)}{(-1,1) \cdot (-1,1)}(-1,1) = \frac{5}{2}(1,1) + \frac{1}{2}(-1,1)$$

따라서 $\mathbf{R}^2$ 에서 기본기저로 표현된 좌표 $\mathbf{w} = (2,3)$ 를 $\mathbf{R}^2$ 에서 새로운 기저 $\mathbf{v}_1 = (1,1), \mathbf{v}_2 = (-1,1)$ 를 써서 표현하면 새로운 좌표 $\left(\frac{5}{2}, \frac{1}{2}\right)$ 를 얻을 수 있다. □

유제 6.6.14. $\mathbf{v}_1 = (2,1), \mathbf{v}_2 = (1,1)$ 이 $\mathbf{R}^2$ 의 기저임을 보이고, $\mathbf{w} = (-2,3)$ 을 $\mathbf{v}_1$ 과 $\mathbf{v}_2$ 를 새로운 기저로 하여 새로운 좌표로 표현하라.

♣ 정답. 네.

연습문제 6.6

1. 다음 벡터가 일차독립인지 일차종속인지를 말하라.

(1) $(1,2)$, $(4,8)$ (2) $(2,3)$, $(4,5)$

(3) $(0,2,3)$, $(1,0,3)$, $(1,2,0)$ (4) $(3,-3,-6)$, $(-1,1,2)$, $(2,-2,-4)$

2. 다음 세 벡터가 일차독립임을 설명하라.

$$(1,2,1), \quad (1,-1,2), \quad (-1,1,-1)$$

3. 다음 세 벡터가 일차종속임을 설명하라.

$$(1,2,3), \quad (2,4,6), \quad (3,6,9)$$

♣ 정답.

1. (1) 일차종속 (2) 일차독립 (3) 일차독립 (4) 일차종속

2.

$$c_1(1,2,1)+c_2(1,-1,2)+c_3(-1,1,-1)=\mathbf{0}$$

$$\begin{cases} c_1+c_2-c_3 &= 0 \\ 2c_1-c_2+c_3 &= 0 \\ c_1+2c_2-c_3 &= 0 \end{cases}$$

에서 $c_1=c_2=c_3=0$ 이다. 따라서 세 벡터는 일차독립이다.

3.

$$c_1(1,2,3)+c_2(2,4,6)+c_3(3,6,9)=\mathbf{0}$$

$$\begin{cases} c_1+2c_2+3c_3 &= 0 \\ 2c_1+4c_2+6c_3 &= 0 \\ 3c_1+6c_2+9c_3 &= 0 \end{cases}$$

에서 $\mathbf{0}$ 이 아닌 해로 $c_1=3, c_2=0, c_3=-1$ 을 찾을 수 있다. 따라서 세 벡터는 일차종속이다.

제 7 장

선형대수의 응용

고유값과 고유벡터는 선형대수의 핵심 개념으로서 넓은 분야에서 중요한 역할을 하는데, 많은 공학적 문제들이 대수고유값 문제로 공식화될 수 있다. 그 예로는 진동 및 안정도, 응력문제, 관성, 변형률의 주축 등이 있다. 이 장에서는 고유값과 고유벡터를 계산해 보고 그 응용사례를 살펴보자.

7.1 고유값과 고유벡터

어떤 주어진 행렬에 벡터를 곱하여, 그 결과로 같은 벡터의 상수배를 얻으면, 이 상수와 벡터를 각각 주어진 행렬의 고유값과 고유벡터라고 부른다.

정의 7.1.1. (고유값과 고유벡터)
$n \times n$ 행렬 $\mathbf{A}$ 에 대하여,

$$\mathbf{A}\mathbf{x} = \lambda\mathbf{x}, \qquad (\mathbf{x} \neq \mathbf{0}) \tag{7.1}$$

을 만족하는 $\mathbf{0}$ 이 아닌 벡터 $\mathbf{x}$ 가 존재할 때, 스칼라 λ 를 $\mathbf{A}$ 의 **고유값**(eigen value) 이라 하고, 벡터 $\mathbf{x}$ 를 고유값 λ 에 대응하는 $\mathbf{A}$ 의 **고유벡터**(eigen vector) 라고 한다.

고유값을 특성값(characteristic value), 고유벡터를 특성벡터 (characteristic vector) 라고도 하는데, 이는 이들이 주어진 행렬의 고유한 특성을 결정하기 때문이다. 공학에서의 어떤 현상이 정사각행렬로 주어지면, 이 행렬을 직접 사용하는 대신 그 행렬의 고유치와 고유벡터를 계산하여 사용하는 경우가 많다.

고유치 λ 와 고유벡터 $\mathbf{x}$ 를 구하기 위하여, $\mathbf{A}\mathbf{x} = \lambda\mathbf{x}$ 를 동차연립방정식 형태로 쓰면 다음과 같다.

$$(\mathbf{A} - \lambda\mathbf{I})\mathbf{x} = \mathbf{0} \tag{7.2}$$

여기서 $\mathbf{I}$ 는 단위행렬이고 $(\mathbf{A} - \lambda\mathbf{I})$ 는 계수행렬이 된다.

위 정의에서 고유벡터는 $\mathbf{x} \neq \mathbf{0}$ 이므로, 위 동차연립방정식이 비자명해 $\mathbf{x} \neq$

0 를 갖기 위해서는 계수행렬의 행렬식 $\det(\mathbf{A} - \lambda\mathbf{I}) = 0$ 이어야 한다.(앞 절 참조)

> 정리 **7.1.2.** (고유값과 고유벡터의 계산)
> $n \times n$ 행렬 **A** 에 대하여, **A** 의 고유방정식 (또는 특성방정식)
>
> $$\det(\mathbf{A} - \lambda\mathbf{I}) = 0 \tag{7.3}$$
>
> 의 근 λ 가 행렬 **A** 의 고유값이다. 그리고 각각의 고유치 λ 에 대하여, 동차연립방정식 (7.3) $(A - \lambda I)\mathbf{x} = 0$ 의 해 $\mathbf{x} \neq \mathbf{0}$ 가 λ 에 대응하는 **A** 의 고유벡터이다.

위 고유방정식은 λ 에 대한 n 차 다항방정식이 되므로 그 근이 고유값 λ_i 이며, 이들은 실수의 중근 또는 복소수근이 될 수도 있다.

고유값 λ 에 대응하는 고유벡터 **x** 는 유일하지 않다. **x** 가

$$(\mathbf{A} - \lambda\mathbf{I})\mathbf{x} = \mathbf{0}$$

의 해이면,

$$(\mathbf{A} - \lambda\mathbf{I})k\mathbf{x} = \mathbf{0} \ \ (k \neq 0)$$

가 성립하므로 $k\mathbf{x}$ 도 해가 된다. 즉, **x** 가 **A** 의 고유벡터이면 $k\mathbf{x}$ $(k \neq 0)$ 도 **A** 의 고유벡터가 된다. 일반적으로 가장 작은 정수로 이루어진 고유벡터나 또는 크기가 1 인 고유벡터를 선택한다.

고유벡터 **x** 를 구하기 위하여 식 (7.3) 을 가우스 소거법으로 푸는 것이 보통이고, 이때 비자명해를 구하게 된다.

예제 7.1.3. 다음 행렬 **A** 의 고유값과 고유벡터를 구하라.

$$\mathbf{A} = \begin{pmatrix} 1 & 2 & 1 \\ 6 & -1 & 0 \\ -1 & -2 & -1 \end{pmatrix}$$

풀이. (1) 고유방정식은 다음과 같다.

$$\det(\mathbf{A} - \lambda\mathbf{I}) = \begin{vmatrix} 1-\lambda & 2 & 1 \\ 6 & -1-\lambda & 0 \\ -1 & -2 & -1-\lambda \end{vmatrix} = 0$$

이것을 제 2 행에 대하여 여인수전개하면 고유방정식은

$$-\lambda^3 - \lambda^2 + 12\lambda = 0 \quad , \text{이}\varnothing \quad \lambda(\lambda+4)(\lambda-3) = 0$$

이다. 따라서 고유값은 $\lambda_1 = 0,\ \lambda_2 = -4,\ \lambda_3 = 3$ 이다.

(2) $\lambda_1 = 0$ 에 대한 고유벡터를 구하자. $(\mathbf{A} - \lambda\mathbf{I})\mathbf{x} = \mathbf{0}$ 의 첨가행렬로 부터 아래 사다리꼴행렬

$$\begin{pmatrix} 1 & 2 & 1 & 0 \\ 6 & -1 & 0 & 0 \\ -1 & -2 & -1 & 0 \end{pmatrix} \begin{matrix} R_2 \leftarrow -6R_1 + R_2 \\ R_3 \leftarrow R_1 + R_3 \\ \Longrightarrow \end{matrix} \begin{pmatrix} 1 & 2 & 1 & 0 \\ 0 & -13 & -6 & 0 \\ 0 & 0 & 0 & 0 \end{pmatrix}$$

에서 x_3 는 임의이고, $x_2 = -\frac{6}{13}x_3,\quad x_1 = -2x_2 - x_3 = -\frac{1}{13}x_3$ 이다. 고유벡터는 무수히 많으나, 여기서 간단한 수 $x_3 = -13$ 을 선택하면 $\lambda_1 = 0$ 에 대한 고유벡터는

$$\mathbf{x} = \begin{pmatrix} 1 \\ 6 \\ -13 \end{pmatrix}$$

(3) 마찬가지 방법으로 $\lambda_2 = -4$ 에 대한 고유벡터를 구하자.

$$\begin{pmatrix} 5 & 2 & 1 & 0 \\ 6 & 3 & 0 & 0 \\ -1 & -2 & 3 & 0 \end{pmatrix} \begin{matrix} R_3 \leftarrow -R_3 \\ R_1 \longleftrightarrow R_3 \\ \Longrightarrow \end{matrix} \begin{pmatrix} 1 & 2 & -3 & 0 \\ 6 & 3 & 0 & 0 \\ 5 & 2 & 1 & 0 \end{pmatrix}$$

$$\begin{matrix} R_2 \leftarrow -6R_1 + R_2 \\ R_3 \leftarrow -5R_1 + R_3 \\ \Longrightarrow \end{matrix} \begin{pmatrix} 1 & 2 & -3 & 0 \\ 0 & -9 & 18 & 0 \\ 0 & -8 & 16 & 0 \end{pmatrix} \begin{matrix} R_2 \leftarrow -\frac{1}{9}R_2 \\ R_3 \leftarrow -\frac{1}{8}R_3 \\ \Longrightarrow \end{matrix} \begin{pmatrix} 1 & 2 & -3 & 0 \\ 0 & 1 & -2 & 0 \\ 0 & 1 & -2 & 0 \end{pmatrix}$$

$$\begin{matrix} R_3 \leftarrow -R_2 + R_3 \\ \Longrightarrow \end{matrix} \begin{pmatrix} 1 & 2 & -3 & 0 \\ 0 & 1 & -2 & 0 \\ 0 & 0 & 0 & 0 \end{pmatrix}$$

에서 x_3 는 임의이고, $x_2 = 2x_3,\quad x_1 = -2x_2 + 3x_3 = -x_3$ 이다. 여기서 $x_3 = 1$ 을 택하면 두 번째 고유벡터는

$$\mathbf{x} = \begin{pmatrix} -1 \\ 2 \\ 1 \end{pmatrix}$$

(4) 끝으로 $\lambda_3 = 3$ 에 대한 고유벡터를 구하자. 가우스소거법에 따라

$$\begin{pmatrix} -2 & 2 & 1 & 0 \\ 6 & -4 & 0 & 0 \\ -1 & -2 & -4 & 0 \end{pmatrix} \overset{\text{행연산}}{\Longrightarrow} \begin{pmatrix} 1 & 2 & 4 & 0 \\ 0 & 2 & 3 & 0 \\ 0 & 0 & 0 & 0 \end{pmatrix}$$

을 얻는다. $x_2 = -\frac{3}{2}x_3$ 이고 $x_1 = -2x_2 - 4x_3 = -x_3$ 이다. $x_3 = -2$ 를 택하면

세 번째 고유벡터는

$$\mathbf{x} = \begin{pmatrix} 2 \\ 3 \\ -2 \end{pmatrix}$$

이다. □

서로 다른 세 고유치에 대응하는 세 고유벡터들은 일차독립임을 증명할 수 있으나 이 책에서 증명은 생략한다. 위 예제에서 구한 세 고유벡터들은 서로 일차독립임을 확인해보기 바란다.

유제 7.1.4. 다음 행렬 $\mathbf{A}$ 의 고유값과 고유벡터를 구하라.

$$\mathbf{A} = \begin{pmatrix} 1 & 0 & -1 \\ 1 & 2 & 1 \\ 2 & 2 & 3 \end{pmatrix}$$

♣ 정답. $\lambda = 1, 2, 3,$ 고유벡터 $:(1, -1, 0), (2, -1, -2), (-1, 1, 2)$: 일차독립

다음으로 특성방정식이 중근을 갖는 경우의 고유벡터를 구해 보자.

예제 7.1.5. 다음 행렬 $\mathbf{A}$ 의 고유값과 고유벡터를 구하라.

$$\mathbf{A} = \begin{pmatrix} 9 & 1 & 1 \\ 1 & 9 & 1 \\ 1 & 1 & 9 \end{pmatrix}$$

풀이. (1) 특성방정식

$$\det(\mathbf{A} - \lambda\mathbf{I}) = \begin{vmatrix} 9-\lambda & 1 & 1 \\ 1 & 9-\lambda & 1 \\ 1 & 1 & 9-\lambda \end{vmatrix} = 0$$

으로부터 $\lambda_1 = 11$, $\lambda_2 = \lambda_3 = 8$ 인 고유값을 얻을 수 있다.

(2) $\lambda_1 = 11$ 일 때, 가우스소거법으로부터

$$\begin{pmatrix} -2 & 1 & 1 & 0 \\ 1 & -2 & 1 & 0 \\ 1 & 1 & -2 & 0 \end{pmatrix} \overset{\text{행연산}}{\Longrightarrow} \begin{pmatrix} 1 & 0 & -1 & 0 \\ 0 & 1 & -1 & 0 \\ 0 & 0 & 0 & 0 \end{pmatrix}$$

을 얻으므로 $x_1 = x_3$ 이고 $x_2 = x_3$ 이다. 여기서 $x_3 = 1$ 이라고 두면 고유벡터는

$$\mathbf{x}_1 = \begin{pmatrix} 1 \\ 1 \\ 1 \end{pmatrix}$$

(3) 이제 $\lambda_2 = 8$ 일 때, 가우스소거법으로 부터

$$\begin{pmatrix} 1 & 1 & 1 & 0 \\ 1 & 1 & 1 & 0 \\ 1 & 1 & 1 & 0 \end{pmatrix} \overset{\text{행연산}}{\Longrightarrow} \begin{pmatrix} 1 & 1 & 1 & 0 \\ 0 & 0 & 0 & 0 \\ 0 & 0 & 0 & 0 \end{pmatrix}$$

을 얻는다. 방정식 $x_1+x_2+x_3 = 0$ 에서 두 변수를 임의로 택할 수 있다. $x_2 = 1$, $x_3 = 0$ 을 택하고 다른 한편으로 $x_2 = 0$, $x_3 = 1$ 을 택하면 중근인 고유값에 대응하는 일차독립인 두 개의 고유벡터는

$$\mathbf{x}_2 = \begin{pmatrix} -1 \\ 1 \\ 0 \end{pmatrix} \quad \mathbf{x}_3 = \begin{pmatrix} -1 \\ 0 \\ 1 \end{pmatrix}$$

가 된다. □

서로 다른 세 고유치에 대응하는 세 고유벡터들이 일차독립이라는 사실은 이미 언급하였다. 고유방정식이 중복도 2 인 중근의 고유값을 갖더라도, 일차독립인 세 개의 고유벡터를 가질 수 있는데, 위의 예에서 이를 확인하기 바란다.

그러나 모든 n 차 정사각행렬 $\mathbf{A}$ 이 일차독립인 n 개의 고유벡터를 갖는 것은 아니다. 예를 들면, 3 차 정사각행렬의 고유방정식이 중근인 고유치를 가질 때, 일차독립인 세 고유벡터를 가지는 경우도 있지만, 그렇지 않은 경우도 있다. 다음 유제는 일차독립인 세 고유벡터가 존재하지 않는 경우에 해당한다.

유제 7.1.6. 다음 행렬의 고유값과 고유벡터를 구하라.

$$\begin{pmatrix} 2 & -1 & 1 \\ 3 & -2 & 1 \\ 0 & 0 & 1 \end{pmatrix}$$

♣ 정답. 고유값은 $\lambda = 1$(중근), $\lambda = -1$ 이고, 이 때 고유벡터는 $(1,1,0)$, $(1,1,0)$, $(1,3,0)$ 라 할 수 있는데, 이들은 일차종속이다.

끝으로 유용하게 쓰이는 아래의 결과들을 증명없이 소개한다. 이 결과들은 행렬의 고유값들이 주어진 행렬의 특성을 잘 나타내고 있음을 보여준다.

<u>고유값과 고유벡터의 성질</u>

n 차 행렬 $\mathbf{A}$ 와 그 고유값 $\lambda_1, \lambda_2, \cdots, \lambda_n$ 에 대하여, 다음이 성립한다.

(1) $\mathbf{A}$ 의 서로 다른 고유값에 대응하는 고유벡터들은 일차독립이다.

(2) 대칭행렬 $\mathbf{A}$ 의 고유값은 실수이다.

(3) 직교행렬 $\mathbf{A}$ 의 고유값의 크기가 1 이다.

(4) trace($\mathbf{A}$)$=a_{11}+a_{22}+\cdots+a_{nn}$ 이라 하면, trace($\mathbf{A}$)$=\lambda_1+\lambda_2+\cdots+\lambda_n$ 이다.

(5) $\mathbf{A}$ 의 역행렬 $\mathbf{A}^{-1}$ 의 고유값은 $1/\lambda_1$, $1/\lambda_2$, $\cdots$, $1/\lambda_n$ 이다.

(6) $\mathbf{A}$ 가 삼각행렬이면, 주대각원소가 고유값이다.

(7) 행렬 $k\mathbf{A}$ 의 고유값은 $k\lambda_1, k\lambda_2, \cdots, k\lambda_n$ 이다.

(8) m 이 음이 아닌 정수일 때, $\mathbf{A}^m$ 의 고유값은 ${\lambda_1}^m, {\lambda_2}^m, \cdots, {\lambda_n}^m$ 이다.

유제 7.1.7. 다음 행렬의 역행렬 $\mathbf{A}^{-1}$ 의 고유값을 말하라.

$$\mathbf{A}=\begin{pmatrix} 2 & 0 & 0 \\ 3 & -3 & 0 \\ 0 & 1 & 5 \end{pmatrix}$$

♣ 정답. 고유값은 $\frac{1}{2}$, $-\frac{1}{3}$, $\frac{1}{5}$ 이다.

연습문제 7.1

1. 다음 행렬의 고유값과 고유벡터를 구하라. 그리고 고유벡터가 일차독립인지 일차종속인지를 말하라.

(1) $\mathbf{A}=\begin{pmatrix} 1 & 0 \\ 0 & 2 \end{pmatrix}$ (2) $\mathbf{B}=\begin{pmatrix} 0 & 0 \\ 0 & -1 \end{pmatrix}$

(3) $\mathbf{C}=\begin{pmatrix} 5 & -1 & 0 \\ 0 & -5 & 9 \\ 5 & -1 & 0 \end{pmatrix}$ (4) $\mathbf{D}=\begin{pmatrix} 3 & 0 & 0 \\ 0 & 2 & 0 \\ 4 & 0 & 1 \end{pmatrix}$

2. (탄성막의 팽창) x_1x_2-평면 위에서 경계가 원 ${x_1}^2+{x_2}^2=1$ 인 탄성막을 생각한다. 이 탄성막은

$$\mathbf{Y}=\begin{pmatrix} y_1 \\ y_2 \end{pmatrix}=\mathbf{AX}=\begin{pmatrix} 5 & 3 \\ 3 & 5 \end{pmatrix}\begin{pmatrix} x_1 \\ x_2 \end{pmatrix}$$

에 의하여, 경계위의 점 $P(x_1, x_2)$ 가 점 $Q(y_1, y_2)$ 로 옮겨진다고 한다. (이 식을 탄성변형식이라고 한다) 이 때, 벡터 $\mathbf{Y}$ 방향과 같은 방향 또는 정반대 방향인 벡터 $\mathbf{X}$ 를 구하라. 또 팽창된 탄성막의 경계는 어떤 모양인가?

3. (Markov 과정) 어떤 상황이 새로 시작될 확률이, 마지막 상황과 그 과정을 결정하는 행렬에만 의존하는 추이과정(stochastic process)을 마르코프 과정이라고 한다. 한 공업도시의 2007년 토지 사용 비율이 주거지역 : 30%, 상업지역 : 20% , 공업지역지역 : 50% 이고, 5년 간격으로 그 추이확률(transition probability)이 확률행렬

$$\mathbf{A} = (a_{jk}) = \begin{pmatrix} 0.8 & 0.1 & 0.1 \\ 0.1 & 0.7 & 0.2 \\ 0 & 0.1 & 0.9 \end{pmatrix}$$

로 주어진다면, 먼 장래에 토지사용의 비율은 어떻게 되겠는가? (a_{jk} 는 j 에서 k 로 변화될 확률을 나타낸다)

♣ 정답.

1. (1) $\lambda = 1,\ 2$; $(1,0),\ (0,1)$: 일차독립

   (2) $\lambda = -1,\ 0$; $(0,1)\ (1,0)$: 일차독립

   (3) $\lambda = 0,\ -4,\ 4$; $(9,45,25),\ (1,9,1),\ (1,1,1)$: 일차독립

   (4) $\lambda = 1,\ 2,\ 3$; $(0,0,1),\ (0,1,0),\ (1,0,2)$: 일차독립

2. $(1,1),\ (1,-1)$; $\frac{{y_1}^2}{8^2} + \frac{{y_2}^2}{2^2} = 1$

3. X 가 장래의 상황을 나타내는 열벡터라 하면, $\mathbf{X^t A} = \mathbf{x^t}$ 에서 양변을 전치하면 $\mathbf{A^t X} = \mathbf{x}$ 인 고유치 문제이다. $\mathbf{X^t} = (12.5,\ 25,\ 62.5) =$ (거주지역, 상업지역, 공업지역).

7.2 행렬의 대각화

정사각행렬 $\mathbf{A}$를 거듭제곱하거나 행렬지수 $e^{\mathbf{A}}$를 계산할 때, 주어진 자료의 차원을 축소하려고 할 때, 또는 연립미분방정식의 해를 구하고자 할 때, 행렬의 대각화(diagonalization)는 중요하게 이용된다. 고유값과 고유벡터를 이용하여 행렬을 대각화하고, 이로써 공학의 여러 문제를 해결할 수 있다.

정의 7.2.1. (대각화가능행렬) 정사각행렬 $\mathbf{A}$에 대하여, 정칙행렬 $\mathbf{P}$와 대각행렬 $\mathbf{D}$가 존재하여 $\mathbf{A} = \mathbf{PDP}^{-1}$일 때, 행렬 $\mathbf{A}$는 **대각화가능행렬**(diagonalizable matrix)이라고 한다.

정리 7.2.2. $n \times n$ 행렬 $\mathbf{A}$ 가 n 개의 일차독립인 고유벡터를 가지면

$$\mathbf{A} = \mathbf{PDP}^{-1} \tag{7.4}$$

되는 대각행렬 $\mathbf{D}$ 와 정칙행렬 $\mathbf{P}$ 가 존재한다.

증명. $n \times n$ 행렬 $\mathbf{A}$ 의 n 개의 일차독립인 고유벡터를 $\mathbf{x}_1$, $\mathbf{x}_2$, $\cdots$, $\mathbf{x}_n$ 이라 하고, 각각 고유값 λ_1, λ_2, $\cdots$, λ_n 에 대응하는 고유벡터라 하면

$$\mathbf{Ax}_1 = \lambda_1\mathbf{x}_1,\ \mathbf{Ax}_2 = \lambda_2\mathbf{x}_2,\ \cdots,\ \mathbf{Ax}_n = \lambda_n\mathbf{x}_n$$

이다. 벡터 $\mathbf{x}_j$ 를

$$\mathbf{x}_j = \begin{pmatrix} x_{1j} \\ x_{2j} \\ \vdots \\ x_{nj} \end{pmatrix}$$

로 표시하고 행렬 $\mathbf{P}$ 를

$$\mathbf{P} = (\mathbf{x}_1\ \mathbf{x}_2\ \cdots\ \mathbf{x}_n) = \begin{pmatrix} x_{11} & x_{12} & \cdots & x_{1n} \\ x_{21} & x_{22} & \cdots & x_{2n} \\ & & \vdots & \\ x_{n1} & x_{n2} & \cdots & x_{nn} \end{pmatrix}$$

이라 하자. $\mathbf{x}_i$ 를 행렬 $\mathbf{P}$ 의 부분행렬로 보고, 곱셈을 하면

$$\begin{aligned} \mathbf{AP} &= (\mathbf{Ax_1}\ \mathbf{Ax_2}\ \cdots\ \mathbf{Ax_n}) = (\lambda_\mathbf{1}\mathbf{x_1}\ \lambda_\mathbf{2}\mathbf{x_2}\ \cdots\ \lambda_\mathbf{n}\mathbf{x_n}) \\ &= \begin{pmatrix} \lambda_1 x_{11} & \lambda_2 x_{12} & \cdots & \lambda_n x_{1n} \\ \lambda_1 x_{21} & \lambda_2 x_{22} & \cdots & \lambda_n x_{2n} \\ & & \vdots & \\ \lambda_1 x_{n1} & \lambda_2 x_{n2} & \cdots & \lambda_n x_{nn} \end{pmatrix} \\ &= \begin{pmatrix} x_{11} & x_{12} & \cdots & x_{1n} \\ x_{21} & x_{22} & \cdots & x_{2n} \\ & & \vdots & \\ x_{n1} & x_{n2} & \cdots & x_{nn} \end{pmatrix} \begin{pmatrix} \lambda_1 & 0 & \cdots & 0 \\ 0 & \lambda_2 & \cdots & 0 \\ & & \vdots & \\ 0 & 0 & \cdots & \lambda_n \end{pmatrix} \end{aligned}$$

이 성립한다. 오른쪽 대각행렬을 $\mathbf{D}$ 라 하면

$$\mathbf{AP} = \mathbf{PD}$$

가 성립하고 $\mathbf{P}$ 의 모든 열의 집합 $\{\mathbf{x}_1, \mathbf{x}_2, \cdots, \mathbf{x}_n\}$ 이 일차독립이므로 $\det \mathbf{P} \neq 0$ 이다. 따라서 $\mathbf{P}$ 는 정칙행렬이 되어 $\mathbf{P}^{-1}$ 가 존재한다. 그리고

$$\mathbf{A} = \mathbf{PDP}^{-1}$$

를 얻는다. □

위 정리의 증명으로 부터 n 개의 일차독립인 고유벡터를 갖는 n 차 정사각행렬 $\mathbf{A}$ 에 대하여, $\mathbf{A} = \mathbf{PDP}^{-1}$ 를 만족하는 대각행렬 $\mathbf{D}$ 와 $\mathbf{P}$ 를 구하는 방법을 알 수 있다. 우선, 행렬 $\mathbf{A}$ 의 고유치가 $\lambda_1, \lambda_2, \cdots, \lambda_n$ 이면, 대각행렬 $\mathbf{D}$ 를

$$\mathbf{D} = \begin{pmatrix} \lambda_1 & 0 & \cdots & 0 \\ 0 & \lambda_2 & \cdots & 0 \\ & & \vdots & \\ 0 & 0 & \cdots & \lambda_n \end{pmatrix}$$

이라 놓는다. 이때, 중복도가 m 인 고유값은 m 번 쓰며 쓰는 순서는 관계없지만 일반적으로 큰 것부터 작은 것 순으로 쓴다. 다음으로 $\lambda_1, \lambda_2, \cdots, \lambda_n$ 에 대응하는 일차독립인 고유벡터 $\mathbf{x}_1, \mathbf{x}_2, \cdots, \mathbf{x}_n$ 를 제 1열, 제 2열, $\cdots$, 제 n열 열벡터로 갖는 행렬을 $\mathbf{P}$ 라 두면 된다.

예제 7.2.3. 다음 행렬 $\mathbf{A}$ 가 대각화 가능하면 대각화하라.

$$\mathbf{A} = \begin{pmatrix} -5 & 9 \\ -6 & 10 \end{pmatrix}$$

풀이. 먼저 $\mathbf{A}$ 의 고유값을 구한다. 특성방정식은

$$\det(\mathbf{A} - \lambda I) = \begin{vmatrix} -5-\lambda & 9 \\ -6 & 10-\lambda \end{vmatrix} = \lambda^2 - 5\lambda + 4 = (\lambda - 1)(\lambda - 4) = 0$$

이다. 고유값은 $\lambda_1 = 1, \lambda_2 = 4$ 이다. 고유값이 서로 다르므로 $\mathbf{A}$ 는 2개의 일차독립인 고유벡터를 갖고, 따라서 행렬 $\mathbf{A}$ 는 대각화가능하다. $\lambda_1 = 1$ 과 $\lambda_2 = 4$ 에 대응하는 고유벡터는 각각

$$\mathbf{x_1} = \begin{pmatrix} 3 \\ 2 \end{pmatrix} \qquad \mathbf{x}_2 = \begin{pmatrix} 1 \\ 1 \end{pmatrix}$$

라 선택한다. 이 벡터들을 열로 하는 정칙행렬 $\mathbf{P}$ 는

$$\mathbf{P} = (\mathbf{x_1}\ \mathbf{x_2}) = \begin{pmatrix} 3 & 1 \\ 2 & 1 \end{pmatrix}$$

이다. 크래머의 방법으로 역행렬을 구하면

$$\mathbf{P}^{-1} = \begin{pmatrix} 1 & -1 \\ -2 & 3 \end{pmatrix}$$

이고,

$$\mathbf{A} = \mathbf{PDP}^{-1} = \begin{pmatrix} 3 & 1 \\ 2 & 1 \end{pmatrix} \begin{pmatrix} 1 & 0 \\ 0 & 4 \end{pmatrix} \begin{pmatrix} 1 & -1 \\ -2 & 3 \end{pmatrix}$$

를 얻는다. 이로서 $\mathbf{A}$는 대각화되었다. □

유제 7.2.4. 다음 행렬 $\mathbf{A}$가 대각화 가능하다면 대각화하라.

$$\begin{pmatrix} 2 & 1 \\ 1 & 2 \end{pmatrix}$$

♣ 정답. $\mathbf{A} = \mathbf{PDP^{-1}} = \begin{pmatrix} 1 & 1 \\ -1 & 1 \end{pmatrix} \begin{pmatrix} 1 & 0 \\ 0 & 3 \end{pmatrix} \frac{1}{2} \begin{pmatrix} 1 & -1 \\ 1 & 1 \end{pmatrix}$

앞서 $n \times n$ 행렬 $\mathbf{A}$가 n개의 서로 다른 고유값을 가지면 $\mathbf{A}$는 n개의 일차독립인 고유벡터를 가지므로, $\mathbf{A}$는 대각화 가능하다고 밝혔다. 만약 $\mathbf{A}$의 고유값 중에 중복고유값이 있을 경우, 일차독립인 n개의 고유벡터가 존재하면 $\mathbf{A}$는 대각화가능하고, 찾을 수 없으면 대각화가능하지 않다. 아래는 중복고유값을 갖는 행렬도 대각화가능한 예이다.

예제 7.2.5. 다음 행렬 $\mathbf{A}$가 대각화 가능하면 대각화하라.

$$\mathbf{A} = \begin{pmatrix} 0 & 1 & 0 \\ 1 & 0 & 0 \\ 0 & 0 & 1 \end{pmatrix}$$

풀이. 행렬 $\mathbf{A}$의 고유값은 $\lambda_1 = -1$과 $\lambda_2 = \lambda_3 = 1$이다. $\lambda_1 = -1$일 때, 고유벡터는

$$\mathbf{x_1} = \begin{pmatrix} 1 \\ -1 \\ 0 \end{pmatrix}$$

이다. 중복고유값 $\lambda_2 = \lambda_3 = 1$에 대하여는

$$\begin{pmatrix} -1 & 1 & 0 & 0 \\ 1 & -1 & 0 & 0 \\ 0 & 0 & 0 & 0 \end{pmatrix} \overset{\text{행연산}}{\Longrightarrow} \begin{pmatrix} 1 & -1 & 0 & 0 \\ 0 & 0 & 0 & 0 \\ 0 & 0 & 0 & 0 \end{pmatrix}$$

에서 $x_1 - x_2 = 0$이다. x_3는 임의로 택할 수 있다. 지금 $x_2 = 1$을 택하면

$x_1 = 1$ 이고 $x_3 = 0$ 을 택하면, 하나의 고유벡터는

$$\mathbf{x}_2 = \begin{pmatrix} 1 \\ 1 \\ 0 \end{pmatrix}$$

이다. 이와는 달리 $x_2 = 0$ 으로 선택하면 $x_1 = 0$ 이고 $x_3 = 1$ 을 택하면 다른 하나의 고유벡터는

$$\mathbf{x}_3 = \begin{pmatrix} 0 \\ 0 \\ 1 \end{pmatrix}$$

이다.

이 때, 세 고유벡터 $\mathbf{x}_1$, $\mathbf{x}_2$ 와 $\mathbf{x}_3$ 는 일차독립이므로 $\mathbf{A}$ 는 대각화가능 하고 정칙행렬은

$$\mathbf{P} = \begin{pmatrix} 1 & 1 & 0 \\ -1 & 1 & 0 \\ 0 & 0 & 1 \end{pmatrix}$$

이다. 따라서

$$\mathbf{A} = \mathbf{PDP}^{-1} = \begin{pmatrix} 1 & 1 & 0 \\ -1 & 1 & 0 \\ 0 & 0 & 1 \end{pmatrix} \begin{pmatrix} -1 & 0 & 0 \\ 0 & 1 & 0 \\ 0 & 0 & 1 \end{pmatrix} \begin{pmatrix} \frac{1}{2} & \frac{-1}{2} & 0 \\ \frac{1}{2} & \frac{1}{2} & 0 \\ 0 & 0 & 1 \end{pmatrix}$$

이다. □

유제 7.2.6. 다음 행렬 $\mathbf{A}$ 가 대각화가능하다면 대각화하라.

$$\mathbf{A} = \begin{pmatrix} 3 & 2 & 0 \\ 2 & 3 & 0 \\ 0 & 0 & 1 \end{pmatrix}$$

♣ 정답.

$$\mathbf{A} = \mathbf{PDP}^{-1} = \begin{pmatrix} 0 & 1 & 1 \\ 0 & -1 & 1 \\ 1 & 0 & 0 \end{pmatrix} \begin{pmatrix} 1 & 0 & 0 \\ 0 & 1 & 0 \\ 0 & 0 & 5 \end{pmatrix} \begin{pmatrix} 0 & 0 & 1 \\ \frac{1}{2} & \frac{-1}{2} & 0 \\ \frac{1}{2} & \frac{1}{2} & 1 \end{pmatrix}$$

고유값 고유벡터를 이용하여 주어진 행렬을 대각화할 수 있으면, 행렬의 거

듭제곱을 쉽게 계산할 수 있다. $\mathbf{A} = \mathbf{PDP}^{-1}$ 가 되므로

$$\begin{aligned}
\mathbf{A}^n &= \underbrace{(\mathbf{PDP}^{-1})(\mathbf{PDP}^{-1})\cdots(\mathbf{PDP}^{-1})}_{n\text{개}} \\
&= \mathbf{PD}(\mathbf{P}^{-1}\mathbf{P})\mathbf{D}(\mathbf{P}^{-1}\mathbf{P})\cdots(\mathbf{P}^{-1}\mathbf{P})\mathbf{DP}^{-1} \\
&= \mathbf{PD}^n\mathbf{P}^{-1}
\end{aligned}$$

가 된다.

예제 7.2.7. 행렬 $\mathbf{A}$ 를 대각화하여 $\mathbf{A}^{915}$ 를 계산하라.

$$\mathbf{A} = \begin{pmatrix} 1 & 2 \\ 4 & 3 \end{pmatrix}$$

풀이. $\mathbf{A}$ 의 고유값은 $\lambda_1 = -1$, $\lambda_2 = 5$ 이고 일차독립인 고유벡터는

$$\mathbf{x}_1 = \begin{pmatrix} -1 \\ 1 \end{pmatrix}, \quad \mathbf{x}_2 = \begin{pmatrix} 1 \\ 2 \end{pmatrix}$$

로 정한다. 이 때,

$$\mathbf{D} = \begin{pmatrix} -1 & 0 \\ 0 & 5 \end{pmatrix}, \quad \mathbf{P} = \begin{pmatrix} -1 & 1 \\ 1 & 2 \end{pmatrix}$$

이고, $\mathbf{A} = \mathbf{PDP}^{-1}$ 가 되므로 $\mathbf{A}^{915} = \mathbf{PD}^{915}\mathbf{P}^{-1}$ 가 된다. 그리고

$$\mathbf{P}^{-1} = \frac{1}{3}\begin{pmatrix} -2 & 1 \\ 1 & 1 \end{pmatrix}$$

이므로

$$\begin{aligned}
\mathbf{A}^{915} &= \frac{1}{3}\begin{pmatrix} -1 & 1 \\ 1 & 2 \end{pmatrix}\begin{pmatrix} (-1)^{915} & 0 \\ 0 & 5^{915} \end{pmatrix}\begin{pmatrix} -2 & 1 \\ 1 & 1 \end{pmatrix} \\
&= \frac{1}{3}\begin{pmatrix} 5^{915} - 2 & 5^{915} + 1 \\ 2 \cdot 5^{915} + 2 & 2 \cdot 5^{915} - 1 \end{pmatrix}
\end{aligned}$$

로 구해진다. □

유제 7.2.8. 행렬 $\mathbf{A}$ 를 대각화하여 $4\mathbf{A}^{15} + 2\mathbf{A}^7 + \mathbf{I}$ 를 계산하라.

$$\mathbf{A} = \begin{pmatrix} 1 & 2 \\ 4 & 3 \end{pmatrix}$$

♣ 정답. $\frac{1}{3}\begin{pmatrix} 4\cdot 5^{15}+2\cdot 5^{7}-9 & 4\cdot 5^{15}+2\cdot 5^{7}+6 \\ 8\cdot 5^{15}+4\cdot 5^{7}+12 & 8\cdot 5^{15}+4\cdot 5^{7}-3 \end{pmatrix}$

연습문제 7.2

1. 다음 행렬 $\mathbf{A}$ 를 $\mathbf{A}=\mathbf{PDP}^{-1}$ 로 표시하라. $\mathbf{D}$ 는 대각행렬, $\mathbf{P}$ 는 정칙행렬 이다.

(1) $\mathbf{A}=\begin{pmatrix} 1 & 2 \\ 4 & 3 \end{pmatrix}$ (2) $\mathbf{A}=\begin{pmatrix} 0 & 1 \\ 1 & 0 \end{pmatrix}$

(3) $\mathbf{A}=\begin{pmatrix} 4 & 1 \\ 1 & 4 \end{pmatrix}$ (4) $\mathbf{A}=\begin{pmatrix} 2 & -1 & 1 \\ 3 & -2 & 1 \\ 0 & 0 & 1 \end{pmatrix}$

(5) $\mathbf{A}=\begin{pmatrix} 1 & 0 & 0 \\ 4 & 3 & 2 \\ 4 & 2 & 3 \end{pmatrix}$ (6) $\mathbf{A}=\begin{pmatrix} 5 & 0 & 0 \\ 1 & 5 & 0 \\ 0 & 1 & 5 \end{pmatrix}$

2. 행렬 $\mathbf{A}$ 를 대각화하여 $\mathbf{A}^{99}$ 를 계산하라.

$$\mathbf{A}=\begin{pmatrix} 0 & 1 & 0 \\ 1 & 0 & 0 \\ 0 & 0 & 1 \end{pmatrix}$$

3. 다음 행렬 $\mathbf{A}$ 가 대각화 가능하지 않음을 보여라.

$$\mathbf{A}=\begin{pmatrix} 3 & 4 \\ -1 & 7 \end{pmatrix}$$

♣ 정답.

1. (1)

$$\mathbf{A}=\mathbf{PDP}^{-1} = \begin{pmatrix} 1 & 1 \\ -1 & 2 \end{pmatrix}\begin{pmatrix} -1 & 0 \\ 0 & 5 \end{pmatrix}\left(\frac{1}{3}\right)\begin{pmatrix} 2 & -1 \\ 1 & 1 \end{pmatrix}$$

(2)

$$\mathbf{A}=\mathbf{PDP}^{-1} = \begin{pmatrix} 1 & 1 \\ 1 & -1 \end{pmatrix}\begin{pmatrix} 1 & 0 \\ 0 & -1 \end{pmatrix}\begin{pmatrix} \frac{1}{2} & \frac{1}{2} \\ \frac{1}{2} & \frac{-1}{2} \end{pmatrix}$$

(3)

$$\mathbf{A} = \mathbf{PDP}^{-1} = \begin{pmatrix} 1 & 1 \\ -1 & 1 \end{pmatrix} \begin{pmatrix} 3 & 0 \\ 0 & 5 \end{pmatrix} \left(\frac{1}{2}\right) \begin{pmatrix} 1 & -1 \\ 1 & 1 \end{pmatrix}$$

(4) **A** 는 대각화 가능하지 않다.
(5)

$$\mathbf{A} = \mathbf{PDP}^{-1} = \begin{pmatrix} 0 & 0 & 1 \\ 1 & 1 & -1 \\ 1 & -1 & -1 \end{pmatrix} \begin{pmatrix} 5 & 0 & 0 \\ 0 & 1 & 0 \\ 0 & 0 & 1 \end{pmatrix} \left(\frac{1}{2}\right) \begin{pmatrix} 2 & 1 & 1 \\ 0 & 1 & -1 \\ 2 & 0 & 0 \end{pmatrix}$$

(6) 대각화 가능하지 않다.

2. $\mathbf{A}^{99} = \mathbf{A}$

3. **A** 는 중근인 고유값 5에 대응하는 고유벡터 $\mathbf{x_1} = \begin{pmatrix} 2 \\ 1 \end{pmatrix}$ 하나 밖에 얻을 수 없다. 따라서 **A** 는 대각화가능하지 않다.

7.3 그 밖의 응용

이 절에서는 공학에서 자주 사용되는 행렬지수의 계산, 선형연립미분방정식의 풀이, 캐일리-해밀턴의 정리를 차례로 살펴본다.

(1) **(행렬지수)** 지수함수 e^x 의 매클로린급수 [1] 는 다항함수의 무한합이다.

$$e^x = 1 + x + \frac{1}{2!}x^2 + \frac{1}{3!}x^3 + \cdots + \frac{1}{n!}x^n + \cdots$$

이와 같은 모양으로 행렬지수를 정의해보자.
행렬

$$\mathbf{A} = \begin{pmatrix} a_{11} & a_{12} & \cdots & a_{1n} \\ a_{21} & a_{22} & \cdots & a_{2n} \\ \vdots & & & \vdots \\ a_{n1} & a_{n2} & \cdots & a_{nn} \end{pmatrix}$$

---

[1] 테일러 (Taylor) 급수는

$$f(x) = \sum_{n=0}^{\infty} \frac{f^{(n)}(c)}{n!}(x-c)^n$$

인 멱급수이고 $c = 0$ 일 때는 매클로린 (Maclaurin) 급수라고 부른다.

에 대하여, 행렬지수는 다음과 같이 정의된다.

$$e^A = \mathbf{I} + \mathbf{A} + \frac{1}{2!}\mathbf{A}^2 + \frac{1}{3!}\mathbf{A}^3 + \cdots + \frac{1}{n!}\mathbf{A}^n + \cdots$$

이 행렬지수를 계산하기 위하여, 7.2에서 학습한 행렬의 대각화 (또는 분해)를 이용한다. 행렬 $\mathbf{A}$의 고유값과 고유벡터를 각각 $\lambda_1, \cdots, \lambda_n$과 $\mathbf{x}_1, \cdots, \mathbf{x}_n$이라고 두자. 그러면 고유벡터를 열로 가지는 행렬 $\mathbf{P}$와 고유값을 대각원소로 가지는 대각행렬 $\mathbf{D}$에 대하여

$$\mathbf{A} = \mathbf{PDP}^{-1}$$

로 분해되었다. 우선 대각선행렬

$$\mathbf{D} = diag(\lambda_1, \cdots, \lambda_n)$$

에 대하여 행렬지수를 구해보자.

$$\mathbf{A}\mathbf{x}_i = \lambda_i \mathbf{x}_i$$

이므로

$$\begin{aligned} e^{\mathbf{D}} &= \left(\mathbf{I} + \mathbf{D} + \frac{1}{2!}\mathbf{D}^2 + \frac{1}{3!}\mathbf{D}^3 + \cdots + \frac{1}{m!}\mathbf{D}^m \ + \cdots\right) \\ &= diag\left(\sum_{k=0}^{\infty}\frac{\lambda_1^k}{k!}, \cdots, \sum_{k=0}^{\infty}\frac{\lambda_n^k}{k!}\right) \\ &= diag\left(e^{\lambda_1}, \cdots, e^{\lambda_n}\right) \end{aligned}$$

이다. 행렬의 분해를 이용하여 $e^{\mathbf{A}}$을 다음과 같이 계산할 수 있다.

$$\begin{aligned} e^{\mathbf{A}} &= \mathbf{I} + \mathbf{A} + \frac{1}{2!}\mathbf{A}^2 + \frac{1}{3!}\mathbf{A}^3 + \cdots \\ &= \mathbf{P}\left(\mathbf{I} + \mathbf{D} + \frac{1}{2!}\mathbf{D}^2 + \frac{1}{3!}\mathbf{D}^3 + \cdots\right)\mathbf{P}^{-1} \\ &= \mathbf{P}e^{\mathbf{D}}\mathbf{P}^{-1} \end{aligned}$$

예제 7.3.1. 다음 행렬 $\mathbf{A}$를 이용하여 행렬지수 $e^{\mathbf{A}}$를 계산하라.

$$\mathbf{A} = \begin{pmatrix} -2 & -6 \\ 1 & 3 \end{pmatrix}$$

풀이. 우선 고유치를 구하면,

$$|\mathbf{A} - \lambda\mathbf{I}| \ = \ \begin{vmatrix} -2-\lambda & -6 \\ 1 & 3-\lambda \end{vmatrix} = \lambda^2 - \lambda = 0$$

이므로 $\lambda = 0$ 또는 1 이다. $\lambda = 0$ 일 때,

$$\begin{pmatrix} -2 & -6 \\ 1 & 3 \end{pmatrix}\begin{pmatrix} x_1 \\ x_2 \end{pmatrix} = \begin{pmatrix} 0 \\ 0 \end{pmatrix}$$

에서 $\mathbf{x} = (-3, 1)$ 이다. $\lambda = 1$ 일 때,

$$\begin{pmatrix} -3 & -6 \\ 1 & 2 \end{pmatrix}\begin{pmatrix} x_1 \\ x_2 \end{pmatrix} = \begin{pmatrix} 0 \\ 0 \end{pmatrix}$$

에서 $\mathbf{x} = (-2, 1)$ 이다. 따라서 행렬 $\mathbf{A}$ 의 분해는

$$\mathbf{A} = \begin{pmatrix} -3 & -2 \\ 1 & 1 \end{pmatrix}\begin{pmatrix} 0 & 0 \\ 0 & 1 \end{pmatrix}\begin{pmatrix} -1 & -2 \\ 1 & 3 \end{pmatrix}$$

이므로 행렬지수는

$$\begin{aligned} e^{\mathbf{A}} &= \begin{pmatrix} -3 & -2 \\ 1 & 1 \end{pmatrix}\begin{pmatrix} 1 & 0 \\ 0 & e \end{pmatrix}\begin{pmatrix} -1 & -2 \\ 1 & 3 \end{pmatrix} \\ &= \begin{pmatrix} 3-2e & -6-6e \\ -1+e & -2+3e \end{pmatrix} \end{aligned}$$

이다. □

유제 7.3.2. 다음 행렬 $\mathbf{A}$ 의 행렬지수를 계산하라.

$$\mathbf{A} = \begin{pmatrix} 1 & 2 \\ 4 & 3 \end{pmatrix}$$

♣ 정답.

$$\begin{aligned} e^{\mathbf{A}} &= \begin{pmatrix} -1 & 1 \\ 1 & 2 \end{pmatrix}\begin{pmatrix} e^{-1} & 0 \\ 0 & e^5 \end{pmatrix}\left(-\frac{1}{3}\right)\begin{pmatrix} 2 & -1 \\ -1 & -1 \end{pmatrix} \\ &= \left(-\frac{1}{3}\right)\begin{pmatrix} -2e^{-1}-e^5 & e^{-1}-e^5 \\ 2e^{-1}-2e^5 & -e^{-1}-2e^5 \end{pmatrix} \end{aligned}$$

비슷하게 테일러급수 $1/(1-x) = \sum_{k=0}^{\infty} x^k$ 을 이용하여,

$$(\mathbf{I}-\mathbf{A})^{-1} = \sum_{k=0}^{\infty} \mathbf{A}^k = \mathbf{I} + \mathbf{A} + \mathbf{A}^2 + \mathbf{A}^3 + \cdots$$

로 표현할 수 있다. 이때, $0 \le a_{ij} < 1$ 이고, 각 열 성분의 합에 대하여 $\sum_{i=1}^{n} a_{ij} < 1$ 이 성립해야 한다. 경제학에서 특히 많이 사용되는 이 행렬을 Loentief 행렬

이라고 부르며, 이를 증명하기 위해서 우선 $\mathbf{B}_k = (\mathbf{I}-\mathbf{A}))(\mathbf{I}+\mathbf{A}+\mathbf{A}^2+\mathbf{A}^3+\cdots+\mathbf{A}^k) = \mathbf{I}-\mathbf{A}^{k+1}$ 가 성립하며, $0 \le a_{ij} < 1$ 와 각 열의 성분합에 대하여 $\sum_{i=1}^{n} a_{ij} < 1$ 이 성립할 때, $\lim_{k->\infty} \mathbf{A}^{k+1} = \mathbf{O}$ 이므로 $\lim_{k->\infty} \mathbf{B}_k = \mathbf{I}$ 임을 보이면 된다. 자세한 증명은 독자에게 남겨둔다.

(2) **(연립선형미분방정식)** 행렬의 고유값과 고유벡터를 이용하여 동차선형 연립미분방정식

$$\mathbf{y}' = \mathbf{A}\mathbf{y}$$

의 해를 찾는 문제를 생각해보자. 2×2 행렬 $\mathbf{A} = (a_{jk})$ 는 상수라고 가정한다. 단일미분방정식 $y' = ky$ 가 $y = Ce^{kt}$ 를 해로 가진다는 것을 기억하고 이에 따라

$$\mathbf{y} = \mathbf{x}e^{\lambda t}$$

를 해로 시도해보자. 이 해를 t 에 대하여 미분한 후 주어진 연립미분방정식에 대입하면

$$\lambda \mathbf{x}e^{\lambda t} = \mathbf{A}\mathbf{x}e^{\lambda t}$$

이다. 양변을 $e^{\lambda t}$ 로 나누면

$$\mathbf{A}\mathbf{x} = \lambda\mathbf{x}$$

이다. 따라서 λ 는 $\mathbf{A}$ 의 고유값이고 $\mathbf{x}$ 는 해당하는 고유벡터이다. 2×2 행렬 $\mathbf{A}$ 의 고유값 λ_1 과 λ_2 에 대응하는 고유벡터 $\mathbf{x}^{(1)}$ 과 $\mathbf{x}^{(2)}$ 가 서로 일차독립이라고 가정하자. 그러면 해당하는 해는

$$\mathbf{y}^{(1)} = \mathbf{x}^{(1)}e^{\lambda_1 t}, \quad \mathbf{y}^{(2)} = \mathbf{x}^{(2)}e^{\lambda_2 t}$$

이고, 이 두 해도 서로 일차독립이 된다. 따라서 행렬 $\mathbf{A}$ 가 두개의 일차독립인 고유벡터를 갖는다면 위에서 얻어지는 해 $\mathbf{y}^{(1)}$ 과 $\mathbf{y}^{(2)}$ 는 주어진 연립미분방정식의 해가 되며, 대응하는 일반해는

$$\mathbf{y} = c_1\mathbf{x}^{(1)}e^{\lambda_1 t} + c_2\mathbf{x}^{(2)}e^{\lambda_2 t}$$

이다. 이 정리는 n 차 선형연립미분방정식에 대하여도 성립한다. 이때, 두 개의 미분방정식으로 된 연립미분방정식을 실제로 풀어서 y_1y_2- 평면에 나타나는 해의 곡선이 나타나는 평면을 상평면(phase plane)이라고 한다.

예제 7.3.3. 다음 동차선형연립미분방정식의 일반해를 구하라.

$$\mathbf{y}' = \begin{pmatrix} -3 & 1 \\ 1 & -3 \end{pmatrix}\mathbf{y} \quad \text{또는} \quad \begin{cases} y_1' &= -3y_1 + y_2 \\ y_2' &= y_1 - 3y_2 \end{cases}$$

풀이. $\mathbf{A}\mathbf{x} = \lambda\mathbf{x}$ 의 특성방정식은

$$det(\mathbf{A}-\lambda\mathbf{I}) = \begin{vmatrix} -3-\lambda & 1 \\ 1 & -3-\lambda \end{vmatrix} = \lambda^2 + 6\lambda + 8 = 0$$

이다. 따라서 고유치는 $\lambda_1 = -2$, $\lambda_2 = -4$ 이며, 대응하는 고유벡터는 다음과 같다. $\lambda_1 = -2$ 이면 $-x_1 + x_2 = 0$ 이므로 $\mathbf{x}^{(1)} = \begin{pmatrix} 1 \\ 1 \end{pmatrix}$ 이다. $\lambda_2 = -4$ 이면 $x_1 + x_2 = 0$ 이므로 $\mathbf{x}^{(2)} = \begin{pmatrix} 1 \\ -1 \end{pmatrix}$ 이다. 따라서 일반해는

$$\begin{aligned} \mathbf{y} &= \begin{pmatrix} y_1 \\ y_2 \end{pmatrix} \\ &= c_1\mathbf{y}^{(1)} + c_2\mathbf{y}^{(2)} \\ &= c_1\begin{pmatrix} 1 \\ 1 \end{pmatrix}e^{-2t} + c_2\begin{pmatrix} 1 \\ -1 \end{pmatrix}e^{-4t} \end{aligned}$$

즉,

$$\begin{aligned} y_1 &= c_1e^{-2t} + c_2e^{-4t} \\ y_2 &= c_1e^{-2t} - c_2e^{-4t} \end{aligned}$$

이다.

c_1, c_2 에 대하여 경로를 찾아보자. $c_2 = 0$ 이고 $c_1 > 0$ 일 때, 1 사분면의 사선 $y_1 = y_2$ 를 얻게 된다. $c_2 = 0$, $c_1 < 0$ 일때는 3 사분면의 사선 $y_1 = y_2$ 가 된다. 비슷하게 $c_1 = 0$ 이고 $c_2 > 0$ 또는 $c_2 < 0$ 인 경우에는 각각 4 사분면, 2 사분면의 사선 $y_1 = -y_2$ 가 된다. $c_1 \neq 0$, $c_2 \neq 0$ 인 경우에도 비슷한 방법으로 해의 경로를 구할 수 있다. 이때 사선들의 방향은 밖에서 원점을 향하여 들어온다. 여기서 원점은 이상절점이다. □

(3) **(캐일리-해밀턴)** 캐일리-해밀턴(Cayley-Hamilton) 정리로 알려진 다음 정리를 이용하면, 행렬 $\mathbf{A}$ 의 역행렬을 자기자신 행렬 $\mathbf{A}$ 의 일차식으로 표현할 수 있다.

> 정리 **7.3.4.** (캐일리-해밀턴 정리)
> $n \times n$ 정사각행렬 $\mathbf{A}$ 는 자신의 고유방정식을 만족한다. 즉, $\mathbf{A}$ 의 고유방정식이
> $$(-1)^n\lambda^n + c_{n-1}\lambda^{n-1} + \cdots + c_1\lambda + c_0 = 0$$
> 일 때
> $$(-1)^n\mathbf{A}^n + c_{n-1}\mathbf{A}^{n-1} + \cdots + c_1\mathbf{A} + c_0\mathbf{I} = \mathbf{O}$$
> 이다. 여기서 $\mathbf{O}$ 는 영행렬이다.

예제 7.3.5. 행렬 $\mathbf{A}$ 에 대하여 $\mathbf{A}^2 - 5\mathbf{A} - 2\mathbf{I} = \mathbf{O}$ 임을 보여라.

$$\mathbf{A} = \begin{pmatrix} 1 & 2 \\ 3 & 4 \end{pmatrix}$$

풀이. $\mathbf{A}$ 의 특성방정식이 $\lambda^2 - 5\lambda - 2 = 0$ 이므로, 위 정리에 의하여

$$\begin{aligned}\mathbf{A}^2 - 5\mathbf{A} - 2\mathbf{I} &= \begin{pmatrix} 1 & 2 \\ 3 & 4 \end{pmatrix}^2 - 5\begin{pmatrix} 1 & 2 \\ 3 & 4 \end{pmatrix} - 2\begin{pmatrix} 1 & 0 \\ 0 & 1 \end{pmatrix} \\ &= \begin{pmatrix} 7 & 10 \\ 15 & 22 \end{pmatrix} - \begin{pmatrix} 5 & 10 \\ 15 & 20 \end{pmatrix} - \begin{pmatrix} 2 & 0 \\ 0 & 2 \end{pmatrix} \\ &= \begin{pmatrix} 0 & 0 \\ 0 & 0 \end{pmatrix}\end{aligned}$$

이다. □

유제 7.3.6. 행렬 $\mathbf{A}$ 에 대하여 $\mathbf{A}^2 - \mathbf{A} - 2\mathbf{I} = \mathbf{O}$ 임을 보여라.

$$\mathbf{A} = \begin{pmatrix} -2 & 4 \\ -1 & 3 \end{pmatrix}$$

♣ 정답. 생략

예제 7.3.7. 캐일리-해밀턴 정리를 이용하여 행렬 $\mathbf{A}$ 의 역행렬을 구하라.

$$\mathbf{A} = \begin{pmatrix} 1 & 2 \\ 3 & 4 \end{pmatrix}$$

풀이. $\mathbf{A}^2 - 5\mathbf{A} - 2\mathbf{I} = \mathbf{O}$ 이므로

$$\mathbf{I} = \frac{1}{2}(\mathbf{A}^2 - 5\mathbf{A}) = \mathbf{A}\left(\frac{1}{2}(\mathbf{A} - 5\mathbf{I})\right)$$

이다. 따라서

$$\mathbf{A}^{-1} = \frac{1}{2}(\mathbf{A} - 5\mathbf{I}) = \frac{1}{2}\left[\begin{pmatrix} 1 & 2 \\ 3 & 4 \end{pmatrix} - 5\begin{pmatrix} 1 & 0 \\ 0 & 1 \end{pmatrix}\right] = \frac{1}{2}\begin{pmatrix} -4 & 2 \\ 3 & -1 \end{pmatrix}$$

이다. □

유제 7.3.8. 캐일리-해밀턴 정리를 이용하여 $\mathbf{A}$ 의 역행렬을 $\mathbf{A}$ 의 일차식으로 표현하라.

$$\mathbf{A} = \begin{pmatrix} 3 & -1 \\ -1 & 3 \end{pmatrix}$$

♣ 정답. $\mathbf{A}^{-1} = -\frac{1}{8}(\mathbf{A} - 6\mathbf{I})$

어떤 정사각행렬은 그 역행렬을 자기 자신의 일차식으로 표현할 수 없는 경

우도 있다.

(4) **(행렬의 스펙트럼 분해)** 대칭행렬은 매우 유용한 성질을 갖는다. $\mathbf{A}$가 대칭행렬이면, $\mathbf{A}$의 모든 고유값 $\lambda_1, \lambda_2, \cdots, \lambda_n$ 은 실수이다. 간단히 증명해보자.

$$\mathbf{Ax} = \lambda\mathbf{x}$$

의 양변에 공액복소수를 취해서

$$\mathbf{Ax}^* = \lambda^*\mathbf{x}^*$$

를 얻는다. 첫번째 식의 왼쪽에 $(\mathbf{x}^*)^T$, 두번째 식의 왼쪽에 $\mathbf{x}^T$ 를 곱한 후 빼면, $\mathbf{x}^T\mathbf{x}^* = (\mathbf{x}^*)^T\mathbf{x}$ 이므로

$$(\mathbf{x}^*)^T\mathbf{Ax} - \mathbf{x}^T\mathbf{Ax}^* = (\lambda - \lambda^*)\mathbf{x}^T\mathbf{x}^*$$

이다. 그런데 $\mathbf{A}^T = \mathbf{A}$ 이므로

$$\left((\mathbf{x}^*)^T\mathbf{Ax}\right)^T = \mathbf{x}^T\mathbf{A}^T\mathbf{x}^* = \mathbf{x}^T\mathbf{Ax}^*$$

이며, 이것은 스칼라이다. 따라서

$$(\lambda - \lambda^*)\mathbf{x}^T\mathbf{x}^* = 0$$

이다. 여기서 $\mathbf{x}^T\mathbf{x}^* = \sum_i x_i x_i^*$ 는 항상 양의 실수이므로,

$$\lambda = \lambda^*$$

이어야 하므로, 고유값은 실수이다.

$\mathbf{A}$가 대칭행렬이면, 서로 다른 고유값에 대응하는 고유벡터 $\mathbf{x}_1, \mathbf{x}_2, \cdots, \mathbf{x}_n$ 는 모두 직교한다. 간단히 증명해보자.

$$\mathbf{Ax}_i = \lambda_i\mathbf{x}_i, \;\; \mathbf{Ax}_j = \lambda_j\mathbf{x}_j$$

그러면,

$$\mathbf{x}_j^T\mathbf{Ax}_i = \lambda_i\mathbf{x}_j^T\mathbf{x}_i, \;\; \mathbf{x}_i^T\mathbf{Ax}_j = \lambda_j\mathbf{x}_i^T\mathbf{x}_j$$

$\mathbf{x}_j^T\mathbf{Ax}_i = \mathbf{x}_i^T\mathbf{Ax}_j$ 이므로 이 둘을 빼면

$$\lambda_i\mathbf{x}_j^T\mathbf{x}_i - \lambda_j\mathbf{x}_i^T\mathbf{x}_j = (\lambda_i - \lambda_j)\mathbf{x}_j^T\mathbf{x}_i = 0$$

이다. $\lambda_i \neq \lambda_j$ 이므로 $\mathbf{x}_j^T\mathbf{x}_i = 0$ 이다. 즉 두 고유벡터가 직교한다.

대칭행렬 $\mathbf{A}$의 크기가 1인 고유벡터 $\mathbf{u}_1, \mathbf{u}_2, \cdots, \mathbf{u}_n$ 를 열로 갖는 행렬을 $\mathbf{P}$로 두자. 그러면, $\mathbf{P}^{-1} = \mathbf{P}$ 또는 $\mathbf{P}^T\mathbf{P} = \mathbf{I}$가 성립한다.

대칭행렬 $\mathbf{A}$에 대해서

$$\mathbf{A} = \mathbf{PDP}^T$$

가 성립하며, 이는 다시

$$\mathbf{A} = \lambda_1 \mathbf{x}_1 \mathbf{x}_1^T + \lambda_2 \mathbf{x}_2 \mathbf{x}_2^T + \cdots + \lambda_n \mathbf{x}_n \mathbf{x}_n^T$$

으로 분할된다. 이때, $\lambda_1 \geq \lambda_2 \geq \cdots \geq \lambda_n$ 이면, $r \leq n$ 에 대하여

$$\mathbf{A} \approx \lambda_1 \mathbf{x}_1 \mathbf{x}_1^T + \lambda_2 \mathbf{x}_2 \mathbf{x}_2^T + \cdots + \lambda_r \mathbf{x}_r \mathbf{x}_r^T$$

로 근사될 수 있다.

예제 7.3.9.

$$\mathbf{A} = \begin{pmatrix} 2 & 1 \\ 1 & 2 \end{pmatrix}$$

를 스펙트럼분해하라.

풀이. STEP 1: $|\mathbf{A} - \lambda \mathbf{I}| = \lambda^2 - 4\lambda + 3 = 0$ 을 풀어서 고유값을 구하면, $\lambda_1 = 3, \lambda_2 = 1$ 이다.

STEP 2: $(\mathbf{A} - 3\mathbf{I})\mathbf{x} = \mathbf{0}$ 을 풀어서 $|\mathbf{x}| = 1$ 인 $\mathbf{x} \neq \mathbf{0}$ 를 찾자. 그러면, $x_1 - x_2 = 0$ 이고, $x_1^2 + x_2^2 = 1$ 이어야 하므로, $\mathbf{x} = (1/\sqrt{2}, 1/\sqrt{2})$ 이다. $(\mathbf{A} - \mathbf{I})\mathbf{x} = \mathbf{0}$ 을 풀어서 $|\mathbf{x}| = 1$ 인 $\mathbf{x} \neq \mathbf{0}$ 를 찾자. 그러면, $x_1 + x_2 = 0$ 이고, $x_1^2 + x_2^2 = 1$ 이어야 하므로, $\mathbf{x} = (1/\sqrt{2}, -1/\sqrt{2})$ 이다. 서로 다른 두 고유값에 대응하는 두 고유벡터가 서로 직교함을 알 수 있다.

STEP 3:

$$\mathbf{P} = \begin{pmatrix} 1/\sqrt{2} & 1/\sqrt{2} \\ 1/\sqrt{2} & -1/\sqrt{2} \end{pmatrix} \; \mathbf{D} = \begin{pmatrix} 3 & 0 \\ 0 & 1 \end{pmatrix}$$

로 두면, $\mathbf{A}$ 의 스펙트럼분해 $\mathbf{A} = \mathbf{PDP}^T = \lambda_1 \mathbf{x}_1 \mathbf{x}_1^T + \lambda_2 \mathbf{x}_2 \mathbf{x}_2^T$ 는 다음과 같다.

$$\mathbf{A} = \begin{pmatrix} 2 & 1 \\ 1 & 2 \end{pmatrix} = \begin{pmatrix} 1/\sqrt{2} & 1/\sqrt{2} \\ 1/\sqrt{2} & -1/\sqrt{2} \end{pmatrix} \begin{pmatrix} 3 & 0 \\ 0 & 1 \end{pmatrix} \begin{pmatrix} 1/\sqrt{2} & 1/\sqrt{2} \\ 1/\sqrt{2} & -1/\sqrt{2} \end{pmatrix}^T$$

또는

$$\mathbf{A} = \begin{pmatrix} 2 & 1 \\ 1 & 2 \end{pmatrix} = 3 \begin{pmatrix} 1/\sqrt{2} \\ 1/\sqrt{2} \end{pmatrix} (1/\sqrt{2}, 1/\sqrt{2}) + \begin{pmatrix} 1/\sqrt{2} \\ -1/\sqrt{2} \end{pmatrix} (1/\sqrt{2}, -1/\sqrt{2})$$

여기서 $\mathbf{P}$ 의 두 열의 크기는 1 이고 서로 직교하므로, $\mathbf{P}$ 가 직교행렬임을 알 수 있다.

□

유제 7.3.10. **A** 를 스펙트럼 분해하라.

$$\mathbf{A} = \begin{pmatrix} 3 & 1 \\ 1 & 3 \end{pmatrix}$$

연습문제 7.3

1. 다음 행렬에 대하여, $e^{\mathbf{A}}$ 를 구하라.

(1) $\mathbf{A} = \begin{pmatrix} 5 & 4 \\ 1 & 2 \end{pmatrix}$ (2) $\mathbf{A} = \begin{pmatrix} 0 & 1 \\ -1 & 0 \end{pmatrix}$

(3) $\mathbf{A} = \begin{pmatrix} 3 & 2 & 0 \\ 2 & 3 & 0 \\ 0 & 0 & 1 \end{pmatrix}$ (4) $\mathbf{A} = \begin{pmatrix} 2 & 0 & -2 \\ 0 & 4 & 0 \\ -2 & 0 & 5 \end{pmatrix}$

2. 다음 행렬에 대하여, 연립미분방정식 $\mathbf{y}' = \mathbf{A}\mathbf{y}$ 의 해를 구하라.

(1) $\mathbf{A} = \begin{pmatrix} 1 & 2 \\ 4 & 3 \end{pmatrix}$ (2) $\mathbf{A} = \begin{pmatrix} 1 & 0 \\ 0 & -1 \end{pmatrix}$

(3) $\mathbf{A} = \begin{pmatrix} 0 & 1 \\ -4 & 0 \end{pmatrix}$ (4) $\mathbf{A} = \begin{pmatrix} 2 & -4 \\ 1 & -3 \end{pmatrix}$

3. 어떤 질량-용수철계가 다음 연립미분방정식

$$\begin{cases} y_1{}'' &= -3y_1 + 2(y_2 - y_1) \\ y_2{}'' &= -2(y_2 - y_1) \end{cases}$$

으로 표현된다. 지금 $y_1(0) = 1$, $y_2(0) = 2$, $y_1{}'(0) = -2\sqrt{6}$, $y_2{}'(0) = \sqrt{6}$ 일 때, 물체의 변위 $y_1(t)$, $y_2(t)$ 를 구하라.

4. 다음 행렬에 대하여, $\mathbf{A}^{-1}$ 을 $\mathbf{A}$ 의 다항식으로 표현하라.

(1) $\mathbf{A} = \begin{pmatrix} 1 & 2 \\ 4 & 3 \end{pmatrix}$ (2) $\mathbf{A} = \begin{pmatrix} -2 & -2 \\ -5 & 1 \end{pmatrix}$

(3) $\mathbf{A} = \begin{pmatrix} 1 & -1 & 4 \\ 3 & 2 & -1 \\ 2 & 1 & -1 \end{pmatrix}$ (4) $\mathbf{A} = \begin{pmatrix} 0 & 1 & 0 \\ 0 & 0 & 1 \\ 1 & -3 & 3 \end{pmatrix}$

5. 행렬 $\mathbf{A}$ 에서 $0 \leq a_{ij} < 1$ 와 각 열의 성분합에 대하여 $\sum_{i=1}^{n} a_{ij} < 1$ 이 성립할 때, $\lim_{k->\infty} \mathbf{A}^{k+1} = \mathbf{O}$ 임을 보이라.

♣ 정답.

1. (1) $e^{\mathbf{A}} = \begin{pmatrix} 4 & 1 \\ 1 & -1 \end{pmatrix} \begin{pmatrix} e^6 & 0 \\ 0 & e \end{pmatrix} (\frac{1}{5}) \begin{pmatrix} 1 & 1 \\ 1 & -4 \end{pmatrix}$

(2) $e^{\mathbf{A}} = \begin{pmatrix} 1 & 1 \\ i & -i \end{pmatrix} \begin{pmatrix} e^i & 0 \\ 0 & e^{-i} \end{pmatrix} (\frac{1}{2}) \begin{pmatrix} 1 & -i \\ 1 & i \end{pmatrix}$

(3) $e^{\mathbf{A}} = \begin{pmatrix} -1 & 0 & 1 \\ 1 & 0 & 1 \\ 0 & 1 & 0 \end{pmatrix} \begin{pmatrix} e & 0 & 0 \\ 0 & e & 0 \\ 0 & e^5 & 0 \end{pmatrix} (\frac{1}{2}) \begin{pmatrix} -1 & 1 & 0 \\ 0 & 0 & 2 \\ 1 & 1 & 0 \end{pmatrix}$

(4) $e^{\mathbf{A}} = \begin{pmatrix} 1 & 0 & 2 \\ 0 & 1 & 0 \\ -2 & 0 & 1 \end{pmatrix} \begin{pmatrix} e^6 & 0 & 0 \\ 0 & e^4 & 0 \\ 0 & 0 & e \end{pmatrix} (\frac{1}{5}) \begin{pmatrix} 1 & 0 & -2 \\ 0 & 5 & 0 \\ 2 & 0 & 1 \end{pmatrix}$

2. (1) $\mathbf{y} = c_1 \begin{pmatrix} -1 \\ 1 \end{pmatrix} e^{-t} + c_2 \begin{pmatrix} 1 \\ 2 \end{pmatrix} e^{-5t}$

(2) $\mathbf{y} = c_1 \begin{pmatrix} 1 \\ 0 \end{pmatrix} e^{t} + c_2 \begin{pmatrix} 0 \\ 1 \end{pmatrix} e^{-t}$

(3) $\mathbf{y} = c_1 \begin{pmatrix} 1 \\ 2i \end{pmatrix} e^{2it} + c_2 \begin{pmatrix} 1 \\ -2i \end{pmatrix} e^{-2it}$

(4) $\mathbf{y} = c_1 \begin{pmatrix} 4 \\ 1 \end{pmatrix} e^{t} + c_2 \begin{pmatrix} 1 \\ 1 \end{pmatrix} e^{-2t}$

3.

$$\begin{cases} y_1(t) = \cos t - 2\sin\sqrt{6}\ t \\ y_2(t) = 2\cos t + \sin\sqrt{6}\ t \end{cases}$$

4. (1) $\mathbf{I} = \frac{1}{5}(\mathbf{A^2} - 4\mathbf{A})$

(2) $\mathbf{I} = \frac{1}{12}(\mathbf{A^2} + \mathbf{A})$

(3) $\mathbf{I} = \frac{1}{6}(-\mathbf{A^3} + 2\mathbf{A^2} + 5\mathbf{A})$

(4) $\mathbf{I} = \mathbf{A^3} - 3\mathbf{A^2} + 3\mathbf{A}$

5. 행렬 $\mathbf{A}$에서 $0 \leq a_{ij} < 1$와 $\sum_{i=1}^{n} a_{ij} < r < 1$를 가정하자. $a_{ij}^{(2)} =$

$\sum_{k=1}^{n} a_{ik}a_{kj}$ 일 때, $\mathbf{A}^2 = (a_{ij}^{(2)})$ 으로 정의될 수 있다. 그러면,

$$\begin{aligned}
\sum_{i=1}^{n} a_{ij}^{(2)} &= \sum_{i=1}^{n}\left(\sum_{k=1}^{n} a_{ik}a_{kj}\right) \\
&= \sum_{k=1}^{n}\left(\sum_{i=1}^{n} a_{ik}\right) a_{kj} \\
&\le r\sum_{k=1}^{n} a_{kj} \\
&\le r^2 \\
&\le r < 1
\end{aligned}$$

이를 반복하면, $\lim_{k->\infty} \sum_{i=1}^{n} a_{ij}^{(k+1)} \le \lim r^{k+1} = 0$ 이고 $\lim_{k->\infty} a_{ij}^{(k+1)} = 0$ 이므로 $\lim_{k->\infty} \mathbf{A}^{k+1} = \mathbf{O}$ 임을 알 수 있다.

7.4 Matlab 실습

To run the script,
1) set the path of the m file to "Current Directory" at the Matlab top Menue Bar
2) in the command window, type the script file name after the prompt:

VectorMatrix.m

```
% Vector calculus
a=[1 -1 2]; b=[2 3 -4];

%vector size
norm(a,2)
%length
length(a);
%outer product
cross(a,b)
%inner product
dot(a,b)


% Matrix algebra
A=[1 2 -1; 2 -1 0; -1 0 1 ]
%determinant
```

```
det(A)
%inverse matrix
inv(A)
%Eigenvalues ( Diagonal elements of D) and eigenvectors of size 1 (columns
of V)
[V,D]= eig(A)
%dimension
size(A)
%Diagonal elements
diag(A)
%LU decomposition
[L U]=lu(A)
%QR decomposition
[Q R]=qr(A)
%SVD decomposition
B=[1 2;3 4; 5 6]
[S V D]=svd(B)

%Solutions of Linear System
A=[ 2 3; 1 -1]; B=[-1 1; 0 1]; c=[1; 2]
A+B
A-B
A*B
size(c)
size(c')
B*c
inv(A)*c
x=A\ c
```

제 8 장

벡터함수의 미분

이 장에서는 벡터함수의 미분을 다룬다. 곡선의 성질을 쉽게 살펴보기 위해서는 벡터함수로 곡선을 나타내는 것이 좋다. 움직이는 물체가 그리는 곡선을 자주 사용하는 역학에서도 벡터함수는 매우 유용하게 쓰인다.

8.1 벡터의 연산

물리적인 양을 표현할 때 하나의 실수값을 사용하는 스칼라와는 달리 벡터는 두 개 이상의 값을 성분으로 이용하여 표현되며, 2 차원 이상의 공간에서 크기와 함께 방향을 갖는다. 벡터를 이용하여 공간에 놓여있는 물체의 위치를 표현할 수도 있으며, 물체의 힘, 속도, 가속도, 회전 등을 표현할 수도 있다.

벡터 $\mathbf{v}$ 가 $\mathbf{R}^n$ 에서 정의된다면, $\mathbf{v}$ 는 n 개의 성분을 가지며, 다음과 같이 표현된다.

$$\mathbf{v} = (v_1, v_2, \cdots, v_n)$$

시작점과 끝점의 위치가 달라도 크기와 방향이 같은 벡터는 동일한 벡터로 정의된다. 특히 $\mathbf{v} = (v_1, v_2)$ 일 때, v_1 은 x 축 방향의 성분 크기, v_2 는 y 방향의 성분 크기이다 (그림 8.1).

스칼라 k 와 $\mathbf{R}^n$ 위의 벡터 $\mathbf{u} = (u_1, u_2, \cdots, u_n)$, $\mathbf{v} = (v_1, v_2, \cdots, v_n)$ 에 대하여 다음과 같은 스칼라배와 벡터합의 연산을 정의할 수 있다.

$$\begin{aligned} \mathbf{u} + \mathbf{v} &= (u_1 + v_1, u_2 + v_2, \cdots, u_n + v_n) \\ k\mathbf{u} &= (ku_1, ku_2, \cdots, ku_n) \end{aligned}$$

두 벡터의 합 $\mathbf{u} + \mathbf{v}$ 는 두 벡터가 만드는 평행사변형의 대각선방향을 가리킨다. k 가 양수일 때 $k\mathbf{u}$ 는 $\mathbf{u}$ 와 같은 방향이고 크기가 k 배 되며, 음수일 때에는 방향이 반대가 되고 크기가 $|k|$ 배 된다(그림 8.2).

벡터 합과 스칼라 곱 연산의 성질을 살펴보면 다음과 같다. 벡터 $\mathbf{u}, \mathbf{v}, \mathbf{w}$ 에

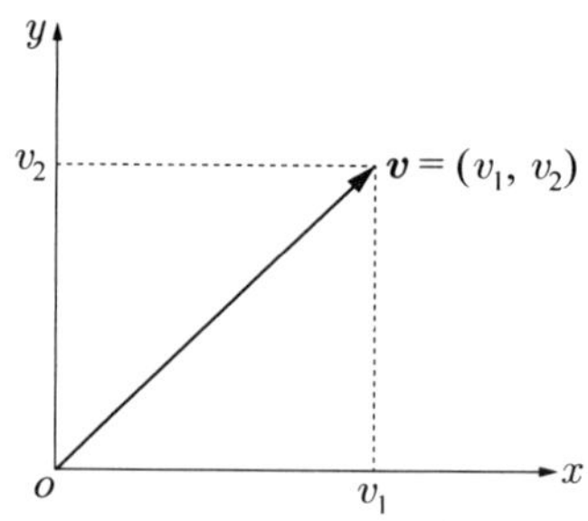

그림 8.1.

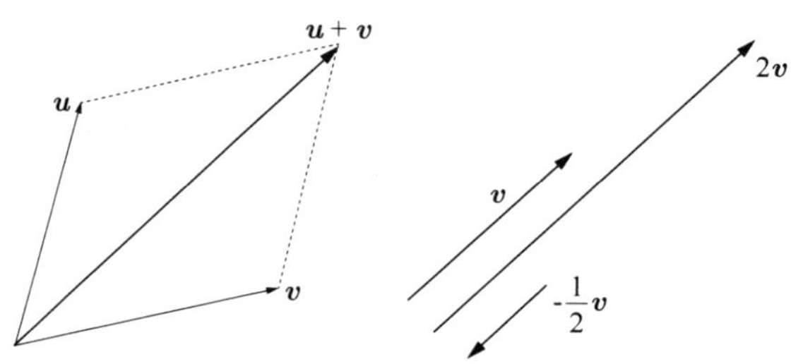

그림 8.2.

대하여,

$$
\begin{aligned}
&(\mathbf{u}+\mathbf{v})+\mathbf{w}=\mathbf{u}+(\mathbf{v}+\mathbf{w}) \\
&\mathbf{u}+\mathbf{v}=\mathbf{v}+\mathbf{u} \\
&k(\mathbf{u}+\mathbf{v})=k\mathbf{u}+k\mathbf{v} \\
&\mathbf{0}+\mathbf{u}=\mathbf{u}+\mathbf{0}=\mathbf{u}, \mathbf{0}=(0,0,\cdots,0) \\
&1\cdot\mathbf{u}=\mathbf{u} \\
&\mathbf{u}+(-\mathbf{u})=\mathbf{0}
\end{aligned}
$$

가 성립한다.

예제 8.1.1. 다음 두 벡터

$$\mathbf{u}=(1,7,-4), \quad \mathbf{v}=(2,3,-1)$$

에 대하여, $3\mathbf{u}$ 와 $2\mathbf{u}-3\mathbf{v}$ 를 계산하라.

풀이.

$$3\mathbf{u}=3(1,7,-4)=(3,21,-12)$$

$$2\mathbf{u}-3\mathbf{v}=2(1,7,-4)-3(2,3,-1)=(2,14,-8)-(6,9,-3)=(-4,5,-5) \;\square$$

유제 8.1.2. 다음 두 벡터

$$\mathbf{u} = (2, -4), \quad \mathbf{v} = (-1, 3)$$

에 대하여, $3\mathbf{v}$ 와 $5\mathbf{u} - 2\mathbf{v}$ 를 계산하고, 이를 그려보아라.

♣ 정답. $(-3, 9)$, $(12, -26)$

벡터 $\mathbf{v}$ 의 크기는 벡터의 시작점과 끝점 사이의 거리이며 $|\mathbf{v}|$ 또는 $||\mathbf{v}||$ 로 표현된다. 이것은 피타고라스 정리에 따라 쉽게 얻어지는데, 그 값은

$$|\mathbf{v}| = \sqrt{v_1^2 + v_2^2 + \cdots + v_n^2}$$

이다. 또한 주어진 벡터의 방향을 표현하는 크기가 1 인 방향벡터는

$$\frac{\mathbf{v}}{|\mathbf{v}|}$$

로 얻어진다. 따라서 모든 벡터는

$$\mathbf{v} = |\mathbf{v}|\frac{\mathbf{v}}{|\mathbf{v}|} = \text{ 크기} \times \text{방향 벡터}$$

로 표현될 수 있다.

xyz 공간 $\mathbf{R}^3$ 에서 x 축, y 축, z 축의 양방향의 단위벡터를 각각 $\mathbf{i} = (1, 0, 0)$, $\mathbf{j} = (0, 1, 0)$, $\mathbf{k} = (0, 0, 1)$ 로 나타내며, 이들을 **기본벡터**라 부른다. 그러면 평면벡터는 $\mathbf{u} = (u_1, u_2) = u_1\mathbf{i} + u_2\mathbf{j}$ 로, 공간벡터는 $\mathbf{v} = (v_1, v_2, v_3) = v_1\mathbf{i} + v_2\mathbf{j} + v_3\mathbf{k}$ 로 표현된다.

예제 8.1.3. $\mathbf{v} = (1, 2, 3)$ 을 크기와 방향벡터의 곱으로 표현하라.

풀이. 주어진 벡터의 크기는

$$|\mathbf{v}| = \sqrt{1^2 + 2^2 + 3^2} = \sqrt{14}$$

이고, 방향벡터는

$$\frac{\mathbf{v}}{|\mathbf{v}|} = \frac{1}{\sqrt{14}}(1, 2, 3) = \left(\frac{1}{\sqrt{14}}, \frac{2}{\sqrt{14}}, \frac{3}{\sqrt{14}}\right)$$

이므로

$$(1, 2, 3) = \sqrt{14}\left(\frac{1}{\sqrt{14}}, \frac{2}{\sqrt{14}}, \frac{3}{\sqrt{14}}\right)$$

이다. □

유제 8.1.4. $\mathbf{v} = (2, 3)$ 을 좌표평면에 그려보고, 이를 크기와 방향벡터의 곱으로 표현하라.

♣ 정답. $\mathbf{v} = (2, 3) = \sqrt{13}(\frac{2}{\sqrt{13}}, \frac{3}{\sqrt{13}})$

$\mathbf{R}^2$ 평면 또는 $\mathbf{R}^3$ 공간의 원점을 O 라 두고, 점 $P(p_1, p_2)$ 에서 시작하여 점$Q(q_1, q_2)$ 에서 끝나는 벡터 $\vec{PQ}$ 를 구해보자. 점 P 가 끝점인 벡터는 $\vec{OP} = (p_1, p_2)$ 이고, 점 Q 가 끝점인 벡터는 $\vec{OQ} = (q_1, q_2)$ 이므로

$$\vec{PQ} = \vec{OQ} - \vec{OP} = (q_1 - p_1, q_2 - p_2)$$

로 얻을 수 있다. 이때 $|\vec{PQ}|$ 는 두 점 P 와 Q 사이의 거리이다 (그림 8.3).

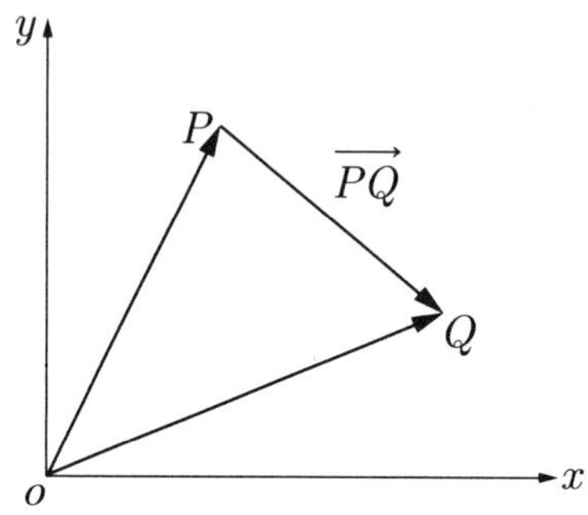

그림 8.3.

또한 벡터끼리의 곱을 정의할 수 있는데, 벡터곱에는 벡터의 내적과 외적이 있다. 우선 벡터의 내적에 대하여 살펴보자.

> **정의 8.1.5. (스칼라곱 : 내적)**
> 두 벡터 $\mathbf{u} = (u_1, \cdots, u_n)$ 와 $\mathbf{v} = (v_1, \cdots, v_n)$ 의 **스칼라곱** $\mathbf{u} \cdot \mathbf{v}$ 를 다음과 같이 정의한다.
>
> $$\mathbf{u} \cdot \mathbf{v} = u_1 v_1 + \cdots + u_n v_n = |\mathbf{u}||\mathbf{v}| \cos\theta$$
>
> 이때, θ 는 두 벡터의 사잇각을 나타낸다.

힘 $\mathbf{F}$ 를 작용하여 물체가 거리 $\mathbf{d}$ 만큼 움직였다고 하자. 이때, 힘 $\mathbf{F}$ 가 한 일 W 는

$$W = \mathbf{F} \cdot \mathbf{d}$$

로 정의된다.

두 벡터의 스칼라곱을 계산한 결과는 벡터가 아닌 스칼라가 된다. 또한 크기가 0 이 아닌 두 벡터 $\mathbf{u}, \mathbf{v}$ 에 대하여

$$\mathbf{u} \cdot \mathbf{v} = 0$$

이면 $\cos\theta = 0$ 이므로 두 벡터는 수직이 되며,

$$\mathbf{u} \perp \mathbf{v}$$

로 표현한다. 또한 $\mathbf{u}\cdot\mathbf{v} = \mathbf{u}^T\mathbf{v}$ 도 성립함을 알자. 여기서 $\mathbf{u}^T$ 는 $\mathbf{u}$ 의 전치행렬로서 행벡터이다.

예제 8.1.6. 다음 두 벡터의 크기와 스칼라곱을 계산하고, 이것을 이용하여 두 벡터의 사잇각을 구하라.

$$\mathbf{u} = (1, 7, -4), \quad \mathbf{v} = (2, 3, -1)$$

풀이.

$$|\mathbf{u}| = \sqrt{1^2 + 7^2 + (-4)^2} = \sqrt{66}$$
$$|\mathbf{v}| = \sqrt{2^2 + 3^2 + (-1)^2} = \sqrt{14}$$
$$\mathbf{u}\cdot\mathbf{v} = 1\times 2 + 7\times 3 + (-4)\times(-1) = 27$$

따라서 사잇각의 코사인값은 다음과 같다.

$$\cos\theta = \frac{\mathbf{u}\cdot\mathbf{v}}{|\mathbf{u}||\mathbf{v}|} = \frac{27}{\sqrt{66}\sqrt{14}} = 0.89$$

코사인 함수의 역함수를 이용하여 두 벡터의 사잇각을 구할 수 있다. 흔히 사용되는 Matlab의 $acos$ 함수를 이용하면, $acos(0.89) = 0.4735$ 를 얻을 수 있고, 이를 환산하여 0.1508π 를 얻을 수 있다. □

유제 8.1.7. 다음 두 벡터의 크기와 스칼라곱을 계산하고, 이것을 이용하여 두 벡터의 사잇각을 구하라.

$$\mathbf{u} = (2, -1, 1), \quad \mathbf{v} = (1, 1, 2)$$

♣ 정답. $60°$

크기가 1인 벡터 $\mathbf{u} = (u_1, u_2, u_3)$ 가 x, y, z 축과 이루는 각을 α, β, γ 라 두자. 그러면,

$$\begin{aligned}\mathbf{u}\cdot\mathbf{i} &= |\mathbf{u}||\mathbf{i}|\cos\alpha = \cos\alpha,\\ \mathbf{u}\cdot\mathbf{j} &= |\mathbf{u}||\mathbf{j}|\cos\beta = \cos\beta,\\ \mathbf{u}\cdot\mathbf{k} &= |\mathbf{u}||\mathbf{k}|\cos\gamma = \cos\gamma\end{aligned}$$

이므로

$$\mathbf{u} = (\cos\alpha, \cos\beta, \cos\gamma)$$

로 표현될 수 있다. 또한 $|\mathbf{u}| = 1$ 이고, $|\mathbf{u}| = |(\cos\alpha, \cos\beta, \cos\gamma)|$ 이므로

$$\cos^2\alpha + \cos^2\beta + \cos^2\gamma = 1$$

이다.

벡터 $\mathbf{u}$ 를 $\mathbf{v}$ 방향으로 정사영시킨 **정사영 벡터** $Proj_{\mathbf{v}}\mathbf{u}$ 를 구해보자. 모든 벡터는 크기와 방향벡터의 곱으로 표현될 수 있다. 그러므로, 벡터 $\mathbf{u}$ 의 벡터

$\mathbf{v}$ 의 사잇각을 θ 라 두면, 정사영벡터는

$$Proj_{\mathbf{v}}\mathbf{u} = |\mathbf{u}|\cos\theta\frac{\mathbf{v}}{|\mathbf{v}|} = |\mathbf{u}|\frac{\mathbf{u}\cdot\mathbf{v}}{|\mathbf{u}||\mathbf{v}|}\frac{\mathbf{v}}{|\mathbf{v}|} = \frac{\mathbf{u}\cdot\mathbf{v}}{\mathbf{v}\cdot\mathbf{v}}\mathbf{v} \tag{8.1}$$

이다(그림 8.4). 이때, 만약 $\mathbf{v}$ 가 크기가 1 인 단위벡터이면,

$$Proj_{\mathbf{v}}\mathbf{u} = (\mathbf{u}\cdot\mathbf{v})\mathbf{v}$$

가 되며 내적 $\mathbf{u}\cdot\mathbf{v}$ 는 벡터 $\mathbf{u}$ 의 벡터 $\mathbf{v}$ 방향으로의 성분을 의미한다. 정사영벡터는 선형대수에서는 직교기저를 설명하는 데 사용되고, 통계에서는 변수 $\mathbf{v}$ 를 이용하여 변수 $\mathbf{u}$ 를 예측하는 데 사용되는 매우 중요한 개념이다.

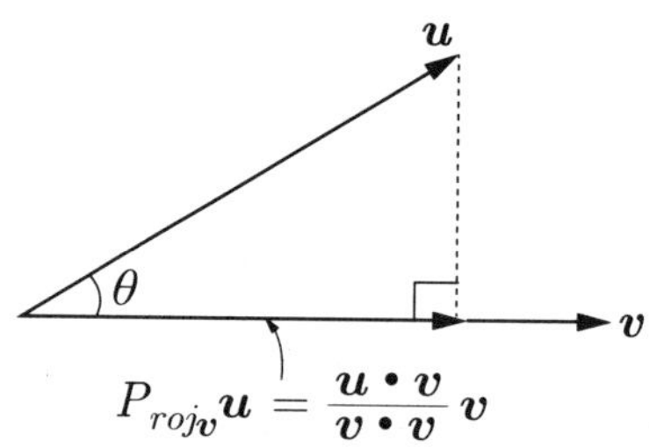

그림 8.4.

예제 8.1.8. 벡터 $\mathbf{u} = (2, 3)$ 의 벡터 $\mathbf{v} = (1, 1)$ 위로의 정사영벡터를 구하라.

풀이.

$$\mathbf{u}\cdot\mathbf{v} = 5$$

$$\mathbf{v}\cdot\mathbf{v} = 2$$

$$Proj_{\mathbf{v}}\mathbf{u} = \frac{5}{2}(1, 1) = \left(\frac{5}{2}, \frac{5}{2}\right)$$

이다. □

유제 8.1.9. 벡터 $\mathbf{v} = (1, 1)$ 의 벡터 $\mathbf{u} = (2, 3)$ 위로의 정사영벡터를 구하라.

♣ 정답. $Proj_{\mathbf{u}}\mathbf{v} = \frac{5}{13}(2, 3)$

이제 벡터의 외적에 대하여 살펴보자.

정의 8.1.10. (벡터곱 : 외적)
두 벡터 $\mathbf{u} = (u_1, u_2, u_3)$ 와 $\mathbf{v} = (v_1, v_2, v_3)$ 의 **벡터곱** $\mathbf{u}\times\mathbf{v}$ 를 다음과 같이 정의한다.

$$\mathbf{u}\times\mathbf{v} = (u_2v_3 - u_3v_2,\ u_3v_1 - u_1v_3,\ u_1v_2 - u_2v_1)$$

이 정의에서 살펴본 바와 같이 벡터곱은 공간에서 정의된 벡터에 대해서만 정

의될 수 있음을 알 수 있다. 이 벡터곱은 벡터의 스칼라곱과는 달리 그 결과가 벡터이므로 크기와 방향을 가진다. 벡터 $\mathbf{u}$를 오른손의 첫째 손가락, 벡터 $\mathbf{v}$를 오른손의 둘째 손가락으로 두고, 오른손의 셋째 손가락을 벡터 $\mathbf{u}$와 벡터 $\mathbf{v}$가 이루는 평면에 수직이 되도록 세우면, 엄지손가락이 가리키는 방향이 벡터곱 $\mathbf{u}\times\mathbf{v}$의 방향이 된다. 이것을 오른손 법칙이라고 한다. 따라서

$$\mathbf{u}\times\mathbf{v}\perp(\mathbf{u}\text{와 }\ \mathbf{v}\text{가 이루는 평면})$$

이며,

$$\mathbf{u}\times\mathbf{v}\perp\mathbf{u},\quad \mathbf{u}\times\mathbf{v}\perp\mathbf{v}$$

이다. 즉,

$$\mathbf{u}\cdot(\mathbf{u}\times\mathbf{v})=0\text{이고},\quad \mathbf{v}\cdot(\mathbf{u}\times\mathbf{v})=0$$

이다.

만약 벡터곱에서 곱의 순서를 바꾸면, 크기는 같고 방향이 반대인 벡터를 결과로 얻을 수 있다. 즉, $\mathbf{v}\times\mathbf{u}=-\mathbf{u}\times\mathbf{v}$이다. 또한 두 벡터가 만드는 외적 벡터의 크기는

$$|\mathbf{u}\times\mathbf{v}|=|\mathbf{u}||\mathbf{v}||\sin\theta| \tag{8.2}$$

로 얻어지며, 여기서 θ는 두 벡터의 사잇각이다. 따라서 이것은 두 벡터가 이루는 평행사변형의 면적이 된다.

이를 증명하기 위하여

$$\begin{aligned}
&|\mathbf{u}\times\mathbf{v}|^2\\
=\ &(\mathbf{u}\times\mathbf{v})\cdot(\mathbf{u}\times\mathbf{v})\\
=\ &(u_2v_3-u_3v_2)^2+(u_3v_1-u_1v_3)^2+(u_1v_2-u_2v_1)^2,\\
=\ &(u_1^2+u_2^2+u_3^2)(v_1^2+v_2^2+v_3^2)-(u_1v_1+u_2v_2+u_3v_3)^2\\
=\ &(\mathbf{u}\cdot\mathbf{u})(\mathbf{v}\cdot\mathbf{v})-(\mathbf{u}\cdot\mathbf{v})^2
\end{aligned}$$

이므로

$$|\mathbf{u}\times\mathbf{v}|^2=(\mathbf{u}\cdot\mathbf{u})(\mathbf{v}\cdot\mathbf{v})-(\mathbf{u}\cdot\mathbf{v})^2 \tag{8.3}$$

임을 이용한다. 즉,

$$|\mathbf{u}\times\mathbf{v}|^2=|\mathbf{u}|^2|\mathbf{v}|^2-|\mathbf{u}|^2|\mathbf{v}|^2\cos^2\theta=|\mathbf{u}|^2|\mathbf{v}|^2\sin^2\theta$$

이므로, 위의 성질이 쉽게 증명된다.

다음 정리에서는 행렬식을 이용하여 벡터곱을 계산할 수 있음을 보여준다.

정리 8.1.11. (벡터곱의 행렬식 정의)

$$\mathbf{u}\times\mathbf{v} = \begin{vmatrix} \mathbf{i} & \mathbf{j} & \mathbf{k} \\ u_1 & u_2 & u_3 \\ v_1 & v_2 & v_3 \end{vmatrix} \tag{8.4}$$

증명.

$$\begin{aligned} \begin{vmatrix} \mathbf{i} & \mathbf{j} & \mathbf{k} \\ u_1 & u_2 & u_3 \\ v_1 & v_2 & v_3 \end{vmatrix} &= \mathbf{i}\begin{vmatrix} u_2 & u_3 \\ v_2 & v_3 \end{vmatrix} - \mathbf{j}\begin{vmatrix} u_1 & u_3 \\ v_1 & v_3 \end{vmatrix} + \mathbf{k}\begin{vmatrix} u_1 & u_2 \\ v_1 & v_2 \end{vmatrix} \\ &= (u_2v_3 - u_3v_2,\ u_3v_1 - u_1v_3,\ u_1v_2 - u_2v_1) \\ &= \mathbf{u}\times\mathbf{v}. \end{aligned}$$

□

예제 8.1.12. 다음 두 벡터의 벡터곱을 곱의 순서를 바꾸어가며 계산하라.

$$\mathbf{u} = (2, 1, -3), \quad \mathbf{v} = (3, 1, 1)$$

풀이.

$$\begin{aligned} \mathbf{u}\times\mathbf{v} &= \begin{vmatrix} \mathbf{i} & \mathbf{j} & \mathbf{k} \\ 2 & 1 & -3 \\ 3 & 1 & 1 \end{vmatrix} \\ &= \mathbf{i}\begin{vmatrix} 1 & -3 \\ 1 & 1 \end{vmatrix} - \mathbf{j}\begin{vmatrix} 2 & -3 \\ 3 & 1 \end{vmatrix} + \mathbf{k}\begin{vmatrix} 2 & 1 \\ 3 & 1 \end{vmatrix} \\ &= (4,\ -11,\ -1). \\ \mathbf{v}\times\mathbf{u} &= \begin{vmatrix} \mathbf{i} & \mathbf{j} & \mathbf{k} \\ 3 & 1 & 1 \\ 2 & 1 & -3 \end{vmatrix} \\ &= -(4,\ -11,\ -1). \end{aligned}$$

□

위의 예를 통하여 쉽게 알 수 있듯이 벡터곱에서 곱의 순서가 바뀌면 부호가 반대로 바뀜을 알 수 있다. 즉 벡터곱에서는 교환법칙이 성립하지 않는다.

유제 8.1.13. 다음 두 벡터의 벡터곱 $\mathbf{u}\times\mathbf{v}$ 을 계산하라.

$$\mathbf{u} = (1, -1, 1), \quad \mathbf{v} = (-2, 0, 2)$$

♣ 정답. $(-2, -4, -2)$

또한 벡터곱에서는 결합법칙이 성립하지 않는데, 이는 벡터곱에서는 괄호의 순서 또는 벡터연산의 순서를 바꿀 수 없음을 뜻한다. 예를 통하여 이를 살펴보자.

예제 8.1.14. 다음 두 벡터곱 $(\mathbf{i}\times\mathbf{i})\times\mathbf{j}$와 $\mathbf{i}\times(\mathbf{i}\times\mathbf{j})$를 각각 계산하여 그 결과가 같은지 비교하라.

풀이.

$$\begin{aligned}(\mathbf{i}\times\mathbf{i})\times\mathbf{j} &= \mathbf{0}\times\mathbf{j}=\mathbf{0}\\ \mathbf{i}\times(\mathbf{i}\times\mathbf{j}) &= \mathbf{i}\times\mathbf{k}=-\mathbf{j}\end{aligned}$$

□

유제 8.1.15. 다음 두 벡터곱 $(\mathbf{j}\times\mathbf{j})\times\mathbf{k}$와 $\mathbf{j}\times(\mathbf{j}\times\mathbf{k})$를 각각 계산하여 그 결과가 같은지 비교하라.

♣ 정답. $\mathbf{0}, -\mathbf{k}$

앞서, 2×2 행렬의 행렬식은 평면에서 원점과 두 행 또는 두 열을 꼭지점으로 갖는 삼각형의 넓이의 두 배, 또는 이들이 만드는 평행사변형의 넓이임을 살펴보았다. 3×3 행렬의 행렬식은 R^3 공간에서 세 벡터를 세 행으로 갖는 평행사변형의 체적이다. 세 벡터를 $\mathbf{u}$, $\mathbf{v}$, $\mathbf{w}$라 두자. 그러면 이 세 벡터가 만드는 평행사변형의 체적은 $\mathbf{u}$와 $\mathbf{v}$가 만드는 밑면의 면적 $|\mathbf{u}\times\mathbf{v}|$와 높이의 곱이다. 이때 평행사변형의 높이는 밑면에 수직인 벡터 $\mathbf{u}\times\mathbf{v}$ 위로 내려진 $\mathbf{w}$의 정사영 벡터 $Proj_{\mathbf{u}\times\mathbf{v}}\mathbf{w}$의 크기이다. 따라서 세 벡터 $\mathbf{u}$, $\mathbf{v}$, $\mathbf{w}$가 만드는 평행사변형의 체적은 다음과 같이 얻어진다(그림8.5).

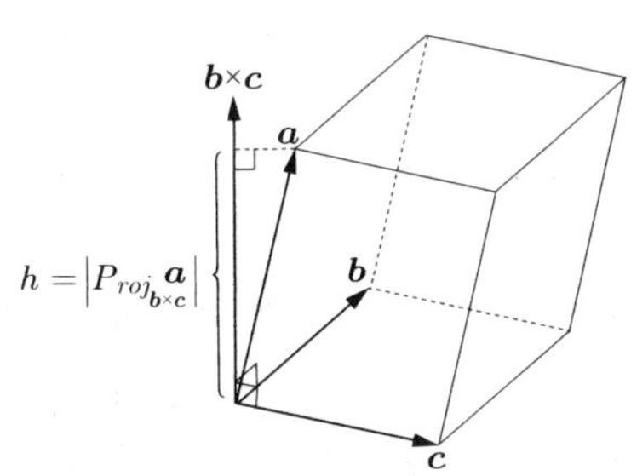

그림 8.5.

$$
\begin{aligned}
& Area(Paralelogram) \\
= \ & |\mathbf{u}\times\mathbf{v}||Proj_{\mathbf{u}\times\mathbf{v}}\mathbf{w}| \\
= \ & |\mathbf{u}\times\mathbf{v}|\left|\frac{\mathbf{w}\cdot(\mathbf{u}\times\mathbf{v})}{(\mathbf{u}\times\mathbf{v})\cdot(\mathbf{u}\times\mathbf{v})}(\mathbf{u}\times\mathbf{v})\right| \\
= \ & |\mathbf{u}\times\mathbf{v}|\frac{|\mathbf{w}\cdot(\mathbf{u}\times\mathbf{v})|}{|\mathbf{u}\times\mathbf{v}|^2}|\mathbf{u}\times\mathbf{v}| \\
= \ & |\mathbf{w}\cdot(\mathbf{u}\times\mathbf{v})| \\
= \ & abs\left((w_1\mathbf{i}+w_2\mathbf{j}+w_3\mathbf{k})\cdot\left(\mathbf{i}\begin{vmatrix} u_2 & u_3 \\ v_2 & v_3 \end{vmatrix} - \mathbf{j}\begin{vmatrix} u_1 & u_3 \\ v_1 & v_3 \end{vmatrix} + \mathbf{k}\begin{vmatrix} u_1 & u_2 \\ v_1 & v_2 \end{vmatrix}\right)\right) \\
= \ & abs\left(w_1\begin{vmatrix} u_2 & u_3 \\ v_2 & v_3 \end{vmatrix} - w_2\begin{vmatrix} u_1 & u_3 \\ v_1 & v_3 \end{vmatrix} + w_3\begin{vmatrix} u_1 & u_2 \\ v_1 & v_2 \end{vmatrix}\right) \\
= \ & abs\left(\begin{vmatrix} w_1 & w_2 & w_3 \\ u_1 & u_2 & u_3 \\ v_1 & v_2 & v_3 \end{vmatrix}\right)
\end{aligned}
$$

여기서 다음을 스칼라 삼중적이라고 부른다.

$$
\mathbf{w}\cdot(\mathbf{u}\times\mathbf{v}) = \begin{vmatrix} w_1 & w_2 & w_3 \\ u_1 & u_2 & u_3 \\ v_1 & v_2 & v_3 \end{vmatrix}
$$

연습문제 8.1

1. 다음 두 벡터의 스칼라곱 및 $Proj_{\mathbf{v}}\mathbf{u}$ 를 계산하라.

   (1) $\mathbf{u} = (2, -1), \quad \mathbf{v} = (1, 2)$ (2) $\mathbf{u} = (-1, 1), \quad \mathbf{v} = (1, 1)$

   (3) $\mathbf{u} = (2, -4, 3), \quad \mathbf{v} = (1, 3, 2)$ (4) $\mathbf{u} = (1, -2, 3), \quad \mathbf{v} = (4, 2, -2)$

2. 다음 두 벡터의 내적과 벡터곱을 계산하라.

   (1) $\mathbf{u} = (2, 2, 3), \quad \mathbf{v} = (4, 1, -2)$ (2) $\mathbf{u} = (1, -3, 2), \quad \mathbf{v} = (2, 4, -3)$

3. 다음 두 벡터가 이루는 평행사변형의 면적을 구하라.

   (1) $\mathbf{u} = (4, -1, 1), \quad \mathbf{v} = (3, 3, -1)$ (2) $\mathbf{u} = (3, -4, 4), \quad \mathbf{v} = (1, 2, -4)$

4. 다음 세 벡터가 이루는 평행육면체의 체적을 구하라.

   (1) $\mathbf{u} = (4, -1, 1), \quad \mathbf{v} = (3, 3, -1), \quad \mathbf{v} = (1, 2, 0)$
   (2) $\mathbf{u} = (3, -4, 4), \quad \mathbf{v} = (1, 2, -4), \quad \mathbf{v} = (0, -1, -1)$

♣ 정답.

1. 스칼라 곱 (1) 0 (2) 0 (3) -4 (4) -6

2. 벡터곱 (1) $-7\mathbf{i}+16\mathbf{j}-6\mathbf{k}$ (2) $\mathbf{i}+7\mathbf{j}+10\mathbf{k}$

3. (1) $\sqrt{278}$ (2) $\sqrt{420}=2\sqrt{105}$

8.2 벡터함수

벡터는 각각의 성분이 스칼라이나, 벡터함수 $\mathbf{r}$의 각각의 성분은 매개변수 t의 함수로써, t의 변화에 따라 그 값이 달라진다. 스칼라함수

$$y=f(x)$$

에서 x를 매개변수 t로 두고 이 함수를 벡터로 표현해보면,

$$\mathbf{r}(t)=(t,f(t))$$

가 된다. 이 두 함수를 비교해보면, 두 함수가 동일한 형태의 그래프를 갖지만 스칼라함수가 함수의 양만을 표현하는 반면 벡터함수는 양과 함께 함수의 변화 방향까지 표현할 수 있다는 차이가 있다. 따라서 벡터함수는 물체의 움직임을 표현할 때 쓰이고, 이때 벡터함수의 방향은 이것의 방향은 t가 증가하는 방향이 된다.

xy 평면 상의 곡선 C는 매개변수 t를 사용하여 벡터함수로 표현 될 수 있다.

$$\mathbf{r}(t)=(x(t),y(t))=x(t)\mathbf{i}+y(t)\mathbf{j},\ a\le t\le b \tag{8.5}$$

여기서 $\mathbf{r}$을 **벡터값을 갖는 함수** 또는 간단히 **벡터함수**라고 하며 $x(t)$, $y(t)$를 **성분함수**라고 한다. 비슷한 방법으로 xyz 공간에서 곡선은 세 스칼라함수 $x(t)$, $y(t)$, $z(t)$, $a\le t\le b$를 사용하여 다음과 같이 벡터함수로 표현된다.

$$\mathbf{r}(t)=(x(t),y(t),z(t))=x(t)\mathbf{i}+y(t)\mathbf{j}+z(t)\mathbf{k}, \tag{8.6}$$

또한 xyz 공간에서 곡면은 두 개의 매개변수 u와 v를 사용하여 다음과 같이 벡터함수로 표현된다.

$$\mathbf{r}(u,v)=(x(u,v),y(u,v),z(u,v))=x(u,v)\mathbf{i}+y(u,v)\mathbf{j}+z(u,v)\mathbf{k}, \tag{8.7}$$

여기서 $(u,v)\in\mathbf{R}^2$ 이다.

직선, 평면, 원, 타원, 나선형 함수 등을 나타내는 벡터함수에 대하여 알아보자.

직선식

직선을 결정하기 위해서는 직선의 위치를 결정하는 직선 위의 한 점과 직선의 방향을 결정하는 방향벡터가 필요하다. 이는 R^2에서 각각 y 절편과 직선의 기울기로 대표된다. xyz 공간에서 벡터 $\mathbf{a}=(a_1,a_2,a_3)$를 지나고, 벡터

$\mathbf{b} = (b_1, b_2, b_3)$ 방향으로 놓인 직선식을 구해보자. 직선 위의 임의의 점에 대한 위치벡터를 $\mathbf{r}(t)$ 라고 두면, 이것은 다음과 같은 벡터함수로 표현된다 (그림8.6).

$$\mathbf{r}(t) = \mathbf{a} + t\mathbf{b} = (a_1, a_2, a_3) + t(b_1, b_2, b_3)$$

이를 풀어보면, 매개 변수식

$$x(t) = a_1 + tb_1, \quad y(t) = a_2 + tb_2, \quad z(t) = a_3 + tb_3$$

이다. 여기서 t 의 값을 증가시키면, 각 값마다 점들이 생기는데 이 점들이 한 개의 직선을 형성하며, 그 점들이 움직이는 방향이 직선의 방향이 된다. 여기서

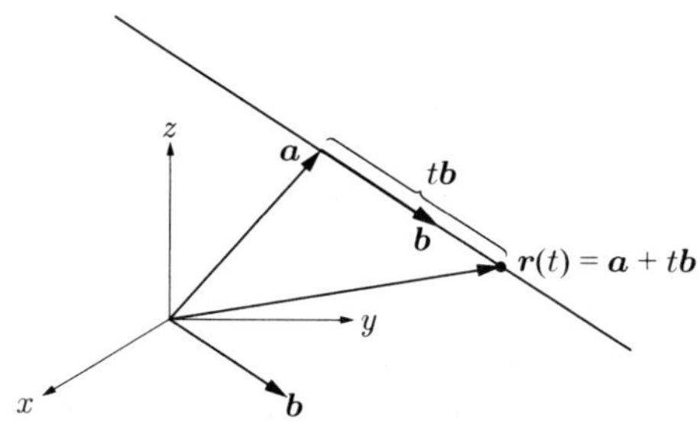

그림 8.6.

매개변수 t 를 소거하여, 스칼라함수

$$\frac{x - a_1}{b_1} = \frac{y - a_2}{b_2} = \frac{z - a_3}{b_3} \tag{8.8}$$

을 얻을 수 있다. 만약, 이 직선이 $\mathbf{R}^2$ 에 있다면, 직선은

$$\frac{x - a_1}{b_1} = \frac{y - a_2}{b_2} \quad \text{또는} \quad y - a_2 = \frac{b_2}{b_1}(x - a_1)$$

으로 우리가 흔히 기억하는 평면에서의 직선식을 얻을 수 있다. 이 직선식은 움직이지 않고 정지되어있는 직선 전체를 나타낸다.

예제 8.2.1. (1) 벡터 $\mathbf{a} = (1, 1, 1)$ 를 지나고, 벡터 $\mathbf{b} = (2, -1, 3)$ 방향으로 놓인 직선식을 구하라.
(2) 두 점 $P(1, -2, 0)$ 과 $Q(2, 0, -3)$ 을 지나는 직선식을 구하라.
풀이. (1) 직선 위의 임의의 한 점의 위치벡터는

$$\mathbf{r}(t) = \mathbf{a} + t\mathbf{b} = (1, 1, 1) + t(2, -1, 3)$$

이다. 이것을 성분 별로 보면,

$$x(t) = 1 + 2t, \; y(t) = 1 - t, \; z(t) = 1 + 3t$$

이며, 매개변수를 소거하면

$$\frac{x-1}{2} = \frac{y-1}{-1} = \frac{z-1}{3}$$

이다.

(2) 이 직선은 점 $P(1,-2,0)$ 를 지나며, $\vec{PQ}$ 방향으로 놓여있다.

$$\vec{PQ} = (2,0,-3) - (1,-2,0) = (1,2,-3)$$

이므로 직선 위의 임의의 한 점의 위치벡터는

$$\mathbf{r}(t) = \mathbf{a} + t\mathbf{b} = (1,-2,0) + t(1,2,-3)$$

이다. 이것을 성분 별로 보면,

$$x(t) = 1+t, \quad y(t) = -2+2t, \quad z(t) = -3t$$

이며, 매개변수를 소거하면

$$\frac{x-1}{1} = \frac{y+2}{2} = \frac{z}{-3}$$

이다. □

평면식

다음으로 평면식에 대하여 두 가지 방법으로 알아보자. (1) 평면 위의 한 점 $P_0(x_0,y_0,z_0)$ 와 평면에 수직인 벡터 $\mathbf{n} = (a,b,c)$ 가 알려진 경우의 평면 방정식과 (2) 평면 위의 한 점 $P_0(x_0,y_0,z_0)$ 와 두 벡터 $\mathbf{v_1}$ 과 $\mathbf{v_2}$ 를 알 때의 평면의 벡터함수를 각각 구해보자. 직선 또는 곡선 등의 선은 1 차원이라서 이들을 표현하는 벡터함 수에 한 개의 매개변수가 필요하였으나, 평면 또는 곡면은 2 차원이므로 이들을 표현하는 벡터함수에는 두 개의 매개변수가 필요하다.

(1) 평면 위의 한 점 $P_0(x_0,y_0,z_0)$ 와 평면에 수직인 벡터 $\mathbf{n} = (a,b,c)$ 가 알려졌다고 하자. 평면 위의 임의의 한 점 $P(x,y,z)$ 의 위치벡터를

$$\mathbf{r}(t) = (x(t), y(t), z(t))$$

라고 두면, $\vec{P_0P}$ 는 주어진 평면 위에 놓이며, 이것은 $\mathbf{n} = (a,b,c)$ 과 수직이다 (그림 8.7). 즉,

$$\vec{P_0P} \perp \mathbf{n}$$

이므로

$$(x-x_0,\ y-y_0,\ z-z_0)\cdot(a,b,c) = 0$$

이다. 따라서 평면의 방정식

$$a(x - x_0) + b(y - y_0) + c(z - z_0) = 0$$

또는

$$ax + by + cz = d \tag{8.9}$$

를 얻을 수 있으며, 여기서 $d = ax_0 + by_0 + cz_0$ 이다. 이때, 벡터 $\mathbf{n} = (a, b, c)$ 를 평면의 **법선벡터**라고 한다. 이 평면의 스칼라방정식을 이용하여 주어진 평면의

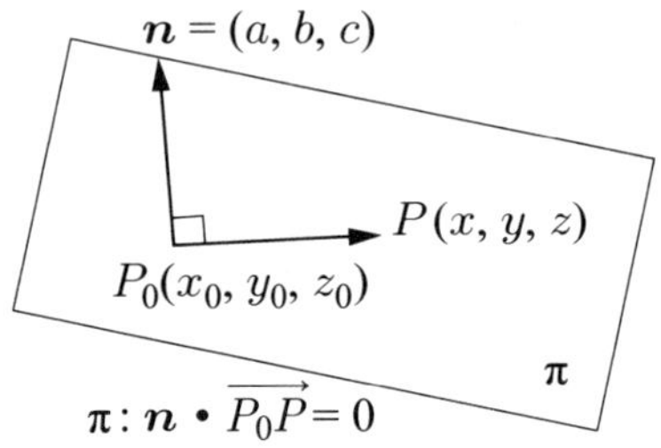

그림 8.7.

벡터함수를 구해보면, $x = u, y = v$ 라 두면,

$$\mathbf{r}(u, v) = (u, u, (d - au - bv)/c)$$

가 될 수 있다. 이때 u, v 를 x, y 이외의 다른 변수로 두어도 상관없다. 하지만 $x = u, y = v$ 이 편리한 이유는 이렇게 둘 경우 u, v 의 정의역이 그대로 x, y 의 정의역이 되므로 그림으로 이해하기 매우 좋기 때문이다.

(2) 평면 위의 한 점 $P_0(x_0, y_0, z_0)$ 와 두 벡터 $\mathbf{v_1}$ 과 $\mathbf{v_2}$ 가 주어졌다고 하자. 평면 위의 임의의 한 점 $P(x, y, z)$ 의 위치벡터를 $\mathbf{r} = (x, y, z)$ 라고 두면, $P_0\vec{P}$ 는 주어진 평면 위에 놓이며, 이것은 평면 위의 두 벡터 $\mathbf{v_1}$ 과 $\mathbf{v_2}$ 의 일차결합으로 표현된다. 즉, 두 개의 매개변수 t_1 과 t_2 를 사용하여

$$\vec{n} = P_0\vec{P} = t_1\mathbf{v_1} + t_2\mathbf{v_2}$$

로 표현할 수 있다 (그림 8.8). 따라서 $\mathbf{v_1} = (a_1, b_1, c_1)$ 과 $\mathbf{v_2} = (a_2, b_2, c_2)$ 에 대하여 평면의 벡터함수는

$$(x - x_0,\ y - y_0,\ z - z_0) = t_1(a_1,\ b_1,\ c_1) + t_2(a_2,\ b_2,\ c_2)$$

이다. 이를 성분별로 표현하면, 매개변수 표현

$$x = x_0 + a_1t_1 + a_2t_2, \quad y = y_0 + b_1t_1 + b_2t_2, \quad z = z_0 + c_1t_1 + c_2t_2$$

를 얻을 수 있다.

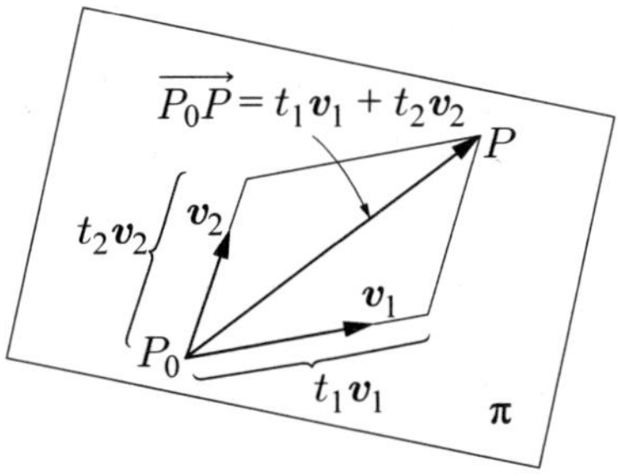

그림 8.8.

예제 8.2.2. 세 점 $P(-1,0,3)$, $Q(1,-1,1)$, $R(1,-2,0)$ 을 지나는 평면식을 위에서 제시한 두 가지 형태로 구해보라.

풀이. (1) 주어진 세 점이 이루는 평면에 수직인 법선벡터를 찾아야 한다. 벡터 $\vec{PQ}$ 와$\vec{PR}$ 은 모두 같은 평면에 있다. 따라서 이 두 벡터와 수직을 이루는 벡터는 구하는 평면과 수직이다. 그런데 이 두 벡터에 동시에 수직인 벡터는 두 벡터의 외적을 이용하여 얻을 수 있다. 이것은

$$\vec{PQ} \times \vec{PR} = (2,-1,-2) \times (2,-2,-3) = (-1,2,-2)$$

이므로, 이 세 점이 놓여있는 평면방정식은

$$(-1,2,-2) \cdot (x+1,\ y-0,\ z-3) = 0$$

이다. 또는 이를 풀어서

$$-x + 2y - 2z = -5$$

로 얻을 수 있다.

(2) 벡터 $\vec{PQ}$ 와 $\vec{PR}$ 은 모두 같은 평면에 있다. 평면 위의 임의의 한 점 $W(x,y,z)$ 에 대하여 $\vec{PW}$ 는 두 벡터 $\vec{PQ}$ 와 $\vec{PR}$ 의 일차결합으로 표현된다.

$$\vec{PW} = t_1\vec{PQ} + t_2\vec{PR}$$

이므로, 평면늬 벡터함수는

$$(x-(-1),\ y-0,\ z-3) = t_1(2,-1,-2) + t_2(2,-2,-3)$$

즉,

$$\mathbf{r}(t_1,t_2) = (-1,0,3) + t_1(2,-1,-2) + t_2(2,-2,-3)$$

이다. 이 들을 성분별로 써보면, 매개변수 표현

$$x = -1 + 2t_1 + 2t_2, \quad y = -t_1 - 2t_2, \quad z = 3 - 2t_1 - 3t_2$$

를 얻을 수 있다.

(3) 앞서 (1)에서 얻은 평면의 스칼라 방정식을 이용하여 평면의 벡터함수를 (2)에서와 다르게 표현하여 보자. (1)에서 얻은 평면식은

$$-x + 2y - 2z = -5$$

이므로, $t_1 = x$, $t_2 = y$ 라 두면, $z = -(t_1 - 2t_2 - 5)/2$ 가 된다. 따라서 주어진 평면을 벡터함수로 표현하면

$$\mathbf{r}(t_1, t_2) = (t_1, t_2, -(t_1 - 2t_2 - 5)/2)$$

가 된다. □

원, 타원, 나선의 벡터함수

직선과 평면 이외의 곡선의 벡터함수에 대하여 예제를 통하여 살펴보자.

예제 8.2.3. 벡터함수 $\mathbf{r}(t) = a\cos t\mathbf{i} + b\sin t\mathbf{j}, \quad 0 \le t \le \pi/2$ 가 표현하는 곡선을 설명하라.

풀이. 곡선의 매개변수 표현은

$$x = a\cos t,\ \ y = b\sin t, \quad 0 \le t \le \frac{\pi}{2} \tag{8.10}$$

이다. 처음 두 함수로부터 매개변수 t 를 소거함으로써 다음을 얻는다.

$$(x/a)^2 + (y/b)^2 = (\cos t)^2 + (\sin t)^2 = 1, \quad x > 0, \quad y > 0$$

이것은 평면의 일사분면 위에 놓여있는 타원이며, 만약 $a = b$ 이면 원이 된다. 여기서 t 는 양의 x 축과 곡선 위의 한 점이 이루는 각을 나타낸다. 이때 t 가 증가하는 방향이 곡선의 방향이며, 이 경우 이는 반시계방향이다.

또한

$$(x/a)^2 + (y/b)^2 = 1$$

의 스칼라방정식에는 방향이 없음을 기억하자. □

예제 8.2.4. 벡터함수 $\mathbf{r}(t) = a\cos t\mathbf{i} + a\sin t\mathbf{j} + ct\mathbf{k}, \quad t \ge 0$ 가 표현하는 곡선을 설명하라.

풀이. 곡선의 매개변수 표현은

$$x = a\cos t,\ \ y = a\sin t,\ \ z = ct, \quad t \ge 0 \tag{8.11}$$

이다. 처음 두 식으로부터 매개변수 t 를 소거함으로써 다음을 얻는다.

$$x^2 + y^2 = (a\cos t)^2 + (a\sin t)^2 = a^2$$

이 공간곡선은 반지름이 a 인 원주면 $x^2 + y^2 = a^2$ 위에 놓임을 알 수 있다. $c > 0$ 이면, t 값이 증가할 때 $z = ct$ 이므로 곡선은 위를 향하여 원주나선을 그리며, $c < 0$ 이면, t 값이 증가할 때 곡선이 아래를 향하여 원주나선을 그린다. 이때 곡선의 방향은 반시계방향이다. □

곡면의 벡터함수*

평면을 벡터함수로 표현하기 위하여 두 개의 매개변수가 필요하였다. 이처럼 공간에서 곡면을 표현하기 위해서는 두 개의 매개변수가 필요한 경우를 다음의 예를 통하여 살펴보자. * 시간이 부족할 경우 이 부분은 9 장에서 다루어도 좋다.

예제 8.2.5. 원주면 $x^2 + y^2 = a^2$ $(-1 \le z \le 1)$ 은 반지름이 a 이고, 높이가 2 이며, 중심축이 z 축이다. 이것의 매개변수식을 구하라.

풀이.

$$\mathbf{r}(u, v) = a\cos u\mathbf{i} + a\sin u\mathbf{j} + v\mathbf{k} \tag{8.12}$$

이다. 이때 $\mathbf{r}(u, v)$ 의 성분들은

$$x = a\cos u, \ \ y = a\sin u, \ \ z = v$$

이고, 매개변수 u 와 v 의 범위는 $0 \le u \le 2\pi, \ \ -1 \le v \le 1$ 이다. □

위 예제에서 주어진 곡면의 다른 표현으로는 $y \ge 0$ 일때

$$\mathbf{r}(x, z) = x\mathbf{i} + \sqrt{a^2 - x^2}\mathbf{j} + z\mathbf{k},$$

$y \le 0$ 일때

$$\mathbf{r}(x, z) = x\mathbf{i} - \sqrt{a^2 - x^2}\mathbf{j} + z\mathbf{k},$$

가 있을 수 있다. 이는 x, y, z 를 바꾸지 않아 더 쉬운 것 같지만, 이후 계산에서 적분이 필요할 경우 적분 범위를 잡는 것이 더 복잡해질 수 있고, 결국 적분 중에 위와 같은 극좌표 변환이 필요한 경우가 많기 때문에 처음부터 극좌표변환을 이용하여 매개변수표현을 정하는 것이 더 편리하다.

예제 8.2.6. 구면 $x^2 + y^2 + z^2 = a^2$ 의 매개변수식을 구하라.

풀이.

$$\mathbf{r}(u, v) = a\sin v\cos u\mathbf{i} + a\sin v\sin u\mathbf{j} + a\cos v\mathbf{k} \tag{8.13}$$

이다. 여기서 $\mathbf{r}(u, v)$ 의 성분들은

$$x = a\sin v\cos u, \ \ y = a\sin v\sin u, \ \ z = a\cos v$$

이고, 매개변수 u 는 구 위의 벡터와 양의 x 축이 이루는 각이며, v 는 구 위의 벡터와 양의 z 축이 이루는 각이다. 두 각의 범위는 각각 $0 \le u \le 2\pi, \ 0 \le v \le \pi$

이다. □

예제 8.2.7. 깔대기(원추면) $z = \sqrt{x^2+y^2}$ $(0 \le z \le H)$의 매개변수식을 구하라.

풀이.

$$\mathbf{r}(u,v) = v\cos u\mathbf{i} + v\sin u\mathbf{j} + v\mathbf{k}$$

이다. 여기서 $\mathbf{r}(u,v)$의 성분들은

$$x = v\cos u,\ \ y = v\sin u,\ \ z = v$$

이며, u와 v의 범위는 $0 \le u \le 2\pi,\ 0 \le v \le H$ 이다. □

이것도 역시 다른 표현이 있을 수 있다. 예를 들면,

$$x = v\cos u, y = v\sin u, z = \sqrt{1-v^2}, 0 \le u \le 2\pi, 0 \le v \le 1$$

가 될 수 있다. 그러나 앞서 밝힌 바와 같이 이후 적분이 필요한 경우, 치환이 한번 더 필요하기 때문에 예제에 나와있는 구좌표변환보다 특별히 더 나을 것이 없다.

공간 위의 곡면을 벡터함수로 표현하는 방법을 잘 익히려면, 이절의 연습문제 1을 우선 풀어보는 것이 도움이 될 것이다.

연습문제 8.2

1. 주어진 벡터함수에 의하여 정의되는 곡선의 그래프를 그리라.
   (1) $\mathbf{r}(t) = 2\sin t\mathbf{i} + 4\cos t\mathbf{j} + t\mathbf{k},\quad t \ge 0$
   (2) $\mathbf{r}(t) = (e^t, 3e^{2t})$
   (3) $\mathbf{r}(t) = 3(\cos t + 1)\mathbf{i} + 3\sin t\mathbf{j} + 2\mathbf{k},\quad t \ge 0$
   (4) $\mathbf{r}(t) = (t, 3t^2)$
   (5) $\mathbf{r}(t) = t\mathbf{i} + 1/t\mathbf{j},\quad t > 0$

2. $P(1,2,1), Q(-1,0,2)$를 지나는 직선식을 본문에서 언급한 세 가지 형태로 구하라.

3. $P(0,1,-1), Q(2,0,-3), R(1,1,0)$을 지나는 평면의 스칼라 방정식과 벡터함수를 구하라.

♣ 정답.

1. (1) 타원기둥을 시계방향으로 감고 올라가는 나선
   (2) $y = 3x^2, x > 0$ 인 곡선, 방향은 오른쪽

(3) $z = 2$ 인 평면 위에서 중심이 (3,0,2) 이고 반지름이 3 인 원 위를 반시계방향으로 도는 곡선

(4) $y = 3x^2$ 포물선

(5) 제 1 사분면에 있는 $xy = 1$ 인 쌍곡선

2. $\mathbf{r}(t) = (1, 2, 1) + t(-2, -2, 1)$

3. $x + 4y - z = 5, \qquad \mathbf{r}(u, v) = (u, v, u + 4v - 5)$

8.3 벡터함수의 도함수와 응용

곡선 C 를 표현하는 벡터함수 $\mathbf{r}(t) = (x(t),\ y(t),\ z(t))$ 에 대한 극한은 성분함수들의 극한으로 정의된다. 스칼라함수에서와 마찬가지로 벡터함수의 미분은 주어진 곡선을 따라 움직이는 물체의 속도나 가속도를 구하기 위하여 사용된다. 이 절에서는 벡터함수의 도함수를 구하는 법, 미분법칙, 속도와 가속도, 호의 길이 등에 대하여 차례로 알아본다.

벡터함수의 도함수

정의 8.3.1. (벡터함수의 극한)
$\lim_{t\to a} x(t),\ \lim_{t\to a} y(t),\ \lim_{t\to a} z(t)$ 가 존재할 때 벡터함수의 극한은 다음과 같이 정의된다.

$$\lim_{t\to a}\mathbf{r}(t) = \left(\lim_{t\to a} x(t),\ \lim_{t\to a} y(t),\ \lim_{t\to a} z(t)\right)$$

즉, 벡터함수의 극한은 각각 성분함수의 극한이 존재할 때, 각 성분함수의 극한을 이용하여 구할 수 있다.

정의 8.3.2. (벡터함수의 연속)
벡터함수 $\mathbf{r}(\mathbf{t})$ 에 대하여 (1) $\mathbf{r}(a)$ 가 정의되고, (2) $\lim_{t\to a}\mathbf{r}(t)$ 가 존재하며, (3) $\lim_{t\to a}\mathbf{r}(t) = \mathbf{r}(a)$ 이면 $\mathbf{r}(t)$ 는 $t = a$ 에서 연속이라고 한다.

또한 벡터함수의 미분을 스칼라함수의 미분과 비슷하게 정의할 수 있는데, 실제로 벡터함수의 도함수는 그 성분함수들을 각각 미분함으로써 구해진다.

정의 8.3.3. (벡터함수의 도함수)
연속인 벡터함수 $\mathbf{r}$ 의 **도함수**는 그 극한이 존재하는 모든 t 에 대하여,

$$\frac{d\mathbf{r}}{dt} = \mathbf{r}'(t) = \lim_{\triangle t \to 0} \frac{1}{\triangle t}[\mathbf{r}(t+\triangle t) - \mathbf{r}(t)]$$

로 정의 되며, $x,\ y,\ z$ 가 미분 가능하고, 벡터함수 $\mathbf{r}(t) = (x(t),\ y(t),\ z(t))$ 이면

$$\mathbf{r}'(t) = (x'(t),\ y'(t),\ z'(t)) \tag{8.14}$$

이다.

이때, 이 도함수의 방향은 주어진 점에서 곡선에 접하는 방향이다. 따라서 도함수는 곡선의 **접선벡터**가 된다. 이때 크기가 1 인 곡선 C의 접선벡터를 **단위접선벡터**라 부르며 이것은

$$\mathbf{T}(t) = \frac{\mathbf{r}'(t)}{|\mathbf{r}'(t)|} \tag{8.15}$$

로 얻어진다. 따라서 $\mathbf{T}$ 는 곡선에 접하고 t 가 증가하는 방향의 단위벡터임을 알 수 있다.

접선의 벡터함수

벡터함수의 도함수를 이용하여 주어진 곡선 C 의 접선식을 구할 수도 있다.

예제 8.3.4. $t = \frac{\pi}{2}$ 일 때 주어진 나선형 함수에 접하는 접선의 벡터함수를 구하라.

$$\mathbf{r}(t) = (a\cos t, a\sin t, ct), \quad c > 0$$

풀이. 위 함수의 도함수는

$$\mathbf{r}'(t) = (-a\sin t,\ a\cos t,\ c)$$

이므로, $t = \frac{\pi}{2}$ 에서 주어진 곡선에 대한 접선벡터는

$$\mathbf{r}'\left(\frac{\pi}{2}\right) = \left(-a\sin\frac{\pi}{2},\ a\cos\frac{\pi}{2},\ c\right) = (-a, 0, c)$$

이다. 또한 $t = \frac{\pi}{2}$ 에서 접선은

$$\mathbf{r}\left(\frac{\pi}{2}\right) = \left(a\cos\frac{\pi}{2},\ a\sin\frac{\pi}{2},\ \frac{c\pi}{2}\right) = \left(0, a, \frac{c\pi}{2}\right)$$

를 지난다. 따라서 접선의 벡터함수는

$$\mathbf{l}(s) = \left(0,\ a,\ \frac{c\pi}{2}\right) + s(-a, 0, c)$$

이다. 이때 나선형 함수를 표현할 때 사용되는 매개변수 t 와 구분하기 위하여

접선식의 매개변수를 s 로 바꾸어 사용하였다. □

유제 8.3.5. $t = \pi/3$ 일 때 다음 곡선의 접선식을 구하라.

$$\mathbf{r}(t) = a\cos t\mathbf{i} + a\sin t\mathbf{j},\ \ (a > 0)$$

♣ 정답. $\mathbf{l}(s) = \left(\frac{a}{2}, \frac{a\sqrt{3}}{2}\right) + s\left(-\frac{a\sqrt{3}}{2}, \frac{a}{2}\right)$

벡터함수의 미분법칙

벡터함수의 물리적인 의미를 살펴보기 전에 먼저 벡터함수의 미분법칙을 살펴보자. 스칼라함수와 벡터함수의 곱, 두 벡터함수의 내적 및 외적을 미분할 때 스칼라함수의 곱을 미분하는 것과 매우 유사한 미분법칙이 성립함을 살펴보자.

정리 **8.3.6.** (미분법칙)
$\mathbf{u}$ 과 $\mathbf{v}$ 가 미분 가능한 벡터함수이고 $w(t)$ 는 미분 가능한 스칼라함수라 하자. a 와 b 는 각각 스칼라이다.

(1) $\dfrac{d}{dt}[a\mathbf{u}(t) + b\mathbf{v}(t)] = a\mathbf{u}'(t) + b\mathbf{v}'(t)$

(2) $\dfrac{d}{dt}[w(t)\mathbf{u}(t)] = w(t)\mathbf{u}'(t) + w'(t)\mathbf{u}(t)$

(3) $\dfrac{d}{dt}[\mathbf{u}(t)\cdot\mathbf{v}(t)] = \mathbf{u}(t)\cdot\mathbf{v}'(t) + \mathbf{u}'(t)\cdot\mathbf{v}(t)$

(4) $\dfrac{d}{dt}[\mathbf{u}(t)\times\mathbf{v}(t)] = \mathbf{u}(t)\times\mathbf{v}'(t) + \mathbf{u}'(t)\times\mathbf{v}(t)$

증명 대신 아래의 예제를 통하여 위 정리가 성립하는 경우를 살펴보자.

예제 8.3.7. $\mathbf{r}(t) = t\mathbf{i} + t^2\mathbf{j} + 2\mathbf{k}$ 와 $\mathbf{s}(t) = 1/t\mathbf{i} + 1\mathbf{j} + t\mathbf{k}$ 일 때, $\dfrac{d}{dt}(\mathbf{r}(t)\cdot\mathbf{s}(t))$ 를 구하라.

풀이. 내적부터 계산한 다음, 미분을 하여 다음을 얻을 수 있다.

$$\begin{aligned}\frac{d}{dt}(\mathbf{r}(t)\cdot\mathbf{s}(t)) &= \frac{d}{dt}(1 + t^2 + 2t)\\ &= 2t + 2\end{aligned}$$

또는 위 정리에 의하여

$$\begin{aligned}\frac{d}{dt}(\mathbf{r}(t)\cdot\mathbf{s}(t)) &= (1, 2t, 0)\cdot(1/t, 1, t) + (t, t^2, 2)\cdot(-1/t^2, 0, 1)\\ &= 2t + 2\end{aligned}$$

를 얻을 수 있다. □

유제 8.3.8. $\mathbf{r}(t) = t\mathbf{i} + t^2\mathbf{j} + 2\mathbf{k}$ 와 $\mathbf{s}(t) = 1/t\mathbf{i} + 1\mathbf{j} + t\mathbf{k}$ 일 때, $\dfrac{d}{dt}(\mathbf{r}(t)\times\mathbf{s}(t))$ 를 구하라.

♣ 정답. $(3t^2,\ (\frac{-2}{t^2}) - 2t,\ 0)$

속도와 가속도

벡터함수의 도함수가 가지는 물리적인 의미를 살펴보자. 어떤 물체가 주어진 곡선 $\mathbf{r}(t)$ 를 따라 움직인다고 하자. 그러면 이 벡터함수의 도함수 $\mathbf{r}'(t)$ 는 주어진 시간 t 에서 이 곡선을 따라 움직이는 물체의 속도 $\mathbf{v}(t)$ 를 나타낸다. 또한 속도 $\mathbf{v}(t)$ 를 미분하여 가속도 $\mathbf{a}(t)$ 를 얻을 수 있다.

정의 8.3.9. (속도, 가속도)
시간이 t 일 때 어떤 물체가 벡터함수 $\mathbf{r}(t) = x(t)\mathbf{i} + y(t)\mathbf{j} + z(t)\mathbf{k}$ 로 주어지는 곡선 C 를 따라 움직인다고 가정하자. x, y, z 가 2 계 도함수를 갖는다면 벡터들

$$\mathbf{v}(t) = \mathbf{r}'(t) = x'(t)\mathbf{i} + y'(t)\mathbf{j} + z'(t)\mathbf{k}$$

$$\mathbf{a}(t) = \mathbf{v}'(t) = \mathbf{r}''(t) = x''(t)\mathbf{i} + y''(t)\mathbf{j} + z''(t)\mathbf{k}$$

는 각각 물체의 **속도**와 **가속도**이다. 스칼라함수 $|\mathbf{v}(t)|$ 는 물체의 **속력**이며, 스칼라함수 $|\mathbf{a}(t)|$ 는 물체의 **가속력**이다.

예제 8.3.10. xy 평면 위에서 반지름이 a 인 원의 둘레를 따라 각속도 ω 로 움직이는 물체가 있다. 시간 t 에서 이 물체의 위치를 나타내는 곡선을 미분하여, 이 물체의 속도와 가속도를 구하라. 이때 물체가 움직이는 방향은 반시계방향이다.

풀이. 이 원을 표현하는 벡터함수는

$$\mathbf{r}(t) = a\cos\omega t\mathbf{i} + a\sin\omega t\mathbf{j}$$

이다. 따라서

$$x(t) = a\cos\omega t,\ \ y(t) = a\sin\omega t,\ \ z(t) = 0$$

이며, 이들을 미분하여 속도와 가속도를 얻으면 다음과 같다.

$$\begin{aligned} \mathbf{v}(t) = \frac{d\mathbf{r}}{dt} &= -a\omega\sin\omega t\mathbf{i} + a\omega\cos\omega t\mathbf{j} \\ \mathbf{a}(t) = \frac{d^2\mathbf{r}}{dt^2} &= -a\omega^2\cos\omega t\mathbf{i} - a\omega^2\sin\omega t\mathbf{j} \end{aligned}$$

속력과 가속력은 각각 위 두 벡터의 크기로 얻어진다. 즉,

$$|\mathbf{v}(t)| = a\omega,\ \ |\mathbf{a}(t)| = a\omega^2$$

이다. □

유제 8.3.11. 움직이는 물체의 위치가 $\mathbf{r}(t) = t^2\mathbf{i} + t\mathbf{j} + \frac{5}{2}t\mathbf{k}$ 일 때 $t = 2$ 에서 $\mathbf{r}(t)$ 에 의해서 정의된 곡선과 속도벡터 $\mathbf{v}(2)$ 와 가속도벡터 $\mathbf{a}(2)$ 를 구하라.

♣ 정답. $x = t^2$, $y = t$, $z = \frac{5}{2}t$ 이므로 입자의 경로는 포물선 $z = \frac{5}{2}y$ 평면 위에 있는 포물선 $x = y^2$ 이다. $\mathbf{v}(t) = \mathbf{r}'(t) = 2t\mathbf{i} + \mathbf{j} + \frac{5}{2}\mathbf{k}$, $\mathbf{a}(t) = \mathbf{r}''(t) = 2\mathbf{i}$ 이므로 $\mathbf{v}(2) = 4\mathbf{i} + \mathbf{j} + \dfrac{5}{2}\mathbf{k}$, $\mathbf{a}(2) = 2\mathbf{i}$ 이다.

호의 길이

속도는 시간 당 물체의 순간적인 거리변화로 정의된다. 즉, 물체의 속도는 위치함수를 미분하여 얻을 수 있고, 속력은 속도의 크기로 얻어진다. 반대로 속력을 적분하면 물체의 이동거리를 얻을 수 있다. 아래 정리에서는 곡선 C 를 따라 움직이는 물체가 주어진 시간 동안 이동한 거리 또는 호의 길이를 얻기 위하여 속력을 적분한다.

정의 8.3.12. (호의 길이)
벡터함수 $\mathbf{r}(t)$ 가 연속적으로 미분가능할 때 $\mathbf{r}(a)$ 와 $\mathbf{r}(t)$ 를 잇는 **호의 길이** $s(t)$ 는 다음과 같이 정의된다.

$$s(t) = \int_a^t \sqrt{\frac{d\mathbf{r}}{du} \cdot \frac{d\mathbf{r}}{du}}\, du = \int_a^t \left| \frac{d\mathbf{r}}{du} \right| du \tag{8.16}$$

따라서 벡터함수 $\mathbf{r}$ 이 미분 가능하면 적분의 기본정리 (Fundamental Theorem of Calculus) 에 따라서 다음 식이 성립한다.

$$\frac{ds}{dt} = \left| \frac{d\mathbf{r}}{dt} \right| = |\mathbf{r}'(t)|$$

즉, 호의 길이는 속력의 적분이며, 속력은 호의 길이를 미분하여 얻을 수 있다.

예제 8.3.13. 다음의 벡터함수에 의하여 그려지는 원나선의 길이를 구하라.

$$\mathbf{r}(t) = a\cos t\mathbf{i} + a\sin t\mathbf{j} + bt\mathbf{k}, \quad 0 \le t \le 2\pi$$

풀이. 주어진 벡터함수를 미분하면, 다음을 얻는다.

$$\frac{d\mathbf{r}}{dt} = -a\sin t\mathbf{i} + a\cos t\mathbf{j} + b\mathbf{k}$$

따라서,

$$S = \int_0^{2\pi} \left| \frac{d\mathbf{r}}{dt} \right| dt = \int_0^{2\pi} \sqrt{a^2 + b^2}\, dt = 2\pi\sqrt{a^2 + b^2}$$

□

유제 8.3.14. 반지름이 r 인 원의 둘레의 길이를 벡터함수를 이용하여 구하라.

♣ 정답. $2\pi r$

접선가속도와 법선가속도

곡선 운동을 하는 물체의 가속도는 곡선에 대한 접선방향 가속도와 이에 수직인 법선방향 가속도의 합으로 표현될 수 있다. 이것을 수식으로 증명해 보자.

정리 **8.3.15.** (가속도의 접선성분과 법선성분)
곡선 C를 따라서 움직이는 점 P의 시간 t에서의 위치벡터를 $\mathbf{r}(t)$라 할 때 가속도벡터 $\mathbf{a}$에 대하여 다음이 성립한다.

(a) $\mathbf{a} = a_T\mathbf{T} + a_N\mathbf{N} \quad \left(a_T = \dfrac{d^2s}{dt^2}\right)$

(b) $|\mathbf{a}|^2 = a_T^2 + a_N^2$

여기서 $\mathbf{T}$는 크기가 *1*인 단위접선벡터이며, $\mathbf{N}$은 크기가 *1*이고 $\mathbf{T}$에 수직인 단위법선벡터이다. 이때, a_T를 가속도의 접선성분, a_N을 가속도의 법선성분이라고 한다.

증명. 가속도벡터 $\mathbf{a}$를 단위접선벡터 $\mathbf{T}$와 단위법선벡터 $\mathbf{N}$의 일차결합으로 표시하여 보자. 우선 가속도는 속도를 미분하여 얻을 수 있으므로 $\mathbf{a} = \frac{d\mathbf{v}}{dt}$ 이다. 그리고 호의 길이를 미분하여 [1]

$$\frac{ds}{dt} = |\mathbf{v}(t)|$$

을 얻는다. 또한

$$\mathbf{v} = \frac{d\mathbf{r}(t)}{dt} = \frac{ds}{dt}\mathbf{T}$$

이므로 다음과 같은 식을 얻을 수 있다.

$$\mathbf{a} = \frac{d\mathbf{v}}{dt} = \frac{d}{dt}\left(\frac{d\mathbf{r}}{dt}\right) = \frac{d}{dt}\left(\frac{ds}{dt}\mathbf{T}\right) = \frac{d^2s}{dt^2}\mathbf{T} + \frac{ds}{dt}\frac{d\mathbf{T}}{dt}$$

따라서 $\mathbf{N}$을

$$\mathbf{N} = \frac{\frac{d\mathbf{T}(t)}{dt}}{\left|\frac{d\mathbf{T}(t)}{dt}\right|}$$

이라 정의하면

$$\mathbf{a} = a_T(t)\mathbf{T} + a_N(t)\mathbf{N}$$

이다. [2] 여기서 $a_T = \dfrac{d^2s}{dt^2}$ 이다. 벡터 $\mathbf{T}$와 벡터 $\mathbf{N}$이 서로 수직이므로 피타고라스의 정리에 따라서

$$|\mathbf{a}|^2 = a_T^2 + a_N^2$$

이다. 이때 a_N^2의 형태가 복잡하므로, $a_N^2 = |\mathbf{a}|^2 - a_T^2$을 이용하여 구하는 것이 편리하다. □

---

[1] $s(t) = \int_0^t \sqrt{\frac{d\mathbf{r}(u)}{du}\cdot\frac{d\mathbf{r}(u)}{du}}du = \int_0^t \left|\frac{d\mathbf{r}(u)}{du}\right| du = \int_0^t |\mathbf{v}(u)|du$

[2] $|\mathbf{T}| = 1$ 을 미분해 보자. 우선 양변을 제곱하면, $\mathbf{T}\cdot\mathbf{T} = 1$ 이다. 양변을 미분하면,$2\mathbf{T}'\cdot\mathbf{T} = 0$ 이며 이것은 $\mathbf{T}$와 $\mathbf{T}'$이 서로 직교함을 의미한다.

예제 8.3.16. 곡선운동 $\mathbf{r}(t) = \cos t\mathbf{i} + \sin t\mathbf{j} + t\mathbf{k}$ 에 대한 속도 $\mathbf{v}$, 속력 $|\mathbf{v}|$, 가속도 $\mathbf{a}$, 접선성분 a_T, 법선성분 a_N 을 구하라.

풀이. 정의에 의하여 $\mathbf{v}, |\mathbf{v}|, \mathbf{a}$ 를 얻을 수 있다.

$$\mathbf{v} = \mathbf{r}'(t) = -\sin t\mathbf{i} + \cos t\mathbf{j} + \mathbf{k}$$

이므로

$$|\mathbf{v}| = \sqrt{(-\sin t)^2 + (\cos t)^2 + 1} = \sqrt{2}$$

이고,

$$\mathbf{a} = \frac{d\mathbf{v}}{dt} = -\cos t\mathbf{i} - \sin t\mathbf{j}$$

이다. 따라서,

$$|\mathbf{a}|^2 = (-\cos t)^2 + (-\sin t)^2 = 1$$

이다. 그러므로 정리 (8.3.15) 에 의하여

$$a_T = \frac{d^2 s}{dt^2} = \frac{d}{dt}\left(\frac{ds}{dt}\right) = \frac{d}{dt}|\mathbf{v}| = \frac{d}{dt}\sqrt{2} = 0$$

$$a_N = \sqrt{|\mathbf{a}|^2 - a_T^2} = 1$$

이다. 따라서 이 곡선 운동에서는 접선방향의 가속도는 존재하지 않고, 법선방향으로만 가속도가 존재한다. □

유제 8.3.17. 곡선운동 $\mathbf{r}(t) = \cos t\mathbf{i} + \sin t\mathbf{j}$ 에 대하여 가속도 $\mathbf{a}$, 접선성분 a_T, 법선성분 a_N 을 구하라.

♣ 정답. 앞의 예제에서와 마찬가지로 이 원운동에서도 접선방향의 가속도는 존재하지 않고, 법선방향으로만 가속도가 존재하는 것을 알 수 있는데, 이를 구심가속도라 부른다. 두 벡터의 내적을 계산하여 속도 벡터와 가속도 벡터가 서로 직교함을 보여보자. □

곡률

곡선이나 곡면의 구부러진 정도를 나타내는 수를 곡률이라고 하는데, 이는 곡선이나 곡면의 모양을 결정한다. 곡률은 공학의 여러 분야에 널리 쓰이므로 여기서는 곡선에 대한 곡률에 대해서만 알아보기로 한다.

정의 8.3.18. (곡률)
매끄러운 곡선 C 가 벡터함수 $\mathbf{r}(t)$ 로 주어졌을 때, 곡선 C 위의 한 점에서의 **곡률**은 아래 κ 로 주어진다.

$$\kappa(t) = \frac{|\mathbf{T}'(t)|}{|\mathbf{r}'(t)|} \tag{8.17}$$

여기서, $\mathbf{T}$ 는 C 의 단위접선벡터이고, κ 는 그리스 문자 카파(kappa) 이다.

곡률은 속력에 대한 단위접선벡터의 변화율의 크기를 나타내며, 한 점에서 곡률이 크다는 것은 그 점에서 접선벡터의 변화가 더 빠르다는 것을 나타낸다. 따라서 곡률이 큰 점에서 곡선은 더 많이 굽는다. 직선의 곡률은 0 이고, 원의 곡률은 반지름의 역수이다.

예제 8.3.19. 반지름이 a 인 원의 곡률을 구하라.

풀이. 원의 벡터함수는 $\mathbf{r}(t) = a\cos t\mathbf{i} + a\sin t\mathbf{j}$ 로 쓸 수 있다. 따라서

$$\mathbf{r}'(t) = -a\sin t\mathbf{i} + a\cos t\mathbf{j}, \quad |\mathbf{r}'(t)| = a$$

로부터

$$\mathbf{T}(t) = \frac{\mathbf{r}'(t)}{|\mathbf{r}'(t)|} = -\sin t\mathbf{i} + \cos t\mathbf{j}, \qquad \mathbf{T}'(t) = -\cos t\mathbf{i} - \sin t\mathbf{j}$$

를 얻을 수 있다. 따라서, 곡률은 다음과 같다.

$$\kappa = \frac{|\mathbf{T}'(t)|}{|\mathbf{r}'(t)|} = \frac{\sqrt{\cos^2 t + \sin^2 t}}{a} = \frac{1}{a} \quad (\text{일정})$$

□

유제 8.3.20. 곡선 $C : \mathbf{r}(t) = 4\cos t\mathbf{i} + 4\sin t\mathbf{j} + 3t\mathbf{k}$ 의 곡률을 구하라

♣ 정답. $\frac{4}{25}$

정리 **8.3.21.** 곡선 C 가 매개변수표현 $x = x(t)$, $y = y(t)$ 로 주어질 때, 곡률 κ 는

$$\kappa = \frac{|x'(t)y''(t) - x''(t)y'(t)|}{[x'(t)^2 + y'(t)^2]^{\frac{3}{2}}} \tag{8.18}$$

이다.

예제 8.3.22. 다음 매개변수표현으로 주어진 곡선의 최대곡률을 구하라.

$$\mathbf{r}(t) = (2t-3,\ t^2-1) = (2t-3)\mathbf{i} + (t^2-1)\mathbf{j}$$

풀이. $x = 2t-3,\ y = t^2-1,\ x'(t) = 2,\ y'(t) = 2t,\ x''(t) = 0,\ y''(t) = 2$ 이므로

$$\kappa(t) = \frac{4}{(4+4t^2)^{\frac{3}{2}}}$$

따라서, 곡률 $\kappa(t)$ 는 $t = 0$ 에서 최대값을 갖는다. 그러므로 곡선 위의 점 $(-3,-1)$ 에서 곡률은 최대값 $\dfrac{1}{2}$ 을 갖는다. □

유제 8.3.23. 매개변수표현 $x = t+3,\ y = 2-t^2$ 으로 주어진 곡선에 대하여, $t = 0$ 에서의 곡률을 구하라.

♣ 정답. 2

곡선 C 가 스칼라함수 $y = f(x)$ 로 주어졌을 경우에 $x = t,\ y = f(t)$ 로 놓아 매개변수표현을 얻을 수 있으므로, 곡률은 다음과 같이 쓸 수도 있다.

$$\kappa = \frac{|f''(x)|}{\{1+(f'(x))^2\}^{\frac{3}{2}}} \tag{8.19}$$

예제 8.3.24. 포물선 $y = x^2$ 위의 점 $(2,4)$ 에서의 곡률을 구하라.

풀이. $f(x) = x^2$ 이라 하면 $f'(x) = 2x,\ f''(x) = 2$ 이다. 따라서, 포물선 위의 임의의 점에서의 곡률은 $\kappa = \dfrac{2}{(1+4x^2)^{\frac{3}{2}}}$ 이고 $x = 2$ 을 대입하면 $\kappa(2,4) = \dfrac{2}{17\sqrt{17}}$ 이다. □

유제 8.3.25. 포물선 $y = -x^2$ 위의 점 $(2,-4)$ 에서의 곡률을 구하라.

♣ 정답. $\left|-\frac{2}{17\sqrt{17}}\right| = \frac{2}{17\sqrt{17}}$, 여기서 음의 부호는 곡선이 그 점에서 위로 볼록함을 뜻한다.

연습문제 8.3

1. 다음 곡선의 길이를 구하라.

    (1) $\mathbf{r}(t) = 2t^{\frac{3}{2}}\mathbf{i} + (t-3)\mathbf{j} + 3t\mathbf{k}, \quad (3 \le t \le 6)$

    (2) $\mathbf{r}(t) = e^t\cos t\mathbf{i} + e^t\sin t\mathbf{j} + e^t\mathbf{k}, \quad (3 \le t \le \pi)$

    (3) $\mathbf{r}(t) = (\cos t + t\sin t)\mathbf{i} + (\sin t - t\cos t)\mathbf{j}, \quad (0 \le t \le \pi)$

    (4) $\mathbf{r}(t) = a\cos^3 t\mathbf{i} + a\sin^3 t\mathbf{j}, \quad (0 \le t \le \frac{\pi}{2})$

2. 다음 주어진 t의 값에서 $\mathbf{v}$, $\mathbf{a}$, a_T, a_N을 구하라.

(1) $\mathbf{r}(t) = t\mathbf{i} + (4 - 2t^2)\mathbf{j}, \quad t = 1$

(2) $\mathbf{r}(t) = \cos t\mathbf{i} + \sin t\mathbf{j} + t\mathbf{k}, \quad t = \frac{\pi}{2}$

(3) $\mathbf{r}(t) = 4\cos t\mathbf{i} + 4\sin t\mathbf{j}, \quad t = \frac{\pi}{4}$

(4) $\mathbf{r}(t) = t\mathbf{i} + \sin t\mathbf{j}, \quad t = \frac{\pi}{4}$

(5) $\mathbf{r}(t) = t\cos t\mathbf{i} + t\sin t\mathbf{j} + t\mathbf{k}$

3. 주어진 점에서 곡선의 곡률을 구하라.

(1) $y = \sin 3x, \quad x = \pi$ (2) $y = x^3, \quad x = 1$
(3) $y = \ln x, \quad x = 1$ (4)$x = 2t + 3, \quad y = 5 - t^2, \quad t = 1$

4. 포물선 $y = \dfrac{x^2}{4}$ 에서 곡률이 최대가 되는 점을 구하라.

♣ 정답.

1. (1) $\frac{2}{27}(512 - 37\sqrt{37})$ (2) $\sqrt{3}(e^\pi - e^3)$ (3) $\frac{1}{2}\pi^2$ (4) $\frac{3}{2}a$

2. (1) $|\mathbf{v}| = \sqrt{17}, \quad \mathbf{a} = 4, \quad a_T = \frac{16}{\sqrt{17}}, \quad a_N = \frac{4}{\sqrt{17}}$

(2) $|\mathbf{v}| = \sqrt{2}, \quad |\mathbf{a}| = 1, \quad a_T = 0, \quad a_N = 1$

(3) $a_T = 0, \ a_N = 4$

(4) $\mathbf{v} = (1, \frac{1}{\sqrt{2}}), \ \mathbf{a} = (0, -\frac{1}{\sqrt{2}}), \ a_T = -\frac{\sqrt{2}}{2\sqrt{3}}, \ a_N = \frac{1}{\sqrt{3}}$

(5)

$$\mathbf{v} = \mathbf{r}'(t) = (\cos t - t\sin t)\mathbf{i} + (\sin t + t\cos t)\mathbf{j} + \mathbf{k}$$

$$|\mathbf{v}| = \sqrt{(\cos t - t\sin t)^2 + (\sin t + t\cos t)^2 + 1} = \sqrt{2 + t^2}$$

$$\mathbf{a} = \frac{d\mathbf{v}}{dt} = -(2\sin t + t\cos t)\mathbf{i} + (2\cos t - t\sin t)\mathbf{j}$$

따라서,

$$|\mathbf{a}|^2 = (2\sin t + t\cos t)^2 + (2\cos t - t\sin t)^2 = 4 + t^2$$

이다. 그러므로 정리에 의하여

$$a_T = \frac{d^2s}{dt^2} = \frac{d}{dt}\left(\frac{ds}{dt}\right) = \frac{d}{dt}|\mathbf{v}| = \frac{d}{dt}\sqrt{2 + t^2} = \frac{t}{\sqrt{2 + t^2}}$$

$$a_N = \sqrt{|\mathbf{a}|^2 - a_T^2} = \sqrt{\frac{t^4 + 5t^2 + 8}{t^2 + 2}}$$

3. (1) 0 ($y = \sin 3x$ 는 $x = \pi$ 에서 변곡점) (2) $3/5\sqrt{10}$

(3) $1/2\sqrt{2}$ (4) $\frac{1}{4\sqrt{2}}$

4. $(0, 0)$

8.4 그래디언트, 방향도함수, 접평면

한 개의 매개변수를 이용하여 공간에 놓여있는 곡선을 표현할 수 있었다. 매개변수가 두 개 이상이면, 공간에 놓여있는 곡면을 표현할 수 있다. 이 절에서는 편도함수를 이용하여 공간에 놓여있는 곡면함수의 변화율을 표현하는 새로운 벡터를 소개한다.

우선 유용한 곡면을 표현하는 스칼라함수들을 살펴보면 다음과 같은 것들이 있다.

S: $x^2 + y^2 - a^2 = 0$ $(-1 \le z \le 1)$ 은 반지름이 a 이고, 높이가 2 이며, 중심축이 z 축인 원주면이다.

S: $x^2 + y^2 + z^2 - a^2 = 0$ 은 반지름이 a 인 구면이다.

S: $z - \sqrt{x^2 + y^2} = 0$ $(0 \le z \le H)$ 는 높이가 H 인 깔대기(원추면)이다.

이제 곡면 함수의 변화율을 알아보기 위하여 사용되는 그래디언트를 정의하여 보자.

정의 8.4.1. (그래디언트)
미분가능 함수 $z = f(x, y)$ 또는 $w = f(x, y, z)$ 에 벡터 미분연산자

$$\nabla = \frac{\partial}{\partial x}\mathbf{i} + \frac{\partial}{\partial y}\mathbf{j}, \quad \nabla = \frac{\partial}{\partial x}\mathbf{i} + \frac{\partial}{\partial y}\mathbf{j} + \frac{\partial}{\partial z}\mathbf{k} \tag{8.20}$$

를 적용하여 생기는 벡터함수 $\nabla f(x, y), \nabla f(x, y, z)$ 를 각각 함수 f 의 **그래디언트 (gradient)** 라고 한다.

$$\nabla f(x, y) = \frac{\partial f}{\partial x}\mathbf{i} + \frac{\partial f}{\partial y}\mathbf{j} = f_x\mathbf{i} + f_y\mathbf{j} \tag{8.21}$$

$$\nabla f(x, y, z) = \frac{\partial f}{\partial x}\mathbf{i} + \frac{\partial f}{\partial y}\mathbf{j} + \frac{\partial f}{\partial z}\mathbf{k} = f_x\mathbf{i} + f_y\mathbf{j} + f_z\mathbf{k} \tag{8.22}$$

여기서, ∇ 은 **del** 또는 **nabla** 라고 읽으며, ∇f 는 grad f 라고 쓰기도 한다.

예제 8.4.2. $f(x, y) = x^2y^3$ 일 때, 점 $P(1, 2)$ 에서의 f 의 그래디언트 $\nabla f(1, 2)$ 를 구하라.

풀이. f 가 이변수 함수이므로 $f_x\mathbf{i}+f_y\mathbf{j}$ 를 구하면 된다. 따라서 다음을 얻는다.

$$\begin{aligned}\nabla f(x,y) &= 2xy^3\mathbf{i}+3x^2y^2\mathbf{j}\\ \nabla f(1,2) &= 16\mathbf{i}+12\mathbf{j}\end{aligned}$$

□

유제 8.4.3. $f(x,y,z) = x^2+y^2+z^2-9$ 일 때, 점 $P(1,-1,2)$ 에서의 f 의 그래디언트 $\nabla f(1,-1,2)$ 를 구하라.

♣ 정답. $\nabla f(1,-1,2) = 2\mathbf{i}-2\mathbf{j}+4\mathbf{k}$

방향도함수

방향도함수는 함수가 주어진 방향으로 얼마만큼 변화하는지를 알아보기 위하여 사용된다. 우선 방향도함수를 정의하고 다음으로 방향도함수의 범위와 곡면의 접평면에 수직인 벡터를 이용하여 ∇f 의 의미를 살펴보자.

정의 8.4.4. (방향도함수)
극한이 존재한다면 단위벡터 $\mathbf{u}=u_1\mathbf{i}+u_2\mathbf{j}$ 의 방향으로의 $z=f(x,y)$ 의 **방향도함수** $D_{\mathbf{u}}f(x,y)$ 는 다음과 같이 정의된다.

$$D_{\mathbf{u}}f(x,y) = \lim_{h\to 0}\frac{f(x+hu_1,y+hu_2)-f(x,y)}{h}$$

위 정의는 편미분 정의를 일반화시킨 것임에 주목할 필요가 있다. 그 이유는 $\mathbf{u}=\mathbf{i}$ 이면

$$D_{\mathbf{i}}f(x,y) = \lim_{h\to 0}\frac{f(x+h,y)-f(x,y)}{h} = \frac{\partial z}{\partial x}$$

이고, $\mathbf{u}=\mathbf{j}$ 이면

$$D_{\mathbf{j}}f(x,y) = \lim_{h\to 0}\frac{f(x,y+h)-f(x,y)}{h} = \frac{\partial z}{\partial y}$$

이기 때문이다. 즉, $D_{\mathbf{u}}f(x,y)$ 는 $\mathbf{u}$ 방향으로의 f 의 변화율을 나타내며, 이는 f 의 전체변화율에 해당하는 ∇f 의 $\mathbf{u}$ 방향성분을 의미한다.

$$\begin{aligned}D_{\mathbf{u}}f(x,y) &= \lim_{h\to 0}\frac{1}{h}\left(f(x+hu_1,y+hu_2)-f(x,y)\right)\\ &= \lim_{h\to 0}\frac{1}{h}\left(f_x(x,y)hu_1+f_y(x,y)hu_2\right)\\ &= f_x(x,y)u_1+f_y(x,y)u_2\\ &= (f_x(x,y),f_y(x,y))\cdot(u_1,u_2)\\ &= \nabla f\cdot\mathbf{u}\end{aligned}$$

따라서 한 벡터가 크기가 1인 단위벡터일 때, 두 벡터의 내적은 나머지 한

벡터가 그 단위벡터 방향으로 가지는 성분의 크기를 의미하므로 $f(x, y)$ 의 $\mathbf{u}$ 방향으로의 변화량을 구하기 위하여 다음과 같은 정리를 얻을 수 있다.

> 정리 **8.4.5.** $z = f(x, y)$ 가 x 와 y 에 대하여 미분 가능하고, 단위벡터 $\mathbf{u} = \cos\theta\mathbf{i} + \sin\theta\mathbf{j}$ 가 주어지면, $f(x, y)$ 의 $\mathbf{u}$ 방향으로의 방향도함수는 다음과 같이 계산된다.
> $$D_{\mathbf{u}}f(x, y) = \nabla f(x, y) \cdot \mathbf{u} \tag{8.23}$$

예제 8.4.6. 양의 x 축과의 각이 $\frac{\pi}{3}$ 인 단위벡터 방향으로 $P(1, 2)$ 에서 $z = f(x, y) = x^2 + y$ 의 방향도함수를 구하라.

풀이. (방법 1) 주어진 함수 f 를 x 와 y 에 대하여 각각 편미분하여 f 의 그래디언트를 얻으면

$$\nabla f(x, y) = (2x, 1)$$

이므로

$$\nabla f(1, 2) = (2, 1)$$

이다. $\theta = \frac{\pi}{3}$ 방향으로의 단위벡터는

$$\mathbf{u} = (\cos\theta, \sin\theta) = \left(\frac{1}{2}, \frac{\sqrt{3}}{2}\right)$$

이다. 그러므로 $P(1, 2)$ 에서 $\mathbf{u}$ 방향으로 z 의 변화율은

$$D_{\mathbf{u}}f(1, 2) = \nabla f(1, 2) \cdot \mathbf{u} = (2, 1) \cdot \left(\frac{1}{2}, \frac{\sqrt{3}}{2}\right) = 1 + \frac{\sqrt{3}}{2}$$

이다.

(방법 2)

$$\begin{aligned} f_{\mathbf{u}}(1, 2) &= \lim_{h \to 0} \frac{1}{h}\left(f\left(1 + \frac{1}{2}h, 2 + \frac{\sqrt{3}}{2}h\right) - f(1, 2)\right) \\ &= \lim_{h \to 0} \frac{1}{h}\left(\left(1 + \frac{1}{2}h\right)^2 + \left(2 + \frac{\sqrt{3}}{2}\right) - (1^2 + 2)\right) \\ &= \lim_{h \to 0} \frac{1}{h}h(1 + h/4 + \sqrt{3}/2) \\ &= 1 + \sqrt{3}/2 \end{aligned}$$

□

이때, $\mathbf{u}$ 가 단위벡터임을 명심하자. 만약 주어진 방향벡터가 단위벡터가 아니면, 이를 단위벡터로 만들어 사용하자.

유제 8.4.7. 양의 x 축과의 각이 $\frac{\pi}{6}$ 인 단위벡터 방향으로 $(1,1)$ 에서 $z = f(x,y) = 2x^2y^3 + 6xy$ 의 방향도함수를 구하라.

♣ 정답. $5\sqrt{3}+6$

유제 8.4.8. $(1,-1,2)$ 에서 $f(x,y,z) = xy^2 - 4x^2y + z^2$ 의 $\mathbf{a} = 6\mathbf{i} + 2\mathbf{j} + 3\mathbf{k}$ 방향으로의 방향도함수를 구하라.

♣ 정답. $D_{\mathbf{a}}f(1,-1,2) = (9\mathbf{i} - 6\mathbf{j} + 4\mathbf{k}) \cdot \left(\frac{6}{7}\mathbf{i} + \frac{2}{7}\mathbf{j} + \frac{3}{7}\mathbf{k}\right) = \frac{54}{7}$

예제 8.4.9. 점 $P(x,y,z)$ 가 $P_0(2,0,0)$ 으로부터 $P_1(4,1,-2)$ 를 향해 $\triangle s = 0.1$ 만큼 움직이면, $f(x,y,z) = xe^y + yz$ 가 얼마나 변할 것인가를 추정하라

풀이. 먼저, P_0 에서 벡터 $\vec{P_0P_1} = 2\mathbf{i} + \mathbf{j} - 2\mathbf{k}$ 의 방향으로 f 의 방향도함수를 구한다. 단위벡터는

$$\mathbf{u} = \frac{\vec{P_0P_1}}{|\vec{P_0P_1}|} = \frac{\vec{P_0P_1}}{3} = \frac{2}{3}\mathbf{i} + \frac{1}{3}\mathbf{j} - \frac{2}{3}\mathbf{k}$$

이고, P_0 에서 f 의 그래디언트는

$$\begin{aligned} \nabla f|_{(2,0,0)} &= (e^y\mathbf{i} + (xe^y + z)\mathbf{j} + y\mathbf{k}|_{(2,0,0)} \\ &= \mathbf{i} + 2\mathbf{j} \end{aligned}$$

이므로

$$D_{\mathbf{u}}f(P_0) = (\mathbf{i} + 2\mathbf{j}) \cdot \left(\frac{2}{3}\mathbf{i} + \frac{1}{3}\mathbf{j} - \frac{2}{3}\mathbf{k}\right) = \frac{2}{3} + \frac{2}{3} = \frac{4}{3}$$

이다. f 의 변화량 $\triangle f$ 는 대략 $\vec{P_0P_1}$ 방향의 f 의 방향도함수를 $\triangle s$ 배 한 것이다.

$$\triangle f \approx \left(\frac{4}{3}\right)(0.1) = \frac{2}{15}$$

□

방향도함수의 범위가 $\pm\nabla f$ 임을 다음의 정리를 통하여 알아보자.

> 정리 **8.4.10.** f 가 2 변수 또는 3 변수 함수를 나타낸다고 하자. 함수 f 의 $\mathbf{u}$ 방향으로의 방향도함수 $D_{\mathbf{u}}f$ 의 범위는
>
> $$-|\nabla f| \le D_{\mathbf{u}}f \le |\nabla f| \tag{8.24}$$
>
> 이다.

증명. 함수 f 의 $\mathbf{u}$ 방향으로의 방향도함수는

$$D_{\mathbf{u}}f = \nabla f \cdot \mathbf{u} = |\nabla f||\mathbf{u}|\cos\phi = |\nabla f|\cos\phi$$

이다. 이때 ϕ는 ∇f와 $\mathbf{u}$의 사이각이다. 그런데, $0 \le \phi \le \pi$ 이므로 $-1 \le \cos\phi \le 1$이다. 따라서 $D_{\mathbf{u}}f$의 범위는

$$-|\nabla f| \le D_{\mathbf{u}}f \le |\nabla f|$$

이다. 다시 말해서, 방향도함수의 최대값은 $|\nabla f|$이고, 이것은 $\mathbf{u}$와 ∇f가 같은 방향일 때 얻어진다. 방향도함수의 최소값은 $-|\nabla f|$이고, 이것은 $\mathbf{u}$와 ∇f가 반대 방향일 때 얻어진다. □

이 정리는 ∇f의 방향은 f가 최대로 증가하는 방향이 됨을 의미한다 (그림 8.9).

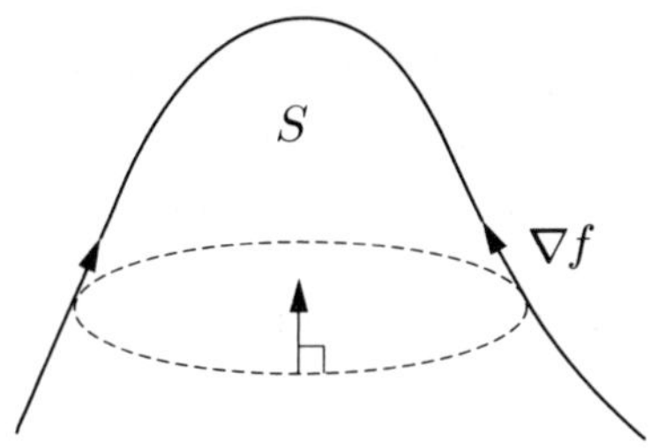

그림 8.9.

예제 8.4.11. 어떤 금속판 위에서 전압의 분배는 $V = 30 - x^2 - 4y^2$으로 주어진다고 한다. 점 $P(1, -1)$에 대하여 다음 물음에 답하라.
(a) 어느 방향으로 전압이 가장 급하게 증가하는가?
(b) 어느 방향으로 전압이 가장 급하게 감소하는가?
(c) 위에서 증가 또는 감소의 크기는 얼마는가?
(d) 어느 방향으로 전압이 변화가 없는가?

풀이. $\nabla V = V_x\mathbf{i} + V_y\mathbf{j} = -2x\mathbf{i} - 8y\mathbf{j}$이므로 점 $P(1, -1)$ 에서 $\nabla V = -2\mathbf{i} + 8\mathbf{j}$이다.

(a) $-2\mathbf{i} + 8\mathbf{j}$의 방향으로 전압이 가장 급하게 증가한다.
(b) $2\mathbf{i} - 8\mathbf{j}$의 방향으로 전압이 가장 급하게 감소한다.
(c) 증가 또는 감소의 크기는 $\sqrt{2^2 + 8^2} = 2\sqrt{17}$
(d) ∇V에 수직인 벡터는 $8\mathbf{i} + 2\mathbf{j}$이다. 이 방향 또는 반대 방향으로는 전압이 일정하다. □

유제 8.4.12. 점 $(1, -1, 2)$에서의 $f(x, y, z) = xy^2 - 4x^2y + z^2$의 방향도함수의 최대값과 최소값을 구하라.

♣ 정답. 최대값: $\sqrt{133}$, 최소값: $-\sqrt{133}$.

곡면의 접평면방정식

이번에는 곡면의 접평면을 이용하여 ∇f을 살펴보자. 우선 $f(x, y, z) = w$

인 4차원 함수를 공간에 그리기 어려우므로, $w = c$라 두고 한 차원 낮추어 생각해보자.

그래디언트를 이용하여 곡면에 접하는 평면의 방정식을 구해보자. 3차원 공간에서 곡면 S를 나타내는 스칼라방정식은 다음과 같다.

$$S : f(x, y, z) = c$$

이때 S 위의 한 곡선 C를 벡터함수를

$$C : \mathbf{r}(t) = (x(t), y(t), z(t)) = x(t)\mathbf{i} + y(t)\mathbf{j} + z(t)\mathbf{k}$$

로 표현하면, 이는 곡면 S 위에 있으므로 곡면 S는 방정식

$$f(x(t), y(t), z(t)) = c$$

를 만족시켜야 한다. 이 방정식을 t에 대하여 미분하여 보자. 그러면 다음의 관계식들을 얻을 수 있다.

$$\frac{\partial f}{\partial x}\frac{dx}{dt} + \frac{\partial f}{\partial y}\frac{dy}{dt} + \frac{\partial f}{\partial z}\frac{dz}{dt} = 0$$

$$\left(\frac{\partial f}{\partial x}, \frac{\partial f}{\partial y}, \frac{\partial f}{\partial z}\right) \cdot \left(\frac{dx}{dt}, \frac{dy}{dt}, \frac{dz}{dt}\right) = 0$$

그런데

$$\nabla f = \left(\frac{\partial f}{\partial x}, \frac{\partial f}{\partial y}, \frac{\partial f}{\partial z}\right), \quad \mathbf{r}' = \left(\frac{dx}{dt}, \frac{dy}{dt}, \frac{dz}{dt}\right)$$

이므로 위 관계식들은 다음 식과 같이 간단히 표현된다.

$$\nabla f \cdot \mathbf{r}' = 0 \tag{8.25}$$

즉, ∇f 와 접선벡터 $\mathbf{r}'$ 은 서로 수직이다. $\mathbf{r}(t)$ 가 곡면 S 위의 임의의 곡선 C를 나타내므로, $\mathbf{r}'$ 은 곡선 C 와 곡면 S에 접한다. 식 (8.25)이 곡면 S위에서 점 P를 지나는 모든 곡선에 대하여 성립하므로, 점 P에서의 접선벡터들은 곡면 S에 대한 접평면을 이룬다. 또한 ∇f는 그 접평면에 대한 법선벡터가 된다.

이를 한 차원 낮추어 3차원 공간에서 생각해보자. 즉, $z = f(x, y)$ 에서는 상수 c에 대하여 $f(x, y) = c$는 평면 위의 등고선을 형성하며, ∇f는 각 등고선에 접하는 접선에 수직이면서 함수 f가 가장 빠르게 증가하는 방향을 갖는다. 종합하여 보면, ∇f는 함수 f가 최대로 증가하는 방향이면서 한 차원 아래에서 보면, 접평면에 수직인 방향을 갖는다. 여기서 곡면 $f(x, y, z) = c$ 위의 점$P(x_0, y_0, z_0)$ 에서의 **접평면**은 ∇f 에 수직이면서 P를 지나는 평면으로 정의된다.

정리 **8.4.13.** (접평면 방정식)
$P(x_0, y_0, z_0)$는 ∇f가 0이 아닌 $f(x, y, z) = c$ 위의 점이라고 하자. 그러면 P에서의 접평면 방정식은 다음과 같다.

$$f_x(x_0, y_0, z_0)(x - x_0) + f_y(x_0, y_0, z_0)(y - y_0) + f_z(x_0, y_0, z_0)(z - z_0) = 0$$

예제 8.4.14. $(2, 1, 4)$에서 곡면 $x^2 - 4y^2 + z^2 = 16$의 접평면 방정식을 구하라.

풀이. 곡면 $f(x, y, z) = x^2 - 4y^2 + z^2 - 16$의 편미분을 다음과 같이 얻을 수 있다.

$$f_x(x, y, z) = 2x, \quad f_y(x, y, z) = -8y, \quad f_z(x, y, z) = 2z$$
$$f_x(2, 1, 4) = 4, \quad f_y(2, 1, 4) = -8, \quad f_z(2, 1, 4) = 8$$

이다. 따라서 접평면의 방정식은 다음과 같다.

$$4(x - 2) - 8(y - 1) + 8(z - 4) = 0 \quad \text{또는} \quad x - 2y + 2z = 8$$

□

유제 8.4.15. $(1, -1, 5)$에서 곡면 $z = \frac{1}{2}x^2 + \frac{1}{2}y^2 + 4$의 접평면의 방정식을 구하라.

♣ 정답. $-x + y + z = 3$

곡면의 법선식

곡면 $f(x, y, z) = c$ 위에서 ∇f가 0이 아닌 의 점을 잡아, 이것을 점 $P(x_0, y_0, z_0)$이라고 하자. 점 $P(x_0, y_0, z_0)$를 지나면서 $\nabla f(x_0, y_0, z_0)$에 나란한 직선을 P에서 곡면에 대한 **법선**이라 부른다. 법선은 P에서 생기는 곡면의 접평면과 수직이다.

예제 8.4.16. $P(1, -1, 5)$에서 곡면 $x^2 - 4y^2 + z^2 = 16$의 법선에 대한 매개변수표현을 구하라.

풀이. $P(1, -1, 5)$에서 법선의 방향벡터는 $\nabla f(1, -1, 5) = 2\mathbf{i} + 8\mathbf{j} + 10\mathbf{k}$이다. 그러므로 법선식은

$$\mathbf{r}(t) = (1 + 2t, -1 + 8t, 5 + 10t), \quad x = 1 + 2t, \ y = -1 + 8t, \ z = 5 + 10t$$

이다. □

유제 8.4.17. $P(1, 2, 5)$에서 곡면 $z = x^2 + y^2$의 법선에 대한 매개변수표현을 구하라.

♣ 정답. $x = 1 + 2t, \ y = 2 + 4t, \ z = 5 - t$

연습문제 8.4

1. 다음 함수의 그래디언트 ∇f 를 구하라.

(1) $f(x, y) = x^2 + y^2$ (2) $f(x, y, z) = (x^2 + y^2 + z^2)^2$

(3) $f(x, y) = 2xy$ (4) $f(x, y) = e^x \sin y$

2. 다음 ∇f 를 만족하는 스칼라함수 f 를 구하라. 이때, f 를 ∇f 의 포텐셜 함수라 부른다.

(1) $\nabla f = \mathbf{i} - \mathbf{j} + \mathbf{k}$ (2) $\nabla f = (y + z)\mathbf{i} + (z + x)\mathbf{j} + (x + y)\mathbf{k}$

(3) $\nabla f = 6x\mathbf{i} - 4y\mathbf{j} + 2z\mathbf{k}$ (4) $\nabla f = e^x \sin y\mathbf{i} + e^x \cos y\mathbf{j}$

3. 점 P_0 에서 벡터 $\mathbf{a}$ 방향으로 함수 f 의 방향도함수를 구하라.

(1) $f(x, y) = e^x \sin \pi y, \quad P_0(0, 1), \ \mathbf{a} = 4\mathbf{i} + 4\mathbf{j}$

(2) $f(x, y, z) = x^2 + 2y^2 + 3z^2, \quad P_0(1, 1, 1), \ \mathbf{a} = \mathbf{i} + \mathbf{j} + \mathbf{k}$

(3) $f(x, y) = \dfrac{x - y^2}{x}, \quad P_0(1, 1), \ \mathbf{a} = 12\mathbf{i} + 5\mathbf{j}$

(4) $f(x, y, z) = e^x \cos yz, \quad P_0(0, 0, 0), \ \mathbf{a} = 2\mathbf{i} + \mathbf{j} - 2\mathbf{k}$

4. 주어진 점 P 에서 주어진 곡면의 법선벡터를 구하라.

(1) $x + y + z = 1, \ P(4, 2, -5)$ (2) $z = xy, \ P(2, -1, -2)$

(3) $2x + 3y - z = 1, \ P(1, 2, 7)$ (4) $z = x^2 + y^2, \ P(2, 2, 8)$

5. 주어진 점 P 에서, 주어진 곡면의 접평면과 법선의 함수식을 구하라.

(1) $z = 9x^2 + y^2, \ P(0, 0, 0)$ (2) $z = 1 - x - y, \ P(0, 1, 0)$

(3) $x = 1 - y^2 - z^2, \ P(0, 0, 1)$ (4) $y = \sin x, \ P(0, 0, 0)$

♣ 정답.

1. (1) $2x\mathbf{i} + 2y\mathbf{j}$ (2) $4x(x^2 + y^2 + z^2)\mathbf{i} + 4y(x^2 + y^2 + z^2)\mathbf{j} + 4z(x^2 + y^2 + z^2)\mathbf{k}$
(3) $2y\mathbf{i} + 2x\mathbf{j}$ (4) $e^x \sin y\mathbf{i} + e^x \cos y\mathbf{j}$

2. (1) $f = x - y + z + c$ (2) $f = xy + yz + zx + c$
(3) $f = 3x^2 - 2y^2 + z^2 + c$ (4) $f = e^x \sin y + c$

3. (1) $-\frac{\pi}{\sqrt{2}}$ (2) $\frac{12}{\sqrt{3}}$
(3) $\frac{2}{13}$ (4) $\nabla f = e^x \cos yz\mathbf{i} - e^x z \sin yz\mathbf{j} - e^x y \sin yz\mathbf{k}, \ \frac{2}{3}$

4. (1) $(1,1,1)$ (2) $(-1,2,-1)$
   (3) $(2,3,-1)$ (4) $(4,4,-1)$

5. (1) $z=0$(xy 평면) $x=0,\ y=0,\ z=-t$
   (2) $x+y+z=1,\quad \mathbf{r}(t)=(t,1+t,t)$
   (3) $x+2z=2$
   (4) $-x+y=0,\quad \mathbf{r}(t)=-t\mathbf{i}+t\mathbf{j}$

8.5 벡터장에서의 회전과 발산

앞 절에서는 매개변수가 한 개인 벡터함수 개념을 소개했다. 여기서는 매개변수가 두 개 이상인 경우를 살펴보자. 이변수와 삼변수의 벡터함수로 표현되는

$$\mathbf{F}(x,y)=F_1(x,y)\mathbf{i}+F_2(x,y)\mathbf{j}$$

$$\mathbf{F}(x,y,z)=F_1(x,y,z)\mathbf{i}+F_2(x,y,z)\mathbf{j}+F_3(x,y,z)\mathbf{k}$$

를 **벡터장**이라고 부른다. 예를 들어 바람이나 액체의 운동을 생각해보자. 공간 안의 각 점에서 이들의 속도를 속도벡터를 이용하여 나타낼 수 있다. 이때, 각 점에 속도벡터 하나씩을 대응시키는 벡터함수를 속도장이라고 부른다.

예제 8.5.1. 평면에서의 벡터장 $\mathbf{F}(x,y)=(-y,x)$를 그려보라.

풀이. 다음 쪽의 표 8.1를 평면에 각자 그려보자. 메트랩 (Matlab)을 이용하여 이를 8.6 절의 그림 8.4로 그려보았다. □

각 성분함수 F_1, F_2, F_3이 연속인 편도함수를 가진다고 가정하면, 이들로 이루어진 벡터함수에 대하여 회전을 정의할 수 있다.

정의 8.5.2. (회전)(curl)
벡터장 $\mathbf{F}=F_1\mathbf{i}+F_2\mathbf{j}+F_3\mathbf{k}$의 **회전**은 다음과 같이 벡터함수로 정의된다.

$$\operatorname{curl}\mathbf{F}=\left(\frac{\partial F_3}{\partial y}-\frac{\partial F_2}{\partial z}\right)\mathbf{i}+\left(\frac{\partial F_1}{\partial z}-\frac{\partial F_3}{\partial x}\right)\mathbf{j}+\left(\frac{\partial F_2}{\partial x}-\frac{\partial F_1}{\partial y}\right)\mathbf{k}$$

실제로 curl $\mathbf{F}$는 델 연산자와 벡터 $\mathbf{F}$의 벡터곱으로부터 계산될 수 있다.

$$\operatorname{curl}\mathbf{F}=\nabla\times\mathbf{F}=\begin{vmatrix}\mathbf{i}&\mathbf{j}&\mathbf{k}\\ \frac{\partial}{\partial x}&\frac{\partial}{\partial y}&\frac{\partial}{\partial z}\\ F_1&F_2&F_3\end{vmatrix}\tag{8.26}$$

벡터장 $\mathbf{F}=F_1\mathbf{i}+F_2\mathbf{j}$에 대한 회전은 위 행렬식에서 $\frac{\partial}{\partial z}=0$, $F_3=0$으로 놓고 계산하면 된다.

표 8.1: 벡터장 $\mathbf{F} = (-y, x)$ 그리기 예제

(x,y)	(1,0)	(1,1)	(0,1)	(-1,1)
$(-y,x)$	(0,1)	(-1,1)	(-1,0)	(-1,-1)
(x,y)	(-1,0)	(-1,-1)	(0, -1)	(1, -1)
$(-y,x)$	(0,-1)	(1,-1)	(1, 0)	(1, 1)

curl $\mathbf{F}$ 는 임의의 폐곡선을 따라 벡터장 $\mathbf{F}$ 가 회전하는 방향과 양을 의미한다. 한 평면 벡터장의 회전이 주어진 영역에서 $\mathbf{0}$ 이면, 그 벡터장을 비회전장이라 한다.

예제 8.5.3. $\mathbf{F}(x,y,z) = z\mathbf{i} + x\mathbf{j} + y\mathbf{k}$ 에 대하여 curl $\mathbf{F}$ 를 구하라.

풀이.

$$\begin{aligned} \text{curl } \mathbf{F} &= \nabla \times \mathbf{F} \\ &= \begin{vmatrix} \mathbf{i} & \mathbf{j} & \mathbf{k} \\ \frac{\partial}{\partial x} & \frac{\partial}{\partial y} & \frac{\partial}{\partial z} \\ z & x & y \end{vmatrix} \\ &= \mathbf{i} + \mathbf{j} + \mathbf{k} \end{aligned}$$

이다. □

유제 8.5.4. $\mathbf{F}(x,y,z) = (y+z)\mathbf{i} + (x+z)\mathbf{j} + (x+y)\mathbf{k}$ 의 curl $\mathbf{F}$ 를 구하라.

♣ 정답. curl $\mathbf{F} = \mathbf{0}$.

이제 회전하는 물체의 속도장에 대하여 생각해보자. 문제를 간단히 하기 위하여 중심이 z축 상에 있고 z축과 수직으로 놓인 원판이 z축을 중심으로 회전하고 있다고 가정하자. 이것의 회전을 표현하는 벡터를 회전벡터라 부르면, 회전벡터는 회전원판의 회전축 방향으로서 회전판에 수직인 벡터 $\mathbf{w}$ 로 정의될 수 있다. 또한 $w = |\mathbf{w}|$ 는 회전의 각속력으로 정의되며, 이는 단위 시간 당 원판이 회전한 회전각을 의미한다. 따라서 이 예의 경우

$$\mathbf{w} = w\mathbf{k}$$

가 성립한다.

원판 위의 한 점 P 의 위치벡터를 $\mathbf{r} = (x, y, z)$ 이라 두고, 이것이 회전벡터 $\mathbf{w}$ 와 이루는 각을 A, P 가 원판의 중심으로 부터 떨어진 거리를 d 라 두자 (그림 8.10). 그러면

$$d = |\mathbf{r}| \sin A$$

이다.

또한 $\Delta\theta$ 를 점 P 가 회전하는 원판 위에서 반시계방향으로 회전한 각도, ΔS

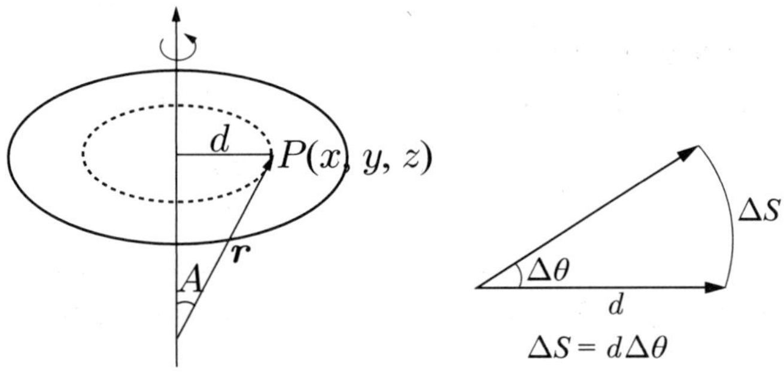

그림 8.10.

를 점 P 의 각변화에 따른 원호 길이의 변화라 두자 (그림 8.10). 그러면,

$$\Delta S = d\Delta\theta$$

이므로, 속도의 변화를 계산하기 위하여 양변을 Δt 로 나누어

$$\frac{\Delta S}{\Delta t} = d\frac{\Delta\theta}{\Delta t}$$

를 얻을 수 있다. 여기서 Δt 가 0 으로 가면, $\frac{\Delta S}{\Delta t}$ 와 $\frac{\Delta\theta}{\Delta t}$ 는 각각 속력 v 와 각속력 w 로 수렴하므로

$$v = dw$$

이다.

따라서 속력은

$$|\mathbf{v}| = v = dw = |\mathbf{w}||\mathbf{r}|\sin A = |\mathbf{w} \times \mathbf{r}|$$

이 된다. 즉, 회전판의 속도장은

$$\mathbf{v} = \mathbf{w} \times \mathbf{r} = w\mathbf{k} \times \mathbf{r} = (-wy, wx, 0)$$

이며, 이것의 회전을 구해보면

$$curl(\mathbf{v}) = (0, 0, 2w) = 2w\mathbf{k} = 2\mathbf{w}$$

가 되어, 회전축방향과 같아진다. 즉, 회전하는 물체의 속도장에서 회전은 회전축방향임을 확인할 수 있다.

회전과 마찬가지로 각 성분함수 F_1, F_2, F_3 이 연속인 편도함수를 가진다고 가정하면, 이들로 이루어진 벡터함수에 대하여 발산을 정의할 수 있다.

정의 8.5.5. (발산)(divergence)
벡터장 $\mathbf{F} = F_1\mathbf{i} + F_2\mathbf{j} + F_3\mathbf{k}$ 의 **발산**은 다음의 스칼라함수로 정의된다.

$$\text{div } \mathbf{F} = \frac{\partial F_1}{\partial x} + \frac{\partial F_2}{\partial y} + \frac{\partial F_3}{\partial z}$$

div $\mathbf{F}$ 는 ∇ 연산을 이용하여 다음과 같이 표현될 수도 있다.

$$\text{div } \mathbf{F} = \nabla \cdot \mathbf{F}$$

예제 8.5.6. $\mathbf{F}(x, y, z) = x^2yz\mathbf{i} - xy^2z\mathbf{j} + xyz^2\mathbf{k}$ 에 대하여 div $\mathbf{F}$ 를 구하라.

풀이.

$$\begin{aligned} \text{div } \mathbf{F} &= \nabla \cdot \mathbf{F} \\ &= \frac{\partial}{\partial x}(x^2yz) - \frac{\partial}{\partial y}(xy^2z) + \frac{\partial}{\partial z}(xyz^2) \\ &= 2xyz - 2xyz + 2xyz \\ &= 2xyz \end{aligned}$$

이다. □

유제 8.5.7. $\mathbf{F}(x, y, z) = yz\mathbf{i} + xz\mathbf{j} + xy\mathbf{k}$ 의 div $\mathbf{F}$ 를 구하라.

♣ 정답. div $\mathbf{F} = 0$.

div $\mathbf{F}$ 는 임의의 폐곡면 내부에서 순수하게 빠져나가는 벡터의 양을 말한다. 즉, 주어진 점에서 발산이 양인지 음인지에 따라 그 점으로부터 유출량이 있는지, 또는 그 점으로 유입량이 있는지를 알 수 있게 된다. 이와 같은 발산의 물리적인 의미를 다음과 같이 살펴보자.

짧은 시간 Δt 동안 밀도가 ρ 인 유체(flux)가 직육면체인 물체 A를 통과할 때 생기는 유체량의 변화를 이용하여 발산의 물리적인 의미를 좀더 상세하게 살펴보자. 직육면체 A의 각 면이 xy-평면, yz-평면, zx-평면과 나란하게 놓여 있다고 가정하고, 각 모서리의 길이를 Δx, Δy, Δz 라 두자. 유체의 밀도 ρ 는 단위 체적당 질량으로 정의되므로, 예를 들어 그 단위를 Kg/m^3 으로 둘 수 있다. 또한 물체 A를 통과하는 유체의 속도를

$$\mathbf{v} = (v_1, v_2, v_3)$$

로 두면, 그 단위를 m/sec 로 둘 수 있다. 이 둘을 곱하여 단위 면적과 단위 시간 당 A를 통과하여 흐르는 유체의 양을

$$\mathbf{M} = \rho\mathbf{v} = (\rho v_1, \rho v_2, \rho v_3) = (M_1, M_2, M_3)$$

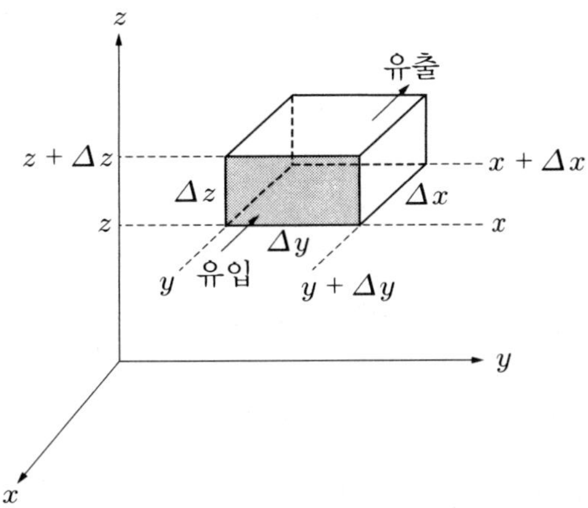

그림 8.11.

로 정의할 수 있으며, 그 단위는 Kg/m^2sec 가 될 수 있다.

우선, x 축과 수직인 $\Delta y \Delta z$ 면을 통과하는 유체량의 변화를 생각해보자 (그림 8.11). 물체 A 에서 $\Delta y \Delta z$ 면은 x 좌표에 위치한 면과 $x + \Delta x$ 좌표에 위치한 나란한 두 면이 있고, 유체는 x 좌표로 들어와서 $x + \Delta x$ 좌표로 흘러나간다고 하자. 이 두 면은 속도 v_2 나 v_3 와 나란하기 때문에 이들의 영향을 받지 않으며, 이 면들과 수직인 v_1 의 영향만을 받는다. 따라서 좌표 x 에서 $\Delta y \Delta z$ 면을 통하여 A 로 들어오는 유체의 유입량은 x 좌표에서의 함수값이므로

$$(M_1)_x \Delta y \Delta z \Delta t$$

가 되고, 물체 A 를 통과하여 같은 방향으로 나가는 유체의 유출량은 좌표 $x + \Delta x$ 에서의 함수값이므로

$$(M_1)_{x+\Delta x} \Delta y \Delta z \Delta t$$

가 된다. 따라서 Δt 동안 유체가 x 방향으로 물체 A 를 통과할 때 생기는 질량의 변화는 유출량과 유입량의 차이이므로

$$\begin{aligned} & (M_1)_{x+\Delta x} \Delta y \Delta z \Delta t - (M_1)_x \Delta y \Delta z \Delta t \\ = \; & \{(M_1)_{x+\Delta x} - (M_1)_x\} \Delta y \Delta z \Delta t \\ = \; & \Delta M_1 \Delta y \Delta z \Delta t \\ = \; & \frac{\Delta M_1}{\Delta x} \Delta x \Delta y \Delta z \Delta t \end{aligned}$$

이다. 여기서 $\Delta M_1 = (M_1)_{x+\Delta x} - (M_1)_x$ 이다.

마찬가지로, Δt 동안 유체가 y 방향으로 물체 A 를 통과할 때 생기는 질량의 변화는

$$\frac{\Delta M_2}{\Delta y} \Delta x \Delta y \Delta z \Delta t$$

이며, Δt 동안 유체가 z 방향으로 물체 A를 통과할 때 생기는 질량의 변화는

$$\frac{\Delta M_3}{\Delta z}\Delta x\Delta y\Delta z\Delta t$$

가 된다. 따라서 Δt 동안 유체가 물체 A를 통과할 때 생기는 질량의 변화는 위 세 식의 합

$$\frac{\Delta M_1}{\Delta x}\Delta x\Delta y\Delta z\Delta t+\frac{\Delta M_2}{\Delta y}\Delta x\Delta y\Delta z\Delta t+\frac{\Delta M_3}{\Delta z}\Delta x\Delta y\Delta z\Delta t$$

이며, 이는 물체 A의 부피가 0으로 작아지고, 시간 Δt가 0에 가까워질 때

$$\begin{aligned}&\frac{\partial M_1}{\partial x}dxdydzdt+\frac{\partial M_2}{\partial y}dxdydzdt+\frac{\partial M_3}{\partial z}dxdydzdt\\ =\ &\left(\frac{\partial M_1}{\partial x}+\frac{\partial M_2}{\partial y}+\frac{\partial M_3}{\partial z}\right)dxdydzdt\\ =\ &\mathrm{div}\mathbf{M}\ dxdydzdt\end{aligned}$$

로 수렴한다.

위의 식에서 $\mathrm{div}\mathbf{M}>0$ 이면 물체 A를 통과하는 유출량이 유입량보다 많다는 것을 의미하므로 유체가 A를 통과하는 동안 유체의 질량이 늘어났다는 것을 의미한다. 즉 물체 A 내부에 생성점 (source) 이 존재한다. 반대로 $\mathrm{div}\mathbf{M}<0$ 이면 물체 A를 통과하는 유출량이 유입량보다 적다는 것을 의미하므로 유체가 A를 통과하는 동안 유체의 질량이 줄어들었다는 것을 의미한다. 즉 물체 A 내부에 소멸점 (sink) 이 존재한다. 이는 발산의 물리적인 의미를 나타내는 것으로서, 물체 A가 아주 작은 점에 가까운 부피를 가졌다고 할 때, 유체가 이 점을 통과할 때 질량이 커지면 그 점이 생성점이 되고, 질량이 줄어들면 그 점이 소멸점이 된다. 예를 들어 물이 흐르는 속도장 중에 온도가 100도가 되는 점이 존재한다고 하자. 물이 이 점을 통과하는 순간 일부는 기화하여, 이 점으로의 유입 벡터(물)보다 유출 벡터(물)의 양이 줄어든다. 따라서 이 점은 소멸점이 된다.

지금까지는 짧은 시간 Δt 동안 밀도가 ρ 인 유체(flux)가 직육면체인 물체 A를 통과할 때 생기는 유체량의 변화를 x, y, z 좌표의 관점에서 살펴보았다. 이제 시간에 따라 밀도가 변할 때 유체의 질량 변화를 살펴보면, 이는

$$-\frac{\partial\rho}{\partial t}dxdydzdt$$

가 된다.

유체량의 변화는 동일해야하므로

$$\mathrm{div}\mathbf{M}\ dxdydzdt=-\frac{\partial\rho}{\partial t}dxdydzdt$$

또는

$$\mathrm{div}\mathbf{M} + \frac{\partial \rho}{\partial t} = 0$$

라는 식을 얻을 수 있다.

이 식에서 유체의 밀도가 시간에 따라서 변하지 않으면

$$\frac{\partial \rho}{\partial t} = 0$$

이므로

$$\mathrm{div}\mathbf{M} = \mathrm{div}(\rho\mathbf{v}) = 0$$

이다. 또한 ρ는 시간에 대하여 상수이고,

$$\mathrm{div}(\mathbf{v}) = 0$$

를 얻는다. 이는 어떤 벡터장 내에서 유체의 밀도가 시간에 따라서 변하지 않으면 그 벡터장 내에는 생성점이나 소멸점이 없다는 것을 의미한다. 즉, 흘러들어오는 벡터(유체)의 양과 흘러나가는 벡터(유체)의 양이 동일하다. 달리 말하면, 흘러들어온 벡터(유체)는 모두 그대로 흘러나간다고 볼 수 있다.

div $\mathbf{v} = 0$이면 벡터장 $\mathbf{v}$를 비압축장이라고 한다.

그래디언트나 회전과 같은 특수한 벡터장의 발산에 대하여 살펴보자. 우선 그래디언트 장의 발산은

$$\mathrm{div}(\mathrm{grad} f) = \nabla \cdot \nabla f = \frac{\partial^2 f}{\partial x^2} + \frac{\partial^2 f}{\partial y^2} + \frac{\partial^2 f}{\partial z^2}$$

이다. 여기서

$$\nabla \cdot \nabla = \nabla^2 = \frac{\partial^2}{\partial x^2} + \frac{\partial^2}{\partial y^2} + \frac{\partial^2}{\partial z^2}$$

는 라플라스 연산자라고 불리며,

$$\nabla^2 f = 0$$

은 라플라스 미분방정식이라고 불린다. $f(x, y) = c$나 중력장에서 $f(x, y) = c/r$, $r = \sqrt{(x - x_0)^2 + (y - y_0)^2 + (z - z_0)^2}$ 등이 이 미방의 해가 되는데, 이 해는 주어진 경계치에 따라서 결정된다. 또한

$$\mathrm{curl}(\mathrm{grad} f) = (0, 0, 0)$$

을 쉽게 확인할 수 있다.

연습문제 8.5

1. 다음 벡터장의 발산과 회전을 구하라.

   (1) $\mathbf{F}(x,y,z) = x^2\mathbf{i} + y^2\mathbf{j} - z^2\mathbf{k}$

   (2) $\mathbf{F}(x,y,z) = xy\mathbf{i} + yz\mathbf{j} + xz\mathbf{k}$

   (3) $\mathbf{F}(x,y,z) = \frac{x}{y}\mathbf{i} + \frac{y}{z}\mathbf{j} + \frac{z}{x}\mathbf{k}$

   (4) $\mathbf{F}(x,y,z) = e^{yz}\mathbf{i} + e^{xz}\mathbf{j} + e^{xy}\mathbf{k}$

   (5) $\mathbf{F}(x,y,z) = a\mathbf{i} + b\mathbf{j} + c\mathbf{k}$ (a, b, c는 상수)

2. $f = f(x,y,z)$가 스칼라함수일 때 curl $(f\mathbf{F}) = f(\text{curl }\mathbf{F}) + \nabla f \times \mathbf{F}$ 임을 보이라.

3. 주어진 등식을 증명하라. 모든 편도함수들은 연속이라고 가정하자.

   (1) $\nabla \cdot (\mathbf{F} + \mathbf{G}) = \nabla \cdot \mathbf{F} + \nabla \cdot \mathbf{G}$

   (2) $\nabla \times (\mathbf{F} + \mathbf{G}) = \nabla \times \mathbf{F} + \nabla \times \mathbf{G}$

   (3) $\text{curl}(\text{grad } f) = \mathbf{0}$

   (4) $\text{div}(\text{curl } \mathbf{F}) = 0$

♣ 정답.

1. (1) $\text{div}\mathbf{F} = 2x + 2y - 2z$, curl $\mathbf{F} = (0, 0, 0)$

   (2) $\text{div}\mathbf{F} = x + y + z$, curl $\mathbf{F} = (-y, -z, -x)$

   (3) $\text{div}\mathbf{F} = \frac{1}{y} + \frac{1}{z} + \frac{1}{x}$, curl $\mathbf{F} = \frac{y}{z^2}\mathbf{i} + \frac{z}{x^2}\mathbf{j} + \frac{x}{y^2}\mathbf{k}$

   (4) $\text{div}\mathbf{F} = 0$, curl $\mathbf{F} = x(e^{xy} - e^{xz})\mathbf{i} + y(e^{yz} - e^{xy})\mathbf{j} + z(e^{xz} - e^{yz})\mathbf{k}$

   (5) $\text{div}\mathbf{F} = 0$, curl $\mathbf{F} = \mathbf{0}$

8.6 Matlab 실습

To run the script,
1) set the path of the m file to "Current Directory" at the Matlab top Menue Bar
2) in the command window, type the script file name after the prompt:

VectorMatrix.m

```
% Vector calculus
a=[1 -1 2]; b=[2 3 -4];
```

```
%vector size
norm(a,2)
%length
length(a);
%outer product
cross(a,b)
%inner product
dot(a,b)
```

PlotSin.m

```
% Plots of sine graphs
x=linspace(-4,4);
plot(x, sin(x), x, sin(2.*x),'r', x, sin(3.*x),'g'); hold on;
plot(x,0,'k'); hold on;
y=linspace(-1,1);
plot(0,y,'k')
```

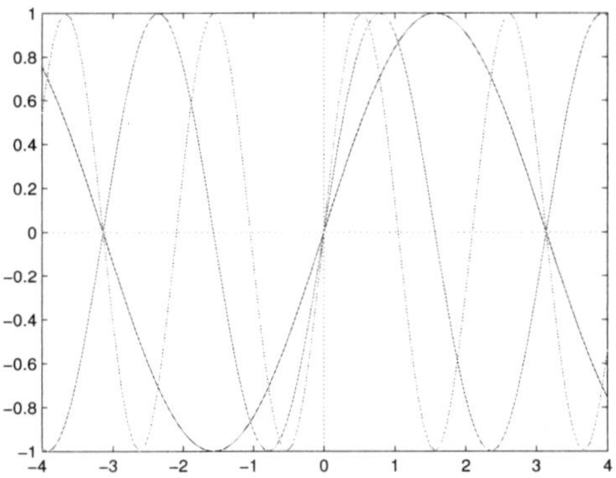

그림 8.12. Three Vectors

Vector.m

```
clear; figure;
x=-10:1:10; y=-10:1:10; [xx,yy]=meshgrid(x,y);
Ax=zeros(size(xx)); Ay=zeros(size(xx));
Ax(11,11)=2; Ay(11,11)=3;
quiver(xx,yy,Ax,Ay,3); hold on; grid;
text(3,4,'(2,3)'); text(0,0, 'O(0,0)');

Bx=zeros(size(xx)); By=zeros(size(xx));
Bx(11,11)=2*Ax(11,11); By(11,11)=2*Ay(11,11);
quiver(xx,yy,Bx,By,6); hold on; grid;
text(4.5,5.5,'2(2,3)=(4,6)');

Cx=zeros(size(xx)); Cy=zeros(size(xx));
Cx(11,11)=-0.5*Ax(11,11); Cy(11,11)=-0.5*Ay(11,11);
quiver(xx,yy,Cx,Cy,1.5); grid;
text(-1.5,-2.0,'-0.5*(2,3)=(-1,-1.5)');
```

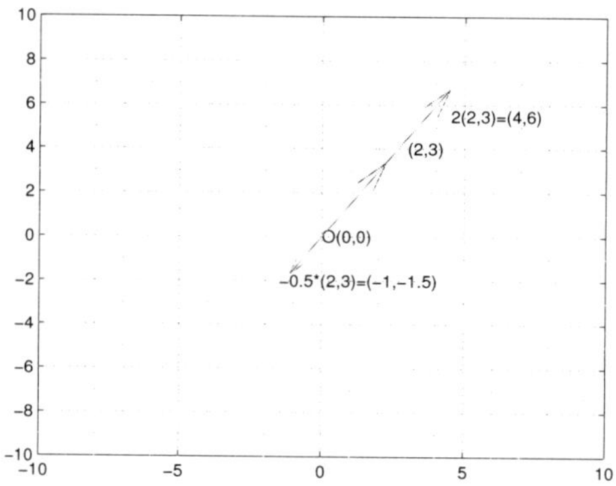

그림 8.13. Three Vectors

VectorFiled.m

```
% Figure of the vector filed F(x,y)=(-y,x)

close all;clear;
x=-1.5:0.25:1.5; y=-1.5:0.25:1.5; [xx,yy]=meshgrid(x,y);
Ax=-yy; Ay=xx; figure;
```

```
quiver(xx,yy,Ax,Ay,0.5); grid;
```

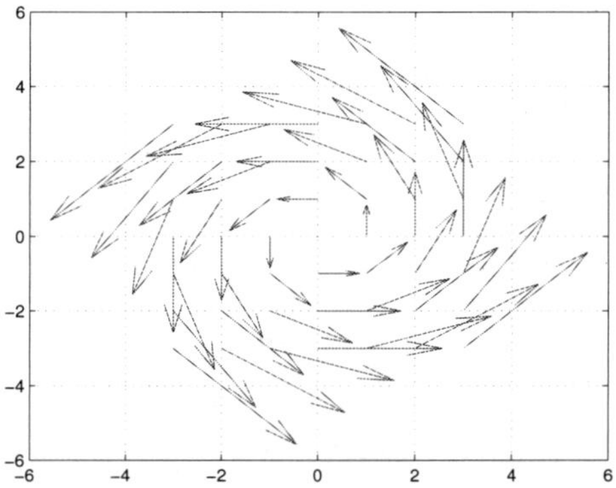

그림 8.14. F(x,y)=(-y,x)

GraphGradient.m

```
close all; clear;
x=-2:0.2:2; y=-2:0.2:2; [xx,yy]=meshgrid(x,y);
figure(1);
plot(xx,yy,'*'); grid; xlabel('x'); ylabel('y'); title('meshgrid');


z=xx.*cos(xx+yy);
figure(2);
surf(x,y,z);
xlabel('x'); ylabel('y'); zlabel('z');
title('z=xcos(x+y)');

[px,py]=gradient(z,.2,.2);
figure(3);
contour(xx,yy,z); hold on;
quiver(xx,yy,px,py);
xlabel('x'); ylabel('y'); title('Contour and gradient');


x=-1:0.2:1; y=-2:0.2:2; [xx,yy]=meshgrid(x,y);
z=exp(-xx.^ 2-yy.^ 2);
figure(4);
surf(x,y,z);
xlabel('x'); ylabel('y'); zlabel('z');
```

```
title('z=exp( -(x^2+y^2)');

[px,py]=gradient(z,.2,.15);
figure(5);
contour(xx,yy,z); hold on;
quiver(xx,yy,px,py);
xlabel('x'); ylabel('y');
title('Contour and gradient');
```

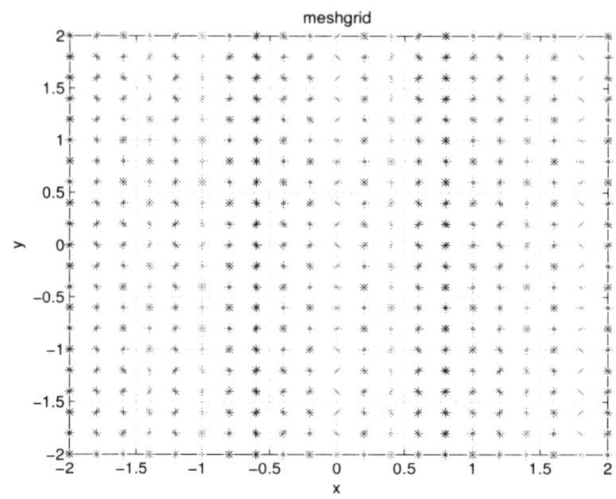

그림 8.15. fig.1 MeshGrid

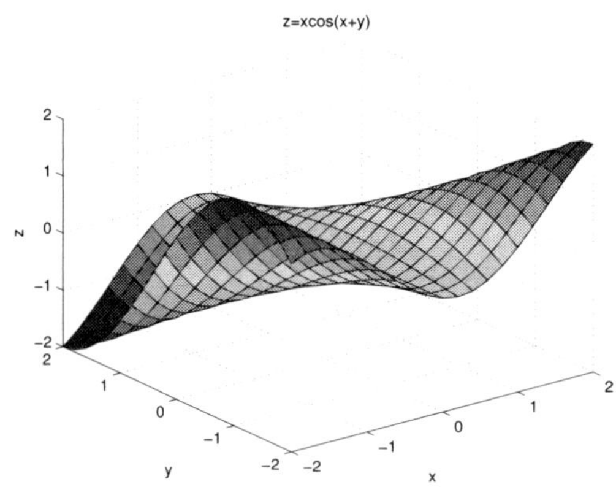

그림 8.16. fig.2 f(x,y)=x cos (x + y)

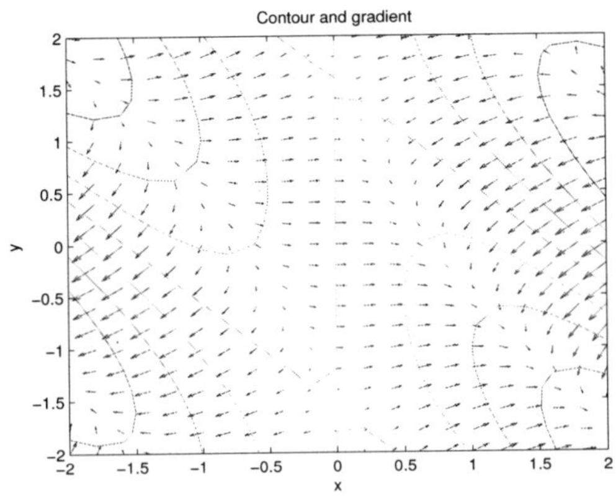

그림 8.17. fig.3 Contour and gradient

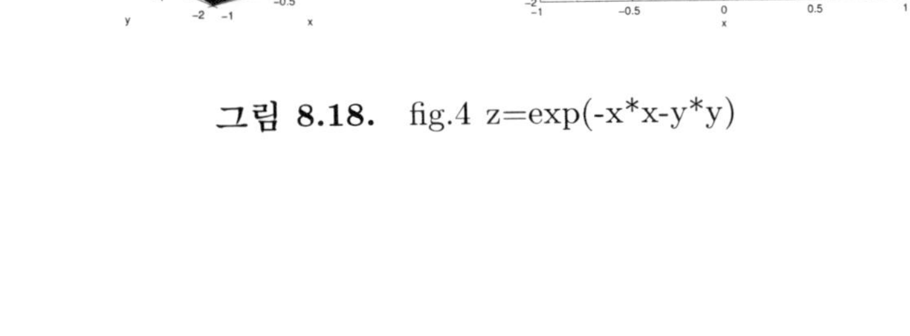

그림 8.18. fig.4 z=exp(-x*x-y*y)

제 9 장

벡터적분

이 장에서 우리는 선적분과 면적분을 소개하고 공학문제에서 자주 나타나는 적분의 응용을 보기로 한다. 선적분은 곡선 위에서 함수를 적분하는 것으로 정적분을 일반화시킨 것이고, 면적분은 곡면 위에서 함수를 적분하는 것으로서 중적분을 일반화시킨 것이다. 우리는 필요에 따라서 선적분, 중적분, 면적분, 체적적분 등을 서로 변환하여 계산하게 될 것이다.

9.1 선적분

정적분

$$\int_a^b f(x)dx = \int_I f(x)dx \tag{9.1}$$

는 선분 $I : [a, b]$ 위에서 정의된 함수 $f(x)$ 를 I 를 따라 a 에서 b 까지 적분하는 것이다. 선적분(Line Integral)은 정적분을 자연스럽게 확장한 것으로서 곡선(평면곡선 또는 공간곡선) C 위에서 정의된 함수를 곡선 C 를 따라서 적분한다. 이 때, 곡선 C 를 **적분길(적분경로)** (path of integration)라 부르는데, 벡터함수

$$C \ : \ \mathbf{r}(t) = x(t)\mathbf{i} + y(t)\mathbf{j} + z(t)\mathbf{k} \qquad (a \le t \le b) \tag{9.2}$$

로 나타내기로 한다.

C : $\mathbf{r}$(t) 가 연속인 도함수 $\mathbf{r}'(t)(\neq 0)$ 를 가지면, 곡선 C 를 **매끈한 곡선**(smooth curve)이라 부른다. C 의 모서리나 뾰족점(첨점) 등 유한 개의 점을 제외한 모든 점에서 도함수 $\mathbf{r}'(t)$ 가 연속이면 그 곡선을 **구분적으로 연속** (또는 구분연속)(piecewise continuous)이라한다. 선적분은 **구분적으로 매끈한 곡선** 위에서 정의된다.

그림9.1에서 곡선 C 가 화살표 방향을 갖는 경우, A 를 **시작점**, B 를 **끝점**이라 부른다. 이 때, 점 A 와 B 가 같으면 C 는 **폐곡선**이다.

곡선의 양의 방향은 식(9.2)에서 매개변수 t 가 증가할 때, 곡선이 그려지는

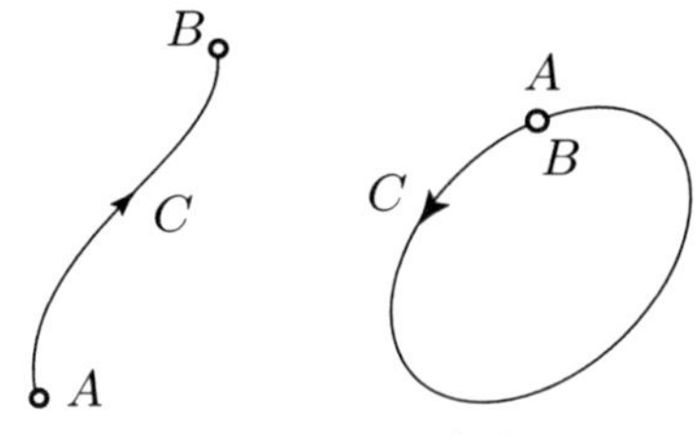

그림 9.1. 방향을 갖는 곡선

방향이다. 폐곡선인 경우 반시계방향이 된다. 특별한 말이 없으면, 선적분은 양의 방향으로 한번 적분하는 것이다.

정의 9.1.1. (**벡터함수의 선적분**)
구분적으로 매끈한 곡선 $C : \mathbf{r}(t) = (x(t),\ y(t),\ z(t))$ 위에서 t =a 에서 $t = b$ 까지 벡터함수 $\mathbf{F}(\mathbf{r}) = \mathbf{F}(x, y, z) = (\ F_1(x, y, z),\ F_2(x, y, z),\ F_3(x, y, z)\ )$ 의 선적분의 정의와 그 계산은

$$\int_C \mathbf{F}(\mathbf{r}) \cdot d\mathbf{r} = \int_a^b \mathbf{F}(\mathbf{r}(t)) \cdot \frac{d\mathbf{r}}{dt}\ dt \tag{9.3}$$

이다. 선적분의 또 다른 표현과 그 계산은

$$\int_C (F_1\ dx + F_2\ dy + F_3\ dz) = \int_a^b (F_1\ \frac{dx}{dt} + F_2\ \frac{dy}{dt} + F_3\ \frac{dz}{dt})\ dt \tag{9.4}$$

이다. 적분길 C 가 폐곡선이면, 기호 $\int_C$ 대신에 $\oint_C$ 를 쓰기도 한다.

식 (9.3)과 (9.4)의 선적분의 정의가 같은 이유는 다음과 같다.

$$\int_C \mathbf{F}(\mathbf{r}) \cdot d\mathbf{r} = \int_C (F_1, F_2, F_3) \cdot (\frac{dx}{dt}, \frac{dy}{dt}, \frac{dz}{dt}) dt = \int_C (F_1 dx + F_2 dy + F_3 dz) \tag{9.5}$$

위 정의에서 내적이 사용된 이유는 선적분이 일적분으로 정의되었기 때문이다. 어떤 물체가 힘 $\mathbf{F}$ 에 의해 거리 $\mathbf{d}$ 만큼 옮겨졌다고 하면, 힘 $\mathbf{F}$ 가 한 일은 내적

$$W = \mathbf{F} \cdot \mathbf{d} \tag{9.6}$$

으로 표현된다. 따라서 위 벡터장 $\mathbf{F}$ 를 힘이라고 하면, $\mathbf{F} \cdot d\mathbf{r}$ 는 힘 $\mathbf{F}$ 를 작용하여 물체를 거리 $d\mathbf{r}$ 만큼 움직여서 한 일과 같다. $d\mathbf{r}$ 을 모두 합하면 곡선 C 가 되므로, 결국 선적분은 힘 $\mathbf{F}$ 를 써서 경로 C 를 따라서 한 일이 된다. 잘게 쪼개서 살펴보면, 직선에 가까운 짧은 경로 C_k 방향으로 가해진 힘은 $||\mathbf{F}(x_k, y_k)|| \cos\theta$

이고 움직인 거리는 $||\Delta \mathbf{r}_k||$ 이며, 이때 한 일은 힘과 움직인 거리의 곱으로써

$$\Delta W_k = (||\mathbf{F}(x_k, y_k)|| \cos\theta)\, ||\Delta \mathbf{r}_k|| = \mathbf{F}(x_k, y_k) \cdot \Delta \mathbf{r}_k$$

와 같다 (그림 9.2).

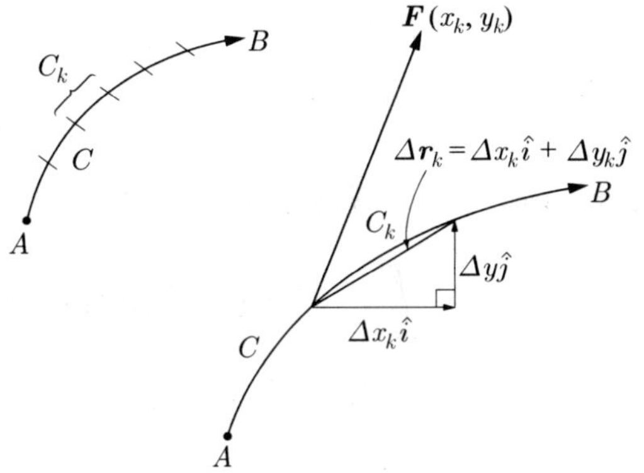

그림 9.2.

따라서 총 일은

$$W = \lim_{n\to\infty} \sum_{k=0}^{n} (||\mathbf{F}(x_k, y_k)|| \cos\theta)\, ||\Delta \mathbf{r}_k|| = \lim_{n\to\infty} \sum_{k=0}^{n} \mathbf{F}(x_k, y_k) \cdot \Delta \mathbf{r}_k = \int_C \mathbf{F} \cdot d\mathbf{r}$$

이다.

예제 9.1.2. 벡터장

$$\mathbf{F}(\mathbf{r}) = y^2 z\mathbf{i} + z^2 x\mathbf{j} + x^2 y\mathbf{k}$$

를 시작점 $A(0,0,0)$ 와 끝점 $B(1,1,1)$ 를 가지는 아래 두 적분로를 따라 선적분하라 (그림 9.3).
(1) C_1 : 직선분 $\mathbf{r}_1(t) = t\mathbf{i} + t\mathbf{j} + t\mathbf{k}$ $\quad (t = 0 \to t = 1)$
(2) C_2 : 포물선 $\mathbf{r}_2(t) = t\mathbf{i} + t^2\mathbf{j} + t\mathbf{k}$ $\quad (t = 0 \to t = 1)$

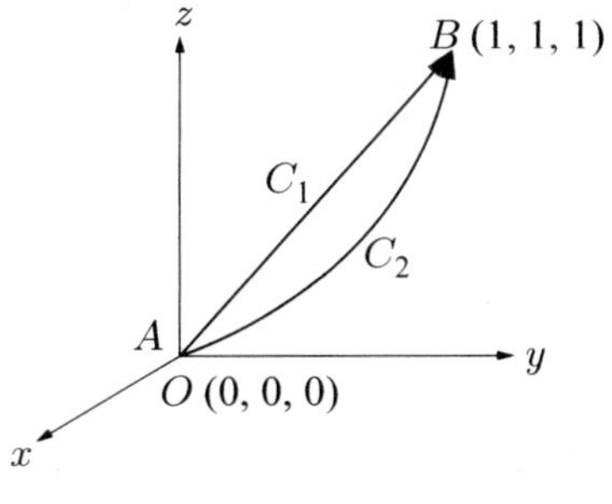

그림 9.3.

풀이. (1) 피적분함수, 벡터장 $\mathbf{F}$ 는 곡선 C_1 위에서 정의되어 있으므로 $\mathbf{r}_1(t)$ 을 $\mathbf{F}$ 에 대입하여 t 의 벡터함수

$$\mathbf{F}(\mathbf{r}_1(t)) = t^3\mathbf{i} + t^3\mathbf{j} + t^3\mathbf{k}$$

를 얻는다.

$$\mathbf{r}_1'(t) = \mathbf{i} + \mathbf{j} + \mathbf{k}$$

이므로, 선적분을 정적분으로 바꾸어 계산하면

$$\begin{aligned}\int_{C_1} \mathbf{F}(\mathbf{r}) \cdot \mathbf{dr} &= \int_0^1 \mathbf{F}(\mathbf{r}_1(t)) \cdot \mathbf{r}_1'(t)dt \\ &= \int_0^1 (t^3\mathbf{i} + t^3\mathbf{j} + t^3\mathbf{k}) \cdot (\mathbf{i} + \mathbf{j} + \mathbf{k})dt \\ &= \int_0^1 (t^3 + t^3 + t^3)dt \\ &= \left[\frac{3}{4}t^4\right]_0^1 = \frac{3}{4}\end{aligned}$$

이다.

(2) C_2 위에서 선적분을 계산하면,

$$\begin{aligned}\int_{C_2} \mathbf{F}(\mathbf{r}) \cdot d\mathbf{r} &= \int_0^1 \mathbf{F}(\mathbf{r}_2(t)) \cdot \mathbf{r}_2'(t)dt \\ &= \int_0^1 (t^5\mathbf{i} + t^3\mathbf{j} + t^4\mathbf{k}) \cdot (\mathbf{i} + 2t\mathbf{j} + \mathbf{k})dt \\ &= \int_0^1 (3t^4 + t^5)dt \\ &= \left[\frac{3}{5}t^5 + \frac{1}{6}t^6\right]_0^1 \\ &= \frac{3}{5} + \frac{1}{6} \\ &= \frac{23}{30}\end{aligned}$$

이다. □

예제 9.1.3. 벡터장

$$\mathbf{F}(\mathbf{r}) = \mathbf{F}(x, y) = -y\mathbf{i} + x\mathbf{j}$$

에 대하여,

(1) $A(2,0)$ 에서 $B(1,1)$ 까지 중심이 (1,0) 이고 반지름이 1 인 원호 C_1 을 따라서,

(2) $A(2,0)$ 에서 $B(1,1)$ 까지의 직선분 C_2 를 따라서 선적분하라 (그림 9.4).

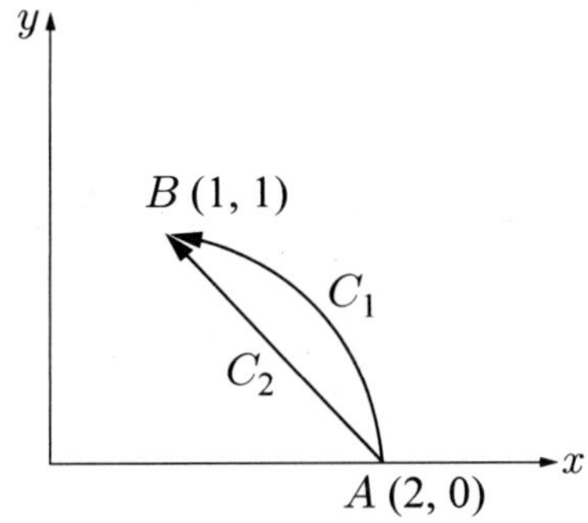

그림 9.4.

풀이. (1) 우선 곡선 C_1 을 벡터함수로 표시해야 한다. C_1 은 원의 일부이므로,

$$\mathbf{r}(t) = (\cos t + 1)\mathbf{i} + \sin t\mathbf{j} \qquad (t = 0 \to t = \pi/2) \tag{9.7}$$

로서, 시점은 $A(2,0) = \mathbf{r}(0)$ 이고 종점은 $B(0,2) = \mathbf{r}(\frac{\pi}{2})$ 이다.

벡터장 $\mathbf{F} = -y\mathbf{i} + x\mathbf{j}$ 는 곡선 C_1 위에서 정의되어 있으므로

$$\mathbf{F}(\mathbf{r}(t)) = -\sin t\mathbf{i} + (\cos t + 1)\mathbf{j} \tag{9.8}$$

로 표시되며, $\mathbf{r}(t)$ 에서 속도는

$$\mathbf{r}'(t) = -\sin t\mathbf{i} + \cos t\mathbf{j} \tag{9.9}$$

이다. 따라서 선적분은

$$\begin{aligned}\int_{C_1} \mathbf{F}(\mathbf{r}) \cdot d\mathbf{r} &= \int_0^{\pi/2} (-\sin t\mathbf{i} + (\cos t + 1)\mathbf{j}) \cdot (-\sin t\mathbf{i} + \cos t\mathbf{j})dt \\ &= \int_0^{\pi/2} (\sin^2 t + \cos^2 t + \cos t)dt = \frac{\pi}{2} + 1\end{aligned}$$

이다.

(2) 직선분 C_2 는

$$\mathbf{r}(t) = t\mathbf{i} + (-t + 2)\mathbf{j} \qquad (t = 2 \to t = 1) \tag{9.10}$$

로 나타낼 수 있다. 이때 $t = 2$ 은 점 $A(2,0) = \mathbf{r}(2)$ 를 나타내며, $t = 1$ 은 점 $B(1,1) = \mathbf{r}(1)$ 을 나타낸다. 선적분의 적분경로는 방향을 가지므로 A 부터 B 까지 적분하기 위해서는 $t = 2$ 부터 $t = 1$ 까지 적분하여야 한다. $x(t) = t,\ y(t) = -t + 2$ 이므로

$$\mathbf{F}(\mathbf{r}(t)) = (t - 2)\mathbf{i} + t\mathbf{j}$$

이다. 또

$$\mathbf{r}'(t) = \mathbf{i} - \mathbf{j}$$

이므로

$$\begin{aligned}\int_{C_2} \mathbf{F}(\mathbf{r}) \cdot d\mathbf{r} &= \int_2^1 ((t-2)\mathbf{i} + t\mathbf{j}) \cdot (\mathbf{i} - \mathbf{j}) dt \\ &= \int_2^1 (t - 2 - t) dt = 2\end{aligned}$$

이다. □

위 두 예제에서 C_1 과 C_2 는 시작점과 끝점은 같고 경로는 다른 곡선이다. 일반적으로, 경로가 다르면 시작점과 끝점이 같더라도 선적분의 값이 다르다. 즉, 힘을 표현하는 함수가 동일하더라도 이동경로에 따라서 함수값이 달라지므로, 경로가 달라질 경우 동일한 물체를 움직이는데 필요한 일이 다르다는 것을 알 수 있다.

유제 9.1.4. 벡터장

$$\mathbf{F}(x, y) = -y\mathbf{i} + x\mathbf{j}$$

를 $(0,0)$ 에서 $(1,1)$ 까지 아래 적분길을 따라 적분하라.

(1) C_1 : 직선분 $y = x$, (2) C_2 : 포물선 $y = x^2$

♣ 정답. (1) 0, (2) 1/3.

유제 9.1.5. 벡터장

$$\mathbf{F}(\mathbf{r}) = -z\mathbf{i} + x\mathbf{j} + y\mathbf{k}$$

를 같은 시작점 $A(1,0,0)$ 와 끝점 $B(-1,0,\pi)$ 를 가지는 아래 두 곡선을 따라서 선적분하라.

(1) C_1 : 나선 $\mathbf{r}_1(t) = \cos t\mathbf{i} + \sin t\mathbf{j} + t\mathbf{k}$

(2) C_2 : $A(1,0,0)$ 부터 $B(-1,0,\pi)$ 까지의 직선분

♣ 정답. (1) $2 + 3/2\pi$ (2) π (힌트 : 공간직선 C_2 를 벡터함수로 표현하기 위하여 8 장에서 공부한 두 점을 지나는 직선식을 이용해도 좋다)

앞에서도 말했듯이, 선적분을 **일적분**이라고도 부른다. 매개변수 t 가 호의 길이일 때, $\mathbf{F} \cdot d\mathbf{r}/dt$ 는 곡선 C 위에서 $\mathbf{F}$ 의 접선방향 성분이 되며, 이 경우에 선적분은 C 를 따라 힘 $\mathbf{F}$ 를 써서 한 일이 된다.

예제 9.1.6. $\mathbf{F}$ 가 힘일 때, 선적분

$$\int_C \mathbf{F} \cdot d\mathbf{r}$$

이 시간 t $(a \le t \le b)$ 동안에 힘 $\mathbf{F}$ 가 한 일이 됨을 설명하여라.

풀이. $d\mathbf{r}/dt$ 가 속도 벡터 $\mathbf{v}(t)$ 이므로 선적분

$$W = \int_C \mathbf{F} \cdot d\mathbf{r} = \int_C \mathbf{F} \cdot \frac{d\mathbf{r}}{dt} dt = \int_a^b \mathbf{F}(\mathbf{r}(t)) \cdot \mathbf{v}(t) dt$$

이다. 가속도를 $\mathbf{a}(t)$ 라 하면, 물체의 질량 m 에 대하여 뉴튼의 제 2법칙

$$\mathbf{F} = m\mathbf{a}(t) = m\mathbf{v}'(t)$$

이 성립한다. 이것을 위 식에 대입하면

$$W = \int_a^b m\mathbf{v}' \cdot \mathbf{v} dt = \int_a^b m \left(\frac{\mathbf{v} \cdot \mathbf{v}}{2} \right)' dt = \frac{m}{2} \left[|\mathbf{v}|^2 \right]_{t=a}^{t=b}$$

이다. $m|\mathbf{v}|^2/2$ 이 운동에너지이므로, W 는 운동에너지의 증가량이며, 곧 일이다. □

이제 $f = \mathbf{F}_1$ 일 때, 스칼라 함수의 선적분에 대하여 알아보자.

정의 9.1.7. **(스칼라함수의 선적분)**
곡선 $C : \mathbf{r}(t)$ $(a \le t \le b)$ 위에서 스칼라함수

$$f = f(\mathbf{r}) = f(x, y, z)$$

의 선적분은 다음과 같이 정의되고 계산된다.

$$\int_C f(\mathbf{r}) dt = \int_a^b f(\mathbf{r}(t)) dt \tag{9.11}$$

예제 9.1.8. 함수

$$f(\mathbf{r}) = x^2 + y^2 + z$$

를 원주나선 $C : \mathbf{r}(t) = \cos t \ \mathbf{i} + \sin t \ \mathbf{j} + t \ \mathbf{k}, \quad 0 \le t \le \pi$ 위에서 선적분하라.

풀이.

$$\begin{aligned} f(\mathbf{r(t)}) &= x^2 + y^2 + z \\ &= \cos^2 t + \sin^2 t + t \\ &= 1 + t \end{aligned}$$

이다. 따라서 f 의 선적분은

$$\begin{aligned} \int_C f(\mathbf{r}) dt &= \int_0^\pi (1 + t) dt = \left[t + t^2/2 \right]_0^\pi \\ &= \pi + \frac{\pi^2}{2} \end{aligned}$$

이다. □

유제 9.1.9. 스칼라함수

$$f(\mathbf{r}) = x^2 + y^2 + z^2$$

를 포물선 $C : \mathbf{r}(t) = t\mathbf{i} + t\mathbf{j} + t^2\mathbf{k}, \quad 0 \le t \le 1$ 위에서 선적분하라.

♣ 정답. $\frac{13}{15}$

선적분은 정적분과 유사하게 다음과 같은 성질을 갖는다.

정리 **9.1.10.** 선적분에 대하여, 다음이 성립한다.

$$\int_C k\mathbf{F} \cdot d\mathbf{r} = k \int_C \mathbf{F} \cdot d\mathbf{r} \tag{9.12}$$

$$\int_C (\mathbf{F} + \mathbf{G}) \cdot d\mathbf{r} = \int_C \mathbf{F} \cdot d\mathbf{r} + \int_C \mathbf{G} \cdot d\mathbf{r} \tag{9.13}$$

$$\int_C \mathbf{F} \cdot d\mathbf{r} = \int_{C_1} \mathbf{F} \cdot d\mathbf{r} + \int_{C_2} \mathbf{F} \cdot d\mathbf{r}, \tag{9.14}$$

여기서, 곡선 $C = C_1 \cup C_2$ 이고, $C_1 \cap C_2 = \phi$ 이다. 즉, C 는 같은 양의 방향을 갖는 두 호 C_1 과 C_2 로 나누어진다.

$$\int_{-C} \mathbf{F} \cdot d\mathbf{r} = -\int_C \mathbf{F} \cdot d\mathbf{r} \tag{9.15}$$

위 정리의 식 (9.14)의 경우를 예를 통하여 살펴보자.

예제 9.1.11. 벡터장

$$\mathbf{F} = (2x,\ y)$$

이고, C 가 $A(0,0)$ 에서 $B(1,0)$ 까지의 직선분 C_1 과 $B(1,0)$ 에서 $D(1,1)$ 까지의 직선분 C_2 로 이루어져있다. C 위에서 $\mathbf{F}$ 를 선적분하라 (그림 9.5).

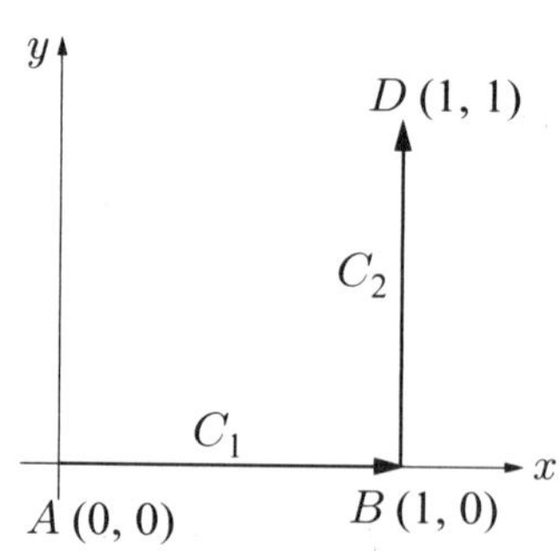

그림 9.5.

풀이. C 위에서 $\mathbf{F}$를 선적분하는 것은 C_1과 C_2를 따라서 $\mathbf{F}$를 각각 선적분하여 더해준 것과 같다. 즉,

$$\int_C \mathbf{F}\cdot d\mathbf{r} = \int_{C_1} \mathbf{F}\cdot d\mathbf{r} + \int_{C_2} \mathbf{F}\cdot d\mathbf{r}$$

이다. 우변의 두 선적분을 차례로 계산해보자.

$C_1 : \mathbf{r_1}(t) = t\mathbf{i} + 0\mathbf{j} \quad (t = 0 \to t = 1)$ 위에서

$$\mathbf{F}(\mathbf{r}_1) = (2x, y) = (2t, 0)$$

이므로

$$\int_{C_1} \mathbf{F}(\mathbf{r}_1)\cdot \frac{d\mathbf{r}_1(t)}{dt}dt = \int_0^1 2tdt = \left[t^2\right]_0^1 = 1$$

이다.

$C_2 : \mathbf{r_2}(t) = \mathbf{i} + t\mathbf{j} \quad (t = 0 \to t = 1)$ 위에서

$$\mathbf{F}(\mathbf{r}_2) = (2x, y) = (2, t)$$

이므로

$$\int_{C_2} \mathbf{F}(\mathbf{r}_2)\cdot \frac{d\mathbf{r}_2(t)}{dt}dt = \int_0^1 tdt = \left[\frac{1}{2}t^2\right]_0^1 = 1/2$$

이다.

따라서 C 위에서 $\mathbf{F}$를 선적분한 결과는 다음과 같다.

$$\int_C \mathbf{F}\cdot d\mathbf{r} = 1 + 1/2 = 3/2$$

□

유제 9.1.12. 벡터장

$$\mathbf{F} = (x,\ 3y)$$

이고, C가 $A(0,0)$에서 $B(1,1)$까지의 직선분 C_1과 $B(1,1)$에서 $C(1,0)$까지의 직선분 C_2로 이루어져있다. C 위에서 $\mathbf{F}$를 선적분하라.

♣ 정답. $C_1 : t\mathbf{i} + t\mathbf{j}\ (t = 0 \to t = 1),\quad C_2 : \mathbf{i} + t\mathbf{j}\ (t = 1 \to t = 0),\quad \int_C \mathbf{F}\cdot d\mathbf{r} = 2 - (3/2) = 1/2$

선적분의 경로는 벡터함수인 곡선 $C : \mathbf{r}(t)$인 벡터함수로 표현된다. 이 표현방법은 달라질 수 있지만 선적분의 값은 적분로 C를 표현하는 방법에 따라서 달라지지 않는다. 증명은 생략하고 다음 예제를 통하여 이를 확인해보자.

예제 9.1.13. 예제9.1.3에서

$$\mathbf{F}(\mathbf{r}) = -y\mathbf{i} + x\mathbf{j}$$

를 $A(2,0)$에서 $B(1,1)$까지의 직선분을 따라 선적분할 때, 직선을 표현하는 방법을 달리하여 선적분하라. 또한 그 결과를 예제9.1.3의 결과와 비교하라.

풀이. 이 직선은 $A(2,0)$과 $B(1,1)$을 지나므로 $\vec{AB}$와 나란하다. 따라서 8장 2절에서와 같이 이 직선식은

$$\mathbf{r}(t) = \vec{OA} + t\vec{AB} = (2,0) + t(-1,1) = (2-t,t) \qquad (t=0 \to t=1)$$

로 나타낼 수 있다. 이때 $t=0$에서는 점 $A(2,0) = \mathbf{r}(0)$를 나타내며, $t=1$에서는 점 $B(1,1) = \mathbf{r}(1)$를 나타낸다. 선적분의 적분경로는 방향을 가지므로 A부터 B까지 적분하기 위해서는 $t=0$부터 $t=1$까지 적분하여야 한다. $x(t) = 2-t,\ \ y(t) = t$이므로 이 직선분 위에서

$$\mathbf{F}(\mathbf{r}(t)) = -t\mathbf{i} + (2-t)\mathbf{j}$$

이다. 미분에 의해서

$$\mathbf{r}'(t) = -\mathbf{i} + \mathbf{j}$$

이므로

$$\begin{aligned}\int_C \mathbf{F}(\mathbf{r}) \cdot d\mathbf{r} &= \int_0^1 (-t\mathbf{i} + (2-t)\mathbf{j}) \cdot (-\mathbf{i}+\mathbf{j})dt \\ &= \int_0^1 (t+2-t)dt \ = \ 2\end{aligned}$$

이다. 이 결과는 같은 직선분을

$$\mathbf{r}(t) = t\mathbf{i} + (-t+2)\mathbf{j} \qquad (t=1 \to t=0)$$

으로 표현하여 선적분한 결과와 동일하다. 즉, 적분경로를 임의로 표현하더라도, 선적분 결과가 달라지지 않음을 알 수 있다. □

연습문제 9.1

1. 다음의 벡터함수 $\mathbf{F}$에 대하여 선적분 $\int_C \mathbf{F}(\mathbf{r}) \cdot d\mathbf{r}$를 계산하라.

(1) $\mathbf{F} = y\mathbf{i} - x\mathbf{j}$; C : (2,3)에서 (1,2)까지의 직선분

(2) $\mathbf{F} = -y^2\mathbf{i} + x^2\mathbf{j}$; C : $y = x^2$, $x = 1$에서 $x = -1$까지

(3) $\mathbf{F} = x\mathbf{i} + 5y\mathbf{j}$; C : (1, 0)에서 (-1, 0)까지 $x^2 + y^2 = 1$를 따라

시계방향

(4) $\mathbf{F} = -y\mathbf{i} + x\mathbf{j}$; C : 점 (0, 0), (1, 0),(1,1), (0,1) 을 꼭지점으로 가지는 사각형의 둘레를 따라 반시계방향

(5) $\mathbf{F} = x\mathbf{i} - z\mathbf{j} + 2y\mathbf{k}$; C : 점 (1, 0,0), (0, 1, 0),(0,0,1) 을 꼭지점으로 가지는 삼각형의 둘레를 따라 반시계방향

(6) $\mathbf{F}(\mathbf{r}) = -y\mathbf{i} + x\mathbf{j} + z\mathbf{k}$; C : $\mathbf{r}(t) = \cos t\mathbf{i} + \sin t\mathbf{j} + t\mathbf{k}$ $(0 \le t \le 2\pi)$

2. $f(\mathbf{r}) = x^2 + 3y^2$ 일 때, 다음 곡선 C 를 따라 선적분 $\int_C f(\mathbf{r})dt$ 를 계산하라.

(1) 직선 $y = 3x$ 를 따라 (0, 0) 에서 (1, 3) 까지

(2) 원 $x^2 + y^2 = 1$ 을 따라 반시계방향으로 (1, 0) 에서 (0,1) 까지

3. 평면 $z = 3$ 위의 포물선 $y = 2x^2$ 위의 점 $P(0, 0, 3)$ 로 부터 점 $Q(1, 2, 3)$ 까지의 곡선을 따라 선적분 $I = \int_C [\, x^2y^2\, dx + (x^2 - 2z)\, dy + 2xyz\, dz \,]$ 를 계산하라.

♣ 정답.

1. (1) -1 (2) $\frac{2}{5}$ (3) 0 (4) 2 (5) $\frac{3}{2}$
(6) $2\pi + 2\pi^2$
2. (1) $\frac{28}{3}$ (2) π
3. $-\frac{73}{7}$

9.2 적분경로에 무관한 선적분

일반적으로 선적분

$$\int_C \mathbf{F}(\mathbf{r}) \cdot d\mathbf{r} = \int_C (F_1dx + F_2dy + F_3dz) \tag{9.16}$$

은 적분경로의 양 끝점 A 와 B 에 따라서 달라지며, 적분경로(적분경로) C 에 따라서도 달라진다. 이때, 어떤 영역 D 의 점 A 부터 점 B 사이의 모든 적분경로에 대하여 선적분이 일정한 값을 가지면, 선적분은 D 에서 **적분경로에 무관하다**고 말한다. 예를 들어, 선적분이 적분경로에 무관하면, 점 A 부터 점 B 까지 직선을 따라서 선적분한 결과와 곡선을 따라서 선적분한 결과가 같다.

선적분이 적분경로에 무관하기 위한 조건을 찾기 위하여 영역 D 는 **단순연결영역**(simply connected domain) 이어야 한다. 즉, 영역 D 에서 모든 폐곡선이

D를 벗어나지 않고 D의 임의의 한 점으로 오그라들 수 있어야 한다. 예를 들어, 직육면체나 원기둥 등 입체의 내부는 단순연결이고, 구멍이 있거나 한 점 이상이 제외된 영역의 내부는 단순연결이 아니다.

정리 **9.2.1.** 단순연결영역 D에서 벡터함수 $\mathbf{F} = (F_1,\ F_2,\ F_3)$의 성분함수 $F_1,\ F_2,\ F_3$가 연속이라고 가정하자. 선적분 (9.16)이 적분경로에 무관할 필요충분조건은

$$\mathbf{F} = grad\ f \tag{9.17}$$

인 스칼라함수 f가 존재하는 것이며 이때의 선적분 값은 $f(B) - f(A)$이다.

여기서 $\mathbf{F} = grad\ f$를 만족하는 스칼라함수 f를 벡터함수 $\mathbf{F}$의 **포텐셜함수**라 부르며, 포텐셜 함수가 존재하는 벡터장 $\mathbf{F}$를 보존장 (conservative field) 라고 부른다. 즉, 벡터함수 $\mathbf{F}$ 에 대하여

$$F_1(x,y,z) = \frac{\partial f}{\partial x}, \qquad F_2(x,y,z) = \frac{\partial f}{\partial y}, \qquad F_3(x,y,z) = \frac{\partial f}{\partial z} \tag{9.18}$$

를 만족하는 포텐셜 함수 $f(x,y,z)$가 존재하면, 위 선적분의 값은 적분경로와 무관하다. 바꾸어 말하면, 보존장에서 선적분은 적분경로에 무관하다.

증명. D에서 어떤 f가 식(9.17)을 만족하고, D에서 점 A와 점 B를 양 끝점으로 하는 임의의 적분경로 C가

$$\mathbf{r}(t) = x(t)\mathbf{i} + y(t)\mathbf{j} + z(t)\mathbf{k} \quad (a \le t \le b)$$

으로 주어졌다고 하자. 그러면 식(9.17)과 연쇄법칙에 의해서

$$\begin{aligned}
\int_a^b (F_1 dx + F_2 dy + F_3 dz) &= \int_a^b \left(\frac{\partial f}{\partial x} dx + \frac{\partial f}{\partial y} dy + \frac{\partial f}{\partial z} dz \right) \\
&= \int_a^b df \\
&= f(x(t), y(t), z(t)) \Big|_{t=a}^{t=b} \\
&= f(B) - f(A)
\end{aligned} \tag{9.19}$$

이다. 이 적분값은 C의 양 끝점에서 f 값들의 단순한 차이이다. 즉 선적분 (9.16)은 적분경로 C에 무관하다. 역으로의 증명은 생략한다. □

주어진 벡터장이 보존장인지 아닌지를 알아보기 위하여 그 벡터장의 회전이 **0** 인지 아닌지를 살펴보면 된다.

> 정리 **9.2.2.** $\mathbf{F}$의 성분함수 F_1, F_2, F_3가 단순연결영역 D에서 연속이고, 연속인 1계 편도함수를 가진다고 하자. 선적분 $\int_C \mathbf{F}(\mathbf{r}) \cdot d\mathbf{r}$이 D에서 적분경로에 무관할 필요충분조건은 $curl\ \mathbf{F} = \mathbf{0}$ 이다.

증명. 선적분 (**??**) 이 영역 D에서 적분경로에 무관하다고 가정하자. 그러면, 식 (9.17)에 의해서 $\mathbf{F} = grad\ f$ 이고, 연습문제 8.5에서 본 바와 같이,

$$\text{curl } \mathbf{F} = \text{curl}(grad\ f) = \mathbf{0}$$

이다. 역의 증명은 생략한다. □

주어진 벡터장이 포텐셜함수가 존재하는 보존장이거나 또는 벡터장의 회전이 $\mathbf{0}$이면 이벡터장에서의 선적분은 적분경로에 무관하면 다음 정리를 얻을 수 있다.

> 정리 **9.2.3.** 선적분 (9.16)이 영역 D에서 적분경로에 무관할 필요충분조건은 D의 모든 폐곡선 C에 대하여 선적분값이 0인 것이다.

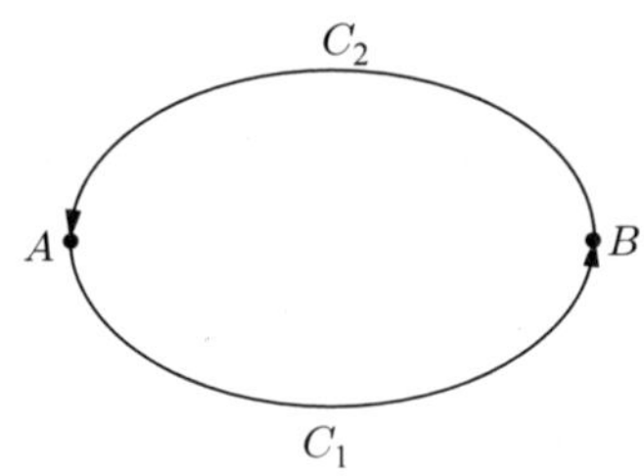

그림 9.6.

증명. 선적분 (9.16) 이 D에서 적분경로에 무관하다고 가정하자. D에서 임의의 폐곡선 C 위의 임의의 두 점을 A와 B라 한다 (그림 9.6). C에서 시작점을 A, 끝점을 B로 하는 반 쪽 곡선을 C_1라 두면, 시작점을 B, 끝점을 A로 하는 나머지 반 쪽 곡선을 C_2로 둘 수 있다. 적분경로에 무관하다는 가정에 따라서 C_1과 $-C_2$를 따라서 계산한 두 적분값은 같으므로 C_1을 따라 적분하고 C_2를 따라서 적분한 적분값의 합은 0이다. 즉, 이는 폐곡선 C를 따라 적분한 것과 같다.

□

예제 9.2.4. 선적분

$$I = \int_C (y^2 z\mathbf{i} + z^2 x\mathbf{j} + x^2 y\mathbf{k}) \cdot d\mathbf{r}$$

가 적분경로 C에 무관한지 알아보라.

풀이. $F_1 = y^2z,\ F_2 = z^2x,\ F_3 = x^2y$ 에서

$$\frac{\partial F_3}{\partial y} = x^2, \quad \frac{\partial F_2}{\partial z} = 2zx$$

이므로,

$$\text{curl } \mathbf{F} \neq \mathbf{0}$$

이다. 선적분 I 는 적분경로에 따라서 그 값이 달라진다. 또한 예제 9.1.2를 확인하기 바란다. □

주어진 선적분이 적분경로에 무관하다면 주어진 벡터의 포텐셜함수를 찾아야 한다. 포텐셜함수를 찾는 방법으로 두 가지가 있는데, 그 중 하나를 아래 예제를 통하여 알아보자.

예제 9.2.5. 선적분

$$I = \int_C (3x^2dx + 2yzdy + y^2dz)$$

가 적분경로에 무관한가를 조사하고, $A(1,1,1)$ 에서 $B(1,2,1)$ 까지 선적분하라.

풀이. 우선, 벡터함수 $\mathbf{F} = (3x^2,\ 2yz,\ y^2)$ 에 대하여,

$$\frac{\partial}{\partial y}\left(y^2\right) = 2y = \frac{\partial}{\partial z}(2yz)$$

$$\frac{\partial}{\partial x}\left(y^2\right) = 0 = \frac{\partial}{\partial z}\left(3x^2\right)$$

$$\frac{\partial}{\partial x}(2yz) = 0 = \frac{\partial}{\partial y}\left(3x^2\right)$$

이므로

$$\text{curl } \mathbf{F} = \mathbf{0}$$

이다. 따라서 I 는 적분경로에 무관하다.

다음으로 $\mathbf{F}$ 의 포텐셜함수 f 를 찾자.

$$\frac{\partial f}{\partial x} = F_1 = 3x^2, \quad \frac{\partial f}{\partial y} = F_2 = 2yz, \quad \frac{\partial f}{\partial z} = F_3 = y^2$$

에서 편적분과 편미분에 의해서,

$$f = x^3 + g(y,z), \quad \frac{\partial f}{\partial y} = \frac{\partial g}{\partial y} = F_2 = 2yz, \quad g = y^2z + h(z),$$

$$f = x^3 + y^2z + h(z), \quad \frac{\partial f}{\partial z} = y^2 + \frac{\partial h}{\partial z} = F_3 = y^2,$$

$$\frac{\partial h}{\partial z} = 0,\ \ h = c\ (\text{상수})$$

이다. 따라서

$$f(x,y,z) = x^3 + y^2 z + c$$

이다. 따라서 식 (9.19) 에 의해서 선적분의 값은

$$I = f(1,2,1) - f(1,1,1) = 5 - 2 = 3$$

이다. □

포텐셜함수를 찾는 두번 째 방법은 다음과 같다. F_1 을 x 에 대하여 적분하고, F_2 를 y 에 대하여 적분하고, F_3 을 z 에 대하여 적분한 후, 여러번 나타난 항은 한 번만 쓰고, 한 번 나타난 항을 모두 쓰면 그것이 $\mathbf{F} = (F_1, F_2, F_3)$ 의 포텐셜함수 f 가 되는 경우가 많다. 이렇게 포텐셜함수를 구한 경우에는 역으로 편미분하여 결과를 검정해보도록 하자.

예제 9.2.6. 선적분

$$I = \int_C \mathbf{F} \cdot d\mathbf{r} = \int_C (2xdx + 2ydy + 2zdz)$$

가 적분경로에 무관함을 조사하고, 시작점이 $A(0,0,0)$ 이고 끝점이 $B(1,1,1)$ 인 곡선 C 를 따라서 선적분하라.

풀이. curl $\mathbf{F} = \mathbf{0}$ 이므로 $\mathbf{F}$ 는 포텐셜함수가 존재하는 보존장이다. (정리9.2.1)

함수 $f(x,y,z) = x^2 + y^2 + z^2$ 에 대하여

$$grad\ f = 2x\mathbf{i} + 2y\mathbf{j} + 2z\mathbf{k} = \mathbf{F}$$

이므로 I 는 적분경로에 무관하고,

$$I = f(B) - f(A) = 3 - 0 = 3$$

이다. □

유제 9.2.7. 다음 선적분을 계산하라.

$$\int_{(0,0)}^{(\pi,\pi)} (\cos x dx + 2\sin y dy)$$

♣ 정답. 포텐셜함수 $f = \sin x - 2\cos y$, 4

다음 예제에서는 포텐셜함수를 가지는 벡터함수를 폐곡선의 둘레를 따라서 반시계방향으로 선적분하면 적분경로에 무관할 뿐만 아니라 적분경로의 시작점과 끝점이 같으므로 선적분결과가 0 이 되는 경우를 보여준다.

예제 9.2.8. 꼭지점이 (0,0,0), (1,1,0), (1,1,1) 인 삼각형이 있다. 벡터함수

$$\mathbf{F} = 2x\mathbf{i} + 2y\mathbf{j} + 2z\mathbf{k}$$

를 삼각형의 둘레를 따라 선적분하라.

풀이. 피적분함수 $\mathbf{F}$ 가

$$\mathbf{F} = 2x\mathbf{i} + 2y\mathbf{j} + 2z\mathbf{k} = grad\ f$$

를 만족하는 포텐셜 함수

$$f = x^2 + y^2 + z^2$$

를 갖는다는 것을 쉽게 알 수 있다. 따라서 정리9.2.1에 의하여 선적분은 적분경로에 무관하고, 정리9.2.3에 의하여 선적분은 0 이다. □

유제 9.2.9. 위 예제9.2.8의 삼각형에 대하여,

$$\mathbf{F} = 2xy\mathbf{i} + (x^2 + z^2)\mathbf{j} + 2yz\mathbf{k}$$

를 삼각형의 둘레를 따라 반시계방향으로 선적분하면 0 임을 보여라.

♣ 정답. curl $\mathbf{F} = \mathbf{0}$ 이므로 정리9.2.1와 정리9.2.3에 의하여 선적분은 0 이다.

연습문제 9.2

1. 어떤 물체가 C : $A(0,0,0)$ 에서 $B(1,0,0)$ 까지의 직선과 $B(1,0,0)$ 에서 $C(1,1,0)$ 까지 직선을 따라서 차례로 움직일 때, 다음 두 함수를 선적분하라.

   (1) $\mathbf{F}_1 = (y, x, 0)$

   (2) $\mathbf{F}_1 = (-y, x, 0)$

2. 다음 선적분이 적분경로에 무관함을 보이고, 계산하라.

   (1) $\displaystyle\int_{(0,0,0)}^{(1,1,1)} (2\ dx - 3y\ dy + z\ dz)$

   (2) $\displaystyle\int_{(0,0,0)}^{(2,2,2)} (\ dx + z^2\ dy + 2yz\ dz)$

   (3) $\displaystyle\int_{(0,2,0)}^{(1,\pi,0)} ((\cos xy - xy\sin xy)dx - x^2\sin xy\ dy)$

(4) $\displaystyle\int_{(0,0,0)}^{(-1,2,\pi)} (yze^{xy}\ dx + xze^{xy}\ dy + e^{xy}\ dz)$

(5) $\displaystyle\int_{(0,0,0)}^{(1,\pi/2,1)} [2xyz^2\ dx + (x^2z^2 + z\cos yz)\ dy + (2x^2yz + y\cos yz)\ dz]$

3. 선적분

$$I = \int_C \left(\frac{y}{z}dx + \frac{x}{z}dy - \frac{xy}{z^2}dz\right)$$

가 적분경로에 무관함을 보이고, $A(1,1,1)$ 에서 $B(2,2,2)$ 까지의 선적분의 값을 구하라.

♣ 정답. 1. (1) $\text{curl}\mathbf{F_1} = (0,0,0)$ 이므로 포텐셜 $f(x,y,z) = xy + C$ 가 존재한다. 따라서 적분경로에 무관하므로, 선적분은 1 이다.

(2) $\text{curl}\mathbf{F_2} \neq (0,0,0)$ 이므로 적분경로에 따라서 선적분이 달라진다. A 부터 B 까지의 적분경로은 $C_1 : \mathbf{r}_1(t) = (t,0,0)$, $t = 0$ 부터 $t = 1$ 이고, B 부터 C 까지의 적분경로은 $C_2 : \mathbf{r}_2(t) = (1,t,0)$, $t = 0$ 부터 $t = 1$ 이다. 이 둘을 따라서 각각 선적분한 후 결과를 더하면 1 이다.

2. (1) 1 (2) 10 (3) -1 (4) πe^{-2}

(5)

$$\frac{\partial F_3}{\partial y} = 2x^2z + \cos yz - yz\sin yz = \frac{\partial F_2}{\partial z}$$
$$\frac{\partial F_1}{\partial z} = 4xyz = \frac{\partial F_3}{\partial x}, \quad \frac{\partial F_2}{\partial x} = 2xz^2 = \frac{\partial F_1}{\partial y}$$

이므로 적분경로에 무관하고,

$$f = \int F_1 dx = \int 2xyz^2 dx = x^2yz^2 + g(y,z)$$

$$\frac{\partial f}{\partial y} = x^2z^2 + \frac{\partial g}{\partial y} = F_2 = x^2z^2 + z\cos yz$$

$$\frac{\partial g}{\partial y} = z\cos yz, \quad g = \int z\cos yz dy = \sin yz + h(z)$$

$$f = x^2yz^2 + \sin yz + h(z)$$

$$\frac{\partial f}{\partial z} = 2x^2yz + y\cos yz + \frac{\partial h}{\partial z} = F_3 = 2x^2yz + y\cos yz$$

$$\frac{\partial h}{\partial z} = 0, \quad h = C$$

$$f = x^2yz^2 + \sin yz + C$$

로 존재한다. 적분값은

$$f\left(1, \frac{\pi}{2}, 1\right) - f(0,0,0) = \frac{\pi}{2} + \sin\frac{\pi}{2} = \frac{\pi}{2} + 1$$

3. 벡터함수

$$\mathbf{F} = \frac{y}{z}\mathbf{i} + \frac{x}{z}\mathbf{j} - \frac{xy}{z^2}\mathbf{k}$$

에 대하여,

$$\frac{\partial}{\partial y}\left(-\frac{xy}{z^2}\right) = -\frac{x}{z^2} = \frac{\partial}{\partial z}\left(\frac{x}{z}\right)$$
$$\frac{\partial}{\partial x}\left(-\frac{xy}{z^2}\right) = -\frac{y}{z^2} = \frac{\partial}{\partial z}\left(\frac{y}{z}\right)$$
$$\frac{\partial}{\partial x}\left(\frac{x}{z}\right) = \frac{1}{z} = \frac{\partial}{\partial y}\left(\frac{x}{z}\right)$$

이므로

$$\text{curl } \mathbf{F} = \mathbf{0}$$

이다. 따라서 I 는 적분경로에 무관하다. 포텐셜

$$f = \frac{xy}{z}$$

는 쉽게 알 수 있다. 따라서

$$I = \frac{xy}{z}\Big|_{(1,1,1)}^{(2,2,2)} = 2 - 1 = 1$$

9.3 평면에서의 그린정리

평면 위의 영역에 대하여, 그 둘레에서의 선적분은 그 영역 위에서의 중적분으로 변환할 수 있고 또한 그 역도 가능하다. 예를 들어, 선적분의 적분경로가 사각형의 둘레인 경우 그 선적분은 각 변 위에서의 선적분의 합이므로 그 계산이 매우 번거롭다. 이 경우에 그린 [1] 정리를 이용하여 한 번의 중적분으로 선적분 결과를 쉽게 구할 수 있다.

[1] Green George(1793-1841) : 영국의 수학자. 제분업을 하는 아버지를 도우면서 수학을 독학하여 40세에 케임브리지대학에 입학하였다. 1828년 그린의 정리를 발표하였으나 영국에서조차 그 가치를 인정받지 못하였다.

정리 **9.3.1.** (그린(***Green***) 의 정리)
R 은 xy-평면에서 유계인 폐영역이고 그 경계 (둘레) C 는 구분적으로 매끈한 곡선이다. 지금 벡터함수 $\mathbf{F}$ 의 성분함수 $F_1(x, y)$ 과 $F_2(x, y)$ 는 R 을 포함하는 영역에서 연속이며, 또 연속인 편도함수 $\partial F_1/\partial y$ 와 $\partial F_2/\partial x$ 를 가진다. 그러면

$$\oint_C (F_1 dx + F_2 dy) = \iint_R \left(\frac{\partial F_2}{\partial x} - \frac{\partial F_1}{\partial y} \right) dxdy \tag{9.20}$$

이다. 이 때 선적분은 R 의 전체 경계 C 를 따라서 반시계 방향으로 한 번 행해진다.

증명.

이 정리를

$$\begin{aligned} R &= \{(x, y) : \ a \le x \le b, \ l(x) \le y \le u(x)\} \\ &= \{(x, y) : \ c \le y \le d, \ L(y) \le x \le R(y)\} \end{aligned}$$

인 꼴로 나타내어질 수 있는 특별한 영역 R 에 대하여 증명해보기로 한다 (그림 9.7). 여기서 a 는 R 에서 가장 작은 x 값이고, b 는 R 에서 가장 큰 x 값이며, x 가 주어졌을 때, y 의 범위는 아래 곡선 $l(x)$ 부터 위 곡선 $u(x)$ 까지가 된다. 또한 c 는 R 에서 가장 작은 y 값이고, d 는 R 에서 가장 큰 y 값이며, y 가 주어졌을 때, x 의 범위는 왼쪽 곡선 $L(x)$ 부터 오른쪽 곡선 $R(x)$ 까지가 된다.

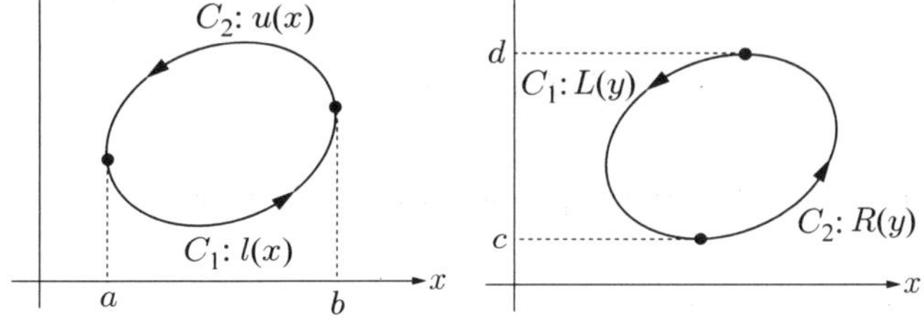

그림 9.7.

우선

$$R = \{(x, y) : \ a \le x \le b, \ l(x) \le y \le u(x)\}$$

인 경우를 생각해보자.

$$\begin{aligned}\int\int_R \frac{\partial F_1}{\partial y}dxdy &= \int_a^b \left[\int_{l(x)}^{u(x)} \frac{\partial F_1}{\partial y}dy\right]dx \\ &= \int_a^b F_1[x,u(x)]dx - \int_a^b F_1[x,l(x)]dx \\ &= -\int_a^b F_1[x,l(x)]dx - \int_b^a F_1[x,u(x)]dx\end{aligned}$$

를 얻는다. $y = l(x)$ 는 방향이 있는 곡선 C_1 를 나타내고, $y = u(x)$ 는 C_2 를 나타내므로 위의 이중적분들은 C_1 과 C_2 위에서 스칼라함수의 선적분으로 쓸 수 있다. 따라서

$$\iint_R \frac{\partial F_1}{\partial y}dxdy = -\int_{C_1} F_1(x,y)dx - \int_{C_2} F_1(x,y)dx = -\oint_C F_1(x,y)dx$$

이다.

마찬가지로, 위에서 정의된 동일한 적분영역이 다음과 같은 꼴로 나타내어질 수 있다고 가정하자.

$$R = \{(x,y):\ c \le y \le d,\ L(y) \le x \le R(y)\}$$

그러면 선적분에서

$$\begin{aligned}\iint_R \frac{\partial F_2}{\partial x}dxdy &= \int_c^d \left(\int_{L(y)}^{R(y)} \frac{\partial F_2}{\partial x}dx\right)dy \\ &= \int_c^d F_2(R(y),y)dy - \int_c^d F_2(L(y),y)dy \\ &= \int_c^d F_2(R(y),y)dy + \int_d^c F_2(L(y),y)dy \\ &= \oint_C F_2(x,y)dy\end{aligned}$$

가 된다. 따라서 이러한 특별한 영역에 대해서 이 정리는 증명되었다.

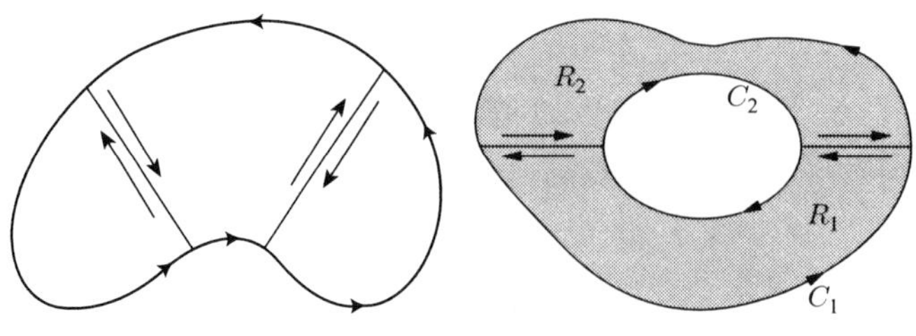

그림 9.8.

일반적인 영역 R (그림 9.8) 에 대하여는, 경계가 x축 또는 y축과 나란한 R을 유한개의 특별한 영역으로 분할하여 생각하고, 일반적인 곡선 C는 유한개의 곡선으로 나누어 선적분하여 증명할 수 있다. 이는 경계가 x축 또는 y축과 나란한 경계에서의 선적분은 0이며, 각 경계에서의 선적분은 반대방향으로 각각 선적분하여 더해지므로 각 경계에서의 선적분은 결국 0이 되기 때문이다. □

예제 9.3.2. 벡터장

$$\mathbf{F} = (3y,\ 5x)$$

에 대하여 C가 원 $x^2 + y^2 = 1$일 때 그린정리를 확인해 보라.

풀이. 식 (9.20) 의 좌변을 계산해 보자. 원 C에 대하여

$$\begin{aligned} \mathbf{r}(t) &= \cos t\mathbf{i} + \sin t\mathbf{j} \quad (0 \le t \le 2\pi) \\ \mathbf{r}^{'}(t) &= -\sin t\mathbf{i} + \cos t\mathbf{j} \end{aligned}$$

이고

$$F_1 = 3\sin t, \qquad F_2 = 5\cos t$$

이다. 따라서

$$\begin{aligned} & \oint_C \mathbf{F}(\mathbf{r}(t)) \cdot \mathbf{r}^{'}(t)dt \\ = & \int_0^{2\pi} [(3\sin t)(-\sin t) + (5\cos t)(\cos t)]dt \\ = & \int_0^{2\pi} (-3\sin^2 t + 5\cos^2 t)dt \\ = & -3\pi + 5\pi \\ = & 2\pi \end{aligned}$$

식 (9.20) 의 우변은

$$\iint_R \left(\frac{\partial F_2}{\partial x} - \frac{\partial F_1}{\partial y} \right) dxdy = \iint_R (5-3)dxdy = 2\iint_R dxdy = 2\pi$$

이므로 우리는 그린정리가 성립함을 볼 수 있다. □

유제 9.3.3. 그린정리를 이용하여, 벡터함수

$$\mathbf{F} = (1 - 2y,\ 2x + 1)$$

를 영역 $R\ :\ 0 \le x \le 2,\ 0 \le y \le 3$의 둘레를 따라 선적분하라.

♣ 정답. 24

다음 두 정리는 벡터장의 회전, 발산과 관련한 그린정리의 다른 표현 형식

이다. 그린정리를 벡터형식으로 표현하면 9.6에서 배우게 되는 평면에서의 스톡스(Stokes) 정리와 같다.

예제 9.3.4. 벡터함수 $\mathbf{F} = F_1\mathbf{i} + F_2\mathbf{j}$ 와 $C : \mathbf{r}(t) = x(t)\mathbf{i} + y(t)\mathbf{j}$ 에 대하여, 그린정리에서 다음 공식

$$\oint_C \mathbf{F}(\mathbf{r}) \cdot d\mathbf{r} = \iint_R (\text{curl } \mathbf{F}) \cdot \mathbf{k} \; dxdy \tag{9.21}$$

을 유도하라.

풀이.

$$\begin{aligned}\oint_C \mathbf{F}(\mathbf{r}) \cdot d\mathbf{r} &= \oint_C \mathbf{F}(\mathbf{r}(t)) \cdot \mathbf{r}'(t) \; dt \\ &= \oint_C (F_1\mathbf{i} + F_2\mathbf{j}) \cdot (\frac{dx}{dt}\mathbf{i} + \frac{dy}{dt}\mathbf{j}) \; dt \\ &= \oint_C (F_1 dx + F_2 dy)\end{aligned}$$

이고,

$$\begin{aligned}\iint_R (\text{curl } \mathbf{F}) \cdot \mathbf{k} \; dxdy &= \iint_R (\nabla \times \mathbf{F}) \cdot \mathbf{k} \; dxdy \\ &= \iint_R (\frac{\partial F_2}{\partial x} - \frac{\partial F_1}{\partial y}) \; dxdy\end{aligned}$$

이다. □

연습문제 9.3

1. 선적분의 정의와 그린정리를 이용하여 $\mathbf{F}$를 영역 R의 경계인 C의 둘레를 따라서 반시계방향으로 선적분하고 두 결과를 비교하라.

   (1) $\mathbf{F} = y\mathbf{i} + 4x\mathbf{j}$, $R \; : \; 0 \leq x \leq a, \quad 0 \leq y \leq a$

   (2) $\mathbf{F} = 3xy\mathbf{i} + 2x^2\mathbf{j}$, R : 점 $(0,0), (1,-1), (1,1)$ 이 꼭지점인 삼각형

2. 그린정리를 이용하여 $\mathbf{F}$를 영역 R의 경계인 C의 둘레를 따라서 반시계방향으로 선적분하라.

   (1) $\mathbf{F} = (y^2 - 2y, \; 2xy + x)$, R : 중심이 (1,1) 인 단위원

   (2) $\mathbf{F} = e^y\mathbf{i} - e^{-x}\mathbf{j}$, $R \; : \; x \geq 0, \quad 0 \leq y \leq 1 - x$

(3) $\mathbf{F} = (2xy - y^2)\mathbf{i} + (x^2 + xy)\mathbf{j}$, $R \ : \ 0 \le y \le 1/x, \quad 2 \le x \le 3$

(4) $\mathbf{F} = \sin(x + y)\mathbf{i} + \cos(x - y)\mathbf{j}$, $R \ : \ x \le y \le 2x, \quad x \le \pi/2$

(5) $\mathbf{F} = -yx^2\mathbf{i} + xy^2\mathbf{j}$, R: 1사분면에 있는 반지름이 a인 원의 내부

♣ 정답.

1. (1) $3a^2$ (2) $2/3$
2. (1) 3π (2) $2-e+e^{-1}$ (3) $1/4$ (4) $\frac{\pi}{2}-\frac{1}{3}$ (5) $\pi a^4/8$

9.4 곡면적분

공간에서 형성된 벡터장이 어떤 곡면을 통과하여 흘러나가는 양을 계산하고자 할 때 곡면적분(Surface Integral)을 이용한다. 공기나 물, 자기, 전기 등의 흐름이 속도(벡터)장이 될 수 있다. 이 양을 계산하기 위해서는 곡면을 벡터함수로 표현하고, 곡면에 수직인 법선벡터를 찾아야 한다.

우선 공간곡면을 벡터함수로 표현하는 방법을 보자. 공간에서 두 개의 매개변수 u와 v를 사용하여 표현한 공간곡면 S의 벡터함수는

$$S \ : \ \mathbf{r}(u,v) = x(u,v)\mathbf{i} + y(u,v)\mathbf{j} + z(u,v)\mathbf{k} \qquad (u,v) \in R \tag{9.22}$$

임을 앞장에서 보았다. 책에 따라서는 이런 표현을 곡면의 매개변수표현이라고 부른다. 여기서 영역 R은 uv-평면 위로의 S의 정사영이며, 식 $\mathbf{r}(u,v)$ 은 R위의 점 (u,v)를 S 위의 점으로 대응시킨다.

공간곡면 중에서 가장 단순한 평면을 비롯하여 원주면과 구면을 벡터함수로 표현하는 방법을 살펴보자.

예제 9.4.1. 평면

$$ax + by + cz = d$$

를 벡터함수로 표현하라.

풀이. 곡면을 벡터함수로 표현할 때에는 두 개의 매개변수 u와 v가 필요한데, 여기서

$$x = u, \ y = v$$

로 두면

$$z = (d - au - bv)/c$$

가 된다. 따라서 평면을 벡터함수로 표현하면

$$\mathbf{r}(u,v) = (u, v, (d - au - bv)/c) \tag{9.23}$$

이다. 이 때 u, v의 범위는 x, y의 범위와 동일하게 된다. 평면을 벡터함수로 표현하는 다른 방법은 앞 장에서 이미 다루었으므로 참고하기 바란다.

그런데 여기서 x, y 대신 다른 변수를 u, v로 둘 수 있다. □

예제 9.4.2. 원주면

$$x^2 + y^2 = a^2 \quad (-1 \le z \le 1)$$

은 반지름이 a이고, 높이가 2이며, 중심축이 z축이다. 이것의 벡터함수를 구하라.

풀이. 원주면을 xy-평면에서 보면 원이다. 극좌표를 생각하면서 원 위의 한 점과 양의 x축이 이루는 각을 매개변수 u라 두자. 그러면,

$$x = a\cos u, \;\; y = a\sin u$$

이다. 원주의 높이를 표현하기 위해 남은 매개변수 v를 사용한다. 즉,

$$z = v$$

이다. 따라서 원주면의 벡터함수는

$$\mathbf{r}(u,v) = a\cos u\mathbf{i} + a\sin u\mathbf{j} + v\mathbf{k} \quad (0 \le u \le 2\pi),\; (-1 \le v \le 1) \tag{9.24}$$

이다. □

예제 9.4.3. 구면

$$x^2 + y^2 + z^2 = a^2$$

의 벡터함수를 구하라.

풀이. 구면좌표계를 생각해보자. 구면 위의 한 점을 종점으로 하는 위치벡터와 양의 z축이 이루는 각을 매개변수 u로 두고, 양의 x축과 이루는 각을 매개변수 v라 두자. 그러면,

$$x = a\sin u\cos v, \qquad y = a\sin u\sin v, \qquad z = a\cos u$$

이고 구면의 벡터함수 표현 [2] 은

$$\mathbf{r}(u,v) = a\sin u\cos v\mathbf{i} + a\sin u\sin v\mathbf{j} + a\cos u\mathbf{k} \quad (0 \le u \le \pi),\ (0 \le v \le 2\pi) \tag{9.25}$$

이다. □

공간 위의 곡면을 벡터함수로 표현하는 방법을 잘 익히려면, 이절의 연습문제 1을 우선 풀어보는 것이 도움이 될 것이다. 또한 8장에서 설명한 곡면의 다른 표현도 익혀두는 것도 도움이 된다. 예를 들어, 곡면이

$$z = f(x,y)$$

로 주어지면, 이에 해당하는 벡터함수는

$$S : \mathbf{r}(x,y) = (x, y, f(x,y))$$

로 표현될 수 있다. 하지만, 이후 적분이 필요한 경우, 이와 극좌표변환이나 원기둥 좌표변화, 구좌표변화 등이 결국 필요하게 되므로 변환을 미리 하고 시작하는 것이 더 편리할 때가 많다. 또한 u, v 대신 x, y 를 그대로 쓰거나 또는 θ, ϕ 등을 매개변수로 쓰는 것도 좋다.

주어진 곡면을 벡터함수로 표현하였다면, 이제 이 곡면에 법선을 이루는 벡터를 어떻게 찾는지 알아보자. 일반적으로, 곡면 S 위의 곡선 C 를 한 개의 매개변수 t 를 이용하여 벡터함수로 나타내면,

$$\mathbf{r}(u(t),\ v(t))$$

이다. 이 함수들 $u(t)$, $v(t)$ 가 미분가능하면 전미분법에 따라, C 의 접선벡터는

$$\frac{d\mathbf{r}}{dt} = \frac{\partial \mathbf{r}}{\partial u}\frac{du}{dt} + \frac{\partial \mathbf{r}}{\partial v}\frac{dv}{dt}$$

이므로 곡면 S 위의 곡선 C 에 대한 접선벡터는 $\mathbf{r}_u = \dfrac{\partial \mathbf{r}}{\partial u}$ 와 $\mathbf{r}_v = \dfrac{\partial \mathbf{r}}{\partial v}$ 의 일차결합으로 항상 표현이 가능하다. 이때, S 위의 한 점 P 에서 편도함수 $\mathbf{r}_u$ 와 $\mathbf{r}_v$ 는 S 에 접한다. 만일 이들이 1차 독립이면, 이들은 P 에서 S 에 접하는 평행사변형 또는 접평면을 형성한다. 따라서 이 접평면에 수직인 법선벡터 $\mathbf{N}$ 은 곡면 S 에도 수직이며, $\mathbf{r}_u$ 와 $\mathbf{r}_v$ 의 외적벡터로 찾을 수 있다. 즉,

$$\mathbf{N} = \mathbf{r}_u \times \mathbf{r}_v \perp S \tag{9.26}$$

---

[2] 구면의 다른 매개변수 표현식으로

$$\mathbf{r}(u,v) = a\cos v\cos u\mathbf{i} + a\cos v\sin u\mathbf{j} + a\sin v\mathbf{k} \quad (0 \le u \le 2\pi),\ (-\pi/2 \le v \le \pi/2)$$

가 있다. 이때 곡선 $u=$ 상수, $v=$ 상수는 각각 구면 S 위에서의 경선과 위선이 된다.

이다. 따라서 대응되는 단위법선벡터는

$$\mathbf{n} = \frac{\mathbf{N}}{|\mathbf{N}|} \tag{9.27}$$

으로 얻어진다.

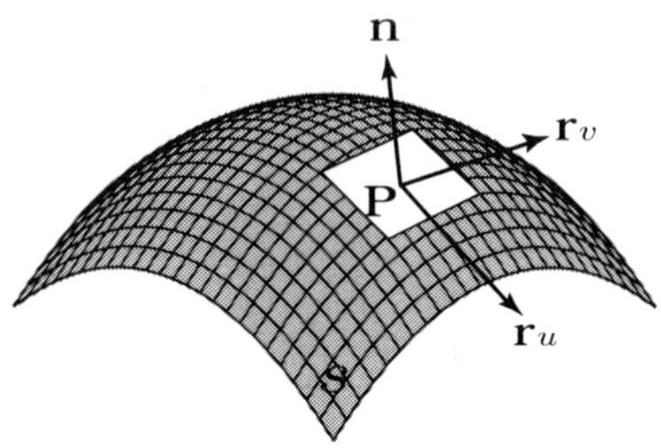

그림 9.9. 접평면과 법선벡터

만일 곡면 S가 $f(x, y, z) = 0$으로 주어지면, S의 단위법선벡터는 다음과 같다.

$$\mathbf{n} = \frac{grad\ f}{|grad\ f|}$$

만일 곡면 S의 모든 점에서 위 식을 만족하는 연속인 $\mathbf{r}_u$와 $\mathbf{r}_v$가 존재하면, S위의 모든 점 P에서 $\mathbf{r}_u$와 $\mathbf{r}_v$에 의해 만들어지는 유일한 접평면이 존재하며 이에 해당하는 유일한 법선벡터가 존재한다. 이런 곡면 S를 **매끈한 곡면**(smooth surface)이라 부르고, 유한 개의 매끈한 곡면들로 구성된 곡면을 **구분적으로 매끈한 곡면** 이라 부른다.

곡면 S을 통과하는 벡터 $\mathbf{v}$의 양을 구하기 위하여 곡면을 수직으로 통과하는 벡터성분을 모두 더한다고 생각하자. 곡면에 수직인 단위 법선벡터를 $\mathbf{n}$이라 두면, 곡면에 수직 방향의 벡터는 $\mathbf{v} \cdot \mathbf{n}$이다. 이것을 주어진 곡면 S 위에서 모두 더해주면 곡면적분

$$\iint_S \mathbf{v} \cdot \mathbf{n}\ dS$$

이 되며, 이는 곡면을 통과하는 벡터의 양이 된다. 여기서 벡터의 위치가 (u, v)에서 $(u+du, v+dv)$로 바뀔 때 생기는 곡면 S의 면적 변화, 즉 면적소(element of area) dS를 구해보자. 곡면 S를 $\mathbf{r}(u, v)$라 두면, u로의 위치변화와 v로의 위치변화벡터가 각각

$$\mathbf{r}(u + du, v) - \mathbf{r}(u, v) \sim \mathbf{r}_u du$$

$$\mathbf{r}(u, v + dv) - \mathbf{r}(u, v) \sim \mathbf{r}_v dv$$

이므로, 이 두 벡터가 만드는 평행사변형의 면적이 dS가 된다 (그림9.10). 즉,

$$dS = |\mathbf{r}_u du \times \mathbf{r}_v dv| = |\mathbf{r}_u \times \mathbf{r}_v| du dv = |\mathbf{N}| du dv$$

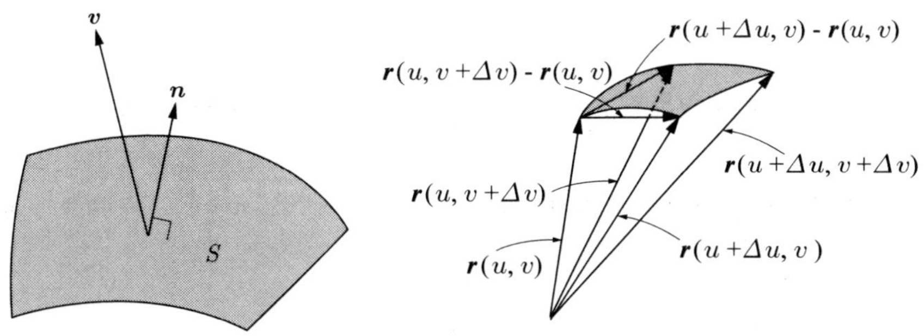

그림 9.10.

이다. 즉,

$$\mathbf{n}dS = \mathbf{n}|\mathbf{N}|\ dudv = \mathbf{N}\ dudv$$

가 되며, 이는 결국 곡면적에 대한 법선벡터에 면적소를 곱해준 것이다. 따라서 다음의 곡면적분의 정의와 계산법을 얻을 수 있다.

> **정의 9.4.4. 곡면적분 (surface integral)**
> 곡면 S 위의 벡터함수 $\mathbf{v}$ 의 곡면적분은
>
> $$\iint_S \mathbf{v} \cdot \mathbf{n}\ dS = \iint_R \mathbf{v}(\mathbf{r}(u,v)) \cdot \mathbf{N}(u,v)\ dudv \qquad (9.28)$$
>
> 식의 왼쪽과 같이 정의되며, 오른쪽과 같이 계산될 수 있다. 여기서 $\mathbf{N}$ 과 $\mathbf{n}$ 은 식 (9.26) 와 (9.27) 에서 정의된 법선벡터와 단위법선벡터이며, dS 는 곡면적소 (the element of surface are) 이다. 그리고 R 은 S 의 (u,v) 위로의 정사영이다.

곡면적분은 곡면 S 를 통과하는 속도가 F 인 유체의 유출량(율)을 나타내므로, 곡면적분을 **유출량적분 (flux integral)** 이라고도 부른다. 또한 식 (9.28) 의 면적분값은 단위법선벡터 $\mathbf{n}$ 의 선택에 따라 달라진다. $\mathbf{n}$ 대신에 $-\mathbf{n}$ 을 선택할 수도 있는데, 어느 것을 선택하느냐는 무엇을 계산하기 원하느냐에 따라 달라진다. 또한 곡면의 스칼라식을 벡터함수로 바꿀 때, 벡터함수의 표현에 따라 표현이 다른 법선벡터가 얻어질 수도 있으므로 주의하여야 한다. 곡면적소 dS 는 면적소 $dA = dxdy$ 와 비슷하게 면적을 표현하지만, dA 가 평면의 면적을 의미하는데 비해 dS 는 곡면의 면적을 의미하므로 구분하여 쓰도록 하자.

만일 곡면 S 를 $z = f(x,y)$ 를 $\mathbf{r} = (x,\ y,\ f(x,y))$ 로 표현하면

$$\mathbf{N} = \mathbf{r}_x \times \mathbf{r}_y = (1, 0, f_x) \times (0, 1, f_y) = (-f_x, -f_y, 1)$$

가 된다. 그러면, 면적분은

$$\iint_S \mathbf{v} \cdot \mathbf{n}\ dS = \iint_R \mathbf{v}(x, y, f(x, y)) \cdot (-f_x, -f_y, 1)\ dxdy$$

로 계산될 수 있다. 또한 여기서 z가 상수이면, 이 곡면은 xy-평면과 나란한 평면이 되며, 이때

$$\mathbf{n} = \hat{k}$$

이고,

$$dS = dA = dxdy$$

가 된다.

예제 9.4.5. 속도벡터가

$$\mathbf{v} = y\mathbf{i} + z\mathbf{j} + x\mathbf{k}$$

일 때, 포물주면 $S : z = y^2,\ 0 \le x \le 2,\ 0 \le y \le 1$를 통과하는 물의 질량을 계산하라. 여기서 속력은 m/sec 이다.

풀이. <u>단계 1</u>: 우선 주어진 곡면을 벡터함수로 표현하여야 한다. $x = u,\ y = v$로 쓰면, $z = y^2 = v^2$ 이 되고, S의 벡터함수는 다음과 같다.

$$S : \mathbf{r}(u, v) = u\mathbf{i} + v\mathbf{j} + v^2\mathbf{k} \qquad (0 \le u \le 2,\ 0 \le v \le 1)$$

<u>단계 2</u>: 이제 이를 이용하여 곡면에 수직인 법선벡터를 다음과 같이 구하자.

$$\mathbf{r}_u = \mathbf{i}, \quad \mathbf{r}_v = \mathbf{j} + 2v\mathbf{k}, \quad \mathbf{N} = \mathbf{r}_u \times \mathbf{r}_v = -2v\mathbf{j} + \mathbf{k}$$

<u>단계 3</u>: 다음으로 S 위에서 벡터장 $\mathbf{v}$를 표현해보자.

$$\mathbf{v}(\mathbf{r}(u, v)) = v\mathbf{i} + v^2\mathbf{j} + u\mathbf{k}$$

<u>단계 4</u>: $\mathbf{v}$와 $\mathbf{N}$을 내적하여 피적분함수를 구하자.

$$\mathbf{v} \cdot \mathbf{N} = u - 2v^3$$

<u>단계 5</u>: $x = u,\ y = v$ 이므로 위의 피적분함수를 적분할 (u, v)의 영역 R은 다음과 같다.

$$0 \le u \le 2,\ 0 \le v \le 1$$

<u>단계 6</u>: 마지막으로 식 (9.28)의 적분을 계산해보자.

$$\iint_S \mathbf{v} \cdot \mathbf{n} dS = \int_0^1 \int_0^2 (u - 2v^3) du dv = \int_0^1 (2 - 4v^3) dv = 1\ (m^3/\text{sec})$$

단계 7 : 물의 밀도가 $\rho = 1g/cm^3 = 1000\ kg/m^3$ 이므로 이를 유출율에 곱하면 통과하는 물의 질량은 $1000\ kg/sec$ 이다. □

유제 9.4.6. 벡터장이

$$\mathbf{v} = y\mathbf{i} + \mathbf{j} + z\mathbf{k}$$

이고, S 는 $x = y,\ 0 \le x \le 1,\ 0 \le z \le 2$ 인 평면일 때, 곡면적분을 계산하라

♣ 정답. -1

위 예제에서는 곡면의 식이 벡터함수 형태로 주어졌었다. 다음 예제에서는 주어진 조건으로부터 곡면을 표현하는 벡터함수를 찾아서 문제를 풀어가는 방법을 살펴보자.

예제 9.4.7. 벡터함수

$$\mathbf{v} = x^2\mathbf{i} + 3y^2\mathbf{k}$$

를, 세 점 $A(1,0,0), B(0,1,0), C(0,0,1)$ 을 꼭지점으로 갖는 삼각형 S 위에서 곡면적분하라.

풀이. 우선 삼각형 S 를 품는 평면식을 구하자. 이 평면의 법선벡터는

$$\mathbf{N} = \vec{AB} \times \vec{AC} = (-1,1,0) \times (-1,0,1) = (1,1,1)$$

이다. 따라서 평면식은 $(1,1,1) \cdot (x-1,\ y-0,\ z-0) = 0$ 로 계산되고, 삼각형 S 는 제 1팔분공간에 있으므로

$$x + y + z = 1 \quad (x \ge 0,\ y \ge 0,\ z \ge 0)$$

이다. S 의 벡터함수는

$$\mathbf{r}(u,v) = (u,\ v,\ 1-u-v),\ (u,\ v \ge 0)$$

이다.

다음으로 S 의 (u,v)-평면 위로의 정사영 영역 R 을 구해야 한다. $x = u$, $y = v$ 로 하였으므로, R 은 S 의 xy-평면 위로의 정사영과 같다. 즉, R 은 양의 z 축 위에서 $xy-$ 평면 위로 삼각형 S 를 내려다볼 때 생기는 xy-평면 위의 그림자이다 (그림 9.11). R 은 영역

$$0 \le u \le 1-v,\ 0 \le v \le 1$$

이고, 곡면 S 에 대한 법선벡터는

$$\mathbf{N} = \mathbf{r}_u \times \mathbf{r}_v = (\mathbf{i} - \mathbf{k}) \times (\mathbf{j} - \mathbf{k}) = \mathbf{i} + \mathbf{j} + \mathbf{k}$$

이 된다. [3] 따라서

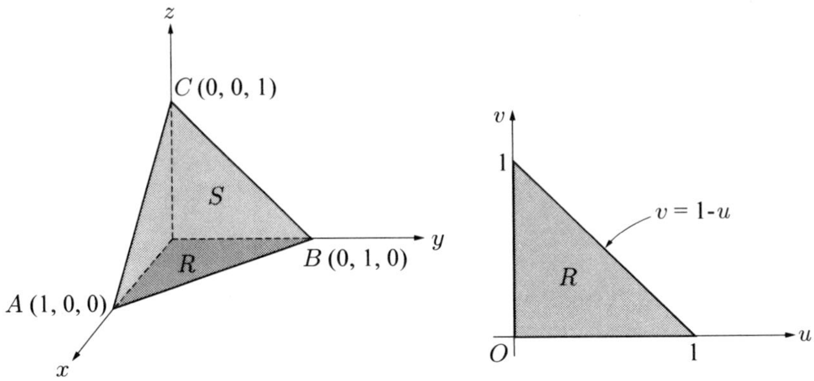

그림 9.11.

$$\mathbf{v}\cdot\mathbf{N} = (u^2, 0, 3v^2)\cdot(1,1,1) = u^2 + 3v^2$$

이고, 곡면적분 (9.28) 은

$$\begin{aligned}\iint_S \mathbf{v}\cdot\mathbf{n}dS &= \iint_R (u^2+3v^2)dudv \\ &= \int_0^1\int_0^{1-v}(u^2+3v^2)dudv \\ &= \int_0^1\left[\frac{1}{3}(1-v)^3 + 3v^2(1-v)\right]dv = \frac{1}{3}\end{aligned}$$

이다. □

위 예제에서 만약 $\mathbf{v}$ 가 속도이고 물질의 밀도가 주어지면, 이 물질이 주어진 삼각형 영역을 흘러서 통과하는 질량을 얻을 수 있다.

유제 9.4.8.

$$\mathbf{v} = x\mathbf{i} + y\mathbf{j} - z\mathbf{k}$$

이고, S 는 $x+y+z=1,\ 0\le x,\ 0\le y,\ 0\le z$ 인 평면일 때, 곡면적분을 계산하라

♣ 정답. 1/6

스칼라 함수 $g(x,y,z)$ 의 곡면적분을 정의해보자. 곡면 S 가

$$S:\mathbf{r}(u,v) = (x(u,v), y(u,v), z(u,v))$$

[3] 평면식을 계산할 때와 같이 동일한 법선벡터를 얻을 수 있다. 그러나 평면의 스칼라식을 벡터함수로 바꿀 때, 항상 동일한 법선벡터를 얻는 것은 아니고, 벡터함수의 표현에 따라 방향은 같으나 크기는 다른 법선벡터가 얻어질 수도 있으므로 주의하여야 한다.

로 주어지면, 곡면 S를 잘게 쪼개 생기는 영역 S_i의 면적은 $\Delta S_i, i=1,\cdots,n$ 이 된다. S_i 내의 한 점 $P_i(x_i,y_i,z_i)$에서 함수 $g(x_i,y_i,z_i)$에 ΔS_i를 곱한 것을 모두 더한 후 극한을 취하면 스칼라 함수의 면적분

$$\iint_S g(x,y,z)dS = \lim_{n\to\infty}\sum_{i=1}^{n} g(x_i,y_i,z_i)\Delta S_i$$

를 얻는다. 여기서 앞서와 마찬가지로

$$\Delta S_i = |\mathbf{r}_u\Delta u \times \mathbf{r}_v\Delta v| = |\mathbf{r}_u\times\mathbf{r}_v|\Delta u\Delta v$$

이므로

$$\iint_S g(x,y,z)dS = \lim_{n\to\infty}\sum_{i=1}^{n} g(x_i,y_i,z_i)|\mathbf{r}_u\times\mathbf{r}_v|\Delta u\Delta v$$

이다. 따라서

$$\iint_S g(x,y,z)dS = \iint_R g(x(u,v),y(u,v),z(u,v))|\mathbf{r}_u\times\mathbf{r}_v|dudv$$

가 되어 아래와 같이 스칼라 함수의 곡면적분 정의를 얻을 수 있다. 여기서 R은 S의 (u,v) 위에서의 영역이다.

정의 9.4.9. 곡면 S위의 스칼라함수 $g(\mathbf{r})$에 대한 곡면적분은 다음과 같이 정의된다.

$$\iint\limits_S g(\mathbf{r})dS = \iint\limits_R g(\mathbf{r}(u,v))|\mathbf{N}(u,v)|dudv \tag{9.29}$$

예제 9.4.10. 반지름이 a인 원주면 $S: x^2+y^2=a^2 \quad (y\ge 0,\quad 0\le z\le h)$ 위에서 스칼라함수

$$g(x,y,z) = x + y^2$$

를 면적분하라.

풀이. 반지름이 a인 원주면은

$$S: \mathbf{r}(u,v) = (a\cos u, a\sin u, v),\ \ (0\le u\le\pi), (0\le v\le h)$$

이다. 이에 수직인 법선벡터 $\mathbf{N}$는

$$\mathbf{N} = \mathbf{r}_u\times\mathbf{r}_v = a\cos u\mathbf{i} + a\sin u\mathbf{j}$$

이므로, $|\mathbf{N}| = a$ 이다. 또한 R 은 $0 \le u \le \pi$, $0 \le v \le h$ 이다. 따라서 면적분은

$$\begin{aligned} & a\int_0^h\int_0^\pi \left(a\cos u + a^2 \ \sin^2 u\right) dudv \\ = \ & a^3 h\int_0^\pi \frac{1-\cos 2u}{2} du \\ = \ & \frac{a^3 h\pi}{2} \end{aligned}$$

이다. □

유제 9.4.11. 평면 $S : x + y + z = 1$, $(x, y, z \ge 0)$ 위에서 스칼라함수

$$g(x, y, z) = 3x + y - 2z$$

를 면적분하라.

♣ 정답. $1/\sqrt{3}$

만약 $g(\mathbf{r})$ 이 S 의 질량밀도이면 식 (9.29) 은 S 의 총질량이 된다. 또한 $g = 1$ 일 때 식 (9.29) 은 곡면 S 의 넓이

$$A(S) = \iint_S dS = \iint_R |\mathbf{r}_u \times \mathbf{r}_v| \ dudv \tag{9.30}$$

가 된다. 여기서 R 는 $xy-$ 평면 위에서 S 의 정사영이다.

예제 9.4.12. 반지름이 a 인 구의 표면적을 계산하라.

풀이. 예제 9.4.3 에서 구면을 다음 벡터함수

$$\mathbf{r}(u, v) = a\sin u\cos v\mathbf{i} + a\sin u\sin v\mathbf{j} + a\cos u\mathbf{k}$$

$$(0 \le u \le \pi, \quad 0 \le v \le 2\pi)$$

로 표현했다. 이를 매개변수 u 와 v 에 대하여 각각 편미분하여

$$\begin{aligned} \mathbf{r}_u &= a\cos u\cos v\mathbf{i} + a\cos u\sin v\mathbf{j} - a\sin u\mathbf{k} \\ \mathbf{r}_v &= -a\sin u\sin v\mathbf{i} + a\sin u\cos v\mathbf{j} \\ \mathbf{N} = \mathbf{r}_u \times \mathbf{r}_v &= a^2\sin^2 u\cos v\mathbf{i} + a^2\sin^2 u\sin v\mathbf{j} + a^2\cos u\sin u\mathbf{k} \end{aligned}$$

를 얻는다. 여기서, $|\mathbf{N}| = |\mathbf{r}_u \times \mathbf{r}_v| = a^2|\sin u|$ 이다. 구면의 면적을 구하기 위하여, 이것을 $0 \le u \le \frac{\pi}{2}$, $0 \le v \le \frac{\pi}{2}$ 에서 적분한 후 8배 해준다. 따라서

$$A(S) = 8\int_0^{\pi/2}\int_0^{\pi/2} a^2\sin u dudv = 4\pi a^2$$

이다. □

만일 S가 $z=f(x,y)$ 로 주어지면 $\mathbf{r}=(x,\ y,\ f(x,y))$ 이고

$$|\mathbf{N}| = |(-f_x, -f_y, 1)| = \sqrt{1+f_x^2+f_y^2}$$

이다. 따라서 식 (9.29) 은

$$\iint_S g(\mathbf{r})dS = \iint_R g(x,y,f(x,y))\sqrt{1+\left(\frac{\partial f}{\partial x}\right)^2+\left(\frac{\partial f}{\partial y}\right)^2}dxdy \qquad (9.31)$$

가 된다. 특히, $g=1$ 이면 곡면 $S: z=f(x,y)$ 의 넓이 $A(S)$ 는

$$A(S) = \iint_R \sqrt{1+\left(\frac{\partial f}{\partial x}\right)^2+\left(\frac{\partial f}{\partial y}\right)^2}dxdy \qquad (9.32)$$

로 얻어지는데, 여기서 R은 $xy-$ 평면에서 S의 정사영이다.

예제 9.4.13. 곡면 $S: z=x^2+y^2, z\le 4$ 일 때, 주어진 곡면의 면적을 구하라.

풀이. 위 공식으로부터

$$\begin{aligned} A(S) &= \iint_R \sqrt{1+(2x)^2+(2y)^2}dxdy \\ &= \int_0^{2\pi}\int_0^2 \sqrt{1+4r^2}rdrd\theta, \quad t=1+4r^2 \\ &= 2\pi\int_1^{\sqrt{17}} t^{1/2}\frac{dt}{8} \\ &= \pi(17\sqrt{17}-1)/6 \end{aligned}$$

를 얻는다. □

연습문제 9.4

1. 다음 곡면의 매개변수식을 구하고, 해당하는 법선벡터를 구하라.
   (1) $x=y$ (2) $x+y+2z=1$
   (3) $z=4(x^2+y^2)$ (4) $2x+3y-5z=7$
   (5) $x^2+y^2+z^2=9$ (6) $x^2+y^2=a^2 \quad (0\le z\le 1)$
   (7) $z-xy=0$ (8) $z=\sqrt{x^2+y^2} \quad (0\le z\le h)$

2. 다음 곡면의 벡터함수식을 직교좌표에서의 스칼라방정식으로 표현하라. 또 그 법선벡터 $\mathbf{N}=\mathbf{r}_u\times\mathbf{r}_v$ 를 구하라.

(1) $\mathbf{r} = u\mathbf{i} + v\mathbf{j}$

(2) $\mathbf{r} = 4\cos u\mathbf{i} + 2\sin u\mathbf{j} + v\mathbf{k}$

(3) $\mathbf{r} = u\cos v\mathbf{i} + u\sin v\mathbf{j} + cu\mathbf{k}$

(4) $\mathbf{r} = au\cos v\mathbf{i} + bu\sin v\mathbf{j} + u^2\mathbf{k}$

(5) $\mathbf{r} = 2r\cos\theta\mathbf{i} + 3r\sin\theta\mathbf{j} + \sqrt{1-r^2}\mathbf{k}, 0 \le \theta \le 2\pi, 0 \le r \le 1$

(6) $\mathbf{r} = 2\cos\theta\sin\phi\mathbf{i} + 3\sin\theta\sin\phi\mathbf{j} + \cos\phi\mathbf{k}, 0 \le \theta \le 2\pi, 0 \le \phi \le \pi/2$

3. 적분 $\iint_S \mathbf{v}\cdot\mathbf{n}\ dS$ 를 계산하라.

(1) $\mathbf{v} = x\mathbf{i} + 2y\mathbf{j}$, $S : x + 2y - z = 1 \quad (0 \le x \le 1, \ -1 \le y \le 1)$

(2) $\mathbf{v} = \mathbf{i} + \mathbf{j} + \mathbf{k}$, $S : z = 4(x^2 + y^2) \quad (z \le 4)$

(3) $\mathbf{v} = z^2(\mathbf{i}+\mathbf{k})$, $S : \mathbf{r} = u\cos v\mathbf{i} + u\sin v\mathbf{j} + u\mathbf{k} \quad (0 \le u \le 1,\ 0 \le v \le 2\pi)$

(4) $\mathbf{v} = z\mathbf{i} + x^2\mathbf{j} + y^2\mathbf{k}$, $S : x^2 + 4y^2 = 4$, $0 \le z \le 1$ 중, 제 1 팔분면의 타원주면

(5) $\mathbf{v} = x\mathbf{i} - y\mathbf{j} + z\mathbf{k}$, $S : z = xy \quad (0 \le x \le 1,\ 0 \le y \le 2)$

(6) $\mathbf{v} = y\mathbf{i} + x\mathbf{j} + z\mathbf{k}$, $S : y = z \quad (0 \le x \le y,\ 0 \le y \le 2)$

(7) $\mathbf{v} = -y\mathbf{i} + x\mathbf{j} + z\mathbf{k}$, $S : \vec{r}(u,v) = (u\cos v, u\sin v, u), 0 \le u \le 1, 0 \le v \le 2\pi$

(8) $\mathbf{v} = x^2\mathbf{i} + 2y^2\mathbf{j} + z\mathbf{k}$, $S : \frac{1}{4}x^2 + \frac{1}{9}y^2 + z^2 = 1, z \ge 0$

(9) $\mathbf{v} = x\mathbf{i} + y\mathbf{j} + z\mathbf{k}$, S : 원점을 중심으로 하는 반지름이 1인 구

4. 식 $\iint_S g(\mathbf{r})\ dS$ 를 계산하라.

(1) $g = x + y + z$, $S : x + y + z = 1$ 의 1 팔분면

(2) $g = x\cos y$, $S : \mathbf{r} = u\mathbf{i} + v\mathbf{j} + u^2\mathbf{k} \quad (0 \le u \le 1,\ 0 \le v \le \pi/2)$

♣ 정답.

1. (1) $\mathbf{r} = (u, u, v)$, $(1, -1, 0)$

(2) $\mathbf{r} = (u, v, (1 - u - v)/2)$, $(1, 1, 2)$

(3) $\mathbf{r} = (v/2\cos u, v/2\sin u, v^2)$

(4) $\mathbf{r} = (u, v, -1/5(7 - 2u - 3v))$

(5) $\mathbf{r} = (3\sin u\cos v, 3\sin u\sin v, 3\cos u) \quad (0 \le u \le \pi,\ 0 \le v \le 2\pi)$

(6) $\mathbf{r} = (a\cos u, a\sin u, v)$, $(0 \le u \le 2\pi,\ 0 \le v \le 1)$

(7) $\mathbf{r} = (u, v, uv)$

(8) $\mathbf{r}(u,v) = v\cos u\mathbf{i} + v\sin u\mathbf{j} + v\mathbf{k}, (0 \le u \le 2\pi,\ 0 \le v \le h)$

2. (1) xy-평면 : $z = 0$, $(0, 0, 1)$

(2) 타원주면 : $x^2/4^2 + y^2/2^2 = 1$, z 는 실수, $(2\cos u, 4\sin u, 0)$

(3) 원추면 : $x^2 + y^2 = z^2/c^2$

(4) 타원포물면 : $x^2/a^2 + y^2/b^2 = z$

(5)(6) $x^2/4 + y^2/9 + z^2 = 1, z >= 0$

3. (1)-1 (2) $-\pi$ (3) $\pi/2$ (4) 19/6 (5) 1 (6) 4/3 (7) $2\pi/3$ (9) 우선 S는 $x^2+y^2+z^2=1$이며, 이것의 단위법선벡터는 $\mathbf{n}=(x\mathbf{i}+y\mathbf{j}+z\mathbf{k})/\sqrt{x^2+y^2+z^2}$ 임을 계산없이 쉽게 얻을 수 있다. 그러면 S 위에서 $\mathbf{v}\cdot\mathbf{n}=\sqrt{x^2+y^2+z^2}=1$ 이므로 $\iint\limits_S \mathbf{v}\cdot\mathbf{n}dS=\iint\limits_S dS=Area(S)=4\pi$ 이다.

4. (1) $\sqrt{3}/2$ (2) $5\sqrt{5}/12-1/12$

9.5 가우스의 발산정리

가우스(Gauss)의 발산정리는 공간에서 어떤 영역을 둘러싸는 경계곡면 위에서의 면적분이 그 영역에서의 3중적분으로 변환될 수 있으며, 그 역도 성립함을 보여준다. 즉, 면적분과 체적적분 사이의 변환이다. 면적분의 정의와 그 계산은 앞 절에서 소개하였다.

공간에서 유계인 폐영역 D을 n개로 아주 잘게 쪼갠 후, 작은 영역 dV_i를 통과하여 흐르는 벡터장 $\mathbf{v}$의 유출량을 계산해보면, 8.5절에서와 마찬가지로 $\text{div}\mathbf{v}dVi$가 됨을 알 수 있다. 작은 영역에서의 유출량들은 방향이 반대일 때에는 서로 상쇄되고, 같은 방향일 때에는 서로 더해져서 결국 전체 D에서의 유출량이 된다. 이를 이용하여 총유출량을 수식으로 표현해보면,

$$\lim_{n\to\infty}\sum_{i}^{n}\text{div}\mathbf{v}dV_i=\iiint_D \text{div}\mathbf{v}dV$$

가 됨을 알 수 있다. 또한 9.4절에서 D의 표면 S를 통과하는 벡터의 총유출량이 면적분

$$\iint_S \mathbf{v}\cdot\mathbf{n}\ dS$$

으로 얻어짐을 알았다. 두 가지 다른 방법으로 얻은 벡터의 총유출량이 같아야 하므로 다음의 가우스 발산정리를 얻을 수 있다.

> 정리 **9.5.1.** (가우스의 발산정리)
> D는 공간에서 유계인 폐영역이고 그 경계는 구분적으로 매끈한 유향곡면 S이다. 벡터함수 $\mathbf{v}(x,y,z)=(v_1,\ v_2,\ v_3)$가 D를 포함하는 영역에서 연속이고 연속인 *1*계 편도함수를 가지면,
>
> $$\iint_S \mathbf{v}\cdot\mathbf{n}\ dS=\iiint\limits_D div\ \mathbf{v}\ dV \tag{9.33}$$
>
> 이다. 여기서 $\mathbf{n}$은 S의 외향 단위법선벡터이다.

여기서 dS는 곡면적(Surface area)소이며, dV는 체적(Volume)소로 이해하면 된다. $\mathbf{n}$은 크기가 1이고 S에 수직인 단위법선벡터이므로 양의 x,y,z축과 이

루는 각을 각각 A, B, C 라고 두자. 그러면,

$$\mathbf{n}\cdot\mathbf{i} = \cos A, \mathbf{n}\cdot\mathbf{j} = \cos B, \mathbf{n}\cdot\mathbf{k} = \cos C,$$

이므로

$$\mathbf{n} = (\cos A, \quad \cos B, \quad \cos C) \tag{9.34}$$

이다. 이 때, $\cos AdS = dydz, \quad \cos BdS = dzdx, \quad \cos CdS = dxdy$ 라 두고, $\mathbf{v}$ 가

$$\mathbf{v} = v_1\mathbf{i} + v_2\mathbf{j} + v_3\mathbf{k}$$

라 하면, 식(9.33)는

$$\begin{aligned} & \iiint_D \left(\frac{\partial v_1}{\partial x} + \frac{\partial v_2}{\partial y} + \frac{\partial v_3}{\partial z}\right) dxdydz \\ = & \iint_S (v_1 dydz + v_2 dzdx + v_3 dxdy) \end{aligned}$$

로 표현될 수 있다.

여기서 발산정리의 증명은 생략하고 예를 통하여 가우스의 발산정리를 확인해보자.

예제 9.5.2. S 는 $x^2 + y^2 + z^2 = a^2$ 인 구의 표면이다. 다음 적분

$$\iint_S (2xdydz + 3ydzdx - zdxdy)$$

을 계산하여, 가우스의 발산정리를 확인하라.

풀이. 주어진 곡면이 공간에서 닫힌 유한영역이므로 가우스의 발산정리를 적용할 수 있다. 식의 좌변을 먼저 계산해 보자. 우리는 구면의 벡터함수가

$$\mathbf{r}(u,v) = (a\sin u\cos v, \ a\sin u\sin v, \ a\cos u)$$

임을 알고 있다. 여기서 $0 \le u \le \pi$ 이고, $0 \le v \le 2\pi$ 이다. 구면의 법선벡터는

$$\mathbf{N} = \mathbf{r}_u \times \mathbf{r}_v = a^2(\sin^2 u\cos v, \sin^2 u\sin v, \cos u\sin u)$$

이며,

$$\mathbf{v}(\mathbf{r}(u,v)) = (2a\sin u\cos v, \ 3a\sin u\sin v, \ -a\cos u)$$

이다. 따라서

$$\begin{aligned}&\int\int_S \mathbf{v}\cdot\mathbf{n}dS\\ =\ & a^2\int_0^{2\pi}\int_0^{\pi}(2a\sin^3 u\cos^2 v+3a\sin^3 u\sin^2 v-a\cos^2 u\sin u)dudv\\ =\ & 16\pi a^3/3\end{aligned}$$

이다. 이제 식 (9.33)의 우변을 계산하자. $v_1=2x,\ v_2=3y,\ v_3=-z$ 이므로

$$\text{div }\mathbf{v}=4$$

이다. 따라서

$$\iiint_D 4dxdydz=4\iiint_D dxdydz=4\times \text{구의 부피}=16\pi a^3/3$$

로서 가우스의 발산정리가 성립함을 본다. □

유제 9.5.3. S는 $x^2+y^2+z^2=1$ 인 구의 표면이다. 다음 적분을 계산하라.

$$\iint_S(2xdydz-zdxdy)$$

♣ 정답. $4\pi/3$

예제 9.5.4. S는 중심이 원점이고 반지름이 a이며, 높이가 b인 원통 중 제 1 팔분면에 있는 부분의 표면이다. 가우스의 발산정리를 이용하여 다음 적분을 계산하라.

$$\iint_S(xy^2dydz+y^3dzdx-y^2zdxdy)$$

풀이. 주어진 S는 원주면 $S_1: x^2+y^2=a^2\ (x>0, y>0, 0\le z\le b)$과 네 개의 평면 $S_2: x^2+y^2=1, x>0, y>0, z=0,\ S_3: x^2+y^2=1, x>0, y>0, z=1,$ $S_4: x=0, 0<y<1, 0<z<1,\ S_5: y=0, 0<x<1, 0<z<1$ 로 이루어진 폐곡면이다. 5개 곡면에서의 곡면적분

$$\int\int_{S_1}\mathbf{v}\cdot\mathbf{n}dS+\int\int_{S_2}\mathbf{v}\cdot\mathbf{n}dS+\cdots+\int\int_{S_5}\mathbf{v}\cdot\mathbf{n}dS$$

를 계산하는 대신 가우스의 발산정리를 사용하여 V 내부에서의 3중적분을 계산하자. $F_1=xy^2,\ F_2=y^3,\ F_3=-y^2z$ 이므로 $\text{div }\mathbf{v}=y^2+3y^2-y^2=3y^2$ 이다. 따라서

$$\iiint_D 3y^2dxdydz$$

에서 직교좌표를 원기둥좌표로 변환시키면 $x=r\cos\theta,\ y=r\sin\theta,\ z=z$ 이며

$dxdydz = rdrd\theta dz$ 이다. 따라서

$$\begin{aligned}\iiint_D 3y^2 dxdydz &= 3\int_0^b \int_0^{\pi/2} \int_0^a r^2 \sin^2\theta \ rdrd\theta dz \\ &= 3b \int_0^{\pi/2} \int_0^a r^3 \sin^2\theta \ drd\theta \\ &= \frac{3}{4}a^4 b \int_0^{\pi/2} \sin^2\theta \ d\theta = \frac{3}{16}\pi a^4 b\end{aligned}$$

이다. □

유제 9.5.5. S 는 정육면체 $0 \le x \le 1,\ 0 \le y \le 1,\ 0 \le z \le 1$ 의 표면일 때, S 에서 가우스의 발산정리를 이용하여 다음 적분을 계산하라.

$$\iint_S (6xdydz - ydzdx - 2zdxdy)$$

♣ 정답. 3

다음 예제에서는 발산이 갖는 물리적인 의미를 살펴보자.

예제 9.5.6. 상수밀도 $\rho = 1$ 을 가지는 비압축성 유체의 흐름을 살펴보자. 이 유체의 흐름은 임의의 점 P 에서 속도벡터장 $\mathbf{v}(P)$ 에 의해 결정된다. 이 유체가 단위 시간 당 폐공간 D 의 경계곡면 S 를 통하여 밖으로 흘러나가는 평균 유출량을 계산해보라.

풀이. 단위시간당 S 를 통하여 폐공간 D 밖으로 흘러나가는 유체의 총량은 곡면적분인데, 이를 폐공간의 체적 $V(D)$ 로 나누어주면 다음과 같은 평균 유출량을 얻을 수 있다.

$$\frac{1}{V(D)} \iint_S \mathbf{v} \cdot \mathbf{n} \ dS \tag{9.35}$$

가우스의 발산정리에 따라서

$$\frac{1}{V(D)} \iint_S \mathbf{v} \cdot \mathbf{n} \ dS = \frac{1}{V(D)} \iiint_D \text{div } \mathbf{v} \ dV$$

를 얻을 수 있다. 또한, div $\mathbf{v}$ 가 (x, y, z) 의 함수이며 D 에서 연속이므로, 평균값 정리에 따라

$$\frac{1}{V(D)} \iiint_D \text{div } \mathbf{v} \ dV = \text{div } \mathbf{v}(x_0, y_0, z_0)$$

를 만족하는 한 점 $Q(x_0, y_0, z_0)$ 이 D 속에 항상 존재한다. 따라서 흘러나가는

평균 유체의 양은

$$\frac{1}{V(D)}\iint_S \mathbf{v}\cdot\mathbf{n}\ dS = \frac{1}{V(D)}\iiint_D \text{div }\mathbf{v}\ dV = \text{div }\mathbf{v}(x_0, y_0, z_0)$$

이다.[4]

즉, 이 적분값이 양이면, D 안에 생성점 (source) 이 있음을 뜻하고, 음이면 D 안에 소멸점 (sink) 이 있음을 뜻한다. D 안에 생성점 또는 소멸점이 없을 필요충분조건은 div $\mathbf{v} = 0$ 이고, 이때에는

$$\iint_S \mathbf{v}\cdot\mathbf{n}\ dS = 0$$

이다. 예를 들어, 온도가 100 도가 넘는 한 점을 물이 통과하는 경우를 생각해보자. 이 점을 통과하는 순간 물이 사라지므로, 이 점은 소멸점이 된다. □

연습문제 9.5

1. 발산정리를 이용하여 곡면적분 $\iint_S \mathbf{F}\cdot\mathbf{n}\ dS$ 를 계산하라.

(1) $\mathbf{v} = x^2\mathbf{i} + z^2\mathbf{k}$; $S : |x| \le 1,\ |y| \le 1,\ |z| \le 1$ 의 표면.

(2) $\mathbf{v} = xe^y\mathbf{i} - e^y\mathbf{j} + z\mathbf{k}$; $S : x^2 + y^2 \le 4,\ |z| \le 2$ 의 표면

(3) $\mathbf{v} = x^3\mathbf{i} + z^2\mathbf{j} + y^2\mathbf{k}$; $S : x^2 + y^2 \le 1\ (x \ge 0,\ y \ge 0),\ 0 \le z \le 1$ 의 표면

(4) $\mathbf{v} = x^3\mathbf{i} + y^3\mathbf{j} + z^3\mathbf{k}$; $S : x^2 + y^2 + z^2 = a^2$

(5) $\mathbf{v} = \cos 2x\mathbf{i} + z(3 + 2\sin 2x)\mathbf{k}$; $S : x^2 + y^2 \le z$, 평면 $z = 4$ 위에서 중심이 $(0, 0, 4)$ 이고 반지름이 2 인 원판

(6) $\mathbf{v} = x\mathbf{i} + y\mathbf{j} + z\mathbf{k}$; $S : x + y + z \le 1,\ x \ge 0, y \ge 0, z \ge 0$ 의 표면

2. (1) 물체에서 열은 온도 T 가 감소하는 방향으로 흐르며, 흐름의 비율은 온도의 그래디언트에 비례한다. 즉, 물체에서 열전달속도 $\mathbf{v}$ 는

$$\mathbf{v} = -K\ grad\ T \tag{9.36}$$

이다. 여기서 K 는 그 물체의 열전도율인데, 보통의 물리적 환경에서 K 는 상수이며, 온도는 위치 (x, y, z) 와 시간 t 의 함수이다. 또한 물체의 비열 σ 과 밀

---

[4] $\frac{f(b)-f(a)}{b-a} = f'(c)$ 또는 $\frac{1}{b-a}\int_a^b f'(t)dt = f'(c)$ 를 만족하는 c 가 (a, b) 에 항상 존재한다. 여기서 $F(x) = \int_0^x f(t)dt$ 에 평균값 정리를 적용하면, $\frac{1}{b-a}\int_a^b f(t)dt = f(c)$ 인 c 가 (a, b) 에 항상 존재한다. 이를 삼중적분으로 확장하면, $\frac{1}{V(D)}\int\int\int_D f(x, y, z)dV = f(x_0, y_0, z_0)$ 인 (x_0, y_0, z_0) 가 D 에 항상 존재한다.

도 ρ, 어떤 물체가 차지하는 영역 D가 주어지면, 총열량이 질량, 비열, 및 온도의 곱이므로, 어떤 물체가 갖는 총열량은

$$\text{총열량}(t) = \iiint_D \sigma\rho T\,dxdydz$$

로도 구해진다. 열전달속도장에서 가우스소거법을 이용하여 물체의 표면을 통하여 흘러나가는 열흐름을 계산하고 이것이 두번째 식의 시간에 대한 편미분과 같다는 것을 이용하여 열방정식

$$\frac{\partial T}{\partial t} - \frac{K}{\sigma\rho}\nabla^2 T = 0$$

을 유도하라.

♣ 정답.

1. (1) 0 (2) 16π (3) $3\pi/16$ (4) πa^4 (5) 24π (6) 1/2

9.6 스톡스의 정리

그린정리에 따라 평면 영역에서의 중적분은 그 영역의 경계곡선 위에서 선적분으로 변환할 수 있었다. 스톡스(Stokes) [5] 의 정리는 그린정리를 면적분으로 일반화시킨 것이다. 곡면 위에서 벡터장의 회전에 의한 면적분은 곡면의 경계를 따라서 벡터장을 선적분한 것과 같고, 그 역도 성립한다.

그린의 정리를 다시 살펴보면, 벡터함수 $\mathbf{F}$를 평면에서 폐영역 R의 둘레 폐곡선C를 따라서 반시계 방향으로 하는 선적분하는 것으로써,

$$\oint_C \mathbf{F}\cdot d\mathbf{r} = \iint_R \left(\frac{\partial F_2}{\partial x} - \frac{\partial F_1}{\partial y}\right) dxdy$$

이었다. 이때, 벡터함수 $\mathbf{v}$를

$$\mathbf{v} = (v_1, v_2, v_3)$$

로 확장하면,

$$\frac{\partial v_2}{\partial x} - \frac{\partial v_1}{\partial y} = \text{curl}\mathbf{v}\cdot\mathbf{k}$$

[5] Georeg Gabriel Stokes(1819-1903) : 아일랜드의 수학자, 물리학자. 캠브릿지 대학 교수로서 무한급수론, 점성유체, 측지학, 광학 등에 크게 공헌하였다.

임을 알 수 있다. 이를 이용하여 그린의 정리를 다시 쓰면,

$$\oint_C \mathbf{v} \cdot d\mathbf{r} = \iint_R \text{curl}\mathbf{v} \cdot \mathbf{k} dxdy$$

이다. 이때, $xy-$ 평면 위의 폐영역 R은 곡면 (평면)이며, $\mathbf{k}$는 곡면 (평면) R에 수직인 법선벡터가 된다. 이제 이것을 3차원 공간으로 확장해보자. R을 동일한 둘레 C를 갖는 폐곡면 S로 확장하고, $\mathbf{k}$를 S에 수직인 법선벡터 $\mathbf{n}$으로 확장하여 다음의 스톡스의 정리를 얻을 수 있다.

> 정리 **9.6.1.** (스톡스의 정리)
> S는 구분적으로 매끈한 유향 곡면이고, S의 둘레는 구분적으로 매끈한 단순폐곡선 C이다. 벡터함수 $\mathbf{v}(x,y,z) = (v_1, v_2, v_3)$는 S를 포함하는 공간의 영역에서 연속이고 연속인 *1*계 편도함수를 가지면
>
> $$\iint_S curl\ \mathbf{v} \cdot \mathbf{n}\ dS\ = \oint_C \mathbf{v} \cdot d\mathbf{r} \tag{9.37}$$
>
> 이다. 여기서 $\mathbf{n}$은 S의 외향 단위법선벡터이다.

스톡스의 정리는 벡터장 $\mathbf{v}$의 회전 curl $\mathbf{v}$에 의해서 행해진 유출량을 면적분으로 직접 계산하는 것이 복잡할 때, 곡면적분 대신 곡면의 경계곡선 C를 따라서 벡터장 $\mathbf{v}$를 선적분할 수 있음을 의미한다. 역으로, 벡터장 $\mathbf{v}$를 어떤 폐곡선 C를 따라 선적분하려고 할 때, 만일 그 폐곡선이 복잡한 적분경로로 형성된 경우에는 선적분 대신에 그 폐곡선이 경계곡선을 이루는 임의의 곡면 또는 평면 영역에서의 곡면적분으로 바꾸어 계산할 수 있도록 해준다.

증명은 참고문헌을 보도록 하고 각각에 해당하는 예를 살펴보기로 한다.

예제 9.6.2. $\mathbf{v} = z\mathbf{i} + 3x\mathbf{j} - x^3y^3\mathbf{k}$이고, 곡면 S가 평면 $z = 1$ 위에 놓여있는 포물면

$$z = 2 - (x^2 + y^2)$$

일 때, 스톡스의 정리를 확인해보라.

풀이. 이 예제에서는 스톡스 정리의 양쪽을 모두 계산해보자. 우선 지금부터 평면 $z = 1$ 위에 놓여있는 포물면의 경계를 따라서 선적분하자. 평면 $z = 1$ 위에서 곡면은

$$z = 1 = 2 - (x^2 + y^2)$$

이므로 곡면의 경계는 중심이 z축 위에 있고 반지름이 1인 원이다. 즉,

$$C : \mathbf{r}(t) = \cos t\mathbf{i} + \sin t\mathbf{j} + \mathbf{k} \quad (0 \le t \le 2\pi)$$

라 할 수 있고 이 때,

$$\mathbf{r}'(t) = -\sin t\mathbf{i} + \cos t\mathbf{j},$$

이다. 따라서

$$\mathbf{v}(r(t)) \cdot \frac{d\mathbf{r}}{dt} = (1, 3\cos t, -\cos^3 t \sin^3 t) \cdot (-\sin t, \cos t, 0) = -\sin t + 3\cos^2 t$$

이므로

$$\oint_C \mathbf{v} \cdot \mathbf{r}'(t) dt = \int_0^{2\pi} [-\sin t + 3\cos^2 t] dt = 3\pi$$

이다.

이제 회전에 의한 면적분을 계산해보자. 둘레를 $C : x^2 + y^2 \leq 1, z = 1$ 로 갖는 가장 간단한 곡면은 $z = 1$ 위에 놓인 중심이 $(0,0,1)$ 이고 반지름이 1 이 원이다. 이 원판에 수직인 법선벡터 $\mathbf{n} = \mathbf{k}$ 임을 계산없이 쉽게 알 수 있다. 따라서 회전에 의한 면적분은

$$\begin{aligned} & \iint_S (\text{curl } \mathbf{v}) \cdot \mathbf{n} \ dS \\ = & \iint_{x^2+y^2 \leq 1, z=1} (-3x^3y^2, 3x^2y^3 + 1, 3) \cdot (0,0,1) dS \\ = & \ 3Area(x^2 + y^2 \leq 1, z = 1) \\ = & \ 3\pi \end{aligned}$$

가 되며, 이는 위의 선적분 결과와 동일하다. □

유제 9.6.3. $\mathbf{v} = y\mathbf{i} + z\mathbf{j} + x\mathbf{k}$ 이고, 곡면 S 가

$$z = 1 - (x^2 + y^2) \quad (z \geq 0)$$

인 포물면일 때, 스톡스의 정리를 확인하라.

♣ 정답. $-\pi$

벡터장의 회전과 동일한 방향의 법선벡터를 갖는 곡(평)면을 쉽게 구할 수 있을 경우, 어떤 벡터함수의 선적분보다 그 벡터장의 회전의 면적분이 더 간단할 수 있다.

예제 9.6.4. $\mathbf{v} = -5y\mathbf{i} + 4x\mathbf{j} + z\mathbf{k}$ 를 $C : x^2 + y^2 = 1, z = 1$ 의 둘레를 따라서 반시계방향으로 선적분하라.

풀이. 이 경우 경계를 C 로 갖는 곡면이 따로 주어지지 않았지만

$$\text{curl } \mathbf{v} = (0, 0, 9)$$

로 간단하므로, 이와 나란한 법선벡터를 갖는 곡면S 를 찾아서 $\oint_C \mathbf{v} \cdot d\mathbf{r}$ 대신 $\iint_S (\text{curl } \mathbf{v}) \cdot \mathbf{n} \ dS$ 를 계산하는 것이 더 유리할 수 있다. 특히 C 를 경계로 가질 수 있는 가장 간단한 원판 모양의 곡면 $S : x^2 + y^2 \leq 1, z = 1$ 이 평면이므로

S 에 수직인 단위법선 벡터 $\mathbf{n}$ 은 평면 $z=1$ 의 단위법선 벡터와 동일하다. 즉, $\mathbf{n}=(0,0,1)$ 을 계산없이 쉽게 얻을 수 있다. 또한 S 의 $xy-$ 평면 위로의 정사영 R 은 원점을 중심으로 하는 단위원이 된다. 따라서

$$
\begin{aligned}
& \int_C \mathbf{v}(\mathbf{r}) \cdot d\mathbf{r} \\
= & \iint_S \text{curl } \mathbf{v} \cdot \mathbf{n} \, dS \\
= & \int\int_R (0,0,9) \cdot (0,0,1) dA \\
= & \int\int_R 9dA \\
= & 9 \times Area(R) \\
= & 9\pi
\end{aligned}
$$

이다. 이때 S 가 xy 평면과 나란하면, $dS = dA$ 이다. 스톡스의 정리에 따라서 이것이 주어진 선적분 결과가 된다. □

다음 예제에서는 곡면에 대한 법선벡터가 x 축이나 y 축, 또는 z 축과 나란하지 않은 경우를 살펴보자. 이 경우 곡면 또는 평면에 대한 법선 벡터를 직접 계산해야한다.

예제 9.6.5. $\mathbf{v} = z\mathbf{i} + x\mathbf{j} + y\mathbf{k}$ 를 세 점 $A(1,0,0), B(0,2,0), C(0,0,3)$ 을 꼭지점으로 갖는 삼각형의 둘레를 따라서 반시계방향으로 선적분하라.

풀이. 이 경우

$$\oint_C \mathbf{v} \cdot d\mathbf{r} = \oint_{C_1:A\to B} \mathbf{v} \cdot d\mathbf{r} + \oint_{C_2:B\to C} \mathbf{v} \cdot d\mathbf{r} + \oint_{C_3:C\to A} \mathbf{v} \cdot d\mathbf{r}$$

을 계산하는 것보다 스톡스 정리를 이용하여 $\iint\limits_S (\text{curl } \mathbf{v}) \cdot \mathbf{n} \, dS$ 을 계산하는 것이 더 유리하다. 이 때, 곡면 S 는 세 꼭지점이 만드는 삼각형의 내부 영역이다. 먼저 세 점이 놓여있는 평면식을 구해보면

$$S \ : \ 6x + 3y + 2z = 6$$

이고, 이것의 벡터방정식은

$$S \ : \ \mathbf{r}(u,v) = \left(u, \ v, \ \frac{6-6u-3v}{2}\right)$$

이다. 이 곡면에 수직인 법선벡터는

$$\mathbf{N} = \mathbf{r}_u \times \mathbf{r}_v = \left(3, \frac{3}{2}, 1\right)$$

이고,

$$\text{curl } \mathbf{v} = (1, 1, 1)$$

이므로

$$\int_C \mathbf{v}(\mathbf{r}) \cdot d\mathbf{r} = \iint_S \text{curl } \mathbf{v} \cdot N \ dvdu = \int_0^1 \int_0^{-2u+2} \frac{11}{2} dvdu = \frac{11}{2}$$

이다. 스톡스의 정리에 따라서 이것이 주어진 선적분 결과가 된다. 그런데, 이 적분에서 curl $\mathbf{v} \cdot N$ 이 상수이므로 위의 이중적분은 적분계산 없이 이 값과 삼각형 면적의 곱으로 더 간단히 계산될 수도 있다. □

유제 9.6.6.

$$\mathbf{v} = -z\mathbf{i} + x\mathbf{j} + y\mathbf{k}$$

를 세 점 $A(1,0,0), B(0,-1,0), C(0,0,1)$ 을 꼭지점으로 갖는 삼각형의 둘레를 따라서 반시계방향으로 선적분하라.

♣ 정답. 세 점을 지나는 평면식은 $x - y + z = 1$, 선적분은 $-3/2$

다음으로 curl이 물리적으로 어떤 의미를 가질 수 있는지 살펴보자. S 는 중심이 P 이고, 반지름이 r 인 원판이다. 그러면 이것의 둘레는 반지름이 r 인 원이며, 이를 C 라 두자. $\mathbf{v}(x, y, z)$ 는 S 를 포함하는 영역에서 연속이고 미분가능한 벡터함수이다. 그러면 스톡스정리와 평균값정리에 따라서

$$\frac{1}{Area(S)} \oint_C \mathbf{v} \cdot \mathbf{r}' dt = \frac{1}{Area(S)} \iint_S \text{curl } \mathbf{v} \cdot \mathbf{n} dS = \text{curl } \mathbf{v} \cdot \mathbf{n}(Q)$$

이다. 여기서 Q 는 S 위의 한 점이다.

만약 $\mathbf{v}$ 가 속도이면, C 가 폐곡선이므로 $\oint_C \mathbf{v} \cdot \mathbf{r}' dt$ 는 C 에 대한 유체의 순환을 의미하게 된다. $Area(S) -> 0$ 이 되면, Q 가 P 로 수렴하므로, 위의 평균값정리는 결국 한 점 P 에서 성립하게 된다. 즉,

$$\lim_{Area(S) -> 0} \frac{1}{Area(S)} \oint_C \mathbf{v} \cdot \mathbf{r}' dt = \text{curl } \mathbf{v} \cdot \mathbf{n}(P)$$

이며, 이는 한 점 P 에서의 순환을 의미하게 된다. 따라서 curl $\mathbf{v} \cdot \mathbf{n}(P)$ 는 한 점에서 단위 면적당 유체의 순환을 의미하게 된다.

어떤 벡터장의 한 점에서 curl $\mathbf{v}$ 가 $\mathbf{0}$ 이 아니라는 의미는 그 점에서 곡면에 수직인 법선 방향 $\mathbf{n}$ 또는 회전축 방향으로의 순환이 있음을 의미한다. 예를 들어 벡터장이 물의 흐름을 표현한다고 가정할 때, 그 물에 나뭇잎을 띄워서 나뭇잎이 회전하는 것이 관찰되면, 그 점에서 그 벡터장의 회전이 $\mathbf{0}$ 이 아니다.

예제 9.6.7. 평면 $z = 1$과 $0 \leq x \leq 2, 0 \leq y \leq 2$의 표면인 사각기둥면이 만나는 곡선의 둘레에서 속도

$$\mathbf{v} = 2xz\cos y\mathbf{i} - x^2 z\sin y\mathbf{j} + x^2\cos y\mathbf{k}$$

에 의한 순환을 구하라.

풀이. 이 일은 스톡스정리에 따라 선적분으로 표현된다. 그런데

$$f = x^2 z\cos y$$

에 대하여 $\mathbf{v} = grad\ f$ 이고,

$$\text{curl }(grad\ f) = \mathbf{0}$$

이므로,

$$\text{curl }\mathbf{v}\cdot\mathbf{n} = 0$$

이다. 따라서 스톡스 정리에 의해서 구해지는 순환은 0이다. □

연습문제 9.6

1. Stokes 정리를 사용하여 반시계방향으로 $\oint_C \mathbf{v}\cdot\mathbf{r}'(t)dt$를 계산하라. 여기서 C는 곡면 S의 경계곡선이다.

   (1) $\mathbf{v} = z^2\mathbf{i} + 3x\mathbf{j}$; C는 $0 \leq x \leq 2,\ 0 \leq y \leq 3$인 사각기둥을 평면 $z = 1$로 자를 때 생기는 곡면의 둘레

   (2) $\mathbf{v} = 2z\mathbf{i} + x\mathbf{j}$; C는 $0 \leq x \leq 1,\ 0 \leq y \leq 1$인 사각기둥을 평면 $z = y$로 자를 때 생기는 곡면의 둘레

   (3) $\mathbf{v} = y\mathbf{i} + z\mathbf{j} + x\mathbf{k}$; C는 $0 \leq x \leq 1,\ 0 \leq y \leq 1$인 사각기둥을 평면 $z = x + y$로 자를 때 생기는 곡면의 둘레

   (4) $\mathbf{v} = -3y\mathbf{i} + 2x\mathbf{j} + z\mathbf{k}$; C는 원기둥 $x^2 + y^2 = 1$를 평면 $z = 2$로 자를 때 생기는 곡면의 둘레

   (5) $\mathbf{v} = (-y, -z, -x)$; C는 정점 $(1, 0, 0)$, $(0, 1, 0)$, $(0, 0, 1)$을 가지는 삼각형의 둘레

   (6) $\mathbf{v} = y^2\mathbf{i} + 2xy\mathbf{j} + 1\mathbf{k}$; C는 원기둥 $4x^2 + 9y^2 = 36$를 평면 $z = 2$로

자를 때 생기는 곡면의 둘레

♣ 정답.

1. (1) 18 (2) -1 (3) 1 (4) 5π (5) 3/2 (6) 0

제 10 장

푸리에 급수와 응용

초등미적분학에서 테일러(Taylor) 급수에 대하여 알아 보았다. 함수 $f(x)$의 테일러 급수는 한 점 $x = a$에서 $f(x)$에 가장 근접하는 근사식으로써 작은 범위에서 주로 이용된다. 그러나 공학의 많은 문제는 좀 더 큰 범위에서 함수의 근사식을 필요로 한다. 푸리에 급수는 다소 큰 범위에서 이용되는 근사식으로 코사인(cosine) 함수와 사인(sine) 함수의 합으로 이루어진 급수이다. 푸리에 급수는 실험등 공학의 실제 문제에서 나타나는 주기함수를 급수로 표현할 수 있으며, 테일러 급수로는 표현할 수 없는 불연속 함수도 푸리에(Fourier) 급수로 표현할 수 있다. 이 급수는 미분방정식을 푸는 데 유용하며, 이론은 다소 복잡하지만 그 응용은 비교적 간단한 편이다.

10.1 푸리에 급수

구간 (a, b)에서 집합 S에 속하는 두 함수 $f(x)$와 $g(x)$의 내적 $< f, g >$을 다음과 같이 정의하자.

$$< f, g > = \int_a^b f(x)g(x)dx$$

그러면, 상수 c에 대하여 다음의 네 가지 성질

$$< f, f > \quad \geq 0$$

$$< f, g > = < g, f >$$

$$< f, g + h > = < f, g > + < f, h >$$

$$< f, cg > = c < f, g >$$

이 성립하는 함수의 집합 S는함수의 내적공간이 된다. 이때

$$< f, g > = 0$$

이 되면 두 함수 $f(x)$ 와 $g(x)$ 가 서로 직교한다고 정의한다.

주기가 2π 인 삼각함수들의 집합

$$\{1, \sin x, \cos x, \sin 2x, \cos 2x, \sin 3x, \cos 3x, \ldots\}$$

을 삼각계(trigonometric system)라 한다. 이 삼각계에서는 구간 $(-\pi, \pi)$ 에서 두 함수의 내적을

$$< f, g >= \int_{-\pi}^{\pi} f(x)g(x)dx$$

와 같이 정의하면, 이 삼각계는 내적공간이 된다. 삼각급수는 삼각계에 속하는 주기가 2π 인 함수들의 일차결합으로 표현되는 무한급수이다. 함수 $f(x)$ 를 주기가 2π 인 삼각급수로 표현하면 다음과 같다.

$$\begin{aligned} f(x) &= a_0 + a_1 \cos x + b_1 \sin x + a_2 \cos 2x + b_2 \sin 2x + \cdots \\ &= a_0 + \sum_{n=1}^{\infty} (a_n \cos nx + b_n \sin nx) \qquad (10.1) \end{aligned}$$

우선 삼각계에 속하는 함수들의 성질을 살펴보자. 모든 자연수 m 과 n 에 대하여 다음이 성립한다.

$$< 1, \cos mx >= \int_{-\pi}^{\pi} \cos mx \, dx = 0$$

$$< 1, \sin mx >= \int_{-\pi}^{\pi} \sin mx \, dx = 0$$

$$< 1, 1 >= \int_{-\pi}^{\pi} 1 \, dx = 2\pi$$

또한 삼각함수의 합의 공식

$$\begin{aligned} \cos mx \cos nx &= \frac{1}{2}(\cos(m+n)x + \cos(m-n)x) \\ \cos mx \sin nx &= \frac{1}{2}(\sin(m+n)x - \sin(m-n)x) \\ \sin mx \sin nx &= -\frac{1}{2}(\cos(m+n)x - \cos(m-n)x) \end{aligned}$$

를 이용하여 다음의 결과를 얻을 수 있다.

$$\begin{aligned} < \cos mx, \cos nx > &= \int_{-\pi}^{\pi} \cos mx \cos nx dx \\ &= \frac{1}{2}\int_{-\pi}^{\pi} \cos(m+n)x dx + \frac{1}{2}\int_{-\pi}^{\pi} \cos(m-n)x dx \\ &= \begin{cases} 0, & (m \neq n) \\ \pi, & (m = n). \end{cases} \end{aligned}$$

$$\begin{aligned}< \cos mx, \sin nx > &= \int_{-\pi}^{\pi} \cos mx \sin nx dx \\ &= \frac{1}{2}\int_{-\pi}^{\pi} \sin(m+n)x dx - \frac{1}{2}\int_{-\pi}^{\pi} \sin(m-n)x dx \\ &= 0\end{aligned}$$

$$\begin{aligned}< \sin mx, \sin nx > &= \int_{-\pi}^{\pi} \sin mx \sin nx dx \\ &= -\frac{1}{2}\int_{-\pi}^{\pi} \cos(m+n)x dx + \frac{1}{2}\int_{-\pi}^{\pi} \cos(m-n)x dx \\ &= \begin{cases} 0, & (m \neq n) \\ \pi, & (m = n). \end{cases}\end{aligned}$$

이 결과는 삼각계 안에 있는 함수들 사이의 중요한 관계를 잘 설명하고 있다. 서로 곱하여 구간 $[-\pi, \pi]$ 에서 적분하는 것을 두 함수의 내적으로 정의하면, 자기 자신과의 내적을 제외하고 다른 함수들 끼리의 내적은 모두 0 임을 알 수 있다. 이것을 삼각계의 직교성이라고 부른다. 즉 삼각계에 속하는 함수들은 서로 직교한다. 이 직교성을 이용하여 식 (10.1) 의 계수 a_n 및 b_n 을 결정해 보자.

먼저 a_0 를 결정하기 위해서 식 (10.1) 의 양변을 $x = -\pi$ 부터 $x = \pi$ 까지 적분하면

$$\begin{aligned}&\int_{-\pi}^{\pi} f(x)dx \\ =\ &\int_{-\pi}^{\pi} \left[a_0 + \sum_{n=1}^{\infty}(a_n \cos nx + b_n \sin nx)\right] dx \\ =\ &\int_{-\pi}^{\pi} a_0 dx + \sum_{n=1}^{\infty}\left(a_n \int_{-\pi}^{\pi} \cos nx dx + b_n \int_{-\pi}^{\pi} \sin nx dx\right) \\ =\ &2\pi a_0\end{aligned}$$

이다. 왜냐하면

$$\int_{-\pi}^{\pi} dx = 2\pi, \quad \int_{-\pi}^{\pi} \cos nx dx = 0, \quad \int_{-\pi}^{\pi} \sin nx dx = 0 \quad (n\text{은 자연수})$$

이기 때문이다. 또는

$$< f, 1 >= a_0 < 1, 1 > + \sum_{n=1}^{\infty}(a_n < \cos nx, 1 > + b_n < \sin nx, 1 >) = 2\pi a_0$$

이다. 그러므로

$$a_0 = \frac{1}{2\pi}\int_{-\pi}^{\pi} f(x)dx = \frac{1}{2\pi} < f, 1 >$$

이다.

같은 방법으로 $\{a_1, a_2, a_3, \cdots\}$ 를 구해 보자. 급수 (10.1)의 양변에 $\cos mx$ 를 곱하고 $x = -\pi$ 부터 $x = \pi$ 까지 적분하면

$$\begin{aligned}
& \int_{-\pi}^{\pi} f(x)\cos mx dx \\
= & \int_{-\pi}^{\pi} \left[a_0 + \sum_{n=1}^{\infty} (a_n \cos nx + b_n \sin nx) \right] \cos mx dx \\
= & \ a_0 \int_{-\pi}^{\pi} \cos mx dx \\
& + \sum_{n=1}^{\infty} a_n \int_{-\pi}^{\pi} \cos nx \cos mx dx + \sum_{n=1}^{\infty} b_n \int_{-\pi}^{\pi} \sin nx \cos mx dx
\end{aligned}$$

이다. 그런데

$$\int_{-\pi}^{\pi} \cos mx dx = 0, \int_{-\pi}^{\pi} \sin nx \cos mx dx = 0$$

$$\int_{-\pi}^{\pi} \cos nx \cos mx dx = \begin{cases} 0, & (m \neq n) \\ \pi, & (m = n). \end{cases}$$

이므로

$$\int_{-\pi}^{\pi} f(x) \cos mx dx = a_m \pi$$

이다. 또는

$$\begin{aligned}
& < f, \cos mx > \\
= & \ a_0 < 1, \cos mx > + \sum_{n=1}^{\infty} (a_n < \cos nx, \cos mx > + b_n < \sin nx, \cos mx >) = a_m \pi
\end{aligned}$$

이다. 즉,

$$a_m = \frac{1}{\pi} \int_{-\pi}^{\pi} f(x) \cos mx dx = \frac{1}{\pi} < f, \cos mx > \quad (m = 1, 2, \cdots)$$

를 얻는다.

이제 $\{b_1, b_2, b_3, \cdots\}$ 를 결정하기 위해 식 (10.1)의 양변에 $\sin mx$ 를 곱하고

앞에서와 같은 방법을 쓰자.

$$
\begin{aligned}
& \int_{-\pi}^{\pi} f(x)\sin mx dx \\
= & \int_{-\pi}^{\pi}\left[a_0+\sum_{n=1}^{\infty}(a_n\cos nx+b_n\sin nx)\right]\sin mx dx \\
= & \; a_0\int_{-\pi}^{\pi}\sin mx dx \\
& +\sum_{n=1}^{\infty}a_n\int_{-\pi}^{\pi}\cos nx\sin mx dx+\sum_{n=1}^{\infty}b_n\int_{-\pi}^{\pi}\sin nx\sin mx dx
\end{aligned}
$$

그런데

$$
\int_{-\pi}^{\pi}\sin mx\,dx=0,\int_{-\pi}^{\pi}\cos nx\sin mx\,dx=0
$$

$$
\int_{-\pi}^{\pi}\sin nx\sin mx\,dx=\begin{cases}0, & (m\neq n)\\ \pi, & (m=n).\end{cases}
$$

이므로

$$
\int_{\pi}^{\pi} f(x)\sin mx\,dx=b_m\pi
$$

이다. 또는

$$
\begin{aligned}
& < f,\sin mx > \\
= & \; a_0 < 1,\sin mx > +\sum_{n=1}^{\infty}(a_n < \cos nx,\sin mx > +b_n < \sin nx,\sin mx >)=b_m\pi
\end{aligned}
$$

즉,

$$
b_m=\frac{1}{\pi}\int_{-\pi}^{\pi}f(x)\sin mx\,dx=\frac{1}{\pi} < f,\sin mx > \quad (m=1,2,\cdots)
$$

를 얻는다. 따라서 구간 $[-\pi,\pi]$ 에서 정의된 함수 $f(x)$ 의 푸리에 급수는 다음과 같다.

$$
f(x)=a_0+\sum_{n=1}^{\infty}(a_n\cos nx+b_n\sin nx)
$$

$$
\begin{aligned}
a_0 &= \frac{1}{2\pi}\int_{-\pi}^{\pi}f(x)\,dx \\
a_n &= \frac{1}{\pi}\int_{-\pi}^{\pi}f(x)\cos nx\,dx, \quad n=1,2,\ldots \\
b_n &= \frac{1}{\pi}\int_{-\pi}^{\pi}f(x)\sin nx\,dx, \quad n=1,2,\ldots
\end{aligned}
\tag{10.2}
$$

여기서 푸리에 계수를 구하는 공식을 오일러(Euler)의 공식이라고 한다.

다음 보기는 역학계에 작용하는 외부의 힘과 전기회로의 기전력에 나타나는 주기함수에 대한 예이다.

예제 10.1.1. 다음 함수의 푸리에 급수를 구하라.

$$f(x) = \begin{cases} -1 & (-\pi \le x < 0) \\ 1 & (0 < x \le \pi), \end{cases} \qquad f(x+2\pi) = f(x), \quad (k > 0)$$

풀이. $f(x)$는 홀함수이므로 식 (10.2)에서

$$a_0 = \frac{1}{2\pi}\int_{-\pi}^{\pi} f(x)\,dx = 0$$

이다. 또한 $f(x)\cos nx$도 홀함수이므로 식(10.2)에서

$$a_n = \frac{1}{\pi}\int_{-\pi}^{\pi} f(x)\cos nx\,dx = 0$$

이다. $f(x)\sin nx$는 짝함수이므로 식(10.2)에서

$$\begin{aligned} b_n &= \frac{1}{\pi}\int_{-\pi}^{\pi} f(x)\sin nx\,dx \\ &= \frac{2}{\pi}\int_{0}^{\pi} \sin nx\,dx \\ &= \frac{2}{\pi}\left[-\frac{\cos nx}{n}\right]_0^{\pi} = \frac{2}{n\pi}(\cos 0 - \cos n\pi) \\ &= \frac{2}{n\pi}(1-\cos n\pi) \\ &= \frac{2}{n\pi}\{1-(-1)^n\} \end{aligned}$$

이다. 따라서 $f(x)$의 푸리에 급수는 식 (10.1)에 따라서

$$\begin{aligned} f(x) &= \frac{4}{\pi}\left(\sin x + \frac{1}{3}\sin 3x + \frac{1}{5}\sin 5x + \cdots\right) \\ &= \frac{4}{\pi}\sum_{n=1}^{\infty}\frac{\sin(2n-1)x}{2n-1} \qquad (10.3) \end{aligned}$$

이다. □

그림 (??)은 푸리에 급수에 부분합을 보여주는데, 이 그림에서 $k=1$로 두면 된다. 부분합에 더해지는 항이 많아질수록 부분합이 원래 함수와 근사해짐을 알 수 있다.

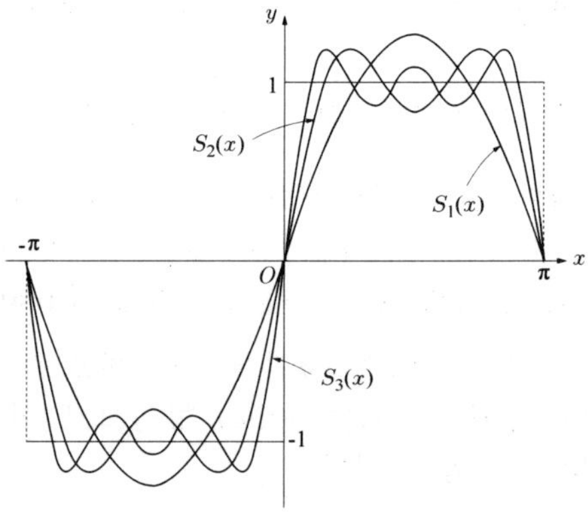

그림 10.1.

즉, 위 급수 (10.3)의 부분합의 함수인

$$\begin{aligned} S_1 &= \frac{4}{\pi}\sin x \\ S_2 &= S_1 + \frac{4}{3\pi}\sin 3x \\ S_3 &= S_2 + \frac{4}{5\pi}\sin 5x \\ \cdots & \quad \cdots \end{aligned}$$

에서 $n \to \infty$ 일 때, S_n 이 $f(x)$ 에 근사함을 알 수 있다 (그림 10.1).

유제 10.1.2. 주기 2π 인 다음 함수의 푸리에 급수를 구하라.

$$f(x) = \begin{cases} 1 & (-\frac{\pi}{2} \le x < \frac{\pi}{2}) \\ -1 & (-\pi \le x \le -\frac{\pi}{2}, \frac{\pi}{2} \le x \le \pi) \end{cases}$$

♣ 정답. $f(x) = \frac{4}{\pi}(\cos x - \frac{1}{3}\cos 3x + \frac{1}{5}\cos 5x - \cdots)$

앞의 보기 10.1.1에서 주어진 함수처럼 홀함수의 푸리에 급수는 모두 사인 (sine) 항만으로 이루어진다. 또한 위의 예문제처럼 짝함수의 푸리에 급수는 코사인 (cosine) 항만으로 이루어진다.

일반적으로 함수 $f(x)$ 가 주기가 2π 이고 구간 $-\pi \le x \le \pi$ 에서 홀함수이면

$$f(-x) = -f(x) \quad (-\pi \le x \le \pi)$$

이므로 0을 중심으로 대칭인 구간에서의 적분은 0이다. 즉 $a_0 = 0$ 이다. 또한 $\cos nx$ 가 짝함수, 곱 $f(x)\cos nx$ 는 홀함수이므로 대칭인 구간에서 이들의 적분은 0, 즉 $a_n = 0$ 이다. 마찬가지로 $\sin nx$ 가 홀함수, $f(x)\sin nx$ 는 짝함수이므로 대칭인 구간에서 이들의 적분은 반구간 $[0, \pi]$ 에서 적분값의 2배가 된다.

함수 $f(x)$ 의 주기가 2π 이고 구간 $[-\pi, \pi]$ 에서 짝함수이면

$$f(-x) = f(x) \quad (-\pi \le x \le \pi)$$

이므로 0을 중심으로 대칭인 구간에서의 적분은 반구간에서 적분값의 2배가 된다. 따라서 a_0 과 $f(x)\cos nx$ 를 적분할 때에는 반구간에 적분한 값의 2배를 해주면 되고, $f(x)\sin nx$ 를 대칭인 구간에서 적분하면 0 이므로 $b_n = 0$ 이 된다.

따라서 함수 $f(x)$ 가 홀함수이면 사인(sine) 항만으로 이루어진 푸리에급수를 가지며, 짝함수이면 a_0 와 코사인(cosine) 항만으로 이루어진 푸리에급수를 갖는다. 이것을 정리하면 다음과 같다.

정리 10.1.3. 구간 $[-\pi, \pi]$ 에서 정의된 함수 $f(x)$ 의 푸리에 급수는

(a) $f(x)$ 가 짝함수이면

$$f(x) = a_0 + \sum_{n=1}^{\infty} a_n \cos nx$$

인데, a_0 와 a_n 은 다음과 같다.

$$a_0 = \frac{1}{\pi}\int_0^{\pi} f(x)dx, \quad a_n = \frac{2}{\pi}\int_0^{\pi} f(x)\cos nx\,dx, \quad (n = 1, 2, \cdots)$$

이것을 푸리에 코사인급수라 한다.

(b) $f(x)$ 가 홀함수이면

$$f(x) = \sum_{n=1}^{\infty} b_n \sin nx$$

인데, b_n 은 다음과 같다.

$$b_n = \frac{1}{\pi}\int_{-\pi}^{\pi} f(x)\sin nx\,dx, \quad (n = 1, 2, \cdots)$$

이것을 푸리에 사인급수라 한다.

예제 10.1.4. 주기 2π 인 다음 함수들의 푸리에 급수를 구하라.

$$f(x) = |x| \quad (-\pi \le x \le \pi)$$

풀이. $f(x) = a_0 + \sum_{n=1}^{\infty}(a_n \cos nx + b_n \sin nx) \quad (-\pi \le x \le \pi)$ 라고 하면

$$a_0 = \frac{1}{\pi}\int_0^{\pi} x\,dx = \frac{\pi}{2}$$

$$\begin{aligned} a_n &= \frac{2}{\pi}\int_0^{\pi} x\cos nx\,dx \\ &= \frac{2}{\pi}\left(\left[\frac{x\sin nx}{n}\right]_0^{\pi} - \int_0^{\pi}\frac{\sin nx}{n}dx\right) \\ &= \frac{2}{\pi}\left(0 - \left[\frac{-\cos nx}{n^2}\right]_0^{\pi}\right) \\ &= \frac{2}{n^2\pi}(\cos n\pi - 1) \\ &= \frac{2}{n^2\pi}((-1)^n - 1) \end{aligned}$$

이고,

$$b_n = 0$$

이다. 따라서 $f(x)$ 의 푸리에 코사인(cosine) 급수

$$f(x) = \frac{\pi}{2} + \sum_{n=1}^{\infty}\frac{2}{n^2\pi}((-1)^n - 1)\cos nx$$

이며, 이를 항별로 쓰면 다음과 같다.

$$f(x) = \frac{\pi}{2} - \frac{4}{\pi}\left(\cos x + \frac{1}{3^2}\cos 3x + \frac{1}{5^2}\cos 5x + \cdots\right)$$

□

유제 10.1.5. 주기가 2π 인 함수 $f(x) = x$, $(-\pi \le x \le \pi)$ 의 푸리에 급수를 구하라.

♣ 정답.

$$f(x) = \sum_{n=1}^{\infty}\frac{2}{n}(-1)^{n+1}\sin nx$$

푸리에 급수를 이용하여 무한급수의 합을 구하는 예를 살펴보자. 이 급수의 부분 합을 이용하여 π 의 근사값을 구할 수 있다.

예제 10.1.6. 푸리에 급수를 이용하여 다음 급수의 합을 구하라.

$$1 - \frac{1}{3} + \frac{1}{5} - \frac{1}{7} + - \cdots = \frac{\pi}{4}$$

풀이. 보기 10.1.1의 식 (10.3)

$$f(x) = \frac{4}{\pi}\left(\sin x + \frac{1}{3}\sin 3x + \frac{1}{5}\sin 5x + \cdots\right)$$

에서 $x = \frac{\pi}{2}$ 로 놓으면

$$f\left(\frac{\pi}{2}\right) = 1 = \frac{4}{\pi}\left(1 - \frac{1}{3} + \frac{1}{5} - \frac{1}{7} + - \cdots\right)$$

이다. 즉, 교대급수의 합

$$1 - \frac{1}{3} + \frac{1}{5} - \frac{1}{7} + - \cdots = \frac{\pi}{4}$$

임을 알게 된다. □

유제 10.1.7. 위의 결과를 이용하여 π 의 근사값이 3.141592 가 되도록 하려면, 몇 번째 항까지 더해야 하는지 알아보라.

♣ 정답. 생략

이 책에서는 소개하지 않지만, 파시벨 (Parseval) 등식을 사용하면 더 다양한 급수들의 값을 얻을 수 있다.

함수 $f(x)$ 와 그 미분 $f'(x)$ 가 구간 $[-\pi, \pi]$ 에서 정의되고 주기가 2π 이면 푸리에 급수 전개가 가능하고, $\int_{-\pi}^{\pi} f'(x)dx = 0$ 이면 $f'(x)$ 의 푸리에 급수는 $f(x)$ 의 푸리에 급수를 항별하여 얻을 수 있다. 또한 푸리에 급수의 적분은 급수를 각 항별로 적분하여 얻을 수 있다.

일반적인 Fourier 급수 응용에서는 $\cos nx$ 와 $\sin nx$ 를 모두 사용하지 않고 $\cos nx$ 만 사용하여 자료를 분석하는 경우가 많은데, 여기서 잠시 그 이유를 살펴보자. 우선, 직각삼각형의 밑변을 a_n, 높이를 b_n 이라 두면, 빗변은

$$r_n = \sqrt{a_n^2 + b_n^2}$$

이고, 밑변과 빗변이 이루는 각 θ 는

$$\theta = \tan^{-1}\left(\frac{b_n}{a_n}\right)$$

가 된다. 그러면,

$$\begin{aligned} & a_n \cos nx + b_n \sin nx \\ = \; & r_n \left(\frac{a_n}{r_n} \cos nx + \frac{b_n}{r_n} \sin nx\right) \\ = \; & r_n \left(\cos nx \cos(\tan^{-1}(b_n/a_n)) + \sin nx \sin(\tan^{-1}(b_n/a_n))\right) \\ = \; & r_n \cos(nx - \theta) \end{aligned}$$

가 되어, Fourier 급수를 $\cos nx$ 만 사용하여 표현할 수 있다.

연습문제 10.1

1. 주기 2π 인 다음 함수들의 푸리에 급수를 구하라.

(1) $f(x) = \begin{cases} -x & (-\pi < x < 0) \\ 0 & (0 < x < \pi) \end{cases}$ (2) $f(x) = \begin{cases} -x & (-\pi < x < 0) \\ \pi - x & (0 < x < \pi) \end{cases}$

(3) $f(x) = 1 + 2\sin x, -\pi < x < \pi$ (4) $f(x) = |\cos x|, -\pi < x < \pi$

(5) $f(x) = x^2, -\pi < x < \pi$ (6) $f(x) = |\sin x|, -\pi < x < \pi$

♣ 정답. 1. $\frac{\pi}{4} - \frac{2}{\pi}\cos x - \frac{2}{3^2\pi}\cos 3x + \cdots + \sin x - \frac{1}{2}\sin 2x + \frac{1}{3}\sin 3x - + \cdots$

3. $1 + 2\sin x$

4. $\frac{2}{\pi} + \frac{2}{\pi}\left(\frac{2}{3}\cos 2x - \frac{2}{15}\cos 4x + - \cdots\right)$

6. $\frac{2}{\pi} - \frac{4}{\pi}\left(\frac{1}{3}\cos 2x + \frac{1}{15}\cos 4x + \frac{1}{35}\cos 6x + \cdots\right)$

10.2 일반 주기함수의 푸리에 급수

앞에서는 함수 $f(x)$ 의 주기가 2π 인 경우만을 다루었지만, 주기가 2π 가 아닌 주기함수가 실제로는 더 자주 나타난다. 지금부터는 임의의 주기 T 를 갖는 함수의 푸리에 급수 전개에 대해서 알아보기로 하자.

정리 **10.2.1.** 주기 T 인 함수 $f(x)$ 가 구간 $[-\frac{T}{2}, \frac{T}{2}]$ 에서 적분가능하면, 함수 $f(x)$ 의 푸리에 급수는

$$a_0 + \sum_{n=1}^{\infty}\left[a_n \cos\frac{2n\pi}{T}x + b_n \sin\frac{2n\pi}{T}x\right]$$

이고, 푸리에 계수는 다음과 같다.

$$\begin{aligned} (a)\quad a_0 &= \frac{1}{T}\int_{-\frac{T}{2}}^{\frac{T}{2}} f(x)dx \\ (b)\quad a_n &= \frac{2}{T}\int_{-\frac{T}{2}}^{\frac{T}{2}} f(x)\cos\frac{2n\pi}{T}xdx \quad (n = 1, 2, \cdots) \qquad (10.4) \\ (c)\quad b_n &= \frac{2}{T}\int_{-\frac{T}{2}}^{\frac{T}{2}} f(x)\sin\frac{2n\pi}{T}xdx \quad (n = 1, 2, \cdots) \end{aligned}$$

예제 10.2.2. 주기가 4 인 다음 함수

$$f(x) = \begin{cases} 1 & 0 \le |x| < 1 \\ 0 & 1 \le |x| < 2 \end{cases}$$

의 Fourier 급수를 구하라 (그림 10.2).

풀이. 주어진 함수의 주기는 $T = 4$ 이다. 이 함수는 짝함수이며, 곱해지는 $\cos\frac{2n\pi x}{4}$

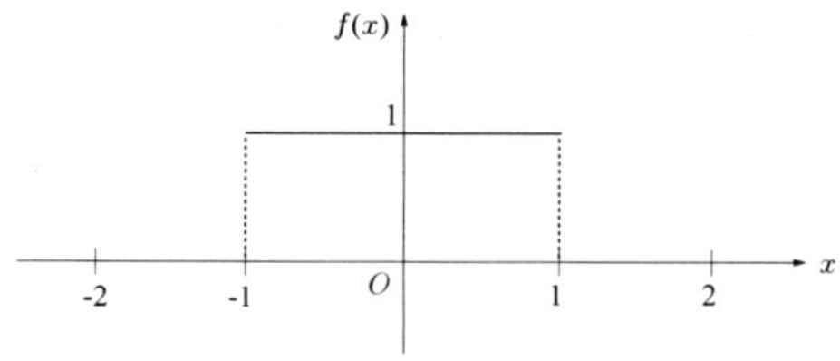

그림 10.2.

이 또한 짝함수이다. 짝함수 × 짝함수 = 짝함수이므로 대칭인 구간에서 $f(x)\cos\frac{2n\pi x}{4}$ 를 적분하면 양인 구간에서 적분한 결과의 2배가 된다. 이를 이용하여 a_0 와 a_n 을 아래와 같이 쉽게 구할 수 있다.

$$\begin{aligned} a_0 &= \frac{1}{4}\int_{-2}^{2} f(x)dx \\ &= \frac{2}{4}\int_{0}^{2} f(x)dx \\ &= \frac{1}{2}\left(\int_0^1 1dx + \int_1^2 0dx\right) \\ &= \frac{1}{2} \end{aligned}$$

$$\begin{aligned} a_n &= \frac{2}{4}\int_{-2}^{2} f(x)\cos\frac{2n\pi x}{4}dx \\ &= \frac{2}{2}\int_{0}^{2} f(x)\cos\frac{2n\pi x}{4}dx \\ &= \int_0^1 \cos\frac{n\pi x}{2}dx \\ &= \frac{2}{n\pi}\left[\sin\frac{n\pi x}{2}\right]_0^1 \\ &= \frac{2}{n\pi}\sin\frac{n\pi}{2} \end{aligned}$$

주어진 함수가 짝함수이고 곱해지는 $\sin\frac{2n\pi x}{4}$ 또한 홀함수이다. 짝함수 × 홀함수 = 홀함수이므로 대칭인 구간에서 $f(x)\sin\frac{2n\pi x}{4}$ 를 적분하면 0이다. 따라서 $b_n = 0$ 임을 계산없이 구할 수 있다.

구하려는 푸리에 급수는

$$\begin{aligned} f(x) &= \frac{1}{2} + \frac{2}{\pi}\sum_{n=1}^{\infty}\left(\frac{1}{n}\sin\frac{n\pi}{2}\cos\frac{2n\pi x}{4}\right) \\ &= \frac{1}{2} + \frac{2}{\pi}\left(\cos\frac{\pi x}{2} - \frac{1}{3}\cos\frac{3\pi x}{2} + \frac{1}{5}\cos\frac{5\pi x}{2} - + \cdots\right) \end{aligned}$$

이다. □

앞서와 마찬가지로 일반주기 함수에서도 주어진 함수가 짝함수이면 푸리에 코사인급수를 얻고, 주어진 함수가 홀함수이면 푸리에 사인급수를 얻을 수 있다.

예제 10.2.3. 주기가 4인 다음 함수

$$f(x) = \begin{cases} -2-x & (-2 < x \le -1), \\ x & (-1 < x \le 1), \\ 2-x & (1 < x < 2) \end{cases}$$

의 Fourier 급수를 구하라 (그림 10.3).

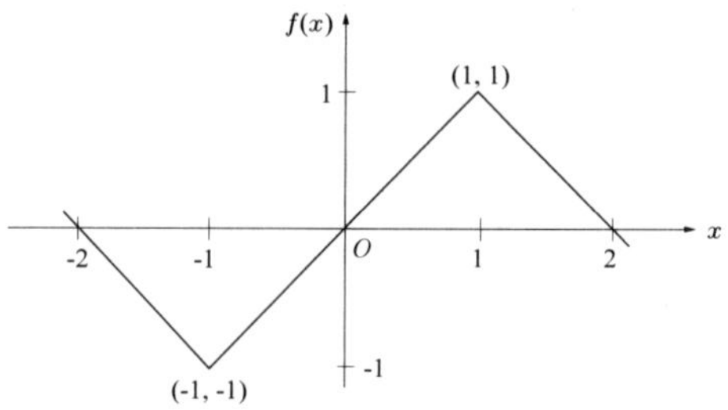

그림 10.3.

풀이. 그림을 그려보면 삼각파이고 기함수이므로 Fourier 사인급수를 얻을 수 있다. 따라서 $a_0 = a_n = 0$ 이다.

$$\begin{aligned} b_n &= \frac{2}{4}\int_{-2}^{2} f(x)\sin\frac{2n\pi x}{4}dx \\ &= \frac{4}{4}\int_{0}^{2} f(x)\sin\frac{n\pi x}{2}dx \\ &= \int_0^1 x\sin\frac{n\pi x}{2}dx + \int_1^2 (-x+2)\sin\frac{n\pi x}{2}dx \\ &= \left[x\left(-\frac{2}{n\pi}\right)\cos\frac{n\pi x}{2}\right]_0^1 - \int_0^1\left(-\frac{2}{n\pi}\right)\cos\frac{n\pi x}{2}dx \\ &\quad + \left[(-x+2)\left(-\frac{2}{n\pi}\right)\cos\frac{n\pi x}{2}\right]_1^2 - \int_1^2(-1)\left(-\frac{2}{n\pi}\right)\cos\frac{n\pi x}{2}dx \\ &= -\frac{2}{n\pi}\cos\frac{n\pi}{2} + \left(\frac{2}{n\pi}\right)^2\left[\sin\frac{n\pi x}{2}\right]_0^1 + \frac{2}{n\pi}\cos\frac{n\pi}{2} - \left(\frac{2}{n\pi}\right)^2\left[\sin\frac{n\pi x}{2}\right]_1^2 \\ &= \frac{8}{n^2\pi^2}\sin\frac{n\pi}{2} \end{aligned}$$

가 되므로,

$$f(x) = \frac{8}{\pi^2}\left\{\frac{1}{1^2}\sin\frac{\pi x}{2} - \frac{1}{3^2}\sin\frac{3\pi x}{2} + \frac{1}{5^2}\sin\frac{5\pi x}{2} - + \cdots\right\}$$

를 얻는다. □

유제 10.2.4. 주기 2 인 다음 함수의 푸리에 급수를 구하라.

$$f(x) = \begin{cases} 1 & (0 \le x < 1) \\ -1 & (-1 \le x \le 0) \end{cases}$$

♣ 정답. $f(x) = \frac{4}{\pi}\left(\sin \pi x + \frac{1}{3}\sin 3\pi x + \frac{1}{5}\sin 5\pi x + \cdots\right)$

<u>복소 푸리에급수</u>

오일러의 공식 $e^{i\theta} = \cos\theta + i\sin\theta$ 를 사용하여 $\cos x$ 와 $\sin x$ 를 복소지수함수로 표현해보자.

$$e^{ix} = \cos x + i\sin x, e^{-ix} = \cos x - i\sin x$$

이므로

$$\cos x = \frac{e^{ix} + e^{-ix}}{2}, \sin x = \frac{e^{ix} - e^{-ix}}{2i}$$

이다. 주기가 $T = 2L$ 인 주기함수 $f(x)$ 의 푸리에급수를 복소지수함수로 표현해보자.

$$\begin{aligned} f(x) &= a_0 + \sum_{n=1}^{\infty}\left(a_n \cos\frac{n\pi x}{L} + b_n \sin\frac{n\pi x}{L}\right) \\ &= a_0 + \sum_{n=1}^{\infty}\left(a_n \frac{e^{i\frac{n\pi x}{L}} + e^{-i\frac{n\pi x}{L}}}{2} + b_n \frac{e^{i\frac{n\pi x}{L}} - e^{-i\frac{n\pi x}{L}}}{2i}\right) \\ &= a_0 + \sum_{n=1}^{\infty}\left(\frac{1}{2}(a_n - ib_n)e^{i\frac{n\pi x}{L}} + \frac{1}{2}(a_n + ib_n)e^{-i\frac{n\pi x}{L}}\right) \\ &= c_0 + \sum_{n=1}^{\infty} c_n e^{i\frac{n\pi x}{L}} + \sum_{n=1}^{\infty} c_{-n} e^{i\frac{(-n)\pi x}{L}} \end{aligned}$$

여기서 c_n 과 c_{-n} 을 다시 구해보자.

$$c_0 = \frac{1}{2L}\int_{-L}^{L} f(x)dx$$

$$\begin{aligned}
c_n &= \frac{1}{2}(a_n - ib_n) \\
&= \frac{1}{2}\left(\frac{1}{L}\int_{-L}^{L} f(x)\cos\frac{n\pi x}{L}dx - i\frac{1}{L}\int_{-L}^{L} f(x)\sin\frac{n\pi x}{L}dx\right) \\
&= \frac{1}{2L}\int_{-L}^{L} f(x)\left(\cos\frac{n\pi x}{L} - i\sin\frac{n\pi x}{L}\right)dx \\
&= \frac{1}{2L}\int_{-L}^{L} f(x)e^{-i\frac{n\pi x}{L}}dx
\end{aligned}$$

$$\begin{aligned}
c_{-n} &= \frac{1}{2}(a_n + ib_n) \\
&= \frac{1}{2}\left(\frac{1}{L}\int_{-L}^{L} f(x)\cos\frac{n\pi x}{L}dx + i\frac{1}{L}\int_{-L}^{L} f(x)\sin\frac{n\pi x}{L}dx\right) \\
&= \frac{1}{2L}\int_{-L}^{L} f(x)e^{i\frac{n\pi x}{L}}dx
\end{aligned}$$

따라서 $f(x)$ 의 복소푸리에급수는 다음과 같이 얻어진다.

$$f(x) = \sum_{n=-\infty}^{\infty} c_n e^{i\frac{n\pi x}{L}}$$

여기서 모든 $n = 0, \pm1, \pm2, \cdots$ 에 대하여

$$c_n = \frac{1}{2L}\int_{-L}^{L} f(x)e^{-i\frac{n\pi x}{L}}dx$$

이다.

이때 주파수 $\omega = \frac{2\pi}{T}$ 일 때, $(n\omega, |c_n|)$ 을 그래프로 나타낸 것을 주파수 스펙트럼이라고 부른다.

예제 10.2.5. x 가 $[\pi, \pi]$ 구간에 있을 때, $f(x) = e^{-x}$ 인 주기 2π 인 함수의 주파수 스펙트럼을 구하라.

풀이.

$$\begin{aligned}
c_n &= \frac{1}{2\pi}\int_{-\pi}^{\pi} e^{-x}e^{-inx}dx \\
&= \frac{1}{2\pi}\int_{-\pi}^{\pi} e^{-(1+in)x}dx \\
&= \frac{1}{2\pi}\frac{-1}{1+in}\left[e^{-(1+in)x}\right]_{-\pi}^{\pi} \\
&= \frac{-1}{2\pi(1+in)}\left(e^{-(1+in)\pi} - e^{(1+in)\pi}\right) \\
&= \frac{(-1)^n}{\pi}\frac{1-in}{1+n^2}\frac{e^{\pi}-e^{-\pi}}{2}
\end{aligned}$$

여기서

$$e^{-(1+in)\pi} = e^{-\pi}(\cos n\pi - i\sin n\pi) = (-1)^n e^{-\pi}$$

$$e^{(1+in)\pi} = e^{\pi}(\cos n\pi + i\sin n\pi) = (-1)^n e^{\pi}$$

를 이용하였다. c_n 은 모든 $n = 0, \pm1, \pm2, \cdots$ 에 대하여 정의되므로 구하려는 복소푸리에급수는

$$f(x) = \sum_{n=-\infty}^{\infty} \frac{(-1)^n}{\pi} \frac{1-in}{1+n^2} \frac{e^{\pi}-e^{-\pi}}{2} e^{inx}$$

이다.

$|1-in| = 1+n^2$ 이므로

$$|c_n| = \frac{1}{\pi\sqrt{1+n^2}} \frac{e^{\pi}-e^{-\pi}}{2}$$

를 얻을 수 있다. 따라서 주파수스펙트럼 $(n, |c_n|)$ 은

$$\left(\pm n, \frac{e^{\pi}-e^{-\pi}}{2\pi} \frac{1}{\sqrt{1+n^2}}\right)$$

으로 구해진다. $n = 0, \pm1, \pm2, \cdots$ 에 대한 이 값들 계산하여, 그래프로 그리는 것은 각자 해보도록 하자. 이 주파수 스펙트럼을 이용하여 신호의 에너지가 어디에 얼마만큼 실려있는지 알 수 있다.

유제 10.2.6. 주기 2π 인 함수 $f(x) = -1, -\pi < x < 0, 1, 0 < x < \pi$ 의 주파수 스펙트럼을 구하라.

♣ 정답. n 이 짝수이면 $c_n = 0$ 이고, n 이 홀수이면 $c_n = \frac{1}{\pi}\frac{1}{in}(1-(-1)^n)$ 이며, $n = 0$ 이면 $c_0 = \frac{1}{2\pi}\int_{-\pi}^{\pi} f(x)dx = 0$ 이다. 따라서 n 이 홀수일 때에만, $|c_n| = \frac{2}{n\pi}$ 으로 구해진다. 그림은 각자 그리자. □

연습문제 10.2

다음 함수들의 푸리에 급수를 구하라.

$$(1) f(x) = \begin{cases} 1 & (-1 \le x < 1) \\ -1 & (-2 \le x \le -1, 1 \le x \le 2), \qquad T = 4 \end{cases}$$

$$(2) \quad f(x) = \begin{cases} 0 & (-c < x < 0), \\ k & (0 < x < c), \qquad T = 2c, k > 0 \end{cases}$$

$$(3) \quad f(x) = |\sin 2x| \quad (-\pi \le x \le \pi), \qquad T = \pi$$

$$(4) \quad f(x) = |x|, T = 2$$

$$(5) \quad f(x) = 1 - x^2 \quad (-1 < x < 1), \qquad T = 2$$

$$(6) \quad f(x) = \begin{cases} 1 & (-2 \le x < 0) \\ 0 & (0 \le x \le 2) \qquad T = 4 \end{cases}$$

♣ 정답.

1. $\frac{4}{\pi}\left(\cos\frac{\pi x}{2} - \frac{1}{3}\cos\frac{3\pi x}{2} + \frac{1}{5}\cos\frac{5\pi x}{2} - + \cdots\right)$

2. $\frac{k}{2} + \frac{2k}{\pi}\left(\sin\frac{\pi x}{c} + \frac{1}{2}\sin\frac{2\pi x}{c} + \frac{1}{3}\sin 3\pi x c + \frac{1}{4}\sin\frac{4\pi x}{c} + \cdots\right)$

4. $\frac{1}{2} - \frac{2}{\pi}\left(\sin\frac{\pi x}{4} + \frac{1}{2}\sin\frac{\pi x}{2} + \frac{1}{3}\sin\frac{3\pi x}{4} + \frac{1}{4}\sin\frac{4\pi x}{4} + \cdots\right)$

6. $\frac{1}{2} - \frac{4}{\pi^2}\left(\cos\pi x + \frac{\cos 3\pi x}{3^2} + \frac{\cos 5\pi x}{5^2} + \frac{\cos 7\pi x}{7^2} + \cdots\right)$

10.3 푸리에적분

푸리에 급수는 주기함수를 포함하는 여러 가지 문제를 취급하는 데에 유력한 도구가 된다. 이 사실을 설명하는 첫 번째 예는 10.2 절에서 이미 제시했다. 주기함수를 포함하지 않는 실제적인 문제도 많기 때문에 비주기함수까지도 포함하도록 푸리에 급수를 일반화시킬 필요가 있다. 이것이 이 절의 목표이고 다음과 같이 진행하기로 한다.

먼저 주기 $T = 2L$ 인 주기함수 $f_L(x)$ 의 두 개의 간단한 예를 생각하고 $L \to \infty$ 로 하면 어떻게 되는지를 알아보도록 한다. 다음에 주기 $2L$ 인 임의의 함수 f_L 의 푸리에 급수를 생각하고 또 다시 $L \to \infty$ 로 되도록 한다. 우선 두 개의 초보적인 예를 들어 보자.

예제 10.3.1. 주기 $2L > 2$ 인 다음 함수 $f_L(x)$ 를 고찰해 보자.

$$f_L(x) = \begin{cases} 0 & (-L < x < -1) \\ 1 & (-1 < x < 1) \\ 0 & (1 < x < L) \end{cases}$$

여기서 $L \to \infty$ 이면, 이미 주기함수가 아닌 함수 $f(x)$

$$f(x) = \lim_{L\to\infty} f_L(x) = \begin{cases} 0 & (-1 < x < 1) \\ 1 & (|x| > 1) \end{cases}$$

을 얻는다.

이제 푸리에 급수로 표현될 수 있는 주기 $2L$ 인 임의의 주기함수 $f_L(x)$ 를 생각하자. 우선 이 함수가 x 에 대하여 **절대적분가능**(absolutely intergrable) 절대적분이 가능하다고 가정하자. 즉,

$$\int_{-\infty}^{\infty} |f(x)| \ \ dx < \infty$$

이다. 여기서 주파수를 나타내는 간단한 기호

$$\omega_n = \frac{n\pi}{L}$$

를 사용하면 이것의 푸리에 급수 표현은

$$f_L(x) = a_0 + \sum_{n=1}^{\infty}(a_n \cos\omega_n x + b_n \sin\omega_n x)$$

가 된다. 여기서 $L \to \infty$ 로 하면 어떻게 되는지 알아보자. 앞에서 말한 바와 같이 이것을 시도하는 이유는 비주기함수에 대해서는 급수 대신 $\cos\omega x$, $\sin\omega x$ 을 포함하는 적분을 얻을 수 있으리라는 가능성 때문이다.

오일러(Euler)공식으로 주어진 a_n, b_n 을 대입하고 적분변수를 v 로 하면, 고정된 L 에 대하여 $f_L(x)$ 의 푸리에 급수는

$$\begin{aligned} f_L(x) &= \frac{1}{2L}\int_{-L}^{L} f_L(v)dv \\ &+ \frac{1}{L}\sum_{n=1}^{\infty}\left[\cos\omega_n x\int_{-L}^{L} f_L(v)\cos\omega_n v \ dv + \sin\omega_n x\int_{-L}^{L} f_L(v)\sin\omega_n x \ dv\right] \end{aligned}$$

가 된다. 여기서 $\triangle\omega$ 를

$$\triangle\omega = \omega_{n+1} - \omega_n = \frac{(n+1)\pi}{L} - \frac{n\pi}{L} = \frac{\pi}{L}$$

라고 놓으면 $\frac{1}{L} = \frac{\Delta\omega}{\pi}$ 이므로, 위의 푸리에급수는 다음과 같다.

$$f_L(x) = \frac{1}{2L}\int_{-L}^{L} f_L(v)\ dv \quad + \quad \frac{1}{\pi}\sum_{n=1}^{\infty}\left[(\cos\omega_n x)\Delta\omega\int_{-L}^{L} f_L(v)\cos\omega_n v\ dv \right.$$
$$\left. + \quad (\sin\omega_n x)\Delta\omega\int_{-L}^{L} f_L(v)\sin\omega_n x\ dv\right] \tag{10.5}$$

이제 $L \to \infty$ 로 보내보자. 이 결과로 생기는 비주기함수

$$f(x) = \lim_{L\to\infty} f_L(x)$$

가 x 축위에서 절대적분가능하고, $\dfrac{1}{L} \to 0$ 이므로 식 (10.5)의 우변의 첫번째 항은 0에 수렴한다. 또한 $\Delta\omega = \dfrac{\pi}{L} \to 0$ 이므로, 식 (10.5)에 있는 무한급수는 주어진 함수의 0에서 ∞ 까지의 적분이다. 즉,

$$f(x) = \frac{1}{\pi}\int_0^{\infty}\left[\cos\omega x\int_{-\infty}^{\infty} f(v)\cos\omega v\ dv + \sin\omega x\int_{-\infty}^{\infty} f(v)\sin\omega v\ dv\right]\ d\omega$$

이다. 여기서

$$A(\omega) = \frac{1}{\pi}\int_{-\infty}^{\infty} f(v)\cos\omega v\ dv, \quad B(\omega) = \frac{1}{\pi}\int_{-\infty}^{\infty} f(v)\sin\omega v\ dv \tag{10.6}$$

라 두면,

$$f(x) = \int_0^{\infty}\left[A(\omega)\cos\omega x + B(\omega)\sin\omega x\right]\ d\omega \tag{10.7}$$

와 같이 쓸 수 있는데, 이것이 바로 $f(x)$ 의 **푸리에적분**(Fourier intergral) 표현이다.

예제 10.3.2. 다음 함수의 푸리에적분을 구하여라.

$$f(x) = \begin{cases} 0 & (|x| < 1) \\ 1 & (|x| > 1) \end{cases}$$

풀이. 앞의 식으로부터

$$\begin{aligned}
A(\omega) &= \frac{1}{\pi}\int_{-\infty}^{\infty} f(v)\cos\omega v\ dv = \frac{1}{\pi}\int_{-1}^{1} f(v)\cos\omega v\ dv \\
&= \left.\frac{\sin\omega v}{\pi\omega}\right|_{-1}^{1} = \frac{2\sin\omega}{\pi\omega} \\
B(\omega) &= \frac{1}{\pi}\int_{-1}^{1} \sin\omega v\ dv = 0
\end{aligned}$$

을 얻고,

$$f(x) = \frac{2}{\pi}\int_0^\infty \frac{\cos\omega x \sin\omega}{\omega}\ d\omega$$

가 된다. 점 $x = 1$ 에서의 $f(x)$ 의 좌측 및 우측극한의 평균은 $\frac{(1+0)}{2} = \frac{1}{2}$ 이다.

$$\int_0^\infty \frac{\cos\omega x \sin\omega}{\omega}\ dw = \begin{cases} \frac{\pi}{2} & (0 < x < 1), \\ \frac{\pi}{4} & (x = 1), \\ 0 & (x > 1) \end{cases}$$

을 얻는다. □

특히 $x = 0$ 인 경우를 살펴보자. $x = 0$ 이면

$$\int_0^\infty \frac{\sin\omega}{\omega}\ d\omega = \frac{\pi}{2} \tag{10.8}$$

인데, 이 적분은 $z \to \infty$(z 는 실수) 일 때의 sine 적분

$$\text{Si}(z) = \int_0^z \frac{\sin\omega}{\omega}\ d\omega \tag{10.9}$$

의 극한임을 알 수 있다. 이 Si(z) 의 그림에서 보는 바와 같다. 푸리에급수의 경우에 부분합의 그림은 원래 함수에 대한 근사곡선이 되었다. 마찬가지로 ∞ 를 a 로 대치함으로써 푸리에적분의 근사값을 얻을 수 있다. 그러므로 적분

$$\int_0^a \frac{\cos\omega x \sin\omega}{\omega}\ d\omega \tag{10.10}$$

는 위 이상적분의 근사값이고, $f(x)$ 의 근사값이 된다

이 적분을 이용하여 Fourier 코사인변환과 Fourier 사인변환 등을 정의할 수 있으나 이 책에서는 이 부분을 생략한다.

연습문제 10.3

1. 다음 함수의 푸리에 적분을 구하라.

(1) $f(x) = \begin{cases} |x| & |x| < 1, \\ 0 & |x| > 1 \end{cases}$

(2) $f(x) = \begin{cases} \frac{\pi}{2} & 0 < x < \pi, \\ 0 & x > \pi \end{cases}$

(3) $f(x) = \frac{\pi}{2}e^{-x} \qquad (x > 0)$

(4) $f(x) = \begin{cases} \frac{\pi}{2}\sin x & (0 \le x \le \pi), \\ 0 & (x > \pi). \end{cases}$

10.4 푸리에변환

앞 절에서 비주기 함수의 푸리에급수가 푸리에 적분으로 표현되는 것을 알았다. 이제 복소형 푸리에 적분으로부터 얻어지는 푸리에 변환에 대하여 고찰해보자. 푸리에변환은 공학전반에 걸쳐 응용이 되며, 특히 신호 처리의 가장 기본이 되는 부분이다. 푸리에 변한을 사용하면, 시간 영역에서 표현되어 있는 신호를 주파수 영역에서 살펴볼 수 있다. 시간영역에서 신호를 표현할 때에는 시간 대별로 신호의 크기를 나타내면 된다. 그런데 이것을 푸리에 변환시키면, 주파수별로 신호의 크기를 알 수 있게 된다. [1]

푸리에적분의 복소형식

푸리에 적분은 식 (10.3)와 (10.7)을 보면

$$f(x) = \int_0^\infty [A(\omega)\cos\omega x + B(\omega)\sin\omega x]\ d\omega$$

이며, 여기서

$$A(\omega) = \frac{1}{\pi}\int_{-\infty}^\infty f(v)\cos\omega v\ dv, \qquad B(\omega) = \frac{1}{\pi}\int_{-\infty}^\infty f(v)\sin\omega v\ dv$$

이다. A와 B를 f의 적분에 대입하면

$$f(x) = \frac{1}{\pi}\int_0^\infty \int_{-\infty}^\infty f(v)\left[\cos\omega v\cos\omega x + \sin\omega v\sin\omega x\right]\ dv\ d\omega$$

가 된다. 여기서 cosine에 대한 합의 공식을 적용하여

$$f(x) = \frac{1}{\pi}\int_0^\infty \left[\int_{-\infty}^\infty f(v)\cos(\omega x - \omega v)\ dv\right]\ d\omega$$

를 얻는다. 괄호[·] 안의 적분을 $F(\omega)$로 두면 $F(\omega)$는 ω에 대한 우함수이다. 왜냐하면 이 적분에서 $\cos(\omega x - \omega v)$는 ω의 우함수이고, $f(v)$는 ω의 함수가 아니며, 이 적분은 ω에 대한 적분이 아니라 v에 대한 적분이기 때문이다. 그러므로 $\omega = 0$부터 $\omega = \infty$까지 $F(\omega)$의 적분값은 $-\infty$부터 ∞까지 $F(\omega)$의 적분값의 $\frac{1}{2}$배가 된다. 따라서

$$f(x) = \frac{1}{2\pi}\int_{-\infty}^\infty \left[\int_{-\infty}^\infty f(v)\cos(\omega x - \omega v)\ dv\right]\ d\omega \tag{10.11}$$

이다. 여기서 cosine을 sine으로 바꾸어 적분하면 식 (10.11)의 적분값은 분명

[1] 이와 관련된 재미있는 읽을거리로 " 음색에 관련한 수학적 거짓말적 고찰 - 준비편 " 을 추천한다. 이 글은 http://basso-continuo.com/Musik/Dok024-k.htm 에서 볼 수 있는데, 푸리에 변환을 이용하여 첼로와 비올라의 소리를 비교하고 있다. 한국말 번역이 다소 어색하나, 그림만 보아도 좋은 공부가 되리라 믿는다.

히 0 이 된다. 즉,

$$\frac{1}{2\pi}\int_{-\infty}^{\infty}\left[\int_{-\infty}^{\infty} f(v)\sin(\omega x-\omega v)\ \ dv\right]\ d\omega=0 \tag{10.12}$$

이다. 괄호[·] 안의 적분을 $G(\omega)$ 로 두면 $G(\omega)$ 는 ω 에 대한 홀함수이다. 왜냐하면 이 적분에서 $\sin(\omega x-\omega v)$ 는 ω 의 홀함수이고, $f(v)$ 는 ω 의 함수가 아니며, 이 적분은 ω 에 대한 적분이 아니라 v 에 대한 적분이기 때문이다. 그러므로 $-\infty$ 부터 ∞ 까지 $G(\omega)$ 의 적분값은 0 이 된다.

여기서 복소지수함수에 대한 오일러공식

$$e^{it}=\cos t+i\sin t$$

를 사용하자. $t=\omega x-\omega v=\omega(x-v)$ 로 놓고 (식 (10.11) + i식 (10.12)) 를 계산하여 간단히 표현하면

$$f(x)=\frac{1}{2\pi}\int_{-\infty}^{\infty}\int_{-\infty}^{\infty} f(v)e^{i\omega(x-v)}\ dv\ d\omega \qquad (i=\sqrt{-1})$$

을 얻게 되는데, 이를 **복소 푸리에 적분**(complex 푸리에 integral) 이라 한다. 이로부터 우리의 목적인 푸리에 변환으로 넘어가는 것은 쉬운 일이다.

푸리에 변환

지수함수를 지수함수의 곱으로 표시하면

$$f(x)=\frac{1}{\sqrt{2\pi}}\int_{-\infty}^{\infty}\left[\frac{1}{\sqrt{2\pi}}\int_{-\infty}^{\infty} f(v)e^{-i\omega v}\ dv\right]e^{i\omega x}\ d\omega \tag{10.13}$$

가 된다. 괄호속의 수식은 ω 의 함수이며 $\widehat{f}(\omega)$ 로 표기한다. 이를 f 의 **푸리에 변환식**이라 부르며, $v=x$ 로 쓰면

$$\widehat{f}(\omega)=\frac{1}{\sqrt{2\pi}}\int_{-\infty}^{\infty} f(x)e^{-i\omega x}\ \ dx$$

를 얻는다. 이식을 사용하면 식 (10.13)는

$$f(x)=\frac{1}{\sqrt{2\pi}}\int_{-\infty}^{\infty}\widehat{f}(\omega)e^{i\omega x}\ d\omega$$

가 되며 이름 $\widehat{f}(\omega)$ 의 **역 푸리에 변환식**(inverse 푸리에 transform) 이라 부른다. 또 다른 기호는 $\mathcal{F}(f)=\widehat{f}(\omega)$ 이며 역에는 $\mathcal{F}^{-1}$ 을 사용한다. 주어진 함수 f 로부터 푸리에변환식 $\mathcal{F}(f)=\widehat{f}$ 를 얻는 과정을 **푸리에변환**(푸리에 transformation) 이라 부르며 역과정에 대해서도 유사하다.

예제 10.4.1. $f(x)=k\ \ (0<x<a),\ \ \ f(x)=0\ \ (x<0,\ x>a)$ 인 함수의 푸리에 변환식을 구하여라.

풀이. 식 (6) 으로부터 적분에 의해

$$\widehat{f}(\omega) = \frac{1}{\sqrt{2\pi}} \int_0^a ke^{-i\omega x} \quad dx = \frac{k}{\sqrt{2\pi}} \left(\frac{e^{-i\omega a} - 1}{-i\omega} \right) = \frac{k(1 - e^{-ia\omega})}{i\omega\sqrt{2\pi}}$$

을 얻는다. 이 결과는 푸리에 변환식이 일반적으로 복소수의 함수임을 보여준다. □

정리 **10.4.2.** (푸리에 변환의 선형성)
푸리에 변환은 선형연산이다. 즉, 푸리에 변환식이 존재하는 임의의 함수 $f(x)$, $g(x)$ 와 임의의 상수 a, b 에 대하여

$$\mathcal{F}(af + bg) = a\mathcal{F}(f) + b\mathcal{F}(g)$$

가 성립한다.

정리 **10.4.3.** (푸리에 변환의 이동정리)
라플라스 변환에서와 마찬가지로 푸리에 변환에서도 이동정리가 성립한다. 푸리에 변환식이 존재하는 임의의 함수 $f(x)$ 에 대하여

$$\mathcal{F}(f(x - x_0)) = e^{-iwx_0}\mathcal{F}(w)$$

이고,

$$\mathcal{F}(f(x)e^{iw_0x}) = \mathcal{F}(w - w_0)$$

이다.

증명. 우선 x 에서의 이동정리를 증명해보자.

$$\begin{aligned}
\mathcal{F}(f(x - x_0)) &= \frac{1}{\sqrt{2\pi}} \int_{-\infty}^{\infty} f(x - x_0)e^{-iwx}dx \\
&= \frac{1}{\sqrt{2\pi}} \int_{-\infty}^{\infty} f(u)e^{-iw(u+x_0)}du, \ u = x - x_0, du = dt \\
&= e^{-iwx_0} \frac{1}{\sqrt{2\pi}} \int_{-\infty}^{\infty} f(u)e^{-iwu}du \\
&= e^{-iwx_0}\mathcal{F}(w)
\end{aligned}$$

이제 w 에서의 이동정리를 증명해보자.

$$\begin{aligned}
\mathcal{F}(e^{iw_0x}f(x)) &= \frac{1}{\sqrt{2\pi}} \int_{-\infty}^{\infty} f(x)e^{iw_0x}e^{-iwx}dx \\
&= \frac{1}{\sqrt{2\pi}} \int_{-\infty}^{\infty} f(x)e^{-i(w-w_0)x}dx \\
&= \mathcal{F}(w - w_0)
\end{aligned}$$

□

앞의 5장에서 정의하였던 디락의 델타함수 및 상수함수, 코사인과 사인함수의 푸리에 변환을 구해보자.

예제 10.4.4. 다음 함수들의 푸리에변환을 구하라.
(1) $\delta(x)$ (2) $f(x) = 1$ (3) $f(x) = e^{iw_0x}$ (4) $f(x) = \cos x$ 와 $f(x) = \sin x$

풀이. (1) 델타함수의 성질을 이용하여 Fourier 변환을 구해보자.

$$\mathcal{F}(\delta(x)) = \frac{1}{\sqrt{2\pi}}\int_{-\infty}^{\infty}\delta(x)e^{-iwx}dx = \frac{1}{\sqrt{2\pi}}e^0 = \frac{1}{\sqrt{2\pi}}$$

이를 이용하여 상수함수의 역변환도 구할 수 있다.

$$\mathcal{F}^{-1}(1) = \sqrt{2\pi}\delta(x)$$

이다.

(2) 델타함수의 성질을 이용하여 $\delta(w)$ 의 Fourier 역변환을 구해보자.

$$\mathcal{F}^{-1}(\delta(w)) = \frac{1}{\sqrt{2\pi}}\int_{-\infty}^{\infty}\delta(w)e^{iwx}dw = \frac{1}{\sqrt{2\pi}}e^0 = \frac{1}{\sqrt{2\pi}}$$

따라서 다음을 얻을 수 있다.

$$\mathcal{F}(1) = \sqrt{2\pi}\delta(w)$$

(3)Fourier 변환의 이동정리에 따라서

$$\mathcal{F}(e^{iw_0x}) = \sqrt{2\pi}\delta(w-w_0)\text{와}\quad \mathcal{F}(e^{-iw_0x}) = \sqrt{2\pi}\delta(w+w_0)$$

를 얻을 수 있다.

(4) 오일러의 공식에 따라

$$\cos w_0x = \frac{1}{2}(e^{iw_0x} + e^{-iw_0x})\text{이고,}\ \sin w_0x = \frac{1}{2i}(e^{iw_0x} - e^{-iw_0x})$$

이다. 따라서

$$\mathcal{F}(\cos w_0x) = \frac{\sqrt{2\pi}}{2}(\delta(w-w_0) + \delta(w+w_0))$$

와

$$\mathcal{F}(\cos w_0x) = \frac{\sqrt{2\pi}}{2i}(\delta(w-w_0) - \delta(w+w_0))$$

를 얻을 수 있다. □

이외에도 $a > 0$ 일 때,

$$\mathcal{F}(e^{-ax^2}) = \frac{1}{\sqrt{2a}} e^{-\frac{\omega^2}{4a}}$$

이다. 이것의 증명은 연습문제로 남겨둔다.

이동정리 이외에도 푸리에변환의 성질들을 몇 가지 더 살펴보자.

정리 **10.4.5.** ($f(x)$ 의 도함수에 대한 푸리에 변환식)
$f(x)$ 가 x 축 위에서 연속이고 $|x| \to \infty$ 일 때 $f(x) \to 0$ 이라고 하자. 더욱이, $f(x)$ 가 x 축 위에서 절대적분가능하다고 하면 $f(x)$ 의 도함수에 대한 푸리에 변환식을 다음과 같이 얻을 수 있다.

$$\begin{aligned} \mathcal{F}\{f'(x)\} &= i\omega\mathcal{F}\{f(x)\} \\ \mathcal{F}\{f''(x)\} &= -\omega^2\{\mathcal{F}(x)\} \end{aligned}$$

증명. $f(x)$ 가 x 축 위에서 연속이고 $|x| \to \infty$ 일 때 $f(x) \to 0$ 이라고 하자. 더욱이, $f(x)$ 가 x 축 위에서 절대적분가능하다고 하면

$$\mathcal{F}\{f'(x)\} = i\omega\mathcal{F}\{f(x)\}$$

가 성립한다. 위의 식을 두 번 적용하면

$$\mathcal{F}(f'') = i\omega\mathcal{F}(f') = (i\omega)^2\mathcal{F}(f)$$

가 된다. $(i\omega)^2 = -\omega^2$ 이므로 f 의 2 계도함수의 변환식으로

$$\mathcal{F}\{f''(x)\} = -\omega^2\{\mathcal{F}(x)\}$$

를 얻으며 보다 높은 도함수에 대해서도 유사하다. □

f 와 g 의 대합을 다음과 같이 정의한다.

$$h(x) = (f * g)(x) = \int_{-\infty}^{\infty} f(p)g(x-p)\ dp = \int_{-\infty}^{\infty} f(x-p)g(p)\ dp$$

목적은 Laplace 변환과 동일한데, 인자 $\sqrt{2\pi}$ 를 제외하면, 함수들의 대합은 이들에 대한 푸리에 변환식의 곱에 대응한다. 따라서 증명없이 다음의 정리를 얻는다.

> **정리 10.4.6.** (대합정리)
> $f(x)$ 와 $g(x)$ 가 x 축 위에서 구분연속이고, 유한이며, 절대적분가능하면
>
> $$\mathcal{F}(f * g) = \sqrt{2\pi}\mathcal{F}(f)\mathcal{F}(g)$$
>
> 가 성립한다.

시간 x 에서 $f(x)$ 가 신호라고 하면, $\mathcal{F}(w)$ 는 $f(x)$ 의 스펙트럼이라고 불리기도 한다. 구간 $(-T, T)$ 에서 신호 $f(x)$ 가 갖는 에너지는

$$E(T) = \int_{-T}^{T} f^2(x)dx$$

이다. 파시발(Parseval)의 정리 따라서

$$\int_{-T}^{T} f^2(x)dx = \frac{1}{2\pi}\int_{-\infty}^{\infty} |\mathcal{F}(w)|^2 dw$$

으로 나타나는데, 이 성질은 기전력 등을 계산할 때 중요하게 사용된다. 하지만 이 책에서는 더 깊이 다루지 않겠다.

연습문제 10.4

1. 다음 함수 $f(x)$ 의 푸리에 변환식을 구하라.

(1) $f(x) = \begin{cases} 1 & (x > 0), \\ 0 & (x < 0). \end{cases}$

(2) $f(x) = \begin{cases} e^{ix} & (-1 < x < 1), \\ 0 & (|x| > 1). \end{cases}$

(3) $f(x) = \begin{cases} x & (0 < x < 2), \\ 0 & (x < 0, x > 2). \end{cases}$

(4) $f(x) = \begin{cases} 1 & (-2 < x < 0), \\ -1 & (0 < x < 2), \\ 0 & (|x| > 2). \end{cases}$

(5) $f(x) = \cos 2x$

(6) $f(x) = \sin 3x$

(7) $f(x) = e^{-|x|}$

(8) $f(x) = \dfrac{1}{x^2 + 1}$

(9) $f(x) = e^{-x}$

(10) $f(x) = \begin{cases} \sin x & (0 < x < 1), \\ 0 & (x < 0, x > 1). \end{cases}$

2. $a > 0$ 일 때, $\mathcal{F}(e^{-ax^2})\quad (a>0) = \frac{1}{\sqrt{2a}} e^{-\frac{\omega^2}{4a}}$ 임을 보이라.

♣ 정답.

2. 지수에서 제곱항을 만들고 x 를 갖지 않은 지수인자를 적분 밖으로 끌어내자.

$$\begin{aligned}
\mathcal{F}(e^{-ax^2}) &= \frac{1}{\sqrt{2\pi}} \int_{-\infty}^{\infty} \exp\left[-ax^2 - i\omega x\right]\ dx \\
&= \frac{1}{\sqrt{2\pi}} \int_{-\infty}^{\infty} \exp\left[-\left(\sqrt{a}x + \frac{i\omega}{2\sqrt{a}}\right)^2 + \left(\frac{i\omega}{2\sqrt{a}}\right)^2\right]\ dx \\
&= \frac{1}{\sqrt{2\pi}} \exp\left(-\frac{\omega^2}{4a}\right) \int_{-\infty}^{\infty} \exp\left[-\left(\sqrt{a}x + \frac{i\omega}{2\sqrt{a}}\right)^2\right]\ dx
\end{aligned}$$

여기서 적분을 I 로 표기하고 이 값이 $\sqrt{\frac{\pi}{a}}$ 가 됨을 보이자. 이를 위하여 새로운 적분변수로서 $\sqrt{a}x + \frac{i\omega}{2\sqrt{a}} = v$ 를 사용하면, $dx = \frac{1}{\sqrt{a}}\ dv$ 가 되므로,

$$I = \frac{1}{\sqrt{a}} \int_{-\infty}^{\infty} e^{-v^2}\ dv$$

가 된다. 여기서 결과를 얻기 위하여 다음과 같은 기교를 사용한다. 즉, 적분을 제곱하여 중적분으로 바꾸고 극좌표 $r = \sqrt{u^2+v^2}$ 과 θ 를 도입한다. 그러면 $du\ dv = r\ dr\ d\theta$ 이므로

$$\begin{aligned}
I^2 &= \frac{1}{a} \int_{-\infty}^{\infty} e^{-u^2}\ du \int_{-\infty}^{\infty} e^{-v^2}\ dv = \frac{1}{a} \int_{-\infty}^{\infty} \int_{-\infty}^{\infty} e^{-(u^2+v^2)}\ du\ dv \\
&= \frac{1}{a} \int_0^{2\pi} \int_0^{\infty} e^{-r^2}\ r\ dr\ d\theta = \frac{2\pi}{a} \left(-\frac{1}{2} e^{-r^2}\right)\Big|_0^{\infty} = \frac{\pi}{a}
\end{aligned}$$

를 얻는다. 따라서 $I = \sqrt{\frac{\pi}{a}}$ 이다. 이 결과와 풀이 과정의 첫 식으로부터 다음 결과를 얻을 수 있다.

$$\mathcal{F}(e^{-ax^2}) = \frac{1}{\sqrt{2\pi}} \exp\left(-\frac{\omega^2}{4a}\right) \sqrt{\frac{\pi}{a}} = \frac{1}{\sqrt{2a}} e^{-\frac{\omega^2}{4a}}$$

제 11 장

복소함수

복소함수와 그 미분과 적분은 복소함론에서 매우 중요하다. 따라서 이 장에서 다루는 방법과 결과들은 유체역학, 열전달이론, 정전기학 등 을 비롯한 공학의 많은 문제들을 쉽게 해결해 주는 강력한 도구가 된다.

11.1 복소수와 극형식

실수의 제곱은 양수 또는 0 이므로, 방정식

$$x^2 = -1$$

의 실수 해 x 는 존재하지 않는다. 이러한 방정식의 해가 되는 새로운 수를 정의하는데, 제곱하면 -1 이 되는 수를 복소수 i 라 한다. 즉,

$$i^2 = -1$$

이다. 이 때, $i = \sqrt{-1}$ 를 허수단위라 부른다.

두 실수의 짝 (x, y) 에 대하여

$$z = x + iy$$

를 **복소수**(complex number) 라 하고, x 를 z 의 **실수부** (real part), y 를 z 의 **허수부**(imaginary part) 라고 하며

$$x = \text{Re } z, \quad y = \text{Im } z$$

로 표시한다. 실수부가 0 인 경우,

$$z = 0 + iy = iy$$

를 **순허수**(pure imaginary number)라고 한다.

허수 사이에는 크기의 개념이 없다. 예를 들어, 방정식

$$x^2 = -2$$

의 해는 순허수

$$\pm\sqrt{-2} = \pm i\sqrt{2}$$

인데, 이들 두 복소수 $\sqrt{2}i$ 와 $-\sqrt{2}i$ 사이의 크기는 생각하지 않는다.

이제부터 복소수의 합, 곱과 나눗셈 등의 연산에 대하여 알아보자. 우선 두 복소수의 합과 상수배를 다음과 같이 정의한다. 두 복소수

$$z_1 = x_1 + iy_1 \quad \text{과} \quad z_2 = x_2 + iy_2$$

에 대하여,

$$z_1 + z_2 = (x_1 + iy_1) + (x_2 + iy_2) = (x_1 + x_2) + i(y_1 + y_2)$$

$$kz_1 = kx_1 + iky_1$$

이다.

예제 11.1.1.

$$(2 + 3i) + (-1 + 5i) = 1 + 8i.$$

복소수의 곱셈은 i 를 문자 취급하여 다항식을 계산할 때와 마찬가지로 계산한 후, $i^2 = -1$ 로 바꾼 다음, $x + iy$ 의 꼴로 나타내면 된다. 이때, 덧셈과 곱셈에 대하여 결합법칙, 교환법칙, 배분법칙이 성립한다.

예제 11.1.2.

$$\begin{aligned}(2+3i)(1-i) &= 2(1-i) + 3i(1-i)\\ &= 2 - 2i + 3i - 3i^2\\ &= 2 + i - 3(-1)\\ &= 5 + i\end{aligned}$$

복소수

$$z = x + iy$$

에 대하여, 허수부의 부호를 바꾼

$$\overline{z} = x - iy$$

를 z의 **켤레복소수**(conjugate complex number)라 하고 $\overline{z}$로 표시한다.

예제 11.1.3. 복소수 $z = 2 + 3i$의 켤레복소수는 $\overline{z} = 2 - 3i$이다.

$\frac{1}{z}$를 정의하기 위하여 복소수 $z = x+iy \neq 0$의 켤레복소수를 분모와 분자에 각각 곱하여

$$w = \frac{\overline{z}}{x^2 + y^2} = \frac{\overline{z}}{z\overline{z}}$$

를 얻으면 $zw = wz = 1$이다. 이때, w를 $w = z^{-1} = \dfrac{1}{z}$로 정의한다. 복소수의 나눗셈은 분모의 켤레복소수를 분모와 분자에 각각 곱하여 $x + iy$ 꼴로 나타내면 된다.

예제 11.1.4. (1) $\dfrac{1}{1+i}$ 과 (2) $\dfrac{i}{1-i}$를 $x + iy$ 꼴로 나타내라.

풀이. 분자와 분모에 각각 분모의 켤레복소수를 곱한 후 정리하면 다음을 얻을 수 있다.

(1) $\dfrac{1}{1+i} = \dfrac{1-i}{(1+i)(1-i)} = \dfrac{1}{2} - \dfrac{1}{2}i$

(2) $\dfrac{i}{1-i} = \dfrac{i(1+i)}{(1-i)(1+i)} = \dfrac{i-1}{2} = -\dfrac{1}{2} + \dfrac{1}{2}i$ □

유제 11.1.5. $\dfrac{5}{(1-i)(2-i)(3-i)}$ 를 간단히 하라.

♣ 정답. $i/2$

다음으로 켤레복소수의 성질을 살펴보자. 두 복소수 z_1과 z_2에 대하여,

$$\overline{z_1 z_2} = \overline{z_1}\ \overline{z_2}, \qquad \overline{z_1 \pm z_2} = \overline{z_1} \pm \overline{z_2}, \qquad \overline{\left(\frac{z_1}{z_2}\right)} = \frac{\overline{z_1}}{\overline{z_2}}, \qquad \overline{\overline{z_1}} = z_1$$

이 성립하며, 또한

$$\text{Re } z = \frac{z + \overline{z}}{2}, \qquad \text{Im } z = \frac{z - \overline{z}}{2i}$$

임도 쉽게 알 수 있다.

복소수 $z = a + ib$는 xy-평면 위의 점 (a, b) 또는 벡터 (a, b)에 1-1 대응시킬 수 있다. 예를 들어, 복소수 $-2 + i$는 점 $(-2, 1)$에 표시한다. 그러면 모든 복소수는 평면 위의 점 또는 벡터로 표시될 수 있다. 이 x, iy-평면을 **복소평면**(complex plane) 또는 가우스평면(Gauss plane)이라고 한다. 이때, 가로축을 실수축, 세로축을 허수축이라 부른다. 복소수는 상상의 수이므로 물리적으로 볼 수 없지만, 이를 xy-평면의 벡터와 1-1 대응시키고 나면 이 복소수를 물리적으로 볼 수 있게된다.

모든 복소수를 벡터처럼 생각할 수 있으므로 벡터에서와 같이 복소수의 크

기와 방향을 정의할 수 있다. 복소수 $z = x + iy$ 의 **절대값**(absolute value) 또는 **크기**(modulus) 를

$$|z| = \sqrt{(\text{실수부})^2 + (\text{허수부})^2} = \sqrt{x^2 + y^2}$$

로 정의하며, 복소수가 양의 실수축과 이루는 각을 편각(argument) 라 부르고

$$\arg(z) = \arctan\left(\frac{y}{x}\right)$$

로 정의한다. 편각은 복소수가 양의 실수축에서 반시계방향으로 회전된 각도를 나타낸다. 특히, $[-\pi, \pi]$ 사이에 있는 편각을 대표편각이라 부르고 $\mathrm{Arg}(z)$ 로 표현한다.

이제 복소수의 크기와 성질에 대하여 살펴보자. $|z|$ 는 원점에서 점 (x, y) 까지의 **거리**를 나타낸다. 또 $|z| = |z - 0|$ 으로 보면 $|z|$ 은 두 복소수 z 와 0 사이의 거리라고도 할 수 있다. 한편,

$$z\overline{z} = (x + iy)(x - iy) = x^2 + y^2 = |z|^2, \quad |z|^2 = z\overline{z}$$

도 성립한다. 또한 켤레복소수를 이용하여 복소수의 크기를 표현해보면

$$|z| = \sqrt{z\overline{z}}$$

가 됨을 알 수 있다.

두 복소수

$$z_1 = x_1 + iy_1, \quad z_2 = x_2 + iy_2$$

사이의 거리는 두 점 (x_1, y_1), (x_2, y_2) 사이의 거리를 구할 때와 마찬가지로

$$|z_1 - z_2| = |(x_1 - x_2) + i(y_1 - y_2)| = \sqrt{(x_1 - x_2)^2 + (y_1 - y_2)^2}$$

임을 쉽게 알 수 있다.

예제 11.1.6. 중심이 $(1, 2)$ 이고 반경이 3 인 원을 복소수 방정식으로 표현하라.

풀이. 점 $1 + 2i$ 와 거리가 3 인 복소수 $z = x + iy$ 는

$$\begin{aligned} & \sqrt{(x-1)^2 + (y-2)^2} \\ = \; & |(x-1) + i(y-2)| \\ = \; & |(x+iy) - (1+2i)| \\ = \; & |z - (1+2i)| \\ = \; & 3 \end{aligned}$$

을 만족한다. 따라서 구하는 식은

$$|z - (1 + 2i)| = 3$$

이다. □

유제 11.1.7. 부등식 $|z - 2 + i| \leq 3$ 을 만족하는 점 z 의 집합을 말하라.

♣ 정답. 중심이 $2 - i$ 이고 반지름이 3 인 폐원판

다음 정리는 복소수의 곱과 합의 크기에 대한 중요한 성질을 알려준다.

> 정리 **11.1.8.** 두 복소수 z_1, z_2 에 대하여,
>
> (1) $|z_1 z_2| = |z_1||z_2|$ (2) $|z_1 + z_2| \leq |z_1| + |z_2|$ (삼각부등식)
>
> 가 성립한다.

증명. (1) 두 복소수 z_1, z_2 에 대하여,

$$|z_1 z_2|^2 = z_1 z_2 \overline{z_1 z_2} = z_1 \overline{z_1} z_2 \overline{z_2} = |z_1|^2 |z_2|^2$$

이므로

$$|z_1 z_2| = |z_1||z_2|$$

이다.

(2) 두 복소수 z_1, z_2 에 대하여,

$$\begin{aligned} |z_1 + z_2|^2 = (z_1 + z_2)(\overline{z_1 + z_2}) &= (z_1 + z_2)(\overline{z_1} + \overline{z_2}) \\ &= z_1 \overline{z_1} + z_2 \overline{z_1} + z_1 \overline{z_2} + z_2 \overline{z_2} \\ &= |z_1|^2 + 2\mathrm{Re}(z_2 \overline{z_1}) + |z_2|^2 \end{aligned}$$

왜냐하면 $z_1 \overline{z_2} = \overline{z_2 \overline{z_1}}$ 이기 때문이다. 그리고 복소수의 실수부는 복소수의 절대값보다 작거나 같기 때문에

$$2\mathrm{Re}(z_2 \overline{z_1}) \leq 2|z_2 \overline{z_1}|$$

이다. 따라서

$$\begin{aligned} |z_1 + z_2|^2 &\leq |z_1|^2 + 2|z_2 \overline{z_1}| + |z_2|^2 \\ &\leq |z_1|^2 + 2|z_2||z_1| + |z_2|^2 \\ &= (|z_1| + |z_2|)^2 \end{aligned}$$

이고

$$|z_1 + z_2| \le |z_1| + |z_2|$$

이다. 삼각부등식은 삼각형의 한 변의 길이 $|z_1 + z_2|$ 가 나머지 다른 두 변의 길이의 합 $|z_1| + |z_2|$ 보다 항상 작거나 같음을 말한다. 등호는 두 복소수의 편각이 같을 때 성립한다. □

복소수가 평면 위의 한 벡터와 일대일 대응이 되며, 평면 위의 모든 벡터는 직교좌표와 극좌표로 표현이 가능하므로 복소수를 극좌표 형식으로 표현할 수 있다. 이제 **복소수의 극형식**에 대하여 알아 보기로 한다. (r, θ) 가 점 (x, y) 의 극좌표라 하면,

$$x = r\cos\theta, \quad y = r\sin\theta$$

이므로, z 를 **극형식**(polar form) 으로는

$$z = x + iy = r(\cos\theta + i\sin\theta) \tag{11.1}$$

로 나타낼 수 있다. 여기서

$$r = |z| = \sqrt{x^2 + y^2}$$

이고 θ 를 z 의 **편각**이라 부르고,

$$\theta = \arg z$$

로 나타낸다. 편각 $\theta = \arg z$ 는

$$\tan\theta = \frac{y}{x}$$

에 의하여 결정되는데, $\arg z$ 는 2π 의 정수배 만큼 차이가 있는 무한 개의 실수이다.

예를 들면, $n = 0, 1, 2, \cdots$ 에 대하여

$$|1 + i| = \sqrt{2}, \quad \arg\ (1 + i) = \frac{\pi}{4} \pm 2n\pi = \frac{\pi}{4}, \ \frac{-7\pi}{4}, \ \cdots$$

이다. 이때, $-\pi$ 와 π 사이의 대표 편각 $\dfrac{\pi}{4}$ 를 선택하여, $1 + i$ 의 극형식은 보통

$$1 + i = \sqrt{2}\left(\cos\frac{\pi}{4} + i\sin\frac{\pi}{4}\right)$$

로 나타낸다.

예제 11.1.9. 복소수 $z = \sqrt{3} + i$ 를 극형식으로 표시하라.

풀이.

$$|z| = \sqrt{(\sqrt{3})^2 + 1^2} = \sqrt{4} = 2$$

$$\cos\theta = \frac{\sqrt{3}}{2}, \quad \sin\theta = \frac{1}{2}$$

이므로,

$$z = 2\left(\frac{\sqrt{3}}{2} + i\frac{1}{2}\right) = 2\left(\cos\frac{\pi}{6} + i\sin\frac{\pi}{6}\right)$$

이다. □

유제 11.1.10. 복소수 $z = 2 + 2\sqrt{3}i$ 를 극형식으로 표시하라.

♣ 정답. $z = 4\left(\cos\frac{\pi}{3} + i\sin\frac{\pi}{3}\right)$

극형식으로 표시된 두 복소수의 덧셈과 뺄셈은 그 극형식을 직각(좌표) 형식으로 바꾸어서 계산해야 되기 때문에 불편하다. 그러나 극형식으로 표시된 두 복소수의 곱셈과 나눗셈은 매우 쉽다.

두 복소수 z_1, z_2 를 극형식

$$z_1 = r_1(\cos\theta_1 + i\sin\theta_1), \quad z_2 = r_2(\cos\theta_2 + i\sin\theta_2)$$

로 나타내면,

$$\begin{aligned} z_1z_2 &= r_1r_2[(\cos\theta_1\cos\theta_2 - \sin\theta_1\sin\theta_2) + i(\sin\theta_1\cos\theta_2 + \cos\theta_1\sin\theta_2)] \\ &= r_1r_2[\cos(\theta_1+\theta_2) + i\sin(\theta_1+\theta_2)] \qquad (11.2) \end{aligned}$$

가 된다. 따라서

$$|z_1z_2| = |z_1||z_2|$$

$$\arg(z_1z_2) = \arg z_1 + \arg z_2$$

임을 알 수 있다. 즉, 복소수를 곱하면 크기는 곱해지고 편각은 더해진다.

또 $\frac{z_1}{z_2} = z_1z_2^{-1}$ 이므로

$$\frac{z_1}{z_2} = \frac{r_1}{r_2}[\cos(\theta_1-\theta_2) + i\sin(\theta_1-\theta_2)] \qquad (11.3)$$

이다. 따라서

$$|z_1/z_2| = |z_1|/|z_2|$$

$$\arg\left(\frac{z_1}{z_2}\right) = \arg z_1 - \arg z_2$$

이다. 즉, 복소수를 나누면 크기는 나뉘어지고, 편각은 빼진다.

예제 11.1.11. $z_1 = 3i$, $z_2 = 1 + \sqrt{3}i$ 일 때, z_1z_2 의 크기와 편각을 구하라.

풀이.

$$z_1 = 3\left(\cos\frac{\pi}{2} + i\sin\frac{\pi}{2}\right), \quad z_2 = 2\left(\cos\frac{\pi}{3} + i\sin\frac{\pi}{3}\right)$$

이므로

$$|z_1 z_2| = |z_1||z_2| = 6, \quad \arg(z_1 z_2) = \arg(z_1) + \arg(z_2) = \frac{5\pi}{6}$$

이다. □

유제 11.1.12. $\theta = \frac{\pi}{5}$ 일 때, 다음 식의 값을 구하라.

$$\frac{(\cos\theta + i\sin\theta)(\cos 3\theta + i\sin 3\theta)}{(\cos 5\theta + i\sin 5\theta)(\cos 6\theta - i\sin 6\theta)}$$

♣ 정답. -1

복소수를 평면 위의 벡터와 일대일 대응시키고, 나아가 이를 극형식으로 표현하면 복소수의 크기와 편각을 물리적으로 확인할 수 있어서 매우 편리하다. 이때 복소수의 크기와 편각을 이용하여 복소수를 지수함수 형태로 표현할 수 있는데, 오일러는 $\cos\theta + i\sin\theta$ 를 $e^{i\theta}$ 로 나타내었다. 즉,

$$e^{i\theta} = \cos\theta + i\sin\theta$$

를 **오일러의 공식**(Euler's formula) 이라 부른다. 이때에도 지수법칙

$$e^{i\theta_1} e^{i\theta_2} = e^{i(\theta_1 + \theta_2)}$$

이 성립하므로,

$$z_1 = r_1 e^{i\theta_1}, \quad z_2 = r_2 e^{i\theta_2}$$

인 경우, 공식 (11.2) 와 (11.3) 은 각각

$$z_1 z_2 = r_1 r_2 e^{i(\theta_1 + \theta_2)}, \qquad \frac{z_1}{z_2} = \frac{r_1}{r_2} e^{i(\theta_1 - \theta_2)} \tag{11.4}$$

가 된다. 즉 지수함수의 곱의 공식을 이용하면, 복소수의 곱에서 크기는 곱해지고 편각은 더해지며, 나눗셈의 경우 크기는 나뉘고 편각은 빼진다는 것을 쉽게 알 수 있다.

또한 복소평면 위에서 중심이 점 a 이고, 반지름이 r 인 원 $|z - a| = r$ 을 복소수의 지수함수 형태로 표시하면

$$z = a + re^{i\theta} \tag{11.5}$$

가 된다.

예제 11.1.13. 복소수 $\frac{-1}{2} + \frac{i\sqrt{3}}{2}$ 를 $re^{i\theta}$ 형태로 표현하라.

풀이. 복소수의 크기와 편각을 구하여,

$$\frac{-1}{2} + \frac{i\sqrt{3}}{2} = \cos\frac{2\pi}{3} + i\sin\frac{2\pi}{3} = e^{i\frac{2\pi}{3}}$$

이다. □

유제 11.1.14. 복소수 $1-i$ 를 $re^{i\theta}$ 형태로 표현하라.

♣ 정답. $\sqrt{2}e^{-i\frac{\pi}{4}}$

복소수의 거듭제곱에 대하여 알아보자.

n 을 정수라 하고 복소수 $z=re^{i\theta}$ 를 거듭제곱한 z^n 을 계산해 본다.

$$z^n = zz\cdots z = (re^{i\theta})(re^{i\theta})\cdots(re^{i\theta}) = r^n e^{in\theta}$$

$$z^n = r^n(\cos n\theta + i\sin n\theta)$$

위 식에 $z=r(\cos\theta+i\sin\theta)$ 을 대입하면

$$r^n(\cos\theta+i\sin\theta)^n = r^n(\cos n\theta + i\sin n\theta)$$

이 되며 위 식의 양변을 비교하면 다음

$$(\cos\theta+i\sin\theta)^n = \cos n\theta + i\sin n\theta \quad (n=0,\pm1,\pm2,\cdots) \tag{11.6}$$

가 성립하는데, 이 식을 **드 무아브르 공식**(De Moivre formula) 이라고 한다.

예제 11.1.15. 복소수의 거듭제곱

$$\left(\frac{1+i}{\sqrt{3}+i}\right)^{12}$$

을 계산하라.

풀이. 각 복소수의 극형식은

$$1+i = \sqrt{2}\left(\cos\frac{\pi}{4} + i\sin\frac{\pi}{4}\right),$$

$$\sqrt{3}+i = 2\left(\cos\frac{\pi}{6} + i\sin\frac{\pi}{6}\right)$$

이므로, 드 무아브르 공식에 의하여

$$\begin{aligned}\left(\frac{1+i}{\sqrt{3}+i}\right)^{12} &= \left(\frac{\sqrt{2}}{2}\right)^{12}\left[\cos\left(\frac{\pi}{4}-\frac{\pi}{6}\right) + i\sin\left(\frac{\pi}{4}-\frac{\pi}{6}\right)\right]^{12} \\ &= \frac{1}{2^6}(\cos\pi + i\sin\pi) \\ &= -\frac{1}{64}\end{aligned}$$

이다. □

유제 11.1.16. $(1+i)^{36}$ 을 간단히 하라.

♣ 정답. -2^{18}

이제 드무아브르 공식을 이용하여 z 에 관한 n 차 방정식

$$z^n = 1 \quad (n = 1, 2, \cdots)$$

을 풀어서 **1 의 n 승근**을 구해보자. z 를 극형식 $z = re^{i\theta}$ 로 쓰면

$$(re^{i\theta})^n = r^n e^{in\theta} = 1$$

에서 $r^n e^{in\theta} = 1e^{i0}$ 를 만족하는 n 과 θ 를 구하면 된다. 두 복소수가 서로 같은 경우, 이들의 절대치는 서로 같고, 편각은 2π 의 정수배만큼 차이가 있을 수 있으므로,

$$r^n = 1, \quad n\theta = 0 + 2k\pi$$

가 된다. 여기서 k 는 정수이다. 따라서 $r = 1$, $\theta = 2k\pi/n$ 이 되어 방정식 $z^n = 1$ 의 n 개의 다른 근

$$z = e^{i(2k\pi/n)} \quad (k = 0, 1, \cdots, n-1)$$

을 얻는다. 즉 n 개의 복소수

$$z = \cos\frac{2k\pi}{n} + i\sin\frac{2k\pi}{n} \quad (k = 0, 1, 2, \cdots, n-1) \tag{11.7}$$

가 1 의 n 승근이다.

기하학적으로, 이들 n 개의 근은 단위원에 접하는 정 n 각형의 꼭지점에 대응한다.

예제 11.1.17. 방정식 $z^3 = 1$ 을 풀어라.

풀이. 식 (1.7) 에서 $n = 3$ 이므로, 1 의 3 제곱근은

$$z = \cos\frac{2k\pi}{3} + i\sin\frac{2k\pi}{3} \quad (k = 0, 1, 2)$$

이다. 즉,

$$z_1 = 1, \quad z_2 = -\frac{1}{2} + i\frac{\sqrt{3}}{2}, \quad z_3 = -\frac{1}{2} - i\frac{\sqrt{3}}{2}$$

이다. 이 근 들은 1 부터 $\frac{2\pi}{3}$ 씩 돌면서 단위원을 3 등분한다. □

유제 11.1.18. 방정식 $z^4 = 1$ 을 풀어라.

♣ 정답. $1, \quad i, \quad -1, \quad -i$

연습문제 11.1

1. 다음을 간단히 하여 $x+iy$ 와 $re^{i\theta}$ 의 형태로 나타내라.

   (1) $\dfrac{1+2i}{3-4i}+\dfrac{2-i}{5i}$
   (2) $(1-i)^4$
   (3) $[3(\cos 40^\circ + i\sin 40^\circ)][4(\cos 80^\circ + i\sin 80^\circ)]$
   (4) $\left(\dfrac{1+\sqrt{3}i}{1-\sqrt{3}i}\right)^{10}$
   (5) $\sqrt{1+i}$
   (6) $\sqrt{4+3i}$
   (7) $\sqrt{i}$

2. 다음이 성립함을 보여라.

   (1) $\overline{z+5i}=z-5i$ (2) $\overline{iz}=-i\overline{z}$ (3) $\overline{\dfrac{(2+i)^2}{3-4i}}=1$
   (4) $||z_1|-|z_2||\le|z_1-z_2|\le|z_1|+|z_2|$

3. 다음 조건을 만족하는 점들의 집합을 그림으로 나타내라.

   (1) $|z-1+i|=1$ (2) $\mathrm{Re}(z-1)\ge 0$
   (3) $|z-i|=|z+1|$ (4) $|z-2|\ge 3$

4. 다음 복소수의 편각 $\arg z$ 중, 간단한 하나를 구하라.

   (1) $z=\dfrac{-2}{1+i\sqrt{3}}$ (2) $z=(\sqrt{3}-1)^6$

5. 다음 방정식을 풀어라.

   (1) $z^2+(2i-3)z+5-i=0$ (2) $z^4+i=0$ (3) $z^5-2=0$

6. 다음 식을 증명하라.

   (1) $\sin\theta=\dfrac{e^{i\theta}-e^{-i\theta}}{2i}$ (2) $\cos\theta=\dfrac{e^{i\theta}+e^{-i\theta}}{2}$
   (3) $\sin^3\theta=\dfrac{3}{4}\sin\theta-\dfrac{1}{4}\sin 3\theta$ (4) $\cos^4\theta=\dfrac{1}{8}\cos 4\theta+\dfrac{1}{2}\cos 2\theta+\dfrac{3}{8}$

7. 다음 방정식을 z 와 $\overline{z}$ 를 이용하여 나타내라.

   (1) $2x+y=5$ (2) $x^2+y^2=9$

♣ 정답.

1. (1) $-\frac{2}{5}$ (2) -4 (3) $-6+6\sqrt{3}i$ (4) $-\frac{1}{2}+\frac{\sqrt{3}}{2}i$
   (5) $z^2=1+i$ 인 z 를 찾는다. $z=re^{i\theta}$ 라 두면, $z^2=r^2e^{i2\theta}=\sqrt{2}e^{i\frac{\pi}{4}}$ 이다. 그러면 $r^2=\sqrt{2}$ 이고, $2\theta=\frac{\pi}{4}+2k\pi, k=0,1$ 이다. 따라서 $r=$

$2^{1/4}$ 이고, $\theta = \frac{\pi}{8} + k\pi, k = 0, 1$ 이 되므로, $z = 2^{1/4}\left(\cos\frac{\pi}{8} + i\sin\frac{\pi}{8}\right)$ 와 $z = 2^{1/4}\left(\cos\frac{7\pi}{8} + i\sin\frac{7\pi}{8}\right)$ 이다. 그런데, $\cos\frac{7\pi}{8} = -\cos\frac{\pi}{8}$, $\sin\frac{7\pi}{8} = -\sin\frac{\pi}{8}$ 이므로 $z = \pm 2^{1/4}\left(\cos\frac{\pi}{8} + i\sin\frac{\pi}{8}\right)$ 이다. 여기서 반각공식 $\cos\frac{\pi}{8} = \sqrt{\frac{1+\cos(\pi/4)}{2}}$, $\sin\frac{\pi}{8} = \sqrt{\frac{1-\cos(\pi/4)}{2}}$ 을 쓰면, $z = \pm 2^{1/4}\left(\frac{\sqrt{2+\sqrt{2}}}{2} + i\frac{\sqrt{2-\sqrt{2}}}{2}\right)$ 이다

(6) $z^2 = 4+3i$ 인 z를 찾는다. $z = re^{i\theta}$ 라 두면,$z^2 = r^2e^{i2\theta} = 5e^{i\theta_0}$ 이다. 그러면 $r^2 = 5$ 이고, $2\theta = \theta_0 + 2k\pi, k = 0, 1$ 이다. 따라서 $r = \sqrt{5}$ 이고, $\theta = \theta_0/2 + k\pi, k = 0, 1$ 이 되므로, $z = \sqrt{5}\left(\cos\frac{\theta_0}{2} + i\sin\frac{\theta_0}{2}\right)$ 와 $z = \sqrt{5}\left(\cos\left(\frac{\theta_0}{2}+\pi\right) + i\sin\left(\frac{\theta_0}{2}+\pi\right)\right)$ 이다. 그런데, $\cos\left(\frac{\theta_0}{2}+\pi\right) = -\cos\frac{\theta_0}{2}$, $\sin\left(\frac{\theta_0}{2}+\pi\right) = -\sin\frac{\theta_0}{2}$ 이므로 $z = \pm\sqrt{5}\left(\cos\frac{\theta_0}{2} + i\sin\frac{\theta_0}{2}\right)$ 이다. 여기서 반각공식 $\cos\frac{\theta_0}{2} = \sqrt{\frac{1+\cos\theta_0}{2}} = \sqrt{\frac{1+4/5}{2}}$, $\sin\frac{\theta_0}{2} = \sqrt{\frac{1-\cos\theta_0}{2}} = \sqrt{\frac{1-4/5}{2}}$ 을 쓰면, $z = \pm\sqrt{5}\left(\sqrt{\frac{1+4/5}{2}} + i\sqrt{\frac{1-4/5}{2}}\right) = \pm\sqrt{5}(3+i)/\sqrt{2}$ 이다.

(7) $\pm(1+i)/\sqrt{2}$

4. (1) $\frac{2}{3}\pi$ (2) 0

5. (1) $2-3i$, $1+i$
   (2) $z = \cos\left(\frac{3\pi}{8} + \frac{2\pi k}{4}\right) + i\sin\left(\frac{3\pi}{8} + \frac{2\pi k}{4}\right)$ $k = 0, 1, 2, 3$
   (3) $z = \sqrt[5]{2}\left(\cos\frac{2\pi k}{5} + i\sin\frac{2\pi k}{5}\right)$, $k = 0, 1, 2, 3, 4$

6. (1), (2) $e^{i\theta} = \cos\theta + i\sin\theta$, $e^{-i\theta} = \cos\theta - i\sin\theta$ 에서 두 식을 더하면 (1), 두식을 빼면 (2)를 얻는다.

   (3) $\sin^3\theta = \left(\frac{e^{i\theta}-e^{-i\theta}}{2i}\right)^3 = \frac{3}{4}\sin\theta - \frac{1}{4}\sin 3\theta$

   (4) $\cos^4\theta = \left(\frac{e^{i\theta}+e^{-i\theta}}{2}\right)^4 = \frac{1}{8}\cos 4\theta + \frac{1}{2}\cos 2\theta + \frac{3}{8}$

7. $x = \frac{z+\bar{z}}{2}$, $y = \frac{z-\bar{z}}{2i}$ 를 대입한다.
   (1) $(2i+1)z + (2i-1)\bar{z} = 10i$ (2) $z\bar{z} = 9$

11.2 복소함수와 그 도함수

복소변수(complex variable) $z = x+iy$ 를 정의역으로 갖는 **복소함수** (complex function)를 보통

$$w = f(z)$$

로 나타낸다. 이 때, x, y 는 실수이다. 그러면

$$w = f(z) = f(x+iy) = u(x,y) + iv(x,y)$$

가 된다. 이때, $u(x,y)$ 와 $v(x,y)$ 를 각각 함수 $f(z)$ 의 **실수부**와 **허수부**라고 하는데, 이들은 실수의 짝을 정의역으로 하는 이변수 실함수이다.

예제 11.2.1. $f(z) = z^2 + z$ 의 실수부 u 와 허수부 v 를 구하고, $z = 1 + i$ 에서 $f(z)$ 의 값을 구하라.

풀이. 일반적인 복소수의 형태 $z = x + iy$ 를 주어진 함수에 대입한 후 간단히 하면

$$f(z) = (x+iy)^2 + (x+iy) = (x^2 - y^2 + x) + i(2xy + y)$$

이므로 실수부와 허수부는 각각

$$u = x^2 - y^2 + x, \quad v = 2xy + y$$

이다. 그리고

$$f(1+i) = (1+i)^2 + (1+i) = 1 + 3i$$

이다. □

유제 11.2.2. $g(z) = \dfrac{z+1}{z-1}$ 일 때, $u(x,y)$ 와 $v(x,y)$ 를 구하고, $z = 2+i$ 에서의 $g(z)$ 의 값을 구하라.

♣ 정답. $u = \dfrac{x^2+y^2-1}{(x-1)^2+y^2}$, $v = \dfrac{-2y}{(x-1)^2+y^2}$, $2-i$

복소함수의 도함수를 설명하기 전에, 먼저 필요한 개념을 소개한다. 두 점 z 와 a 사이의 거리는 $|z-a|$ 이므로, 점 a 를 중심으로 하는 반지름이 ρ 인 원 C 는 등식

$$|z - a| = \rho$$

를 만족하는 점 z 의 집합이다. 부등식

$$|z - a| < \rho$$

를 만족하는 점 z 의 집합은 원 C 의 내부이다. 이를 개원판(open circular disk)이라하고, 보통 점 a 의 **근방**(neighborhood)이라고 한다.

집합 S 의 임의의 한 점이 S 에 포함되는 근방을 가질 때, S 를 **개집합**(open set)이라 한다. 예를 들어, 개원판은 개집합이다. 집합 S 의 임의의 두 점을, S 에 포함되는 유한개의 선분들로 이루어진 꺾인 모양의 절선으로 이을 수 있을 때, S 를 **연결집합**(connected set)이라고 한다. 연결인 개집합을 **영역**(domain)이라 하고, 보통 D 로 나타낸다. 개원판과 근방은 영역이다. 우리는 앞으로 영역에서 정의된 복소함수를 다룬다.

점 z_0 에서 복소함수 $f(z)$ 의 **도함수**는

$$f'(z_0) = \lim_{\Delta z \to 0} \frac{f(z_0 + \Delta z) - f(z_0)}{\Delta z}$$

로 정의되며 $f'(z_0)$ 로 나타낸다. $f'(z_0)$ 가 존재할 때, $f(z)$ 는 z_0 에서 **미분가능**

하다고 말한다. 여기서 $\Delta z \to 0$ 은 Δz 가 복소평면 위에서 임의의 경로를 따라서 0 에 가까와 간다는 것임에 유의해야 한다. 따라서 복소함수의 미분가능성에 대하여는 실함수보다 더 엄격하므로, 미분불가능한 복소함수가 많다. 예로서 $f(z) = \bar{z} = x - iy$ 는 모든 z 에 대하여 미분불가능하다.

이제 복소함수가 미분가능하기 위한 조건에 대하여 알아보자. 한 점 $z_0 = x_0 + iy_0$ 의 근방에서 정의되어 있는 함수 $f(z) = u(x, y) + iv(x, y)$ 가 $z = z_0$ 에서 미분가능하려면, u, v 가 아래 코오시 [1] -리만 [2] 방정식을 만족하여야 한다.

정리 11.2.3. $f(z) = u(x, y) + iv(x, y)$ 가 한 점 $z_0 = x_0 + iy_0$ 에서 미분가능하면, $u(x, y)$, $v(x, y)$ 는 $(x_0,\ y_0)$ 에서 식

$$\frac{\partial u}{\partial x} = \frac{\partial v}{\partial y}, \quad \frac{\partial u}{\partial y} = -\frac{\partial v}{\partial x} \tag{11.8}$$

를 만족한다. 방정식 *(11.8)*을 코오시-리만 방정식*(Cauchy-Riemann equation)*이라고 부른다.

증명. 증명의 개요만 소개하기로 한다.

$$f'(z_0) = \lim_{\Delta z \to 0} \frac{f(z_0 + \Delta z) - f(z_0)}{\Delta z}$$

가 존재하므로, $z = x + iy$ 의 근방에서 임의의 경로를 따라 Δz 를 0 에 수렴시킬 때, $f'(z_0)$ 의 값은 유일하다. 따라서 $z + \Delta z$ 에서 $(x + Re\Delta z) + iy$ 까지의 경로와 $(x + Re\Delta z) + iy$ 에서 $z = x + iy$ 까지의 경로를 선택하여 그 결과를 같게 놓을 수 있다. 이 때, 각각의 실수부를 비교하면 식 (11.8) 의 첫번째 식을 얻게 되고, 각각의 허수부를 비교하면 두번째 식을 얻게 된다. □

예제 11.2.4. $f(z) = |z|^2$ 을 생각해 보자.

$$f(z) = |z|^2 = (x^2 + y^2) + i \cdot 0$$

이므로

$$u(x, y) = x^2 + y^2, \qquad v(x, y) = 0$$

---

[1] 코오시 (Augustin-Louis, Baron Cauchy, 1789 1857) 프랑스의 수학자. 근대의 가장 위대한 수학자 중 한 사람으로 해석학의 아버지라 불리운다. 해석학의 필수개념인 극한과 연속의 개념을 이용해 미분적분학의 기초를 튼튼히 했다. 그의 주요업적인 복소수함수론은 유체역학과 공기역학에서 유용한 도구로 쓰이며, 오늘날 물리학에서 항공학에 이르는 응용수학에 필수적인 것이다.

[2] 리만 (Riemann, Georg Friedrich Bernhard, 1826 1866) 독일의 수학자. 가우스의 제자로 1851 년 괴팅겐대학에서 학위를 받았다. 짧은 일생이었지만 수학의 각 분야에서 획기적인 업적을 남겼다. 복소함수의 기하학적 이론을 세웠으며, 리만기하학이라 부르는 비유클리드기하학을 생각하였다. 즉, 구면에서의 직선을 대원(大圓) 으로 정의하면, 두 개의 직선은 반드시 두 점에서 교차하며, 따라서 평행선은 없다.

아래 편도함수들

$$u_x = 2x, \quad v_y = 0\ ; \qquad u_y = 2y, \quad v_x = 0$$

에서 코오시-리만 방정식을 만족시키는 x, y 는 $x = y = 0$ 이다. 따라서 $|z|^2$ 은 $z = 0$ 한점에서만 미분가능하고, $z \neq 0$ 이면 $f'(z)$ 는 존재하지 않는다.

위 정리의 역은 성립하지 않는다. 즉, 어떤 복소함수가 어떤 한 점에서 코오시-리만 방정식을 만족한다 하더라도 그 복소함수가 그 한 점에서 해석적이라고 할 수는 없다. 그러나 아래 정리에서 보는 바와 같이, u 와 v 그리고 u 와 v 의 x, y 에 대한 1 계편도함수가 (x_0, y_0) 에서 연속이면, 코오시-리만 방정식은 $f'(z_0)$ 가 존재하기 위한 충분조건이 된다. 아래 정리의 증명은 매우 복잡하므로 여기서는 소개하지 않는다.

> 정리 **11.2.5.** 한 점 $z_0 = x_0 + iy_0$ 의 근방에서 정의된 함수
>
> $$f(z) = u(x, y) + iv(x, y)$$
>
> 에 대하여, (x_0, y_0) 근방에서 u 와 v 가 x, y 에 대하여 1 계 편미분가능하고 또 (x_0, y_0) 에서 연속이라 하자. 만약 이 편도함수들이 (x_0, y_0) 에서 코오시-리만 방정식을 만족하면 함수 $f(z)$ 는 $z = z_0$ 에서 미분가능하다.

예제 11.2.6. $f(z) = z^2$ 에 대하여,

$$z^2 = (x + iy)^2 = x^2 - y^2 + 2ixy$$

이므로

$$u = x^2 - y^2, \quad v = 2xy, \quad u_x = 2x = v_y, \quad u_y = -2y = -v_x$$

이다. 따라서 $f(z)$ 는 모든 z 에 대하여 미분가능하다. 실제로, $f'(z) = 2z$ 이다.

유제 11.2.7. $g(z) = e^z$ 의 미분가능성을 조사하라.

♣ 정답. $u_x = e^x \cos y = v_y$, $u_y = -e^x \sin y = -v_x$ 이므로 e^z 는 모든 z 에 대하여 미분가능하다.

예제 11.2.8. $f(z) = z^2 + 2z$ 의 도함수를 정의에 의해 구하면

$$\begin{aligned} f'(z) &= \lim_{\Delta z \to 0} \frac{f(z+\Delta z) - f(z)}{\Delta z} \\ &= \lim_{\Delta z \to 0} \frac{(z+\Delta z)^2 + 2(z+\Delta z) - (z^2+2z)}{\Delta z} \\ &= \lim_{\Delta z \to 0} \frac{2z(\Delta z) + (\Delta z)^2 + 2(\Delta z)}{\Delta z} \\ &= \lim_{\Delta z \to 0} (2z + \Delta z + 2) \\ &= 2z + 2 \end{aligned}$$

이다.

복소함수의 미분법은 실함수의 미분법과 그 형식이 같다.

정리 **11.2.9.** (미분공식)

(1) n은 정수, $(z^n)' = nz^{n-1}$

(2) $(f(z) + g(z))' = f'(z) + g'(z)$

(3) $(f(z)g(z))' = f'(z)g(z) + f(z)g'(z)$

(4) $\left(\frac{f(z)}{g(z)}\right)' = \frac{f'(z)g(z) - g'(z)f(z)}{(g(z))^2}, \quad (g(z) \neq 0)$

(5) $g(z)$가 z에서 미분가능하고 f가 $g(z)$에서 미분가능하면,

$$(f(g(z)))' = f'(g(z))g'(z)$$

예제 11.2.10. 아래는 복소함수를 미분하는 예이다.

(1) $\frac{d(z^2+1)}{dz} = 2z$ (2) $(e^{3z})' = 3e^{3z}$

(3) $\frac{d\sin^2 z}{dz} = 2\sin z \cos z = \sin 2z$ (4) $(\ln z)' = \frac{1}{z}, \quad (z \neq 0)$

유제 11.2.11. e^z, $\cos z$, z^3을 미분하라.

♣ 정답. e^z, $-\sin z$, $3z^2$

> **정의 11.2.12.** 함수 $f(z)$가 한 영역 D의 모든 점에서 정의되고 미분가능이면, $f(z)$는 영역D에서 **해석적**(analytic) 또는 **해석함수**(analytic function)라고 말한다. 또 $f(z)$가 한 점 z_0의 어떤 근방에서 해석적일 때, $f(z)$는 **점 z_0 에서 해석적**이라고 한다.
> 복소평면 위의 모든 점에서 해석적인 함수를 **정함수**(entire function)라고 한다.

$f(z)$가 한 점 z_0에서 해석적이란 말은, $f(z)$가 z_0는 물론 z_0의 어떤 근방의 모든 점에서 도함수를 갖는다는 뜻이다. 오직 한 점에서만 미분가능한 복소함수는 쓸모가 없다.

예제 11.2.13. $e^z, \quad \cos z, \quad z^3$ 등은 정함수이다.

유제 11.2.14. $f(z) = |z|^2 = x^2 + y^2$은 어디에서 해석적인가?

♣ 정답. 원점에서만 미분가능하므로, 어느 곳에서도 해석적이 아니다 (예제 11.2.4을 보라).

점 $z = x + iy$에서 해석적인 함수 $f(z) = u(x, y) + iv(x, y)$의 실수부 u와 허수부 v는 점 $z = x + iy$에서

$$u_{xx} + u_{yy} = 0, \quad v_{xx} + v_{yy} = 0 \tag{11.9}$$

을 만족한다. 예를 들어, 함수

$$f(z) = z^3 = (x + iy)^3 = (x^3 - 3xy^2) + i(3x^2y - y^3)$$

에서

$$u_{xx} + u_{yy} = 6x - 6x = 0, \quad v_{xx} + v_{yy} = 6x - 6x = 0$$

이다. 위 편미분방정식 (11.9)는 **라플라스 방정식**(Laplace [3] equation)이라 불린다. 라플라스 방정식은 공학에서 매우 중요하게 사용되며, 중력, 정전학, 유체흐름 등을 다루는 문제에서 자주 나타난다.

연속인 2계 편도함수를 갖는 라플라스 방정식 (11.9)의 해 $u(x, y)$와 $v(x, y)$를 **조화함수**(harmonic function)라 부르고, 이와 관련된 이론을 **포텐셜이론**(potential theory [4])이라고 한다.

두 조화함수 $u(x, y)$와 $v(x, y)$가 한 영역 D에서 코오시-리만 방정식을 만족하면, 그들은 D에서 어떤 해석함수 $f(z)$의 실수부와 허수부가 된다. 이때

---

[3] 라플라스(Pierre Simon Marquis de Laplace, 1749-1827) 프랑스의 수학자. 역사상 가장 위대한 과학자 중의 한 사람으로서 수학적 능력이 탁월하여 '프랑스의 뉴턴'으로 불리운다. 퍼텐샬 이론의 기초를 세웠으며 천체역학, 특수함수, 확률론을 발전시켰다.

[4] 조화함수와 위치에너지(Potential energy)로 쓸 수 있는 함수를 연구하는 분야이다. 따라서 포텐셜 이론이란 이름이 붙게 되었다. 포텐셜함수는 크기만을 가지는 함수이기 때문에 다루기 쉽다. 포텐셜이론은 전기장과 전압관계의 공간분포, 온도분포, 열흐름, 유체역학 등에서 문제를 쉽게 풀어준다.

$v(x, y)$ 를 D 에서 $u(x, y)$ 의 **공액조화함수**(conjugate harmonic function) 라고 부른다. 공액조화함수는 코오시-리만 방정식으로부터 얻어진다.

예제 11.2.15. 함수 $u(x, y) = e^x \cos y$ 가 (1) 조화함수임을 보이고, (2) u 를 실수부로 하는 해석함수 $f(z)$ 를 구하라.

풀이. (1) $u(x, y) = e^x \cos y$ 에서

$$u_x = e^x \cos y, \quad u_{xx} = e^x \cos y$$

$$u_y = -e^x \sin y, \quad u_{yy} = -e^x \cos y$$

이고, 이 들은 라플라스방정식

$$u_{xx} + u_{yy} = e^x \cos y - e^x \cos y = 0$$

을 만족한다. 따라서 $u(x, y)$ 는 조화함수이다.
(2) 공액조화함수 v 를 찾자.

$$u_x = e^x \cos y, \quad u_y = -e^x \sin y$$

이므로, 코오시-리만 방정식에서 v 에 대하여는

$$v_y = e^x \cos y, \quad v_x = e^x \sin y$$

를 만족한다. 따라서

$$v = e^x \sin y + h(x), \quad v_x = e^x \sin y + h'(x)$$

에서 $h'(x) = 0$ 이므로 $h(x) = c$ 이다. 즉,

$$v(x, y) = e^x \sin y + c$$

이다. 그러므로

$$\begin{aligned} f(z) &= u + iv = e^x \cos y + ie^x \sin y + ic \\ &= e^x(\cos y + i \sin y) + ic = e^x e^{iy} + ic \\ &= e^{x+iy} + ic = e^z + ic \end{aligned}$$

를 얻는다. □

유제 11.2.16. $u = x^2 - y^2$ 가 조화함수임을 보이고 공액조화함수 v 를 구하라.

♣ 정답. $v(x, y) = 2xy + c$

연습문제 11.2

1. $f(z) = 3z^2 + z, \quad g(z) = \dfrac{z+1}{z-1}$ 일 때, 다음을 구하라.

   (1) $f(2+i)$ (2) $f(3i)$ (3) $g(3i)$

2. 다음 복소함수의 실수부 u와 허수부 v를 구하라.

   (1) $f(z) = \dfrac{1}{1-z}$ (2) $f(z) = e^{2\pi z}$ (3) $e^{(1+i)z}$

3. $f'(z_0)$를 구하라.

   (1) $f(z) = \frac{1}{z^4},\ z_0 = 1+i$ (2) $f(z) = \frac{1+i}{z^4},\ z_0 = 2$
   (3) $f(z) = \frac{z-i}{2z},\ z_0 = 2i$ (4) $f(z) = z^3 - 2z,\ z_0 = i$

4. 다음 함수들은 어디에서 해석적인가? $Re(z)$는 z의 실수부를 나타낸다.

   (1) $f(z) = Re(z^2)$ (2) $f(z) = \frac{1}{1+z}$
   (3) $f(z) = z + \bar{z}$ (4) $f(z) = |z-1|^2$

5. 다음 함수가 조화함수임을 보이고, 대응하는 해석함수 $f(z) = u(x,y) + iv(x,y)$를 구하라.

   (1) $u = x$ (2) $u = x^3 - 3xy^2$
   (3) $u = e^x(x\cos y - y\sin y)$ (4) $v = e^x \sin y$

♣ 정답.

1. (1) $11 + 13i$ (2) $-27 + 3i$ (3) $\frac{4}{5} - \frac{3}{5}i$

2. (1) $u = \frac{1-x}{(1-x)^2+y^2},\quad v = \frac{y}{(1-x)^2+y^2}$ (2) $u = e^{2\pi x}\cos 2\pi y,\quad v = e^{2\pi x}\sin 2\pi y$
   (3) $u = e^{x-y}\cos(x+y),\quad v = e^{x-y}\sin(x+y)$

3. (1) $\frac{1}{2} - \frac{1}{2}i$ (2) $-\frac{1}{8}(1+i)$ (3) $-\frac{i}{8}$ (4) -5

4. (1) 어느점에서도 해석적이 아니다. (2) $z \neq -1$ 인 모든점.
   (3) 어느점에서도 해석적이 아니다. (4) 모든점 z에서 해석적이다.

5. (1) $f(z) = z$ (2) $f(z) = z^3$ (3) $f(z) = ze^z + ic$
   (4) $f(z) = e^x(\cos y + i\sin y) = e^z$

11.3 여러가지 복소함수

이 절에서는 복소지수함수를 비롯하여, 복소삼각함수, 복소쌍곡함수, 복소로그함수의 정의와 그 성질에 대하여 알아본다.

복소수 $z = x + iy$ 에 대하여, **복소지수함수**(complex exponential function)는

$$e^z = e^{x+iy} = e^x e^{iy} = e^x(\cos y + i\sin y) = e^x \cos y + ie^x \sin y$$

로 정의되고 e^z 는 기호 $\exp z$ 로 나타내기도 한다. $z = x$ 가 실수이면 $e^z = e^x$ 이며, e^z 는 모든 z 에서 해석적이며, 따라서 정함수이다.

정리 **11.3.1.** (복소지수함수의 성질)

(1) $e^{iy} = \cos y + i\sin y$ (y 는 실수) (오일러의 공식)

(2) $e^{z_1}e^{z_2} = e^{z_1+z_2}$

(3) $e^{z+2k\pi i} = e^z$ (k 는 정수)

증명. (1) 먼저, 오일러 [5] 의 공식을 증명해보자. $f(z) = e^z$ 는 정함수이므로 맥로린(Maclaurin) 급수로 전개하면,

$$e^z = 1 + z + \frac{z^2}{2!} + \frac{z^3}{3!} + \frac{z^4}{4!} + \cdots$$

에서

$$\begin{aligned} e^{iy} &= 1 + iy + \frac{(iy)^2}{2!} + \frac{(iy)^3}{3!} + \frac{(iy)^4}{4!} + \frac{(iy)^5}{5!} + \cdots \\ &= (1 - \frac{y^2}{2!} + \frac{y^4}{4!} - \cdots) + i(y - \frac{y^3}{3!} + \frac{y^5}{5!} - \cdots) \\ &= \cos y + i\sin y \end{aligned}$$

가 된다.

(2) $z_1 = x_1 + iy_1,\ z_2 = x_2 + iy_2$ 라 두면

$$\begin{aligned} e^{z_1}e^{z_2} &= e^{x_1}(\cos y_1 + i\sin y_1)\ e^{x_2}(\cos y_2 + i\sin y_2) \\ &= e^{x_1+x_2}\{\cos(y_1+y_2) + i\sin(y_1+y_2)\} \\ &= e^{z_1+z_2} \end{aligned}$$

이다.

[5] 오일러(Leonhard Euler, 1707 1783) 스위스의 수학자, 물리학자. 뉴턴이 죽은 시기에 연구를 시작한 그는 수학, 천문학, 물리학을 비롯하여 의학, 식물학, 화학 등을 연구하였다. 수학에서는 미분적분학을 발전시키고, 변분학(극대, 극소의 성질을 가진 곡선을 발견하는 방법)을 창시하였으며, 대수학, 정수론, 기하학 등에서 큰 업적을 남겼는데 주로 독일과 러시아에서 활동하였다.

(3) 정수 k 에 대하여,

$$\begin{aligned} e^{z+2k\pi i} &= e^z(\cos 2k\pi + i\sin 2k\pi) \\ &= e^z(1+i0) \\ &= e^z \end{aligned}$$

이다. □

예제 11.3.2. 복소지수방정식 $e^z = 1+2i$ 의 한 근을 구하라.

풀이. $z = x+iy$ 라 하면,

$$e^z = e^{x+iy} = e^x\cos y + ie^x\sin y = 1+2i$$

에서

$$e^x\cos y = 1, \quad e^x\sin y = 2$$

이고, 두 식을 제곱하여 더하고 또 서로 나누면

$$e^{2x}(\cos^2 y + \sin^2 y) = 5, \quad \tan y = 2$$

이므로

$$x = \log\sqrt{5}, \quad y = \tan^{-1} 2$$

이다. 따라서 주어진 방정식에 대한 한 해는

$$z = \log\sqrt{5} + i\tan^{-1} 2$$

이다. □

유제 11.3.3. 복소지수방정식 $e^z = i$ 의 한 근을 구하라.

♣ 정답. $z = -(\pi/2)\ i$ 또는 $z = (\pi/2)\ i$

오일러의 공식 $e^{iy} = \cos y + i\sin y$ 에서

$$e^{-iy} = \cos(-y) + i\sin(-y) = \cos y - i\sin y$$

가 성립하고 이 두 식을 더하고, 또 빼면

$$\cos y = \frac{1}{2}(e^{iy}+e^{-iy}), \quad \sin y = \frac{1}{2i}(e^{iy}-e^{-iy})$$

를 얻는다. 이 식은 복소수 z 에 대하여 $\sin z$ 와 $\cos z$ 를 정의하는 방법을 준다. 즉, **복소삼각함수**(complex trigonometric function) 를

$$\cos z = \frac{1}{2}(e^{iz}+e^{-iz}), \qquad \sin z = \frac{1}{2i}(e^{iz}-e^{-iz}) \tag{11.10}$$

로 정의한다.

나머지 복소삼각함수들의 정의는 형식상 실삼각함수와 같다.

$$\tan z = \frac{\sin z}{\cos z} \qquad \sec z = \frac{1}{\cos z}$$
$$\cot z = \frac{\cos z}{\sin z} \qquad \csc z = \frac{1}{\sin z}$$

이때, $\tan z$ 와 $\sec z$ 는 $\cos z \neq 0$ 인 모든 z 에서 해석적이고, $\cot z$ 와 $\csc z$ 도 $\sin z \neq 0$ 인 모든 z 에서 해석적이다.

예제 11.3.4. 식 (11.10) 에서

$$\begin{aligned} \cos(2+3i) &= \frac{e^{i(2+3i)} + e^{-i(2+3i)}}{2} = \frac{e^{-3+2i} + e^{3-2i}}{2} \\ &= \frac{e^{-3}(\cos 2 + i\sin 2) + e^{3}(\cos 2 - i\sin 2)}{2} \\ &= \frac{(e^3 + e^{-3})\cos 2}{2} - \frac{(e^3 - e^{-3})\sin 2}{2} i \\ &\approx -4.19 - 9.11i \end{aligned}$$

이다.

실삼각함수에서의 아래 공식들은 복소삼함각함수에 대하여도 그대로 성립한다.

> 정리 **11.3.5.** (복소삼각함수 공식)
>
> (1) $\cos(-z) = \cos z \quad \sin(-z) = -\sin z$
>
> (2) $\sin(z \pm 2n\pi) = \sin z \quad \cos(z \pm 2n\pi) = \cos z$
> $\tan(z \pm n\pi) = \tan z \qquad (n = 0,\ 1,\ 2,\ \cdots)$
>
> (3) $\sin(z_1 \pm z_2) = \sin z_1 \cos z_2 \pm \cos z_1 \sin z_2$
> $\cos(z_1 \pm z_2) = \cos z_1 \cos z_2 \mp \sin z_1 \sin z_2$
>
> (4) $\sin^2 z + \cos^2 z = 1$
>
> (5) $\dfrac{d}{dz}(\sin z) = \cos z, \quad \dfrac{d}{dz}(\cos z) = -\sin z, \quad \dfrac{d}{dz}(\tan z) = \sec^2 z$

실쌍곡함수는

$$\cosh x = \frac{e^x + e^{-x}}{2}, \quad \sinh x = \frac{e^x - e^{-x}}{2}$$

이었다. 여기서 복소삼각함수를 실함수(실삼각함수, 실쌍곡함수)로 나타내 보

면, $z = x + iy$ 에 대하여, 식 (11.10) 에서

$$\cos z = \cos x \cosh y - i \sin x \sinh y \tag{11.11}$$
$$\sin z = \sin x \cosh y + i \cos x \sinh y \tag{11.12}$$

로 표시된다.

예제 11.3.6. 식 (11.11) 을 이용하면,

$$\cos(2 + 3i) = \cos 2 \cosh 3 - i \sin 2 \sinh 3$$

이다. 예제 11.3.4 와 비교해 보아라.

유제 11.3.7. 복소삼각함수 $\sin(3 + 2i)$ 를 실함수로 표시하라.

♣ 정답. $\sin(3 + 2i) = \sin 3 \cosh 2 + i \cos 3 \sinh 2$

복소쌍곡함수(complex hyperbolic function) 도 실쌍곡함수와 같은 모양

$$\sinh z = \frac{e^z - e^{-z}}{2}, \qquad \cosh z = \frac{e^z + e^{-z}}{2} \tag{11.13}$$

로 정의하고, 나머지 네 가지 복소쌍곡함수도 마찬가지이다. e^z 의 주기가 $2\pi i$ 이므로 $\sinh z$ 와 $\cosh z$ 도 주기 $2\pi i$ 인 주기함수이다. 복소쌍곡함수에 대한 성질과 미분공식은 연습문제에서 다루도록 한다.

지수함수의 역함수를 로그함수라 한다. 즉 $e^w = z$ 일 때 w 를

$$w = \log z$$

로 나타내고 **복소로그함수**(complex logarithmic function) 라 한다.

복소로그함수를 $x + iy$ 의 꼴로 표시해 보자. $w = u + iv$, $z = |z|e^{i \arg z}$ 라고 놓으면,

$$e^{u+iv} = e^u e^{iv} = |z|e^{i \arg z}$$

이다. 여기서 $e^u = |z|$ 즉, $u = \log |z|$ 와 $v = \arg z$ 를 얻는다. 따라서

$$w = u + iv = \log |z| + i \arg z$$

가 된다. 즉,

$$\log z = \log |z| + i \arg z$$

이다. z 의 편각은 2π 배수차를 가지고 무수히 많으니, $w = \log z$ 는 다가함수(multiple valued function) 이다. 따라서 $\arg z$ 를 1 가함수로 한정한다. $-\pi < \arg z \leq \pi$ 에 대응하는 $\log z$ 의 값을 $\log z$ 의 주치라고 부르고, Log z 로 표시한다. 즉,

$$\text{Log} z = \log |z| + i \arg z, \qquad -\pi < \arg z \leq \pi \tag{11.14}$$

이다. 여기서 $\text{Log}\ (z_1 z_2) \neq \text{Log}\ z_1 + \text{Log}\ z_2$ 임에 주의해야 한다.

예제 11.3.8. 아래 복소로그함수의 값을 구하라.
(1) $\log(1+i)$, (2) $\mathrm{Log}(-1)$

풀이. (1) $|1+i| = \sqrt{2}$ 이고, $\arg(1+i) = \pi/4 + 2n\pi$ (n은 정수) 이므로

$$\begin{aligned}\log(1+i) &= \log|1+i| + i\arg(1+i) \\ &= \log\sqrt{2} + \left(2n + \frac{1}{4}\right)\pi i \quad (n\text{은 정수})\end{aligned}$$

이다.
(2) $|-1| = 1$ 이고 $\mathrm{Arg}(-1) = \pi$ 이므로,

$$\begin{aligned}\mathrm{Log}(-1) &= \log|-1| + i\mathrm{Arg}(-1) \\ &= \pi i\end{aligned}$$

이다.

□

유제 11.3.9. (1) $\log(-4i)$ 의 모든 값들과 (2) $\mathrm{Log}(-4i)$ 의 값을 구하라.

♣ 정답. (1) $\log 4 + (1/2)(4n-1)\pi i$, (2) $\log 4 + (3/2)\pi i$

실로그함수에 대한 성질이 복소로그함수에 대하여도 성립한다.

> 정리 **11.3.10.** (복소로그함수의 성질)
> (1) $\log(z_1 z_2) = \log z_1 + \log z_2$ (2) $\log\left(\dfrac{z_1}{z_2}\right) = \log z_1 - \log z_2$
> (3) $\dfrac{d}{dz}\log z = \dfrac{1}{z}$ $(z \neq 0)$

연습문제 11.3

1. 다음을 계산하라. $z = x + iy$ 이다.

   (1) $\cos(\pi + i\pi)$ (2) $|\sin z|$ (3) $|\cos z|$ (4) $|\tan z|$

2. 다음 방정식의 모든 해를 구하라.

   (1) $\sin z = \cos z$ (2) $\sin z = \cosh 2$ (3) $\cosh z = 0$

3. 다음을 증명하라.
   (1) $\sin 2z = 2\sin z\cos z$
   (2) $\cos(z_1 - z_2) = \cos z_1 \cos z_2 + \sin z_1 \sin z_2$
   (3) $\sin(z + \frac{\pi}{2}) = \cos z$

(4) $|\cosh z| \le \cosh x$
(5) $\sinh(z_1 + z_2) = \sinh z_1 \cosh z_2 + \cosh z_1 \sinh z_2$
(6) $\cosh^2 z - \sinh^2 z = 1$
(7) $\cosh^2\left(\frac{z}{2}\right) = \frac{1}{2}(\cosh z + 1)$
(8) $e^z = \sinh z + \cosh z$
(9) $(\sinh z)' = \cosh z, \quad (\cosh z)' = \sinh z$

4. 다음 로그값(의 주치)을 구하라.

(1) $\text{Log}1$ (2) $\text{Log}i$
(3) $\text{Log}(e^{2i})$ (4) $\text{Log}(1-\sqrt{3}i)$

5. 다음 방정식 또는 부등식을 풀어라.

(1) $\log z = -\frac{\pi}{2}i$ (2) $\log z = -1 + \pi i$
(3) $e^z = 3$ (4) $e^{\bar{z}} = \overline{e^z}$

♣ 정답.

1. (1) $-\cosh\pi$ (2) $\sqrt{\cosh^2 y - \cos^2 x}$
(3) $\sqrt{\cos^2 x + \sinh^2 y}$ (4) $\sqrt{\dfrac{\cosh^2 y - \cos^2 x}{\cosh^2 y - \sin^2 x}}$

2. (1) $z = \frac{\pi}{4} + k\pi$ (k는 정수) (2) $z = \frac{1}{2}(4k+1)\pi \pm 2i$ (k는 정수)
(3) $z = \pm\frac{1}{2}(2k+1)\pi i$ ($k = 0,\ 1,\ 2,\ \cdots$)

4. (1) 0 (2) $\frac{\pi}{2}i$ (3) $2i$ (4) $\log 2 - \frac{\pi}{3}i$

5. (1) $-i$ (2) $-e$ (3) $\ln 3$ (4) 모든 z

11.4 복소함수의 적분

이 절에서는 복소함수 $f(z)$를 곡선에 따라서 적분한다. 복소평면에서 곡선 또는 호 C는 실변수 t의 복소수 값을 갖는 연속함수로 다음과 같이 표시된다.

$$C : z = z(t) = x(t) + iy(t) \qquad (a \le t \le b) \tag{11.15}$$

여기서 $z(a) = z(b)$이면 C는 **폐곡선**(closed curve)이라고 하며, 곡선 자신을 자르거나 접하지 않는 폐곡선을 **단순폐곡선** (simple closed curve)이라고 한다.

예제 11.4.1. (1) 단위원을 양의 방향으로 한 바퀴 도는 곡선 C_1은

$$C_1 : z(t) = e^{it} = \cos t + i\sin t \qquad (0 \le t \le 2\pi)$$

과 같이 표시된다.

(2) 원점과 점 $1+i$를 잇는 선분 C_2의 방정식은

$$z(t) = t + it \qquad (0 \le t \le 1)$$

이다.

유제 11.4.2. 단위원을 양의 방향으로 두 바퀴 도는 곡선의 방정식 $z = z(t)$를 구하라.

♣ 정답. $C : z(t) = e^{2it} = \cos 2t + i \sin 2t \qquad (0 \le t \le 2\pi)$

이제 $z = x + iy$일 때, $f(z)$의 선적분을 정의하자.

> **정의 11.4.3.** $C : z = z(t) \quad (a \le t \le b)$는 구분적으로 매끄러운 호이고 $f(z)$가 C 위에서 정의된 연속함수이면, C에 따른 $f(z)$의 선적분은
>
> $$\int_c f(z)\ dz = \int_a^b f(z(t))\ z'(t) \quad dt \tag{11.16}$$
>
> 이다. C를 **적분길(경로)**이라고 하며, 특별한 언급이 없으면, C의 양의 방향에 따라 적분한다.

실평면에서의 정적분은 면적, 체적 등 구체적인 것으로 해석이 가능하지만, 복소평면에서의 선적분은 일반적으로 기하적 또는 물리적인 해석을 할 수가 없다. 그러나 이 이론은 공학에서 매우 유용하다.

예제 11.4.4. $C : z(t) = t + it \quad (0 \le t \le 1)$라 할 때,

$$\int_c |z| \quad dz$$

를 구하라.

풀이. $z'(t) = 1 + i$. 따라서 $dz = (1+i)dt$이므로,

$$\begin{aligned}
\int_c |z| \quad dz &= \int_0^1 |t+it|(1+i) \quad dt \\
&= \int_0^1 \sqrt{2t^2}(1+i) \quad dt \\
&= \sqrt{2}(1+i)\int_0^1 t \quad dt \\
&= \frac{1+i}{\sqrt{2}}
\end{aligned}$$

□

유제 11.4.5. 0에서 $1+i$까지의 선분을 따라서, z^3을 선적분하라.

♣ 정답. -1

아래 두 예제의 결과는 앞으로 자주 쓰이게 되므로 기억하기를 바란다.

예제 11.4.6. C_1 이 단위원일 때,

$$\int_{c_1} \frac{1}{z} \; dz = 2\pi i \tag{11.17}$$

임을 보여라.

풀이. 오일러공식에서 단위원 C_1 은 $z(t) = e^{it}$, $(0 \le t \le 2\pi)$ 로 표시된다. 그러면

$$\frac{1}{z(t)} = e^{-it}, \quad dz = ie^{it} \; dt$$

가 되어

$$\begin{aligned} \int_{c_1} \frac{dz}{z} &= \int_0^{2\pi} e^{-it} ie^{it} \; dt \\ &= i \int_0^{2\pi} dt \\ &= 2\pi i \end{aligned}$$

를 얻는다. □

예제 11.4.7. C_2 가 중심이 z_0 이고 반지름이 ρ 인 원 , $|z - z_0| = \rho$ 일 때,

$$\int_{c_2} (z - z_0)^m \; dz = \begin{cases} 2\pi i & (m = -1) \\ 0 & (m \ne -1 \text{인 정수}) \end{cases} \tag{11.18}$$

임을 보여라.

풀이. C_2 : $|z - z_0| = \rho$ 위의 점 z 는

$$z(t) = z_0 + \rho(\cos t + i \sin t) = z_0 + \rho e^{it} \qquad (0 \le t \le 2\pi)$$

와 같이 표시된다. 따라서

$$(z - z_0)^m = \rho^m e^{imt}, \quad dz = i\rho e^{it} \; dt$$

이므로

$$\begin{aligned} \int_{c_2} (z - z_0)^m \; dz &= \int_0^{2\pi} \rho^m e^{imt} i\rho e^{it} \; dt = i\rho^{m+1} \int_0^{2\pi} e^{i(m+1)t} \; dt \\ &= \begin{cases} 2\pi i & (m = -1) \\ 0 & (m \ne -1 \text{인 정수}) \end{cases} \end{aligned}$$

이다. □

때로는 근사값이 유용하게 쓰이는데, 다음 정리로 선적분의 크기를 추정할 수 있다.

정리 11.4.8. (**ML-**부등식)(경계정리)
$f(z)$가 폐연속선 C에서 연속이고, C 위에서 $|f(z)| \le M$이고, C의 길이를 L이라 하면,

$$\left|\int_C f(z) \quad dz\right| \le \int_C |f(z)| \; |dz| \le ML \tag{11.19}$$

이 성립한다.

증명. 곡선 $C : z(t) = x(t) + iy(t) \quad (a \le t \le b)$에 대하여,

$$\begin{aligned}\left|\int_C f(z) \; dz\right| &= \left|\int_a^b f(z(t)) \; z'(t) \quad dt\right| \\ &\le \int_a^b |f(z(t))||z'(t)| \quad dt \\ &= \int_C |f(z)||dz| \\ &\le M\int_C |dz| \\ &= ML\end{aligned}$$

이다. □

예제 11.4.9. 원 $|z| = \rho$를 한 바퀴 돌아,

$$f(z) = \frac{1}{z}$$

을 적분했을 때, 그 크기를 추정하라.

풀이. 원주 위에서

$$|f(z)| = \frac{1}{|z|} \le \frac{1}{\rho} = M$$

이고, $L = 2\pi\rho$이므로

$$\begin{aligned}\left|\int_C \frac{dz}{z}\right| &\le \frac{1}{\rho}2\pi\rho \\ &= 2\pi\end{aligned}$$

를 얻는다(보기 11.4.6을 보라). □

유제 11.4.10. C가 원점과 점 $z=1+i$를 잇는 선분일 때, C에 따른 선적분

$$\int_C x\ dz$$

의 크기에 대한 상계(upper bound)를 구하라.

♣ 정답. $\sqrt{2}$

연습문제 11.4

1. 첫번째 점에서 두 번째 점을 잇는 선분을 $z=z(t)$로 나타내어라.

   (1) $i,\ 1$ (2) $-i,\ i$
   (3) $1-i,\ 1+i$ (4) $0,\ 1+2i$

2. 다음 곡선을 $z=z(t)$로 나타내어라.

   (1) $|z-(1-2i)|=3$ (2) $x^2+9y^2=3^2$
   (3) $y=\dfrac{1}{x}$: $(1,1)$에서 $(4,\ 1/4)$까지 (4) $\dfrac{x^2}{a^2}+\dfrac{y^2}{b^2}=1$

3. 다음 $\displaystyle\int_C f(z)\ dz$ 를 구하라.

   (1) $f(z)=3z^2$, $C:0$에서 $2i$까지의 선분
   (2) $f(z)=3z^2$, $C:0,\ 1,\ i$를 꼭지점으로 하는 삼각형
   (3) $f(z)=\text{Im } z=y$, C : 원 $|z|=1$
   (4) $f(z)=\sin z$, $C:0$에서 i까지의 선분

4. 다음 부등식을 증명하라.

   (1) $\left|\displaystyle\int_C \frac{1}{z^2+1}\ dz\right| \le \frac{1}{2\sqrt{5}}$, $C:2$에서 $2+i$에 이르는 선분
   (2) $\left|\displaystyle\int_{|z|=1} e^z\ dz\right| \le 2\pi e$

♣ 정답.

1. (1) $z(t)=t+i(1-t),\quad 0\le t\le 1$ (2) $z(t)=it,\quad -1\le t\le 1$
   (3) $z(t)=1+it,\quad -1\le t\le 1$ (4) $z(t)=(1+2i)t,\quad 0\le t\le 1$

2. (1) $z(t)=1-2i+3e^{it},\quad 0\le t\le 2\pi$
   (2) $z(t)=3\cos t+i\sin t,\quad 0\le t\le 2\pi$
   (3) $z(t)=t+i/t,\quad 1\le t\le 4$
   (4) $z(t)=a\cos t+ib\sin t,\quad 0\le t\le 2\pi$

3. (1) $-8i$ (2) 0 (3) πi (4) $1-\cosh 1$

11.5 코오시의 적분정리

이 절에서는 매우 우아한 정리인 코오시(Cauchy)의 적분정리를 소개하고 그 응용에 대하여 알아본다. 이를 위하여 먼저 몇가지 용어에 대하여 설명한다.

한 영역(domain, 연결된 개집합) D에 포함되는 임의의 단순폐곡선 내부에 D의 점들만이 존재하는 경우, D는 **단순연결영역**(simply connected domain)이라고 한다. 즉, 그 내부에 구멍이 없는 영역을 말한다. 구멍이 있는 영역은 **다중연결영역**(multiply connected domain)이라고 한다.

정리 **11.5.1.** (코오시의 적분정리)
$f(z)$가 단순연결영역 D에서 해석적이면, D 내의 모든 단순폐곡선 C에 대하여,

$$\int_C f(z) \quad dz = 0 \tag{11.20}$$

이다.

증명. 증명의 개요만 소개한다. C에 따른 $f(z)=u(x,y)+iv(x,y)$의 선적분은

$$\begin{aligned}\int_c f(z)dz &= \int_c (u+iv)(dx+idy)\\ &= \int_c (udx-vdy)+i\int_c (vdx+udy)\end{aligned}$$

이다. 그런데 $f(z)$가 영역 D에서 해석적이므로 $f'(z)$가 존재한다. 코오시는 $f'(z)$가 연속이라는 가정을 세웠다. 따라서 $u(x,y)$, $v(x,y)$는 코오시-리만 방정식

$$\frac{\partial u}{\partial x}=\frac{\partial v}{\partial y}, \quad \frac{\partial u}{\partial y}=-\frac{\partial v}{\partial x}$$

을 만족하고, u_x, u_y, v_x, v_y는 D에서 연속이다. 여기서 평면에서의 그린정리를 위 선적분에 적용하면,

$$\int_c (udx-vdy)=\int\int_R \left(-\frac{\partial v}{\partial x}-\frac{\partial u}{\partial y}\right)dxdy$$

$$\int_c (vdx+udy)=\int\int_R \left(\frac{\partial u}{\partial x}-\frac{\partial v}{\partial y}\right)dxdy$$

를 얻는다. 여기서 R은 물론 적분경로 C로 둘러 싸인 영역이다. 위 두 식에 코오시-리만방정식을 넣으면,

$$\int\int_R \left(-\frac{\partial v}{\partial x}-\frac{\partial u}{\partial y}\right)dxdy=0$$

$$\int\int_R\left(\frac{\partial u}{\partial x}-\frac{\partial v}{\partial y}\right)dxdy=0$$

이 되므로 위 선적분에서 아래가 성립함을 알 수 있다.

$$\int_c f(z)dz=0$$

□

구르사(Goursat) [6] 는 $f'(z)$ 가 연속이라는 가정없이 위 코오시의 정리를 증명하였다. 따라서 위 정리는 코오시-구루사의 적분정리라고도 불리운다.

위 정리 11.5.1를 더욱 실제적으로 표현하면, $f(z)$ 가 단순 폐곡선 C 의 내부와 그 위의 모든 점에서 해석적이면

$$\int_C f(z)\quad dz=0$$

이 된다는 것이다.

또한 위 정리는 C 가 단순폐곡선이 아닌 일반적인 폐곡선일 때에는 성립하지만, D 가 단순연결영역이 아닌 다중연결영역이라면, 성립하지 않는다는데 주의하여야 한다.

예제 11.5.2. C 가 단위원일 때,

$$\int_C\frac{7z-6}{z(z-2)}\quad dz$$

를 계산하라.

풀이.

$$\begin{aligned}I &= \int_C\frac{7z-6}{z(z-2)}\quad dz\\ &= \int_C\left(\frac{3}{z}+\frac{4}{z-2}\right)\quad dz\\ &= \int_C\frac{3}{z}\quad dz+\int_C\frac{4}{z-2}\quad dz\end{aligned}$$

에서, 예제 11.4.6의 결과

$$\int_c\frac{1}{z}\quad dz=2\pi i$$

[6]구르사(Edouard Goursat, 1858-1936) 프랑스의 수학자. 소르본 대학, 파리 대학의 교수를 지냈다. 함수론, 미분방정식론, 곡면론 등의 분야에 공헌이 크다. 특히, 코오시 - 구르사의 적분정리는 복소해석학의 기본정리를 명확하게 한 것으로 유명하다.

와 코오시의 적분정리에 의해서

$$\begin{aligned} I &= 3 \cdot 2\pi i + 0 \\ &= 6\pi i \end{aligned}$$

이다

유제 11.5.3. C 가 원점을 둘러싸지 않는 단순폐곡선일 때, $\int_c \frac{1}{z}\ dz$ 를 구하라.

♣ 정답. 0

다음은 코오시의 적분정리로부터 얻어지는 중요한 결과이다.

정리 **11.5.4.** (경로의 독립성)
$f(z)$ 가 단순연결영역 D 에서 해석적이면, D 에서 시점과 종점이 각각 같은 두 개의 서로 다른 적분로 C_1 과 C_2 에 대하여,

$$\int_{C_1} f(z) \quad dz = \int_{C_2} f(z) \quad dz \tag{11.21}$$

이다.

증명. $f(z)$ 가 단순연결영역 D 에서 해석적이고, D 에서 두 점 A 와 B 를 연결하는 서로 다른 두 경로를 C_1 과 C_2 라고 한다. 지금 경로 C_1 과 경로 C_2 의 반대방향 $-C_2$ 로 이루어진 단순폐곡선을 C 라 한다. 즉,

$$C = C_1 \cup (-C_2)$$

이다. 그러면

$$\int_C f(z) \quad dz = 0$$

가 된다. 이는 다시 복소함수의 선적분의 성질에 의해서

$$\begin{aligned} \int_C f(z)dz &= \int_{C_1} f(z)dz + \int_{-C_2} f(z)dz \\ &= \int_{C_1} f(z)dz - \int_{C_2} f(z)dz \\ &= 0 \end{aligned}$$

이므로

$$\int_{C_1} f(z) \quad dz = \int_{C_2} f(z) \quad dz$$

을 얻는다. □

위 정리는 $f(z)$ 가 단순연결영역 D 에서 해석적이면, $f(z)$ 의 선적분은 경로

에 무관하다는 것을 말한다. 아래 예는 경로의 독립성을 설명해준다.

예제 11.5.5. $f(z) = z$ 를 다음 곡선에 따라 선적분하라.
(1) C_1 : 원점과 $1+i$ 를 잇는 선분
(2) C_2 : 원점에서 점 1을 지나 $1+i$ 까지 가는 절선

풀이. (1) C_1 의 방정식은 $z(t) = t + it \quad (0 \le t \le 1)$ 이다.
이때, $z'(t) = 1 + i$ 이므로

$$\begin{aligned}\int_{C_1} z\, dz &= \int_0^1 t(1+i)(1+i)\, dt \\ &= (1+i)^2 \int_0^1 t\, dt \\ &= i\end{aligned}$$

(2) C_2 의 방정식은

$$z(t) = \begin{cases} t & (0 \le t \le 1) \\ 1 + i(t-1) & (1 < t \le 2) \end{cases}$$

가 되므로

$$z'(t) = \begin{cases} 1 & (0 \le t \le 1) \\ i & (1 < t \le 2) \end{cases}$$

따라서

$$\begin{aligned}\int_{C_2} z\, dz &= \int_0^1 t\, dt + \int_1^2 \{1 + i(t-1)\}\, i\, dt \\ &= \int_0^1 t\, dt + \int_1^2 (i + 1 - t)\, dt \\ &= i\end{aligned}$$

□

$f(z) = z$ 은 정함수이기 때문에 경로에 무관하다. 그러나 함수 $f(z) = \text{Re}z = x$ 는 각 적분로를 포함하는 적당한 단순연결영역에서 해석적이지 않기 때문에 경로에 무관하지 않다. 이 사실을 아래 유제를 풀어 확인해보기 바란다.

유제 11.5.6. 위 예제 11.5.5의 적분로 C_1 과 C_2 에 대하여,
(1) $\displaystyle\int_{C_1} x\, dz$, (2) $\displaystyle\int_{C_2} x\, dz$ 를 구하라.

♣ 정답. (1) $\frac{1}{2}(1+i)$, (2) $\frac{1}{2} + i$

정리 **11.5.7.** (해석함수의 부정적분)
$F(z)$ 가 단순영결영역 D 에서 해석적이고 연속인 도함수

$$f(z) = F'(z)$$

를 가지면 D 의 두 점 z_0 와 z_1 을 연결하는 D 내의 곡선 C 에 대하여,

$$\int_C f(z) \quad dz = \int_{z_0}^{z_1} f(z) \quad dz = F(z_1) - F(z_0) \qquad (11.22)$$

가 성립한다. 코오시의 적분정리는 결국

$$\int_{z_0}^{z_0} f(z) \quad dz = 0$$

을 말한다.

증명. C 가 $z = z(t)$, $(a \leq t \leq b)$ 로 표시된다고 하자. $f(z) = F'(z)$ 이므로 식

$$\int_c f(z)dz = \int_a^b f(z(t)) \ z'(t) \ dt$$

로부터

$$\begin{aligned} \int_c f(z) \ dz &= \int_c F'(z)dz = \int_a^b \frac{dF}{dz}\frac{dz}{dt}dt \\ &= F(z(b)) - F(z(a)) = F(z_1) - F(z_0) \end{aligned}$$

를 얻는다. 만일 C 가 구분적으로 매끄러우면 C 의 매끄러운 부분을 따로 따로 적분하면 된다. □

예제 11.5.8. 부정적분을 구하여, 아래를 계산하라.

$$\int_i^{\frac{\pi}{2}} \cos z \quad dz$$

풀이. $\cos z$ 은 정함수이므로,

$$\int_i^{\frac{\pi}{2}} \cos z \quad dz = \sin z|_i^{\frac{\pi}{2}} = \sin\frac{\pi}{2} - \sin i = 1 - i\sinh 1$$

이다. □

유제 11.5.9. $\displaystyle\int_0^{1+i} z^2 \ dz$ 를 구하라.

♣ 정답. $\frac{1}{3}(1+i)^3$

실제 문제에서 단순폐곡선이 복잡한 모양일 때에는 아래 경로변형의 원리를 이용하면 좋다. 복잡한 곡선을 간단한 곡선으로 바꾸어 그 곡선을 따라 적분하면 되기 때문이다.

정리 **11.5.10.** (경로변형의 원리)
D가 이중영결영역, C^*는 D의 구멍을 둘러싸는 단순폐곡선, C는 C^*를 둘러싸는 단순폐곡선이다. 그러면

$$\int_C f(z)\ dz = \int_{C^*} f(z)\ dz \tag{11.23}$$

이다.

증명. 경로 C 위에 한 점 A를 잡고 A에서 가장 가까운 경로 C^* 위의 한 점을 B라 한다. 선분 AB를 포함하는 새로운 경로 K를 생각하면, 경로 K는 다음과 같은 4개의 경로로 구성된다.

$$K = C \cup \bar{AB} \cup (-C^*) \cup \bar{BA}$$

그러면 경계가 K이면서 K로 둘러싸인 영역은 단순연결영역이 된다. 그런데 $f(z)$는 K에 의해 둘러싸인 단순연결영역에서 해석적이므로 코오시의 적분정리에 의하여

$$\int_K f(z)\ dz = 0$$

이다. 한편

$$\int_K f(z)\ dz = \int_C f(z)\ dz + \int_A^B f(z)\ dz + \int_{-C^*} f(z)\ dz + \int_B^A f(z)\ dz = 0$$

이고, 따라서

$$\int_C f(z)\quad dz - \int_{C^*} f(z)\quad dz = 0$$

이다. □

위 정리의 결과를 보면, 경로 C를 연속적으로 변형하여 경로 C^*을 얻었다고 할 수 있기 때문에 경로변형의 원리라고 부른다.

예제 11.5.11. 적분경로 C가 복소수 $-i$를 둘러싸는 오각형일 때, 선적분

$$\int_C \frac{dz}{z+i}$$

을 계산하라.

풀이. 경로 c^* 는 $z = -i$ 를 중심으로 하는 단위원이라고 하자. 그러면 c^* 는

$$z + i = e^{it}, \quad (0 \le t \le 2\pi)$$

이고, 따라서 선적분은

$$\int_C \frac{dz}{z+i} = \int_{C^*} \frac{dz}{z+i} = \int_0^{2\pi} \frac{ie^{it}}{e^{it}} dt = 2\pi i$$

이다. □

유제 11.5.12. C 가 원점이 중심인 반지름이 2 인 원이라고 할 때, 선적분

$$\int_C \frac{3z+1}{(z-1)(z-3)} dz$$

를 구하라.

♣ 정답. 피적분함수를 부분분수로 나누어, 경로변형의 원리와 코오시의 적분정리를 쓰면, $-4\pi i$

다중연결영역을 잘라서 단순연결영역으로 만들 수 있는데, 이 때, 자른 부분을 따라서 양쪽 방향으로 적분한 두 결과는 서로 상쇄되므로 코오시의 적분정리로 부터 다음 정리를 얻을 수 있다.

정리 **11.5.13.** (다중연결영역에 대한 코오시의 적분정리)
C, C_1, C_2, $\cdots$, C_n 이 반시계방향의 같은 방향을 갖는 단순폐곡선이고, C 가 나머지 모든 C_k $(k = 1, 2, 3, \cdots, n)$ 를 둘러 싸고 있다. 그리고 C 의 내부와 C_k 의 외부로 이루어진 영역을 D 라 한다. $f(z)$ 가 다중연결영역 D 와 그 경계 위에서 해석적이면,

$$\int_C f(z)\ dz = \sum_{k=1}^{n} \int_{C_k} f(z)\ dz \tag{11.24}$$

이다.

예제 11.5.14. C 가 $z = 0$ 을 중심으로 하고 반지름 $r > 1$ 인 원일 때,

$$\int_C \frac{z}{z^2+1} \quad dz$$

를 구하라.

풀이. 피적분함수

$$f(z) = \frac{z}{z^2+1} = \frac{1}{2}\left(\frac{1}{z+i} + \frac{1}{z-i}\right)$$

이다. 지금 원 C의 내부에 있으며, 점 $z = i$와 $z = -i$가 중심이며 반지름이 1보다 작고, 반시계 방향을 갖는 원을 각각 C_1과 C_2라 하자. 그러면 $f(z)$가 D^*에서 해석적이므로,

$$\begin{aligned}\int_C \frac{z}{z^2+1}\,dz &= \int_{C_1} \frac{z}{z^2+1}\,dz + \int_{C_2} \frac{z}{z^2+1}\,dz \\ &= \frac{1}{2}\int_{C_1}\left(\frac{1}{z+i}+\frac{1}{z-i}\right)dz + \frac{1}{2}\int_{C_2}\left(\frac{1}{z+i}+\frac{1}{z-i}\right)dz \\ &= \frac{1}{2}(0+2\pi i)+\frac{1}{2}(2\pi i+0) \\ &= 2\pi i\end{aligned}$$

이다. (예제 11.4.7 참조) □

유제 11.5.15. $C : |z| = 2$를 따라 $\displaystyle\int_C \frac{z^2-z+1}{z^3-z^2}\,dz$를 구하라.

♣ 정답. $2\pi i$

코오시 적분정리의 중요한 결과 중, 하나는 코오시의 적분공식 (Cauchy integral formula)이다. 이 공식은 단순폐곡선 내부에서의 해석함수의 값이 그 곡선 위에서의 함수값 들에 의하여 결정된다는 놀라운 사실을 말해준다. 이는 적분을 매우 쉽게 계산해 주며, 이로부터 해석함수가 모든 계수의 도함수를 가지며 또 테일러급수로 표현될 수 있음을 알게 될 것이다.

정리 **11.5.16.** (코오시의 적분공식)
$f(z)$가 단순연결영역 D에서 해석적이면, D내의 임의의 점 z_0와 z_0를 둘러싸는 임의의 단순폐곡선C에 대하여,

$$\int_C \frac{f(z)}{z-z_0}\,dz = 2\pi i f(z_0) \tag{11.25}$$

이다. 따라서 z_0에서 $f(z)$의 값은

$$f(z_0) = \frac{1}{2\pi i}\int_C \frac{f(z)}{z-z_0}\,dz \tag{11.26}$$

로 표시된다.

증명.

$$f(z) = f(z_0) + [f(z) - f(z_0)]$$

이므로

$$\int_C \frac{f(z)}{z-z_0}\,dz = f(z_0)\int_C \frac{dz}{z-z_0} + \int_C \frac{f(z)-f(z_0)}{z-z_0}\,dz$$

이다.

$$\int_C \frac{dz}{z-z_0} = 2\pi i$$

이므로, 이제

$$\int_C \frac{f(z)-f(z_0)}{z-z_0} \quad dz = 0$$

임을 보이면 된다. 이 적분의 피적분함수는 점 z_0 를 제외한 모든 점에서 해석적이므로, 경로변형의 원리를 쓰면 C 를 z_0 가 중심인 원 E 로 바꿀 수 있다. $f(z)$ 는 해석적이므로 연속이다. 따라서 주어진 한 $\epsilon > 0$ 에 대하여, 적당한 $\delta > 0$ 가 존재하여 개원판 $|z-z_0| < \delta$ 의 모든 점 z 에 대하여,

$$|f(z) - f(z_0)| < \epsilon$$

가 성립되는 $\delta > 0$ 를 구할 수 있다. E 의 반지름 ρ 를 δ 보다 작게 택하면, E 의 각 점에서 다음 부등식이 성립한다.

$$\left|\frac{f(z)-f(z_0)}{z-z_0}\right| < \frac{\epsilon}{\rho}.$$

E 의 길이가 $2\pi\rho$ 이므로

$$\left|\int_E \frac{f(z)-f(z_0)}{z-z_0} dz\right| < \frac{\epsilon}{\rho} 2\pi\rho = 2\pi\epsilon$$

이다. ϵ 을 임의로 작게 할 수 있으므로

$$\int_C \frac{f(z)-f(z_0)}{z-z_0} \quad dz = 0$$

이다. □

예제 11.5.17. $-i$ 를 둘러싸는 단순폐곡선 C 에 따른 선적분

$$\int_C \frac{e^{z^6}}{z+i} \quad dz$$

를 구하라.

풀이. $f(z) = e^{z^6}$ 은 정함수이므로, 코오시의 적분공식에 의하여

$$\begin{aligned}
\int_C \frac{e^{z^6}}{z+i} \quad dz &= 2\pi i f(-i) \\
&= 2\pi i e^{(-i)^6} \\
&= 2\pi i e^{-1} \\
&= \frac{2\pi i}{e}
\end{aligned}$$

이다. □

예제 11.5.18. 다음 주어진 곡선을 따라 $g(z) = \dfrac{z^2+1}{z^2-1}$ 을 적분하라.

(1) $C_1 : |z-i| = 1$ (2) $C_2 : |z-1| = 1$

풀이. (1) $z = i$ 를 중심으로 하고 반지름이 1 인 원 C_1 의 내부와 C_1 위에서 $g(z)$ 는 해석적이므로, 코오시의 적분정리에 의하여

$$\int_{C_1} \frac{z^2+1}{z^2-1}\ dz = 0$$

(2)

$$\int_{C_2} \frac{z^2+1}{z^2-1}\ dz = \int_{C_2} \frac{z^2+1}{z+1}\ \frac{1}{z-1}\ dz$$

로 쓸 수 있고 우변은 식(11.25)의 모양이다. $z_0 = 1$ 은 원 C_2 의 내부에 있고, $f(z) = \dfrac{z^2+1}{z+1}$ 은 원 C_2 의 내부 및 C_2 위에서 해석적이므로, 코오시의 적분공식에 의하여,

$$\begin{aligned} \int_{C_2} \frac{z^2+1}{z^2-1}\ dz &= \int_{C_2} \frac{(z^2+1)/(z+1)}{z-1}\ dz \\ &= 2\pi i \left[\frac{z^2+1}{z+1}\right]_{z=1} \\ &= 2\pi i \end{aligned}$$

이다. □

유제 11.5.19. $c_3 : |Z+1| = 1$ 에 따라, 위 함수 $g(z) = \dfrac{z^2+1}{z^2-1}$ 를 적분하라.

♣ 정답. $-2\pi i$

연습문제 11.5

1. 다음 함수를 단위원에 따라 적분하고, 코오시의 적분정리가 적용될 수 있는지를 말하라.

(1) $f(z) = e^{-z}$ (2) $f(z) = \text{Im}\ z = y$

(3) $f(z) = \tanh z$ (4) $f(z) = \dfrac{1}{\bar{z}}$

2. 다음 적분을 부분분수를 이용하여 계산하라.

(1) $\displaystyle\int_{|z|=1} z^2 \quad dz$ (2) $\displaystyle\int_{|z|=1} \frac{1}{z^2+4} \quad dz$

(3) $\displaystyle\int_{|z|=1} e^{4z} \quad dz$ (4) $\displaystyle\int_{|z-2|=3} \frac{1}{z-2} \quad dz$

3. 다음 적분을 계산하라.

(1) $\int_{-i}^{i} e^{\pi z} \quad dz$ (2) $\int_{1}^{i} (z-1)^3 \quad dz$

(3) $\displaystyle\int_{0}^{i} (z^2+z^3) \quad dz$ (4) $\displaystyle\int_{-2\pi i}^{2\pi i} e^{-z/2} \quad dz$

4. $\displaystyle\int_C \frac{\cos z}{z^3+z} \quad dz$ 를 아래 곡선에 따라 적분하라.

(1) $C : |z| = 2$ (2) $C : \left| z - \dfrac{i}{2} \right| = 1$

5. 단위원 둘레에서 다음 함수를 적분하라.

(1) $\dfrac{1}{4z+i}$ (2) $\dfrac{\cos z}{z}$

♣ 정답.

1. (1) 0, 적용된다. (2) $-\pi$, 적용되지 않는다.
   (3) 0, 적용된다. (4) 0, 적용되지 않는다.

2. (1) 0 (2) 0 (3) 0 (4) $2\pi i$

3. (1) 0 (2) -1 (3) $\frac{1}{4} - \frac{1}{3}i$ (4) 0

4. (1) $2\pi i(1 - \cosh 1)$ (2) $2\pi i(1 - \frac{1}{2}\cosh 1)$

5. (1) $\frac{\pi}{2}i$ (2) $2\pi i$

11.6 로랑 급수와 유수

로랑 급수를 이용하여 유수의 개념을 이끌어낼 수 있다. 이 절에서는 유수를 설명하고 적분계산에 어떻게 이용되는가를 살펴본다.

$f(z)$ 가 해석적이지 않은 점을 **특이점**(singular point) 이라 한다. 특히, $f(z)$ 가 **원환영역**(annulus) $0 < r < |z - z_0| < R$ 에서 미분가능하지만, z_0 바로 그 점에서는 미분불가능하면, z_0 를 $f(z)$ 의 **고립특이점**이라고 한다.

예로서, $\dfrac{1}{z}$ 은 0 에서 고립특이점을 갖고, $\dfrac{\sin z}{z-\pi}$ 은 π 에서 고립특이점을 갖는다.

$f(z)$가 점 z_0에서 해석적이면, $f(z)$는 z_0를 중심으로 테일러 급수로 전개할 수 있다. 그러나 z_0가 특이점이면, 이 점에서 테일러 정리는 적용할 수 없으므로, **로랑 급수**(Laurent [7] series)라는 새로운 급수가 필요하게 된다. 로랑 급수는 테일러 급수의 양의 멱급수에 음의 멱급수를 더하는 모양이며, 정리 11.6.1과 같이 나타난다.

로랑 급수는 테일러 급수의 일반화로서, 매우 강력한 수학적 도구의 하나이다. 응용면에서 $f(z)$를 그 특이점을 중심으로 전개하면, 되도록 많은 점에서 $f(z)$를 표현할 수 있기 때문이다. 함수 $f(z)$의 로랑 급수는 그 구하는 방법과는 상관없이 유일하지만, 로랑 급수를 구하는 것은 쉽지않다. 따라서 정리의 증명은 이 책의 수준을 넘으므로 소개하지 않는다. 보통은 로랑 급수의 계수를 얻기 위하여 적분공식 (11.28)을 사용하지 않고 다른 방법들을 사용한다. 아래가 그것을 보여준다.

정리 **11.6.1.** $f(z)$가 원환영역 $0 < r < |z - z_0| < R$ 에서 해석적이면, 원환 내부의 모든 점 z에 대하여, $f(z)$는 로랑 급수로 다음과 같이 전개된다.

$$
\begin{aligned}
f(z) &= \sum_{n=0}^{\infty} a_n (z - z_0)^n + \sum_{n=1}^{\infty} \frac{b_n}{(z - z_0)^n} \qquad (11.27)\\
&= a_0 + a_1(z - z_0) + a_2(z - z_0)^2 + \cdots \\
&\quad + \frac{b_1}{z - z_0} + \frac{b_2}{(z - z_0)^2} + \cdots
\end{aligned}
$$

이때, R은 $f(z)$의 고립특이점 z_0로 부터 $f(z)$의 가장 가까운 특이점까지의 거리이며, C는 원환 내부에서 z_0를 둘러싸는 반시계 방향의 단순폐곡선이다. 이 급수의 계수는 다음과 같다.

$$
\begin{aligned}
a_n &= \frac{1}{2\pi i} \int_C \frac{f(z^*)}{(z^* - z_0)^{n+1}}\, dz^* \qquad (11.28)\\
b_n &= \frac{1}{2\pi i} \int_C (z^* - z_0)^{n-1} f(z^*)\, dz^*
\end{aligned}
$$

식 (11.27)의 두번째 합항을 로랑 급수의 주부라고 한다.

예제 11.6.2. 아래 함수의 $z = 0$에 대한 로랑 전개를 구하라.

$$f(z) = \frac{\sin z}{z^3}$$

풀이. $f(z) = \dfrac{\sin z}{z^3}$은 $z = 0$에서 해석적이 아니므로, 그 점에서 멕로린 급수로

[7] 로랑(Pierre Alphonse Laurent, 1813-1854) 프랑스의 수학자이며 공학자. 1843년에 로랑의 정리로서 잘 알려진 이 결과를 발표하였다

전개될 수 없다. 분자 $\sin z$ 는 정함수이고 그 멕로린 급수는 모든 z 에 대하여,

$$\sin z = z - \frac{z^3}{3!} + \frac{z^5}{5!} - \frac{z^7}{7!} + \cdots$$

이다. 이 멱급수를 분모 z^3 으로 나누면, z 의 음과 음이 아닌 정수멱을 갖는 $f(z)$ 의 로랑 급수를 얻는다.

$$f(z) = \frac{\sin z^3}{z^3} = \frac{1}{z^2} - \frac{1}{3!} + \frac{z^2}{5!} - \frac{z^4}{7!} + \cdots \tag{11.29}$$

이 로랑 급수는 $z = 0$ 을 제외한 모든 z 에서 수렴한다. □

유제 11.6.3. $g(z) = \dfrac{1}{1-z}$ 를 z 의 음수멱으로 전개하라.

♣ 정답. $\dfrac{1}{1-z} = \dfrac{-1}{z(1-z^{-1})} = -\dfrac{1}{z} - \dfrac{1}{z^2} - \dfrac{1}{z^3} - \cdots \qquad (|z| > 1)$

정의 11.6.4. $f(z)$ 의 로랑 급수 (11.27) 에서 $\dfrac{1}{z-z_0}$ 의 계수 b_1 을 z_0 에서 $f(z)$ 의 **유수**(residue) 라고 하며

$$b_1 = \operatorname*{Res}_{z=z_0} f(z)$$

로 표시한다.

예제 11.6.5. 특이점 $z = 0$ 에서 유수 $\mathrm{Res}_{z=0}\, e^{1/z}$ 를 구하라.

풀이. $z = 0$ 은 함수

$$e^{1/z} = 1 + \frac{1}{z} + \frac{1}{2!z^2} + \frac{1}{3!z^3} + \cdots$$

의 특이점이고, b_1 은 $\dfrac{1}{z}$ 의 계수이다. 따라서

$$\operatorname*{Res}_{z=0} e^{1/z} = 1$$

이다. □

유제 11.6.6. 특이점 $z = 0$ 에서 유수 $\mathrm{Res}_{z=0} \dfrac{\sin z}{z^4}$ 를 구하라.

♣ 정답. $-\frac{1}{3!}$

실제 계산에서 편리하게 사용되는 공식을 소개한다. 특이점을 극이라고 부를 때가 있다.

정리 11.6.1 에서의 로랑 급수의 주부가 유한개의 항만을 가지면, 즉,

$$f(z) = \frac{b_1}{z-z_0} + \frac{b_2}{(z-z_0)^2} + \cdots + \frac{b_m}{(z-z_0)^m} + a_0 + a_1(z-z_0) + a_2(z-z_0)^2 + \cdots,$$

$(b_m \neq 0)$ 이면, $z = z_0$ 는 **극**(pole) 이라 부르고 m 은 그 극의 위수(order) 라 부른다. 1 위의 극을 **단극**(simple pole) 이라고 한다. 예를 들어,

$$f(z) = \frac{1}{z(z-1)^4} + \frac{3}{(z-1)^2}$$

은 $z = 0$ 에서 단극을 갖고 $z = 1$ 에서 4 위의 극을 갖는다.

정리 **11.6.7.** (1) (단극에서의 유수) $f(z)$ 가 $z = z_0$ 에서 단극을 가지면,

$$\operatorname*{Res}_{z=z_0} f(z) = \lim_{z\to z_0} (z-z_0)f(z) \tag{11.30}$$

(2) (**n** 위의 극에서의 유수) n 이 자연수일 때, $f(z)$ 가 $z = z_0$ 에서 n 위의 극을 가지면,

$$\operatorname*{Res}_{z=z_0} f(z) = \frac{1}{(n-1)!} \lim_{z\to z_0} \left\{ \frac{d^{n-1}}{dz^{n-1}} [(z-z_0)^n f(z)] \right\} \tag{11.31}$$

이다.

증명. (1) $z = z_0$ 는 단극이므로, $f(z)$ 의 z_0 에 대한 로랑 전개는

$$f(z) = \frac{b_1}{z-z_0} + a_0 + a_1(z-z_0) + a_2(z-z_0)^2 + \cdots$$

이다. 양변에 $(z - z_0)$ 를 곱하고 $z \to z_0$ 로 하면

$$\begin{aligned} & \lim_{z\to z_0} (z-z_0)f(z) \\ = & \lim_{z\to z_0} [b_1 + a_0(z-z_0) + a_1(z-z_0)^2 + \cdots] \\ = & \ b_1 \\ = & \operatorname*{Res}_{z=z_0} f(z) \end{aligned}$$

를 얻는다.

(2) $f(z)$ 가 $z = z_0$ 에서 n 위의 극을 가지므로 $0 < |z - z_0| < R$ 에서 $f(z)$ 의 로랑 전개는

$$f(z) = \frac{b_n}{(z-z_0)^n} + \cdots + \frac{b_2}{(z-z_0)^2} + \frac{b_1}{(z-z_0)} + a_0 + a_1(z-z_0) + \cdots$$

이다. 양변에 $(z-z_0)^n$ 을 곱하면

$$\begin{aligned}(z-z_0)^n f(z) &= b_n + \cdots + b_2(z-z_0)^{n-2} + b_1(z-z_0)^{n-1} \\ &\quad + a_0(z-z_0)^n + a_1(z-z_0)^{n-1} + \cdots\end{aligned}$$

이고 $(n-1)$ 번 미분하면

$$\frac{d^{n-1}}{dz^{n-1}}(z-z_0)^n f(z) = (n-1)!\ b_1 + n!\ a_0(z-z_0) + \cdots \tag{11.32}$$

이다. $z \to z_0$ 일 때, 식 (11.32) 의 극한값은

$$\lim_{z\to z_0} \frac{d^{n-1}}{dz^{n-1}}(z-z_0)^n f(z) = (n-1)!\ b_1$$

이므로 b_1 에 대하여 풀면, 식 (11.31) 을 얻는다. □

예제 11.6.8. 아래 함수는 $z=3$ 에서 단극을 갖고 $z=1$ 에서 2 위의 극을 갖는다. 각각의 극에서 유수를 찾아라.

$$f(z) = \frac{1}{(z-1)^2(z-3)}$$

풀이. (1)

$$\begin{aligned}\operatorname*{Res}_{z=3} f(z) &= \lim_{z\to 3}(z-3)f(z) \\ &= \lim_{z\to 3}\frac{1}{(z-1)^2} \\ &= \frac{1}{4}\end{aligned}$$

(2)

$$\begin{aligned}\operatorname*{Res}_{z=1} f(z) &= \frac{1}{(2-1)!}\lim_{z\to 1}\frac{d}{dz}[(z-1)^2 f(z)] \\ &= \lim_{z\to 1}\frac{d}{dz}\left(\frac{1}{z-3}\right) \\ &= \lim_{z\to 1}\frac{-1}{(z-3)^2} \\ &= -\frac{1}{4}\end{aligned}$$

□

단극의 경우에는 더욱 간편하게 유수를 계산할 수 있다. 위 정리 11.6.7을

변형한다. 함수

$$f(z) = \frac{p(z)}{q(z)}$$

라 하자. $p(z)$ 와 $q(z)$ 는 $z = z_0$ 에서 해석적이고 $p(z_0) \neq 0$ 이며 또 $q(z_0) = 0$ 이라고 하자. 여기서 $q(z)$ 의 테일러 급수

$$q(z) = (z - z_0)q'(z_0) + \frac{(z - z_0)^2}{2!}q''(z_0) + \cdots$$

를 이용하면,

$$\begin{aligned}
\operatorname*{Res}_{z=z_0} f(z) &= \lim_{z \to z_0} (z - z_0)\frac{p(z)}{q(z)} \\
&= \lim_{z \to z_0} \frac{(z - z_0)p(z)}{(z - z_0)[q'(z_0) + (z - z_0)q''(z_0)/2 + \cdots]} \\
&= \frac{p(z_0)}{q'(z_0)}
\end{aligned}$$

가 된다.

따라서 함수 $f(z)$ 가 단극 $z = z_0$ 를 가질 때,

$$\operatorname*{Res}_{z=z_0} f(z) = \operatorname*{Res}_{z=z_0} \frac{p(z)}{q(z)} = \frac{p(z_0)}{q'(z_0)} \tag{11.33}$$

와 같은 유용한 공식을 얻는다.

예제 11.6.9. $f(z) = \dfrac{4 - 3z}{z^2 - z}$ 의 단극에서의 유수를 구하라.

풀이. $f(z) = \dfrac{4 - 3z}{z^2 - z}$ 는 단극 $z = 0$ 과 $z = 1$ 을 가지므로 식 (11.33) 에 의해서 유수는 각각

$$\operatorname*{Res}_{z=0} f(z) = \left[\frac{4 - 3z}{2z - 1}\right]_{z=0} = -4,$$

$$\operatorname*{Res}_{z=1} f(z) = \left[\frac{4 - 3z}{2z - 1}\right]_{z=1} = 1$$

이다. □

식 (11.28) 에 의하면 $\dfrac{1}{z - z_0}$ 의 계수 b_1 은

$$b_1 = \frac{1}{2\pi i}\int_C f(z)\ dz$$

이다. 따라서

$$\int_C f(z)\ dz = 2\pi i \cdot b_1 = 2\pi i \operatorname*{Res}_{z=z_0} f(z) \tag{11.34}$$

이다. 이때, C 는 $0 < |z - z_0| < R$ 에 있으면서 z_0 를 둘러싸는 반시계방향의 단

순폐곡선이다. 따라서 로랑급수에서 유수를 구함으로써 식 (11.34)와 같은 폐연속선 적분값을 구할 수 있다.

예제 11.6.10. (**유수에 의한 적분**) 단위원 C 위에서 다음을 적분하라.

$$f(z) = \frac{\sin z}{z^4}$$

풀이. C는 $|z| > 0$에서 $z = 0$을 둘러싸는 단순폐곡선이므로 식(11.34)에 의하여,

$$\begin{aligned}\int_C \frac{\sin z}{z^4}\ dz &= 2\pi i \operatorname*{Res}_{z=0} f(z) \\ &= 2\pi i \left(-\frac{1}{3!}\right) \\ &= -\frac{\pi}{3} i\end{aligned}$$

이다. □

지금까지는 적분로 C의 내부에 고립특이점이 하나인 경우였으나, 유한개의 경우를 생각하면 다음이 알려져 있다

정리 **11.6.11.** (유수정리)
D는 단순연결영역이고, C는 D에 있는 임의의 단순폐곡선이다. 지금 $f(z)$가 C 위와 C 내부의 n개의 특이점 z_k를 제외한 C의 내부에서 해석적이면,

$$\int_C f(z)\ dz = 2\pi i \sum_{k=1}^{n} \operatorname*{Res}_{z=z_k} f(z) \tag{11.35}$$

이다. 이때, C는 반시계방향에 따른다.

증명. 정리 11.6.1에서와 같이, 함수 $f(z)$가 적분경로 C 내부의 한 점 z_0를 제외한 모든 영역에서 해석적인 경우, 원환영역 $0 < r < |z - z_0| < R$ 에서 $f(z)$의 로랑 급수는

$$f(z) = \sum_{n=0}^{\infty} a_n (z - z_0)^n + \frac{b_1}{z - z_0} + \frac{b_2}{(z - z_0)^2} + \cdots$$

이다. 이를 적분경로 C를 따라 선적분하면,

$$\int_C f(z)\ dz = \int_C \sum_{n=0}^{\infty} a_n (z - z_0)^n\ dz + \int_C \frac{b_1}{z - z_0}\ dz + \int_C \frac{b_2}{(z - z_0)^2}\ dz + \cdots$$

이다. 우변의 첫 번째 적분은 피적분함수가 C의 내부에서 해석적이므로 코

오시의 적분정리에 의해 0 이다. 두 번째 적분은

$$\int_C \frac{b_1}{z-z_0}\ dz = \int_0^{2\pi} \frac{b_1}{Re^{it}}\ iRe^{it}\ dt = 2\pi i\ b_1$$

이 되고, 세 번째 적분은

$$\int_C \frac{b_2}{(z-z_0)^2}\ dz = \int_0^{2\pi} \frac{b_2}{R^2e^{2it}}\ iRe^{it}\ dt = 0$$

이며, 나머지 적분들도 같은 모양으로 모두 0 이 된다. 따라서

$$\int_C f(z)\ dz = \int_C \frac{b_1}{z-z_0}\ dz = 2\pi i \operatorname*{Res}_{z=z_0} f(z) \tag{11.36}$$

이다. 한편, 11.5 절에서 보았던 다중연결영역에 대한 코오시의 적분정리는

$$\int_C f(z)\ dz = \sum_{k=1}^{n} \int_{C_k} f(z)\ dz \tag{11.37}$$

이었다. 위 식에서 k 번째 적분경로 C_k 에 대한 적분은 식 (11.36) 에 의해 다음과 같다. 즉,

$$\int_{C_k} f(z)\ dz = 2\pi i \operatorname*{Res}_{z=z_k} f(z) \tag{11.38}$$

따라서 식 (11.38) 을 식 (11.37) 에 대입하면 다음의 결과를 얻는다.

$$\int_C f(z)\ dz = 2\pi i \sum_{k=1}^{n} \operatorname*{Res}_{z=z_k} f(z)$$

□

코오시의 유수정리 (Cauchy Residue Theorem) 는 적분경로 C 의 내부에 있는 고립된 특이점에서 유수들의 합에 2π 를 곱하면 선적분을 계산할 수 있다는 매우 유용한 정리이다. 결국 선적분 문제가 유수를 계산하는 문제로 변환되는 것이다.

예제 11.6.12. (1) 적분로 C_1 이 $0 \le x \le 4, \quad -1 \le y \le 1$ 인 직사각형이고,
(2) 적분로 C_2 가 원 $|z| = 2$ 일 때, 다음 함수의 선적분을 계산하라.

$$f(z) = \frac{1}{(z-1)^2(z-3)}$$

풀이. (1) 두 개의 극 $z = 1$ 과 $z = 3$ 이 모두 직사각형 내부에 있으므로 유수정리에 의하여

$$\int_{C_1} \frac{1}{(z-1)^2(z-3)}\ dz = 2\pi i[\operatorname*{Res}_{z=1} f(z) + \operatorname*{Res}_{z=3} f(z)]$$

이다. 유수는 예제 11.6.8 에서 찾았으므로 다음과 같다.

$$\begin{aligned}\int_{C_1} \frac{1}{(z-1)^2(z-3)}\, dz &= 2\pi i \left[-\frac{1}{4}+\frac{1}{4}\right] \\ &= 0\end{aligned}$$

(2) 하나의 극 $z=1$ 이 $|z|=2$ 의 내부에 있으므로 다음과 같다.

$$\begin{aligned}\int_{C_2} \frac{1}{(z-1)^2(z-3)}\, dz &= 2\pi i \operatorname*{Res}_{z=1} f(z) \\ &= 2\pi i \left(-\frac{1}{4}\right) \\ &= -\frac{\pi}{2} i\end{aligned}$$

□

연습문제 11.6

1. 다음 함수의 특이점에서의 유수를 구하라.

(1) $f(z) = \tan z$ (2) $f(z) = \dfrac{e^z}{z^2(z-1)}$

(3) $f(z) = \dfrac{6}{1-z}$ (4) $f(z) = \dfrac{z+3}{z+1}$

2. C 가 단순폐곡선이고 모든 특이점이 C 내부에 존재할 때, C 를 따라 다음 적분을 계산하라.

(1) $\displaystyle\int_C \frac{z}{4z^2-1}\, dz$ (2) $\displaystyle\int_C \frac{5z}{z^2+4}\, dz$

♣ 정답.

1. (1) n 은 정수, $\operatorname*{Res}_{z=(n+\frac{1}{2})\pi} \tan z = -1$ (2) $\operatorname*{Res}_{z=0} f(z) = -2$, $\operatorname*{Res}_{z=1} f(z) = e$

(3) $\operatorname*{Res}_{z=1} f(z) = -6$ (4) $\operatorname*{Res}_{z=-1} f(z) = 2$

2. (1) $\frac{\pi}{2} i$ (2) $10\pi i$

제 12 장

수치 계산법

수학 이론을 써서 공학적인 문제를 해결한다 함은 그 문제에 딸린 데이터를 수학적으로 처리하여 수치적인 결과를 얻는다는 것을 뜻한다. 그러므로 공과대학 학생들은 주어진 데이터에서 수치적인 결과를 얻는 방법인 수치 계산법을 익히는데 게을리 하지 말아야 한다. 순수하게 이론적으로 문제를 풀어서 얻은 답은 실제로 필요로 하는 값하고 거리가 먼 경우가 많다. 보기를 들자면 일계 선형 미분방정식을 푸는 방법 가운데 적분을 쓰는 것이라든지 선형 연립 대수 방정식들을 행렬식으로 푸는 크래머 공식들은 이론적으로는 훌륭하지만 실제로 공학적인 문제를 해결하는 데에는 적합하지 않다. 그리고 이론 수학은 적잖은 경우에 문제를 푸는 방법을 알려주기보다는 문제가 풀릴지 아니면 풀이가 없는지 만을 보여줄 따름이다. 이런 문제점들을 해결하려고 수치 계산법을 쓰는 것이다.

12.1 반복법

여러 가지 공학 문제들을 다룰 때, $f(x) = 0$ 인 방정식을 풀어야 할 때가 자주 있다. 그러나 아주 많은 방정식 가운데에서 아주 간단한 것들만의 풀이공식이 알려져 있을 따름이다. 대부분의 방정식들을 풀려면 근사적인 방법을 사용하여야 하는데, 이 절에서는 반복법 (iteration method) 가운데에서 간단한 두 가지만을 소개하려 한다.

(가) 대수적 변환 (Algebraic transformations)

먼저, 주어진 방정식 $f(x) = 0$ 을 더하고 빼고 곱하고 나누어서

$$x = g(x)$$

인 꼴로 바꾼다. 어떤 한 점 x_0 을 고른 다음, $x_1 = g(x_0)$ 을 셈한다. 같은 방법

으로 $x_2 = g(x_1)$ 을 셈한다. 일반적으로

$$x_{n+1} = g(x_n)$$

이라 한다.

정의 12.1.1. 위에서 정의한 수열 $x_0, x_1, x_2, \ldots$ 이 수렴하면, 위에서 소개한 반복법(대수적 변환)이 x_0 에서 수렴한다고 한다.

정리 **12.1.2.** $x = s$ 가 방정식 $x = g(x)$ 의 한 근(풀이)이라고 하고, s 를 포함하는 구간 J 에서 $g'(x)$ 가 연속이라 하자. 구간 J 의 모든 점 x 에서

$$|g'(x)| \leq \alpha < 1$$

이면, 반복법(대수적 변환)이 J 의 모든 점 x_0 에서 s 로 수렴한다.

증명. 평균값 정리에 따르면, x 와 s 의 사이에

$$g(x) - g(s) = g'(\zeta)(x - s) \quad (x \in J)$$

를 만족하는 점 ζ 가 있다.[1] $g(s) = s$, $x_1 = g(x_0)$, $x_2 = g(x_1)$, $\ldots$ 이므로

$$\begin{aligned} |x_n - s| &= |g(x_{n-1}) - g(s)| = |g'(\zeta)|\,|x_{n-1} - s| \\ &\leq \alpha\,|x_{n-1} - s| \leq \alpha^2 |x_{n-2} - s| \\ &\leq \cdots \leq \alpha^n |x_0 - s| \end{aligned}$$

이다. $\alpha < 1$ 이므로

$$\lim_{n \to \infty} |x_n - s| = 0$$

이다. □

예제 12.1.3. 대수적 변환을 이용한 반복법으로 방정식 $x^3 + x - 1 = 0$ 을 풀어라.

풀이. 주어진 방정식을 대수적으로 변환하여

$$x = \frac{1}{x^2 + 1} =: g(x)$$

[1] ζ 를 우리말로 '제타' 라고 읽는다.

를 얻는다. $x_0 = 1$ 이라 하면

$$x_1 = g(x_0) = \frac{1}{2} = 0.500, \qquad x_2 = g(x_1) = 0.800,$$
$$x_3 = g(x_2) = 0.610, \qquad x_4 = g(x_3) = 0.729,$$
$$x_5 = g(x_4) = 0.653, \qquad x_6 = g(x_5) = 0.701$$

이므로, 주어진 방정식의 정확한 풀이는 $x = 0.682328\ldots$ 이다. □

(나) 뉴턴의 방법 (Newton's method)

함수 $f(x)$ 가 미분가능할 때, 방정식 $f(x) = 0$ 을 푸는 방법으로 뉴턴의 방법을 소개하자. 먼저, 한 점 x_0 을 고른다. 점 $(x_0, f(x_0))$ 을 지나면서 기울기가 $f'(x_0)$ 인 직선이 x 축과 만나는 점을 x_1 이라 한다:

$$x_1 = x_0 - \frac{f(x_0)}{f'(x_0)}$$

같은 방법으로 점 x_2 를 고른다:

$$x_2 = x_1 - \frac{f(x_1)}{f'(x_1)}$$

일반적으로, 다음 공식

$$x_{n+1} = x_n - \frac{f(x_n)}{f'(x_n)} \quad (n = 0, 1, 2, \ldots)$$

을 써서 수열 x_0, x_1, x_2, $\ldots$ 을 얻을 수 있는데, 이 수열의 극한값이 방정식 $f(x) = 0$ 의 한 풀이이다.

예제 12.1.4. 뉴턴의 방법으로 방정식 $x^2 - 3 = 0$ 을 풀어라.

풀이. 먼저 $f(x) = x^2 - 3$ 이라 하면, $f'(x) = 2x$ 이므로

$$x_{n+1} = x_n - \frac{x_n^2 - 3}{2x_n} = \frac{1}{2}\left(x_n + \frac{3}{x_n}\right) \quad (n = 0, 1, 2, \ldots)$$

이다. $x_0 = 1$ 이라 하면

$$x_1 = \frac{1}{2}\left(x_0 + \frac{3}{x_0}\right) = 2.000000,$$
$$x_2 = \frac{1}{2}\left(x_1 + \frac{3}{x_1}\right) = 1.750000,$$
$$x_3 = \frac{1}{2}\left(x_2 + \frac{3}{x_2}\right) = 1.732143,$$
$$x_4 = \frac{1}{2}\left(x_3 + \frac{3}{x_3}\right) = 1.732051,$$
$$x_5 = \frac{1}{2}\left(x_4 + \frac{3}{x_4}\right) = 1.732051$$

따라서 주어진 방정식의 풀이는$x = 1.732051\ldots$ 이다. □

예제 12.1.5. 뉴턴의 방법으로 방정식 $2\sin x = x$ 의 양인 풀이를 찾아라.

풀이. $f(x) = x - 2\sin x$ 라 하면 $f'(x) = 1 - 2\cos x$ 이므로 뉴턴의 방법을 써서

$$x_{n+1} = x_n - \frac{x_n - 2\sin x_n}{1 - 2\cos x_n} = \frac{2(\sin x_n - x_n \cos x_n)}{1 - 2\cos x_n}$$

을 얻는다. $x_0 = 2$ 라 하면 위의 공식으로부터

$$x_1 = 1.901, \quad x_2 = 1.896, \quad x_3 = 1.896, \quad \cdots$$

을 얻는다. 정확한 풀이는 $x = 1.8955\ldots$ 이다. □

연습문제 12.1

1. 다음 방정식들을 대수적 변환법으로 풀어라.

(1) $x^3 + 2x - 1 = 0$ (2) $x\sin x + 2x - 1 = 0$

(3) $xe^x + 2x - 1 = 0$ (4) $x\ln x + 3x + 1 = 0$

2. 다음 방정식들을 뉴턴의 방법으로 풀어라.

(1) $x^2 - 5 = 0$ (2) $x = \cos x$

(3) $x = e^x - 2 \quad (x > 0)$ (4) $x = \ln x + 2 \quad (0 < x < 1)$

12.2 보간법

함수 $f(x)$의 정확한 모양은 알려지지 않았으나, 특정한 x_n의 값들에 대해서는 $f(x_n)$의 값들이 알려져 있다고 하자. $x \neq x_n$일 때, 보간법(사이채우기법)을 써서 $f(x)$의 값을 찾을 수 있다.

(가) 일차 보간법 (linear interpolation)

일차 보간법은 아주 간단한 방법이어서 널리 쓰인다. $x_0 < x_1$을 만족하는 두 실수 x_0과 x_1에서 $f(x_0)$과 $f(x_1)$의 값을 안다고 하자. x_0과 x_1 사이의 실수 x에서 f의 값인 $f(x)$를 다음 식

$$f(x) \approx f(x_0) + \frac{x - x_0}{x_1 - x_0}\{f(x_1) - f(x_0)\}$$

을 써서 셈할 수 있다.

예제 12.2.1. $\ln 9.0 = 2.1972$와 $\ln 9.5 = 2.2513$이 알려졌을 때, 일차 보간법으로 $\ln 9.3$을 셈하라.

풀이. 위의 공식에서 $f(x) = \ln x$, $x_0 = 9.0$, $x_1 = 9.5$, $x = 9.3$이라 하면

$$\ln 9.3 \approx \ln 9.0 + \frac{9.3 - 9.0}{9.5 - 9.0}(\ln 9.5 - \ln 9.0) \approx 2.2297$$

이다. □

예제 12.2.2. $e^{0.2} = 1.22140$과 $e^{0.3} = 1.34986$이 알려졌을 때, 일차 보간법으로 $e^{0.25}$을 셈하라.

풀이. 먼저 $f(x) = e^x$, $x_0 = 0.2$, $x_1 = 0.3$, $x = 0.25$라 하면, 위의 공식으로부터

$$e^{0.25} \approx e^{0.2} + \frac{0.25 - 0.2}{0.3 - 0.2}\left(e^{0.3} - e^{0.2}\right) \approx 1.22140 + 0.06423 \approx 1.28563$$

이다. □

(나) 이차 보간법 (quadratic interpolation)

세 실수 x_0, $x_1 = x_0 + h$, $x_2 = x_0 + 2h$에서 f의 값인 $f(x_0)$, $f(x_1)$, $f(x_2)$가 알려져 있다고 하자. 이때, 세 점 $(x_0, f(x_0))$, $(x_1, f(x_1))$, $(x_2, f(x_2))$를 지나는 포물선으로 $f(x)$의 값을 어림하는 방법을 이차 보간법이라고 한다. x가

x_0과 x_2의 사이에 있을 때

$$\begin{aligned} f(x) &\approx f(x_0) + \frac{x - x_0}{x_1 - x_0}\{f(x_1) - f(x_0)\} \\ &\quad + \frac{1}{2}\frac{(x - x_0)(x - x_1)}{(x_1 - x_0)^2}\{f(x_2) - 2f(x_1) + f(x_0)\} \end{aligned}$$

이다.

예제 12.2.3. $\ln 9.0 = 2.1972$와 $\ln 9.5 = 2.2513$과 $\ln 10.0 = 2.3026$이 알려졌을 때, 이차 보간법으로 $\ln 9.3$을 셈하라.

풀이. 위의 공식에서 $f(x) = \ln x$, $x_0 = 9.0$, $x_1 = 9.5$, $x_2 = 10.0$, $x = 9.3$이라 하면

$$\begin{aligned} \ln 9.3 &\approx \ln 9.0 + \frac{9.3 - 9.0}{9.5 - 9.0}(\ln 9.5 - \ln 9.0) \\ &\quad + \frac{1}{2}\frac{(9.3 - 9.0)(9.3 - 9.5)}{(9.5 - 9.0)^2}(\ln 10.0 - 2\ln 9.5 + \ln 9.0) \\ &\approx 2.2300 \end{aligned}$$

이다. 정확한 값은 $\ln 9.3 = 2.2300144\ldots$이다. 예제 12.2.1과 비교해 보아라. □

연습문제 12.2

1. $\ln 1.2 = 0.18232$와 $\ln 1.3 = 0.26236$이 알려져 있다. 일차 보간법으로 $\ln 1.25$를 셈하라.

2. $e^{0.9} = 2.45960$과 $e^{1.0} = 2.71828$이 알려져 있다. 일차 보간법으로 $e^{0.96}$을 셈하라.

3. 1번 문제의 자료에 더하여 $\ln 1.4 = 0.33647$이 알려져 있다. 이차 보간법으로 $\ln 1.25$를 셈하고 1번 문제의 답과 비교해 보아라.

4. 2번 문제의 자료에 더하여 $e^{0.8} = 2.22554$가 알려져 있다. 이차 보간법으로 $e^{0.96}$을 셈하고 2번 문제의 답과 비교해 보아라.

12.3 스플라인

함수 $f(x)$가 구간 $a \le x \le b$에서 정의되었다고 하자. (여기서 $f(x)$가 정의된 것과 $f(x)$가 알려진 것과 구별하자). 앞 절에서는 f의 정의역에서 한 개의 n차 다항식으로 $f(x)$를 어림하였다. 그러나 여기에서는 구간 $a \le x \le b$를 같은 길이의 n 토막으로 나눈다:

$$a = x_0 < x_1 < x_2 < \cdots < x_n = b$$

각각의 작은 구간 $x_i \le x \le x_{i+1}$ $(i = 0, 1, \ldots, n-1)$ 에서 $f(x)$ 를 다항식 $p_i(x)$ 로 어림한 다음 $p_0(x)$, $p_1(x)$, $\ldots$, $p_{n-1}(x)$ 를 한데 묶어서 $g(x)$ 라 한다. 다시 말하면, 모든 $i = 0, 1, \ldots, n-1$ 에 대해서 $x_i \le x \le x_{i+1}$ 이면 $g(x) = p_i(x)$ 이다. 이런 방식으로 얻은 함수 $g(x)$ 를 스플라인(splines) 이라 한다. 여기서 $g(x)$ 는 점 x_0, x_1, $\ldots$, x_n 에서 여러 번 미분가능해야 한다.

이 절에서는 가장 실용적이라 할 수 있는 삼차 스플라인(cubic splines)을 소개한다:

함수 $f(x)$ 가 구간 $a \le x \le b$ 에서 정의되었다 하고, $g(x)$ 를 구간 $a \le x \le b$ 에서 정의된 연속함수라 하자. 이때

(ㄱ) 함수 $g(x)$ 가 구간 $a \le x \le b$ 에서 두 번 미분가능하고 $g''(x)$ 가 연속이며,

(ㄴ) 각각의 작은 구간 $x_i \le x \le x_{i+1}$ 에서 $g(x)$ 가 3 차 이하의 다항식과 같으면,

함수 $g(x)$ 를 구간 $a \le x \le b$ 에서의 삼차 스플라인이라 부른다.

정리 **12.3.1.** 함수 $f(x)$ 가 구간 $a \le x \le b$ 에서 정의되었고, 구간 $a \le x \le b$ 을 n 개의 같은 길이의 작은 구간으로 나누었다고 하자. 이때

$$g(x_0) = f(x_0), \quad g(x_1) = f(x_1), \quad \cdots, \quad g(x_n) = f(x_n)$$

을 만족하고, 주어진 실수 k_0 과 k_n 에 대하여

$$g'(x_0) = k_0, \quad g'(x_n) = k_n$$

을 만족하고, 구간 $a \le x \le b$ 에서 정의된 삼차 스플라인 $g(x)$ 는 오직 하나뿐이다.

예제 12.3.2. $g(-1) = 1$, $g(0) = 0$, $g(1) = 1$, $g'(-1) = -4$, $g'(1) = 4$ 를 만족하고, 구간 $-1 \le x \le 1$ 에서 정의된 삼차 스플라인 $g(x)$ 를 찾아라.

풀이. 다음에 나오는 삼차 다항식의 계수를 찾아보자:

$$p_0(x) = a_3x^3 + a_2x^2 + a_1x + a_0 \quad (-1 \le x \le 0),$$
$$p_1(x) = b_3x^3 + b_2x^2 + b_1x + b_0 \quad (0 \le x \le 1)$$

위 다항식들이 $p_0(0) = p_1(0) = 0$ 을 만족하므로 $a_0 = b_0 = 0$ 이다. $p_0'(0) = p_1'(0)$ 과 $p_0''(0) = p_1''(0)$ 에서 $a_1 = b_1$, $a_2 = b_2$ 를 얻는다. 따라서

$$p_0(x) = a_3x^3 + a_2x^2 + a_1x,$$
$$p_1(x) = b_3x^3 + a_2x^2 + a_1x$$

이다. 뿐만 아니라

$$\begin{aligned} p_0(-1) &= -a_3 + a_2 - a_1 = 1, \\ p_1(1) &= b_3 + a_2 + a_1 = 1, \\ p_0'(-1) &= 3a_3 - 2a_2 + a_1 = -4, \\ p_1'(1) &= 3b_3 + 2a_2 + a_1 = 4 \end{aligned}$$

를 만족하므로 $a_1 = 0,\ a_2 = -1,\ a_3 = -2,\ b_3 = 2$ 를 얻는다. 그러므로

$$g(x) = \begin{cases} -2x^3 - x^2 & (-1 \le x \le 0), \\ 2x^3 - x^2 & (0 \le x \le 1) \end{cases}$$

이다. □

유제 12.3.3. $g(0) = 0,\ g(1) = 1,\ g(2) = 0,\ g'(0) = -2$ 와 $g'(2) = 2$ 를 만족하고, 구간 $0 \le x \le 2$ 에서 정의된 삼차 스플라인 $g(x)$ 를 찾아라.

♣ 정답.

$$g(x) = \begin{cases} -4x^3 + 7x^2 - 2x & (0 \le x \le 1), \\ 4x^3 - 17x^2 + 22x - 8 & (1 \le x \le 2) \end{cases}$$

연습문제 12.3

1. $g(-1) = 0,\ g(0) = 1,\ g(1) = 0,\ g'(-1) = -2$ 와 $g'(1) = 2$ 를 만족하고, 구간 $-1 \le x \le 1$ 에서 정의된 삼차 스플라인 $g(x)$ 를 찾아라.

2. $g(-1) = 1,\ g(0) = 0,\ g(1) = 1,\ g'(-1) = 2$ 와 $g'(1) = -2$ 를 만족하고, 구간 $-1 \le x \le 1$ 에서 정의된 삼차 스플라인 $g(x)$ 를 찾아라.

3. $g(0) = 1,\ g(1) = 0,\ g(2) = -1,\ g(3) = 0,\ g'(0) = -2$ 와 $g'(3) = 2$ 를 만족하고, 구간 $0 \le x \le 3$ 에서 정의된 삼차 스플라인 $g(x)$ 를 찾아라.

12.4 수치 적분

적분될 함수(integrand)가 표로 주어졌거나, 유한 개의 초등함수(elementary functions)로 표현될 수 없거나, 아니면 그것의 적분이 너무 복잡하여 쉽사리 정적분을 할 수 없는 경우에 수치 적분을 쓰면 편리하다. 수치 적분법에는 여러 가지가 있지만, 그 가운데에서 심프슨의 법칙(Simpson's rule)만을 소개하기로 하자. 이 법칙을 이용하면 매우 정확한 결과를 얻을 수 있기 때문에 널리

쓰인다: 구간 $a \le x \le b$를 $2n$개의 길이가 같은 작은 구간으로 나눈다.

$$a = x_0 < x_1 < x_2 < \cdots < x_{2n-1} < x_{2n} = b$$

이때, 함수 $f(x)$가 구간 $a \le x \le b$에서 정의되었고, $f(x_0)$, $f(x_1)$, $f(x_2)$, $\ldots$, $f(x_{2n-1})$, $f(x_{2n})$이 알려져 있다고 하자. 심프슨의 법칙으로 $\int_a^b f(x)\,dx$를

$$\int_a^b f(x)\,dx \approx \frac{k}{3}\,(f_0 + 4f_1 + 2f_2 + 4f_3 + \cdots + 2f_{2n-2} + 4f_{2n-1} + f_{2n})$$

으로 어림할 수 있다. 여기서 $k = \frac{b-a}{2n}$이고 $f_i = f(a+ki)$ $(i = 0, 1, 2, \ldots, 2n)$이다.

예제 12.4.1. 심프슨의 법칙으로 $\int_0^1 e^{-x^2} dx$를 셈하라. (여기서 $2n = 10$이다).

풀이. $k = 0.1$, $x_0 = 0.0$, $x_1 = 0.1$, $x_2 = 0.2$, $x_3 = 0.3$, $x_4 = 0.4$, $x_5 = 0.5$, $x_6 = 0.5$, $x_7 = 0.7$, $x_8 = 0.8$, $x_9 = 0.9$, $x_{10} = 1.0$이므로

$$\begin{aligned}
e^{-x_0^2} &= 1.000000, & e^{-x_1^2} &= 0.990050, \\
e^{-x_2^2} &= 0.960789, & e^{-x_3^2} &= 0.913931, \\
e^{-x_4^2} &= 0.852144, & e^{-x_5^2} &= 0.778801, \\
e^{-x_6^2} &= 0.697676, & e^{-x_7^2} &= 0.612626, \\
e^{-x_8^2} &= 0.527292, & e^{-x_9^2} &= 0.444858, \\
e^{-x_{10}^2} &= 0.367879
\end{aligned}$$

이다. 따라서

$$\int_0^1 e^{-x^2} dx \approx 0.746825$$

이다. 주어진 적분의 참값은 $0.746823\ldots$이다. □

연습문제 12.4

1. 심프슨의 법칙으로 다음 정적분을 셈하라. $(2n = 10)$

(1) $\int_{-1}^1 x^2 dx$ (2) $\int_0^1 x^3 dx$

(3) $\int_0^1 e^x dx$ (4) $\int_1^2 \ln x\, dx$

2. 심프슨의 법칙으로 다음 정적분을 셈하라. $(2n = 12)$

(1) $\int_0^\pi \sin x\,dx$ (2) $\int_0^\pi \cos x\,dx$

(3) $\int_0^\pi \sin^2 x\,dx$ (4) $\int_0^\pi \cos^2 x\,dx$

12.5 일계 미분방정식을 수치 계산법으로 풀기

일계 미분방정식과 초기조건으로 이루어진 초기값 문제를 생각하자:

$$y' = f(x, y), \quad y(x_0) = y_0$$

x_0 을 포함하는 구간에서 위의 초기값 문제의 풀이가 오직 하나뿐이라 가정하고, 수치 계산법으로 이를 푸는 방법을 살펴보자. 여러 가지 방법 가운데에서 비교적 정확한 결과를 얻을 수 있는 룽에와 쿠타의 방법 (Runge[2]-Kutta[3] method) 을 살펴보자:

먼저,

$$0.1 < h \max \left| \frac{\partial}{\partial y} f(x, y) \right| < 0.2$$

가 되도록 h 를 정한다. 그리고 룽에와 쿠타 방법의 모든 단계 (step) 에서 $x_n = x_0 + nh$ $(n = 0, 1, 2, \ldots)$ 이라 하고

$$\begin{aligned} A_n &= hf(x_n, y_n), \\ B_n &= hf\Big(x_n + \frac{1}{2}h, y_n + \frac{1}{2}A_n\Big), \\ C_n &= hf\Big(x_n + \frac{1}{2}h, y_n + \frac{1}{2}B_n\Big), \\ D_n &= hf(x_n + h, y_n + C_n) \end{aligned}$$

을 셈한다. 그 다음에

$$y_{n+1} = y_n + \frac{1}{6}(A_n + 2B_n + 2C_n + D_n)$$

으로 y_{n+1} 을 셈한다. 모든 $n = 0, 1, 2, \ldots$ 에서 y_n 은 $y(x_n)$ 을 어림한다.

예제 12.5.1. 룽에와 쿠타의 방법으로 초기값 문제

$$y' = x + y, \quad y(0) = 0$$

---

[2] 룽에 (Carl David Tolmé Runge) 는 1856 년에 태어나 1927 년에 죽은 독일 수학자이다. 그는 괴팅엔 대학교에서 일했으며 수치해석학을 맨 처음 연구하기 시작한 사람들 가운데 하나이다.

[3] 쿠타 (Wilhelm Martin Kutta) 는 1867 년에 태어나 1944 년에 죽은 독일 수학자이다. 그는 슈투트가르트 공과대학에서 일하면서 유체역학의 여러 현상들을 등각사상 이론을 이용하여 잘 설명하였다.

을 풀어라. ($h = 0.2$ 이고 다섯 단계까지만 셈하라).

풀이. $f(x, y) = x + y$ 라 하면

$$\begin{aligned} A_n &= 0.2(x_n + y_n), \\ B_n &= 0.2(x_n + 0.1 + y_n + 0.5A_n) = 0.22(x_n + y_n) + 0.02, \\ C_n &= 0.2(x_n + 0.1 + y_n + 0.5B_n) = 0.222(x_n + y_n) + 0.022, \\ D_n &= 0.2(x_n + 0.2 + y_n + C_n) = 0.2444(x_n + y_n) + 0.0444 \end{aligned}$$

이므로

$$\begin{aligned} y_{n+1} &= y_n + \frac{1}{6}(A_n + 2B_n + 2C_n + D_n) \\ &= y_n + 0.2214(x_n + y_n) + 0.0214 \end{aligned}$$

이다. $x_0 = 0,\ y_0 = 0,\ x_n = 0.2n$ 이므로

$$\begin{aligned} y(0.0) &= y(x_0) \approx y_0 = 0.000000, \\ y(0.2) &= y(x_1) \approx y_1 = 0.021400, \\ y(0.4) &= y(x_2) \approx y_2 = 0.091818, \\ y(0.6) &= y(x_3) \approx y_3 = 0.222107, \\ y(0.8) &= y(x_4) \approx y_4 = 0.425521, \\ y(1.0) &= y(x_5) \approx y_5 = 0.718251 \end{aligned}$$

을 얻는다.

주어진 초기값 문제의 정확한 풀이는 $y(x) = e^x - x - 1$ 이다. 이것과 위의 풀이를 비교해 보자. □

예제 12.5.2. 룽에와 쿠타의 방법으로 초기값 문제

$$y' = 2x + y, \quad y(0) = 0$$

을 풀어라. (여기서 $h = 0.2$ 이고 다섯 단계까지 셈하고, 소숫점 아래 다섯 자리까지 정확히 써라).

풀이. $f(x, y) = 2x + y$ 라 하면

$$\begin{aligned} A_n &= 0.2(2x_n + y_n) = 0.4x_n + 0.2y_n, \\ B_n &= 0.2(2x_n + 0.2 + y_n + 0.5A_n) = 0.44x_n + 0.22y_n + 0.04, \\ C_n &= 0.2(2x_n + 0.2 + y_n + 0.5B_n) = 0.444x_n + 0.222y_n + 0.044, \\ D_n &= 0.2(2x_n + 0.4 + y_n + C_n) = 0.4888x_n + 0.2444y_n + 0.0888 \end{aligned}$$

이므로

$$\begin{aligned} y_{n+1} &= y_n + \frac{1}{6}(A_n + 2B_n + 2C_n + D_n) \\ &= 0.4428x_n + 1.2214y_n + 0.0428 \end{aligned}$$

이다. 따라서 $x_0 = 0$, $y_0 = 0$, $x_n = 0.2n$ 이므로

$$\begin{aligned} y(0.0) &= y(x_0) \approx y_0 = 0.000000, \\ y(0.2) &= y(x_1) \approx y_1 = 0.042800, \\ y(0.4) &= y(x_2) \approx y_2 = 0.183635, \\ y(0.6) &= y(x_3) \approx y_3 = 0.444212, \\ y(0.8) &= y(x_4) \approx y_4 = 0.851041, \\ y(1.0) &= y(x_5) \approx y_5 = 1.436502 \end{aligned}$$

를 얻는다.

주어진 초기값 문제의 정확한 풀이는 $y(x) = 2e^x - 2x - 2$ 이다. 이것을 위의 답과 비교해 보자. □

연습문제 12.5

1. 다음 초기값 문제를 룽에와 쿠타의 방법으로 풀어라. ($h = 0.2$ 이라 하고 다섯 단계까지 셈하라).

   (1) $y' = x - y, \quad y(0) = 0$　　(2) $y' = 2x - y, \quad y(0) = 0$

   (3) $y' = 2x + \frac{1}{2}y, \quad y(0) = 0$　　(4) $y' = 2x - \frac{1}{2}y, \quad y(0) = 0$

12.6 이계 미분방정식을 수치 계산법으로 풀기

이계 미분방정식과 (같은 점에 주어진) 두 개의 초기조건으로 이루어진 초기값 문제

$$y'' = f(x, y, y'), \quad y(x_0) = y_0, \quad y'(x_0) = y'_0$$

을 다루어 보자. 앞 절에서와 마찬가지로 x_0 을 포함하는 구간에서 주어진 초기값 문제의 풀이가 오직 하나 뿐이라고 가정하자. 앞 절에서 소개한 룽에와 쿠타의 방법을 변형한 룽에와 쿠타와 니스트룀의 방법(Runge-Kutta-Nyström method)을 소개하기로 하자:

모든 단계에서 $x_n = x_0 + nh \ (n = 1, 2, \ldots)$ 이라 하고

$$\begin{aligned}
A_n &= \frac{1}{2}hf(x_n, y_n, y_n'),\\
\beta_n &= \frac{1}{2}h\Big(y_n' + \frac{1}{2}A_n\Big),\\
B_n &= \frac{1}{2}hf\Big(x_n + \frac{1}{2}h, y_n + \beta_n, y_n' + A_n\Big),\\
C_n &= \frac{1}{2}hf\Big(x_n + \frac{1}{2}h, y_n + \beta_n, y_n' + B_n\Big),\\
\delta_n &= h(y_n' + C_n),\\
D_n &= \frac{1}{2}hf(x_n + h, y_n + \delta_n, y_n' + 2C_n)
\end{aligned}$$

을 셈한다. 이들을 이용하여 $y(x_{n+1})$ 의 어림값인

$$y_{n+1} = y_n + h(y_n' + K_n)$$

을 셈하는데, 여기서 $K_n = \dfrac{1}{3}(A_n + B_n + C_n)$ 이다. 그리고 $y'(x_{n+1})$ 의 어림값인

$$y_{n+1}' = y_n' + \frac{1}{3}(A_n + 2B_n + 3C_n + D_n)$$

을 셈한다.

예제 12.6.1. 룽에와 쿠타와 니스트룀의 방법으로 초기값 문제

$$y'' = \frac{1}{2}(x + y + y' + 2)\,, \quad y(0) = 0, \quad y'(0) = 0$$

을 풀어라. ($h = 0.2$ 이고 다섯 단계까지만 셈하라).

풀이. $f(x, y, y') = 0.5(x + y + y' + 2)$ 라 하면

$$\begin{aligned}
A_n &= 0.05(x_n + y_n + y_n' + 2),\\
\beta_n &= \frac{1}{2}h\Big(y_n' + \frac{1}{2}A_n\Big)\\
&= 0.0025x_n + 0.0025y_n + 0.1025y_n' + 0.005,\\
B_n &= 0.05(x_n + 0.1 + y_n + \beta_n + y_n' + A_n + 2)\\
&= 0.052625x_n + 0.052625y_n + 0.057625y_n' + 0.11025
\end{aligned}$$

와

$$\begin{aligned}
C_n &= 0.05(x_n + 0.1 + y_n + \beta_n + y'_n + B_n + 2) \\
&= 0.05275625x_n + 0.05275625y_n + 0.05800625y'_n + 0.1107625, \\
\delta_n &= h(y'_n + C_n) \\
&= 0.01055125x_n + 0.01055125y_n + 0.21160125y'_n + 0.02215250, \\
D_n &= 0.05(x_n + 0.2 + y_n + \delta_n + y'_n + 2C_n + 2) \\
&= 0.055803187x_n + 0.055803187y_n + 0.066380687y'_n + 0.122183875
\end{aligned}$$

이고

$$\begin{aligned}
K_n &= \frac{1}{3}(A_n + B_n + C_n) \\
&= 0.05179375x_n + 0.05179375y_n + 0.055210416y'_n + 0.107004166
\end{aligned}$$

을 얻는데, 이들을 모두 종합하여

$$\begin{aligned}
y_{n+1} &= 0.0103588x_n + 1.0103588y_n + 0.2110421y'_n + 0.0214008, \\
y'_{n+1} &= 0.1231073x_n + 0.1231073y_n + 1.1352165y'_n + 0.2583238
\end{aligned}$$

을 얻는다. 이로부터 우리는

$$y(0.0) = y(x_0) \approx y_0 = 0.0000000$$

$$y(0.2) = y(x_1) \approx y_1 = 0.0214008, \qquad y'_1 = 0.2583238,$$

$$y(0.4) = y(x_2) \approx y_2 = 0.0996123, \qquad y'_2 = 0.5788333,$$

$$y(0.6) = y(x_3) \approx y_3 = 0.2483467, \qquad y'_3 = 0.9769308,$$

$$y(0.8) = y(x_4) \approx y_4 = 0.4847089, \qquad y'_4 = 1.4717895,$$

$$y(1.0) = y(x_5) \approx y_5 = 0.8300272$$

를 얻는다. □

연습문제 10.6

1. 예제 12.6.1 에 주어진 초기값 문제를 룽에와 쿠타와 니스트룀의 방법으로 다시 풀어라. (이때, $h = 0.1$ 이라 하고 열 단계까지 셈하라).

2. 예제 12.6.1 에 주어진 초기값 문제의 해를 구하고, 이것을 1 번 문제의 답과 비교해 보아라.

3. 다음 초기값 문제를 룽에와 쿠타와 니스트룀의 방법으로 풀어라.

$$y'' = \frac{1}{2}(x + y'), \quad y(0) = 0, \quad y'(0) = 1$$

(여기서 $h = 0.2$ 라 하고 다섯 단계까지 셈하라).

4. 3번 문제에 주어진 초기값 문제의 해를 구하고, 이것을 3번 문제의 답과 비교해 보아라.

♣ 정답.

2. $y(x) = e^x - x - 1$

4. $y(x) = 4e^{(1/2)x} - \frac{1}{2}x^2 - 2x - 4$

제 13 장

편미분방정식

공학문제에서 나타나는 물리량들은 2개 이상의 변수들에 의해 결정되는 것이 보통이고, 이 문제들은 편미분을 써서 해결할 수 있다. 편미분방정식은 2개 이상의 변수를 가지는 함수와 그 함수의 편도함수를 포함하는 방정식이다. 편미분방정식과 상미분방정식과의 근본적인 차이는 변수의 개수에 있다. 이 장에서는 1계와 2계 편미분방정식에 대한 기본적인 내용을 소개하고 공학적으로 중요하게 취급되는 문제에 대한 응용의 예를 보려고 한다. 편미분방정식은 매우 많은 내용을 가지고 있으므로, 여기서는 기본적인 내용만을 다루기로 한다.

13.1 편미분방정식과 그 해

2개 이상의 독립변수를 가지는 미지함수(종속변수)와 그 함수의 편도함수를 포함하고 있는 방정식을 **편미분방정식** (partial differential equation : P.D.E) 이라고 한다. 예를 들면,

$$x\frac{\partial z}{\partial x} + y\frac{\partial z}{\partial y} = 3z \tag{13.1}$$

$$3\left(\frac{\partial z}{\partial x}\right)^2 - 4\left(\frac{\partial z}{\partial y}\right)^2 = x + y \tag{13.2}$$

등은 1계 편미분방정식이고

$$\frac{\partial^2 w}{\partial y^2} = c^2\frac{\partial^2 w}{\partial x^2} \quad \text{(파동방정식)} \tag{13.3}$$

$$\frac{\partial^2 z}{\partial x \partial y} - \left(\frac{\partial z}{\partial x}\right)^2 = 2x^2 y \tag{13.4}$$

$$\frac{\partial^2 z}{\partial x^2} + \frac{\partial^2 z}{\partial y^2} = 0 \quad \text{(라플라스방정식)} \tag{13.5}$$

등은 2계 편미분방정식이다. 편미분방정식의 **계수**(order)는 그 편미분방정식에 있는 최고계 편도함수의 계수(order)를 말한다.

상미분방정식의 경우와 마찬가지로, 편미분방정식에 있는 미지함수(종속변수) 및 그 편도함수에 관하여 1차 또는 0차이면 즉, 미지함수와 그 도함수가 1보다 큰 지수를 갖지 않고, 미지함수와 도함수를 곱한 항이 없으면, 그 편미분방정식을 **선형**(linear P.D.E)이라 하고, 그렇지 않으면 **비선형**(nonlinear P.D.E)이라고 한다. 위 식 (13.1), (13.3), (13.5)는 선형이고 식 (13.2), (13.4)는 비선형이다.

편미분방정식의 각 항이 종속변수 또는 그 편도함수를 포함하고 있을 때, 이 편미분방정식을 **동차**(homogenous)라 하고, 그렇지 않을 때에는 **비동차**(nonhomogenous)라고 한다. 식 (13.1), (13.3), (13.5)는 동차편미분방정식, 식 (13.2), (13.4)는 비동차편미분방정식이다.

편미분방정식의 해 : 완전해, 특이해, 일반해

종속변수와 2개 이상의 독립변수 사이의 어떤 관계식이 주어진 편미분방정식을 만족할 때, 그 관계식을 편미분방정식의 **해**(solution)라고 한다. 앞으로 p와 q를

$$p = \frac{\partial z}{\partial x}, \qquad q = \frac{\partial z}{\partial y} \tag{13.6}$$

인 뜻으로 쓰기로 한다. 1계 편미분방정식의 해에는 완전해, 특이해, 일반해가 있다. 1계 편미분방정식

$$z^2\left(p^2 + q^2 + 1\right) = 1 \tag{13.7}$$

은 a, b를 임의상수라 할 때, 해

$$(x-a)^2 + (y-b)^2 + z^2 = 1 \tag{13.8}$$

를 갖는다. 이와같이 2개의 독립변수를 포함하는 해를 **완전해** 라고 한다.

또

$$z^2 = 1 \tag{13.9}$$

은 분명히 방정식 (13.7)의 해이다. 이것은 완전해 (13.8)을 임의상수 a, b에 관하여 편미분하여 0 이라고 놓은 식

$$-2(x-a) = 0, \qquad -2(y-b) = 0$$

과 완전해 (13.8)에서 임의상수 a, b를 소거하여 얻어진 식이다. 이와 같은 해를 **특이해**라고 한다. 특이해는 이와 같이 완전해 $F(x,y,z,a,b) = 0$와 $D_aF = 0$, $D_bF = 0$을 연립시켜서 a, b를 소거하면 얻어지고, 특이해는 완전해로 부터 정해지므로 어느 완전해에 관한 특이해라고 말한다.

끝으로 1개의 임의함수를 포함하는 해를 **일반해**라고 한다. 예를 들면, 편미분방정식

$$p = \frac{\partial z}{\partial x} = 0$$

는 $f(y)$ 를 y 의 임의함수라 할 때,

$$z = f(y)$$

를 해로 갖는다. 따라서 $z = f(y)$ 는 편미분방정식 $p = 0$ 의 일반해이다.

예제 13.1.1. 함수

$$z = x^2 y \tag{13.10}$$

가 다음 편미분방정식의 해임을 조사하라.

$$x\frac{\partial z}{\partial x} + y\frac{\partial z}{\partial y} = 3z \tag{13.11}$$

풀이.

$$\frac{\partial z}{\partial x} = 2xy, \qquad \frac{\partial z}{\partial y} = x^2$$

를 주어진 미분방정식에 대입하면

$$x\frac{\partial z}{\partial x} + y\frac{\partial z}{\partial y} = x(2xy) + y(x^2) = 3x^2y = 3z$$

와 같이 되어 방정식 (13.11) 이 만족되고, 함수 (13.10) 중에는 편도함수가 포함되어 있지 않으므로 함수 (13.10) 은 방정식 (13.11) 의 한 해이다. □

유제 13.1.2. 임의의 함수 $g(y)$ 와 $h(x)$ 에 대하여,

$$z = x^2y - \frac{1}{2}xy^2 + g(y) + h(x)$$

가 다음 일계편미분방정식의 해임을 보이라.

$$\frac{\partial z}{\partial x} = x + y$$

<u>편미분방정식의 작성</u>

편미분방정식의 해법을 알기 위해서는 먼저 편미분방정식과 그 해의 관계를 아는 것이 좋은데, 이를 위해서는 편미분방정식을 작성해 보는 것이 효과적이다. 이에는 임의상수를 소거하는 방법과 임의함수를 소거하는 방법이 있다.

(1) 임의상수의 소거

예제 13.1.3. 함수

$$z = ax^2 + by^2 \tag{13.12}$$

에서 상수 a, b를 소거하라.

풀이. 함수 (13.12)의 양변을 x 및 y에 관하여 편미분하면

$$\frac{\partial z}{\partial x} = p = 2ax, \qquad \frac{\partial z}{\partial y} = q = 2by \tag{13.13}$$

이고, 함수 (13.12)와 (13.13)에서 a, b를 소거하면, 쉽게 일계편미분방정식

$$xp + yq = 2z$$

를 얻는다. □

유제 13.1.4. 함수

$$z = (x^2 + a)(y^2 + b) \tag{13.14}$$

에서 상수 a, b를 소거하라.

♣ 정답. $pq = 4xyz$

(2) 임의함수의 소거

예제 13.1.5. 함수

$$z = xy + f(x^2 + y^2) \quad (f(t)\text{는 미분가능한 임의함수}) \tag{13.15}$$

에서 함수 f를 소거하라.

풀이. $t = x^2 + y^2$ 이라고 하면,

$$z = xy + f(t)$$

이고 양변을 x와 y에 관하여 편미분하면

$$p = y + f'(t)(2x), \qquad q = x + f'(t)(2y) \tag{13.16}$$

이고, (13.16)에서 $f'(t)$를 소거하면

$$yp - xq = y^2 - x^2$$

를 얻고 이것은 일계선형편미분방정식이다. [1] □

---

[1] x, y, z에 대한 함수로 부터 그 함수를 소거하면 언제나 선형편미분방정식을 얻는다.

유제 13.1.6. 임의함수 g 에 대하여,

$$g\left(\frac{z}{x^3},\ \frac{y}{x}\right) = 0$$

으로부터 만들어지는 편미분방정식을 구하라.

♣ 정답. $u = \frac{z}{x^3}$, $v = \frac{y}{x}$ 라 하고 x, y 에 관해 편미분한 다음 $\frac{\partial g}{\partial u}$, $\frac{\partial g}{\partial v}$ 를 소거하면, $px + qy = 3z$ 을 얻는다.

연습문제 13.1

1. 다음 함수 $u = xf(y) + g(y)$ 는

$$\frac{\partial^2 u}{\partial x^2} = 0$$

의 해임을 밝혀라. (f, g 는 임의함수)

2. 평면 $y = x$ 위에 중심을 갖고 반지름이 5 인 구군(공의 무리)의 편미분방정식을 구하라.

3. $f(x + y + z,\ x^2 + y^2 - z^2) = 0$ 에서 f 를 소거하여 미분방정식을 구하라.

♣ 정답.

1. u 를 x 로 2회 편미분하여 좌변을 계산, 0 임을 보이면 된다.
2. $(x - y)^2(p^2 + q^2 + 1) = 25(p - q)^2$
3. $(y + z)p - (x + z)q = x - y$

13.2 라그랑즈 미분방정식

아래의 편미분 방정식

$$P(x, y, z)p + Q(x, y, z)q = R(x, y, z) \tag{13.17}$$

을 **라그랑즈** [2] **미분방정식** 또는 **1 계 준선형미분방정식**이라 한다. 연립상미분방정식

$$\frac{dx}{P} = \frac{dy}{Q} = \frac{dz}{R} \tag{13.18}$$

[2] 라그랑즈 (Joseph Louis Lagrange, 1736-1813) 프랑스의 수학자. 오일러와 함께 18 세기의 위대한 수학자로서, 도함수 (derivative) 라는 용어는 라그랑즈의 '도함수'(derived function) 로부터 비롯된 것이다. 변분학을 수립하고 정수론, 미분방정식론, 타원함수론 등에 많은 공을 세웠다. 역학에 있어서 '라그랑즈 운동방정식' 은 유명하다. 그를 존경했던 나폴레옹 1 세는 " 라그랑즈는 수학의 피라미드이다." 라고 하였다.

의 2개의 독립인 해적분 $u(x,y,z)$, $v(x,y,z)$를 구하면 임의함수 F에 대하여,

$$F(u,\ v) = 0$$

가 라그랑즈 미분방정식의 일반해로 알려져 있다. 이 때, 식 (13.18)을 라그랑즈 미분방정식 (13.17)의 **보조방정식**이라고 한다.

증명없이 다음 정리를 소개한다.

> 정리 **13.2.1.** 라그랑즈 미분방정식 *(13.17)*의 보조방정식 *(13.18)*의 독립인 해적분 $u(x,y,z)$, $v(x,y,z)$ 및 임의함수 F에 대하여,
>
> $$F(u,\ v) = 0 \tag{13.19}$$
>
> 은 라그랑즈 미분방정식 *(13.17)*의 일반해이다.

예제 13.2.2. 미분방정식

$$xp + yq = z$$

을 풀어라.

풀이. $P = x,\ Q = y,\ R = z$이므로 보조방정식

$$\frac{dx}{x} = \frac{dy}{y} = \frac{dz}{z}$$

로 부터 이를 연립하면,

$$\frac{dx}{x} = \frac{dy}{y}, \qquad \frac{dy}{y} = \frac{dz}{z}$$

가 되므로, 각각 적분하여

$$\frac{x}{y} = a, \qquad \frac{y}{z} = b$$

를 얻는다. 따라서 일반해는 임의함수 F에 대하여,

$$F\left(\frac{x}{y},\ \frac{y}{z}\right) = 0$$

이다. □

유제 13.2.3. 미분방정식

$$ap + bq + cz = 0 \quad (a,\ b,\ c\text{는 상수})$$

를 풀어라.

♣ 정답. $z = e^{-\frac{cx}{a}}\ g(bx - ay)$ (g는 임의함수)

예제 13.2.4. 미분방정식

$$(y-z)p+(z-x)q=x-y$$

를 풀어라.

풀이. 보조방정식

$$\frac{dx}{y-z}=\frac{dy}{z-x}=\frac{dz}{x-y}$$

에서

$$dx+dy+dz=0, \quad xdx+ydy+zdz=0$$

가 되므로 적분하면

$$x+y+z=a, \quad x^2+y^2+z^2=b$$

를 얻는다. 따라서 일반해는

$$F(x+y+z,\ x^2+y^2+z^2)=0$$

이다. □

유제 13.2.5. 미분방정식

$$x^2p-xyq+y^2=0$$

를 풀어라.

♣ 정답. $z=\frac{y^2}{3x}+f(x,y)$

예제 13.2.6. 미분방정식

$$2p+3q=1$$

의 일반해와 완전해를 구하라.

풀이. 보조방정식은

$$\frac{dx}{2}=\frac{dy}{3}=\frac{dz}{1}$$

이므로, 일반해는

$$\phi(x-2z,\ 3x-2y)=0$$

이고, 완전해

$$x-2z=a(3x-2y)+b$$

를 얻는다. □

다음은 3개 이상의 독립변수를 갖는 미지함수에 관한 일계 선형편미분방정식의 해법에 대하여 정리 (13.2.1)을 확장 적용하는 방법을 살펴보기로 하자.

연립선형미분방정식

$$\begin{aligned}\frac{dx_1}{P_1(x_1,\ x_2,\ \cdots,\ x_n,\ z)} &= \frac{dx_2}{P_2(x_1,\ x_2,\ \cdots,\ x_n,\ z)}\\ &= \cdots \\ &= \frac{dx_n}{P_n(x_1,\ x_2,\ \cdots,\ x_n,\ z)}\\ &= \frac{dz}{R(x_1,\ x_2,\ \cdots,\ x_n,\ z)}\end{aligned}$$

의 서로 독립인 n 개의 해를

$$u_i(x_1,\ x_2,\ \cdots,\ x_n,\ z) = C_i \quad (C_i\text{는 임의상수}) \quad (i = 1, 2, \cdots, n)$$

라 하면, 일계 선형편미분방정식

$$p_1\frac{\partial z}{\partial x_1} + p_2\frac{\partial z}{\partial x_2} + \cdots + p_n\frac{\partial z}{\partial x_n} = R$$

의 일반해는 다음과 같다.

$$f(u_1,\ u_2,\ \cdots, u_n) = 0 \quad (f\text{는 임의함수})$$

예제 13.2.7. 다음 일계 선형편미분방정식

$$x\frac{\partial z}{\partial x} + y\frac{\partial z}{\partial y} + t\frac{\partial z}{\partial t} = xyt \quad (z\text{는 } x,\ y,\ t\text{의 함수})$$

의 일반해를 구하라.

풀이. 보조방정식은

$$\frac{dx}{x} = \frac{dy}{y} = \frac{dt}{t} = \frac{dz}{xyt}$$

이므로, 이를 연립하면

(i) $\dfrac{dx}{x} = \dfrac{dy}{y}$ 에서 $\dfrac{w}{y} = C_1$ (임의상수)

(ii) $\dfrac{dy}{y} = \dfrac{dt}{t}$ 에서 $\dfrac{t}{y} = C_2$ (임의상수)

$$\begin{aligned}(iii)\ \tfrac{dx}{x} &= \tfrac{dy}{y} = \tfrac{dt}{t} = \tfrac{dz}{xyt}\\ &= \tfrac{ytdx+xtdy+sydt-3dz}{0} \text{ 에서} \qquad d(xyt-3z) = 0\end{aligned}$$

이다. 따라서

$$xyt - 3z = C_3 \text{ (임의상수)}$$

이며, 구하려는 일반해는

$$f\left(\frac{x}{y},\ \frac{t}{y},\ xyt - 3z\right) = 0\ (f\text{는 임의함수})$$

이다. 또는 z에 관하여 풀어서

$$3z = xyt + g\left(\frac{x}{y},\ \frac{t}{y}\right)\ (g\text{는 임의함수})$$

□

연습문제 13.2

1. 다음 라그랑즈 미분방정식을 풀어라.

(1) $p + q = 1$ (2) $xp + zq = y$ (3) $zp + x = 0$

(4) $xp = y$ (5) $xp + yq = 3z$

♣ 정답.

1. (1) $F(x - y,\ y - z) = 0$ (2) $F\left(\frac{x}{y+z},\ y^2 - z^2\right) = 0$

(3) $y = f(x^2 + z^2)$ (4) $z = y\log x + f(y)$

(5) $z = x^3 g(\frac{y}{x})$

13.3 2계 편미분방정식

이 절에서는 2계 편미분방정식에 대하여 알아본다. 상수 계수인 경우와 변수 계수인 경우로 나누어 간단하게 살펴보자. 여기서는 아래 미분연산자

$$D_x = \frac{\partial}{\partial x},\quad D_y = \frac{\partial}{\partial y},\quad D_x^2 = \frac{\partial^2}{\partial x^2},\quad D_y^2 = \frac{\partial^2}{\partial y^2},\quad D_xD_y = \frac{\partial^2}{\partial x\partial y}$$

를 사용하기로 한다.

상계수 2계 동차선형편미분방정식

다음과 같은 꼴의 상계수 2계 동차선형 편미분방정식을 풀어보자.

$$(aD_x^2 + bD_xD_y + cD_y^2)z = 0 \tag{13.20}$$

지금 ϕ 를 임의함수라 하고, 주어진 편미분방정식의 해를

$$z = \phi(y + mx) = \phi(u) \tag{13.21}$$

라고 하자. z 을 편미분하면

$$D_x z = m\phi'(u), \quad D_x^2 z = m^2\phi''(u), \quad D_y^2 z = \phi''(u), \quad D_x D_y = m\phi''(u)$$

이고, 이들을 식 (13.20) 에 대입하면 다음 식을 얻는다.

$$\phi''(u)(am^2 + bm + c) = 0 \tag{13.22}$$

즉,

$$am^2 + bm + c = 0 \tag{13.23}$$

이며, 이 근을 m 이라 한다.

m 이 **서로 다른 두 실근**인 경우, $m1 \neq m2$ 라 하면 식 (13.21) 에서 다음이 주어진 편미분방정식의 해가 된다.

$$z = \phi_1(y + m_1 x), \qquad z = \phi_2(y + m_2 x)$$

따라서 이 들의 합

$$z = \phi_1(y + m_1 x) + \phi_2(y + m_2 x)$$

가 주어진 편미분방정식의 일반해이다.

예제 13.3.1. 미분방정식

$$(D_x^2 + D_x D_y - 6D^2 y)z = 0$$

을 풀어라

풀이.

$$(D_x^2 + D_x D_y - 6D^2 y)z = (D_x - 2D_y)(D_x + 3D_y)z = 0$$

에서 방정식

$$m^2 + m - 6 = (m - 2)(m + 3) = 0$$

를 얻는다. 따라서

$$m_1 = 2, \ m_2 = -3$$

이므로, 일반해는

$$y = \phi_1(y + 2x) + \phi_2(y - 3x)$$

이다. □

다음은 방정식 (13.23)

$$am^2 + bm + c = 0$$

에서 m 이 **중근**이 되는 경우를 살펴보기로 한다. 그러면 편미분방정식 (13.20)

$$(aD_x^2 + bD_xD_y + cD_y^2)z = 0$$

은

$$(D_x - mD_y)^2 z = 0 \tag{13.24}$$

이라 할 수 있고, 여기서

$$v = (D_x - mD_y)z \tag{13.25}$$

라고 하면 식 (13.24) 에서

$$(D_x - mD_y)v = 0$$

이 되고, 한 해가

$$v = \phi_1(y + mx)$$

이므로 식 (13.25) 에서 다음이 성립한다.

$$v = (D_x - mD_y)z = \phi_1(y + mx)$$

즉,

$$p - mq = \phi_1(y + mx)$$

으로 표현할 수 있으며, 이는 라그랑즈 미분방정식이다. 따라서 라그랑즈 미분방정식의 보조방정식

$$\frac{dx}{1} = \frac{dy}{-m} = \frac{dz}{\phi_1(y + mx)}$$

을 얻고

$$dx = -\frac{dy}{m}, \qquad y + mx = C_1$$

또,

$$\frac{dz}{\phi_1(C_1)} = dx, \qquad \frac{z}{\phi_1(C_1)} - x = C_2$$

즉,

$$\frac{z}{\phi_1(y + mx)} - x = C_2$$

따라서 편미분방정식의 일반해는

$$z = x\phi_1(y + mx) + \phi_2(y + mx)$$

가 된다.

예제 13.3.2. 미분방정식

$$\frac{\partial^2 z}{\partial x^2}+6\frac{\partial^2 z}{\partial x\partial y}+9\frac{\partial^2 z}{\partial y^2}=0$$

을 풀어라

풀이.

$$(D_x^2+6D_xD_y+9D_y^2)z=(D_x+3D_y)^2=0$$

에서 방정식

$$(m+3)^2=0$$

을 얻는다. 따라서

$$m=-3$$

이므로, 일반해는

$$y=x\phi_1(y-3x)+\phi_2(y-3x)$$

이다. □

변수계수 2계 편미분방정식

여기서 $p,\quad q,\quad r,\quad s,\quad t$를

$$p=\frac{\partial z}{\partial x},\quad q=\frac{\partial z}{\partial y},\quad r=\frac{\partial^2 z}{\partial x^2},\quad s=\frac{\partial^2 z}{\partial x\partial y},\quad t=\frac{\partial^2 z}{\partial y^2}$$

와 같이 사용한다. $R,\ S,\ T,\ P,\ Q,\ Z,\ F$는 $x,\ y$의 함수일 때, 2계 편미분방정식의 일반형은 다음과 같다.

$$Rr+Ss+Tt+Pp+Qq+Zz=F(x,y)$$

2계 편미분방정식 중, 비교적 간단히 풀 수 있는 예를 들기로 한다. 여기서 $f(x),\ g(x)$등은 x에 대한 임의함수, $f(y),\ g(y)$등은 y에 대한 임의함수를 나타내기로 한다.

(1) $r=F(x,y),\quad \frac{\partial^2 z}{\partial x^2}=F(x,y)$:

x에 관하여 2회 편적분한다.

$$\frac{\partial z}{\partial x}=\int F(x,y)dx+f(y)$$

$$z=\int\int F(x,y)dxdx+xf(y)+g(y)$$

(2) $s=F(x,y),\quad \frac{\partial^2 z}{\partial x\partial y}=F(x,y)$:

x에 관하여 편적분한 다음, y에 관하여 편적분한다.

$$z = \int\int F(x,y)dxdy + f(x) + g(y)$$

(3) $t = F(x,y), \quad \frac{\partial^2 z}{\partial y^2} = F(x,y)$:

y에 관하여 2회 편적분한다.

$$z = \int\int F(x,y)dydy + yf(x) + g(x)$$

(4) $r + P(x,\ y)p = F(x,y), \quad \frac{\partial p}{\partial x} + P(x,y)p = F(x,y)$:

이는 p를 미지함수로 하는 1계선형미분방정식이므로,

$$p = e^{-\int pdx}[\int Fe^{\int pdx} + f(y)]$$

이것을 x에 관하여 적분하면 z가 구해진다.

다음의 경우에도 마찬가지이다.

(5) $s + P(x,\ y)p = F(x,y)$:
(6) $s + P(x,\ y)q = F(x,y)$:
(7) $t + P(x,\ y)q = F(x,y)$:

예제 13.3.3. 편미분방정식

$$\frac{\partial^2 z}{\partial x^2} - 2y^3 = 0$$

의 일반해를 구하라.

풀이.

$$\frac{\partial z}{\partial x} = 2\int y^3 dx + f(y) = 2xy^3 + f(y)$$

에서

$$\begin{aligned} z &= 2\int xy^3 dx + xf(y) + g(y) \\ &= x^2y^3 + xf(y) + g(y) \end{aligned}$$

□

유제 13.3.4. 미분방정식

$$r = x^2 e^{-y}$$

를 풀어라.

♣ 정답. $z = \frac{1}{12}x^4 e^{-y} + xf(y) + g(y)$

예제 13.3.5. 미분방정식

$$s = 2ax + 2by \quad (a, b\text{는 상수})$$

를 풀어라.

풀이. x로 적분하면

$$q = ax^2 + 2bxy + g'(y)$$

다시 y로 적분하면

$$z = ax^2y + bxy^2 + g(y) + f(x)$$

을 얻는다.

유제 13.3.6. 미분방정식

$$s = 2x - y$$

를 풀어라.

♣ 정답. $z = x^2y - \frac{1}{2}xy^2 + g(y) + f(x)$

예제 13.3.7. 미분방정식

$$t = xy$$

를 풀어라.

풀이. y에 대하여 적분하면

$$\begin{aligned} q &= \int xydy + f(x) \\ &= \frac{1}{2}xy^2 + f(x) \end{aligned}$$

이고 다시 y에 대하여 적분하면

$$\begin{aligned} z &= \frac{1}{2}\int xy^2dy + yf(x) + g(x) \\ &= \frac{1}{6}xy^3 + yf(x) + g(x) \end{aligned}$$

을 얻는다.

예제 13.3.8. 미분방정식

$$xr + 2p = 0$$

를 풀어라.

풀이. 주어진 미분방정식은

$$x\frac{\partial p}{\partial x} + 2p = 0$$

이므로

$$\frac{\partial p}{\partial x} + \frac{2}{x}p = 0 \quad \text{즉,} \quad \frac{1}{p}\frac{\partial p}{\partial x} + \frac{2}{x} = 0$$

가 된다. 따라서

$$\log p + 2\log x = \log f(y), \quad px^2 = f(y), \quad p = \frac{f(y)}{x^2}$$

따라서

$$z = -\frac{f(y)}{x} + g(y)$$

$f(y)$ 가 임의함수이므로,

$$z = \frac{f(y)}{x} + g(y)$$

라 쓸 수 있다. □

예제 13.3.9. 미분방정식

$$r - s + p = 0$$

를 풀어라.

풀이. 주어진 미분방정식은

$$D_x p - D_y p + p = 0$$

로 쓰면 p를 미지함수로 한 라그랑즈 미분방정식이므로 보조방정식을 만들면,

$$\frac{dx}{1} = \frac{dy}{-1} = \frac{dp}{-p}$$

이다. 이것은

$$\frac{d(x+y)}{0} = \frac{d(y - \log p)}{0}$$

가 된다. 따라서 일반해

$$F(x+y,\ y - \log p) = 0 \quad (F\text{는 임의함수})$$

를 얻는다. 이것을 $y - \log p$ 에 관하여 풀은 꼴로 쓰면

$$y - \log p = f(x, y), \quad p = e^{-f(x+y)+y}$$

따라서

$$p = e^y e^{-f(x+y)}$$

이것을

$$p = e^y g(x+y)$$

라 쓰고, x 에 관하여 적분하면

$$z = [h(x+y) + k(y)]e^y$$

을 얻는다. □

연습문제 8.3

1. 다음 미분방정식을 풀어라.

(1) $r = 2y^3$ (2) $s + q = x$
(3) $r - 2yp + 2y^2 z = 4y^3$ (4) $yt - q = xy^2$
(5) $s + t + q = 0$

♣ 정답.

1. (1) $z = x^2y^3 + xf(y) + g(y)$
(2) $z = (x-1)y + e^{-x}f(y) + g(x)$
(3) $z = e^{xy}[f(y)\cos xy + g(y)\sin xy] + 2y$
(4) $z = \frac{1}{3}xy^3 + \frac{1}{2}f(x)y^2 + g(x)$
(5) $z = e^{-x}h(x-y) + k(x)$

부록

기본 미분공식

(1) $\frac{d}{dx}(u+v) = \frac{du}{dx} + \frac{dv}{dx}$

(2) $\frac{d}{dx}(cu) = \frac{du}{dx}$

(3) $\frac{dc}{dx} = 0$, $\quad c$는 상수

(4) $\frac{d}{dx}(uv) = u \cdot \frac{dv}{dx} + v \cdot \frac{du}{dx}$

(5) $\frac{d}{dx}\left(\frac{u}{v}\right) = \frac{v \cdot \frac{du}{dx} - u \cdot \frac{dv}{dx}}{v^2}$

(6) $\frac{dy}{dx} = \frac{dy}{du} \cdot \frac{du}{dx}$

(7) $\frac{dy}{dx} = \frac{\frac{dy}{du}}{\frac{dx}{du}}$

(8) $\frac{dy}{dx} = \frac{1}{\frac{dx}{dy}}$

(9) $\frac{d}{dx}x^n = nx^{n-1}$

(10) $\frac{d}{dx}\sin x = \cos x$

(11) $\frac{d}{dx}\cos x = -\sin x$

(12) $\frac{d}{dx}\tan x = \sec^2 x$

(13) $\frac{d}{dx}\cot x = -\csc^2 x$

(14) $\frac{d}{dx}\sec x = \sec x \tan x$

(15) $\frac{d}{dx}\csc x = -\csc x \cot x$

(16) $\frac{d}{dx}\sin^{-1} x = \frac{1}{\sqrt{1-x^2}}, \quad |x| < 1$

(17) $\frac{d}{dx}\cos^{-1} x = -\frac{1}{\sqrt{1-x^2}}, \quad |x| < 1$

(18) $\frac{d}{dx}\tan^{-1} x = \frac{1}{1+x^2}$

(19) $\frac{d}{dx}\cot^{-1} x = -\frac{1}{1+x^2}$

(20) $\dfrac{d}{dx}\sec^{-1}x = \dfrac{1}{|x|\sqrt{x^2-1}}, \quad |x|>1$

(21) $\dfrac{d}{dx}\csc^{-1}x = -\dfrac{1}{|x|\sqrt{x^2-1}}, \quad |x|>1$

(22) $\dfrac{d}{dx}\log_a x = \dfrac{1}{x\ln a}$

(23) $\dfrac{d}{dx}\ln x = \dfrac{1}{x}$

(24) $\dfrac{d}{dx}a^x = a^x \ln a$

(25) $\dfrac{d}{dx}e^x = e^x$

(26) $\dfrac{d}{dx}\sinh x = \cosh x$

(27) $\dfrac{d}{dx}\cosh x = \sinh x$

(28) $\dfrac{d}{dx}\tanh x = \mathrm{sech}^2 x$

(29) $\dfrac{d}{dx}\coth x = -\mathrm{csch}^2 x$

(30) $\dfrac{d}{dx}\mathrm{sech} x = -\mathrm{sech} x \tanh x$

(31) $\dfrac{d}{dx}\mathrm{csch} x = -\mathrm{csch} x \coth x$

주요함수의 부정적분

(1) $$\int dx = x + C$$

(2) $$\int k\ dx = k\ x + C\ (k\text{는 상수})$$

(3) $$\int x^n\ dx = \frac{x^{n+1}}{n+1} + C\ (n \neq -1)$$

(4) $$\int \frac{1}{x}\ dx = \ln|x| + C$$

(5) $$\int a^x\ dx = \frac{a^x}{\ln a} + C\ (a > 0, a \neq 0)$$

(6) $$\int e^x\ dx = e^x + C$$

(7) $$\int \sin x\ dx = -\cos x + C$$

(8) $$\int \cos x\ dx = \sin x + C$$

(9) $$\int \sec^2 x\ dx = \tan x + C$$

(10) $$\int \csc^2 x\ dx = -\cot x + C$$

(11) $$\int \sec x \tan x\ dx = \sec x + C$$

(12) $$\int \csc x \cot x\ dx = -\csc x + C$$

(13) $$\int \tan x\ dx = \ln|\sec x| + C$$

(14) $$\int \cot x\ dx = \ln|\sin x| + C$$

(15) $$\int \sec x\ dx = \ln|\sec x + \tan x| + C$$

(16) $$\int \csc x\ dx = \ln|\csc x - \cot x| + C$$

(17) $$\int \frac{1}{\sqrt{1-x^2}}\ dx = \sin^{-1} x + C$$

(18) $$\int \frac{-1}{\sqrt{1-x^2}}\ dx = \cos^{-1} x + C$$

(19) $$\int \frac{1}{1+x^2}\ dx = \tan^{-1} x + C$$

(20) $$\int \frac{-1}{1+x^2}\ dx = \cot^{-1} x + C$$

(21) $$\int \frac{1}{|x|\sqrt{x^2-1}}\ dx = \sec^{-1} x + C$$

(22) $$\int \frac{-1}{|x|\sqrt{x^2-1}}\ dx = \csc^{-1} x + C$$

(23) $$\int \sinh x\ dx = \cosh x + C$$

(24) $$\int \cosh x\ dx = \sinh x + C$$

(25) $\int \operatorname{sech}^2 x \ dx = \tanh x + C$

(26) $\int \operatorname{csch}^2 x \ dx = -\coth x + C$

(27) $\int \tanh x \ dx = \ln \cosh x + C$

(28) $\int \coth x \ dx = \ln|\sinh x| + C$

(29) $\int \operatorname{sech} x \ dx = \tan^{-1} \sinh x + C$

(30) $\int \operatorname{csch} x \ dx = \ln\left|\tanh \frac{x}{2}\right| + C$

(31) $\int \frac{1}{x^2 + a^2} \ dx = \frac{1}{a} \tan^{-1}\left(\frac{x}{a}\right) x + C$

(32) $\int \frac{1}{\sqrt{a^2 - x^2}} \ dx = \sin^{-1}\left(\frac{x}{a}\right) + C.$

찾아보기

저자소개

정 순 모

· 서울대학교 핵공학과 학사
· 독일 Universitat Stuttgart 수학과 박사
· 현재 홍익대학교 세종캠퍼스 과학기술대학 교수

최 경 미

· 서울대학교 계산통계학과 학사
· KAIST 산업공학과 석사
· 미국 U of Illinois at Urbana Champaign 통계학과 박사
· 현재 홍익대학교 세종캠퍼스 과학기술대학 교수

기초공업수학

초판 2쇄 발행 2023년 6월 05일

지은이 정순모 · 최경미
펴낸이 오판근
펴낸곳 (주) 교우
주 소 서울시 동대문구 약령시로 8 교우빌딩 2층 (주)교우
전 화 02-925-2861 / **팩 스** 02-925-2860, **편집부** 02-925-2825
홈페이지&북스토어 www.kyowoo.co.kr / **이메일** kyowoo@kyowoo.co.kr

등 록 1994년 3월 24일 제1994-000013호
ISBN 979-11-251-0004-1(93410)

값 35,000원

교우미디어는 (주) 교우의 Imprint 사입니다.
수학정원 · 과학정원은 (주) 교우의 새로운 브랜드명입니다.